피복아크
용접기능사

필기

이승배 저

다락원

머리말

현대 산업사회는 인공지능(AI)과 제품의 다양화·고급화로 인해 고기능화 되어가고 있다. 특히 생산성 향상과 공장 반도체에 의한 자동화에의 필수 장비로 하루가 다르게 발전하고 있으며 확대 보급되고 있는 추세이다.

이러한 추세에 비례하여 원자력 및 발전소 분야와 조선, 반도체현장 등 다양한 분야에 필요한 국가직무능력표준(NCS; national competency standards)은 일반 국가기술자격증과 산업현장에서 직무를 수행하기 위해 요구되는 지식, 기술, 소양 등의 내용을 국가가 산업부문별, 수준별로 체계화한 것으로 산업현장의 지구를 수행하기 위해 필요한 능력(전공분야에 대한 지식, 기술, 태도)을 국가적 차원에서 표준화하였다. 용접분야 또한 2023년에 NCS 모듈이 새롭게 개발이 되었고, 계속하여 발전(분야별 개발)하고 있다.

본 교재는 NCS에 의한 기초적이고 필수적인 능력을 단원별로 자세하고 상세히 설명하여 초보자도 이해하기 쉽게 하였다.

본 교재가 수험생들에게 많은 도움이 되었으면 하며, 모두 유능한 전문 기술인이 되기를 간절히 바란다.

이승배 저

온라인 모의고사 응시 방법

01 QR코드 스캔하거나 아래의 주소 입력

https://www.1qpassacademy.com/cbt?coupon=shi1a0001

02 회원 가입하고 로그인하기

03 응시할 시험 종류 선택하기

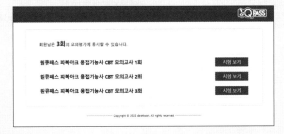

04 온라인 모의고사 풀어보기

05 응시 결과보기 / 틀린 문제 해설 확인하기

시험안내

취득방법

- 시 행 처 : 한국산업인력공단
- 관련학과 : 실업계고등학교 산업설비(용접) 관련학과
- 시험과목
  - 필기 : 아크용접, 용접안전, 용접재료, 도면해독, 가스절단, 기타용접
  - 실기 : 피복아크 용접 실무
- 검정방법
  - 필기 : 객관식 4지 택일형 60문항(60분)
  - 실기 : 작업형(2시간 정도)
- 합격기준
  - 필기 : 100점을 만점으로 하여 60점 이상
  - 실기 : 100점을 만점으로 하여 60점 이상

시험일정

구분	필기원서접수(인터넷)	필기시험	필기합격(예정자)발표
정기 1회	1월경	2월경	2월경
정기 2회	3월경	4월경	4월경
정기 3회	5월경	6월경	7월경
정기 4회	8월경	9월경	10월경

*매년 시험일정이 상이하므로 자세한 일정은 Q-net(http://q-net.or.kr)에서 확인

합격률

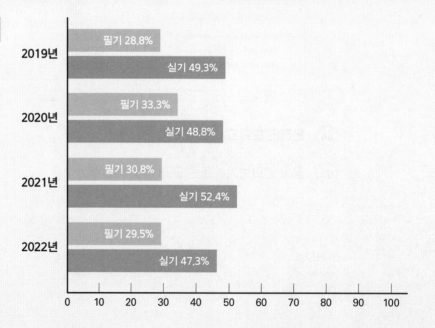

자격종목 : 피복아크 용접기능사

필기검정방법 : 객관식

문제수 : 60

시험시간 : 1시간(60분)

직무내용 : 용접 도면을 해독하여 용접절차 사양서를 이해하고 용접재료를 준비하여 작업환경 확인, 안전보호구 준비, 용접장치와 특성 이해, 용접기 설치 및 점검관리하기, 용접 준비 및 본 용접하기, 용접부 검사, 작업장 정리하기 등의 피복아크 용접(SMAW) 관련 직무이다.

아크용접, 용접안전, 용접재료, 도면해독, 가스절단, 기타 용접

1. 아크용접 장비준비 및 정리정돈 – 용접장비 설치, 용접설비 점검, 환기장치 설치

2. 아크용접 가용접작업 – 용접개요 및 가용접작업

3. 아크용접 작업 – 용접조건 설정, 직선비드 및 위빙 용접

4. 수동·반자동 가스절단 – 수동·반자동 절단 및 용접

5. 아크용접 및 기타용접 – 맞대기(아래보기, 수직, 수평, 위보기)용접, T형 필릿 및 모서리용접

6. 용접부 검사 – 파괴, 비파괴 및 기타검사(시험)

7. 용접 결함부 보수용접 작업 – 용접 시공 및 보수

8. 안전관리 및 정리정돈 – 작업 및 용접안전

9. 용접재료준비 – 금속의 특성과 상태도 / 금속재료의 성질과 시험 / 철강재료 / 비철 금속재료 / 신소재 및 그 밖의 합금

10. 용접도면해독 – 용접절차사양서 및 도면해독(재도 통칙 등)

Q 시험 일정이 궁금합니다.

A 시험 일정은 매년 상이하므로, 큐넷 홈페이지(www.q-net.or.kr)를 참고하거나 다락원 원큐패스카페(http://cafe.naver.com/1qpass)를 이용하면 편리합니다. 원서접수기간, 필기시험일정 등을 확인할 수 있습니다.

Q 자격증을 따고 싶은데 시험 응시방법을 잘 모르겠습니다.

A 시험 응시방법은 간단합니다.

[홈페이지에 접속하여 회원가입]
국가기술자격시험은 보통 한국산업인력공단과 한국기술자격검정원 홈페이지에서 응시하면 됩니다.
그 외에도 한국보건의료인국가시험원, 대한상공회의소 등이 있으니 응시하고자 하는 시험의 주관사를 먼저 아는 것이 중요합니다.

[사진 등록]
회원가입한 내역으로 원서를 등록하기 때문에, 규격에 맞는 본인 확인이 가능한 사진으로 등록해야 합니다.
• 접수가능사진 : 6개월 이내 촬영한 (3×4cm) 칼라사진, 상반신 정면, 탈모, 무 배경
• 접수불가능사진 : 스냅 사진, 선글라스, 스티커 사진, 측면 사진, 모자 착용, 혼란한 배경 사진, 기타 신분확인이 불가한 사진

원서접수 신청을 클릭한 후, 자격선택 → 종목선택 → 응시유형 → 추가입력 → 장소선택 → 결제하기 순으로 진행하면 됩니다.

Q 시험장에서 따로 유의해야 할 점이 있나요?

A 시험당일 신분증을 지참하지 않은 경우에는 당해 시험이 정지(퇴실) 및 무효 처리되므로, 신분증을 반드시 지참하기 바랍니다.

[공통 적용]
① 주민등록증(주민등록증발급신청확인서(유효기간 이내인 것) 및 정부24·PASS 주민등록증 모바일 확인서비스 포함), ② 운전면허증(모바일 운전면허증 포함, 경찰청에서 발행된 것) 및 PASS 모바일 운전면허 확인서비스, ③ 건설기계조종사면허증, ④ 여권, ⑤ 공무원증(장교·부사관·군무원신분증 포함), ⑥ 장애인등록증(복지카드)(주민등록번호가 표기된 것), ⑦ 국가유공자증, ⑧ 국가기술자격증(정부24, 카카오, 네이버 모바일 자격증 포함)(국가기술자격법에 의거 한국산업인력공단 등 10개 기관에서 발행된 것), ⑨ 동력수상레저기구 조종면허증(해양경찰청에서 발행된 것)

[한정 적용]
· 초·중·고등학생 및 만18세 이하인 자
  ① 초·중·고등학교 학생증(사진·생년월일·성명·학교장 직인이 표기·날인된 것), ② NEIS 재학증명서(사진(컬러)·생년월일·성명·학교장 직인이 표기·날인되고, 발급일로부터 1년 이내인 것), ③ 국가자격검정용 신분확인증명서(별지1호 서식에 따라 학교장 확인·직인이 날인되고, 유효기간 이내인 것), ④ 청소년증(청소년증발급신청확인서(유효기간 이내인 것) 포함), ⑤ 국가자격증(국가공인 및 민간자격증 불인정)
· 미취학 아동
  ① 한국산업인력공단 발행 "국가자격검정용 임시신분증"(별지 제2호 서식에 따라 공단 직인이 날인되고, 유효기간 이내인 것), ② 국가자격증(국가공인 및 민간자격증 불인정)
· 사병(군인)
  국가자격검정용 신분확인증명서(별지 제1호 서식에 따라 소속부대장이 증명·날인하고, 유효기간 이내인 것)
· 외국인
  ① 외국인등록증, ② 외국국적동포국내거소신고증, ③ 영주증

※ 일체 훼손·변형이 없는 원본 신분증인 경우만 유효·인정
  - 사진 또는 외지(코팅지)와 내지가 탈착·분리 등의 변형이 있는 것, 훼손으로 사진·인적사항 등을 인식할 수 없는 것 등
  - 신분증이 훼손된 경우 시험응시는 허용하나, 당해 시험 유효처리 후 별도 절차를 통해 사후 신분확인 실시
※ 사진, 주민등록번호(최소 생년월일), 성명, 발급자(직인 등)가 모두 기재된 경우에 한하여 유효·인정

이 책의 구성

핵심이론
● NCS 직무 중심으로 개편된 새 출제기준 완벽 반영!

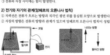

출제예상문제
● 핵심이론과 연계된 출제예상 문제 수록!

실전 모의고사
● 과년도 기출문제를 기반으로 구성된 모의고사 2회분!

STEP 1

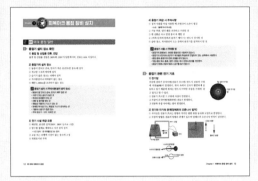

핵심이론 학습하기

출제기준에 맞춰 정리한 핵심이론을 통해
꼭 암기해야 하는 내용을 학습한다.

STEP 2

출제예상문제 풀기

핵심이론 학습 후 연계된 문제를 바로 풀
어보며 이론을 복습한다.

STEP 3

모의고사로 출제경향 파악하기

실전 모의고사를 반복적으로 풀며 시험
유형을 익힌다.

STEP 4

CBT 온라인모의고사 응시하기

원큐패스 아카데미사이트를 통해 CBT 온라인모의고사를
풀어보고 시험직전 최종마무리를 한다.

차례

01 아크 용접 일반

① 용접기 설치 장소 확인

1) 용접 및 산업용 전압, 전류

용접 및 산업용 전압은 380V와 220V가 일반적이며, 전류는 60A 이상이다.

2) 용접기의 설치 장소

① 통풍이 잘되고 금속, 먼지가 적은 곳(건조한 장소)에 설치
② 견고한 구조의 바닥에 설치
③ 습기가 많은 장소는 피해서 설치
④ 직사광선이나 비바람이 없는 장소
⑤ 해발 1,000m를 초과하지 않는 장소

> **용접기 설치 시 주의사항(설치 금지 장소)**
>
> • 통풍이 잘 안 되고 금속, 먼지가 매우 많은 곳
> • 수증기 또는 습도가 높은 곳
> • 옥외의 비바람이 치는 곳
> • 진동 및 충격을 받는 곳
> • 휘발성 기름이나 가스가 있는 곳
> • 유해한 부식성 가스, 폭발성 가스가 존재하는 곳
> • 기름이나 증기가 많은 장소
> • 주위 온도가 -10℃ 이하인 곳

3) 전기 시설 취급 요령

① 배전반, 분전반 설치(200V, 380V 등으로 구분)
② 방수형 철제로 제작하고 시건 장치 설치
  * 시건 장치 : 문 따위를 잠그는 장치
③ 교통 또는 보행에 지장이 없는 장소에 고정
④ 위험표지판 부착

4) 용접기 취급 시 주의사항

① 정격 사용률 이상 사용할 때 과열되어 소손이 생김

　　＊소손 : 불에 타서 부서짐

② 가동 부분, 냉각 팬을 점검하고 주유할 것

③ 탭 전환은 아크 발생 중지 후 행할 것

④ 2차측 단자의 한쪽과 용접기 케이스는 반드시 접지할 것

⑤ 습한 장소, 직사광선이 드는 곳에서 용접기를 설치하지 말 것

🔧 용접기 사용 시 주의할 점

- 용접기의 용량보다 과대한 용량으로 사용하지 않는다.
- 용접기의 V단자와 U단자가 케이블과 확실하게 연결되어 있는 상태에서 사용한다.
- 용접 중에 용접기의 전류 조절을 하지 않는다.
- 작업 중단 또는 종료, 정전 시에는 즉시 전원스위치를 차단한다.
- 용접기 위에나 밑에 재료나 공구를 놓지 않는다.

2 　용접기 관련 전기 기초

1) 전기장

전선에 전하가 움직이면(전류가 흐르면) 반드시 전류의 주위에 자장(磁場)이 발생한다. 원자 속에서 전자가 활발하게 운동하고 있기 때문에 원자는 반드시 미약한 자장을 주위에 갖고 있다고 할 수 있다.

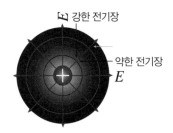

① 전류가 흐르면 그 주위에 자장이 발생한다.

② 자장이 움직이면(변화하면) 전류가 발생한다.

③ 전류와 자장 사이에는 힘이 발생한다.

2) 전기와 자기의 관계(앙페르의 오른나사 법칙)

① 자력선은 전류가 흐르는 방향과 직각인 평면 위를 동심원 모양으로 발생한다.

② 자장의 방향은 전류의 방향과 관계가 있으며 앙페르의 오른나사 법칙이 성립한다.

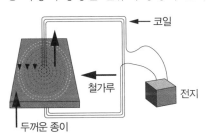

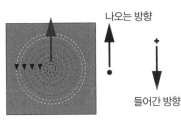

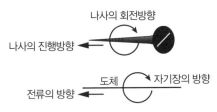

3) 아크와 전기장의 관계

용접봉 그림 A와 같이 모재와 용접봉과의 거리가 가까워 전기장이 강할 때에는 자력선 아크가 유지가 되나 거리가 점점 멀어져 전기장(자력 또는 전기력)이 약해지면 그림 B와 같이 아크가 꺼지게 된다.

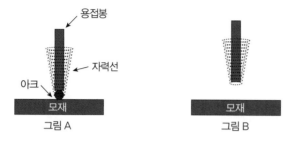

그림 A   그림 B

4) 전기의 본질

에보나이트봉을 잘 건조된 모직물에 마찰시킬 때 발생한 흡인력

5) 전기의 종류 : 양전기(+)와 음전기(−)

① 직류 : 크기와 방향이 항상 일정한 전기
② 교류 : 시간에 따라 크기와 방향이 주기적으로 변하는 전기

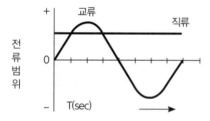

6) 도체와 부도체

① 도체 : 금속과 같이 전하가 통하기 쉬운 물질
② 부도체(절연체) : 공기와 같이 전하가 통하기 힘든 물질

7) 전하(electric potential)의 흐름

① 양전하를 가진 물체 A와 음전하를 가진 물체 B를 도체로 연결하면 전류가 그림과 같이 A에서 B로 향하는 흐름

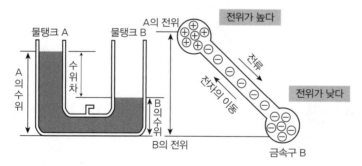

② 전압(V) : 전위가 높은 A와 전위가 낮은 B의 전위의 차
③ 전류(A) : 전위가 높은 쪽에서 낮은 쪽으로 흐르는 양
④ 전기저항(R) : 도체에서 전류의 흐름을 방해하는 작용을 하는 것
- 도체의 재질이나 굵기, 길이 등에 따라 전류가 달라짐
- 단위 : 옴(ohm, Ω)
⑤ 옴의 법칙
- "전류는 전압에 비례하고 저항에 반비례한다"는 관계를 표시하는 법칙
- R(Ω)의 저항에 E[V]의 전압을 가하여 I[A]의 전류가 흘렀을 때의 관계식 또는 E = IR[V]

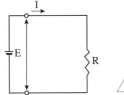

8) 전기단위(electic unit)

① C-G-S 단위 : 전기적인 양을 측정하는 데 쓰이는 단위는 길이, 질량, 시간은 구성되어 있고 길이는 cm, 질량은 g, 시간에는 s(sec, 초)를 사용하는 단위가 사용된다.
② 절대단위
- 전류의 단위 암페어(ampere, 기호 : A)
- 전압, 기전력의 단위 볼트(volt, 기호 : V)
- 저항의 단위 옴(ohm, 기호 : Ω)
- 전기량의 단위 쿨롱(coulomb, 기호 : C)
③ 실용단위 : CGS 단위가 실용상 단위로서는 너무 크거나 작아서 사용상 불편하므로 아래 표와 같이 CGS 단위의 대수값이나 분수값을 취하여 정한 단위이다.

양	기호	실용단위	양	기호	실용단위
전압	V	Volt	전기일	J	Joule
전류	A	Ampere	전기용량	F	Farad
전기량	C	Coulomb	인덕턴스	H	Henty
저항	Ω	Ohm	자속	Wb	Weber
전력	W	Watt			

3 용접회로 및 원리

1) 용접 회로

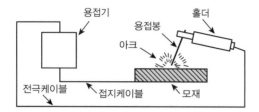

피복아크 용접의 회로는 용접기(welding machine), 전극 케이블(electrode cable), 용접 홀더, 피복아크 용접봉(coated electrode), 아크(arc), 피용접물 또는 모재, 접지 케이블(ground cable) 등으로 이루어져 있으며 용접기에서 발생한 전류가 전극케이블을 지나서 다시 용접기로 되돌아오는 전 과정을 용접 회로(welding cycle)라 한다.

2) 용접(welding)의 원리

접합하고자 하는 2개 이상의 금속재료를 어떤 열원으로 가열하여 용융, 반용융 된 부분에 용가재(용접봉)를 첨가하여 금속 원자가 인력이 작용할 수 있는 거리($Å = 10^{-8}$cm($Å = 10^{-10}$m))로 충분히 접근시켜 접합시키는 방법(1옹스트롬이란 기호로 $Å = 10^{-8}$cm으로서 뉴튼의 만유인력 법칙에 의하여 두 금속원자들 사이에 인력이 작용하여 굳게 결합된다.)

3) 용접의 목적 달성조건

① 금속 표면에 산화피막 제거 및 산화방지를 한다.
② 금속표면을 충분히 가열하여 요철을 제거하고 인력이 작용할 수 있는 거리로 충분히 접근시킨다.

4) 아크(arc)의 각 부위의 명칭

① 아크 : 음극과 양극의 두 전극을 일정한 간격으로 유지하고, 여기에 전류를 통하면 두 전극 사이에 원의 호 모양의 불꽃 방전이 일어나며 이 호상(弧狀)의 불꽃을 아크(arc)라 함
② 아크 전류 : 약 10~500A
③ 아크 현상 : 아크 전류는 금속 증기와 그 주위의 각종 기체 분자가 해리하여 양전기를 띤 양이온과 음전기를 띤 전자로 분리되고, 양이온은 음(-) 전극으로, 전자는 양(+) 전극으로 고속도로 이행하여 아크 전류가 진행함
④ 아크 코어 : 아크 중심으로, 용접봉과 모재가 녹고 온도가 가장 높음
⑤ 아크 흐름 : 아크 코어 주위를 둘러싼 비교적 담홍색을 띤 부분
⑥ 아크 불꽃 : 아크 흐름의 바깥 둘레에 불꽃으로 싸여 있는 부분

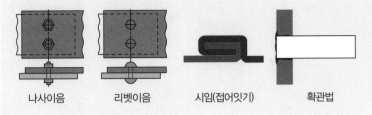

기계적 접합법

볼트, 리벳, 나사, 핀 등을 사용하여 금속을 결합하는 접합법으로 분해이음이라 하며 영구이음은 리벳, 시임(접어잇기), 확관법, 가입 끼우기 등이 있다.

| 나사이음 | 리벳이음 | 시임(접어잇기) | 확관법 |

4 용접의 장·단점

1) 용접의 장점

① 재료 절약, 중량 감소
② 작업 공정 단축으로 경제적
③ 재료의 두께 제한이 없음
④ 이음 효율 향상(기밀, 수밀, 유밀 유지)
⑤ 이종 재료 접합 가능
⑥ 용접의 자동화가 용이
⑦ 보수와 수리가 용이
⑧ 형상의 자유화를 추구할 수 있음

2) 용접의 단점

① 품질 검사가 곤란함
② 제품의 변형 및 잔류응력 발생 및 존재
③ 저온취성이 생길 우려가 있음
④ 유해 광선 및 가스 폭발의 위험이 있음
⑤ 용접사의 기량에 따라 용접부의 품질이 좌우됨

5 용접의 종류 및 용도

1) 용접의 종류

용접법을 대별하면 융접(融接: fusion welding), 압접(壓接: pressure welding), 납땜(brazing and soldering)이 있다.

① 용접은 접합부에 용융 금속을 생성 혹은 공급하여 용접하는 방법으로 모재도 용융되나 가압(加壓)은 필요하지 않다.
② 압접은 국부적으로 모재가 용융하나 가압력이 필요하다.
③ 납땜은 모재가 용융되지 않고 땜납이 녹아서 접합면의 사이에 표면장력의 흡인력이 작용되어 접합되며 경납땜과 연납땜으로 구분된다.
  * 표면장력 : 액체가 겉으로 면적을 가장 적게 보관하기 위하여 그 표면이 스스로 수축하려고 생기는 힘

[용접법의 분류]

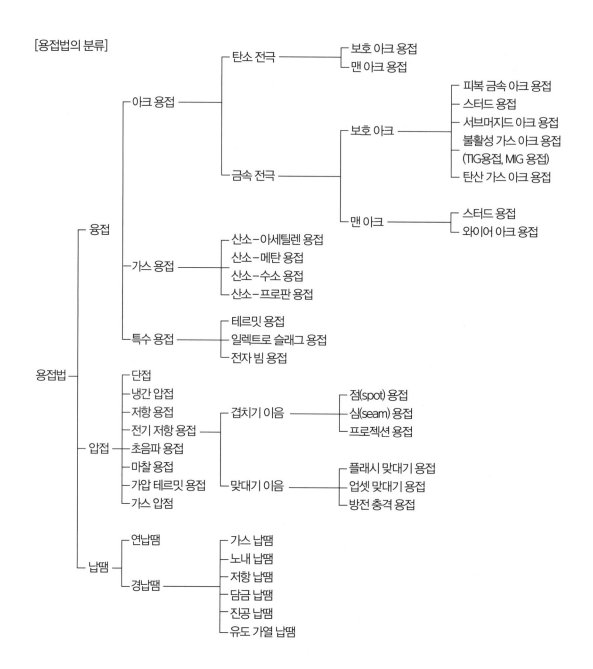

2) 용접자세

아래보기 자세 (flat position : F)	모재를 수평으로 놓고 용접봉을 아래로 향하며 용접하는 자세(용접선을 수평면에서 15°까지 경사시킬 수 있음)	
수평 자세 (horizontal position : H)	모재가 수평면과 90° 또는 45° 이상의 경사를 가지며, 용접선이 수평되게 하는 용접자세	
수직 자세 (vertical position : V)	모재가 수평면과 90° 또는 45° 이상의 경사를 가지며, 용접선은 수직 또는 수직면에 대하여 45° 이하의 경사를 가지고 상진 또는 하진으로 용접하는 자세	
위보기 자세 (overhead position : O)	모재가 눈 위로 들려 있는 수평면의 아래쪽에서 용접봉을 위로 향하여 용접하는 자세	
전 자세 (all position : AP)	아래보기·수직·수평·위보기 자세의 2가지 자세를 조합하여 용접하거나 4가지 자세 전부를 응용하는 용접자세	

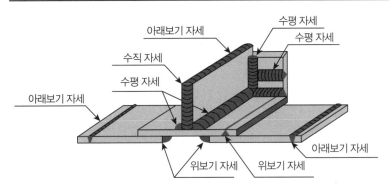

6 피복금속 아크 용접용 기구 명칭

1) 용접 홀더(electric welding holder)

① 용접봉의 피복이 없는 부분을 고정하여 용접전류를 용접 케이블을 통하여 용접봉과 모재 쪽으로 전달하는 기구

② 구비조건
- 무게가 가볍고 전기 절연이 잘 되어 있는 것이 좋음
- 용접봉의 지름이 다른 여러 용접봉을 탈착할 수 있어야 함
- 홀더 자신의 전기저항과 용접봉을 고정시키는 조(jow) 부분의 접촉 저항에 의한 발열에도 과열되지 않아야 함

③ 용접봉이나 케이블과 접속되는 부분은 접촉 저항을 적게 하여 용접 시 홀더가 과열되지 않는 것을 사용한다(A형으로 정격 2차 전류 이상 용량).

④ 접촉 저항을 감소시키기 위한 케이블과 홀더의 접촉은 케이블이 홀더의 구멍에 맞게 얇은 동판으로 케이블 위에 덮거나 하고 그 사이에 납땜 또는 나사로 접속하여야 한다.

⑤ 홀더는 손잡이 이외의 부분까지도 용접 중 온도에 견딜 수 있는 절연체로서 감전에 위험이 없도록 겉에 싸여져 있어야 한다.

⑥ 구분

A형 홀더	B형 홀더
용접봉 접지 부분 이외 몸통부분 전체가 절연체로 감싸있음(안전홀더)	손잡이 부분만 절연되어 있고 나머지는 노출되어 있음

2) 용접 케이블

① 리드용 케이블과 홀더용 케이블로 나누어 표시한 후 사용한다.

리드용 케이블 (1차 케이블)	• 전원에서 용접기까지 연결하는 케이블 • 너무 가늘면 저항이 높아 용접기의 전압이 떨어지며 도선에 열이 생겨 위험	
홀더용 케이블 (2차 케이블)	• 용접기와 홀더 사이의 케이블 • 유연성이 좋은 캡 타이어 전선을 사용 • 충분한 굵기를 가져야 하고 적어도 단자와 단자 사이의 전압 강하가 4%를 넘지 않도록 함	

② 용접기에 사용되는 전선류는 사용 전류와 길이에 따라 적당한 것을 선정한다.

용접기 용량(A)	200	300	400
리드용 케이블 지름[mm]	5.5	8	14
홀더용 케이블 단면적[mm^2]	38	50	60

* 전선 지름은 0.2~0.5mm의 가는 구리 선을 수백 선 내지 수천 선을 꼬아서 튼튼히 감고 그 위에 고무 피복을 한 것을 말한다.

3) 케이블 커넥터

① 케이블 커넥터 : 용접작업 시 케이블을 연결하여 사용하고자 할 때 케이블 커넥터로 연결(케이블끼리 접속에 사용되는 기구)
② 케이블 러그 : 케이블 커넥터 중 홀더용 케이블 끝에 연결한 후 용접기 단자에 연결
③ 연결 및 체결 시 접촉 불량으로 인해 발열이 생기지 않도록 주의한다.

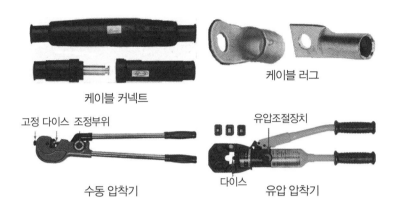

케이블 러그

케이블 커넥트

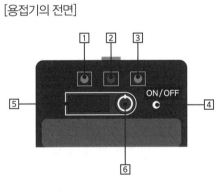

고정 다이스 조정부위

유압조절장치

수동 압착기

다이스

유압 압착기

4) 피복아크 용접기 전면과 각 부분의 명칭

[용접기의 전면]

순번	명칭	내용
1	전원 표시 램프	용접기에 적정 전압이 공급되었음을 표시
2	이상 표시 램프	용접기에 이상이 있음을 표시
3	전격방지기 램프	전격방지기능의 작동 유무를 램프 점등을 통하여 표시
4	전격방지기 버튼	ESPD 전격방지기능을 사용할 경우 사용자의 안전을 위하여 용접 종료 후 무부하전압을 차단하여 쇼트 시 감전을 예방
5	용접전류표시창	용접 전 사용전류의 세팅 값을 표시하고 용접중 실 용접 전류를 표시
6	출력전류 조절스위치	용접 전류를 조절

7 용접기의 구비조건

① 구조 및 취급 방법이 간단하고 조작이 용이해야 함
② 전류는 일정하게 흐르고, 조정이 용이할 것
③ 아크 발생 및 유지가 용이하고, 아크가 안정할 것
④ 아크 발생 용이하도록 무부하전압 유지(교류 70~80V, 직류 50~60V)

⑤ 용접기는 완전절연과 필요 이상 무부하전압이 높지 않을 것
⑥ 사용 중에 온도상승이 적고, 역률 및 효율이 좋을 것
⑦ 가격이 저렴할 것

8 용접기 부속장치

1) 전격방지기(voltage reducing divice)

교류 용접기의 무부하전압(70~80V)이 비교적 높아 감전의 위험으로부터 용접사를 보호하기 위하여 국제노동기구(ILO)에서 정한 규정인 안전전압 24V 이하로 유지하고, 아크 발생 시에는 언제나 통상 전압(무부하전압 또는 부하전압)이 되며, 아크가 소멸된 후에는 자동적으로 안전전압을 저하시켜 감전을 방지하는 전격방지장치를 용접기에 부착하여 사용한다.

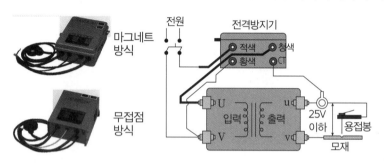

① 전격방지기는 용접작업을 하지 않을 때에는 보조 변압기에 연결이 되어 용접기의 2차 무부하전압을 20~30V 이하로 유지한다.
② 용접봉을 모재에 접촉한 순간에만 릴레이(relay)가 작동하여 2차 무부하전압으로 올려 용접작업이 가능하도록 되어있다.
③ 아크의 단락과 동시에 자동적으로 릴레이가 차단된다.
④ 2차 무부하전압은 20~30V 이하로 되기 때문에 전격을 방지할 수 있다.
⑤ 주로 용접기의 내부에 설치된 것이 일반적이나 일부는 외부에 설치된 것도 있다.
⑥ 전격방지기의 입력선과 용접선

기종		입력선	용접선
용접기	방지기		
180A	300A	14mm^2 이상	30mm^2 이상
250A		25mm^2 이상	35mm^2 이상
300A		25mm^2 이상	50mm^2 이상
400A	500A	30mm^2 이상	50mm^2 이상
500A		35mm^2 이상	70mm^2 이상
600A	720A	35mm^2 이상	70mm^2 이상
720A		50mm^2 이상	90mm^2 이상

> ### 🔖 감전(感電 : electric shock)
>
> 감전이란 체내의 일부 또는 대부분에 전기가 흘렀기 때문에 충격을 받는 현상을 말하며 상해를 받지 않은 경우도 있으나, 상해를 받았을 때에는 사망률이 높아 매우 위험시 되고 있다.
> - 전기의 흐름의 통로에 인체 등이 접촉되어 인체에서 단락 또는 단락회로의 일부를 구성하여 감전이 되는 것(직접 접촉)
> - 전선로에(전기가 흘러가면 자기장이 생겨 전선의 주위에 전류에 따라 자기장의 흐름이 틀리다. 전류가 높으면 자기장이 크며 전류가 낮으면 낮다) 인체 등이 접촉되어 인체를 통하여 지락전류가 흘러 감전되는 것
> - 누전상태에 있는 기기에 인체 등이 접촉되어 인체를 통하여 지락 또는 섬락에 의한 전류로 감전되는 것(간접 접촉)
> - 전기의 유도 현상에 의하여 인체를 통과하는 전류가 발생하여 감전되는 것

2) 원격제어장치(remote control equipment)

용접기에서 멀리 떨어져 작업을 할 경우 작업 위치에서 전류를 조정할 수 있는 장치

① 유선식
  - 전동기 조작형(모터 방식) : 소형 모터로 용접기의 전류 조정 핸들을 움직여 용접기의 전류를 조정할 수 있도록 되어 있다.
  - 가포화 리액터형(조정기 방식) : 가포화 리액터형 교류 아크 용접기는 가변 저항기 부분을 분리시켜 작업자 위치에 놓고 용접 전류를 원격 조정한다.

[가포화 리액터형]

② 무선식 : 제어용 전선을 사용하지 않고, 용접용 케이블 자체를 제어용 케이블로 병용하는 것

3) 아크부스터(arc booster)

핫 스타트(hot start) 장치라고도 하며 아크가 발생하는 초기 시점에 용접봉과 모재가 예열되어 있지 않고 냉각되어 있어 용접입열 부족으로 아크가 불안정하기 때문에 아크 발생 시에만(약 1/5~1/4초) 용접전류를 크게 하여 용접 시작점에 기공이나 용입 불량에 결함을 방지하는 장치

① 아크 발생을 쉽게 한다.
② 비드 모양을 개선시킨다.
③ 기공(blow hole)을 방지한다.
④ 아크 발생 초기에 용입을 양호하게 한다.

[핫 스타트 장치]

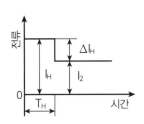
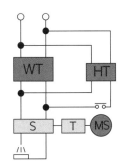

4) 고주파 발생장치

교류 아크 용접기에서 안정된 아크를 쉽게 발생하기 위하여 상용 주파의 아크 전류에 고전압(약 2,000~3,000V), 고주파수(300~1,000KC : 약전류), 저출력의 전류를 이용하는 주파수

① 전극을 모재에 접촉하지 않아도 손쉽게 아크가 발생되고, 이로 인하여 전극의 수명이 길어짐
② 아크가 안정되므로 아크가 길어져도 끊어지지 않음, 일정한 지름의 전극에 대하여 광범위한 전류를 사용할 수 있음
③ 무부하 전압을 낮게 하고 전격 위험이 적고 전원 입력을 적게 할 수 있으므로 용접기의 역률 개선
④ 용접부에 고주파전류(보통전압 3,000V, 주파수 300~1,000KC 정도)가 모재와 전극 사이에 흘러 모재 표면의 산화물을 부수고 용접전류의 회로를 형성하는 것임

[고주파 발생장치]

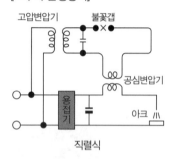
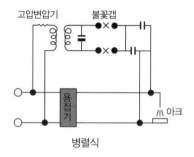

9 ▶ 용접용 치공구 정리정돈

1) 공구 안전수칙
① 실습장(작업장)에서 수공구를 절대 던지지 않는다.
② 사용하기 전에 수공구 상태를 늘 점검한다.
③ 손상된 수공구는 사용하지 않고 수리를 하여 사용한다.
④ 수공구는 각 사용 목적 이외에 다른 용도로 사용하지 않는다.
　예 몽키 스패너를 망치로 사용하지 않는다.
⑤ 작업복 주머니에 날카로운 수공구를 넣고 다니지 않는다.
　예 수공구 보관 주머니(각 수공구 가방 안전벨트)를 허리에 찬다.
⑥ 공구관리 대장을 만들어 수리나 폐기되는 내역을 기록하여 관리한다.

2) 치공구 관리
① 용접작업의 능률을 높이기 위해 작업장에 적합한 공구는 항상 작업이 가능한 상태로 유지 관리 한다.
② 작업용 공구로는 슬래그 해머, 볼핀 해머, 와이어 브러시, 단조집게 및 각종 보호구가 있다.
③ 측정용 공구로는 용접 게이지, 하이트버니어 켈리퍼스, 각종 게이지 등이 있다.
④ 용접작업 후에는 각각 공구를 관리하는 방법에 따라 최적의 상태로 관리한다.
⑤ 정비된 측정용 공구와 작업용 공구는 정해진 장소에 보관하도록 한다.

3) 용접헬멧 및 핸드실드

용접헬멧   핸드실드

① 용도 : 아크로부터 발생하는 해로운 자외선과 적외선, 스패터 등으로부터 작업자의 눈, 얼굴
및 머리를 보호하기 위하여 착용하는 것
② 용접헬멧 : 머리에 쓰고 양손으로 작업할 수 있음
③ 환기헬멧 : 헬멧 내에 공기호스가 있어 공기를 환기시킬 수 있는 헬멧
④ 핸드실드 : 손으로 들고 작업함

4) 차광유리 및 보호유리
① 차광유리 : 해로운 광선으로부터 눈을 보호하기 위하여 착색된 유리

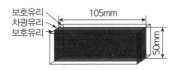

② 차광유리의 필터렌즈의 차광도(전류세기에 따라 다름)

용접전류(A)	30 이하	30~45	45~75	75~100	100~200	150~250	200~300	300~400	400 이상
차광도	6	7	8	9	10	11	12	13	14

③ 보호유리 : 차광유리를 보호하기 위하여 앞뒤로 끼우는 투명유리

5) 용접 장갑, 앞치마, 팔 덮개 등
해로운 광선이나 스패터로부터 머리, 얼굴 외에 다른 신체부분을 보호하기 위하여 착용하는 보호구

용접 장갑   용접 앞치마   용접 자켓

용접 토시, 용접 각반   흄 마스크   안전화

02 용접장비 설치하기

1 안전수칙

1) 안전 · 유의사항
① 용접작업 전 안전을 위하여 유해 위험성 사항에 중점을 두고 안전 보호구를 선택한다.
② 보호구는 재해나 건강장해를 방지하기 위한 목적으로 작업자가 착용하여 작업을 하는 기구나 장치를 말한다.
③ 안전보건관리자는 안전보건과 관련된 안전장치 및 보호구 구입 시 적격품 여부 확인을 하여 구비하여야 한다.

2) 옥내 작업 시 준수사항
① 용접작업 시 국소배기시설(포위식 부스)을 설치한다.
② 국소배기시설로 배기되지 않는 용접 흄은 전체 환기시설을 설치한다.
③ 작업 시에는 국소배기시설을 반드시 정상가동 시킨다.
④ 이동 작업공정에서는 이동식 팬을 설치한다.
⑤ 방진마스크 및 차광안경 등의 보호구를 착용한다.

3) 옥외 작업 시 준수사항
① 옥외에서 작업하는 경우 바람을 등지고 작업한다.
② 방진마스크 및 차광안경 등의 보호구를 착용한다.

4) 용접기 설치 전 중점관리사항
① 우천 시 옥외 작업을 피한다(감전의 위험을 피한다).
② 자동전격방지기의 정상 작동여부를 주기적으로 점검한다.

5) 가설전선 설치 시 유의사항
① 간선 및 분기전선은 케이블 사용을 원칙으로 한다(철선은 사용 불가).
② 가설전선은 공중가설을 원칙으로 하며 통행에 지장이 있을 때는 땅속에 매설하거나 각재 및 파이프로 보호한다.
③ 모든 가설전선은 절연피복 상태가 양호해야 하며 연결 접속된 부분은 태핑(taping)처리를 충분히 한다.
④ 육안검사 : 일일 안전점검 시 가설전선의 절연상태 및 정돈상태를 점검하고 이상이 있을 때 즉각 시정(보수)한다.
⑤ 계기검사 : 절연저항계는 전선의 절연저항을 점검할 경우 그 값이 $100k\Omega$ 이상이어야 한다.

6) 배전반, 분전반
① 방수형 철제로 제작하고 시건 장치를 설치한다.
② 교통 또는 보행에 지장이 없는 장소에 고정하여 설치하고 위험표지판을 부착한다.

7) 전격방지장치 부착확인

① 교류 피복아크 용접기에 전격방지기가 부착되어있는지 확인한다.
② 용접기 1차측에 반드시 NFB나 퓨즈(fuse)를 설치한 후 사용한다.
③ 사용전에 용접기에 배선을 반드시 점검한다.
④ 용접공은 반드시 안전장구를 착용하고 작업하며 안전장구나 피복의 건조를 유지한다.

8) 조명

① 용접홈(부스) 내부와 또는 작업장에 전구 교체 시 절연장갑을 착용한 뒤에 작업을 한다.
② 작업중 배선에 접촉되지 않도록 유의한다.

9) 동력

① 동력기의 현장 조작 시 물 묻은 손으로 조작하지 않는다.
② 연결배선이나 기기의 사전점검을 철저히 한다.

10) 누전차단기의 설치방법

① 전동기계, 기구의 금속제 외피 등 금속부분은 누전차단기를 접속한 경우에 가능한 접지한다.
② 누전차단기는 분기회로 또는 전동기계, 기구마다 설치를 원칙으로 할 것. 다만 평상 시 누설 전류가 미소한 소용량 부하의 전로에는 분기회로에 일괄하여 설치할 수 있다.
③ 누전차단기는 배전판 또는 분전반에 설치하는 것을 원칙으로 하고 다만 평상 시 누설 전류가 미소한 소용량 부하의 전로에는 분기회로에 일괄하여 설치할 수 있고 혹은 꽂음 접속기형 누전차단기는 콘센트에 연결 또는 부착하여 사용할 수 있다.
④ 지락보호전용 누전차단기(녹색명판)는 반드시 과전류를 차단하는 퓨즈 또는 차단기 등과 조합하여 설치한다.
⑤ 누전차단기의 영상변류기에 접지선이 관통하지 않도록 하며 서로 다른 2회 이상의 배선을 일괄하여 관통하지 않도록 한다.
⑥ 서로 다른 누전차단기의 중성선이 누전차단기의 부하측에서 공유되지 않도록 한다.
⑦ 중심선은 누전차단기 전원측에 접지시키고, 부하 측에는 접지되지 않도록 한다.
⑧ 누전차단기의 부하 측에는 전로의 부하 측이 연결되고, 누전차단기의 전원 측에 전로의 전원 측이 연결되도록 설치한다.
⑨ 설치 전에는 반드시 누전차단기를 개로시키고 설치 완료 후에는 누전차단기를 폐로시킨 후 동작 위치로 한다.

2 교류 아크 용접기 설치

1) 용접기의 각부 명칭

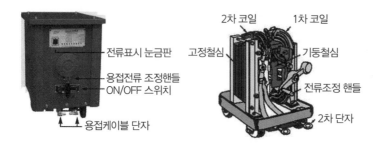

2) 작업 전 유의사항

① 용접기에는 반드시 무접점 전격방지기를 설치한다.

② 용접기의 2차측 회로는 용접용 케이블을 사용한다.

③ 수신용 용접 시 접지극을 용접장소와 가까운 곳에 두도록 하고 용접기 단자는 충전부가 노출되지 않도록 적당한 방법을 강구한다.

④ 단자 접속부는 절연테이프 또는 절연 커버로 방호한다.

⑤ 홀더선 등이 바닥에 깔리지 않도록 가공설치 및 바닥 통과 시 커버를 사용한다.

[용접기 회로도]

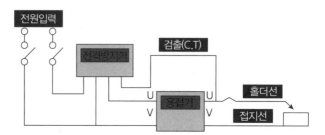

3) 설치 준비

① 배전반의 메인스위치 전원을 OFF하고(끄고) '수리중' 표지판을 부착한다.

② 용접기 설치에 필요한 기기와 공구를(육각렌치, 스패너, 드라이버(+,−) 등) 준비한다.

③ 용접기에 사용되는 전선은 용접기로 연결되는 1차측 케이블과 용접기에서 작업대와 홀더에 연결되는 2차측 케이블(접지선, 홀더선)을 준비하고 연결한다.

④ 1차 케이블을 배전반에 연결한다.

• 1차 케이블의 한쪽 끝에 압착 터미널을 고정한 후에 용접기의 1차측 단자에 단단히 접속하여 다른 한쪽은 벽 배전판에 배선용 차단기(NFB; No Fuse Breaker)에 연결해준다.

• 용접기 케이스는 반드시 접지시키고, 용접기에서 노출된 부분은 절연테이프로 감아 절연해준다.

• 전격방지기가 외장된 용접기일 경우 1선은 용접기에, 1선은 전격방지기 입력측에 연결해준다.

⑤ 용접기 출력단자에 2차측 케이블을 접속한다.
- 2차측 케이블 한쪽 끝에 압착터미널(terminal)을 움직이지 않게 고정하여 용접기 출력 단자에 연결시키고, 다른 한쪽은 용접홀더와 연결시킨다.
- 접지케이블의 한쪽 끝에 압착터미널을 움직이지 않게 고정시킨 후 용접기에 출력 단자를 연결하고, 다른 한쪽은 접지클램프를 연결하여 작업대에 물려준다.
- 각 접속부의 노출된 부분을 절연테이프로 감아 절연해 준다.
⑥ 용접기 설치 상태와 이상 유무 검사
- 설치된 각 연결부의 절연상태를 점검한다.
- 용접기 케이스를 열고 에어콤프레셔로 내부의 이물질이나 먼지를 제거한다.
- 가동철심의 이송용 나사부위나 가이드와 같이 활동부분에는 그리스 등을 칠해준다.
- 용접기 전원스위치를 넣고 용접기 작동상태 및 전류조절 상태를 확인 및 점검한다.
- 사용 중인 용접기가 고장 났을 때 내부검사는 커버를 열기 전 메인 스위치를 차단하고 3분 이상 지난 후에 검사를 실시하여 준다(이는 용접기에 콘덴서가 부착된 경우는 일정시간 동안 전기가 콘덴서에 남아있기 때문이다).

4) 용접작업 전 점검사항

점검 부분	점검사항
용접 장치	• 전원개폐기의 과부하 보호장치(퓨즈, 과전류 차단기 등)는 적정한 용량의 것을 사용하거나 또는 과열되어 변색이 되어있지 않았는가? • 용접봉 홀더의 절연부에 손상은 없는가? 또 스패터가 많이 부착되어 있지는 않는가? • 자동전격방지장치의 작동상태는 좋은가? • 용접기 외함과 모재의 접지가 확실하게 되어있는가? • 1, 2차측 배선과 용접기 단자와의 접속은 확실한가? • 절연커버는 확실하게 되어있는가? • 케이블 피복은 손상된 곳은 없는가? • 케이블의 연결부는 확실하게 접속이 되어있는가?
복장 보호구	• 작업복은 적정한 것을 착용하였는가? • 작업복에 기름이 배어있거나 물에 젖지는 않았는가? • 안전화 등의 덮개는 적정한가? • 보안면과 차광보안경(용접헬멧 또는 핸드실드 등) 등은 적정한 것으로 준비되었는가? • 용접장갑, 팔덮개, 앞치마, 발덮개 등을 착용하고 있는가? • 적정한 보호마스크는 준비가 되었는가?

3 ▷ 직류 아크 용접기 설치(정류기형 · 엔진구동형)

1) 용접기 준비

2) 설치 준비

① 직류 아크 용접기를 준비한다.

② 직류 아크 용접기 접지에 필요한 1차 케이블과 2차 케이블(접지선, 홀더선) 및 홀더, 스패너, 드라이버(+, -) 등 용접기 결선에 필요한 공구를 준비한다.

③ 배전판의 메인스위치 전원을 끊고(OFF) '수리중' 표지판을 부착한다.

④ 용접기 커버를 열고 내부의 먼지를 건조된 압축공기를 사용하여 깨끗이 제거한다.

⑤ 1차측 케이블을 연결한다.

- 1차 케이블의 2가닥을 각각 한쪽 끝에 압착 단자를 연결하여 단자와 용접기의 1차측에 접속한다.
- 다른 한쪽은 전선의 피복을 약 10~15mm 정도 벗긴 후 전원의 메인스위치(마그네틱스위치) 하단의 전선 접속구(아답터 등)에 끼우고 단단히 조인다.
- 전기안전법상의 접지공사를 한다.
- 노출된 부분을 절연테이프로 감아 절연한다.
- 이동식 3kW 소형의 경우는 220V 전원콘센트에 1차측 코드선을 끼운다.

⑥ 2차측 케이블을 직류 정극성으로 연결한다.

- 2차측 접지선 커넥터를 용접기 전면하단의 (+)극에, 홀더선의 케넥터를 용접기 전면하단의 (-)극에 단단히 고정되게 끼워준다.
- 5인 이하의 팀을 이루어 조원들이 돌아가며 사양서에 따라 연결 숙지한다.

📋 03 용접기 전원케이블 및 접지케이블 연결

1 ▷ 아크의 특성

1) 일반 전압 전류특성

옴(Ohm's law) 법칙에 따라 동일 저항이 흐르는 전류는 그 전압에 비례

2) 부저항 특성 또는 부특성

아크전류 밀도가 작을 때 전류가 커지면 전압이 낮아지고 아크전류 밀도가 크면 아크 길이에 따라 상승되는 특성

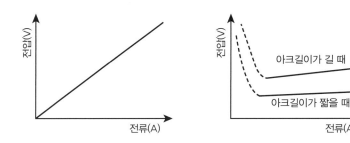

3) 아크 길이 자기제어특성(arc lenght self-control characteristics)

① 아크 전류가 일정할 때 아크 전압이 높아지면 용접봉의 용융속도가 늦어지고, 아크 전압이
    낮아지면 용접봉의 용융속도가 빨라지게 하여서 일정한 아크 길이로 되돌아오게 하는 특성
② 자동용접의 와이어 자동 송급 시 아크 제어

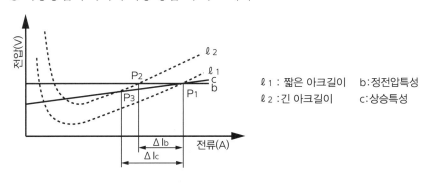

ℓ1 : 짧은 아크길이   b:정전압특성
ℓ2 : 긴 아크길이   c:상승특성

4) 절연회복 특성

교류 용접 시 용접봉과 모재간 절연되어 순간적으로 꺼졌던 아크를 보호 가스에 의하여 절연을
막고 아크가 재 발생하는 특성

5) 전압회복 특성

아크가 중단된 순간에 아크 회로의 높은 전압을 급속히 상승하여 회복시키는 특성(아크의 재발생)

6) 극성(polarity)

용접봉과 모재로 이루어지는 아크 용접의 전극에 관련된 성질
① 직류 아크 용접 (DC arc welding)
② 교류 아크 용접 (AC arc welding)

7) 극성 선택

전극, 보호가스, 용제의 성분, 모재의 재질과 모양, 두께 등

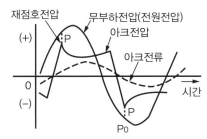

2 용접기에 필요한 조건(특성)

1) 수하 특성(drooping charcteristic)

① 부하전류가 증가하면 단자 전압이 저하하는 특성
② 아크 길이에 따라 아크 전압이 다소 변하여도 전류가
별로 변하지 않음
③ 피복아크 용접, TIG용접, 서브머지드 아크 용접 등에
응용

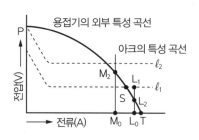

2) 정전류 특성(constant current charcteristic)

① 수하 특성 곡선 중에서 아크 길이에 따라서 전압이 변
동하여도 아크 전류는 거의 변하지 않는 특성
② 수동 아크 용접기는 수하 특성인 동시에 정전류 특성
③ 균일한 비드로 용접불량, 슬래그 잠입 등 결함방지

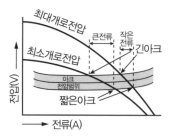

3) 정전압 특성과 상승 특성(constant voltage charcteristic and rising charcteristic)

① 정전압 특성(cp특성) : 부하전류가 변하여도 단자전압
이 거의 변하지 않는 특성
② 상승 특성 : 부하전류가 증가할 때 전압이 다소 높아지
는 특성
③ 자동 또는 반자동용접기는 정전압 특성이나 상승 특성
을 채택

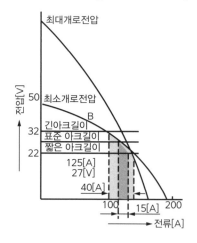

3 용접기의 분류

[피복아크 용접기의 분류]

1) 직류 아크 용접기(DC arc welding machine)

안정된 아크가 필요한 박판, 경금속, 스테인리스강 용접

① 직류 아크 용접기의 종류

발전기형 직류 아크 용접기	**전동 발전형 (MG형)**	• 3상 유도 전동기로 용접용 직류 발전기 구동 거의 사용하지 않음
	엔진 구동형 (EG형)	• 가솔린, 디젤엔진 등으로 용접용 직류 발전기 구동 • 전원 설비 없는 곳이나 이동 공사에 이용, DC 전원이나 AC 110V, 220V 전력 얻음
정류기형 직류 아크 용접기 (rectifier type DC arc welding machine)		• 전원별 : 3상 정류기, 단상 정류기 등 • 정류기별 : 세렌(80℃), 실리콘(150℃), 게르마늄 등 • 전류조정별 : 가동철심형, 가동코일형, 가포화리액터형 • 2차측 무부하 전압 : 40~60V 정도 • 변류과정(정류기형 직류 아크 용접기 회로) : 입력 → 교류 → 변압기 → 조정(가포화리액터) → 정류기 → 직류 → 출력
축전기형 직류 용접기		• 전원이 없는 곳에 자동차용 축전지 이용 • 축전지의 전압은 48V이며, 직렬로 연결

전압조절
용접전류조절
110V전원코드
용접케이블단자

② 직류 아크 용접기의 특징

발전형 (모터형, 엔진형)	• 완전한 직류를 얻으나, 가격이 고가 • 옥외나 전원이 없는 장소에 사용(엔진형) • 고장이 쉽고, 소음 크며, 보수 점검이 어려움
정류기형, 축전지형	• 취급이 간단하고, 가격이 쌈 • 완전한 직류를 얻지 못함(정류기형) • 정류기 파손 주의(셀렌 80℃, 실리콘 150℃) • 소음이 없고, 보수점검이 간단함

2) 교류 아크 용접기

일반적으로 가장 많이 사용되고 보통 1차측은 220V(현재는 공장에는 380V를 이용)의 전원에 접속하고, 2차측은 무부하 전압이 70~80V가 되도록 만들어 있고 구조는 일종의 변압기이지만 보통의 전력용 변압기와는 약간 다르다.

① 교류 아크의 안전성

• 교류 아크에서는 전원 주파수의 1/2 사이클(cycle)마다 극이 바뀌므로 1사이클에 2번 전류 및 전압의 순간 값이 "0"으로 될 때마다 아크 발생이 중단되어 아크가 불안전하다.

- 비피복 용접봉을 이용하면 아크가 불안정하여 용접이 어렵다.
- 피복 용접봉을 사용하면 고온으로 가열된 피복제에서 이온이 발생되어 안정된 아크 유지가 가능하다.
- 교류전원 및 전압파형에서 A점과 B점에서 전압과 전류가 일치하지 않는 전류의 지연현상이 보이는데 이는 교류회로의 리액턴스 때문이다.

[교류전원 및 전압 파형]

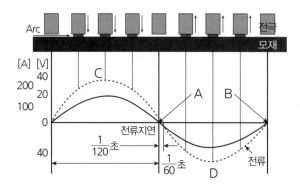

② 교류 아크 용접기의 규격(KSC 9602)

종류	정격출력전류(A)	정격사용률(%)	정격부하전압(V)	최고무부하전압(V)	출력전류(A)		사용되는 용접봉의 지름(mm)
					최대치(A)	최소치(A)	
AW 200	200	40	28	85 이하	정격출력전류의 100% 이상 110% 이하	정격출력전류의 20% 이하	2.0~4.0
AW 300	300	40	32	85 이하			2.6~6.0
AW 400	400	40	36	85 이하			3.2~8.0
AW 500	500	60	40	95 이하			4.0~8.0

③ 교류 변압기(transformer)

[교류 용접기의 원리]

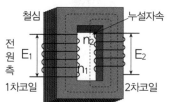

- 변압기는 교류의 전압을 높이거나(승압), 낮출 수(감압) 있는 기구이다.
- 철심의 양쪽에 1차 코일과 2차 코일을 감고 1차 코일에 교류를 흐르게 하면 철심에 자력선이 생기며 주파수의 교류 전압이 유도되는 기기이다.
- 1차측 전압과 2차측 전압의 비를 변압비라 하며 코일이 감긴 수의 비를 권수비라 하며 다음 식은 변압비와 권수비, 전압, 전류, 권수와의 관계식이다.
- 변압기 : 1차측 전압과 2차측 전압의 비

$$\text{변압기} = \frac{\text{1차 전압}(E_1)}{\text{2차 전압}(E_2)}$$

- 권수비 : 코일이 감긴 수의 비

$$\text{권수비} = \frac{\text{1차측 코일 감긴 수}(n_1)}{\text{2차측 코일 감긴 수}(n_2)}$$

- 변압비와 권수비, 전압, 전류, 권수와의 관계식

$$\frac{(E_1)}{(E_2)} = \frac{(n_1)}{(n_2)} = \frac{1차\ 전류(I_2)}{2차\ 전류(I_1)}$$
$$\therefore E_1n_2 = E_2n_1,\ n_1I_1 = n_2I_2,\ E_1I_1 = E_1E_2$$

④ 교류 아크 용접기의 구조
- 1차측 전원 : 220V~380V
- 2차측 전압 : 무부하전압 70~80V
- 구조 : 누설변압기
- 전류 조정 : 리액턴스에 의한 수하 특성, 누설 자속에 의한 전류 조정
- 조작 분류 : 가동철심형, 가동코일형, 탭전환형, 가포화 리액터형
- 장점 : 자기쏠림 방지 효과, 구조가 간단함, 가격이 싸고, 보수가 용이함

⑤ 교류 아크 용접기의 종류

가동철심형 교류 아크 용접기 (movable core type)	원리	가동철심의 이동으로 누설자속을 가감하여 전류의 크기를 조정
	장점	연속 전류를 세부적으로 조정
	단점	누설 자속 경로로 아크가 불안정, 가동 부 마멸로 가동 철심이 진동
가동코일형 교류 아크 용접기 (movable coil type)	원리	2차 코일을 고정시키고, 1차 코일을 이동시켜 코일간의 거리를 조정함으로써 누설 자속에 의해서 전류를 세밀하게 연속적으로 조정하는 형식
	특징	안정된 아크를 얻음, 가동부의 진동 잡음이 생기지 않음
	전류조정	양 코일을 접근하면 전류가 높아지고, 멀어지면 작아짐
탭 전환형 교류 아크 용접기 (tapped secondary coil control type)	특징	가장 간단한 것으로 소형 용접기에 쓰임
	전류조정	탭(tap)의 전환으로 단계적 조정
	단점	탭 전환부의 마모 손실에 의한 접촉 불량이 나기 쉬움
가포화 리액터형 교류 아크 용접기 (saturable reactor)	원리	변압기와 직류 여자 코일을 가포화 리액터 철심에 감아 놓은 것
	장점	• 전류 조정은 전기적으로, 마멸 부분이 없으며 조작이 간단함 • 소음이 없으며, 원격 조정과 핫 스타트(hot start)가 용이함

04 피복금속아크 용접의 특징

1 피복아크 용접기기

1) 직류 아크 중의 전압분포
① 구성 : 음극 전압 강하, 아크 기둥 전압 강하, 양극 전압 강하
② 아크 기둥 전압 강하(V_P) : 플라스마 상태로 아크 전류를 형성
③ 음극 전압 강하(V_K) : 전체 전압 강하의 약 50%로 열전자 방출

④ 양극 전압 강하(V_A) : 전자를 받아들이는 기능, 전압 강하는 0임

⑤ 전체 아크 전압 : $V_a = V_A + V_P + V_K$

⑥ 전극 물질이 일정할 때 아크 전압은 아크 길이와 같이 증가

⑦ 아크 길이가 일정할 때 아크 전압은 아크 전류 증가와 함께 약간 증가

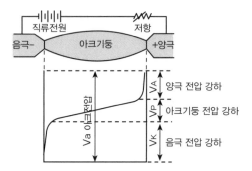

2) 용접회로

용접기(전원) → 전극 케이블 → 홀더 → 용접봉 및 모재 → 접지케이블 → 용접기(전원)

3) 아크의 특성

① 일반 전압 전류 특성 : 옴(Ohm's law) 법칙에 따라 동일 저항이 흐르는 전류는 그 전압에 비례

> **🔧 옴(Ohm's law)**
> • 옴의 법칙 : "전류는 전압에 비례하고 저항에 반비례한다"는 관계를 표시하는 법칙
> • 옴의 식 : $R(\Omega)$의 저항에 $E[V]$의 전압을 가하여 $I[A]$의 전류가 흘렀을 때의 관계식 또는 $E = IR[V]$

② 부저항 특성 또는 부특성 : 아크전류 밀도가 작을 때 전류가 커지면 전압이 낮아지고 아크전류 밀도가 크면 아크 길이에 따라 상승되는 특성

③ 아크 길이 자기제어특성(arc lenght self-control characteristics) : 아크 전류가 일정할 때 아크 전압이 높아지면 용접봉의 용융속도가 늦어지고, 아크 전압이 낮아지면 용접봉의 용융속도가 빨라지게 하여서 일정한 아크 길이로 되돌아오게 하는 특성

④ 온도 분포

직류 아크 용접	양극	발생열의 60~70%
	음극	발생열의 30~40%
교류 아크 용접		두 극에서 거의 같음

4) 정극성(Direct current straight polarity; DCSP)과 역극성(Direct current reverse polarity; DCRP)

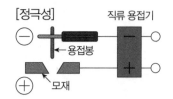

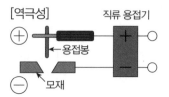

극성	용접부	특징
직류 정극성(DCSTP)		• 모재의 용입이 깊음 • 용접봉이 늦게 녹음 • 비드 폭이 좁음 • 일반적으로 많이 사용
직류 역극성(DCRP)		• 모재의 용입이 얕음 • 용접봉이 빠르게 녹음 • 비드 폭이 넓음 • 박판, 주강, 고탄소강, 합금상, 비철 금속 등에 사용

전원의 특성

• 전원으로 전자는 (−)에서 양자(+)로 흐르는데, 전자보다 양자가 질량이 약 1820배가 많아서 전자의 흐름은 빠르고 양자는 무거워 흐름이 느리다.
• 정극성의 특징을 보면 전자는 (−)에서 (+)인 모재로 이동하고, 가스이온은 (+)에서 (−)로 흐르게 되어 빠른 전자가 모재 표면과 충돌을 하여 열을 발산하게 되어 모재 표면이 용접봉(전극봉)보다 열을 많이 받게 되어 용입이 깊어지고 비드 폭이 좁아진다.

5) 용접입열 : 용접부에 외부에서 주어지는 열량
① 아크가 용접단위 길이 1cm당 발생하는 전기적 에너지 H

$$H = 60EI/V \text{ [Joule/cm]}$$

E(V) : 아크 전압, I(A) : 아크 전류, V(cm/min) : 용접속도

② 모재에 흡수된 열량 : 입열의 75~85%

6) 용접봉의 용융속도
① 단위 시간당 소비되는 용접봉의 길이 또는 무게
② 용융속도 = 아크 전류 × 용접봉 쪽 전압 강하
③ 용융속도는 전류만 비례하고, 아크 전압과 용접봉 지름과는 무관하다.

7) 용적이행 : 용접봉에서 모재로 용융금속이 옮겨가는 형상
① 단락형(short circuit type) : 용적이 용융지에 단락되면서 표면장력 작용으로 모재에 이행하는 방식
② 입상형(globuler transfer type) : 흡인력 작용으로 용접봉이 오므라들어 용융 금속이 비교적 큰 용적이 단락되지 않고 모재에 이행하는 방식(일명 핀치효과형)
   * 핀치 효과 : 플라스마 속에서 흐르는 전류와 그것으로 생기는 자기장과의 상호작용으로 플라스마 자신이 가는 줄 모양으로 수축하는 현상으로, 핀치 효과에는 전자기 핀치 효과와 열 핀치 효과의 2종류가 있다.
③ 분무형(spray transfer type) : 피복제에서 발생되는 가스가 폭발하여 미세한 용적이 이행하는 방식

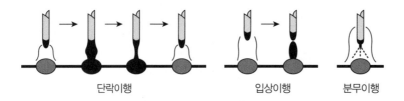

단락이행   입상이행   분무이행

2 용접기의 사용률

1) 사용률(duct cycle)

용접기의 사용률을 규정하는 것은 용접기를 높은 전류로 무제한 계속 작업 시 용접기 내부의 온도가 상승되어 소손되는 것을 방지하기 위한 것이다.

① 정격사용률 : 정격 2차 전류(예 AW 300, 정격사용률 40%)를 사용하는 경우 사용률(총 10분을 기준)

$$\text{사용률}(d) = \frac{\text{아크 발생 시간}}{\text{아크 발생 시간} + \text{휴식 시간}} \times 100(\%) \ (\text{전체시간 : 10분})$$

② 허용사용률 : 실제 용접작업시 정격 2차 전류 이하의 전류를 사용하여 용접하는 경우에 허용되는 사용률

$$\text{허용사용률}(\%) = \frac{(\text{정격 2차 전류})^2}{(\text{실제 용접 전류})^2} \times \text{정격사용률}(\%)$$

③ 역률(power factor) : 전원입력에 대하여 소비전력과의 비율

$$\text{역률} = \frac{\text{소비전력}(kW)}{\text{전원입력}(kVA)} = \frac{(\text{아크 전압} \times \text{아크 전류}) + \text{내부손실}}{(\text{2차 무부하 전압} \times \text{아크 전류})} \times 100(\%)$$

- 전원입력(2차 무부하 전압×아크 전류)
- 아크입력(아크 전압×아크 전류)
- 2차측 내부손실(kW)
- 역률이 높을수록 용접기는 나쁨

④ 효율(efficiency) : 소비전력에 대하여 아크 출력과의 비율

$$\text{효율} = \frac{\text{아크 출력}(kW)}{\text{소비 전력}(kW)} = \frac{(\text{아크 전압} \times \text{아크 전류})}{(\text{아크 출력} + \text{내부손실})} \times 100(\%)$$

3 접지

1) 접지 목적

① 여러 종류의 전기·전자·통신설비 기기를 대지(150V)와 전기적으로 접속하여 지락사고 발생시 전위 상승으로 인한 장해 방지

② 위험전압으로 상승된 전위를 저감시켜 인체 감전위험을 줄이고 사고전로를 크게 하여 차단기 등 각종 보호장치의 동작을 확실히 할 수 있도록 함

2) 접지 분류

보호용 접지	• 계통 접지, 기기 접지, 피뢰용 접지 등 • 안전을 위한 접지 • 대전류, 저주파 영역
기능용 접지	• 노이즈 방지 접지, 전위기준용 접지 등 • 소전류, 고주파 영역

* 목적이 다른 접지가 각각의 역할을 충분히 발휘하고 서로 양호한 보완관계를 유지하는 것이 접지기술이다.

[일반적인 접지 계통도]

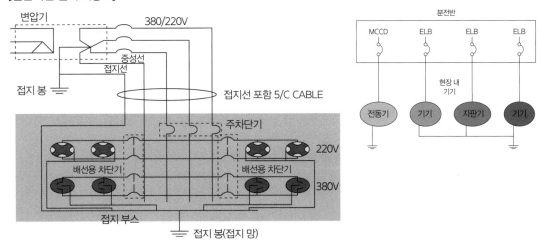

4 가설 분전함 설치 시

1) 유의사항

① 메인(main)분전함에는 개폐기를 모두 NFB(No Fuse Breaker : 퓨즈가 없는 차단기)로 부착하고 분기 분전함에는 주개폐기만 NFB로 하고 분기용은 ELB(Electronic Leak Break : 전원누전차단)를 부착한다.

② ELB로부터 반드시 전원을 인출 받아야 할 기기는 입시조명 등, 전열, 공구류, 양수기 등이고 NFB로 전원을 인출 받아도 되는 기기는 용접기류 등과 같은 고정식 작업 장비로 한정한다.

③ 분전함 내부에는 회로접촉 방지판을 설치하여야 하며, 피복을 입힌 전선일 경우는 예외로 하며 외부에는 위험표지판을 부착하고 잠금장치를 하여야 한다.

④ 전능, 전열의 전원 인출이 보다 쉽도록 리셉터클(receptacle : 전기·전자 전구 또는 나사식 플러그를 비틀어 넣은 소켓의 하나. 꼭지쇠는 보통제이며 대개는 노출형이다)을 내부에 설치를 원칙적으로 하되 부득이한 경우 분전함 외부에 방수 리셉터클을 부착한다.

2) 중점관리사항

① 분점함의 키(KEY)는 전기담당자 또는 직영 전공이 관리하도록 하여 작업자가 임의로 분전함을 열고 전선을 접속하는 일이 없도록 한다.

② 누전차단기 및 과부하 차단기는 오동작 혹은 미동작이 종종 발생되므로 정기적으로(주 1회 이상) 시험 버튼을 눌러보아 차단 여부를 점검한다.

01 용접기의 설치 시에 피해야 할 장소 중 틀린 것은?

① 휘발성 기름이나 가스가 있는 곳
② 수증기 또는 습도가 높은 곳
③ 옥외의 비바람이 치는 곳
④ 주위 온도가 10℃ 이하인 곳

해설
주위 온도가 −10℃ 이하인 곳은 피해야 할 장소이다.

02 용접기 취급 시 주의사항으로 틀린 것은?

① 정격 사용률 이상 사용할 때 과열되어 소손이 생김
② 탭 전환은 아크 발생 중지 후 행할 것
③ 1차측 단자의 한쪽과 용접기 케이스는 반드시 접지할 것
④ 습한 장소, 직사광선이 드는 곳에서 용접기를 설치하지 말 것

해설
2차측 단자의 한쪽과 용접기 케이스는 반드시 접지할 것

03 용접기 사용 시 주의사항으로 틀린 것은?

① 용접기의 용량보다 과대한 용량으로 사용한다.
② 용접기의 V단자와 U단자가 케이블과 확실하게 연결되어 있는 상태에서 사용한다.
③ 용접 중에 용접기의 전류 조절을 하지 않는다.
④ 용접기 위나 밑에 재료나 공구를 놓지 않는다.

해설
용접기의 용량보다 과대한 용량으로 사용하지 않는다.

04 전선에 전류가 흐르면 반드시 전류의 주위에 자장(磁場)이 발생하는 원인으로 틀린 것은?

① 전류가 흐르면 그 주위에 자장이 발생한다.
② 자장이 움직이면 전류가 발생한다.
③ 전류와 자장 사이에는 힘이 발생한다.
④ 자장은 양극(+)에서 음극(−)으로 향해 갈 때에만 발생한다.

해설
자장은 음극(−, 전자)에서 양극으로 옮겨갈 때 발생하고 힘이 발생한다.

05 용접 용어에 대한 정의를 설명한 것으로 틀린 것은?

① 모재 : 용접 또는 절단되는 금속
② 다공성 : 용착금속 중 기공이 밀집한 정도
③ 용락 : 모재가 녹은 깊이
④ 용가재 : 용착부를 만들기 위하여 녹여서 첨가하는 금속

해설
용락은 뒷면에 용접과 관계없이 떨어진 부분을 말함

06 용접의 접합의 인력이 작용하는 원리가 되는 1옹스트롬(Å)의 크기는?

① 10^{-5}cm
② 10^{-6}cm
③ 10^{-7}cm
④ 10^{-8}cm

해설
1옹스트롬은 Å = 10^{-8}cm = 10^{-10}m이다.

07 용접의 목적 달성 조건이 아닌 것은?

① 금속 표면에 산화피막 제거 및 산화방지를 한다.

② 금속표면을 충분히 가열하여 요철을 제거하고 인력이 작용할 수 있는 거리로 충분히 접근 시킨다.

③ 금속원자가 인력이 작용할 수 있는 Å=10^{-8}cm의 거리를 접근 시킨다.

④ 금속표면의 전자가 원활히 움직여 거리와 관계없이 접합이 된다.

금속표면을 충분히 가열하여 요철을 제거하고 인력이 작용할 수 있는 거리로 충분히 접근시킨다.

08 리벳이음에 비교한 용접이음의 특징을 열거한 것 중 틀린 것은?

① 이음효율이 높다.

② 유밀, 기밀, 수밀이 우수하다.

③ 공정의 수가 절감된다.

④ 구조가 복잡하다.

기계적 접합인 리벳이음과 비교해서 용접이음은 이음 효율이 향상(기밀, 수밀 유지)되며, 작업 공정 단축으로 경제적이다.

09 다음 중 용접의 장단점이 아닌 것은?

① 재료 절약, 중량 감소

② 재료의 두께에 제한이 있다.

③ 품질 검사가 곤란하다.

④ 보수와 수리가 용이하다.

용접은 재료 두께에 제한이 없다.

10 용접법을 대별한 것이 아닌 것은?

① 융접   ② 압접

③ 납땜   ④ 단접

용접법을 대별하면 융접, 압접, 납땜으로 구분한다.

11 다음 중 융접에 속하지 않는 것은?

① 피복금속아크 용접

② 탄산가스아크 용접

③ 스터드 용접

④ 심 용접

심 용접은 압접에 속한다.

12 KSC 9607에 규정된 용접봉 홀더 종류 중 손잡이 및 전체 부분을 절연하여 안전홀더라고 하는 것은 어떤 형인가?

① A형   ② B형

③ C형   ④ S형

용접봉 홀더의 종류는 ㉠ A형(안전홀더) : 전체가 완전절연된 것으로 무거움 ㉡ B형 : 손잡이만 절연된 것이다.

13 교류 아크 용접기 용량이 AW 300을 설치하여 작업하려 할 때 용접기에서 작업장의 길이가 최대 40m 이내일 때 적당한 2차측 용접용 케이블은 어떠한 것을 사용해아 하는가?

① 39mm^2 ② 50mm^2

③ 75mm^2 ④ 80mm^2

용접기의 용량이 300A일 때 리드용 케이블은 지름 8mm, 홀더용 케이블 단면적인 50mm^{2}을 사용해야 한다.

정답						
01 ④	02 ③	03 ①	04 ④	05 ③	06 ④	07 ④
08 ④	09 ②	10 ④	11 ④	12 ①	13 ②	

14 용접기의 구비조건 중 틀린 것은?

① 구조 및 취급 방법이 간단하고 조작이 용이해야 함
② 아크 발생이 용이하도록 무부하전압 유지
③ 용접기는 완전절연과 무부하전압이 필요 이상 높을 것
④ 사용 중에 온도상승이 적고, 역률 및 효율이 좋을 것

해설
용접기의 구비조건에서 완전절연과 필요 이상 무부하전압이 높지 않아야 한다.

15 아크 용접기의 구비조건으로 틀린 것은?

① 구조 및 취급 방법이 간단해야 한다.
② 전류가 큰 전류가 흘러 용접 중 온도 상승이 커야 한다.
③ 아크 발생이 용이하며 유지와 아크가 안정해야 한다.
④ 사용 중에 역률 및 효율이 좋아야 한다.

해설
용접기의 구비조건에서 전류는 일정하게 흐르고 조정이 용이해야 한다.

16 전격방지기의 설명 중 틀린 것은?

① 전격방지기는 용접작업을 하지 않을 때에는 보조 변압기에 연결이 되어 용접기의 2차 무부하전압을 20~30V 이하로 유지한다.
② 용접봉을 모재에 접촉한 순간에만 릴레이가 작동하여 2차 무부하전압으로 올려 용접작업이 가능하도록 되어 있다.
③ 아크의 단락과 동시에 자동적으로 릴레이가 작동한다.
④ 주로 용접기의 내부에 설치된 것이 일반적이나 일부는 외부에 설치된 것도 있다.

해설
아크의 단락과 동시에 자동적으로 릴레이(relay)가 차단된다.

17 교류 용접기에 산업안전보건법에서 반드시 안전을 위해 장착하는 부속장치는?

① 전격방지기
② 원격제어장치
③ 핫스타트 장치
④ 아크부스터

해설
용접기의 무부하전압을 25~30V 이하로 유지하고, 아크 발생 시에는 언제나 통상전압(무부하전압 또는 부하전압)이 되며, 아크가 소멸된 후에는 자동적으로 전압을 저하시켜 감전을 방지하는 장치

18 현장에서 용접작업을 할 때 용접기가 멀리 떨어져 있을 때 사용하는 장치는?

① 전격방지기
② 원격제어장치
③ 핫스타트 장치
④ 아크부스터

해설
원격제어장치는 용접작업 위치가 멀리 떨어져 있는 용접 전류를 조절하는 장치로 유선식과 무선식이 있다.

19 아크부스터(arc booster)의 설명 중 틀린 것은?

① 아크 발생을 쉽게 한다.
② 비드 모양을 개선시킨다.
③ 균열을 방지하나 기공이 발생한다.
④ 아크 발생 초기에 용입을 양호하게 한다.

해설
기공을 방지한다.

20 용접작업에서 아크를 쉽게 발생하기 위하여 용접기에 들어가는 장치는?

① 전격방지기
② 원격제어장치
③ 무선식 원격제어장치
④ 고주파 발생장치

해설

고주파 발생장치는 아크를 쉽게 발생하기 위하여 용접 전류에 고전압(약 3,000V), 고주파수(300~1,000KC), 저출력의 전류를 이용하는 주파수

21 필터유리(차광유리) 앞에 일반유리(보호유리)를 끼우는 주된 이유는?

① 가시광선을 적게 받기 위하여
② 시력의 장애를 감소시키기 위하여
③ 용접가스를 방지하기 위하여
④ 필터유리를 보호하기 위하여

해설

차광유리를 보호하기 위해 앞, 뒤로 끼우는 유리를 보호유리라 한다.

22 용접 옥내 작업 시 준수사항으로 틀린 것은?

① 용접작업 시 국소배기시설을 설치한다.
② 국소배기로 배기되지 않는 용접 흄은 전체환기시설을 설치한다.
③ 작업 시에는 국소배기시설을 반드시 정상가동시킨다.
④ 이동 작업공정에서도 국소배기시설을 정상가동시킨다.

해설

이동 작업공정에서는 이동식 팬을 설치한다.

23 전격방지장치 부착확인 방법 중 틀린 것은?

① 직류, 교류 피복아크 용접기에 전격방지기가 부착되어있는지 확인한다.
② 용접기 1차측에 반드시 NFB나 퓨즈(fuse)를 설치한 후 사용한다.
③ 사용 전에 용접기에 배선을 반드시 점검한다.
④ 용접공은 반드시 안전장구를 착용하여 작업하며 안전장구나 피복의 건조를 유지한다.

해설

교류 피복아크 용접기에 전격방지기가 부착되어있는지 확인한다.

24 교류 아크 용접기 설치작업 전 유의사항으로 틀린 것은?

① 용접기에는 반드시 접점 전격방지기를 설치한다.
② 용접기의 2차측 회로는 용접용 케이블을 사용한다.
③ 단자 접속부는 절연테이프 또는 절연커버로 방호한다.
④ 홀더선 등의 바닥에 깔리지 않도록 가공 설치 및 바닥 통과 시 커버를 사용한다.

해설

용접기에는 반드시 무접점 전격방지기를 설치한다.

정답					
14 ③	15 ②	16 ③	17 ①	18 ②	19 ③
20 ④	21 ④	22 ④	23 ①	24 ①	

25 용접작업을 할 때 용접기의 점검사항 중 틀린 것은?

① 용접기 내외 점검 및 고장유무 확인

② 용접작업 전에만 반드시 실시

③ 전기 접속 및 케이블 파손 여부 확인

④ 정류자 면에 불순물 여부 확인

해설

용접기의 점검은 용접작업 전 또는 작업 후에 반드시 실시하여야 한다.

26 아크전류 밀도가 작을 때 전류가 커지면 전입이 낮아지고 아크 전류 밀도가 크면 아크 길이에 따라 상승되는 특성은 무엇인가?

① 부저항 특성

② 아크 길이 자기제어 특성

③ 절연회복 특성

④ 전압회복 특성

해설

문제의 설명은 부저항 특성 또는 부특성이라 한다.

27 교류 용접 시 용접봉과 모재 간 절연되어 순간적으로 꺼졌던 아크를 보호가스에 의하여 절연을 막고 아크가 재발생하는 특성은 무엇이라 하는가?

① 아크의 부저항 특성

② 자기제어 특성

③ 수하 특성

④ 절연회복 특성

28 용접기의 특성 중 부하전류가 증가하면 단자전압이 저하하는 특성은?

① 부저항 특성 　　② 수하 특성

③ 정전류 특성 　　④ 정전압 특성

해설

용접기의 특성 중 가장 많이 이용되는 특성으로 부하전류가 증가하면 단자전압이 저하되고 아크 길이에 따라 아크 전압이 다소 변하여도 전류가 별로 변하지 않음

29 용접기의 특성에 있어 수하 특성의 역할로 가장 적합한 것은?

① 열량의 증가

② 아크의 안정

③ 아크 전압의 상승

④ 저항의 감소

해설

수하 특성(drooping charcteristic) : ㉠ 부하전류가 증가하면 단자 전압이 저하 하는 특성 ㉡ 아크 길이에 따라 아크 전입이 다소 변하여도 전류가 별로 변하지 않음 ㉢ 피복아크 용접, TIG용접, 서브머지드 아크 용접 등에 응용

30 부하전류가 변하여도 단자전압이 거의 변하지 않는 특성을 무엇이라 하는가?

① 상승 특성 　　② 정전압 특성

③ 정전류 특성 　　④ 수하 특성

31 다음 중 직류 아크 용접기의 종류가 아닌 것은?

① 모터형 직류 용접기

② 엔진형 직류 용접기

③ 가포화리액터형 직류 용접기

④ 정류기형 직류 용접기

해설

가포화 리액터형은 교류 아크 용접기 종류로 가변저항의 변화로 용접전류를 조정하고 원격제어가 가능하다.

32 직류 아크 용접기 중 정류기형 정류기는 세렌(80℃), 실리콘(150℃), 게르마늄 등을 이용하는데 전류조정은 어느 식으로 하는가에 대한 보기로 틀린 것은?

① 가동철심형
② 엔진형
③ 가동코일형
④ 가포화리액터형

가동철심형, 가동코일형, 가포화리액터형은 교류 아크 용접기의 종류이다.

33 다음 중 교류 아크 용접기의 종류별 특성으로 누설 자속을 가감하여 미세한 전류 조정이 가능하나 아크가 불안정한 용접기의 형별은?

① 가동철심형
② 가동코일형
③ 탭전환형
④ 가포화리액터형

34 다음 중 교류 아크 용접기의 종류별 특성으로 가변저항의 변화를 이용하여 용접전류를 조정하는 형식은?

① 가동철심형
② 가동코일형
③ 탭전환형
④ 가포화리액터형

35 직류 아크 용접 중 전압의 분포에서 음극 전압강하는 V_K, 양극 전압 강하는 V_A, 아크 기둥의 전압 강하를 V_P라 할 때 아크 전압 Va는?

① Va= V_K+V_A+V_P
② Va= V_K+V_A-V_P
③ Va= V_K-V_A+V_P
④ Va= V_K-V_A×V_P

36 직류 정극성에 대한 설명으로 올바르지 못한 것은?

① 모재를 (+)극에, 용접봉을 (-)극에 연결한다.
② 용접봉의 용융이 느리다.
③ 모재의 용입이 깊다.
④ 용접 비드의 폭이 넓다.

정극성은 모재에 양극(+), 전극봉에 음극(-)을 연결하여 양극에 발열량이 70~80%, 음극에서는 20~30%로 모재 측에 열 발생이 많아 용입이 깊게 되고 음극인 전극봉(용접봉)은 천천히 녹는다. 역극성은 반대로 모재가 천천히 녹고 용접봉은 빨리 용융되어 비드가 용입이 얕고 넓어진다.

37 용접전류 120A, 용접전압이 12V, 용접속도가 분당 18cm일 경우에 용접부의 입열량(J/cm)은?

① 3500
② 4000
③ 4800
④ 5100

용접입열량은 공식에 의해 H = 60EI / V(joule/cm) {H: 용접입열, E: 아크 전압(V), I: 아크 전류(A), V: 용접속도(cm/min)}에 대입, 60×120×12 / 18 = 4800

38 아크 용접에서 흡인력 작용으로 용접봉이 용융되어 용적이 줄어들어 용융금속이 비교적 큰 용적이 단락되지 않고 모재에 이행하는 방식은?

① 단락형
② 입상형
③ 분무형(스프레이형)
④ 열적 핀치효과형

정답						
25 ②	26 ①	27 ④	28 ②	29 ②	30 ②	31 ③
32 ②	33 ①	34 ④	35 ①	36 ④	37 ③	38 ②

39 정격 2차 전류가 300A, 정격 사용률 50%인 용접기를 사용하여 100A의 전류로 용접을 할 때 허용사용률은?

① 5.6%   ② 150%

③ 450%   ④ 550%

용접기의 허용사용률

= (정격 2차 전류)^2 / (실제 용접 전류)^2×정격사용률

= $(300)^2$ / $(100)^2$×50% = 450%

40 다음 중 허용사용률을 구하는 공식은?

① 허용사용률 $=\dfrac{정격\ 2차전류^2}{실제용접전류}×정격사용률$

② 허용사용률 $=\dfrac{정격\ 2차전류}{실제용접전류^2}×정격사용률$

③ 허용사용률 $=\dfrac{실제용접전류^2}{정격\ 2차전류}×정격사용률$

④ 허용사용률 $=\dfrac{정격\ 2차전류^2}{실제용접전류^2}×정격사용률$

41 아크전류 200A, 무부하전압 80V, 아크전압 30V인 교류 용접기를 사용할 때 효율과 역률은 얼마인가?(단, 내부손실은 4kW라고 한다.)

① 효율 60%, 역률 40%

② 효율 60%, 역률 62.5%

③ 효율 62.5%, 역률 60%

④ 효율 62.5%, 역률 37.5%

효율

= (아크 전압×아크 전류) / (아크 출력+내부손실)×100%

= (30×200) / (30×200+4000VA)×100 = 60

역률

= [(아크 전압×아크 전류)+내부손실] / (2차 무부하전압 ×아크 전류)×100%

= [(30×200)+4000VA] / (80×200)×100 = 62.5

42 2차 무부하전압 80V, 아크 전류 200A, 아크 전압 30V, 내부손실 3kW일 때 역률(%)은?

① 48.00%

② 56.25%

③ 60.00%

④ 66.67%

역률

= 소비전력 / 전원입력×100

= 아크 전압×아크 전류+내부손실 / (2차 무부하 전압× 아크 전류)×100

= 30V×200A+3kW(3000VA) / 80V×200A×100%

= 56.25%

43 접지목적 중 틀린 것은?

① 대지(150V)와 전기적으로 접속하여 지락 사고 발생 시 전위상승으로 인한 장해를 방지

② 위험전압으로 상승된 전위를 상승시켜 인체감전위험을 줄이고 사고전로를 크게 하여 차단기 등 각종 보호장치의 동작을 확실히 할 수 있도록 함

③ 보호용 접지와 기능용 접지가 있음

④ 접지기술로 목적이 다른 접지가 각각의 역할을 충분히 발휘하고 서로 양호한 보완관계를 유지하는 것

위험전압으로 상승된 전위를 저감시켜 인체감전위험을 줄이고 사고전로를 크게 하여 차단기 등 각종 보호장치의 동작을 확실히 할 수 있도록 함

정답				
39 ③	40 ④	41 ②	42 ②	43 ②

피복아크 용접 설비 점검

01 용접설비 기초지식

1 아크 용접기의 위험성

1) 피복금속 아크 용접봉이나 배선에 의한 감전사고의 위험이 있으므로 항상 주의할 것

① 젖었거나 손상된 장갑의 착용을 금하고 마르고 절연된 장갑을 착용할 것

② 작업장에서 감전 예방을 위하여 절연복을 착용하며 기계를 만지기 전에 플러그를 빼거나 전원스위치를 차단할 것

2) 용접 시 발생하는 흄(fume : 연기)이나 가스 흡입 시 건강에 해로우므로 주의할 것

① 용접 시 발생하는 흄으로부터 머리 부분을 멀리하고 흄 흡입장치 및 배기가스 설비를 할 것

② 통풍용 환풍기를 설치하여 작업 장소를 환기시킬 것

3) 용접 시 스패터로 인해 화재나 폭발 또는 파열사고를 일으킬 수 있으므로 주의할 것

① 인화성 물질이나 가연성 가스 근처에서 용접을 금할 것(보통 용접 시 비산하는 스패터가 날아가 화재를 일으키는 거리가 5m 이상으로 5m 이내에는 위험이 있는 인화성 물질이나 유해성 물질이 없어야 하며 화재의 위험이 있어 가까운 곳에 소화기를 비치하여 화재에 대비할 것)

② 드럼통이나 컨테이너 박스와 같은 밀폐된 용기나 공간에서 용접을 금할 것

③ 아크 발생 시 강한 불빛과 스패터는 눈의 염증(전광선 안염)과 화상의 원인이 되므로 주의할 것(헬멧, 핸드쉴드, 모자, 보안경, 귀마개, 단추달린 셔츠를 착용하고 차광도가 충분한 안경을 착용할 것)

④ 작업 전에 용접이나 기계에 대한 교육을 받고 안전수칙을 숙지할 것

4) 용접봉 종류별로 아크 발생

용접봉 종류별로 슬래그 발생제, 가스 발생제 등을 비교하여 아크 발생

2 자동 전격방지기

1) 자동 전격방지기의 원리

① 전격방지기가 없는 교류 아크 용접기라 해도 용접작업 중에는 20~30V 이하의 낮은 전압으로 유지되므로 감전의 위험이 없으나, 아크를 발생하지 않을 때는 50~95V의 높은 전압이 2차측 홀더와 어스에 걸려 감전의 위험이 있다.

② 자동 전격방지기는 용접을 하지 않을 때는 보조 변압기에 의해 20~30V(안전전압) 이하의 낮은 전압만 공급되지만, 용접봉을 모재에 접촉하는 순간 릴레이가 작동하여 용접기의 변압기와 연결되어 높은 전압으로 아크 발생이 되도록 제어하는 원리이다.

2) 자동 전격방지기의 장단점

구분	장점	단점
마그네트 접점방식	• 전압 변동이 적고, 무부하 전압차가 낮음 • 외부 자장에 의한 오동작 위험이 작음 • 고장 빈도가 적고 가격이 저렴함	• 시동감이 낮고, 마그네트 수명이 짧음 • 정밀 용접, 후판, 용접용으로 부적합 • 중량이 무거움
반도체 소자 무접점 방식	• 시동감이 빠르고 작업도 용이 • 정밀 용접 가능	• 외부 자장에 의한 오동작 우려됨 • 초기 전압 및 전압 변동에도 민감한 반응 • 분진, 습기에 약함

3) 자동 전격방지기의 사용 시 이점

① 감전 위험으로부터 작업자를 보호한다(평상시는 안전전압 24V 이내 유지).
② 용접기의 무부하 전력 손실을 억제한다.
③ 용접기 2차측 무부하 전압 감소에 따른 용접기의 신뢰성이 유지된다.
④ 역률 개선 및 절전효과가 있다.

3 인버터(inverter)

1) 인버터의 정의

인버터란 3상 교류를 직류로 변환하는 컨버터부와 그 직류를 가변전압, 가변 주파수의 교류로 만들어 출력하는 인버터부로 구성되어 있으며 3상 농형유도 전동기를 속도 제어하는 장치이다.

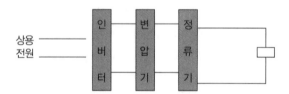

2) 변류과정

입력 → 교류 → 변압기 → 조정(가포화리액터) → 정류기 → 직류 → 출력
(교류) (교류)

3) 인버터 용접기의 의미

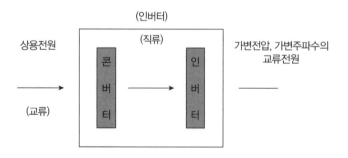

인버터 용접기는 인버터부에서 상용 전원을 수kHz~수10kHz의 고주파 교류로 변환해서 변압기로 입력하고, 변압기로 출력을 다시 직류로 정류해서 용접용 전원을 얻는 장치로 용접전원의 출력제어는 변압기 1차측의 인버터부에서 2차측은 단지 정류작용만을 한다.

4) 인버터의 구분
인버터는 PWM 방식의 전압형 인버터로서, 크게 인버터부, 평활회로부, 콘버터부, 제어회로부로 구분된다. * PWM : pulse width modulation, 펄스폭 변조(變調)(펄스 반송파의 변조법의 하나)
① 제어회로부 : 이 모든 파워(POWER)부를 제어하는 PCB
  * PCM : 인쇄 배선 회로 기판(printed circuit board)
② 인버터부 : 이 직류전압을 고속 스위칭해 펄스형태의 교류전압으로 만드는 곳
③ 콘버터부 : 3상의 상용 교류전압을 직류전압으로 정류를 하는 곳

5) PWM 제어 회로
'펄스폭 변조'의 약칭으로 평활된 직류전압의 크기는 변화시키지 않고 펄스상의 전압출력시간을 변화시켜 전압을 변화시키는 회로로서, 출력 전압의 오차를 검출하여 증폭하는 오차증폭기와 검출된 오차의 톱니파를 비교하여 펄스를 발생시키는 비교기 등으로 구성된다.

4 ▶ 용접봉 건조기

1) 종류
휴대용 용접봉 건조기, 저장용 용접봉 건조기, 플럭스 전용 건조기 등

2) 특징
용접봉은 적정 전륫값을 초과해서 사용하면 좋지 않은 결과가 나오며 너무 과도한 전류를 사용하면 용접봉이 과열되어 피복제에는 균열이 생겨 피복제가 떨어지거나 많은 스패터를 유발시킨다. 특히 용접봉의 피복제는 습기에 민감하므로 흡수된 용접봉을 사용 시 기공이나 균열이 발생할 우려가 있어 반드시 습기가 흡수된 용접봉을 재건조(re-baking)하여 사용토록 제한하는 경우가 일반적이고 건조는 저수계 계열은 건조온도가 300~350℃로 1~2시간 정도로 건조하고 다른 종류의 계열은 70~100℃로 30분~1시간으로 건조를 한 뒤에 사용하고 보관은 건조하고 습기가 없는 장소에 보관하여야 한다.
① 높은 절연 내압으로 안정성이 탁월하다.
② 우수한 단열재를 사용하여 보온 건조효과가 좋다.
③ 안정된 온도를 유지하고 습기 제거가 뛰어나야 한다.

5 ▶ 용접 포지셔너(welding positioner)
용접 포지셔너는 여러 가지 용접자세 중에서 용접 능률이 가장 좋은 아래보기 자세로 용접할 수 있도록 구조물의 위치를 조정이 가능하도록 하는 장치로써 구조물을 회전 테이블에 고정 또는 구속시켜 변형을 방지하는 기능도 있다.

1 용접기의 이상 유무 확인

1) 아크 발생

연강판을 바르게 놓고 용접봉을 용접홀더에 90°로 물리고 편한 자세로 앉아서 용접홀더를 2차 측 케이블에 무게를 감소시키기 위하여 팔이나 어깨에 감은 후에 가볍게 손에 쥐고서 용접봉의 끝이 모재 위에 아크를 발생시킬 위치를 겨냥하여 약 10mm 높이에 접근하여 준비를 한다. 헬멧이나 핸드 실드로 얼굴을 가리고 용접봉 끝을 모재에 살짝 접촉시켰다가 2~3mm 정도 들어 올리면 아크가 발생된다. 이때 초보자는 긁기법, 숙련자는 찍기법의 방법으로 아크를 발생시키며 아크의 길이는 보통 용접봉 심선의 지름 크기 정도로(일반적으로 2~3mm) 일정하게 유지하지만 가능한 한 아크 길이가 짧은 것이 좋다. 이때 전류를 80A, 100A, 120A, 140A로 조절하면서 아크를 발생시키며 차광유리를 통해 아크 발생음, 스패터 발생 정도, 비드의 상태, 용융지, 아크 분위기 등을 관찰하면서 전류를 조절할 수 있다.

찍기법 (tapping method)	피복금속 아크 용접봉을 모재에 수직으로 찍듯이 접촉시켰다가 들어 올리는 방법	
긁기법 (scratching method)	피복금속 아크 용접봉을 모재에 살짝(성냥불을 켜듯이) 긁는 방법	

2) 아크 끊기

아크를 끊을 때는 아크 길이를 최대한 모재에 아크가 보이지 않을 정도로 짧게 하여 운봉을 정지시켜 크레이터가 얇게 형성되게 처리(비드 이음 할 때 쉽게 연결하기 위함)한 다음 아크를 끊는다.

3) 전류 조절

주전원 및 용접기의 전원스위치를 넣는다. 용접기의 전류 조절 손잡이를 조작하여(오른쪽 방향은 전류상승, 왼쪽방향 전류하강) 사용할 용접봉 지름 및 모재에 알맞게 전류를 조절하고 [용접봉 지름 Ø3.2는 80~140A, Ø4.0은 120~160A] 피복 금속 아크 용접봉 지름 및 종류 등에 따라 알맞게 아크를 발생할 수 있다.

4) 용접기 극성(polarity) 파악

① 직류 아크 용접 : 양극에서 발생 열의 60~75%, 음극에서는 25~40% 정도이다.
② 교류 아크 용접 : 두 극(+, -)에서 거의 같다.

5) 용접기 점검

① 배전반의 용접기 직전의 전원스위치의 위치를 파악할 수 있고 용접기 설치 시 필요하면 배전반의 스위치를 차단할 수 있다.

② 1차 입력케이블, 2차 입력 케이블, 용접토치(홀더)와 전기 접지선 등을 점검할 수 있다.

③ 용접기 설치 작업에 필요한 공구(몽키스패너, 드라이버[+, −], 니퍼, 렌치(육각렌치 등), 전선용 칼, 전류·전압 측정기 등)와 사용설명서 등을 준비할 수 있다.

④ 용접 토치부(홀더)의 절연부에 손상이 없는지 파악할 수 있다.

⑤ 1, 2차 측 배선과 용접기 단자와의 접속과 절연이 잘 되었는지 확인할 수 있고 케이블 피복에 손상 유무를 확인할 수 있다.

⑥ 용접홀더(토치)에 용접봉이 잘 물리는지 점검하고 연결한 케이블의 이상이 있는지 점검할 수 있다.

⑦ 용접기에 연결된 모든 케이블의 연결 상태를 확인하고 까짐이나 절단이 있다면, 교체나 보수할 수 있다.

6) 정기 점검

일상 점검	• 케이블의 접속 부분에 절연테이프나 피복이 벗겨진 부분은 없는지 점검한다. • 케이블 접속 부분의 발열, 단선 여부 등을 점검한다. • 전원 내부의 송풍기가 회전할 때 소음이 없는지 점검한다. • 용접 중에 이상한 진동이나 타는 냄새의 유무를 확인한다.
3~6개월 점검	• 전기적 접속 부분의 점검 : 전원의 입력측, 출력측 용접 케이블의 접속 부분에 절연 테이프의 해체 상태, 접촉불량, 절연의 상태를 점검한다. • 접지선 : 전원의 케이스에 완전 접지되었는지 점검하고 이상 발견 시 보수를 한다. • 용접기 내부의 불순물 제거 : 정류기 냉각판 및 변압기 권선 간에 먼지가 쌓이면 방열 효과가 낮아지므로 측면 및 상면을 열어 압축공기로 먼지를 제거한다.

7) 직류 아크 용접기의 고장 원인 및 대책

고장 내용	원인	대책
전원스위치(S/W)를 ON하자마자 전원 S/W가 OFF됨	• 정류 브리지 다이오드의 고장 • 전해 콘덴서의 고장 • IGBT 모듈의 고장	• 정류 브리지의 다이오드의 점검 • 전해 콘덴서의 점검, 교체 • IGBT 모듈의 교체
퓨즈가 끊김	• USE가 끊김 • 변압기 고장 • 냉각 팬의 고장 • 주 제어 기판 고장	• 변압기 교체 • 냉각용 팬의 교체 • 주 제어 기판 교체
이상 표시등이 점등됨	• 주 제어 기판 고장 • 사용률이 초과됨 • 온도센서(열보호장치) 배선 단선	• 주 제어 기판 교체 • 사용률 이내에서 사용 • 냉각용 팬 점검, 교체, 온도센서(열보호장치) 배선 단선
아크가 발생되지 않음 (용접 표시등이 점등되지 않음)	• 주 제어 기판 고장 • IGBT 모듈의 고장 • 고속 다이오드 고장	• 주 제어 기판 커넥터 점검, 교체 • IGBT 모듈의 교체 • 고속 다이오드 교체
용접전류의 조정이 안 됨	• 용접전류 조정 볼륨 고장	• 용접전류 조정 볼륨 교체

고장 내용	원인	대책
전원 S/W를 ON시켜도 전원 표시등이 안켜지며, 냉각용 팬이 회전함	• 전원 표시등 고장	• 전원 표시등 배선 점검, 교체
냉각용 팬이 회전하지 않음	• 전원 S/W(FNB) 고장 • 1차 입력 케이블 접속 불량 • 퓨즈가 용단됨	• 전원 S/W(FNB) 배선 점검, 교체 • 1차 입력 케이블 점검, 보수 배전반의 S/W를 넣음 • 퓨즈 교체

＊IGBT : insulated gate bipolar transistor로 절연 게이트 양극성 트랜지스터 또는 고전력스위칭용 반도체

8) 교류 아크 용접기의 고장 원인 및 대책

고장 내용	원인	대책
아크가 발생되지 않을 때	• 배전반의 전원스위치 및 용접기 전원스위치가 'OFF' 되었을 때 • 용접기 및 작업대 접속 부분에 케이블 접속이 안 되어 있을 때 • 코일의 연결 단자 부분이 단선되었을 때 • 철심 부분이 쇼트(단락)되었거나 코일이 절단되었을 때	• 배전반 및 용접기의 전원스위치의 접촉 상태를 점검하고 이상 시 수리나 교환한다. • 용접기와 작업대의 케이블 연결 부분을 점검, 접속부를 확실하게 고정한다. • 용접기 케이스를 제거하고 내부를 점검 수리, 필요 시 교환한다. • 용접기의 수리 여부 판단, 내·외주 수리 또는 폐기한다.
아크가 불안정할 때	• 1차 케이블이나 어스선 접속이 불량할 때 • 홀더 연결부나 2차 케이블 단자 연결부의 전선 일부가 소손되었을 때 • 단자 접촉부의 연결 상태나 용접기 내부 스위치의 접촉이 불량할 때	• 2차 케이블이나 어스선 접속을 확실하게 체결한다. • 케이블의 일부를 절단한 후 피복을 제거하고 단자에 다시 연결한다. • 단자 접촉부나 용접기 스위치 접촉부를 줄로 다듬질하여 수리하거나 스위치를 교환한다.
용접기의 발생음이 너무 높을 때	• 용접기 케이스나 고정 철심, 고정용 지지 볼트, 너트가 느슨하거나 풀렸을 때 • 용접기 설치 장소가 고르지 못할 때 • 이동철심, 이동축 지지 볼트, 너트가 풀려 가동철심이 움직일 때 • 가동철심과 철심 안내축 사이가 느슨할 때	• 용접기 케이스나 고정 철심, 고정용 지지 볼트, 너트를 확실하게 체결한다. • 용접기 설치 장소를 평평하게 한 후 설치한다. • 철심, 지지용 볼트, 너트를 확실하게 체결한다. • 기동철심을 빼내어 틈새 조정판을 넣어 틈새를 적게 한다. 그래도 소리가 나면 교환한다.
전류 조절이 안될 때	• 전류 조절 손잡이와 가동철심축과의 고정 불량 또는 고착되었을 때 • 가동철심축 나사 부분이 불량할 때 • 가동철심축 지지가 불량할 때	• 전류 조절 손잡이를 수리 또는 교환하거나 철심축에 그리스를 발라 준다. • 철심축을 교환한다. • 철심축 고정 상태 점검, 수리 또는 교환한다.
용접기 및 홀더와 케이블에 과열현상이 있을 때	• 허용사용률 이상 과대하게 사용하였을 때 • 철심과 코일 사이에 먼지 등의 이물질이 있을 때 • 1, 2차 케이블의 연결 상태가 느슨하거나 케이블 용량이 부족할 때	• 허용사용률 이하로 사용하고 과열 시 전원을 끄고 쉬거나 또는 필요시 정지한다. • 용접기 케이스를 분리하고 압축공기를 사용하여 이물질을 제거한다. • 케이블 연결 상태를 확실히 고정하거나 용량 부족 케이블은 교환한다.

고장 내용	원인	대책
사용 중 전류가 점차로 감소 또는 증가하는 현상이 발생할 때	• 단자 고정 볼트, 너트가 풀렸을 때 • 2차 케이블의 용량이 부족하거나 노후로 열이 발생될 때 • 철심이 노후되었을 때	• 볼트를 확실히 체결한다. • 케이블을 교환한다. • 철심을 교환한다.

2 전격방지기의 이상 유무 확인

1) 전격방지기 부착 방법 확인(파악)

① 직각으로 부착할 수 있다(단, 공간이 확보되지 않을 경우 20°를 넘지 않는다).

② 용접기의 이동, 진동, 충격으로 이완되지 않도록 이완방지 조치를 한다.

③ 전격방지장치의 작동상태를 알기 위한 요소 등은 보기 쉬운 곳에 설치한다.

④ 전격방지장치의 작동상태를 시험하기 위한 테스트 스위치(Test s/w)는 조작하기 쉬운 곳에 부착한다.

2) 자동 전격방지기 설치

① 전격방지기의 전류감지기(CT)를 1차측 단자 안쪽 코일 끝에 끼운다.

② 1차측 메인 전원의 1개의 케이블과 전격방지기 제어선을 용접기 뒷면의 왼쪽 단자에 단단히 고정한다.

③ 1차측 메인 전원의 다른 1개의 선을 전격방지기의 입력선과 연결한다.

④ 접속 상태를 확인하고 메인 전원과 벽의 전원, 용접기 전원을 차례로 'ON'하고 아크를 발생하면서 전격방지기의 작동 상태, 아크 발생 상태 등을 확인한다.

⑤ 이상이 없으면 메인 전원을 'OFF'하고 노출된 연결 부위를 절연 테이프로 완전 절연한다.

⑥ 접지선으로 용접기 케이스 후면의 접지 표시 부분에 접지시킨다.

[전격방지 1차 케이블 연결]

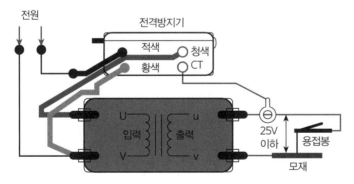

3 용접봉의 건조 시간 및 사용기준

① 연강봉(일미나이트계 등) 및 플럭스(flux)는 1차는 건조(dry) 조건에 맞게 건조한다(일반봉은 70~100℃로 30분~1시간 정도로 건조한다).

② 저수소계 용접봉은 반드시 1차도 건조를 실시해야 되며 8시간 경과 시 재건조를 실시한다(저수소계는 300~350℃로 1~2시간 정도로 건조한다).

③ 용접봉은 구입한 겉포장을 개봉한 후 바로 건조를 규정에 맞게 하며 관리를 신중하게 한다.

01 아크 용접기의 위험성에 대한 설명 중 맞지 않는 것은?

① 완전히 건조된 피복금속 아크 용접봉에 의한 감전사고의 위험이 있다.

② 용접 시 발생하는 흄이나 가스를 흡입 시 건강에 해롭다.

③ 용접 시 스패터로 인해 화재나 폭발 또는 파열 사고를 일으킬 수 있으므로 주의한다.

④ 용접봉 종류별로 슬래그 발생제, 가스발생제 등을 비교하여 아크를 발생시켜야 한다.

해설
피복금속 아크 용접봉이나 배선에 의한 감전사고의 위험이 있다.

02 자동 전격방지기 중에 마그네트 접점방식의 장점이 아닌 것은?

① 전압 변동이 적고, 무부하 전압차가 낮다.

② 외부 자장에 의한 오동작 위험이 작다.

③ 고장빈도가 적고 가격이 저렴하다.

④ 시동감이 빠르고 정밀용접이 가능하다.

해설
④번은 반도체 소자 무접점 방식의 장점이다.

03 인버터는 PWM(pulse width modulation) 방식의 전압형 인버터로서 4개로 구분이 되어 있는데 다음 중 틀린 것은?

① 제어회로부

② 인버터부

③ 콘버터부

④ 반송파

해설
인버터는 인버터부, 평활회로부, 콘버터부, 제어회로부로 구분된다.

04 용접기의 정기점검 시 일상점검에서 틀린 것은?

① 케이블의 접속 부분에 절연테이프나 피복이 벗겨진 부분이 없는지 점검한다.

② 케이블 접속 부분의 발열, 단선여부 등을 점검한다.

③ 전원 내부의 송풍기가 회전할 때 소음이 없는지 점검한다.

④ 전원의 케이스에 완전접지되었는지 점검하고 이상 발견 시 보수를 한다.

해설
④번은 3~6개월 점검할 사항이다.

05 교류 아크 용접기의 고장원인 및 대책에서 아크가 발생되지 않을 때의 상황으로 틀린 것은?

① 배전반의 전원스위치 및 용접기 전원스위치가 OFF되었을 때

② 용접기 및 작업대 접속 부분에 케이블 접속이 안 되어있을 때

③ 1차 케이블이나 어스선 접속이 불량할 때

④ 코일의 연결 단자 부분이 단선되었을 때

③번은 아크가 불안정할 때의 원인이다.

07 교류 아크 용접기의 고장원인으로 아크가 발생되지 않을 때의 원인이 아닌 것은?

① 1차 케이블이나 어스선 접속이 불량할 때

② 배전반의 전원스위치 및 용접기 전원스위치가 'OFF'되었을 때

③ 용접기 및 작업대 접속 부분에 케이블 접속이 안 되어있을 때

④ 철심 부분이 쇼트(단락)되었거나 코일이 절단되었을 때

①번은 아크가 불안정할 때의 고장원인이며 ②, ③, ④번 외에 코일의 연결 단자 부분이 단선되었을 때가 아크가 발생되지 않을 때의 고장원인이다.

06 직류 아크 용접기의 고장원인 중 전원스위치를 ON하자마자 전원스위치가 OFF되는 현상으로 틀린 것은?

① 변압기 고장

② 정류 브릿지 다이오드의 고장

③ 전해 콘덴서의 고장

④ IGBT 모듈의 고장

변압기 고장은 퓨즈(fuse) 끊김의 고장원인이다.

정답						
01 ①	02 ④	03 ④	04 ④	05 ③	06 ①	07 ①

01 환풍기의 용도

1 흄가스 환기시설

① 흄가스 환기시설 : 용접 시 발생하는 유해한 가스를 포집하여 외부로 배출하는 장치로서 용접실 내부 안에(또는 용접작업장) 공기가 오염되는 것을 방지하는 시설

② 흄가스 환기시설 점검 : 작업자가 용접을 하기 전 흄 및 환기구가 잘 작동하는지 점검하고 작동장치가 있는 곳을 파악하여 오작동 유무를 수시로 점검

2 환풍, 환기

① 작업장의 가장 바람직한 온도는 여름 25~27℃이고 겨울은 15~23℃이며 습도는 50~60%가 가장 적절하다. 온도가 17~23℃의 작업환경일 때 재해발생빈도가 적으며, 이보다 낮거나 높아지면 재해발생빈도가 높아진다.

② 쾌적한 감각온도는 정신적 작업일 때 60~65ET, 가벼운 육체 작업일 때 55~65ET, 육체적 작업은 50~62ET이다.

＊ET : 감각온도(effective temperature)

③ 불쾌지수는 기온과 습도의 상승 작용으로 인체가 느끼는 감각온도를 측정하는 척도로서 일반적으로 불쾌지수가 70을 기준으로 70 이하이면 쾌적하고, 이상이면 불쾌감을 느끼게 되고 75 이상이면 과반수 이상이 불쾌감을 호소하고 80 이상에서는 모든 사람들이 불쾌감을 느낀다.

3 환기시설 기준

1) 환기장치(후드)

인체에 해로운 분진, 흄(fume, 열이나 화학반응에 의하여 형성된 고체증기가 응축되어 생긴 미세입자), 미스트(mist, 공기 중에 떠다니는 작은 액체방울), 증기 또는 가스 상태의 물질(이하 "분진 등"이라 한다)을 배출하기 위하여 설치하는 국소 배기장치의 후드가 다음의 기준에 맞도록 하여야 한다.

① 유해물질이 발생하는 곳마다 설치할 것

② 유해인자의 발생형태와 비중, 작업방법 등을 고려하여 해당 분진 등의 발산원(發散源)을 제어할 수 있는 구조로 설치할 것

③ 후드(hood) 형식은 가능하면 포위식 또는 부스식 후드를 설치할 것

④ 외부식 또는 리시버식 후드는 해당 분진 등의 발산원에 가장 가까운 위치에 설치할 것

2) 덕트
분진 등을 배출하기 위하여 설치하는 국소 배기장치(이동식은 제외한다)의 덕트(duct)가 다음의 기준에 맞도록 하여야 한다.
① 가능하면 길이는 짧게 하고 굴곡부의 수는 적게 할 것
② 접속부의 안쪽은 돌출된 부분이 없도록 할 것
③ 청소구를 설치하는 등 청소하기 쉬운 구조로 할 것
④ 덕트 내부에 오염물질이 쌓이지 않도록 이송속도를 유지할 것
⑤ 연결 부위 등은 외부 공기가 들어오지 않도록 할 것

3) 배풍기
국소 배기장치에 공기 정화장치를 설치하는 경우 정화 후의 공기가 통하는 위치에 배풍기를 설치하여야 한다. 다만, 빨아들여진 물질로 인하여 폭발할 우려가 없고 배풍기의 날개가 부식될 우려가 없는 경우에는 정화 전의 공기가 통하는 위치에 배풍기를 설치할 수 있다.

4) 배기구
분진 등을 배출하기 위하여 설치하는 국소 배기장치(공기 정화장치가 설치된 이동식 국소 배기장치는 제외한다)의 배기구를 직접 외부로 향하도록 개방하여 실외에 설치하는 등 배출되는 분진 등이 작업장으로 재유입되지 않는 구조로 하여야 한다.

5) 배기의 처리
분진 등을 배출하는 장치나 설비에는 그 분진 등으로 인하여 근로자의 건강에 장해가 발생하지 않도록 흡수·연소·집진 또는 그 밖의 적절한 방식에 의한 공기 정화장치를 설치하여야 한다.

6) 전체 환기장치
분진 등을 배출하기 위하여 설치하는 전체 환기장치가 다음의 기준에 맞도록 하여야 한다.
① 송풍기 또는 배풍기(덕트를 사용하는 경우에는 그 덕트의 흡입구를 말한다)는 가능하면 해당 분진 등의 발산원에 가장 가까운 위치에 설치할 것
② 송풍기 또는 배풍기는 직접 외부로 향하도록 개방하여 실외에 설치하는 등 배출되는 분진 등이 작업장으로 재유입되지 않는 구조로 할 것

7) 환기장치의 가동
① 분진 등을 배출하기 위하여 국소 배기장치나 전체 환기장치를 설치한 경우 그 분진 등에 관한 작업을 하는 동안 국소 배기장치나 전체 환기장치를 가동하여야 한다.
② 국소 배기장치나 전체 환기장치를 설치한 경우 조정판을 설치하여 환기를 방해하는 기류를 없애는 등 그 장치를 충분히 가동하기 위하여 필요한 조치를 하여야 한다.

02 환기장치 설치

1 환풍기 기초지식

1) 환기 및 환풍기

① 환기 : 실내공기가 냄새, 유해가스, 분진 또는 발생열 등에 의해 오염되어 인체에 장애를 끼치는 경우 오염공기를 실내에서 실외로 제거하여 청정한 외기와 교체하는 것을 말한다.

② 환풍기 : 용접에 의한 유해성과 위험성은 용접작업에서 발생하는 용접 흄 중에 포함된 금속성분 또는 유해가스 유해광선, 소음, 고열환경 등이 나타나게 되어 특히 좁고 폐쇄된 작업장에서 아크 용접을 하는 경우 용접근로자들은 용접과정에서 발생되는 용접 흄, 질소산화물 등에 의해 건강손상을 입게 된다. 최근에는 용접 시 발생되는 흄에 의한 진폐증, 용접폐증 뿐만 아니라 망가니즈에 함유된 용접봉의 사용으로 인한 망가니즈중독사고가 발생하고 있어 용접근로자들의 건강문제에 대한 대책이 요구되고 있다.

2) 용접 흄

① 용접 시 열에 의해 증발된 물질이 냉각되어 생기는 미세한 소립자를 말한다.

② 용접 흄은 고온의 아크 발생 열에 의해 용융금속 증기가 주위에 확산됨으로써 발생된다.

③ 피복아크 용접에 있어서의 흄 발생량과 용접전류의 관계는 전류나 전압, 용접봉 지름이 클수록 발생량이 증가한다.

④ 피복재 종류에 따라서 라임티타니아계에서는 낮고 라임알루미나이트계에서는 높다.

⑤ 그 외 발생량에 관해서는 용접토치(홀더)의 경사각도가 크고 아크길이가 길수록 흄 발생량도 증가된다.

[아크 용접에서 용접 흄 발생량에 미치는 조건]

조건인자	흄 증가의 원인조건
아크전압	전압이 높다
토치(홀더)각도	경사각도가 크다
극성	(-) 극성
아크길이	길다
용융지의 깊이	얕다

2 환기계획

1) 환기 방식의 분류

① 환기와 송풍은 목적과 대상에 따라 방식과 환기량이 다르므로 아래 [표]를 참조하여 그에 적합한 환기계획을 세워야 한다.

② 환기는 급기와 배기의 2가지로 분류되며, 자연환기와 기계환기(강제환기)로 분류한다.

구분	급기	배기	실내압	환기량
제1종	기계	기계	임의	임의(일정)
제2종	기계	자연	정압	임의(일정)
제3종	자연	기계	부압	임의(일정)
제4종	자연	자연보조	부압	유한(불일정)

2) 필요 환기량의 결정

환기량은 목적, 대상 및 환기 방식에 따라 다르고, 각 경우에 적합하게 선정해야 한다.

① 작업장에 필요한 환기 횟수로부터 환기량을 구하는 방법

> **환기량(m³/h) = 방의 용적(m³) × 매시 필요한 환기 횟수**

> **대수 = 환기량(m³/h) / 환기 팬 1대의 풍량(m³/h)**

② 수용인원수(가축수)의 필요 환기량으로부터 환기량을 구하는 방법

> **환기량(m³/h) = 최저 필요환기량(m³/h) × 인원수**

> **대수 = 환기량(m³/h) / 환기팬 1대의 풍량(m³/h)**

예 사람 1인당 : 30(m³/h)

닭 1마리당 : 15~16.2(m³/h)(여름, 2.2~2.4kg 기준)

소, 돼지 1두당 : 222(m³/h)(여름, 100kg 기준)

③ 발생열량으로부터 환기량을 구하는 방법 : (기계실 등의 환기)모터나 변압기와 같은 발열체나 일사량의 영향을 받는 경우는 열량으로 환기량을 계산한다.

> **환기량(m³/h) = H / (γ · Cp · (t_2-t_1))**
> H : 발생열량 (kcal/h), γ : 공기비중량(1.2g/m³), Cp : 공기비열(0.24kcal/kg · ℃)
> t_2 : 실내 허용온도 = 배기온도(℃), t_1 : 외기온도 = 흡기온도(℃)
> * 손실전력 1kW = 860kcal/h, 여름철 일사량 = 720kcal/h · m²

④ 가스와 분진, 증기 등의 발생량으로부터 환기량을 구하는 방법 : 오염 물질이 발생하는 장소에는 허용농도 이하로 유지하기 위한 환기량이 필요하다.

> **환기량(m³/h) = K / (Pa–Po)**
> **수증기가 발생하는 경우에는 환기량(m³/h) = W / (γ · (Xa–Xo))**
> K : 오염물질 발생량(m³/h), Pa : 허용 실내농도(m³/h)
> Po : 신선한 공기(외기) 중의 농도 (m³/(m³), γ : 공기비중량(1.2kg/(m³)
> Xa : 허용 실내 절대습도 (kg/kg), Xo : 외기 절대습도(kg/kg)
> W : 수증기 발생량(kg/h)

- 신선한 공기중에 탄산가스(CO_2)농도 $= 0.0003m^3/m^3(0.03\%) = 300ppm$
- 인체로부터의 발생물 이외에는 국소환기가 바람직하며 여기서는 전체환기(희석환기) 경우의 산출식을 표시했다. 외기는 실내공기보다도 청정하다고 가정한다.

⑤ 국소환기(후드흡입)

필요 풍량 $Q(m^3/h) = A \cdot VF \cdot 3600$ 또는 $Q(m^3/h) = 2H \cdot L \cdot VX \cdot 3600$

VF : 면풍속(m/s), VX : 포집풍속(m/s), A = a×b(m^2), L = 2(a+b)(m)

- 후드에서 환기팬까지 덕트가 긴 경우와 구부러짐이 있는 경우는 덕트의 압력손실을 구하고 필요 정압을 선정한 후 기종을 결정해야 한다.
- 상기계산에 따른 필요환기량보다 안전율을 감안하여 약간 많은 풍량으로 설정하여 가스, 증기 등의 속도가 빠를 경우 분진의 종류에 따라서는 면풍속과 포집풍속을 크게 하지 않으면 후드에 포집되지 않고 남은 분진이 많으므로 주의한다.

[면풍속과 포집풍속의 권장치]

면풍속과 포집풍속의 권장치	굴뚝에 환풍기 등을 설치하는 경우
VF = 0.9~1.2m/s (4면 개방) = 0.8~1.1m/s (3면 개방) = 0.7~1.0m/s (2면 개방) = 0.5~0.8m/s (1면 개방) VX = 0.1~0.15m/s (주위의 공기 정지시) = 0.15~0.3m/s (약한 기류시) = 0.2~0.4m/s (강한 기류시)	유효 환기량의 선정에 있어서의 K의 값은 연료의 단위 연소량(Q)에 대해서 이론 폐가스량(K)의 2배의 수치를 적용해야 한다. V = KQ = 2KQ

[실내종류에 따른 시간당 환기횟수]

종류		횟수	종류		횟수
여관 및 호텔	무도장	8	공장	일반공장	5~15
	대식당	8		기계공장	10~20
	조리실	15		용접공장	15~25
	복도	5		주조공장	20~60
	화장실	10		주조,압연공장	30~80
	세면장	10		화학공장	15~30
	엔진 보일러실	20		식품공장	10~30
	세탁실	15		도장공장	30~100
				인쇄공장	5~15
				목공공장	15~25
				염색공장	15~30
				방적공장	5~15

종류		횟수	종류		횟수
병원	대합실	10	부대시설	변전실	20~30
	진료실	6		압축기실	15~30
	병실	6		보일러실	20~30
	욕실	10		갱의실	4~15
	사무실	6		식당	5~10
	식당	8		주방	10~30
	조리실	15	극장	관람실	6
	복도	5		영사실	20
	화장실	10	음식점	레스토랑	6
	엔진 보일러실	10		조리실	20
	세탁실	15		튀김집	20
	수술실	15		연희실	10
	소독실	12	학교	체육관	5~10
	호흡기 병실	10		강당	5~10
			일반	사무실	3~10
				회의실	5~12
				부엌	5~15
				거실	2~5
공중 화장실		20			
선박	객실	6			
도서관	열람식	6			
암실	사진현상실	10			

3 ▶ 환풍기 종류 숙지와 선택

1) 기종 선정

기본적으로 환기 능력은 환기량, 정압 계산에 의해서 구하지만 어떤 종류를 선택할 것인지는 용도와 사용 장소 및 허용 소음 등을 충분히 생각한 후에 결정한다.

구분	풍량	정압	사용 기종
반경류팬	소	고	시로코팬, 스트레이트시로코팬
사류팬	중	중	사류덕트팬, 저소음이 요구되는 곳
축류팬	대	저	고압팬

2) 필요 정압의 결정

환기팬의 기종 선정에는, 앞의 필요 환기량(풍량) 외에 어느 정도의 정압이 필요한가도 중요하다.

① 덕트 저항 곡선 : 덕트 저항 곡선이 가지는 의미는 그 덕트가 어느 정도의 정압을 환기팬에 가하는가 하는 것

덕트	정압
덕트가 길다	높다
길이가 같아도 풍량이 많다	높다
덕트경이 가늘다	높다
덕트 내면이 거칠다	높다

② 외풍에 의한 압력손실

$$외풍에 의한 압력손실 = 1.2 / (2 \times 9.8) \times (외풍)^2$$

4 환기방향 선택과 환기량 조절

1) 유독가스에 의한 중독 및 산소 결핍 재해 예방 대책

① 밀폐 장소에서는 유독가스 및 산소 농도 측정 후 작업한다.

② 유독가스 체류농도 측정 후 안전을 확인한다.

③ 산소 농도를 측정하여 18% 이상에서만 작업한다.

④ 급기 및 배기용 팬을 가동하면서 작업한다.

⑤ 탱크 맨홀 및 피트 등 통풍이 불충분한 곳에서 작업할 때에는 긴급사태에 대비할 수 있는 조치를 취한 후 작업한다.

- 외부와의 연락장치(외부에 안전감시자와 연락이 가능한 끈 같은 연락 등)
- 비상용 사다리 및 로프 등 준비

2) 산소 농도별 위험

산소 농도 18%	안전 한계이나 연속 환기가 필요
산소 농도 16%	호흡 맥박의 증가, 두통, 메스꺼움 증상이 보임
산소 농도 12%	어지럼증 구토 증상과 근력 저하, 체중 지지 불능으로 추락
산소 농도 10%	안면 창백, 의식불명, 구토한 것이 폐쇄하여 질식사
산소 농도 8%	실신 혼절, 7~8분 이내에 사망
산소 농도 6%	순간에 혼절, 호흡 정지 경련 6분 이상이면 사망

3) 보건 교육

밀폐된 장소, 탱크 또는 환기가 극히 불량한 좁은 장소에서 행하는 용접작업에 대해서는 다음 내용에 대한 특별 안전보건교육을 실시한다.

① 작업 순서, 작업 방법 및 수칙에 관한 사항
② 용접 흄·가스 및 유해광선 등의 유해성에 관한 사항
③ 환기 설비 및 응급처치에 관한 사항
④ 관련 MSDS에 관한 사항
   * MSDS : Material Safety Data Sheet(물질안전보건자료, 화학물질정보)
⑤ 작업환경 점검 및 기타 안전보건상의 조치 등

5 작업장의 환기시설을 조작하고 이상 유무 확인

1) 환기방식

자연환기		• 실내 공기와 건물 주변 외기와의 온도차이가 공기의 비중량 차에 의해서 환기되며, 중력환기라고도 부른다. • 실내온도가 높으면 공기는 상부로 유출하여 하부로부터 유입되고, 반대의 경우는 상부로부터 유입하여 하부로 유출된다. 건물의 온도가 높기 때문에 일반적으로 상부에서의 공기가 유출하고 외부에서는 유입된다. • 값이 비교적 저렴하지만 자연력에 의존하는 성격상 계획적으로 필요한 환기량을 항상 확보하는 일은 곤란하다. • 분진과 유해가스가 발생하는 실내에서는 이들 오염물질이 실내로 확산되면서 환기되어 유해물질을 취급하는 작업장에서는 위험성이 있다.
기계환기	제1종 환기	• 송풍기와 배풍기 모두를 사용해서 실내의 환기를 행한다. • 실내외의 압력차를 조정할 수 있고 가장 우수한 환기를 행할 수 있다.
	제2종 환기	• 송풍기에 의해 일방적으로 실내 송풍하고 배기는 배기구 및 틈새로부터 배출된다. • 송풍공기 이외의 외기라든가 기타 침입공기는 없으나 역으로 다른 곳으로 배기가 침입할 수 있으므로 주의해야 한다.
	제3종 환기	• 배풍기에 의해서 일방적으로 실내의 공기를 배기하며, 공기가 실내로 들어오는 장소를 설치해서 환기에 지장이 없도록 한다. • 주방, 화장실 등 냄새 또는 유해가스, 증기발생이 있는 장소에 적합하다.

2) 국소배기

① 국소배기의 계통은 다른 환기공기조화 계통과 별도로 한다.
② 배기장치는 배기가스에 의해 부식하기 쉬우므로 그에 상응하는 재료를 사용한다.
③ 배풍기에 의해 소음진동의 방지장치를 부착하고 배기구의 위치 및 높이를 급기와는 관계 없도록 한다.
④ 배출된 오염물질이 대기오염이 되지 않도록 정화장치를 부착한다.
⑤ 공정 전체를 고려해서 될 수 있는 한 폐쇄형(closed system)을 염두에 두고 국소배기의 위치를 생각한다.

6 이동형 환풍기를 설치할 때 이상 유무 확인

1) 필요환기량

① 환기량의 표시 : 단위시간당의 환기량, 1인당 환기량, 단위바닥면적당 환기량, 환기횟수[회/h]

② CO_2 농도를 기준으로 한 환기량 : 이산화탄소의 실내환경기준은 1000ppm이며, 필요환기량을 계산하는 경우 일반적으로 페텐코퍼(petten kofer)가 제안한 바와 같이 CO_2가 사용된다. 아래 표는 인체로부터 호흡작용 시 CO_2 발생량이다.

[탄산가스 호출량]

에너지 대사율	작업정도	CO_2 배출량(mm^3/h)	계산용배출량(mm^3/h)
0	취침시	0.011	0.011
0~1	극경작업	0.0129 ~ 0.0230	0.022
1~2	경작업	0.0230 ~ 0.0330	0.028
2~4	중등작업	0.0330 ~ 0.0538	0.046
4~7	중작업	0.0538 ~ 0.0840	0.069

③ 온도를 기준으로 한 환기량 : 환기를 하는 경우에는 장소에 따라서 온도상승이 문제가 되는 경우가 있어 온도를 기준으로 하는 환기량의 계산에 맞는 식에 따라 온도상승을 막도록 한다.

2) 환기계수에 의한 환기량

① 환기하는 건물의 총 용접을 계산하고 건물의 종류 사용조건에 따라서 아래 표와 같이 환기계수를 정한다.

[환기계수]

환기장소	계수	환기장소	계수
화학 약품공장	2~5	섬유, 방적공장	5~10
열처리, 주조, 단조공장	2~7	강당, 회관, 체육관	3~10
제당, 제과 식품공장	3~8	엔진, 보일러실	1~4
염색 건조 공장	2~5	축사, 양계장	1~10
유해가스 발생실	2 이하	영업용 조리실	2~5
도장실	0.5~3	일반 유흥장	3~5
변전소, 변전실, 축전기실	2~5	극장	3~8
일반공장	5~10	창고	10~50

* 지하실이 환기장소인 경우 위 표에 의해서 산출한 총 풍량에 1.4배로 한다.

② 건물 용적을 환기횟수로 나누어서 1분간 환기하고자 하는 총량을 구한다.

필요환기량(m^3)=실내용적(m^3)/환기계수

③ 일반적인 환기의 경우에는 정압이 '0'인 점에서 풍량과 환풍기 대수의 곱에 필요한 환기량보다 많도록 기종을 선택한다.

7 환기시설 설치

흄 유해가스의 발생량은 용접방법에 따라 차이가 있고 용접조건 및 전류, 전압, 숙련도 등의 종류에 따라서 양과 성분에 많은 변수가 작용되므로 다음의 환기설비를 설치한다.

1) 국소 배기장치

① 덕트는 되도록 길이가 짧고 굴곡면을 적게 한 후 적당한 부위에 청소구를 설치하여 청소하기 쉬운 구조로 한다.
② 후드는 작업 방법 등 분진의 발산 상황을 고려하여 분진을 흡입하기에 적당한 형식과 크기를 선택한다.
③ 배기구는 옥외에 설치하여야 하나 이동식 국소 배기장치를 설치했거나 공기 정화장치를 부설한 경우에는 옥외에 설치하지 않을 수 있다.
④ 배풍기는 공기 정화장치를 거쳐서 공기가 통과하는 위치에 설치한 후 흡입된 분진에 의한 폭발 혹은 배풍기의 부식 마모의 우려가 적을 때 공기 정화장치 앞에 설치할 수 있다.

2) 전체 환기장치

작업 특성상 국소 배기장치의 설치가 곤란하여 전체 환기장치를 설치하여야 할 경우에는 다음 사항을 고려하여야 한다.

① 필요 환기량 작업장 환기 횟수 15~20회 시간을 충족시킬 것
② 후드는 오염원에 근접시킬 것
③ 유입공기가 오염장소를 통과하도록 위치를 선정할 것
④ 급기는 청정공기를 공급할 수 있어야 하며 기류가 편심하지 않도록 급기할 것
⑤ 오염원 주위에 다른 공정이 있으면 공기배출량을 공급량보다 크게 하고 주위 공정이 없을 시에는 청정 공기의 급기량을 배출량보다 크게 할 것
⑥ 배출된 공기가 재유입되지 않도록 배출구 위치를 선정할 것
⑦ 난방 및 냉방 창문 등의 영향을 충분히 고려해서 설치할 것

3) 배기후드

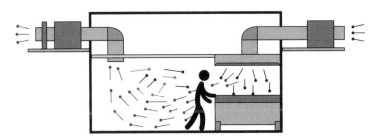

배기후드란, 주방이나 밀폐된 공간의 열기나 냄새를 제거하는 환기장치이고 공업용 환풍기(팬)를 사용하는 경우는 실내와 거리가 가까울 때, 거리가 먼 경우는 신우크 팬을 사용하며 거리와 후드의 크기에 따라 팬의 용량을 결정하여 사용해야 배기 효율이 높아진다.

① 배기후드의 구조

배기후드	일반적으로 형태가 상방 흡인형으로 가열원의 위에 설치되며, 일자형과 삿갓형으로 분류되며, 일자형은 벽체에 가까운 경우 삿갓형은 설치할 곳이 중앙인 경우 사용
덕트	우리 몸의 혈관이 피가 통하는 길의 역할을 하는 것처럼 후드에서 포집된 증기분을 이송시키는 통로 역할
배기팬	배기후드 및 덕트 내의 가열 증기분의 각종 압력손실을 극복하고 원활하게 밖으로 배출시키기 위한 동력원을 제공하는 장치

② 배기후드의 위험 요인
- 후드 아래 가열설비 위에 올라가 청소 작업 중 추락
- 후드 내의 이물질을 제거하다가 날카로운 돌출부에 손을 베임
- 후드 주변 화재 위험 분위기(인화성 유류 등)로 인한 화재(불꽃이 300℃가 넘어 인화성 물질에 화재 원인)
- 배기후드 청소 중 전기설비 누전으로 인한 감전

4) 유해가스

① 각종 작업환경 혹은 실내에서 발생하는 유해가스 : 연료의 불완전연소에 기인한 일산화탄소(CO), 탄산가스(CO_2), 질소산화물, 유화수소, 황산화물, 불화수소 등
② CO 가스 : 보통 건물에서 가장 문제되는 것으로 호흡 중에 1ppm정도 포함되어 있으며, 미량으로는 문제가 되지 않지만 연료의 불완전연소에 의하여 다량으로 방출되는 것이 문제된다.

[CO 농도와 호흡시간별 중독증상]

농도(%)	호흡 시간과 중독 증상
0.02	2~3시간에 가벼운 전두통
0.04	1~2시간에 전두통, 2.5~3.5시간에 후두통
0.08	45분에 두통, 현기증이 일어나고 경련이 일어나며 구토
0.16	20분에 두통, 현기증, 구토, 2시간에 치사
0.32	5~10분에 두통, 현기증이 일어나고 30분에 치사
0.64	10~15분에 치사
1.28	1분에 치사

🔧 03 설비 점검하기

1 안전 · 유의사항

① 작업환경에 따라서 환기 방향(예전부터 바람의 영향 또는 바람의 흐름을 최소 10년간을 데이터를 참고하여 환기 방향을 정한다)을 선택하고 환기량을 조절한다.
② 작업장의 환기시설을 조작하고 이상 유무를 확인할 수 있어야 한다.
③ 이동용 환풍기를 설치할 때 이상 유무를 확인할 수 있어야 한다.
④ 환풍기의 종류(국소 배기장치, 전체 작업장의 환기시설 등)를 알고 작업여건에 따라 선택할 수 있어야 한다.
⑤ 환기설비 사양 및 사용설명서, 환기설비 고장진단 및 조치사항 점검표 등을 자체적으로 마련한다.

2 용접작업장 환기시설 확인 및 조작하기

1) 가스 중독에 의한 재해 원인 제거

용접 시 발생하는 납, 구리, 카드뮴, 아연 용융도금 강관용접 시 발생하는 유독성 흄이나, 암모니아, 일산화탄소등의 유해가스, 유독성 가스가 많이 발생하는 재료의 용접을 자제하거나, 방진방독이 확실한 호흡용 보호구를 착용한 후 용접할 수 있다.

2) 환기시설 점검 및 가동

① 용접 실습실이나 용접 부스에는 통풍시설을 설치한다.
② 용접을 시작하기 전에 국소 배기장치나 천장 환기덕트(duct) 시설, 또는 창에 부착된 환풍기 등을 점검한 후 가동시킨다.
③ 작업 전에 작업상황에 따라 방지, 방독 또는 송기마스크를 착용하고 작업을 한다.

3) 용접 전 환기 및 호흡 보호구 준비

① 흄 또는 분진이 발산되는 옥내 작업장에 대하여는 국소 배기장치를 설치하는 등 필요한 환기 조치를 한다.
② 탱크 내부 등 통풍이 불충분한 장소에서 용접작업을 할 때에는 탱크 내부의 산소농도(약 18%(16%) 이하는 보호구 착용)가 18% 이상이 되도록 유지하거나 공기호흡기 등 호흡용 보호구(송기마스크 등)를 착용한다.

3 용접설비가 작업여건에 맞게 배치되었는지 확인

1) 용접기의 설비용량을 파악한다.

① 직류, 교류 피복금속 아크 용접기의 각종 형상과 규격 및 적정 케이블 크기 등을 파악한다.
② 용접기 종류별 특성을 파악하여 작업에 적합한 용접기를 선정한다.
③ 용접작업 시 설비점검을 하여 감전재해 예방에 대비할 수 있다.
  • 용접작업 전 용접토치(홀더) 피복상태를 점검한다.
  • 파손된 용접홀더는 새것으로 교체하여 사용한다.

- 피복이 손상된 용접 홀더선은 절연테이프로 수리를 하거나 손상이 심할 경우는 새로운 것으로 교체한다.
- 본체와의 연결부는 절연테이프로 감아서 감전재해 예방을 한다.

2) 용접기 적정 설치장소를 확인한다.

① 습기나 먼지 등이 많은 장소는 설치를 피하고 환기가 잘 되는 곳을 선택한다.

② 휘발성 기름이나 유해한 부식성 가스가 존재하는 장소는 피한다.

③ 벽에서 30cm 이상 떨어져 있고 견고한 구조의 수평 바닥에 설치한다.

④ 진동이나 충격을 받는 곳, 폭발성 가스가 존재하는 곳을 피한다.

⑤ 비·바람이 치는 장소, 주위 온도가 -10℃ 이하인 곳을 피한다.(-10~40℃ 유지되는 곳이 적당하다)

01 용접설비 중 환기장치(후드)는 인체에 해로운 분진, 흄 등을 배출하기 위하여 설치하는 국소 배기장치인데 다음 중 틀린 것은?

① 유해물질이 발생하는 곳마다 설치할 것

② 유해인자의 발생형태와 비중, 작업방법 등을 고려하여 해당 분진 등의 발산원(發散源)을 제어할 수 있는 구조로 설치할 것

③ 후드(hood) 형식은 가능하면 포위식 또는 부스식 후드를 설치할 것

④ 내부식 또는 리시버식 후드는 해당 분진 등의 발산원에 가장 가까운 위치에 설치할 것

해설

외부식 또는 리시버식 후드는 해당 분진 등의 발산원에 가장 가까운 위치에 설치할 것

02 분진 등을 배출하기 위하여 설치하는 국소 배기장치인 덕트(duct)가 기준에 맞도록 하여야 하는데 다음 중 틀린 것은?

① 가능하면 길이는 짧게 하고 굴곡부의 수는 적게 할 것

② 접속부의 안쪽은 돌출된 부분이 없도록 할 것

③ 덕트 내부에 오염물질이 쌓이지 않도록 이송속도를 유지할 것

④ 연결 부위 등은 외부 공기가 들어와 환기를 좋게 할 것

해설

①, ②, ③ 외에 연결 부위 등은 외부 공기가 들어오지 않도록 할 것, 덕트 내부에 오염물질이 쌓이지 않도록 이송속도를 유지할 것

03 전체 환기장치는 분진 등을 배출하기 위하여 설치하는데 다음 중 틀린 것은?

① 송풍기 또는 배풍기(덕트를 사용하는 경우에는 그 덕트의 흡입구를 말한다)는 가능하면 해당 분진 등의 발산원에 가장 가까운 위치에 설치할 것

② 송풍기 또는 배풍기는 직접 외부로 향하도록 개방하여 실내에 설치하는 등 배출되는 분진 등이 작업장으로 재유입되지 않는 구조로 할 것

③ 분진 등을 배출하기 위하여 국소 배기장치나 전체 환기장치를 설치한 경우 그 분진 등에 관한 작업을 하는 동안 국소 배기장치나 전체 환기장치를 가동하여야 한다.

④ 국소 배기장치나 전체 환기장치를 설치한 경우 조정판을 설치하여 환기를 방해하는 기류를 없애는 등 그 장치를 충분히 가동하기 위하여 필요한 조치를 하여야 한다.

해설

송풍기 또는 배풍기는 직접 외부로 향하도록 개방하여 실외에 설치하는 등 배출되는 분진 등이 작업장으로 재유입되지 않는 구조로 할 것

정답		
01 ④	02 ④	03 ②

04 환풍, 환기장치에 대한 설명이 아닌 것은?

① 작업장에 가장 바람직한 온도는 여름 25~27℃이며 겨울은 15~23℃이며 습도는 50~60%가 가장 적절하며 온도가 17~23℃의 작업환경일 때 재해 발생빈도가 적으며, 이보다 낮거나 높아지면 재해 발생빈도가 높아진다.

② 쾌적한 감각온도는 정신적 작업일 때 60~65ET, 가벼운 육체 작업일 때 55~65ET, 육체적 작업은 50~62ET이다. (ET : 감각온도, effective temperature)

③ 불쾌지수는 기온과 습도의 상승 작용으로 인체가 느끼는 감각온도를 측정하는 척도로서 일반적으로 불쾌지수가 50을 기준으로 60 이하이면 쾌적하고 이상이면 불쾌감을 느끼게 된다.

④ 불쾌지수는 75 이상이면 과반수 이상이 불쾌감을 호소하고 80 이상에서는 모든 사람들이 불쾌감을 느낀다.

해설

불쾌지수는 기온과 습도의 상승 작용으로 인체가 느끼는 감각온도를 측정하는 척도로서 일반적으로 불쾌지수가 70을 기준으로 70 이하이면 쾌적하고 이상이면 불쾌감을 느끼게 된다.

05 환기방식의 분류에서 구분-급기-배기-실내압-환기량의 순서로 틀린 것은?

① 제1종-기계-기계-임의-임의(일정)
② 제2종-기계-기계-정압-임의(일정)
③ 제3종-자연-기계-부압-임의(일정)
④ 제4종-자연-자연보조-부압-유한(불일정)

해설

제2종은 기계-자연-정압-임의(일정)이다.

06 용접 흄은 용접 시 열에 의해 증발된 물질이 냉각되어 생기는 미세한 소립자를 말하는데 다음 중 옳지 않은 것은?

① 용접 흄은 고온의 아크 발생열에 의해 용융금속 증기가 주위에 확산됨으로써 발생된다.

② 피복아크 용접에 있어서의 흄 발생량과 용접전류의 관계는 전류나 전압, 용접봉 지름이 클수록 발생량이 증가한다.

③ 피복재 종류에 따라서 라임티타니아계에서는 낮고 라임알루미나이트계에서는 높다.

④ 그 외 발생량에 관해서는 용접토치(홀더)의 경사각도가 작고 아크 길이가 짧을수록 흄 발생량도 증가된다.

해설

①, ②, ③ 외에 발생량에 관해서는 용접토치(홀더)의 경사각도가 크고 아크 길이가 길수록 흄 발생량도 증가된다.

07 용접기 적정 설치장소에 맞지 않는 것은?

① 습기나 먼지 등이 많은 장소는 설치를 피하고 환기가 잘 되는 곳을 선택한다.

② 휘발성 기름이나 유해한 부식성 가스가 존재하는 장소는 피한다.

③ 벽에서 50cm 이상 떨어져 있고 견고한 구조의 수평 바닥에 설치한다.

④ 진동이나 충격을 받는 곳, 폭발성 가스가 존재하는 곳을 피한다.

해설

벽에서 30cm 이상 떨어져 있고 견고한 구조의 수평 바닥에 설치한다. 비·바람이 치는 장소, 주위 온도가 −10℃ 이하인 곳을 피한다(−10~40℃ 유지되는 곳이 적당하다).

08 국소 배기장치에서 후드를 추가로 설치해도 쉽게 정압 조절이 가능하고, 사용하지 않는 후드를 막아 다른 곳에 필요한 정압을 보낼 수 있어 현장에서 가장 편리하게 사용할 수 있는 압력 균형방법은?

① 댐퍼 조절법　② 회전수 변화

③ 압력 조절법　④ 안내익 조절법

해설

㉠ 댐퍼 조절법(부착법) : 풍량을 조절하는 가장 쉬운 방법
㉡ 회전수 변화(조절법) : 풍량을 크게 바꿀 때 적당하다.
㉢ 안내익 조절법 : 안내날개의 각도를 변화시켜 송풍량을 조절한다.

09 일반적으로 국소 배기장치를 가동할 경우에 가장 적합한 상황에 해당하는 것은?

① 최종 배출구가 작업장 내에 있다.

② 사용하지 않는 후드는 댐퍼로 차단되어 있다.

③ 증기가 발생하는 도장 작업지점에는 여과식 공기 정화장치가 설치되어 있다.

④ 여름철 작업장 내에서는 오염물질 발생 장소를 향하여 대형 선풍기가 바람을 불어주고 있다.

10 발생열량이 890kcal/h, 공기비중량 1.2g/m³, 공기비열 0.24kcal/kg · ℃, 외기온도 21℃, 배기온도 24℃일 때 환기량(m³/h)은 얼마인가?

① 1039.09　② 864.03

③ 890.02　④ 741.6

해설

환기량(m³/h) = H / (γ · Cp · (t₂−t₁))
H : 발생열량(kcal/h). γ : 공기비중량(1.2g/m³). p : 공기비열(0.24kcal/kg · ℃), t₂ : 실내 허용온도 = 배기온도(℃), t₁ : 외기온도 = 흡기온도(℃)에서
환기량(m³/h) = 890kcal/h / (1.2×0.24×(24−21)
= 1030.09

11 용접기 대수(용접기 1대당 사람 1인)가 30대인 작업장에서 필요한 환기량은 얼마인가?(최저 환기량은 60m³/h이다)

① 54,000　② 18,000

③ 9,000　④ 6,000

해설

필요한 환기량 = 최저 환기량×30인
= 60×사람 1인당 30×30명
= 54,000m³/h

12 실내종류에 따른 시간당 환기횟수 중에 틀린 것은?

① 일반공장 : 5~15

② 기계공장 : 10~20

③ 용접공장 : 30~40

④ 도장공장 : 30~100

해설

용접공장은 15~25 환기횟수이다.

13 외풍에 의한 압력소실은 외풍이 2.2m/s일 때 얼마인가?

① 0.01238　② 0.01538

③ 0.01868　④ 0.01838

해설

외풍에 의한 압력손실 = 1.2 / (2×9.8)×(외풍)²
= 1.2 / (2×9.8)×(2.2)²
= 0.01238

정답				
04 ③	05 ②	06 ④	07 ③	08 ①
09 ②	10 ①	11 ①	12 ③	13 ①

14 유독가스에 의한 중독 및 산소결핍 재해 예방 대책으로 틀린 것은?

① 밀폐장소에서는 유독가스 및 산소농도 측정 후 작업한다.

② 유독가스 체류농도 측정 후 안전을 확인한다.

③ 산소농도를 측정하여 16% 이상에서만 작업한다.

④ 급기 및 배기용 팬을 가동하면서 작업한다.

해설
산소농도를 측정하여 18% 이상에서만 작업한다. 그 외에도 탱크 맨홀 및 피트 등 통풍이 불충분한 곳에서 작업할 때에는 긴급사태에 대비할 수 있는 조치를 취한 후 작업한다.

15 밀폐된 장소 또는 환기가 극히 불량한 좁은 장소에서 행하는 용접작업에 대해서는 다음 내용에 대한 특별 안전보건교육을 실시한다. 틀린 것은?

① 작업순서 작업방법 및 수칙에 관한 사항은 안전사항이다.

② 용접흄, 가스 및 유해광선 등의 유해성에 관한 사항

③ 환기설비 및 응급처치에 관한 사항

④ 관련 MSDS(Material Safety Data Sheet : 물질안전보건자료, 화학물질정보)에 관한 사항

해설
① 작업순서 작업방법 및 수칙에 관한 사항도 특별 안전보건교육에 해당된다.

16 국소 배기장치에 대한 설명으로 틀린 것은?

① 덕트는 되도록 길이가 길고 굴곡면을 적게 한 후 적당한 부위에 청소구를 설치하여 청소하기 쉬운 구조로 한다.

② 후드는 작업방법 등 분진의 발산 상황을 고려하여 분진을 흡입하기에 적당한 형식과 크기를 선택한다.

③ 배기구는 옥외에 설치하여야 하나 이동식 국소 배기장치를 설치했거나 공기 정화장치를 부설한 경우에는 옥외에 설치하지 않을 수 있다.

④ 배풍기는 공기 정화장치를 거쳐서 공기가 통과하는 위치에 설치한 후 흡입된 분진에 의한 폭발 혹은 배풍기의 부식 마모의 우려가 적을 때 공기 정화장치 앞에 설치할 수 있다.

해설
덕트는 되도록 길이가 짧고 굴곡면을 적게 한 후 적당한 부위에 청소구를 설치하여 청소하기 쉬운 구조로 한다.

17 배기후드의 구조 중에 틀린 것은?

① 배기후드는 일반적으로는 상방 흡인형으로 가열원의 위에 설치한다.

② 배기후드는 일자형과 삿갓형으로 분류되며 일자형은 중앙인 경우 삿갓형은 벽체에 가까운 경우에 사용한다.

③ 덕트는 우리 몸이 혈관이 피가 통하는 길의 역할을 하는 것처럼 후드에서 포집된 증기분을 이송시키는 통로 역할을 한다.

④ 배기팬은 배기후드 및 덕트 내의 가열 증기분을 각종 압력손실을 극복하고 원활하게 밖으로 배출시키기 위한 동력원을 제공하는 장치이다.

해설
배기후드는 일자형과 삿갓형으로 분류되며, 일자형은 벽체에 가까운 경우 삿갓형은 설치할 곳이 중앙인 경우 사용한다.

18 환기방식에는 자연환기법과 기계환기법이 있는데 그 설명 중 틀린 것은?

① 자연환기는 실내 공기와 건물 주변 외기와의 공기의 비중량 차에 의해서 환기된다.

② 자연환기는 중력환기라고도 하며 실내온도가 높으면 공기는 상부로 유출하여 하부로부터 유입되고 반대의 경우는 상부로 유입이 되나 건물의 온도가 높아 상부로 공기 유출 외부에서는 유입이 된다.

③ 기계환기 제1종 환기는 송풍기와 배풍기 모두를 사용해서 실내의 환기를 행하는 것이고 실내외에 압력차를 조정할 수 있다.

④ 기계환기 제2종 환기는 송풍기와 배풍기 모두를 사용해서 실내의 환기를 행하는 것이고 실내외에 압력차를 조정할 수 있다.

<u>해설</u>
기계환기 제2종 환기는 송풍기에 의해 일방적으로 실내의 송풍하고 배기는 배기구 및 틈새로부터 배출되어 송풍공기 이외의 외기라든가 기타 침입공기는 없으나 역으로 다른 곳으로 배기가 침입할 수 있으므로 주의해야 한다.

19 후드의 유입계수 0.86, 속도압 25mmH$_2$O일 때 후드의 압력손실(mmH$_2$O)은?

① 8.8
② 12.2
③ 15.4
④ 17.2

<u>해설</u>
$(1/0.86^2-1) \times 25 = 8.802055$

20 필요환기량의 표시로서 틀린 것은?

① 단위분당의 환기량
② 1인당 환기량
③ 단위바닥면적당 환기량
④ 환기횟수(회/h)

<u>해설</u>
단위시간당의 환기량

21 건물 용적이 5,500(m³)이고 일반 공장이라 가정 후 공장의 환기계수는 5∼10이지만 평균으로 한다면 계수는 7.5이고 환기팬의 배기량은 72m³/min 가정 후 계산하면 환기량과 환기팬의 필요설치 대수는 얼마인가?(단, 먼저 환기량 다음은 환기팬의 필요설치 대수)

① 733m³/min - 10.1대
② 1100m³/min - 15.2대
③ 550m³/min - 7.63대
④ 687m³/min - 9.5대

<u>해설</u>
환기량은 5,500/7.5 = 733m³/min이고 필요설치 대수는 733/72 = 10.1이다.

정답			
14 ③	15 ①	16 ①	17 ②
18 ④	19 ①	20 ①	21 ①

01 정밀측정작업

1 정밀측정의 기초

1) 측정과 검사

측정과 검사는 본질적으로 다를 바 없고 다만 그 적용에 있어서 차이가 있다.

측정(measurement)	검사(inspection)
• 물품의 형상과 치수를 어떠한 방법에 의해서든 그것에 수치를 사용하여 나타낸 것 • 물체의 형상, 길이, 각도, 표면 거칠기 등의 크기를 어떠한 단위로 환산하여 수치로 나타내거나 같은 종류의 다른 양과 비교하는 것 • 미리 정하여진 제품이 기능을 제대로 발휘할 수 있는 한계 내에 위치하는지를 알아보기 위하여 각종 측정기를 사용하여 그 크기를 수치적으로 나타내는 것	• 물품을 측정하여 그 결과를 판정기준과 비교하여 양부를 결정하거나 어느 치수가 일정한 한계 내에 있는가를 확인하여 합격 또는 불합격을 결정하는 것 • 주어진 크기의 범위를 만족하는지를 결정하는 것으로 결과를 숫자로 표시하거나 성질의 존재여부만 결정하는 경우도 있음 • 물체의 외형을 주요 검사 대상으로 하며 물체의 외형에는 길이, 각도, 표면 거칠기, 형상 등이 있고 각 수치를 숫자로 표기하거나 어떠한 한계 내에 포함되는지를 측정하여 검사(한계를 오차, 또는 공차라고 함) • 수치를 사용하지 않더라도 게이지(gauge)에 의해서도 행할 수 있음

2) 정밀측정법

① 절대측정(absolute measurement)
- 측정 정의에 따라 결정된 양을 실현시키고, 그것을 이용하여 측정하는 것
- 조립량의 측정을 기본량만의 측정으로 유도하는 것
  - 예 자유낙하하는 물체가 어떤 시간에 통과하는 거리를 이용한 가속도 측정

② 비교측정(comparison measurement) : 이미 알고 있는 기준치수와 비교하여 측정하는 방법
- 블록게이지(block gauge)와 같이 표준 치수를 가진 것 : 실제 치수와 비교하는 방법으로 양적 측정에 사용, 다이얼게이지(dial gauge), 미니미터 등의 컴퍼레이터(comparator)를 사용
- 부품의 치수가 허용한계 내에 있는가를 측정하는 것

③ 직접측정(direct measurement)
- 일정한 길이나 각도가 표시되어 있는 측정기구를 사용하여 직접 눈금을 읽는 것
  - 예 버니어캘리퍼스, 마이크로미터 등
- 측정 범위가 넓고 직접 읽을 수 있는 장점이 있으며 소량이며 종류가 많은 품목에 적합
- 보는 사람마다의 측정오차가 있을 수 있고 측정시간이 긴 단점이 있고 또한 측정기가 정밀할 때는 숙련과 경험을 요구함

④ 간접측정(indirect measurement)
  - 측정물의 측정치를 직접 읽을 수 없는 경우에 측정량과 일정한 관계에 있는 개개의 양을 측정하여 그 측정값으로부터 계산에 의하여 측정하는 방법
  - 측정물의 형태나 모양이 나사나 기어 등과 같이 기하학적으로 간단하지 않을 경우에 측정부의 치수를 수학적이나 기하학적인 관계에 의해 얻는 방법
  - 사인바를 이용하여 부품의 각도 측정, 3점을 이용하여 나사의 유효지름 측정, 지름을 측정하여 원주 길이를 환산 등의 현장에서 많이 사용하는 방법

3) 측정에 미치는 여러 가지 사항
① 온도에 의한 영향
  - 보통의 물체는 온도가 변화함에 따라 팽창 또는 수축하는데, 이 값은 보통의 기계류에서는 거의 영향이 없으나 정밀측정기에서는 필연적으로 문제점이 되는 값임
    예 가장 널리 사용되는 강(steel)은 1℃의 온도변화에 대하여 1m당 0.0115mm의 길이 변화가 발생
  - 공학상의 측정 표준온도는 20℃
② 탄성 변화에 의한 영향 : 압축에 의한 변형, 측정물 및 측정기의 변형

4) 측정의 기본원리
① 치수 측정의 경우, 온도의 영향을 보정한다(온도 변화에 따라 길이가 변화, 재료의 선팽창계수).
② 힘을 가하지 않는다. 접촉식과 비접촉식 중 비접촉식이 좋다.
③ 측정기는 측정 대상의 5~10배 높은 정도를 가져야 한다. 측정 오차의 영향을 1% 미만으로 하기 위해서는 측정기 정도가 측정 대상의 5~10배가 되어야 한다.
④ 측정기의 성질을 잘 이해하고 온도 변화나 공급전원 변화의 드리프트(drift : 부유, 이동)를 보정하고 신속하게 측정해야 한다.

2 측정용 공구

1) 자(ruler)
① 강철자 : 오차를 줄이기 위해서는 측정자와 측정물은 일직선상에 있어야 하며 공작물의 길이나 기준면에 직각으로 대고 측정
② 줄자 : 모재의 열이 있는지 없는지를 확인한 후 열이 없을 때를 이용하여 수직 및 수평에 유의하여 측정
③ 보관 : 직사광선이 있거나 습기 등이 강한 곳에서는 측정자의 변형 등이 있으므로 유의

[강철자를 이용한 측정]

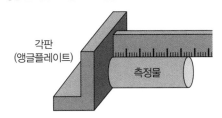

2) 버니어캘리퍼스

① 어미자(本尺)와 아들자(副尺 : vernier)로 구성되어 있는 측정기

② 제품의 내외측 치수, 깊이, 단차 치수 등을 측정하는 데 이용

③ 어미자와 아들자를 이용하여 1/20mm, 1/50mm, 1/500in 등의 정도까지 읽을 수 있음

④ 부척(vernier)의 눈금은 본척의 (n-1)개의 눈금을 n등분한 것이며, 본척의 1눈금을 A, 부척의 1눈금을 B라 하면 1눈금의 차 C는 다음과 같다.

$$C = A-B = A-(n-1/n) \cdot A = (1/n) \cdot A$$

⑤ 버니어캘리퍼스를 이용하여 측정물을 측정하는 방법

> **측정하고자 하는 모재는 수평과 수직상태로 놓아야 한다. → 버니어캘리퍼스 슬라이더를 이동하여 양 측정면 사이를 모재보다 크게 벌린다. → 어미자의 측정면을 모재에 접촉시키고 오른손 엄지로 슬라이더의 측정면을 서서히 밀어 가능한 깊게 물린다. → 위의 방법을 응용하여 제품의 내측, 깊이, 단차 등의 치수를 측정한다.**

[버니어캘리퍼스 읽는 방법]

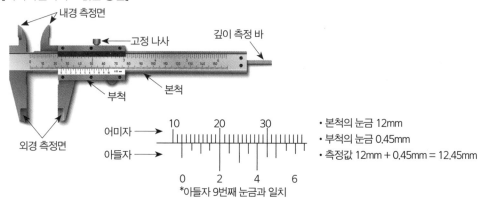

[버니어캘리퍼스의 적용예제]

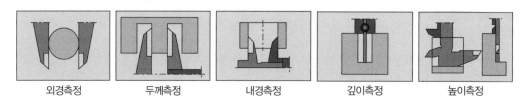

외경측정　　두께측정　　내경측정　　깊이측정　　높이측정

3) 마이크로미터의 '0'점 조정

① 심볼의 '0'점과 슬리브의 기선이 일치하지 않을 때 '0'점을 조정한다.

② 눈금의 차이가 0.01mm 이하일 때는 훅렌치로 슬리브를 돌려 '0'점에 맞춘다.

③ 눈금의 차이가 0.01mm 이상일 때는 훅렌치로 래칫스톱을 늦추고 심볼을 래칫방향으로 돌려 '0'점에 맞춰 다시 조정한 후 위의 방법으로 다시 '0'점을 조정한다.

[마이크로미터 측정방법]

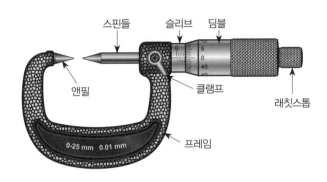

스핀들 슬리브 딤블

앤빌 클램프

래칫스톱

0-25mm 0.01 mm 프레임

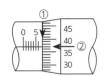

[최소 측정치 0.01mm]
① 슬리브 눈금   7   mm
② 딤블 눈금   0.37mm
①+② 마이크로미터의 판독치 7.37mm

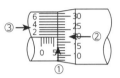

[최소 측정치 0.001mm]
① 슬리브 눈금   6   mm
② 딤블 눈금   0.21 mm
③ 슬리버의 버니어 눈금   0.003mm
①+②+③ 마이크로미터의 판독치 6.213mm

4) 하이로 용접게이지

① 내부 정렬상태를 측정 : 0~35mm
② pipe wall 두께를 측정 : 0~40mm
③ 필릿 용접 크기 : 높이 0~35mm, 길이 0~30mm
④ 맞대기 용접 crown 높이 측정 : 0~35mm
⑤ fit-up 간격 측정 : 1.16″ 또는 3/32″
⑥ end preparation 각도 측정 : 37.5°
⑦ 측정단위 : 1mm

[하이로 게이지를 이용한 측정]

5) 캠브리지 게이지

① 준비 또는 대비(preparation) 각도 측정 : 0~60°
② 정렬상태를 측정 : 0~25mm
③ undercut 깊이 측정 : 0~4mm
④ 맞대기 용접 후 높이 측정 : 0~25mm
⑤ 필릿 용접 후 크기(size) 측정 : 0~35mm
⑥ 필릿 용접 후 목, 목구멍(throat)두께 측정 : 0~35mm
⑦ 직선길이 측정 : 0~60mm
⑧ 측정단위 : 5° 또는 1mm

[캠브리지 게이지를 이용한 측정]

6) 용접게이지

① 필릿 용접 후 크기(size) 측정 : 0~20mm(단위 : 1mm)
② 맞대기 용접 후 높이가 AWS 기중에 의한 최대, 최소치
   범위 내에 들어오는지 여부 확인(최대치 : 3mm, 최소치
   : 1mm)
③ 블록 필릿 또는 오목 필릿 용접 후 그 두께가 AWS(미국)
   기준에 의한 최대 허용 수준 내에 들어오는지 여부 확인

[용접게이지를 이용한 측정]

02 모재 재질의 이해

용접에 사용되는 모재의 재질은 매우 광범위하고 종류는 많으나 일반적으로 피복아크 용접에서는 철강의 사용이 많다.

*모재 : 용접 또는 절단 등 가공의 대상이 되는 재료를 말하며 용접용 모재는 재질과 이음의 형상 등도 고려하여 선택해야 한다.

1 용접 시 금속의 일반적 성질

① 금속 원자는 주어진 온도 또는 내부에너지에서 매우 특정한 거리를 유지하고 있다.

② 열은 에너지의 형태이기 때문에, 금속의 내부에너지는 온도가 올라감에 따라 증가한다.

③ 금속은 개개의 원자가 떨어짐에 따라 금속의 크기가 증가하기 때문에 이 추가 에너지의 결과를 시각적으로 볼 수 있다.

④ 용접과 절단은 금속에 열을 가하는 것이므로 가열은 금속의 팽창을 가져오며 금속이 균일하게 가열되면 금속의 길이나 크기의 변화를 측정할 수 있다.

⑤ 각각의 금속 합금의 비열팽창계수(specific coeffcient of thermal expansion)와 연관되어 있고 주어진 온도 증가에서 금속이 얼마나 팽창할 것인가를 나타내는 어떠한 수치적인 값이 있다는 것이다.

⑥ 실제 용접에서는 열이 균일하게 가해지지 않는다. 다시 말하면 금속의 부분이 매우 높은 온도로 가열되는 반면, 용접부 주변의 금속은 낮은 온도에 머물러 있고 이 때문에 용접부와 주변의 금속은 열팽창 양이 달라진다.

⑦ 열이 가해진 부분과 팽창된 부분이 냉각되기 시작하고, 냉각되면서 강재 윗부분의 길이를 짧게 하고 강재의 끝부분을 위로 당겨 오목한 모양이 되게 하는 변형력의 방향을 바꿔 놓으면 수축된다.

⑧ 불균일한 방법으로 부분을 가열함에 따라 용접하는 경우 냉각되면서 변형을 가져온다.

⑨ 용접처럼 금속이 작고 국부적인 부분에서 용융되면 수축응력이 발생이 되고 만약 강재가 가열과 냉각 주기 동안 외부적으로 구속되어 있더라도, 냉각된 부분은 여전히 가열과 냉각의 차이로 생긴 응력을 가지게 된다.

2 용접용 모재의 특성

1) 연강

① 인장강도가 50kgf/mm² 이하의 강판, 봉강, 형강, 강관 등

② 저탄소강, 보통강, 구조용강 등으로 불림

③ 피복아크 용접을 사용할 경우 용접성이 우수함

④ 저온 균열 발생 우려가 있어 100~200℃로 예열 후 용접하기도 함

2) 고장력강

① 일반적으로 인장강도가 50kgf/mm² 이상, 항복강도가 30kgf/mm² 이상이 되도록 만들어진 저탄소합금계 강

② 연강에 망가니즈 규소를 첨가시켜 강도를 높인 것
③ 연강 용접이 가능하지만 합금 성분이 포함되어 있기 때문에 담금질 경화성이 크고 열영향부의 연성 저하로 저온 균열 발생 우려가 있음
④ 고장력강 용접 시 유의사항
  • 용접을 시작하기 전에 이음부 내부 또는 용접할 부분을 청소해야 한다.
  • 용접봉은 300~350℃로 1~2시간 건조한 저수소계를 사용한다.
  • 아크 길이는 가능한 짧게 유지하고 위빙 폭을 작게 한다.
  • 엔드탭 등을 사용한다.

3) 니켈강
① 저온에서 충분한 연성과 인성을 유지한다.
② 고장력강에 상당하는 강도를 갖는다.
③ 용접성과 내균열성이 우수하다.

4) 스테인리스강
① 선팽창계수가 연강보다 50% 정도 크고 전기 저항도 크며, 열전도가 대단히 적어 열팽창의 국부적인 변화에 따라 변형되기 쉬워 용접이 어렵다.
② 용접부에 편석물 등이 금속과 화합하여 강도를 약하게 하거나 잔류 응력의 영향으로 균열이 생기기 쉬워 최근에는 피복제의 개발로 0.8mm까지는 피복아크 용접을 이용할 수 있고 피복아크 용접 시 탄소강보다 10~20% 낮은 전류를 사용하며, 직류 역극성이나 교류를 사용하여 용접한다.

[스테인리스강 용접 조건]

판두께	자세(F)		자세(V 및 O)	
	용접봉 지름(mm)	전류(A)	용접봉 지름(mm)	전류(A)
1.5	2.0	40	2.6	35
3.0	3.2	90	3.2	65
4.0	4.0	125	3.2	80

3 용접용 모재를 선택할 때 고려해야 할 사항
① 강재의 화학 구성이 고르게 분포되어 있는지 확인
② 강재의 강도를 유지하면서 인성과 연성이 있어야 함
③ 탄소량이 가급적 적은 것을 선택
④ 급랭으로 인한 경화 및 비틀림 열영향부의 취화가 최소인 것을 선택

03 각종 금속의 용접

1 탄소강의 용접

1) 탄소강의 종류
순철, 탄소강, 주철, 주강, 합금강 등

2) 저탄소강(연강)의 용접
① 탄소를 0.3% 이하로 함유하고 있는 강, 일반구조용강으로 널리 사용
② 다른 강에 비하여 비교적 용접성이 좋음
③ 저온 상태(0℃ 이하)에서 용접 시 저온취성과 노치부가 있을 때 노치취성(notch brittleness) 등의 결함(저수소계 계통의 용접봉 사용)이 발생
④ 재료 자체에 설퍼밴드(sulphur band)가 현저한 강을 용접할 경우나 후판($t \geqq 25mm$)의 용접 시 균열을 일으킬 위험성이 있으므로 예열 및 후열이나 용접봉의 선택 등에 주의

3) 중탄소강의 용접
① 탄소량이 증가함에 따라서 용접부에서 저온균열이 발생될 위험성이 커지기 때문에 100~200℃로 예열·후열을 할 필요가 있음
② 탄소량이 증가하면 수소에 기인한 저온균열이 발생할 위험성도 증가하기 때문에 저수소계 용접봉의 선정, 용접봉의 건조 및 예열·후열처리 필요

4) 고탄소강의 용접
① 보통 탄소를 0.5~1.3% 함유한 강
② 연강에 비교하여 A₃점(912℃) 이상의 온도에서 급냉 시 냉각속도가 그 강의 임계 냉각속도 이상이면 마텐사이트 조직이 되어 열영향부의 경화가 현저하므로 비드 밑 균열 및 비드 위의 아크균열 등을 일으키기 쉬우며 모재와 같은 용접금속의 강도를 얻으려면 연신율이 적어 용접균열을 일으키기 쉽게 된다.
③ 아크 용접에서는 탄소의 함유량에도 관계되나 일반적으로 200℃ 이상으로 예열하며 특히 탄소의 함유량이 많은 것은 용접 직후 600~650℃로 후열하며 용접전류를 낮추고 용접속도를 느리게 할 필요가 있음
④ 용접봉으로서는 저수소계의 모재와 같은 재질의 용접봉 또는 연강 용접봉, 오스테나이트계 스테인레스강 용접봉, 특수강 용접봉 등이 사용

5) 주강의 용접
① 탄소주강과 합금주강 등이 있음
② 일반적으로 주강제품은 두께가 두꺼우며 용접 시 결정조직이 거칠고 크며 냉각속도, 구속력이 크므로 보통 피복아크 용접법 사용
③ 예열이나 후열이 필요하며 후열은 600~650℃로 탄소강과 같음
④ 용접봉은 저탄소주강에는 연강용, 고탄소주강에는 저수소계 용접봉을 잘 건조시켜 사용

2 주철의 용접

1) 주철의 종류
백주철, 회주철, 반주철, 구상 흑연 주철, 칠드 주철, 가단 주철 등

2) 주철의 용접이 곤란한 점
① 주철이 단단하고 취성을 갖기 때문에 용접부나 또는 모재의 다른 부분에 균열이 생기기 쉬움
② 탄소가 많기 때문에 용접 시 많은 가스의 발생으로 기공이 생기기 쉬움
③ 용접열에 의하여 급하게 가열되고 또한 급랭되기 때문에 용접부에 백선화로 인한 백주철이나 담금질 조직이 생겨 단단하기 때문에 절삭가공이 어려워짐

3) 주철의 용접
① 대부분 보수를 목적으로 하기 때문에 주로 가스 용접과 피복아크 용접이 사용되고 있음
② 가스 용접 시공 : 대체로 주철 용접봉 사용, 예열 및 후열은 대략 500~550℃가 적당, 불꽃은 중성 또는 약한 탄화불꽃을 사용하며 용제는 충분히 사용
③ 주물의 아크 용접 : 모넬메탈 용접봉(Ni $\frac{2}{3}$, Cu $\frac{1}{3}$), 니켈봉·연강봉 등 사용, 예열하지 않아도 용접할 수 있음
④ 모넬 메탈, 니켈봉을 쓰면 150~200℃ 정도의 예열이 적당함
⑤ 용접에 의한 경화층이 생길 때에는 500~650℃ 정도로 가열하면 연화

4) 주철 용접 시 주의사항
① 가스 납땜의 경우 과열을 피하기 위하여 토치와 모재 사이의 각도를 작게 한다.
② 가스 납땜의 경우 모재표면의 흑연을 제거하기 위하여 산화불꽃으로 하여 약 900℃로 가열한다.
③ 피복아크 용접 시 연속적인 비드를 놓는 경우에는 용착금속 자체의 균열이나 모재의 융합부에 과열을 방지하기 위하여 적당한 예열(약 150℃)과 직선 비드로 비드 길이를 짧게 하고(약 50mm) 이 부분을 피닝(peening)하면서 점차적으로 용접한다.
④ 일산화탄소 가스가 발생하여 용착금속에 기공이 생기기 쉽다.

5) 균열이 생긴 주철의 보수
① 균열의 끝부분에 작은 구멍을 뚫어서 균열의 성장을 방지하도록 한다.
② 모재의 본바닥이 드러날 때까지 깊게 가공한 후 보수 용접을 한다.
③ 용접전류는 필요 이상 높이지 말고 홈의 밑을 둥글게 하여 용접봉의 끝부분이 밑부분까지 닿도록 해야 한다.

6) 파손된 주철의 보수
① 보수할 재료가 크게 파단된 경우는 두께와 형상에 따라 V형 또는 X형 용접홈을 만든다.
② 다층 비드를 놓아야 할 때는 이음면 끝에 버터링(buttering)법으로 비드를 놓는 것이 적합하다.
  * 버터링(buttering) : 맞대기 용접을 할 때 모재의 영향을 방지하기 위하여 홈표면에 다른 종류의 금속을 표면 피복 용접하는 것
③ 모재와 용접금속과의 접합면이 약한 경우에는 모재에 연강용 스터드(stud)를 박아 넣고 그 위를 연강용 저수소계 용접봉으로 용접한 뒤에 주철용접을 하면 이음강도가 커지게 된다.

④ 보수할 재료의 모재의 두께가 다르거나 형상이 복잡한 경우의 용접에는 예열과 후열 후에 서냉작업을 꼭 한다.

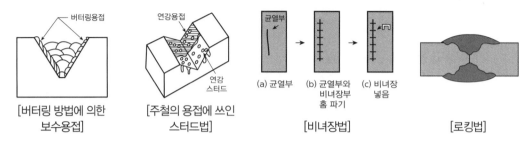

[버터링 방법에 의한 보수용접]   [주철의 용접에 쓰인 스터드법]   [비녀장법]   [로킹법]

3 스테인리스강(stainless steel)의 용접

1) 스테인리스강의 특성

① 철에 크롬(Cr)을 첨가하면 산화크롬피막을 형성하여 산화, 침식에 잘 견디는 성질을 가지게 되는데 이와 같이 내식성이 좋은 강을 스테인리스강이라 함
② 저탄소강에 Cr, Cr-Ni 또는 Cr-Ni에 Mo, Cu, Ti 등을 약간 첨가시키는 스테인리스강도 있음
③ 가정용 식기용구, 터빈, 의료기구, 화학용 등에 중요한 재료로 사용되고 있음

2) 스테인리스강의 종류

① 오스테나이트(austenite)계 : Cr-Ni계
② 페라이트(ferrite)계 : Cr계
③ 마르텐사이트(martensite)계 : Cr계

3) 스테인리스강의 용접

① 용입이 쉽게 이루어지도록 하는 것이 중요함
② 크로뮴니켈 스테인리스강의 용접(18-8 스테인리스강) : 탄화물이 석출하여 입계 부식을 일으켜 용접 쇠약을 일으키므로 냉각속도를 빠르게 하거나 용접 후에 용체화 처리를 하는 것이 중요
   * 용체화 처리는 고용화 열처리라고도 하며 강의 합금 성분을 고용체로 용해하는 온도 이상으로 가열하고 충분한 시간 동안 유지한 다음 급냉하여 합금 성분의 석출을 저해함으로써 상온에서 고용체의 조직을 얻는 조작을 말한다.
③ 오스테나이트계 스테인리스강 용접 시 유의사항
   • 예열을 하지 않고 층간 온도가 320℃ 이상을 넘어서는 안 된다.
   • 용접봉은 모재와 같은 것을 사용하며, 가능한 용접봉의 지름이 가는 것을 사용한다.
   • 낮은 전류로 용접하여 용접입열을 억제하고 크레이터를 처리한다.
   • 비교적 짧은 아크 길이를 유지한다.

피복금속 아크 용접	아크열의 집중이 좋고, 고속도 용접이 가능하며, 용접 후의 변형도 비교적 적으며 최근에는 용접봉의 발달로 0.8mm 판두께에 이르기까지 이용되고 있다. 용접전류는 탄소강의 경우보다 10~20% 낮게 하면 좋은 결과를 얻을 수 있으며 직류 경우는 역극성을 사용하고 피복제는 라임계와 티탄계가 많이 이용된다.
불활성가스 아크 용접	스테인리스강의 용접에 광범위하게 사용되는 TIG 용접은 0.4~8mm 정도의 얇은 판의 용접에 사용되고 용접전류는 직류 정극성이 좋고 전극은 토륨이 들어있는 것이 좋다. MIG 용접법은 TIG 용접법에 비하여 두꺼운 판에 이용되며 심선은 0.8~1.6mm 정도이며 직류 역극성으로 시공하고 아크의 열 집중이 좋다.

4 구리와 구리 합금의 용접

1) 구리의 특성

① 전기와 열의 양도체로 전도율이 높고 냉각효과가 크다.

② 산화구리부분은 순수한 구리에 비하여 용융점이 약간 낮고 균열이 발생하기 쉽다.

③ 수소와 같이 확산성이 큰 가스를 석출하고 그 압력 때문에 더욱 약점이 조성된다.

④ 용융점 이외에는 변태점이 없으나 합금으로 재질의 개량을 할 수 있다.

⑤ 용융 시 심한 산화를 일으키며 가스를 흡수하여 기공을 만든다.

⑥ 유연하고 전연성이 좋아 가공성이 우수하다.

2) 구리 합금의 종류

① 황동(brass) : Cu-Zn 합금으로 아연을 8~45% 정도 함유한 것으로 그밖에 Pb, Sn, Si, Fe, Mn, Al 등을 소량 첨가하여 기계적 성질 및 절삭성을 개량한 것이 있다.

② 인청동(phosphor bronze) : Cu-Sn계 합금으로 주석을 5~10%, 인을 0.35% 한도로 첨가시켜 기계적 성질이 좋고 내마멸성을 가지고 있는 청동제 합금의 대표적인 것이다.

③ 규소 청동(silicon bronze) : Cu-Si계 합금으로 규소를 1.5~3.25% 첨가시킨 것으로 그 밖에 Mn, Zn 또는 Fe 등을 함유하고 산에 대한 내식성과 용접성이 좋아 파이프나 탱크 등에 사용되며 에버듀르(everdur)라고도 한다.

④ 알루미늄 청동(aluminium bronze) : Cu-Al계 합금으로 알루미늄 8~12%를 함유한 것으로 Fe, Mn, Ni, Si, Zn 등을 첨가한 것을 암즈 청동(arms bronze)이라 하고 내식성, 내열성, 내마멸성 등이 우수하다.

⑤ 니켈 청동(nickel bronze) : Cu-Ni계 합금으로 니켈을 10~30% 정도 함유하며 이외에 Si, Zn 등을 함유하고 특히 Ni 15~20%, Zn 20~30% 함유된 구리합금을 양은(german silver)이라 한다.

3) 구리의 용접

TIG 용접법	• 판 두께 6mm 이하에 많이 사용 • 전극 : 토륨(Th)이 들어있는 텅스텐봉 사용 • 전류 : 직류 정극성(DCSP) • 용가재 : 탈산된 구리봉, 순도 99.8% 이상의 아르곤 가스 사용
MIG 용접법	• 판 두께 3.2mm 이상에 능률적(판 두께 6mm 이상에는 200℃, 판 두께 12mm 이상에는 300~400℃ 정도 예열 시 용접속도 증가) • 규소 청동, 구리 니켈, 알루미늄 청동 등의 용접에 우수 • 전극 : 직류 정극성(DCSP) • 심선 : 탈산된 것, 99.8% 이상의 순도 높은 아르곤
피복금속 아크 용접법	• 스패터(spatter), 슬래그 섞임(slag inclusion), 용입 불량 등의 결함이 많이 생김 • 예열을 충분히 할 수 있는 단순한 구조에만 사용 • 인청동, 구리 니켈 합금 등의 용접에 사용 • 전극 : 직류 역극성 • 일반적으로 루트 간격과 홈 각도를 넓게 해야 함

가스 용접법	• 판 두께 6mm까지는 슬래그 섞임에 주의 • 발생된 기공은 피닝 작업으로 제거하면 비교적 좋은 용접부가 됨 • 열영향부가 커지므로 용접부 부근의 모재는 결정입계가 거칠고 재질이 연화함
납땜법	• 이음이 쉽고 은 납땜이 잘됨 • 재료가 비쌈

4) 구리 합금의 용접조건

① 구리에 비하여 예열온도가 낮아도 좋다.

② 예열방법은 연소기, 가열로 등을 사용한다.

③ 용접 이음부 및 용접봉을 깨끗이 한다.

④ 용가재는 모재와 같은 재료를 사용한다.

⑤ 비교적 큰 루트 간격과 홈 각도를 취한다.

⑥ 가접은 비교적 많이 한다.

⑦ TIG 용접에서도 예열 중에 산화가 많을 때에는 적당한 용제(flux)를 사용한다.

⑧ 용접봉은 토빈(torbin) 청동봉, 규소 청동봉, 인 청동봉, 에버듀르(everdur)봉 등이 많이 사용된다.

⑨ 용제 중 붕사는 황동, 알루미늄 청동, 규소 청동 등의 용접에 가장 많이 사용된다.

5 알루미늄 합금의 용접

1) 알루미늄(aluminum)의 특성

① 비열 및 열전도도가 크므로 빠른 시간에 용접온도를 높이기가 어렵다.

② 용융점(658℃)이 비교적 낮고 산화알루미늄의 용융점이 약 2050℃로 높아서 용융되지 않은 채로 유동성(잘못하면 용락 상태가 된다)을 해친다.

③ 산화알루미늄의 비중(4.0)은 알루미늄의 비중(2.699)에 비해 크므로 용융금속 표면에 떠오르기가 어려워 용착금속 속에 남는다.

④ 색채에 따라 가열온도의 판정이 곤란하여 지나치게 가열 융해가 되기 쉽다.

⑤ 수소가스 등을 흡수하여 응고 시에 기공으로 되어 용착금속 중에 존재한다.

⑥ 변태점이 없고 시효경화가 일어난다.

⑦ 열팽창계수가 매우 크므로(강의 약 2배) 용접에 의한 수축률도 크므로 큰 용접변형이나 잔류응력을 발생하기 쉽고 또한 균열을 일으키기 쉽다(응고 수축은 강의 1.5배).

2) 알루미늄 합금의 종류

주조용 알루미늄 합금	• Al계 합금 • Al-Cu-Si계 합금 : 라우탈(lautal) • Al-Si계 합금 : 실루민(silumin), 로오렉스(Lo-Ex, Al+Si+Cu+Mg+Ni) • Al-Mg계 합금 : 하이드로날륨(hydronalium) • Y 합금(y-alloy) : Cu 4%+Ni 2%+Mg 1.5%+Al 92.5%의 합금
단련용 알루미늄 합금	• 두랄루민(duralumin) : Al+Cu+Mg+Mn계 합금 • 강력 알루미늄 합금 : 초두랄루민(super-duralumin), 고력알루미늄(No4Alcoa 24s), 초강두랄루민(extra super duralumin)

3) 용접봉 및 용제

① 용접봉 : 모재와 동일한 화학조성의 것을 사용하는 외에 규소 4~13%의 알루미늄-규소합금 선이 사용된다. 이밖에 카드뮴, 구리, 망간, 마그네슘 등의 합금을 사용할 때도 있다.

② 용제 : 주로 알칼리금속의 할로겐화합물 또는 이것의 유산염 등의 혼합제가 많이 사용되고 있다. 용제 중에 가장 중요한 것은 염화리튬(LiCl)으로, 이것은 흡수성이 있어 주의를 요한다.

[용제의 화학적 조성의 예]

조성 종류	염화칼륨 (KCl)	염화리튬 (LiCl)	플루오르화칼륨 (KF)	중황산칼륨 (KHSO₄)	염화나트륨 (NaCl)
A 용제(%)	41 이상	15 이상	7 이상	33 이상	나머지
B 용제(%)	28~30	20~30	NaF 또는 Na₃AlF₆ 10~20	—	28~32
C 용제(%)	44	14	NaF 12	—	60

4) 알루미늄 합금의 용접

가스 용접법	• 약간 탄화된 아세틸렌 불꽃사용이 유리 • 열전도가 크기 때문에 200~400℃의 예열은 효과가 있음 • 용접 토치는 철강 용접 시보다 큰 것을 사용해야 하지만 Al은 용융점이 낮아 조작을 빨리해야 함 • 얇은 판의 용접에서는 변형을 막기 위하여 스킵법(skip method)과 같은 용접순서를 채택하도록 함
불활성 가스 아크 용접법	• 용제를 사용할 필요가 없고 슬래그를 제거할 필요가 없음 • 아르곤 가스 사용 시 직류 역극성을 사용하면 청정 작용(cleaning action)이 있어 용접부가 깨끗함 • TIG 용접에서는 전극의 오손 방지와 전극의 소모를 방지하고 아크의 안정을 위하여 평형 교류 용접기를 사용하며 고주파 전류를 병용 • TIG 용접은 주로 얇은 판의 용접에 많이 사용
전기저항 용접법	• 점 용접법이 가장 많이 사용됨 • 먼저 표면의 산화피막을 제거(플루오르화수소 등에 의한 화학적 청소법) • 다른 금속에 비하여 시간, 전류, 주어지는 가압력의 조정 필요 • 기공발생방지 및 좋은 용접결과를 위하여 재가압방식(double method)을 이용할 때가 있음

🧑‍🏭 알루미늄의 가스 용접 조건

토치 번호	아세틸렌 소비량[L/h]	알루미늄 판 두께[mm]
00	50~100	0.5~1
0	100~200	1~2
1	200~300	2~4
2	400~700	4~7
3	700~1,200	7~12
4	1,200~2,000	12~20
5	2,000~3,000	20~30
6	3,000~5,000	30~50

5) 용접 후의 처리

① 용제 사용 후 부식방지를 위하여 용접부를 반드시 청소한다.

② 용접부의 용제 및 슬래그 제거는 찬물이나 끓인 물을 사용하여 세척하거나 화학적 청소법으로 2%의 질산 또는 10%의 더운 황산으로 세척한 다음 물로 씻어낸다.

③ 변형을 바로잡기 위하여 상온에서 피닝을 하여 어느 정도 강도를 증가시킨다.

6) 알루미늄 주물의 용접

① 비교적 불순물이 많고 산화물의 개재와 용융점이 낮아지는 등과 용접 시에 산화물이 많이 생겨 용융금속의 유동성이 나빠지는 현상이 일어난다.

② Al-Si 합금봉과 같이 용접성이 좋고 용융점이 모재보다 낮은 것이 적당하다.

6 니켈과 니켈 합금의 용접

① 대표적인 니켈, 모넬메탈, 인코넬 등이며 이러한 금속의 용접 시에는 용접부의 청정이 중요하다.

② 고 니켈 합금은 연강과 같이 손쉽게 용접할 수 있으며 모재와 동일한 재질의 용접봉을 사용한다.

③ 순 니켈과 모넬메탈을 주성분으로 하는 용접봉은 주물용 피복아크 용접봉으로도 사용한다.

④ 니켈은 알칼리에 대해 내식성을 갖고 있으며 상온에서 가공성이 우수하고 강도의 강화기구에 따라 고용체 강화형 합금(용접성이 좋다)과 석출 강화형 합금(용접성이 나쁘다)이 있다.

7 티타늄(Ti)의 용접

① Ti과 Ti합금은 강도가 크고 무게가 가벼운 금속으로 초전도 재료, 형상기억 합금, 항공기 부품, 각종 스포츠 용품 등 용도가 다양하며 수요가 날로 증가한다.

② Ti는 용융점이 1,670℃ 정도로 매우 높고 고온에서도 산화성이 강하여 본래의 성질이 소멸되기 때문에 열간가공이나 용접이 어려운 금속이다.

③ Ti의 용접은 작은 물품은 진공상태에서 하거나 큰 제품들은 불활성가스 분위기 속에서 공기를 차단한 분위기에서 가스텅스텐 아크 용접, 플라스마 아크 용접, 전자빔 용접 등의 특수 용접법이 사용되고 있다.

> **Ti의 용접**
>
> 진공상태의 용접 시에는 박스 안에 용접모재를 넣고 박스 안에는 진공기로 공기를 박스 안에서 빼내어 완전한 진공상태로 하여 불활성가스텅스텐 아크 용접법으로 용접을 하거나 큰 제품인 경우는 제품의 전후 사방으로 불활성가스로 공기를 차단한 뒤에 그 분위기 안에서 용접을 하여야 한다.

04 모재 치수 확인

도면에 기입된 치수를 보고 준비할 모재 치수 및 홈 가공 방법 등을 선택한다.

1 도면에 따른 모재 치수 확인

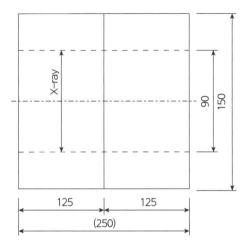

① 수평치수와 수직치수 기입을 보고 전체적인 치수를 파악할 수 있다.
② 제시된 도면에서 수평치수는 125mm(합계 : 250mm), 수직치수는 150mm임을 알 수 있다.

2 도면에 따른 모재가공 확인

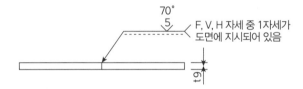

제시된 도면과 같이 모재가공은 우선 V형 홈으로 홈각도가 70°이므로 한쪽 베벨각은 30~35°로 가공하여야 하고 또한 t9라고 사용되어 있는 내용으로 판 두께가 9mm임을 알 수 있다.

05 피복아크 용접봉의 종류

1 피복아크 용접봉의 개요

1) 피복아크 용접봉

① 아크 용접해야 할 모재 사이의 틈(gap)을 채우기 위한 것
② 용가재(filler metal) 또는 전극봉(electrode)이라 함
③ 맨(solid) 용접봉 : 자동, 반자동에 사용
④ 성분 : 용착금속의 균열을 방지하기 위한 저탄소, 유황, 인, 구리 등의 불순물과 규소량을 적게 함유한 저탄소 림드강

2) 피복아크 용접봉 규격 : 수동 용접에 사용

① 심선 노출부 25mm 이하 노출

② 심선 끝 3mm 이하 노출(끝 부분은 아크 발생이 좋게 하기 위한 물질이 있음)

③ 심선 지름 : 1~10mm

④ 길이 : 350~900mm

3) 피복아크 용접봉 구분

① 용접부의 보호에 따른 방식 : 가스 발생식(gas shield type), 슬래그 생성식(slag shield type), 반가스 발생식(semi gas shield type)

② 용적 이행에 따른 방식 : 스프레이형(분무형 : spray type), 글로뷸러형(입상형 : globular type), 단락형(short circuit type)

③ 피복아크 용접봉 재질에 따른 종류 : 연강용접봉, 저합금강(고장력강)용접봉, 동합금 용접봉, 스테인리스강용접봉, 주철용접봉 등

4) 심선

① 심선 제작 : 강괴를 전기로, 평로에 의하여 열간압연 및 냉간인발로 제작

② 심선의 성분 : 용착금속의 균열을 방지하기 위한 저탄소, 유황, 인, 구리 등의 불순물과 규소 량을 적게 함유한 저탄소 림드강

[심선의 화학 성분]

종류 기호		화학 성분[%]					
		C	Si	Mn	P	S	Cu
1종	SWR 11	0.09 이하	0.03 이하	0.35~0.65	0.020 이하	0.023 이하	0.20 이하
2종	SWR 21	0.10~0.15	0.03 이하	0.35~0.65	0.020 이하	0.023 이하	0.20 이하

5) 피복제의 작용

① 용융 금속의 산화, 질화 방지로 용융금속 보호(공기 중에 산소 21%, 질소 78%)

② 아크 발생 쉽게 하고 아크의 안정화

③ 슬래그 생성으로 인한 용착금속 급냉 방지 및 전자세 용접 용이

④ 용착금속의 탈산(정련) 작용

⑤ 합금 원소의 첨가 및 용융속도와 용입을 알맞게 조절

⑥ 용적(globular)을 미세화하고 용착효율을 높임

⑦ 파형이 고운 비드 형성

⑧ 모재 표면의 산화물 제거 및 완전한 용접

⑨ 용착금속의 유동성 증가

⑩ 스패터 소실 방지 및 피복제의 전기 절연 작용

A(산(산화물)), AR(산-루틸), B(염기), C(셀룰로이즈), O(산화), R(루틸(중간피복)), RR(루틸(두꺼운 피복)), S(기타종류)로 표시

6) 용접봉의 아크분위기

① 피복제의 유기물, 탄산염, 습기 등이 아크열에 의하여 많은 가스 발생
② CO, CO_2, H_2, H_2O 등의 가스가 용융금속과 아크를 대기로부터 보호
③ 저수소계 용접봉 : H_2가 극히 적고, CO_2가 상당히 많이 포함됨
④ 저수소계 외 용접봉 : CO와 H_2가 대부분 차지, CO_2와 H_2O가 약간 포함됨

7) 피복배합제의 종류

아크 안정제	• 피복제의 안정제 성분이 아크 열에 의하여 이온화가 되어 아크가 안정되고 부드럽게 되며, 재점호 전압도 낮게 하여 아크가 잘 꺼지지 않게 함 • 안정제 : 규산칼륨(K_2SiO), 규산나트륨(Na_3SiO_3), 이산화티탄(TiO_2), 석회석($CaCO_3$) 등
탈산제	• 용융 금속의 산소와 결합하여 산소를 제거함 • 망간철, 규소철, 티탄철, 금속망간, Al분말
가스 발생제	• 유기물, 탄산염, 습기 등이 아크 열에 의하여 분해되어 발생된 가스가 아크 분위기를 대기로 부터 차단함 • 유기물 : 셀룰로스(섬유소), 전분(녹말), 펄프, 톱밥 • 탄산염 : 석회석, 마그네사이트, 탄산바륨($BaCO_3$) • 발생가스 : CO, CO_2, H_2, 수증기 등
합금제	• 용착금속의 화학적 성분을 임의의 원하는 성질을 얻기 위한 것 • Mn, Si, Ni, Mo, Cr, Cu 등
슬래그 생성제	• 슬래그를 생성하여 용융 금속 및 금속 표면을 덮어서 산화나 질화를 방지하고 냉각을 천천히 함 • 그 외 영향 : 탈산작용, 용융금속의 금속학적 반응, 용접작업 용이 등 • 산화철, 이산화티탄, 일미나이트, 규사, 이산화망간, 석회석, 장석, 형석 등
고착제	• 심선에 피복제를 고착시키는 역할 • 물유리(규산나트륨 : Na_2SiO_3), 규산칼륨(K_2SiO_2) 등

8) 연강용 피복아크 용접봉의 규격 [KS D 7004]

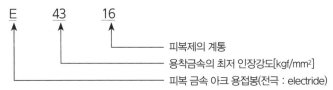

① 미국 단위는 파운드법에 의하여 E43 대신에 E60을 사용(60은 60,000 Lbs/in²(=psi))
② 심선 지름 허용 오차 : ±0.05mm
③ 심선 길이 허용 오차 : ±3mm
④ 용접봉의 비피복 부위의 길이 : 25±5mm(700 및 800mm일 때 : 30±5mm)

2 연강용 피복 금속아크 용접봉의 종류 및 특성

구분 KS	아크상태	용입	슬래그 상태	비드외관	필릿상태	내부조직	스패터
E4301	스프레이형	깊다	다량 완전덮힘	아름다움	약간 오목함	우수	많다
E4303	약간 안정	보통	완전덮힘	아름다움	약간 오목함	양호	보통
E4311	강스프레이형	깊다	소량 완전덮힘	보통	평면적임	양호	많다
E4313	안정됨	보통	완전덮힘	아름다움	평면적임	보통	적다
E4316	짧게 유지	약간 깊다	다량 박리용이	보통	약간 볼록함	우수	보통
E4324	스프레이형	보통	자연박리	아름다움	약간 오목함	보통	적음
E4327	스프레이형	약간 깊다	다량 완전덮힘	아름다움	약간 오목함	양호	보통

구분 KS	주요 사용 용도
E4301	• 연강에 사용하며 조선, 건축 등 모든 구조의 용접
E4303	• 전자세 용접봉이며, 특히 아래보기 및 수직의 다리길이가 짧은 필릿용접에 적합
E4311	• 전자세의 용접봉이며, 특히 X선 검사를 필요로 하는 수직 및 위보기 용접에 많이 사용 • 아연강판이나 저합금강에 사용
E4313	• 박판의 전자세 용접에 가장 적합
E4316	• 연강봉 중에서 가장 기계적 성질이 양호하며 합금강, 고탄소강, 고유황 등에 이용되는 외에 가단주철, 스프링강, 도금의 용접, 기타 용접 후 법랑을 입히는 강재 등의 사용 • 특히 건조에 유의
E4324	• 피복제 중에 철분을 다량 함유하고 용접능률이 매우 좋음 • 아크 발생이 용이하고 용접 중 단락하는 일이 없음
E4327	• E4327이 용착금속의 성질이 양호함 • 수평필릿 및 아래보기 용접에 사용되나, 수평필릿의 경우에는 운봉상의 숙력을 요하지 않고 균일 확실함

1) E4301 : 일미나이트계(ilmenite type)
① 주성분 : 일미나이트($TiO_2 \cdot FeO$) 30% 이상
② 슬래그 보호식 및 전자세 용접봉으로 우리나라, 일본에서 많이 생산
③ 슬래그의 유동성이 좋음
④ 용입 및 기계적 성질도 양호함
⑤ 내부 결함이 적고 X선 시험 성적도 양호
⑥ 용도 : 일반공사, 각종 압력용기, 조선, 건축 등

2) E4303 : 라임티타니아계(lime titania type)
① 주성분 : 산화티탄(TiO_2) 약 30% 이상과 석회석

② 슬래그 보호식 및 전자세 용접봉으로 피복이 두꺼움

③ 슬래그는 유동성 및 박리성이 좋음

④ 언더컷이 잘 생기지 않고, 작업성이 양호함

⑤ 비드 표면이 평면적이고, 겉모양이 고움

⑥ 용입이 얕아 박판에 적합, 기계적 성질도 양호함

3) E4311 : 고셀룰로스계(high cellulose type)

① 주성분 : 셀룰로스를 약 30% 이상 함유한 가스 보호식

② 셀룰로스가 연소하여 다량의 환원가스(CO_2, H_2)를 발생

③ 피복제의 두께가 얇아 슬래그의 양이 적어서 수직 하진이나 위보기 자세, 파이프 라인, 철골 등 좁은 틈의 용접에 좋음

④ 용융금속의 이행은 중간 또는 큰 입상의 스프레이형 용입은 깊으나 스패터가 많고, 비드 파형이 거침

⑤ 다른 용접봉보다 약간 낮은 전류를 사용함

4) E4313 : 고산화티탄계(high titanium oxide type)

① 주성분 : 산화티탄을 30% 이상 포함한 루틸(rutile)계

② 아크는 안정되고, 스패터가 적으며, 슬래그 박리성도 좋고, 비드 겉모양이 곱고 언더컷이 발생하지 않음

③ 전자세와 수직하진 자세 및 접촉 용접이 가능

④ 작업성이 좋고, 용입이 얕아 박판에 좋으나 고온에서 균열이 일어나는 결점으로 기계적 성질이 약간 좋지 못하며, 주요 부분에는 용접하지 않음

5) E4316 : 저수소계(Low hydrogen type)

① 아크 분위기 중의 수소량을 감소시킬 목적으로 피복제의 유기물을 적게 하고, 대신 탄산칼슘 등의 염기성 탄산염에 형석(CaF_2, 불화칼슘), 페로실리콘 등을 배합함

② 탄산염이 분해하여 이산화탄소 분위기를 형성하고, 용착금속 중에 용해되는 수소의 함유량은 다른 용접봉에 비해 적음(약 1/10)

③ 강력한 탈산작용으로 용착금속의 인성 등 기계적 성질도 좋음

④ 피복제는 다른 계통에 비해 두꺼움(건조 : 300~350℃로 1~2시간 정도)

[저수소계 피복아크 용접봉의 장단점]

장점	• 균열에 대한 감수성이 좋아서 두꺼운 판 구조물의 1층 용접 • 구속도(력)가 큰 구조물 용접에 적합함 • 고장력강이나 탄소 및 유황을 많이 함유한 강용접
단점	• 아크가 불안정하고 아크가 끊어지기 쉬우므로 아크 길이를 짧게 해야 함(직선 비드가 결함이 적음) • 비드 파형이 거칠고 볼록하며, 시·종점에 기공이 생기기 쉬움 • 다른 종류보다 습기의 영향을 많이 받음(흡습)

6) E4324 : 철분 산화티탄계(iron powder titania type)
① E4313의 우수한 작업성과 철분을 첨가한 고능률을 겸한 용접봉
② 성질 : 아크가 부드럽고 스패터가 적으며 용입이 얕아 접촉 용접 가능
③ 자세 : 아래보기(F) 및 수평 필릿(H-fillet)

7) E4326 : 철분 저수소계(iron powder iron low hydrogen type)
① E4316 + 철 = 고능률봉
② 자세 : 아래보기(F) 및 수평 필릿(H-fillet)

8) E4327 : 철분 산화철계(iron powder iron oxide type)
① 주성분이 산화철 + 철분으로 아래보기 및 수평필릿 자세에 사용
② 아크는 스프레이형, 스패터는 적으며 용입도 E4324보다 좁고 깊음
③ 기계적 성질이 좋고, 슬래그는 무겁고 비드 표면을 완전히 덮음
④ 박리성이 좋고 비드 표면이 고움

9) E4340 : 특수계
① 사용 특성이나 용접결과가 특수한 것
② 철분 첨가에 의한 용착속도 향상

3 연강용 용접봉의 작업성 및 용접성

1) 작업성
① 직접 작업성 : 아크 상태, 아크 발생, 용접봉의 용융 상태, 슬래그 상태, 스패터
② 간접 작업성 : 부착 슬래그의 박리성, 스패터 제거의 난이도, 기타 용접작업의 난이도

2) 용접성
① 내균열성의 정도, 용접 후에 변형이 생기는 정도, 내부의 용접 결함, 용착금속의 기계적 성질
　　등을 말함
② 내균열성의 정도는 피복제의 염기도가 높을수록 양호하나 작업성이 저하됨

3) 용접봉의 내균열성 비교
① 내균열성은 저수소계가 가장 우수하고, 고
　　산화티탄계가 가장 떨어진다.
② 피복제가 산성계통으로 변할수록 작업성
　　은 향상되지만 용착금속의 내균열성은 저
　　하된다.
③ 같은 피복제 계통의 용접봉이라도 내균열
　　성이 우수한 것과 그렇지 못한 것이 있다.

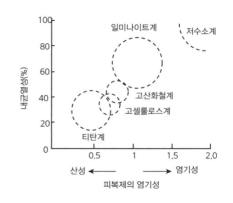

4 고장력강용 피복아크 용접봉

1) 고장력강용 피복아크 용접봉의 특징

① 고장력강 : 연강의 강도를 높이기 위하여 연강에 적당한 합금원소(Si, Mn, Ni, Cr)를 약간 첨가한 저합금강

② 강도, 경량, 내식성, 내충격성, 내마멸성을 요구하는 구조물에 적합

③ 용도 : 선박, 교량, 차량, 항공기, 보일러, 원자로, 화학기계 등

④ 용접봉의 규격 : KS D 7006에 인장강도 $50kg/mm^2$, $53kg/mm^2$, $58kg/mm^2$으로 규정

[용접봉의 종류]

종류	피복제의 계통	용접 자세	전류의 종류	인장시험		
				인장강도 [kgf/mm²]	항복점 [kgf/mm²]	연신율 [%]이상
E5001	일미나이트계	F,V,O,H	AC 또는 DC(±)	50	40	20
E5003	라임티타니아계	F,V,O,H	AC 또는 DC(±)	50	40	20
E5016	저수소계	F,V,O,H	AC 또는 DC(+)	50	40	23
E5316 E5816 E6216 E7016 E7616 E8016	저수소계	F,V,O,H	AC 또는 DC(+)	53 58 62 70 76 80	42 50 51 56 63 68	20 18 17 16 15 15

2) 고장력강의 사용 이점

① 판의 두께를 얇게 할 수 있고, 소요 강재의 중량을 상당히 경감시킴

② 재료의 취급이 간단하고 가공이 용이함

③ 구조물의 하중을 경감시킬 수 있어 그 기초공사가 간단해짐

5 표면경화용 피복아크 용접봉

표면경화를 할 때 균열 방지가 큰 문제임

1) 용접에 따른 균열 방지책

① 예열, 층간 온도의 상승, 후열처리 등 필요

② 용착금속의 탄소량, 합금량의 증가로 인한 균열에 대한 대책 필요

2) 균열 방지책의 예열 및 후열의 온도 결정

① 탄소당량(Ceq) = C + 1/6Mn + 1/24Si + 1/40Ni + 1/5Cr + 1/4Mo + 1/5V

② 이론적 최고경도

   (Hmax) = 1200×Ceq-200 (필릿용접)

   (Hmax) = 1200×Ceq-250 (맞대기용접)

🔧 이론적 최고경도에 따른 균열 방지대책

이론적 최고강도(H_{max})	균열 방지대책
200 이하	• 예열, 후열 필요없음
200~250	• 예열, 후열(100℃ 정도)하는 것이 좋음 • 특히, 후판 구속이 크거나 추운 겨울의 용접
250~325	• 150℃ 이상의 예열 • 650℃ 응력제거 풀림 필요
325 이상	• 250℃ 이상의 예열 • 용접 직후 650℃ 응력제거 풀림 필요

3) 내마모 덧붙임 용접봉의 용도

① 덧붙임용(육성용) : 모재와 같은 성분인 용접봉

② 밑깔기용(하성용) : 용착금속을 많이 덧붙일 필요가 있을 때

4) 시공상 주의사항

① 용접 전에 경화층을 따내고 표면을 깨끗이 청소한 뒤에 충분히 건조된 용접봉을 사용할 것

② 중·고탄소강 덧붙임 : 반드시 예열 및 후열

③ 고합금강 덧붙임 : 운봉 폭을 너무 넓게 하지 말 것

④ 고속도강 덧붙임 : 급랭을 피하고 서냉하여 균열을 방지할 것

6 스테인리스강 용접봉

1) 라임계 스테인리스강 용접봉

① 주성분 : 형석(CaF_2), 석회석($CaCO_3$) 등

② 아크가 불안정하고, 스패터가 많으며, 슬래그는 거의 덮지 않음

③ 아래보기, 수평필릿은 비드 외관이 나쁘고, 수직, 위보기는 작업이 쉬움

④ X선 성능이 양호하며, 고압용기나 대형 구조물에 사용함

2) 티탄계 스테인리스강 용접봉

① 주성분 : 산화티탄(TiO_2)

② 아크가 안정되고 스패터는 적으며, 슬래그는 표면을 덮음

③ 아래보기, 수평필릿은 외관이 아름답고, 수직, 위보기는 작업이 어려움(용접 : 직류 역극성 사용)

3) 크롬-니켈 스테인리스강 용접봉의 종류

용접봉		용접자세	사용전류 종류
종류	종별		
E 308	15,16	F, V, O, H	DC, AC
E 308L	15,16	F, V, O, H	DC, AC
E 309	15,16	F, V, O, H	DC, AC
E 309Mo	15,16	F, V, O, H	DC, AC
E 310	15,16	F, V, O, H	DC, AC
E 316	15,16	F, V, O, H	DC, AC
E 316	15,16	F, V, O, H	DC, AC
E 316CuL	15,16	F, V, O, H	DC, AC
E 317	15,16	F, V, O, H	DC, AC
E 337	15,16	F, V, O, H	DC, AC
E 410	15,16	F, V, O, H	DC, AC
E 430	15,16	F, V, O, H	DC, AC

7 주철용 용접봉

① 연강용접봉 : 저탄소
② 주철용접봉 : 열간용접
③ 비철합금용
   • Fe-Ni봉 : 균열발생이 적음
   • Ni과 Cu의 모넬메탈 : 값이 싸나, 다층 용접 시 균열 발생 우려
   • 순Ni봉 : 저전류 저온
④ 용접 : 주물의 결함 보수나 파손된 주물을 수리하는 데 이용하며, 주철은 매우 여리므로 용접이 대단히 곤란함

8 동 및 동 합금 피복아크 용접봉

① 순동(DCu) : 합금원소 최대 4% 함유, 첨가에 따라 용접성 향상
② 규소청동(DCuSi) : 규소청동, 순동, 기타 동합금의 용접에 우수
③ 인청동(DCuSn) : 용접 그대로는 취화, 피닝 처리하면 향상되며, 규소청동에 비하여 작업성 떨어짐
④ 알루미늄청동(DCuAl) : 용접작업성, 기계적 성질 우수하나 순동, 황동용접은 곤란
⑤ 특수 알루미늄청동(DCuAlNi) : 알루미늄청동과 같은 성능, 균열방지 유의
⑥ 백동(DCuNi) : 용접작업성이 양호하고, 해수에 대한 내식성이 좋음

9 ▸ 피복아크 용접 취급 시 유의사항

1) 저장(보관)
① 건조된 장소에 보관 : 용접봉이 습기를 흡습하면 용착금속은 기공이나 균열이 발생하기 때문
② 2~3일분은 미리 건조하여 사용
③ 건조 온도 및 시간
　　• 일반봉 : 70~100℃, 30분~1시간　　　　　• 저수소계 : 300~350℃, 1~2시간

2) 취급
① 과대전류를 사용하지 말고, 작업 중에 이동식 건조로에 넣고 사용
② 편심률 : 3% 이내

$$편심률(\%) = D' - D / D \times 100(\%)$$

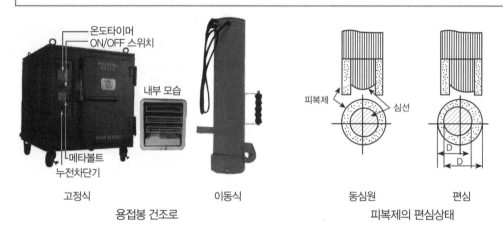

| 온도타이머
ON/OFF 스위치 | 내부 모습 | 피복제 | 심선 | D | D |

고정식　　　　　　　이동식　　　　　　동심원　　　　편심
용접봉 건조로　　　　　　　　　　피복제의 편심상태

⚒ 06 용접절차사양서 확인

1 ▸ 용접절차사양서에 포함된 모재 조건 및 이음 확인

2 ▸ 용접용 모재 재질 파악

1) 일반구조용 압연강재의 종류

종류의 기호	적용
SS235	강판, 강대, 평강 및 봉강
SS275	강판, 강대, 형강, 평강 및 봉강
SS315	
SS410	두께 40mm 이하의 강판, 강대, 형강, 평강 및 지름, 변 또는 맞변거리 40mm 이하의 봉강
SS450	
SS550	두께 40mm 이하의 강판, 강대, 평강

＊봉강에서는 코일 봉강을 포함한다.

2) 일반구조용 압연강재의 화학 성분

종류의 기호	C	Si	Mn	P	S
SS235	0.25 이하	0.45 이하	1.40 이하	0.050 이하	0.050 이하
SS275	0.28 이하	0.50 이하	1.50 이하		
SS315					
SS410	0.30 이하	0.55 이하	1.60 이하	0.040 이하	0.040 이하
SS450					
SS550			1.80 이하		

* 필요에 따라 상기 이외의 합금을 첨가할 수 있다. 다만, KS D 0041에 규정한 합금강의 합금 원소 이하로 첨가하여야 한다.

3) 일반구조용 압연강재의 기계적 성질

종류의 기호	항복점 또는 항복강도 (N/mm²)				인장강도 (N/mm²)	강판의 두께(mm)	인장 시험편	연신율 (%)	굽힘성	
	강판의 두께(mm)								굽힘 각도	안쪽 반지름
	16 이하	16~40	40~100	100 초과						
SS410	410 이상	400 이상	–	–	540 이상	강관, 강대, 평강, 형강의 두께 5 이하	5호	16이상	180°	두께의 2.0배
						강관, 강대, 평강, 형강의 두께 5초과 16이하	1A호	14이상		
						강광, 강대, 평강, 형강의 두께 16초과 40이하	1A호	17이상		
						봉강의 지름, 변 또는 맞변거리 25이하	2호	14이상	180°	지름, 변 또는 맞변 거리의 2.0배
						봉강의 지름, 변 또는 맞변거리 25를 초과하는 것	14A호	16이상		
SS450	450 이상	440 이상	–	–	590 이상	강관, 강대, 평강, 형강의 두께 5이하	5호	14이상	180°	두께의 2.0배
						강관, 강대, 평강, 형강의 두께 5초과 16이하	1A호	12이상		
						강관, 강대, 평강, 형강의 두께 16초과 40이하	1A호	15이상		
						봉강의 지름, 변 또는 맞변거리 25이하	2호	10이상	180°	지름, 변 또는 맞변 거리의 2.0배
						봉강의 지름, 변 또는 맞변거리 25를 초과하는 것	14A호	12이상		
SS550	550 이상	540 이상	–	–	690 이상	강관, 강대, 평강의 두께 5이하	5호	13이상	180°	두께의 2.0배
						강관, 강대, 평강의 두께 5초과 16이하	1A호	11이상		
						강관, 강대, 평강의 두께 16초과 40이하	1A호	14이상		

4) 용접구조용 압연강재 종류의 기호

종류의 기호	적용 두께(mm)
SM275A	강관, 강대, 형강 및 평강 200 이하
SM275B	
SM275C	
SM275D	
SM335A	강관, 강대, 형강 및 평강 200 이하
SM335B	
SM335C	
SM335D	
SM420A	강관, 강대, 형강 및 평강 200 이하
SM420B	
SM420C	
SM420D	
SM460B	강관, 강대 및 형강 100 이하
SM460C	

5) 용접구조용 압연강재의 화학 성분

종류의 기호	C		Si	Mn	P	S
	50mm 이하	50mm 초과				
SM275A	0.23 이하	0.25 이하	–	2.5×C 이상	0.035 이하	0.035 이하
SM275B	0.20 이하	0.22 이하	0.35 이하	0.50~1.40	0.030 이하	0.030 이하
SM275C	0.18 이하	0.20 이하		1.40 이하	0.025 이하	0.025 이하
SM275D					0.020 이하	0.020 이하
SM355A	0.20 이하	0.22 이하	0.55 이하	1.60 이하	0.035 이하	0.035 이하
SM355B	0.18 이하	0.20 이하			0.030 이하	0.030 이하
SM355C					0.025 이하	0.025 이하
SM355D					0.020 이하	0.020 이하
SM420A	0.20 이하	0.22 이하	0.55 이하	1.60 이하	0.035 이하	0.035 이하
SM420B					0.030 이하	0.030 이하
SM420C	0.18 이하	0.20 이하			0.025 이하	0.025 이하
SM420D					0.020 이하	0.020 이하
SM460B	0.18 이하	0.20 이하	0.55 이하	1.70 이하	0.030 이하	0.030 이하
SM460C					0.025 이하	0.025 이하

6) 용접구조용 압연강재의 기계적 성질

종류의 기호	항복점 또는 항복강도(N/mm²)					인장강도 (N/mm²)	연신율		
	강판의 두께(mm)						강판의 두께 (mm)	시험편	%
	16 이하	16~40	40~75	75~100	100~200				
SM275A	275 이상	265 이상	255 이상	245 이상	235 이상	410~550	5이하	5호	23이상
SM275B							5초과 16이하	1A호	18이상
SM275C							16초과 40이하	1A호	22이상
SM275D							40초과하는 것	4호	24이상
SM335A	355 이상	345 이상	335 이상	325 이상	302 이상	490~630	5이하	5호	22이상
SM355B							5초과 16이하	1A호	17이상
SM355C							16초과 40이하	1A호	19이상
SM355D							40초과하는 것	4호	23이상
SM420A	420 이상	410 이상	400 이상	390 이상	380 이상	520~700	5이하	5호	19이상
SM420B							5초과 16이하	1A호	15이상
SM420C							16초과 40이하	1A호	19이상
SM420D							40초과하는 것	4호	21이상
SM460B	460 이상	450 이상	430 이상	420 이상	–	570~720	16이하	5호	19이상
							16초과 40이하	1A호	17이상
SM460C							40초과하는 것	4호	20이상

7) 일반구조용 탄소강관 종류의 기호

기호	비고
SGT275	강관의 두께 40mm 이하
SGT355	
SGT410	
SGT450	
SGT550	

8) 일반구조용 탄소강관 화학 성분

종류의 기호	C	Si	Mn	P	S
SGT275	0.25 이하	–	–	0.040 이하	0.040 이하
SGT355	0.24 이하	0.40 이하	1.50 이하	0.040 이하	0.040 이하
SGT410	0.28 이하	0.40 이하	1.60 이하	0.040 이하	0.040 이하
SGT450	0.30 이하	0.40 이하	2.00 이하	0.040 이하	0.040 이하
SGT550	0.30 이하	0.40 이하	2.00 이하	0.040 이하	0.040 이하

9) 일반구조용 탄소강관의 기계적 성질

종류의 기호	인장강도 (N/mm²)	항복점 (항복강도) N/mm²	연신율		굽힘성	편평성		용접부 인장강도 (N/mm²)
			11호 또는 12호 시험편	5호 시험편	굽힘 각도	안쪽 반지름[D는 관의 바깥지름]	평판 사이의 거리(H) [D는 관의 바깥지름]	
			세로방향	가로방향				
제조법 구분	이음매 없음, 단접, 전기저항 용접, 아크 용접				이음매 없음, 단접, 전기 저항 용접		이음매 없음, 단접, 전기 저항 용접	아크 용접
바깥지름 구분	전체 바깥 지름	전체 바깥 지름	40mm를 초과하는 것		50mm 이하		전체 바깥지름	350mm를 초과
SGT275	4100이상	2750이상	23이상	18이상	90°	6D	2/3D	4000이상
SGT355	5000이상	3550이상	20이상	16이상	90°	6D	7/8D	5000이상
SGT410	5400이상	4100이상	20이상	16이상	90°	6D	7/8D	5400이상
SGT450	5900이상	4500이상	20이상	16이상	90°	6D	7/8D	5900이상
SGT550	6900이상	5500이상	20이상	16이상	90°	6D	7/8D	6900이상

3 용접 조건에 맞는 모재 선택

① 용접작업 요구 재료는 용접성이 양호하여 용접 시공 조건에 대하여 결함이 없는 우수한 성능을 발휘할 수 있는 것이 필요하다.

② 강의 용접부는 열영향부의 경화로 경화하는 경향이 있으며, 경화성이 큰 강재는 균열을 일으키기 쉬우므로 연성이 약화되기 쉽다.

③ 경화성을 지배하는 하나의 요인으로 강재의 탄소당량이 있는데 가능한 범위에서 낮은 것을 선택하는 것이 좋다.

07 이음 형상의 이해

1 용접이음의 종류와 홈의 형상

1) 용접이음

① 용접 구조물의 제작에 사용되는 용접 이음은 맞대기 이음 혹은 필릿 이음이 있으며, 이 두 가지 이음을 기본으로 구조물의 조건에 맞도록 금속 재료를 절단하거나 굽힘 가공하여 여러 가지 형식으로 이음을 할 수 있다.

② 용접 이음부의 필요로 하는 충분한 강도를 얻기 위해서는 용입깊이(penetration), 덧살부, 비드 폭, 각장(leg length) 등을 충분히 확보할 필요가 있다.

③ 일반적으로 두께가 4mm 이상인 판재를 용접할 경우 접합하고자 하는 부분에 적당한 홈 (groove)을 만들어 완전한 용입이 되도록 하여야 한다.

2) 용접이음의 기본형식

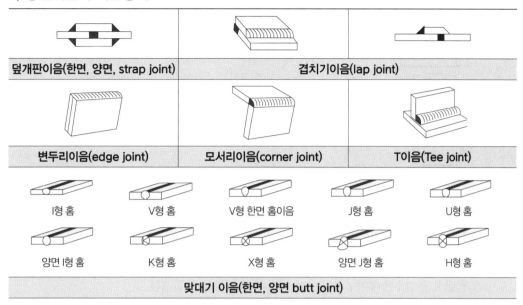

| 덮개판이음(한면, 양면, strap joint) | 겹치기이음(lap joint) | |
| 변두리이음(edge joint) | 모서리이음(corner joint) | T이음(Tee joint) |

| I형 홈 | V형 홈 | V형 한면 홈이음 | J형 홈 | U형 홈 |
| 양면 I형 홈 | K형 홈 | X형 홈 | 양면 J형 홈 | H형 홈 |

| 맞대기 이음(한면, 양면 butt joint) | | | | |

2 ▶ 용접 홈의 종류

① 맞대기 용접 : I형, V형, V형, L형, U형, J형, 양면 J형, K형, H형 등

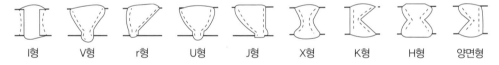

| I형 | V형 | r형 | U형 | J형 | X형 | K형 | H형 | 양면형 |

② 필릿 용접(연속 필릿, 단속 필릿) : T이음부의 구석 부분을 용접하는 것으로서 T이음부의 경우는 홈을 가공하는 경우도 있고 대부분은 구석부분을 그대로 용접하는 경우가 많음

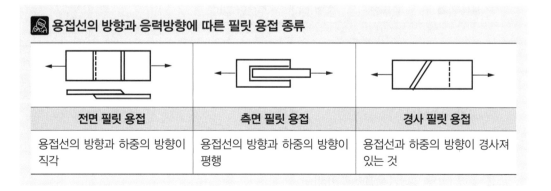

🛠 용접선의 방향과 응력방향에 따른 필릿 용접 종류		
전면 필릿 용접	측면 필릿 용접	경사 필릿 용접
용접선의 방향과 하중의 방향이 직각	용접선의 방향과 하중의 방향이 평행	용접선과 하중의 방향이 경사져 있는 것

③ 플러그 용접 : 용접하는 모재의 한쪽에 원형, 타원형의 구멍을 뚫고 판의 표면까지 가득하게 용접하고 다른 쪽 모재와 접합하는 용접

④ 슬롯 용접 : 둥근 구멍 대신 좁고 긴 홈을 만들어 그 부분에 덧붙이 용접을 하는 것

⑤ 플레어 용접 : 홈의 각도가 바깥쪽으로 갈수록 넓어지는 부분의 용접

⑥ 플랜지 용접 : 플레어부의 뒤쪽에 해당하는 부분을 용접하는 것

3 홈의 설계

1) 홈의 형상

① 모재의 두께가 약 6mm 이상부터는 판 두께에 따라 알맞은 홈을 설계하여야 한다.
② 박판에 대하여는 $\theta=0$, r=0, s=0, g=1~3mm
③ 모재의 판 두께가 두꺼운 것은 r을 크게 하고 $\theta \fallingdotseq 0$인 완전한 U자형의 홈을 가공한다.

θ	Ø	r
홈각	베벨각	루트 반지름

g	t	s	f
루트 간격	판두께	홈의 깊이	루트면 길이

[용접 홈의 치수]

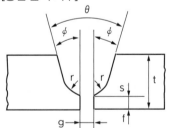

2) 용접홈 설계의 주안점

① 홈의 용적(θ)을 될수록 작게 한다.
② θ을 무제한 작게 할 수 없고 최소한 10° 정도씩 전후좌우로 용접봉을 경사시킬 수 있는 자유도가 필요하다.
③ 루트의 반지름 r을 될수록 크게 한다.
④ 루트의 간격과 루트면을 만들어 준다.

[판 두께에 따른 맞대기 용접의 홈 형상]

홈형상	I형	V형	X형	V, J형	K, 양면 J형	U형	H형
판 두께	6mm이하	6~20mm	12mm이상	6~20mm	12mm이하	16~50mm	20mm이상

08 용접 치공구 배치

1 지그

① 가접용 지그와 작업용 지그로 구분할 수 있다.
② 공정수를 절약할 수 있어 능률을 향상시킬 수 있다.
③ 작업을 쉽게 하고, 제품의 정밀도를 균일하게 할 수 있다.
④ 물체를 튼튼하게 고정시켜 줄 크기와 강성이 있어야 한다.
⑤ 용접자세를 쉽게 바꿀 수 있는 구조를 가져야 한다.
⑥ 변형을 막아줄 만큼 견고하게 잡아줄 수 있어야 한다.
⑦ 물체의 고정과 분해가 용이해야 하며 청소가 편리해야 한다.
⑧ 피용접물의 크기 및 형상 등에 따라 다르므로 가장 합리적인 지그를 선택한다(용접 포지셔너, 용접용 그립 등).

2 각종 용접용 공구

① 피복아크 용접에 사용되는 대표적인 치공구는 슬래그망치, 와이어브러쉬, 용접용 집게(플라이어, 단조용 집게) 등이다.
② 용접작업 중 치공구의 배치는 작업 시간을 단축하는 데 결정적인 역할을 한다.
③ 작업자는 반드시 지정된 장소에 놓는 습관을 평소에 들여야 한다.

09 홈 형상 가공

1 그라인더(grinder)

고속으로 회전하는 연삭숫돌을 사용해서 공작물의 면을 깎는 기계로 용접 전 용접부위를 조건에 맞게 가공하거나 완료 후 용접 비드 부위를 조정하는 데 사용하는 것으로 용접작업 시 널리 사용하는 기계

1) 그라인더 종류

① 전기 그라인더 : 전기를 동력으로 사용하고 있어서 설치가 쉽고 회전력이 강해 연삭성능이 좋으나 정지 시 바로 정지하지 않고 정지시간이 길어 다소 위험한 면이 있다.
② 에어 그라인더(4인치, 7인치) : 에어를 이용하여 연삭숫돌을 회전시키는 방식으로 회전력은 전기 그라인더에 비해서 다소 떨어지나 정지 시 바로 정지하고 안전한 측면에서 많이 사용되고 있다.
③ 에어 다이 그라인더 6파이(baby grinder) : 추지석(둥근모양, 삼각형 모양, 로타리바)이나 여러 가지 모양의 숫돌을 장착하여 홀(hole)이나 협소한 부위 작업 시 사용한다.

2) 그라인더 사용 방법

① 그라인더 사용 전 숫돌의 이상이 없는지 확인 후 전원을 투입하여야 한다.

② 공작물을 회전하는 숫돌에 천천히 접촉하여 너무 힘을 주어 사용하지 않으며, 불꽃의 비산에 유의하여야 한다.

3) 그라인더 사용 시 유의사항

① 숫돌에 비산을 막을 수 있는 안전덮개 부착 여부를 확인한다.

② 연삭 숫돌의 이상 및 고정 유무를 확인한다.

③ 연삭 숫돌을 교체할 경우에는 반드시 전원을 끄고 풀리지 않도록 충분히 조인다.

④ 그라인더 작업 중 불꽃의 비산으로 작업자 상해를 방지하기 위하여 보안경, 안전장구를 반드시 착용하여 화재 및 폭발을 예방하기 위하여 주변에 인화성 물질을 제거한다.

⑤ 작업 중 소매 일부가 그라인더 숫돌에 말리지 않도록 유의하며, 다른 작업자에게도 피해를 주지 않도록 주의한다.

2 ▶ 산소-아세틸렌 절단 방법

산소-아세틸렌(프로판) 절단 장치는 수동, 반자동, 자동이 있다.

[자동 절단기의 구조]

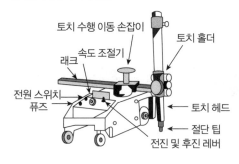

[용접절단 토치의 구조]

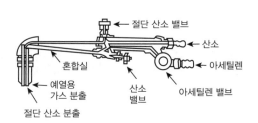

1) 산소-아세틸렌 절단 불꽃을 조정한다.

① 철판의 두께에 맞는 절단 팁을 선택한다.

② 산소와 아세틸렌을 열고 압력을 조절한다.

③ 절단 토치의 아세틸렌 밸브를 열고 산소를 약간 열어 점화한다.

④ 예열 불꽃의 세기는 절단 가능 최소 한도로 한다.

> **🔧 절단 팁**
>
> 팁번호 1, 2, 3 등으로 나가는 것을 절단 판 두께를 나타내는 것으로 A형 또는 독일식이라고도 하며 100, 200 등으로 구분하는 팁번호는 1시간당 아세틸렌량을 나타내며 B형 또는 프랑스식이라 한다.

2) 산소-아세틸렌 수동 절단 작업

① 절단하기 전 절단 예정인 연강판의 기름이나 녹을 제거한다.
② 절단 토치를 오른손으로 가볍게 잡고 왼손으로 고압 밸브를 자유롭게 열고 닫을 수 있는 자세를 취한다.
③ 점화를 하여 불꽃을 조정한다.

[불꽃 조절 순서]

(a) 표준불꽃   (b) 절단 산소 분출   (c) 아세틸렌 밸브 조직   (d) 약간 산화불꽃

④ 절단하기 전 절단 산소를 분출시켜 고압이 일직선으로 나오고 있는지 확인한다.
⑤ 자세는 가장 안정된 자세를 취하고 절단면은 적열(900℃ 이상) 상태가 적당하다.
⑥ 팁과 연강판의 거리와 직선 절단 시 1.5~3mm, 90°가 좋고 홈 절단 시 60°가 적당하다.

[팁의 각도 및 간격]

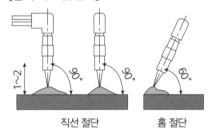

직선 절단   홈 절단

[파이프 절단 순서]

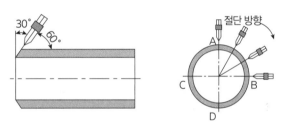

⑦ 고압산소를 열 때는 절단 시작점 바로 앞에서 절단을 시작한다.
⑧ 절단 시 토치의 진행속도는 절단 상황을 보면서 일정한 속도를 유지한다.
⑨ 절단면이 길 때는 연강판에 예열되는 것을 보면서 절단 속도를 증가한다.
⑩ 토치가 가열될 때는 아세틸렌을 잠그고 산소를 약간 분출시킨 상태에서 물에 식힌다.
⑪ 경사 절단 시는 가이드를 이용한다.

[자동 절단 조건표]

판 두께 (mm)	팁 지름 (mm)	산소 압력 (kgf/cm²)	절단 속도 (mm/min)	가스 소비량(m²/hr)	
				산소	아세틸렌
3	0.5~1.0	1.0~2.1	560~810	0.5~1.6	0.14~0.26
6	0.8~1.5	1.1~2.4	510~710	1.0~2.6	0.17~0.31
9	0.8~1.5	1.2~2.8	480~610	1.3~3.3	0.17~0.34
12	0.8~1.5	1.4~3.8	430~610	1.8~3.5	0.23~0.37
19	1.2~1.5	1.7~3.5	380~560	3.3~4.5	0.34~0.43

3 플라스마 절단 방법

1) 플라스마 절단기 장치의 구성

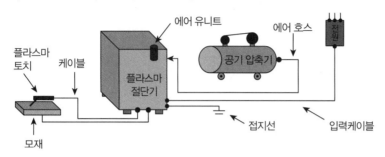

2) 플라스마 절단 방법
① 안전보호구를 착용한다.
② 공기압축기의 공기량이 충분한지를 확인한다.
③ 토치의 노즐 상태를 확인한다.
④ 절단기의 전원을 넣고 토치 스위치를 작동하여 에어 흐름과 파이로트 아크를 확인한다.
⑤ 절단 시작점 바로 앞에서 절단을 시작한다.
⑥ 절단은 속도를 일정하게 유지하고 직선절단에서는 작업각을 90°를 유지하면서 절단한다.

10 조립부 도면의 이해

1 용접 도면에서 조립부의 치수 확인

1) 도면 치수 확인
제시된 도면을 해독할 때 일반적으로 입체도는 주어지지 않기 때문에 정면도와 평면도만을 가지고 구조물의 모양, 치수, 용접방법 등을 확인하여야 한다. 예를 들어 정면도를 보면 140×140의 치수를 확인할 수 있다.

[용접 구조물 도면]

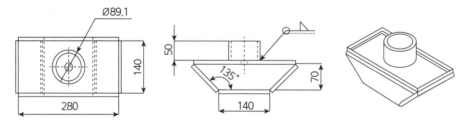

2) 용접 방법의 확인

용접 방법은 제품을 수평으로 놓고 작업하는 것이 원칙이므로 전자세가 포함되어 있으며 특히 파이프와 평판 부분은 온둘레 필릿 용접의 기호가 있어 수평 필릿 작업으로 함을 알 수 있고 도면 또는 용접절차사양서에 나타난 기호 및 방법을 확인하고 작업을 임해야 한다.

2 용접절차사양서에서 조립 형상 확인

1) 용접절차사양서에 포함된 이음 형상

용접부 이음 형상은 모재의 조립 방법 등을 기재하는 것으로 맞대기 이음, 필릿 이음, 모서리 이음 등의 방법과 더불어 이음 준비 내용을 포함하고 있다.

[용접절차사양서에 포함된 이음내용]

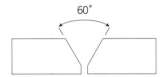

이음(JOINT) : QW-402
이음형태(JOINT DESIGN) : 60° BUTT GROOVE
백킹유무(BACKING) : NONE
이음준비(JOINT PREPERATION) : GRINDING

2) 용접절차사양서에 포함된 자세

용접절차사양서에는 용접자세 등을 포함하고 있고 5G이므로 수평으로 돌아가면서 전자세로 용접하라는 의미이다.

[용접절차사양서에 포함된 용접 자세]

용접 자세(POSITION) : QW-405
필릿(POSITION OF FILLET) : 5G
용접진행(WELDING PROGRESSION) : NONE

3 용접 도면에서 조립 모재 치수 확인

[용접 구조물 도면]

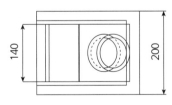
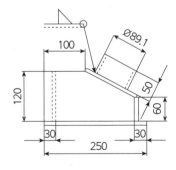

1) 도면 해독

① 입체 구상 : 제시된 정면도와 평면도를 보고 입체를 생각할 수 있어야 함

② 도면을 해독하여 모재 치수 확인 : 정면도에서 밑판의 가로 치수는 250mm이고 평면도를 보고 세로 치수는 200mm임을 알 수 있고 즉 250×200mm인 밑판에 차례로 구조물이 완성되어 가고 있는 형태

③ 가접하는 순서에 맞게 판의 치수를 구해보면 우선 앞쪽의 판은 60×140이 확인되고, 측면 2장의 판은 가공을 하여야 하는데 우선 그 크기는 220×120을 준비한 후 가공해야 하고, 다음으로 뒷면의 판은 120×140임을 알 수 있음

④ 경사판의 크기는 피타고라스정리에 의하여 구할 수 있고 즉 삼각형의 밑변이 150이고 높이가 60이므로 $\sqrt{(60)^2+(150)^2}$=161.55를 구할 수 있고 즉 경사판의 크기는 161.5×140임을 구할 수 있음

⑤ 파이프의 크기는 Ø89.1×50임을 도면을 보고 확인할 수 있음

2) 구조물 가접

① 밑판(옆판) 가접 : 밑판 250×200을 준비하고 200mm부분 양끝에서 30mm를 표시한 후 마그네틱(자석) 또는 직각자를 이용하여 수직으로 세훈 후 가접

② 앞판과 뒷판 조립 : 140×60인 앞판과 140×120인 뒷판을 밑판 250mm부분 양끝에서 각각 30mm떨어진 곳에 위치한 후 마그네틱 또는 직각자를 이용하여 수직으로 세운 후 가접

③ 경사판 조립 : 경사판의 조립에 앞서 경사판 중앙에 파이프를 가접한 후 조립하여도 무방

3) 조립 후 검사

도면에 맞게 조립되었는지 여부를 버니어캘리퍼스, 강철자, 직각자 등을 이용하여 검사한다. 또한 육안으로 변형이 있는 곳이 없는지 여부를 판단한 후 본용접 방법을 생각한다.

---

11 용접부 순서의 이해

1 용접이음 순서에 영향을 주는 요소

＊용접 순서 : 도면에 지시된 구조물을 제작함에 있어 용접 시 발생되는 응력 및 변형을 최소화 할 수 있는 용접시공 순서로서 정도 및 품질향상, 공수를 절감하는 데 있다.

1) 용접 순서의 원칙

① 수축량이 큰 이음을 먼저 용접하고, 수축량이 적은 이음을 나중에 용접한다.

② 용접에 의한 수축은 향상 자유단으로 일어나게 순서를 정한다.

③ 하중(구속/응력)을 많이 받는 부분부터 먼저 용접한다.

④ 심(SEAM)용접에서는 먼저 시공한 버트(맞대기, BUTT)용접 끝을 심개선에 맞추어 그라인더 작업 후 용접한다.

⑤ 블록(BLOCK)의 중심에서 좌우, 전후, 상하로 대칭 용접을 한다.

⑥ 개선된 부위(V-BUTT(V형 맞대기)) 용접을 먼저하고, 필릿(FLLET)용접을 나중에 한다.

[용접 순서]

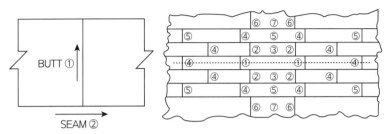

2) 용착법

① 수축 및 변형을 감소하기 위해 운봉, 용착방법을 적절하게 선택하여야 한다.

② 운봉은 직선으로 움직이는 것보다 용접봉을 좌우로 움직여 위빙 비드를 형성하는 것이 수축 면에서 유리하다.

③ 용착법은 용접방향에 따라 전진법, 대칭법, 후퇴법, 스킵법(비석법) 등이 있고 다층 비드를 형성하는 방법에 따라 빌드업법, 캐스케이드법, 블록법 등이 있다.

[일반 용착법]

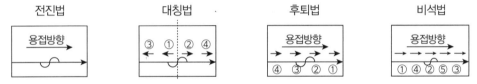

3) 다층방법에 의한 분류

① 빌드업법(build-up) : 가장 많이 사용되고 있으며 용접선에 대하여 직각 방향의 단면에 다층 용접으로 같은 두께의 판 용접 시 층수가 많으면 변형과 잔류응력이 많아진다.

② 캐스케이드법(cascade) : 후판의 다층 용접 시 잔류응력과 변형을 적게 하기 위한 방법이다.

③ 전진 블록법(block) : 빌드업법의 단점을 개선하기 위하여 적용되는 방법이다.

[다층용착법]

4) 변형 방지의 일반적인 원칙

① 용접에 적합한 설계와 용접순서 준수

② 용접이음 형상은 특성에 맞게 설계

③ 용착량은 강도상 필요한 최소한으로 하고 용접 길이는 가능한 짧게 한다.

2 가용접의 위치 및 길이 파악

1) 가용접의 위치

① 가용접이란, 태그 용접(tack welding)이라고도 하며 본용접을 실시하기 전에 잠정적으로 고정하기 위하여 실시하는 용접
② 본용접사 이상의 기량을 가진 용접사가 실시하여야 함
③ 특히 기공, 슬래그 혼입 등의 용접결함을 수반하기 쉬워 강도상 중요한 부분은 피해야 함
④ 일반적으로 본 용접을 할 부분에는 가접하지 않아야 하나 부득이한 경우 본 용접 전 갈아낸 후 용접

[가용접의 적정위치]

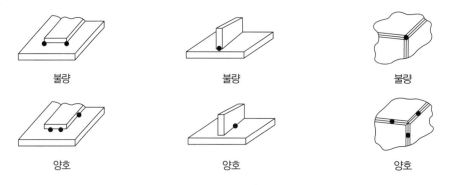

2) 가용접의 길이

본용접보다 전류를 높이거나 용접봉의 지름을 가는 것을 사용하여 200~500mm 간격으로 20~50mm 정도 하는 것이 일반적이다.

3 용접 구조물 조립을 위한 순서 파악

1) 조립 순서 결정 시 고려사항

① 구조물의 형상을 고정하고 지지할 수 있어야 한다.
② 용접 이음의 형상을 고려하여 적절한 용접법을 생각한다.
③ 가능한 구속 용접을 피한다.
④ 변형 및 잔류 응력을 경감할 수 있는 방법을 채택한다.
⑤ 변형이 발생될 때에 이 변형을 쉽게 제거할 수 있어야 한다.
⑥ 작업환경을 고려하여 용접자세를 편리하게 한다.
⑦ 가접용 정반이나 지그를 적절히 채택한다.
⑧ 경제적이고 우수한 품질을 얻을 수 있는 상태를 선정한다.
⑨ 각 부재의 조립을 쉽게 이용할 수 있는 운반장치를 고려한다.
　　예 블록(BLOCK)조립, 경사부재 용접

2) 용접 조립 순서

① 용접에 대한 수축은 항상 자유단으로 일어나게 한다.

② 수축이 많은 이음을 먼저 시공하고 수축은 작은 이음을 나중에 시공한다.

③ 구속, 응력을 많이 받는 부분부터 먼저 용접 시공한다.

④ 블록(BLOCK)의 중앙에서 좌우 대칭으로 용접 시공하며 맞대기(BUTT)용접을 먼저 시공하고, 심(SEAM)용접을 나중에 시공한다.

⑤ 심 용접에서는 먼저 시공한 맞대기(BUTT)용접 끝단부를 심개선에 맞추어 그라인더(GRINDING) 작업후 용접 시공한다.

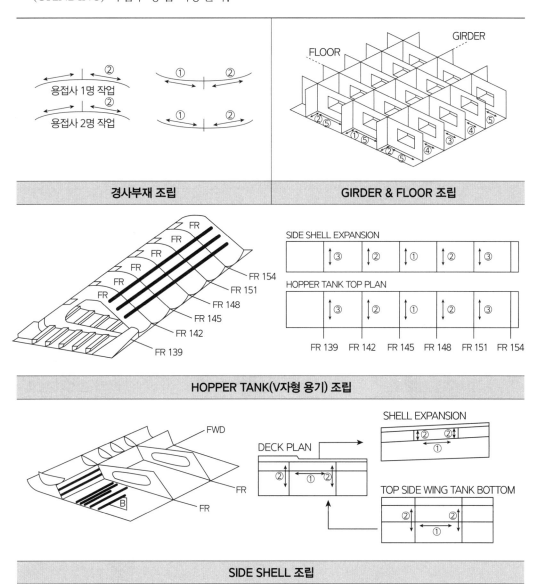

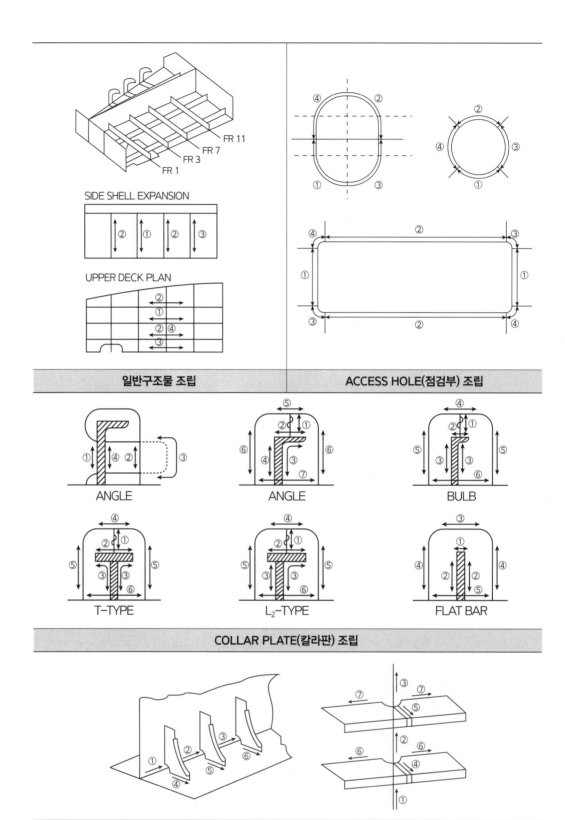

SIDE SHELL EXPANSION

UPPER DECK PLAN

일반구조물 조립

ACCESS HOLE(점검부) 조립

ANGLE

ANGLE

BULB

T-TYPE

L₂-TYPE

FLAT BAR

COLLAR PLATE(칼라판) 조립

LONGTUDNAL STIFFENER(장척추 보강재) 조립

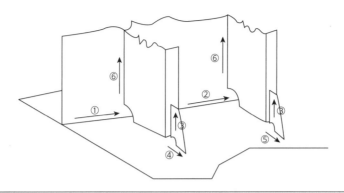

T-BULKHEAD(T-벌크헤드) 조립

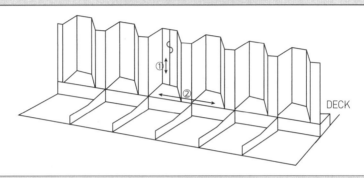

DECK+T-BULKHEAD 조립

ALIGN JOINT   L₃ & T-TYPE JOINT

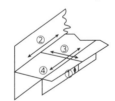

LONGTUDNAL BUTT JOINT(장척추 맞대기 이음) 조립

3) 가접 시 일반적인 주의사항

① 본 용접사와 동등한 기량을 갖는 용접사가 가용접을 실시한다.

② 본 용접과 같은 온도에서 예열을 한다.

③ 개선 홈 내의 가접부는 백치핑으로 완전히 제거한다.

④ 가접 위치는 부품의 끝 모서리나 각 등과 같이 응력이 집중되는 곳은 피한다.

⑤ 용접봉은 본 용접작업 시에 사용하는 것보다 약간 가는 것을 사용하고 간격은 일반적으로 판 두께의 15~30배 정도로 하는 것이 좋다.

[표준 가접 비드의 길이]

판 두께	표준 비드길이(mm)
1≤3.2	30
3.2≤25	40
25≤ t	50

4 용접구조물의 응력과 변형을 고려한 강도와 안전율

1) 맞대기이음 효율

맞대기 용접이음은 일반적으로 용접금속 부분을 모재 표면보다 조금 높게 덧붙이는 것이 보통이나 현재의 연강 용접봉은 용착금속의 기계적 성질이 모재보다도 약간 높게 만들어지고 있으므로 용입이 완전한 이음에서는 덧살을 제거하여 옆으로 잡아당기면 용착금속 이외의 모재 부분에서 절단되는 경우가 많으므로 용접부의 이음효율은 100%가 된다.

> **이음효율 = 용접 시험편의 인장강도 / 모재의 인장강도 × 100%**

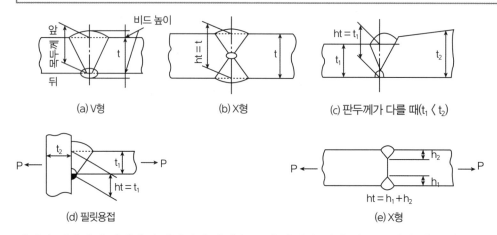

(a) V형   (b) X형   (c) 판두께가 다를 때($t_1 < t_2$)

(d) 필릿용접   (e) X형

따라서 연강판의 맞대기 용접에서의 덧살은 보강 가치가 거의 없고 오히려 피로 강도를 감소시키는 결과를 초래할 수도 있다. 맞대기 용접이음의 인장강도는 안전한 쪽을 취하여 덧살의 존재를 무시하고 (a), (b)와 같은 목의 이론두께(theoretical throat) ht[mm]의 단면적이 하중을 지지하는 것으로 가정하는 것이 보통이다.

2) 전면 필릿이음

연강 용접봉 E43XX급에서 전용착금속의 인장강도 σW=450[kgf/mm²]정도의 것을 대상으로 하는 경우에 겹치기 및 덮개판 이음에 있어서의 전면 필릿의 인장강도 αf≒0.90σW로 약 40[kgf/mm²]정도가 된다. 그러나 필릿용접의 크기, 용접봉, 시공 조건의 차이에 따라 약 350~500[kgf/mm²]의 범위에서 변화하고 있으며 T이음에서

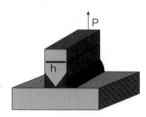

는 전면 필릿 용접의 인장강도가 약 36[kgf/mm²]이며, 위에서와 같은 이유로 약 320~420[kgf/mm²]의 범위에서 변하는 것으로 생각한다.

3) 측면 필릿이음

① 측면 필릿이음 : 용접선의 방향과 하중의 방향이 평행한 필릿용접
② 이론 목두께 : 필릿용접부의 단면에서 이에 내접하는 이등변 삼각형을 생각하고 용입을 고려하지 않는 이음의 루트부터 사면까지의 거리
③ 실제 목두께 : 용입을 고려한 용접의 루트부터 필릿용접의 표면까지의 최단 거리
④ 이론 목두께 계산식

$$h_t = h\cos45° = 0.707h$$

h_t : 이론 목두께, h : 필릿용접의 크기(각장, 다리 길이)

- 이론 목두께와 실제 목두께와의 관계는 필릿용접의 단면용입을 측정해야 알 수 있음
- 용접설계에서는 필릿의 크기를 지정하여 공작시키므로 설계의 응력계산에는 주로 이론 목두께가 쓰임

⑤ 전단강도 계산식

$$\tau = \frac{P}{h_t\ell} = \frac{1.414P}{h\ell}$$

h_t : 이론 목두께, ℓ : 용접 길이, P : 길이(ℓ)의 필릿이 분담하는 최대 하중

- 전단강도 : 측면 필릿이음이 파단할 때의 강도

⑥ 전단강도와 인장강도의 상관관계

$$\tau \fallingdotseq 0.7\sigma f$$

- 측면 필릿의 전단강도(τ)는 전면 필릿의 인장강도(σf)보다 낮음
- 필릿용접의 방향, 용접봉, 시공 조건의 차이에 따라 약 $280 \sim 380[kgf/mm^2]$의 범위에서 변함
- 전면 필릿이음과 같이 필릿 각장이 크게 될수록 전단강도가 저하하는 경향이 있음

[필릿 용접의 치수]

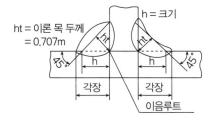
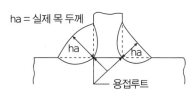

4) 경사 필릿이음

경사 필릿이음의 인장강도는 용접선이 하중 방향과 이루는 각도에 따라 전면 필릿 또는 측면 필릿의 강도에 가까운 값을 나타내게 한다.

[경사 필릿이음의 강도비]

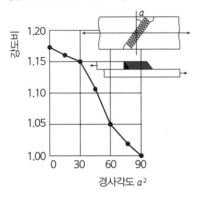

5) 플러그 및 슬롯 용접이음

플러그 및 슬롯용접에서는 용착금속이 전단 응력을 부담하는 경우가 많기 때문에 플러그 용접의 전단강도는 구멍의 면적당 전용착금속 인장강도(σw)의 60~70% 정도이다.

6) 용접이음의 피로강도

① 맞대기이음 효율, 전면 필릿이음, 측면 필릿이음, 경사 필릿이음, 플러그 및 슬롯용접이음은 정적 강도에 대한 설명이었으나 교번 하중을 받는 용접이음의 강도, 즉 피로강도는 정적강도와 전혀 관계가 없고 이음형상이나 용접부의 표면상황에 의하여 예민하게 영향을 받는다.

② 용접 구조물의 파괴는 보통의 인장시험과 같이 정적하중이 너무 걸려서 소형 변형이 일어나 파괴되는 일은 드물고 오히려 노치부에서 저온 시에 발생하는 취성파괴나 또는 반복하중에 의하여 피로 파괴되는 경우가 많은데 특히 기계, 차량, 항공기 등 반복하중을 받는 용접부의 경우에는 더욱 현저하다.

③ 피로시험은 반복하중, 교번하중(reversed load), 편진 하중(pulsation load), 왕복하중 (repeated load) 등이 있으며 이중 한 가지에 의하여 시험한다.

[피로시험의 응력 하중 구조]

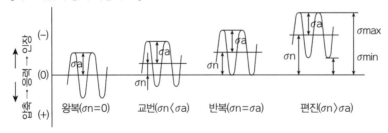

④ 하중의 종류에 따른 안전율

하중의 종류	정하중	동하중		충격하중
		단진응력	교번응력	
안전율	3	5	8	12

⑤ 또한 시험편의 응력(S)과 파단되기까지의 하중 반복횟수(N)와의 관계는 (S)대 log(N)곡선(피로곡선)으로 표시되는 것이 보통이다.

⑥ 강에 대하여는 $N=10^6-10^7$ 사이의 어떤 횟수 이상인 경우에 S-N선이 평탄하게 되며 이 응력 이하에서는 아무리 많은 횟수의 하중을 가하더라도 파단되지 않는다.

⑦ 용접이음의 피로곡선에서는 (a)와 같이 평탄부분이 나타나기 힘들 때가 많으나 (b)와 같이 S-logN으로 표시하면 직선 관계가 얻어지는 경우가 많으며 이때는 적당한 반복횟수(20×10^4, 6×10^6 등)에 대한 응력을 구하고 이것을 그 횟수에 대한 피로강도라 한다.

⑧ 인장 하중 방향에 직각인 이음의 피로강도 : 인장강도 $41°50[kgf/mm^2]$, 항복점$[kgf/mm^2]$ 이상을 갖는 강재를 인장강도$[kgf/mm^2]$정도의 용접봉을 사용해서 용접한 이음이 교번 인장 하중을 받을 때의 피로강도를 나타낸 것

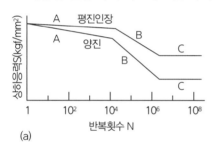

(a)

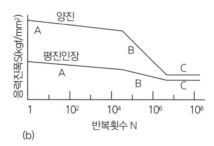

(b)

[인장 하중 방향에 직각인 이음의 피로강도$[kgf/mm^2]$]

하중의 종류			단진하중		교번하중	
되풀이수			2×10^6	5×10^6	2×10^6	5×10^6
맞대기 용접	양면 기계 다듬질		24	20	14.5	12
	덧살 제거		20	17	12	10
	용접 그대로 (뒷면 용접을 한 것)		16	14	10	8
	용접 그대로 (뒷면 용접하지 않은 것)		8 이하	7 이하	5 이하	4 이하
필릿 용접	약간의 양면 휨		(11.0)	(10.4)	6.9	6.5
	강한 한 면 휨		(6.3)	(5.8)	3.8	3.5
	전면 필릿(목)		12	(11.0)	7.0	(6.3)
	측면 필릿(목)		11.0	(9.8)	6.5	(5.5)
	필릿살이 강해서 받침판이 파단됨		638	(5.3)	4.0	(3.2)

7) 안전율

① 용접이음의 형상과 치수의 결정에 있어서는 사용상의 조건, 하중의 특성 및 크기, 재료의 성질, 경제성 등을 고려하여 경제적인 설계가 되도록 하여야 한다. 따라서 설계인자를 합리적으로 찾아내는 설계응력 또는 사용응력을 결정해야 한다.

② 그러므로 용접구조물에서 사용응력과 재료의 허용응력과의 사이에 적당한 균형을 유지할 수 있는 인자가 필요하게 된다. 이러한 관련성을 나타내는 지수를 안전율(안전계수 : Safety factor)이라 하고 다음과 같이 계산한다.

$$안전율(S) = \frac{허용응력}{사용응력} = \frac{인장강도(극한강도)}{허용응력}$$

③ 안전율은 재료강도가 허용응력의 몇 배인가 하는 수치로 나타내며 재료 역학상, 재질이나 성질에 따라 적당히 취해지고 있다.

④ 용접이음의 안전율에 영향을 미치는 인자
- 모재 및 용착금속의 기계적 성질
- 재료의 용접성
- 시공조건
- 용접사의 기능, 용접방법(수동, 자동, 아크, 가스용접 등), 용접자세, 이음의 종류와 형상, 작업장소(공장, 현장의 구분), 용접 후의 처리와 비파괴 시험 등
- 하중의 종류(정하중, 동하중, 진동하중)와 온도 및 분위기 등

⑤ 용접이음의 안전율은 하중의 종류(용접이음)에 따른 안전율과 같다.

5 용접구조물의 변형과 응력집중 파악하기

1) 용접절차사양서에 따라 용접구조물의 응력집중부를 피하여 가용접 작업 수행

① 본용접을 하기 전 소정의 홈의 치수를 유지하고 용접 변형을 방지하며, 안정된 용접결과를 얻기 위하여 가용접 방법을 숙지하고 실행한다.

② 가용접 부위에 기공 및 슬래그 혼입 등이 발생하면 본 용접에서 용입부족, 기공발생의 원인이 된다.

③ 피복아크 용접에 의한 가용접 시의 슬래그는 아크 불안정 및 용접결함의 원인이 되므로 완전히 제거하여야 한다.

④ 박판의 경우 피치를 작게 하는 가용접은 비드를 가늘고 짧게 하며 본 용접이 용입부족, 비드 불량을 방지한다(3mm 이하의 박판 : 가용접 길이 3~5mm, 피치 30~150mm).

⑤ 중후판은 가용접의 피치를 크고 튼튼하게 해야 하며, 이면 비드용접의 경우 이면의 가용접은 할 필요가 없다(중후판 : 가용접 길이 15~50mm, 피치 100~150mm).

2) 가용접 시 유의사항 숙지 및 이행

① 가능한 이면에 가용접을 한다.

② 본용접에 들어가기 전에 가용접의 개시점과 종료점을 제거한다.

③ 용접 개시점과 종료점에는 가능한 가용접을 피한다.

④ 본용접 시에는 가용접 비드를 충분히 녹이도록 한다.

⑤ 용접지그 또는 용접고정구를 이용하여 용접함으로써 가능한 가용접을 적게 한다.

⑥ 엔드탭(end tap)을 부착하여 홈을 고정시킨다.

6 용접부 수축변형 방지법

1) 억제법

① 클램프와 고정구를 사용하여 강제적으로 변형을 억제시키는 방법(스트롱 백)

② 변형방지에 효과적이나 잔류응력 발생이 많아진다.

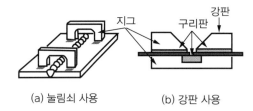

(a) 눌림쇠 사용　　(b) 강판 사용

2) 역변형법

① 용접 후 생길 변형의 방향과 양을 미리 예측하여 그 양만큼 변형의 반대방향으로 변형을 주어 용접 후 제자리로 되돌아오게 하는 방법

② 각변형 : 가접 후 2~3° 꺾어 주는 것

③ 루트 간격의 역변형량

$$D = (d + 0.015I)$$

d : 아크 시작점에서의 루트간격, D : 아크가 끝나는 지점, I : 전체 용접길이

④ 모재의 두께, 열원의 종류, 작업속도 전류의 세기, 용접기의 종류에 따라서 변한다.

[역변형법]

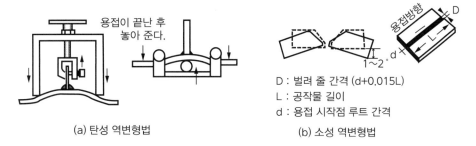

(a) 탄성 역변형법

(b) 소성 역변형법

D : 벌려 줄 간격 (d+0.015L)
L : 공작물 길이
d : 용접 시작점 루트 간격

3) 냉각법(도열법)

① 수냉동판 사용법 : 수냉동판을 용접 윗면이나 옆에 대어서 용접 열을 흡수하는 방법

② 살수법 : 용접부 뒷면에 물을 뿌려주는 방법으로 얇고 넓은 철판의 변형을 바로 잡는데도 널리 사용

③ 석면포를 사용하여 물에 적신 석면포와 헝겊을 용접선의 뒷면이나 옆에 대어 용접열을 흡수시켜 냉각시키는 방법

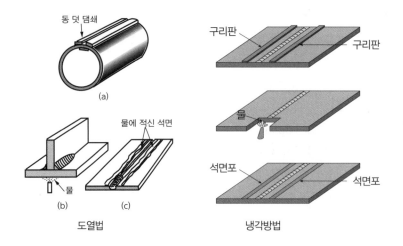

도열법   냉각방법

4) 가열법

용접에 의한 국부적 가열을 피하기 위하여 전체 또는 국부적으로 가열하고 용접하는 방법

① 박판에 대한 점수축법 : 가열온도 500~600℃, 가열시간 약 30초, 가열 점 지름 20~30mm, 피치 50~70mm정도로 가열한 후 즉시 수냉한다.

② 형재에 대한 직선 수축법

③ 가열 후 해머질 하는 법 : 변형부분을 가열하여 망치(볼핀해머 등)로 두들게 변형을 잡는 방법

④ 후판에 대해 가열 후 압력을 걸고 수냉하는 방법

⑤ 롤러에 의한 방법

⑥ 절단하여 정형 후 재용접 하는 방법

⑦ 피닝법 : 용접 직후 비드가 고온(약 700℃ 이상)일 때 비드를 두들겨 용접금속의 변형을 방지하는 방법

7 용접부 응력제거 풀림 효과

1) 풀림 효과

① 용접잔류응력 제거

② 응력부식에 대한 저항력 증대

③ 치수 비틀림의 방지(치수의 안정화)

④ 열영향부의 템퍼링(뜨임) 연화

⑤ 용착금속 중의 수소 제거에 의한 연성 증대

⑥ 충격저항 증대 및 크리프 강도 향상

⑦ 강도 증대(석출 경화)

2) 응력제거 완화법의 종류

노내 풀림법	• 제품전체를 노속에 넣고 적당한 온도에서 일정시간 유지한 후 노속에서 서냉시키는 방법 • 연강의 경우 가열냉각 속도 R : R≤200 × ...(deg/h) • 판 두께 25mm에 대해 600℃에서 10℃씩 온도가 내려가는 데 20분씩 길게 잡음
국부 풀림법	• 용접선의 좌우 양측을 각각 약 250mm 범위 또는 판 두께 12배 이상의 범위로 625±25℃를 1~2h 유지 후 서랭하는 방법 • 온도가 불균일하게 되어 잔류응력을 일으킬 우려가 있으므로 주의 • 가열 열원 : 전기(유도가열방식), 석탄, 중유, 가스불꽃 등
저온 응력 완화법	• 용접선 양측 150mm의 폭을 정속도로 이동하는 가스 불꽃에 의해 150~200℃ 정도의 저온으로 가열한 다음 즉시 수냉하는 방법
기계적 응력 완화법	• 잔류응력이 있는 제품에 하중을 주고 용접부를 약간의 소성변형을 일으킨 다음 하중을 제거하는 방법
피닝에 의한 방법	• 끝이 구면인 특수한 피닝해머(볼핀해머 등)로 용접부를 연속으로 타격하여 용접부 표면에 소성변형을 주는 방법 • 피닝에 의한 잔류응력 완화법을 상온에서 행하는 것이 좋으며, 열간 피닝은 70℃ 부근이 적당함 • 연강의 경우 표면층에 발생되는 가공경화에 의한 연성, 인성의 감소로 취성을 갖게 되므로 주의

8 가용접 작업 진행

1) 조립(assembly) 또는 가접(tack welding)

① 용접 시공에 있어서 조립 또는 가접은 중요한 공정의 하나이다.

② 가접은 본 용접을 실시하기 전에 좌우의 홈 또는 이음부분을 잠정적으로 고정하기 위한 짧은 용접인데 균열, 기공, 슬래그 섞임 등 많은 결함을 수반하기 쉬우므로 원칙적으로 중요한 용접부에는 가접을 피하도록 한다.

③ 필요한 경우에는 본 용접 전에 갈아내는 것이 좋다.

④ 강도상 중요한 곳과 용접의 시점 및 종점이 되는 끝부분은 가점을 피하도록 한다.

⑤ 용접은 본 용접과 비슷한 기량을 가진 용접사에 의해 실시되어야 한다.

⑥ 가접 시에는 본 용접보다도 지름이 약간 가는 용접봉을 사용하는 것이 좋다.

⑦ 구조물을 조립할 때 사용하는 용접지그는 제품을 정확한 형상과 치수로 조립한다.

⑧ 안정된 아래보기 자세로 용접작업을 할 수 있기 때문에 적당한 용접지그를 선택하여 사용하는 것이 좋다.

01 1/100mm까지 측정할 수 있는 마이크로미터 스핀들의 나사피치는?(단, 딤블의 눈금 등분 수는 50이다)

① 0.2mm   ② 0.3mm

③ 0.5mm   ④ 0.8mm

02 마이크로미터의 보관에 대한 설명으로 틀린 것은?

① 래칫 스톱을 돌려 일정한 압력으로 앤빌 과 스핀들 측정면을 밀착시켜 둔다.

② 스핀들에 방청처리를 하여 보관상자에 넣어둔다.

③ 습기와 먼지가 없는 장소에 둔다.

④ 직사광선을 피하여 진동이 없는 장소에 둔다.

03 눈금상에서 읽을 수 있는 측정량의 범위는 무 엇이라 하는가?

① 정도

② 지시범위

③ 배율

④ 최소눈금

04 보통형 다이얼 게이지의 지시안정도는 최소 눈금의 얼마 이하로 규정하고 있는가?

① 최소 눈금의 0.7 이하

② 최소 눈금의 0.9 이하

③ 최소 눈금의 0.3 이하

④ 최소 눈금의 0.5 이하

05 다이얼 게이지에서 최소 눈금이 0.01mm이며 눈금선 간격은 2mm라고 할 때 배율은?

① 1000   ② 100

③ 200   ④ 400

06 외측 마이크로미터를 옵티컬 플랫을 이용하 여 앤빌의 평면도를 측정하였더니 간섭무늬 가 2개 나타났다. 평면도는 얼마인가?(단, 이 때 사용한 빛의 반파장은 $0.3\mu m$이다)

① $0.30\mu m$ ② $0.60\mu m$

③ $0.90\mu m$ ④ $1.20\mu m$

07 마이크로미터의 보관 방법 중 틀린 것은?

① 앤빌과 스핀들을 밀착시켜 보관할 것

② 방청유를 도포하여 녹 발생을 방지할 것

③ 습기가 없는 곳에 보관할 것

④ 온도변화가 심하지 않은 곳에 보관할 것

08 측정압의 차이에 의한 개인 오차를 없애서 최 소측정값 0.01mm로 높일 수 있는 버니어캘 리퍼스는?

① 정압 버니어캘리퍼스

② 오프셋 버니어캘리퍼스

③ 만능 버니어캘리퍼스

④ 다이얼 버니어캘리퍼스

09 다음 중 아베의 원리에 맞는 측정기는?

① 외측 마이크로미터

② 버니어 캘리퍼스

③ 캘리퍼형 내측 마이크로미터

④ 하이트 게이지

10 최소 눈금이 0.01mm이고, 눈금선 간격이 0.85mm인 측정기의 배율은 얼마인가?

① 배율 8.5

② 배율 85

③ 배율 580

④ 배율 850

11 다음 중 중심을 내는 금긋기 작업에 편리한 측정기는?

① 베벨각도기

② 클리노미터

③ 수준기

④ 콤비네이션 세트

12 온도변화 t℃에 따라 생기는 변화량 λ는, 길이 ℓ과 열팽창계수 a로부터 다음 식을 얻는다. 맞는 식은?

① $\lambda = \ell \ a \ t$

② $\ell = \lambda \ a \ t$

③ $\lambda \ t = a \ \ell$

④ $a = \lambda \ \ell \ t$

13 마이크로미터의 0점 조정용 기준봉의 방열 커버 부분을 잡고 0점 조정을 실시하는 가장 큰 이유는?

① 온도의 영향 고려

② 취급 간편

③ 정확한 접촉을 고려

④ 넓은 시야

14 버니어 캘리퍼스의 어미자의 1눈금이 1mm이고 아들자는 어미자의 49mm 눈금을 50등분했을 때 최소 측정치는 몇 mm인가?

① 0.1 ② 0.05

③ 0.02 ④ 0.01

15 다음 설명 중 석정반의 장점이 아닌 것은?

① 경년 변화가 많다.

② 녹이 슬지 않는다.

③ 달라붙지 않는다.

④ 돌기가 생기지 않는다.

16 탄소 0.3% 이하를 함유하고 있는 연강을 용접할 때 틀린 것은?

① 일반적으로 용접성이 좋다.

② 노치취성이 발생한 경우는 저수소계 용접봉을 사용한다.

③ 판 두께가 25mm 이상 후판의 용접을 할 때도 예열 및 후열이 필요 없다.

④ 판 두께가 25mm 이상 후판의 용접을 할 때도 예열 및 후열이 필요하다.

해설

재료 자체에 설퍼밴드(sulphur band)가 현저한 강을 용접할 경우나 후판(t≥25mm)의 용접 시 균열을 일으킬 위험성이 있으므로 예열 및 후열이나 용접봉의 선택 등에 주의를 해야 한다.

정답							
01 ③	02 ①	03 ②	04 ③	05 ③	06 ②	07 ①	08 ①
09 ①	10 ②	11 ④	12 ①	13 ①	14 ③	15 ①	16 ③

17 고탄소강의 용접 시 다음 중 틀린 것은?

① 급냉 시에 임계 냉각속도 이상이면 마르텐자이트 조직이 되어 열 영향부의 경화가 심하다.

② 용접금속의 강도를 얻으려면 연신율이 적어 용접균열을 발생할 수 있다.

③ 200℃ 이상으로 예열하면 용접전류를 높이고 용접속도를 빠르게 한다.

④ 용접봉으로는 저수계의 모재와 동질의 용접봉을 선택한다.

200℃ 이상으로 예열하며 특히 탄소의 함유량이 많은 것은 용접직후 600~650℃로 후열하며 용접전류를 낮추고 용접속도를 느리게 할 필요가 있다.

18 주철을 용접할 때 곤란한 점 중 틀린 것은?

① 주철이 단단하고 취성을 갖기 때문에 용접부나 또는 모재의 다른 부분에 균열이 생기기 쉽다.

② 탄소가 많기 때문에 용접 시 많은 가스의 발생으로 기공이 생기기 쉽다.

③ 용접열에 의하여 급하게 가열되고 또한 급냉되기 때문에 용접부에 백선화로 인한 백주철이나 담금질 조직이 생겨 단단하기 때문에 절삭가공이 어려워진다.

④ 주철봉은 용접성이 좋아 예열, 후열이 필요하지 않다.

모넬 메탈, 니켈봉을 쓰면 150~200℃ 정도의 예열이 적당하고 용접에 의한 경화층이 생길 때에는 500~650℃ 정도로 가열하면 연화된다.

19 일반적인 용접균열이 생긴 주철을 보수할 때 틀린 것은?

① 균열의 끝부분에 작은 구멍을 뚫어서 균열의 성장을 방지하도록 한다.

② 모재의 본바닥이 드러날 때까지 깊게 가공한 후 보수 용접을 한다.

③ 용접전류는 필요 이상 높이지 말고 홈의 밑을 둥글게 하여 용접봉의 끝부분이 밑부분까지 닿도록 해야 한다.

④ 용접전류를 보통 용접할 때 전류보다 높게 하여 홈의 밑에까지 용입이 되게 용접한다.

20 주철 용접이 곤란한 이유 중 맞지 않는 것은?

① 수축이 많아 균열이 생기기 쉽다.

② 용융금속 일부가 연화된다.

③ 용착금속에 기공이 생기기 쉽다.

④ 흑연의 조대화 등으로 모재와의 친화력이 나쁘다.

주철 용접이 곤란한 이유
• 탄소량이 많아 수축이 크고 급열, 급랭으로 인해 용접부에 백선화가 일어나 절삭가공이 곤란하고 균열이 쉽게 발생하며 기포발생이 많다.
• CO 가스가 발생되어 기공이 쉽게 발생하고 장시간 가열로 인해 흑연이 조대화 된 경우, 주철 속에 흙, 모래 등이 있는 경우에 용착불량이 일어나거나 모재와의 친화력이 나빠진다.

21 주철의 용접 시 주의사항으로 틀린 것은?

① 용접 전류는 필요 이상 높이지 말고 지나치게 용입을 깊게 하지 않는다.

② 비드의 배치는 짧게 해서 여러 번의 조작으로 완료한다.

③ 용접봉은 가급적 지름이 굵은 것을 사용한다.

④ 용접부를 필요 이상 크게 하지 않는다.

22 회주물의 보수용접작업용 가스용접으로 시공할 때의 사항으로 틀린 것은?

① 용접봉으로서는 대체로 황동봉, 니켈봉 등이 사용된다.

② 예열 및 후열은 대략 500~550℃가 적당하다.

③ 가스불꽃은 약간 환원성인 것이 좋다.

④ 용제는 붕사 15%, 탄산나트륨 15%, 탄산수소나트륨 70%, 알루미늄가루 소량의 혼합제가 널리 쓰이고 있다.

해설
회주철의 가스용접시공에는 대체로 주철 용접봉이 쓰이며 백선화 방지를 위한 주철용접봉은 특히 다음과 같은 성분의 것이 좋다. 즉 탄소 3.5%, 규소 3~4%, 알루미늄 1%를 포함한 것은 대단히 좋은 시험 결과를 나타낸다.

23 오스테나이트계 스테인리스강의 용접 시 발생하기 쉬운 고온 균열에 영향을 주는 합금원소 중에서 균열의 증가에 가장 관계가 깊은 원소는?

① C ② Mo
③ Mn ④ S

해설
고온(적열취성) 균열에 영향을 주는 것은 황(S)이다.

24 오스테나이트계 스테인리스강의 용접 시 유의사항으로 틀린 것은?

① 예열을 한다.

② 짧은 아크 길이를 유지한다.

③ 아크를 중단하기 전에 크레이터 처리를 한다.

④ 용접 입열을 억제한다.

해설
유의사항
• 예열을 하지 말아야 한다.
• 층간 온도가 200℃ 이상을 넘어서는 안 된다.
• 짧은 아크 길이를 유지한다.
• 아크를 중단하기 전에 크레이터 처리를 한다.
• 용접봉은 모재의 재질과 동일한 것을 쓰며 될수록 가는 용접봉을 사용한다.
• 낮은 전류값으로 용접하여 용접 입열을 억제한다.

25 구리의 용접이 철강의 용접에 비하여 어려운 점에 대한 설명 중 틀린 것은?

① 열전도율이 높고 냉각효과가 크다.

② 구리 중에 산화구리 부분이 순수한 구리에 비하여 용융점이 약간 낮아 균열이 발생하기 쉽다.

③ 환원성 분위기 속에서 용접하면 산화구리가 환원되어 좋은 용접부를 만들 수 있다.

④ 구리는 용융될 때 심한 산화를 일으키며, 가스를 흡습하여 기공을 만든다.

해설
가스용접, 그 밖의 용접방법으로 환원성 분위기에서 용접을 하면 산화구리는 환원할 가능성이 커지며 이때 스패터가 감소하여 스펀지 모양의 구리가 되므로 더욱 강도를 약화시킨다.

26 구리의 용접 시공법에 대한 설명 중 틀린 것은?

① 예열에 의한 변형 방지책으로 구속 지그(jig)를 쓴다.

② 산소-아세틸렌 또는 산소-프로판 불꽃으로써 120~150℃로 예열한다.

③ 용접부 및 용접봉은 깨끗이 청소하고, 가는 눈금의 줄로 갈거나 와이어 브러시로 광택이 나게 한다.

④ 버너는 보통 가스용접용 연소기를 사용하여 균일하게 가열하되, 예열과 용접을 병행하여 진행시킨다.

해설
산소-아세틸렌 또는 산소-프로판 불꽃으로써 예열을 할 때의 온도는 200~350℃로 하고 예열온도는 판 두께의 크기에 따라서 템필스틱(tempil stick : 온도측정 크레용) 등으로 정확하게 한다.

정답				
17 ③	18 ④	19 ④	20 ②	21 ③
22 ①	23 ④	24 ①	25 ③	26 ②

27 알루미늄 주물의 용접에 대한 설명 중 적합하지 않은 것은?

① 비교적 불순물이 많고 용접할 때에는 산화물이 많이 생긴다.

② 산화물이 용접 시에 많이 생겨 용융금속의 유동성이 좋아 비드 모양이 나쁘다.

③ 불순물 때문에 용융점이 낮아지는 등 주물의 용접은 판재보다 곤란하다.

④ 알루미늄-규소 합금봉과 같이 용접성이 좋고 용융점이 모재보다 낮은 것이 적당하다.

<u>해설</u>
용접할 때 산화물이 많이 생겨 용융금속의 유동성도 나빠진다.

28 알루미늄 용접 후의 처리 및 기계적 성질에 대한 설명으로 틀린 것은?

① 용제를 사용한 용접부를 그대로 방치하면 부식을 일으키므로 용접 후에는 반드시 청소를 해야 한다.

② 용접부의 용제 및 슬래그 제거에는 기계적 처리로써는 불완전하다.

③ 용접부의 용제 및 슬래그 제거에는 찬물이나 끓인 물을 사용하여 세척할 필요가 있다.

④ 화학적 청소법으로는 12%의 질산 또는 10%의 더운 황산으로 세척한 다음 물로 씻어낸다.

<u>해설</u>
화학적 청소법으로서는 2%의 질산 또는 10%의 더운 황산으로 세척한 다음 물로 씻어낸다.

29 니켈 및 니켈합금의 용접법의 설명 중 틀린 것은?

① 알루미늄, 티탄 등 산소와 결합하기 쉬운 원소를 많이 함유한 합금에서는 주로 티그용접을 사용한다.

② 서브머지드 아크 용접은 용접할 때 용접 입열을 낮게 억제하고 예열 및 층간 온도도 낮게 유지해 고온균열을 방지할 필요가 있다.

③ 전자빔 용접은 열 집중성이 좋고 변형이 적어 고능률적인 용접이 가능하므로 항공기엔진, 내열합금의 용접에 적용된다.

④ 피복아크 용접은 쉽게 작업할 수 있어서 산소와 결합하기 쉬운 원소를 많이 함유한 경우 소모가 잘 안 되어 적합하다.

<u>해설</u>
피복아크 용접은 산소와 결합하기 쉬운 원소를 많이 함유하는 경우에는 그 소모가 아주 심하여 부적합하고 인코넬, 모넬, 하스테로이합금 등의 용접, 살붙이기용접 등에 사용된다.

30 피복 용접봉으로 작업 시 용융된 금속이 피복제의 연소에서 발생된 가스가 폭발되어 뿜어낸 미세한 용적이 모재로 이행되는 형식은?

① 단락형 ② 글로뷸러형
③ 스프레이형 ④ 핀치효과형

<u>해설</u>
문제의 답은 스프레이형이고 단면이 둥근 도체에 전류가 흐르면 전류소자 사이에 흡인력이 작용하여 용접봉의 지름이 가늘게 오므라드는 경향이 생긴다. 따라서 용접봉 끝의 용융금속이 작은 용적이 되어 봉 끝에서 떨어져 나가는 것을 핀치효과형(pinch effect type)이라 하고 이 작용은 전류의 제곱에 비례한다.

31 다음 중 피복아크 용접봉에서 피복제의 역할이 아닌 것은?

① 아크의 안정
② 용착금속에 산소공급
③ 용착금속의 급냉방지
④ 용착금속의 탈산 정련 작용

해설

피복제의 역할
• 아크를 안정시킨다.
• 중성 또는 환원성 분위기로 대기 중으로부터 산화, 질화 등의 해를 방지하여 용착금속을 보호한다.
• 용융금속의 용접을 미세화하여 용착효율을 높인다.
• 용착금속의 급냉을 방지하며 탈산정련 작용을 하며 용융점이 낮은 적당한 점성의 가벼운 슬래그를 만든다.
• 슬래그를 제거하기 쉽고 파형이 고운 비드를 만들며 모재 표면의 산화물을 제거하고 양호한 용접부를 만든다.
• 스패터의 발생을 적게 하고 용착금속에 필요한 합금원소를 첨가시키며 전기 절연 작용을 한다.

32 석회석($CaCO_2$) 등이 염기성 탄산염을 주성분으로 하고 용착금속 중에 수소 함유량이 다른 종류의 피복아크 용접봉에 비교하여 약 1/10 정도로 현저하게 적은 용접봉은?

① E4303   ② E4311
③ E4316   ④ E4324

33 피복아크 용접봉의 편심도는 몇 % 이내이어야 용접결과를 좋게 할 수 있겠는가?

① 3%   ② 5%
③ 10%   ④ 13%

해설

피복아크 용접봉의 편심률은 3% 이내이어야 한다.

34 고장력강 피복아크 용접봉의 설명 중 틀린 것은?

① 모재의 두께를 얇게 할 수 있다.
② 소요 강재의 중량을 상당히 증가시킬 수 있다.
③ 재료의 취급이 간단하여 가공이 쉽다.
④ 구조물의 하중을 경감시킬 수 있다.

35 표면경화용 피복아크 용접봉에 대한 설명 중 틀린 것은?

① 표면경화를 할 때 균열방지가 큰 문제이다.
② 중, 고탄소강의 표면경화를 할 때 반드시 예열만 하면 된다.
③ 고합금강을 덧붙임 용접을 할 때 운봉 폭을 너무 넓게 하지 말아야 한다.
④ 고속도강 덧붙임 용접을 할 때는 급랭을 피하고 서냉하여 균열을 방지한다.

해설

중, 고탄소강의 표면경화 용접을 할 때에는 반드시 예열 및 후열을 하여야 한다.

36 스테인리스강 피복아크 용접봉 종류에서 아크가 안정되고 주로 아래보기 및 수평필릿에 사용되는 용접봉은?

① 라임계 용접봉
② 티탄계 용접봉
③ 저수소계 용접봉
④ 철분계 용접봉

해설

티탄계 용접봉은 아크가 안정되고 스패터는 적으며 슬래그는 표면을 잘 덮으며 아래보기, 수평필릿은 외관이 아름다우나 수직, 위보기는 작업이 어렵다.

정답				
27 ②	28 ④	29 ④	30 ③	31 ②
32 ③	33 ①	34 ②	35 ②	36 ②

Chapter 5 피복아크 용접기법

01 아크 용접작업

1 용접작업 준비

1) 보호구의 착용

2) 용접봉의 건조

3) 용접설비 안전점검 및 전류조정
① 용접기가 전원에 잘 접속되어 있는지 점검
② 용접기의 외장 케이스에 접지선은 이어졌는지 점검
③ 용접기 1차측과 2차측의 결선부의 나사가 풀어진 곳이나 케이블에 손상된 곳이 없는지 점검
④ 회전부나 마찰부에 윤활유가 알맞게 주유되어 있는지 점검
⑤ 주의에 안전거리 내에 유해한 물질이 있는가를 점검

4) 모재의 청소
용접할 모재의 표면에 부착되어 있는 녹, 수분, 페인트 및 기름기 등을 깨끗하게 청소(기포나 균열의 원인이 됨)

5) 환기장치
용접장소는 항상 용접 중에 CO, CO_2가 발생하여 건강을 해치는 일이 발생하니 항상 환기 및 통풍이 잘되도록 하고, 필요할 때에는 방진마스크를 착용하여 유해한 가스를 흡입하지 않도록 해야 함

2 용접작업에 영향을 주는 요소

1) 아크 길이
① 보통 용접봉 심선의 지름 정도
② 양호한 비드나 용접을 하려면 3mm 이내로 짧은 아크를 사용하는 것이 유리
③ 아크 길이가 너무 길면 아크가 불안정하며 용융 금속이 공기가 닿아 산화 및 질화되기 쉬우며 열 집중의 부족, 용입불량 및 스패터도 심하게 됨

2) 용접봉 각도

① 용접봉이 모재와 이루는 각도
② 진행각과 작업각으로 나눔

진행각	작업각
• 용접봉과 용접선이 이루는 각도 • 용접봉과 수직선 사이의 각도 • 평면 : 90° 수평 • 필릿용접 : 45° 	• 용접봉과 이음방향에 나란히 세워진 수직(수평) 평면과의 각도 • 70°~85°

3) 용접속도

① 모재에 대한 용접선 방향의 아크 속도(운봉속도라고도 함)
② 모재의 재질, 이음모양, 용접봉의 종류 및 전류값, 위빙(weaving)의 유무 등에 따라 달라짐
③ 아크 전류와 아크 전압을 일정하게 유지하며 용접속도를 증가하면 비드 폭이 좁아지고 용입은 얇아진다.
④ 용입의 정도는 용접 전류값을 용접속도로 나눈 값에 따라 결정이 되며 전류가 높을 때 용접속도는 증가한다.

4) 아크 발생 및 소멸

아크 발생 및 유지와 소멸은 용접봉 심선에 전기가 흐르면 자기력이 생겨 전류값이 높을 때는 아크 길이가 길어도 아크가 유지가 되고 전류값이 낮을 때는 아크가 소멸이 된다.

5) 아크 쏠림(자기불림, magnetic blow)

① 직류 용접에서 용접봉에 아크가 한쪽으로 쏠리는 현상
② 용접전류에 의해 아크 주위에 자장이 용접에 대하여 비대칭으로 나타나는 현상
③ 아크 쏠림 방지책
  • 직류보다는 교류 용접으로 한다.
  • 용접부가 긴 경우는 후퇴법으로 용접한다.
  • 접지점을 가능한 용접부에서 멀리한다.
  • 큰 가접부 또는 이미 용접이 끝난 용착부를 향하여 용접한다.
  • 짧은 아크의 사용과 접지점 2개를 연결한다.
  • 받침쇠, 긴 가접부, 이음의 처음과 끝부분에 엔드 탭 등을 이용한다.
  • 용접봉 끝을 아크 쏠림 반대 방향으로 기울인다.

3 운봉법(motion of electrode tip)

직선 비드와 위빙 비드가 있다.

[운봉법의 예]

아래보기 용접			아래보기 T형 용접			위보기 용접		
	직선	→		대파형			반월형	
	소파형			선전형			8자형	
	대파형			삼각형			지그재그형	
	원형			부채형			대파형	
	삼각형			지그재그형			각형	
경사판 용접	각형		수형 용접	대파형		수직 용접		
				원형			파형	
	대파형			타원형			삼각형	
	삼각형			삼각형			지그재그형	

4 용접 결함

결함	원인	대책
선상조직 은점	• 냉각속도가 빠를 때 • 모재에 C, S 많을 때 • H_2가 많을 때 • 용접속도가 빠를 때	• 예열과 후열 • 재질에 주의 • 저수소계 용접봉 사용 • 용접속도를 느리게
기공 (Blow Hole)	• 과대전류의 사용 • 아크가 너무 길 때 • 모재에 불순물이 붙어 있을 때 • 용접봉에 습기가 있을 때 • 용접봉을 잘못 선택 했을 때 • 운봉 시간의 부족 • 판 두께가 두껍거나 급냉 될 때	• 전류의 조정 • 적당한 아크 길이의 유지 • 기름, 페이트, 녹, 수분 등 제거 • 건조가 잘된 용접봉 사용 • 기공이 덜 생기는 용접봉 선택 • 가스 배기 시간여유를 주고 운봉 • 적절한 예열을 한다.
균열 (Crack)	• 모재에 C, Mn의 함유량이 많을 때 • 이음의 구속이 클 때 • 용접봉이 나쁘거나 습기가 있을 때 • 크레이터 처리가 불완전할 때 • 모재에 S의 함유량 많을 때 • 용접부가 급냉 했을 때 • 시공 준비 부족 • 전류가 높거나 용접속도가 빠를 때	• 예열하거나 저수소계 용접봉 사용 • 용접구조나 용접순서 변경 • 용접봉 교환 또는 건조하여 사용 • 천천히 아크를 끊는다. • 예열 또는 저수소계 용접봉 사용 • 용접부 크기 고려, 가는 비드 회피 • 용접전류와 속도를 조정

결함	원인	대책
용입부족	• 홈의 각도가 좁을 때 • 용접속도가 빠를 때 • 용접전류가 낮을 때 • 부적당한 용접봉	• 홈의 각도 크게, 루트 간격 넓히거나 또는 각도에 알맞은 용접봉 선택한다. • 용접속도 조정, 슬랙이 앞서지 않도록 한다. • 슬랙이 벗겨지지 않는 한도 내로 전류를 높인다. • 용입이 많은 용접봉 사용한다.
언더컷	• 용접전류 높거나, 과열되었을 때 • 용접봉의 유지각도 및 운봉속도 부적당할 때 • 용접봉 지름, 피복 부적합할 때	• 용접전류를 낮춘다. • 각도와 속도 조정, 지나친 위빙을 피하고 아크 길이 유지한다. • 적당한 용접봉의 지름을 선택한다.
오버랩	• 용접전류가 너무 낮을 때 • 용접속도가 너무 느릴 때 • 부적당한 용접봉을 사용했을 때	• 용접전류를 높인다. • 용접속도를 빨리한다. • 적당한 용접봉 지름을 선택한다.
스패터 과다	• 용접전류가 높다. • 아크 길이가 길다. • 용접봉의 흡습	• 낮은 전류 사용한다. • 아크 길이를 짧게 한다. • 재건조 하여 사용한다.
슬랙섞임	• 부적당한 용접봉 사용 • 슬랙제거가 불완전할 때 • 운봉속도가 너무 느릴 때 • 홈의 형상이 좋지 않을 때 • 슬랙 유동성이 좋고 냉각이 쉬울 때	• 적당한 용접봉 선택 • 먼저 층의 슬랙 완전히 제거 • 전류를 약간 높이고 슬랙이 앞질러 나가지 않도록 운봉한다. • 루트간격 넓히고 용접 용이하게 홈을 조절한다. • 용접부를 예열한다.

5 작업표준

1) 아래보기 I형 맞대기의 작업표준

비드 쌓는 법	판두께 t [mm]	루트간격 s [mm]	용접봉지름 [mm]	용접전류 [A]	비드 수
	1.6	0	2.0	40	1
	2.3	0	2.6	60	1
	3.2	1.5	3.2	90~100	1
	4.0	2.0	4.0	120~140	1
	5.0	2.0	4.0	130~140	1,2
	6.0	2.0	4.0	140~150	1,2
	7.0	2.0	4.0	180~200	1,2
	10.0	2.0	5.0	320~340	1,2

2) 아래보기 V형 맞대기의 작업표준

비드 쌓는 법	판두께 t [mm]	루트간격 s [mm]	용접봉지름 [mm]	용접전류 [A]	비드 수
	6.0	1.0	4.0	130~150	1·2·B
	9.0	1.5	4.0 5.0	140~160 180~190	1·2·B3
	12.0	1.5	4.0	150~160	1···5·B
			4.0 5.0	150~160 190~200	1·B 2···4
	16.0	2.0	4.0	150~160	1·B
	–	–	5.0	200~210	2···5

3) 수직 V형 맞대기의 작업표준

비드 쌓는 법	판두께 t [mm]	루트간격 s [mm]	용접봉지름 [mm]	용접전류 [A]	비드 수
	4.0	1.0	3.2	65~75	1·2
	9.0	2.0	3.2	80~90	1
			4.0	120~130	2·3·B
	16.0	2.0	4.0	125~135	1·B
			5.0	170~180	2·3·4
	25.0	2.0	4.0	125~135	1·2
			5.0	170~180	3···6

4) 수평 V형 맞대기의 작업표준

비드 쌓는 법	판두께 t [mm]	루트간격 s [mm]	용접봉지름 [mm]	용접전류 [A]	비드 수
	4.0	2.0	4.0	125~135	1·2
	6.0	2.0	4.0	130~140	1···3
	12.0	3.0	4.0 5.0	135~145 190~200	용접 작업자의 덧붙이 방법에 따라 달라짐
	19.0	3.0	4.0 5.0	135~145 190~200	
	25.0	3.0	4.0 5.0	135~145 190~200	

5) 위보기 V형 맞대기의 작업표준

비드 쌓는 법	판두께 t [mm]	루트간격 s [mm]	용접봉지름 [mm]	용접전류 [A]	비드 수
	4.0	3.2	4.0	130~140	1·2
	6.0	4.0	4.0	130~140	1···3
	9.0	5.0	4.0	135~145	1···4
	12.0	5.0	4.0	135~140	용접작업자의 덧붙이 방법에 따라 달라짐
	16.0	5.0	4.0	135~145	
	19.0	5.0	4.0	135~145	

01 용접결함 중 언더컷(under cut)의 발생 현상 중 틀린 것은?

① 전류가 너무 높을 때

② 아크 길이가 너무 길 때

③ 용접속도가 너무 늦을 때

④ 용접봉 선택 불량

해설

언더컷의 발생원인

• 전류가 너무 높을 때

• 아크 길이가 너무 길 때

• 용접봉 취급의 부적당

• 용접속도가 너무 빠를 때

• 용접봉 선택 불량 등

02 용접결함 중 기공(blow hole)의 발생원인 중 틀린 것은?

① 용접분위기 가운데 수소 또는 일산화탄소의 과잉

② 용접부의 급속한 응고(급냉)

③ 강재에 부착되어 있는 기름, 페인트, 녹 등

④ 용접속도가 너무 느림

해설

기공의 발생원인

• 용접분위기 가운데 수소 또는 일산화탄소의 과잉

• 용접부의 급속한 응고(급냉)

• 강재에 부착되어 있는 기름, 페인트, 녹 등

• 모재 가운데 유황 함유량 과대

• 아크 길이, 전류 조작의 부적당

• 과대 전류의 사용 및 용접속도가 빠름

03 용접작업에 영향을 주는 요소 중에 틀린 것은?

① 아크 길이는 보통 3mm 이내로 하며 되도록 짧게 운봉한다.

② 용접봉 각도는 진행각과 작업각을 유지해야 한다.

③ 아크 전류와 아크 전압을 일정하게 유지하며 용접속도를 증가하면 비드 폭이 좁아지고 용입은 얕아진다.

④ 용접전류가 낮아도 아크 길이가 길 때도 아크는 유지한다.

해설

용접전류 값이 높을 때는 아크 길이가 길어도 아크가 유지가 되고 전류값이 낮을 때는 아크가 소멸이 된다.

정답		
01 ③	02 ④	03 ④

Chapter 1 가스용접

01 가스 및 불꽃

1 가스용접의 원리

1) 가스용접(gas welding)의 개요
① 다른 용접방법에 비해 저온 용접하는 방법
② 가연성 가스와 조연성 가스인 산소 혼합물의 연소열을 이용하여 용접하는 방법
③ 가접, 산소-아세틸렌 용접, 산소-수소 용접, 산소-프로판 용접, 공기-아세틸렌 용접 등
④ 가장 많이 사용되는 것이 산소-아세틸렌 용접으로 간단히 가스용접이라고 함

2) 가스용접의 장점
① 응용범위가 넓고 전원설비가 필요없다.
② 가열과 불꽃조정이 자유롭다.
③ 운반이 편리하고 설비비가 싸다.
④ 아크 용접에 비해 유해광선의 발생이 적다.
⑤ 박판용접에 적당하다.

3) 가스용접의 단점
① 열집중성이 나빠 효율적인 용접이 어렵다.
② 불꽃의 온도와 열효율이 낮다.
③ 폭발의 위험성이 크며 금속이 탄화 및 산화의 가능성이 많다.
④ 아크 용접에 비해 일반적으로 신뢰성이 적다.

4) 가스용접에 사용되는 가스가 갖추어야 할 성질
① 불꽃의 온도가 금속의 용융점 이상으로 높을 것(순철 1540℃, 일반철강 1230~1500℃)
② 연소속도가 빠를 것(표준불꽃이 아세틸렌 1 : 산소 2.5(1.5는 공기 중 산소), 프로판 1 : 산소 4.5정도 필요)
③ 발열량이 클 것
④ 용융금속에 산화 및 탄화 등의 화학반응을 일으키지 않을 것

2 가스 및 불꽃

1) 수소가스
① 비중(0.695)이 작아 확산속도가 크고 누설이 쉽다.
② 백심(inner cone)이 있는 뚜렷한 불꽃을 얻을 수 없고 무광의 불꽃으로 불꽃조절이 육안으로 어렵고 수중절단 및 납(Pb)의 용접에만 사용되고 있다.

2) LP가스(liquefied petroleum gas; 액화석유가스)
① 주로 프로판(propane, C_3H_8)으로서 부탄(butane, C_4H_{10}), 에탄(ethane, C_2H_6), 펜탄으로 구성된 혼합기체이다.
② 공기보다 무겁고(비중 1.5) 연소 시 필요 산소량은 1 : 4.5(부탄은 5배)이다.
③ 액체에서 기체가스가 되면 체적은 250배로 팽창된다.

3) 산소(Oxygen, O_2)의 성질
① 무색, 무미, 무취의 기체로 비중 1.105, 융점 -219℃, 비점 -182℃로서 공기보다 약간 무겁다.
② 다른 물질의 연소를 돕는 조연성(지연성) 가스이다.
③ -119℃에서 50기압 이상 압축 시 담황색의 액체로 된다.
④ 대부분 원소와 화합하여 산화물을 만든다.
⑤ 타기 쉬운 기체와 혼합 시 점화하면 폭발적으로 연소한다.

4) 아세틸렌(acetylene, C_2H_2)의 성질
① 비중이 0.906으로 공기보다 가벼우며 1ℓ의 무게는 15℃ 0.1MPa에서 1.176g이다.
② 순수한 것은 일종의 에텔과 같은 향기를 내며 연소 불꽃색은 푸르스름하다.
③ 아세틸렌 제조과정에서 일어난 불순물 인화수소(PH_3), 유화수소(H_2S), 암모니아(NH_3)를 포함하고 있어 악취를 내며 연소 시 색은 붉고 누르스름하다.
④ 각종 액체에 잘 용해된다.
   • 15℃ 0.1MPa($1kgf/cm^2$)기압에서 보통 물에는 1.1배(같은 양), 석유에는 2배, 벤젠에는 4배, 순수한 알코올에는 6배, 아세톤(acetone, CH_3COCH_3)에는 25배, 12기압에서는 300배 용해
   • 용해량은 온도가 낮을수록, 압력이 증가할수록 증가
   • 염분을 포함시킨 물에는 거의 용해되지 않음
   • 아세톤에 잘 녹는 성질을 이용하여 용해 아세틸렌을 만들어서 용접에 이용
⑤ 아세틸렌가스의 폭발성

온도의 영향	• 406~408℃에서 자연발화 • 505~515℃가 되면 폭발 • 산소가 없어도 780℃가 되면 자연 폭발
압력의 영향	• 15℃ 0.2MPa 이상 압력 시 폭발위험 • 산소가 없을 시에도 0.3MPa(게이지 압력 0.2MPa) 이상 시 폭발위험 • 실제 불순물의 함유로 0.15MPa 압축 시 충격, 진동 등에 의해 분해폭발의 위험

혼합가스의 영향	• 아세틸렌 15%, 산소 85%일 때 가장 폭발위험이 큼 • 아세틸렌 60%, 산소 40%일 때 가장 안전 • 공기 중에 10~20%의 아세틸렌가스가 포함될 때 가장 위험 • 인화수소 함유량이 0.02% 이상 시 폭발성을 가지며, 0.06% 이상 시 대체로 자연 발화에 의하여 폭발
외력의 영향	• 외력이 가하여져 있는 아세틸렌가스에 마찰, 진동, 충격 등의 외력이 작용하면 폭 발할 위험이 있음
화합물 생성	• 아세틸렌가스는 구리, 구리 합금(62% 이상의 구리), 은, 수은 등과 접촉하면 이들 과 화합하여 폭발성 있는 화합물을 생성 • 폭발성화합물은 습기나 암모니아가 있는 곳에서 생성하기 쉬움

＊아세틸렌과 구리가 화합 시 폭발성이 있는 아세틸라이드($Cu_2C_2H_2O$)를 생성하며 공기 중의 온도 130~150℃에
 서 발화된다. $2Cu+C_2H_2 = CuC_2+H_2$

5) 각종 가스 불꽃의 최고온도
① 산소-아세틸렌 불꽃 : 3430℃

② 산소-수소 불꽃 : 2900℃

③ 산소-프로판 불꽃 : 2820℃

④ 산소-메탄 불꽃 : 2700℃

02 가스용접 설비 및 기구

1 가스용접 설비 및 기구

1) 산소병(oxygen cylinder or bombe)
① 보통 35℃에서 15MPa(150kg/cm²)의 고압산소가 충전된 속이 빈 원통형

② 크기는 일반적으로 기체용량 5000 ℓ, 6000 ℓ, 7000 ℓ 의 3종류를 많이 사용

③ 산소병의 총 가스량 = 내용적 × 기압(게이지 압력)

④ 소비량 = 내용적 × 현재 사용된 기압 **예** 30 × (150-100) = 1,500

⑤ 산소병의 구성
  • 본체, 밸브, 캡의 3부분
  • 용기 밑 부분의 형상 : 볼록형, 오목형, 스커트형
  • 병의 강의 두께 : 7~9mm 정도
  • 산소병 밸브의 안전장치 : 파열판식

⑥ 산소병의 정기검사
  • 내용적 500 ℓ 미만은 3년마다 실시
  • 외관검사, 질량검사, 내압검사(수조식, 비수조식) 등
  • 내압시험압력 : 250kg/cm²(충진압력×$\frac{5}{3}$배)

⑦ 산소병을 취급할 때의 주의사항
  • 산소병에 충격을 주지 말고 눕혀 두지 말 것(고압밸브가 충격에 약해 보호)
  • 고압가스는 타기 쉬운 물질에 닿으면 발화하기 쉬우므로 밸브에 그리스(grease)와 기름기 등을 묻히지 말 것
  • 안전 캡으로 병 전체를 들려고 하지 말 것
  • 산소병을 직사광선에 노출시키지 않아야 하며 화기로부터 멀리 둘 것(5m 이상)
  • 항상 40℃ 이하로 유지하고 용기 내의 압력 17MPa(170kg/cm²)이 너무 상승되지 않도록 할 것

용기온도(℃)	– 5	0	5	10	15	20	25	30	35	40	45	50	55	70	80
지시압력(kg/cm²)	130	133	135	138	140	143	145	148	150	153	155	158	160	167	170.4

  • 밸브의 개폐는 조용히 하고 산소누설검사는 비눗물을 사용할 것

2) 아세틸렌 병(acetylene cylinder & bombe)
① 아세틸렌 병 안에는 아세톤을 흡수시킨 목탄, 규조토, 석면 등의 다공성 물질이 가득 차 있고 이 아세톤에 아세틸렌가스가 용해되어 있다.
② 용기의 구조는 밑 부분이 오목하며 보통 2개의 퓨즈 플러그(fuse plug)가 있고 이 퓨즈 플러그는 중앙에 105±5℃에서 녹는 퓨즈 금속(Bi 53.9%, Sn 25.9%, Cd 20.2%)이 채워져 있다.
③ 용해 아세틸렌은 15℃에서 15kg/cm²으로 충전되며 용기의 크기는 15ℓ, 30ℓ, 50ℓ의 3종류가 사용되며 30ℓ의 용기가 가장 많이 사용된다.
④ 용해 아세틸렌 용기의 검사기간은 제조 후 15년 미만은 3년, 15~20년 미만은 2년, 20년 이상은 1년이다.
⑤ 용해 아세틸렌 병의 아세틸렌양의 측정공식

$$C = 905(A-B)$$
A : 병전체의 무게(빈병의 무게+아세틸렌의 무게) (kg)
B : 빈병의 무게
C : 15℃ 1기압에서의 아세틸렌 가스의 용접(ℓ)

⑥ 용해 아세틸렌 용기의 검사
  • 내압시험 : 시험압력 46.5kg/cm²의 기체 N_2CO_2를 사용 시험하며 질량감량 5% 이하, 항구증가율 10% 이상이면 불합격
  • 검사기간

제조 후 15년 미만	3년
제조 후 15년 이상 20년 미만	2년
제조 후 20년 이상	1년

3) 압력조정기(pressure requlator)
① 산소나 아세틸렌 용기 내의 압력은 실제 작업에서 필요로 하는 압력보다 매우 높으므로 이 압력을 실제 작업 종류에 따라 필요한 압력으로 감압하고 용기 내의 압력변화에 관계없이 필요한 압력과 가스양을 계속 유지시키는 기기

② 압력 게이지의 압력지시 진행순서

> 부르동관 → 켈리브레이팅링크 → 섹터기어 → 피니언 → 지시바늘

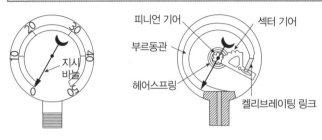

③ 산소용 1단식 조정기

프랑스식(스템형)	작동이 스템과 다이아프램으로 예민하게 작용되며 토치 산소밸브를 연 상태에서 압력 조정한다.
독일식(노즐형)	작동은 에보나이트계 밸브시이드 조정 스프링에 의해 되며 프랑스식보다 예민하지 않다.

④ 산소용 2단식 조정기 : 1단 감압부는 노즐형, 2단은 스템형의 구조로 되어 있다.
⑤ 아세틸렌용 압력 조정기 : 구조 및 기구는 산소용 스템형과 흡사하며 낮은 압력 조정스프링을 사용한다.

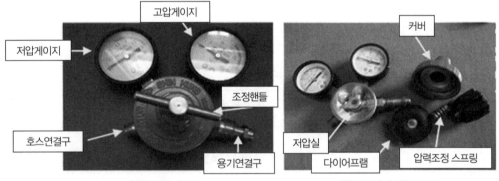

압력조정기 구조   압력조정기 내부 구조

4) 토치(welding torch, 가스 용접기)

① 가스병 또는 발생기에서 공급된 아세틸렌 가스와 산소를 일정한 혼합가스를 만들어 이 혼합가스를 연소시켜 불꽃을 형성해서 용접작업에 사용하는 기구
② 주요 구성 : 산소 및 아세틸렌 밸브, 혼합실, 팁
③ 토치의 구비조건
   • 구조가 간단하고 취급이 용이하며 작업이 확실할 것
   • 불꽃이 안정되고 안전성을 충분히 구비하고 있을 것

④ 토치의 종류

저압식 (인젝터식)	• 사용압력(발생기 0.007MPa(0.07kg/cm²) 이하) • 용해 아세틸렌이 낮음(0.02MPa(0.2kg/cm²) 미만) • 가변압식(프랑스식, B형) : 인젝터 부분에 니들밸브가 있어 유량과 압력을 조정 • 불변압식(독일식, A형) : 1개의 팁에 1개의 인젝터로 구성
중압식 (등압식, 세미인젝터식)	• 아세틸렌 압력 0.007~0.105MPa • 아세틸렌 압력이 높아 역류, 역화의 위험이 적고 불꽃의 안전성이 좋음

⑤ 팁의 능력
- 프랑스식 : 1시간 동안 중성불꽃으로 용접하는 경우 아세틸렌의 소비량을 (ℓ)로 나타낸다. 예를 들어 팁번호가 100, 200, 300이라는 것은 매시간의 아세틸렌 소비량이 중성 불꽃으로 용접 시 100ℓ, 200ℓ, 300ℓ라는 뜻이다.
- 독일식 : 연강판 용접 시 용접할 수 있는 판의 두께를 기준으로 팁의 능력을 표시하며 예를 들면 1mm 두께의 연강판 용접에 적합한 팁의 크기를 1번팁, 두께 2mm판에는 2번팁 등으로 표시한다.

⑥ 역류, 역화의 원인
- 토치 취급이 잘못되었거나 팁 과열 시
- 토치 성능이 불비하거나 체결나사가 풀렸을 때
- 아세틸렌 공급가스가 부족할 때
- 팁에 석회가루, 먼지, 스패터, 기타 잡물이 막혔을 때

- 역류, 역화 발생 시 : 먼저 아세틸렌 밸브를 잠그고 산소 밸브를 잠금
- 팁 과열 시 : 산소 밸브만 열고 찬물에 팁을 담가 냉각시킴

5) 용접용 호스(hose)
① 가스 용접에 사용되는 도관
② 산소 또는 아세틸렌 가스를 용기 또는 발생기에서 청정기, 안전기를 통하여 토치까지 송급할 수 있게 연결한 관
③ 강관과 고무호스

강관	• 먼 거리에 사용
고무호스	• 짧은 거리에 사용(5m 정도) • 산소용은 9MPa(90kg/cm²), 아세틸렌 1MPa(10kg/cm²)의 내압시험에 합격한 것 • 산소는 흑색(일본의 규격)·녹색, 아세틸렌은 적색으로 된 것을 사용

④ 크기 구분 : 6.3mm, 7.9mm, 9.5mm의 3종류, 보통 7.9mm의 것이 널리 사용, 소형 토치에는 6.3mm 이용
⑤ 호스 길이는 5m 정도가 적당

6) 기타 공구 및 보호구

차광유리(절단용 3~6, 용접용 4~9), 팁 클리너(tip cleaner), 토치 라이터, 와이어 브러시, 스패너, 단조집게 등 사용

2 가스용접 재료

1) 연강용 가스 용접봉(gas welding rods for mild steel)

① 용접봉의 규격 : KSD 7005

② 용접봉 종류의 기호

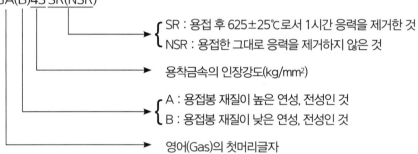

GA(B)43 SR(NSR)

- SR : 용접 후 625±25℃로서 1시간 응력을 제거한 것
- NSR : 용접한 그대로 응력을 제거하지 않은 것
- 용착금속의 인장강도(kg/mm²)
- A : 용접봉 재질이 높은 연성, 전성인 것
- B : 용접봉 재질이 낮은 연성, 전성인 것
- 영어(Gas)의 첫머리글자

③ 가스용접봉 표준 치수

	가스 용접봉의 표준 치수	허용차
지름(mm)	1.0, 1.6, 2.0, 2.6, 3.2, 4.0, 5.0, 6.0, 8.0	±0.1mm
길이(mm)	1000	±3mm

④ 보통 맨 용접봉(보통은 부식을 방지하기 위하여 구리도금이 되어 있다)이지만 아크 용접봉과 같이 피복된 용접봉도 있고 때로는 용제를 관의 내부에 넣은 복합심선을 사용할 때도 있다.

⑤ 보통 시중에 판매되는 것은 길이가 1,000mm이다.

⑥ 모재의 두께에 따른 용접봉 지름

> D = T/2+1
> D : 용접봉 지름[mm]
> T : 모재 두께[mm]

3 산소-아세틸렌 불꽃

1) 불꽃의 종류

① 탄화불꽃(excess acetylene flame) : 산소(공기 중과 토치에 산소량)의 양이 아세틸렌보다 적어 이루어진 불완전 연소로 인해 불꽃의 온도가 낮아 스테인리스강, 스텔라이트, 모넬메탈, 알루미늄 등의 용접에 사용된다.

② 표준불꽃(neutral flame : 중성불꽃) : 산소와 아세틸렌의 혼합 비율이 1:1로 된 일반 용접에 사용되는 불꽃(실제로는 대기 중에 있는 산소를 포함 산소 2.5 대 아세틸렌 1의 비율이 된다.)

③ 산화불꽃(excess oxygen flame) : 표준불꽃 상태에서 산소의 양이 많아진 불꽃으로 구리 합금 용접에 사용되는 가장 온도가 높은 불꽃이다.

2) 불꽃과 피용접금속과의 관계

탄화불꽃	스테인레스강, 스텔라이트, 모넬메탈 등
표준불꽃	연강, 반연강, 주철, 구리, 청동, 알루미늄, 아연, 납, 은 등
산화불꽃	황동

4 산소-아세틸렌 용접법

1) 전진법(좌진법 : foreward method)
① 토치의 팁 앞에 용접봉이 진행되어 가는 방법
② 토치 팁이 오른쪽에서 왼쪽으로 이동하는 방법
③ 불꽃이 용융지의 앞쪽을 가열하므로 용접부가 과열하기 쉽고 변형이 많아 3mm 이하의 얇은 판이나 변두리 용접에 사용
④ 토치 이동 각도 : 전진방향 반대쪽, 45~70°
⑤ 용접봉 첨가 각도 : 30~45°

2) 후진법(우진법 : backhand method)
① 토치 팁이 먼저 진행하고 그 뒤로 용접봉과 용융풀이 쫓아가는 방법
② 토치 팁이 왼쪽에서 오른쪽으로 이동
③ 용융지의 가열시간이 짧아 과열이 되지 않아 용접 변형이 적고 속도가 커서 두꺼운 판 및 다층 용접에 사용
④ 점차적으로 위보기 자세에 많이 사용

3) 전진법과 후진법의 비교

항목	전진법	후진법
열 이용율	나쁘다	좋다
비드 모양	보기 좋다	매끈하지 못하다
용접속도	느리다	빠르다
홈의 각도	크다(예 80~90°)	작다(예 60°)
용접변형	크다	작다
산화 정도	심하다	약하다
모재의 두께	얇다	두껍다
용착금속의 냉각	급냉	서냉

🔧 가스 용기

1. 용기의 각인

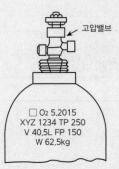

고압밸브

☐ O2 5.2015
XYZ 1234 TP 250
V 40.5L FP 150
W 62.5kg

☐ : 용기제작사명
O2 : 산소(충전 가스 명칭 및 화학 기호)
XYZ : 제조업자의 기호 및 제조 번호
V : 내용적(실측)[ℓ]
W : 용기 중량[kgf]
5.2015 : 내압시험 연월
TP : 내압시험 압력[kgf/cm²]
FP : 최고충전 압력[kgf/cm²]

2. 용기검사 압력

가스종류	가스명칭	내압시험압력[kgf/cm²]
압축가스	산소	충전압력(35℃ 150[kgf/cm²]×5/3 이상)
용해가스	아세틸렌	충전압력(15℃ 15[kgf/cm²]×3 이상)
액화가스	프로판	15[kgf/cm²] 이상

3. 충전가스 용기의 도색

가스의 명칭	도색	연결부의 나사방향
산소	녹색	우
수소	주황색	좌
탄산가스	청색	우
염소	갈색	우
암모니아	백색	우
아세틸렌	황색	좌
프로판	회색	좌
아르곤	회색	우

4. 압력 조정기

1) 산소 압력 조정기
   ① 압력 조정부분, 고압게이지, 저압게이지 등으로 구성
   ② 연결 이음부의 나사는 오른나사
   ③ 조정압력 : 0.3~0.4MPa(3~4kgf/cm²)

2) 아세틸렌 압력 조정기
   ① 산소 압력 조정기와 같은 구조이며 사용 중에 일정한 압력이 되도록 한다.
   ② 연결 이음부의 나사는 왼나사
   ③ 0.01~0.03MPa(0.1~0.3kgf/cm²)

1 가스절단의 개요

1) 절단의 분류

① 절단의 방법에 따른 분류

② 열절단의 분류

2) 가스절단의 원리

강의 가스 절단은 절단 부분의 예열 시 약 850~900℃에 도달했을 때 고온의 철이 산소 중에서 쉽게 연소하는 화학반응의 현상을 이용하여 고압산소를 팁의 중심에서 불어 내면 철은 연소하여 저용융점 산화철을 이용, 산소기류에 불려 나가 약 2~4mm 정도의 홈이 파져 절단 목적을 이룬다.

＊ 주철, 10% 이상의 크롬(Cr)을 포함하는 스테인리스강이나 비철금속의 절단은 어렵다.

[가스절단의 원리]

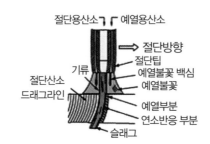

적열된 상태에서
산화철로 연소

3) 아크절단의 원리

아크의 열에너지로 피절단재(모재)를 용융시켜 절단하는 방법으로 압축공기나 산소를 이용하여 국부적으로 용융된 금속을 밀어내며 절단하는 것이 일반적이다.

2 가스 절단장치

1) 가스 절단장치의 구성

① 가스 절단장치 : 절단 토치(팁 포함), 산소와 연료가스용 호스, 압력조정기, 가스병 등
② 반자동 및 자동가스 절단 장치 : 절단 팁, 전기 시설, 주행대차, 안내레일, 축도기, 추적장치 등 다수 부속 및 주장치

2) 저압식 절단 토치

① 인젝터식 : 아세틸렌의 게이지 압력 0.007MPa(0.07kg/cm^2) 이하에서 사용
② 구분 : 니들 밸브가 있는 가변압식, 니들 밸브가 없는 불변압식
③ 팁의 형식

동심형	• 두 가지 가스를 이중으로 된 동심원의 구멍으로부터 분출하는 형 • 전후좌우 및 곡선을 자유로이 절단
이심형	• 예열 불꽃과 절단 산소용 팁이 분리되어 있으며 예열 팁이 붙어있는 방향으로만 절단 • 직선절단은 능률적이고 절단면이 아름다워 자동 절단기용으로 개발 • 작은 곡선 등의 절단이 곤란

④ 절단 토치 형태에 따른 특징

동심형	동심구멍형	이심형
• 직선 전후 좌우 절단 • 곡선 절단	• 팁 끝 손상이 적음 • 동심형과 비슷	• 직선 절단 능률적 • 큰 곡선 절단 시 절단면이 고움 • 작은 곡선 절단 곤란

3) 중압식 절단 토치

① 아세틸렌의 게이지 압력 : 0.007~0.04MPa(0.07~0.4kg/cm^2)

② 팁혼합형 : 가스의 혼합이 팁에서 이루어짐

③ 팁에 예열용 산소, 아세틸렌 가스 및 절단용 산소가 통하는 3개의 통로가 절단기 헤드까지 이어져 3단 토치라고도 함

④ 용접용 토치와 같이 토치에서 예열 가스가 혼합되는 토치 혼합형도 사용되고 있음

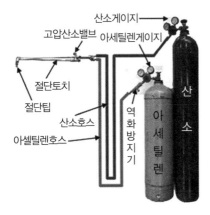

4) 자동 가스 절단기

① 정밀하게 가공된 절단팁

② 적절한 절단 조건 선택 시 절단면의 거칠기는 $\frac{1}{100}$mm정도이나 보통 팁에는 $\frac{3}{100} \sim \frac{5}{100}$mm 정도의 정밀도를 얻음

③ 표면 거칠기는 수동보다 수배 내지 10배 정도 높음

④ 종류 : 반자동 가스 절단기, 전자동 가스 절단기, 형절단기, 광전식 형절단기, 프레임 플레이너, 직선 절단기

3 가스절단 방법

1) 절단에 영향을 주는 요소
① 팁의 크기와 모양
② 산소 압력
③ 절단 주행속도
④ 절단재의 두께 및 재질
⑤ 사용가스(특히 산소)의 순도
⑥ 예열 불꽃의 세기
⑦ 절단재의 표면 상태
⑧ 팁의 거리 및 각도
⑨ 절단재 및 산소의 예열온도

2) 드래그(drag)
① 가스 절단면에 있어 절단 가스기류의 입구점에서 출구점까지의 수평거리
② 드래그의 길이 : 주로 절단속도, 산소 소비량 등에 의하여 변화함
③ 표준 드래그 : 판 두께의 20%

> **드래그(%) = 드래그 길이(mm) / 판 두께(mm)×100**

④ 표준 드래그 길이

절단모재 두께(mm)	12.7	25.4	51	51~152
드래그 길이(mm)	2.4	5.2	5.6	6.4

3) 절단속도
① 절단 가스의 좋고 나쁨을 판정하는데 중요한 요소
② 영향을 주는 요소 : 산소 압력, 산소의 순도, 모재의 온도, 팁의 모양 등
③ 절단산소의 압력이 높고, 산소 소비량이 많을수록 거의 정비례하여 증가
④ 모재의 온도가 높을수록 고온 절단 가능

4) 예열 불꽃의 역할
① 절단 개시점을 급속도로 연소온도까지 가열한다.
② 절단 중 절단부로부터 복사와 전도에 의하여 뺏기는 열을 보충한다.
③ 강재표면에 융점이 높은 녹, 스케일을 제거하여 절단산소와 철의 반응을 쉽게 한다(각 산화철 융점 FeO 1380℃, Fe 1536℃, Fe_3O_4 1565℃, Fe_2O_3 1539℃).

5) 예열 불꽃의 배치
① 예열 불꽃의 배치는 절단산소를 기준으로 하여 그 앞면에 한해 배치한 이심형, 동심원형과 동심원 구멍형 등이 있다.

② 피치 사이클이 작은 구멍 수가 많을수록 예열은 효과적으로 행해진다.

③ 예열구멍 1개의 이심형 팁에 대해서는 동심형 팁에 비하여 최대 절단모재의 두께를 고려한 절단 효율이 뒤진다.

＊이심형 팁에서는 판 두께 50mm 정도를 한도로 절단이 어렵다.

6) 예열 불꽃이 강할 때

① 절단면이 거칠어진다.

② 슬래그 중 철 성분의 박리가 어려워진다.

③ 모서리가 용융되어 둥글게 된다.

7) 예열 불꽃이 약할 때

① 절단 속도가 늦어지고 절단이 중단되기 쉽다.

② 드래그가 증가한다.

③ 역화를 일으키기 쉽다.

8) 팁 거리

팁 끝에서 모재표면까지의 간격으로 예열불꽃의 백심 끝이 모재표면에서 약 1.5~2.0mm 정도 위에 있으면 좋다.

9) 가스 절단 조건

① 절단 모재의 산화 연소하는 온도가 모재의 용융점보다 낮을 것

② 생성된 산화물의 용융온도가 모재보다 낮고 유동성이 좋아 산소압력에 잘 밀려 나가야 할 것

③ 절단 모재의 성분 중 불연성 물질이 적을 것

4 ▶ 산소-아세틸렌 절단

1) 절단 조건

① 불꽃의 세기는 산소, 아세틸렌의 압력에 의해 정해지며 불꽃이 너무 세면 절단면의 모서리가 녹아 둥그스름하게 되므로 예열불꽃의 세기는 절단 가능한 최소가 좋다.

② 실험에 의하면 아름다운 절단면은 산소압력 $0.3MPa(3kg/cm^2)$ 이하에서 얻어진다.

2) 절단에 영향을 주는 모든 인자

① 산소 순도의 영향 : 절단 작업에 사용되는 산소의 순도는 99.5% 이상이어야 하며 그 이하 시 작업능률이 저하된다.

절단 산소 중의 불순물 증가시의 현상	• 절단속도가 늦어진다. • 절단면이 거칠며 산소의 소비량이 많아진다. • 절단 가능한 판의 두께가 얇아지며 절단 시작 시간이 길어진다. • 슬래그 이탈성이 나쁘고 절단홈의 폭이 넓어진다.

② 절단팁의 절단산소 분출구멍모양에 따른 영향 : 절단속도는 절단산소의 분출 상태와 속도에 따라 크게 좌우되므로 다이버전트 노즐의 경우는 고속 분출을 얻는 데 적합하며 보통 팁에 비해 절단속도가 같은 조건에서는 산소의 소비량이 25~40% 절약되며 또 산소 소비량이 같을 때는 절단속도를 20~25% 증가시킬 수 있다.

5 산소-LP가스 절단

1) LP 가스
① 석유나 천연가스를 적당한 방법으로 분류하여 제조한 석유계 저급 탄화수소의 혼합물
② 공업용에는 프로판(propane, C_4H_8)이 대부분이며 이외에 부탄(butane, C_4H_{10}), 에탄(ethane, C_2H_6) 등이 혼입되어 있음
③ LP가스의 성질
  • 액화하기 쉽고, 용기에 넣어 수송하기가 쉽다.
  • 액화된 것은 쉽게 기화하며 발열량도 높다.
  • 폭발 한계가 좁아서 안전도도 높고 관리도 쉽다.
  • 열효율이 높은 연소기구의 제작이 쉽다.
④ 프로판가스의 혼합비
  • 산소 대 프로판 가스의 혼합비 : 프로판 1에 대하여 산소 약 4.5배
  • 경제적인 면으로 프로판 가스 자체는 아세틸렌에 비하여 대단히 싸다(약 $\frac{1}{3}$ 정도).
  • 산소를 많이 필요로 하므로 절단에 요하는 전비용의 차이는 크게 없다.
  • 이론 산소량 공식

$$n + \frac{m}{4} = C_3H_8 \rightarrow 3 + \frac{8}{4} = 5배$$
$$n : 탄소 \qquad m : 수소$$

  • 이론 공기량 공식

$$(n + \frac{m}{4}) \times \frac{100}{21} = C_3H_8 \rightarrow (3 + \frac{8}{4}) \times \frac{100}{21} = 23.8배$$

2) 프로판 가스용 절단팁
① 아세틸렌보다 연소 속도가 늦어 가스의 분출속도를 늦게 해야 하며 또 많은 양의 산소 필요와 비중의 차가 있어 토치의 혼합실을 크게 하고 팁에서도 혼합될 수 있게 설계한다.

고압산소 연결부
절단기쪽 결합부
잠금너트

② 예열불꽃의 구멍을 크게 하고 또 구멍 개수도 많이 하여 불꽃이 꺼지지 않도록 한다.
③ 팁 끝은 아세틸렌 팁 끝과 같이 평평하지 않고 슬리브(sleeve)를 약 1.5mm 정도 가공면보다 길게 하여 2차 공기와 완전히 혼합하여 잘 연소되게 하고 불꽃속도를 감소시켜야 한다.

3) 아세틸렌가스와 프로판가스의 비교

아세틸렌	• 점화하기 쉽다. • 불꽃 조정이 쉽다. • 절단 시 예열시간이 짧다. • 절단재 표면의 영향이 적다. • 박판 절단 시 절단속도가 빠르다.	구리제 슬리브 예열불꽃 구멍 절단산소 구멍
프로판	• 절단면 상부 모서리 녹는 것이 적다. • 절단면이 곱다. • 슬래그 제거가 쉽다. • 포갬 절단 시 아세틸렌보다 절단속도가 빠르다. • 후판 절단 시 절단속도가 빠르다.	혼합실 예열가스 분포부 구리제 슬리브 감속 캡 예열불꽃 구멍 절단산소 구멍

4) 산소-프로판가스 절단 점화하기 순서

①	②	③	④	⑤
점화하고 프로판을 완전히 연소 후 서서히 산소를 증가시킨다.	산소를 증가시키고 2차 불꽃과 콘이 같은 길이가 되기 직전이다.	콘과 2차 불꽃이 같은 길이가 된다.	다시 산소를 증가시켜 콘이 짧아진다.	더욱 산소를 증가시키면 콘이 투명해진다.

04 플라스마, 레이저 절단

1 플라스마 제트 절단(plasma jet cutting)

1) 플라스마

① 기체가 수천도의 고온이 되었을 때 기체 원자가 격심한 열운동에 의해 마침내 전리되어 고온과 전자로 나누어진 것이 서로 도전성을 갖고 혼합된 것

② 전극과 노즐 사이에 파일럿 아크라고 하는 소전류 아크를 발생시키고 주 아크를 발생시킨 뒤에 정지함

2) 플라스마 제트

아크 플라스마의 외각을 가스로써 강제적 냉각 시에 열손실이 최소한으로 되도록 그 표면적을 축소시키고 전류밀도가 증가하여 온도가 상승되며 아크 플라스마가 한 방향으로 고속으로 분출되는 것(열적 핀치효과)

3) 플라스마 제트 절단

① 주로 열적 핀치효과를 이용하여 고온 아크 플라스마로 절단을 한다.
② 절단 토치와 모재와의 사이에 전기적인 접속을 필요로 하지 않으므로 금속재료는 물론 콘크리트 등의 비금속 재료도 절단할 수 있다.

4) 플라스마 제트 절단 특징

① 가스 절단법에 비교하여 피절단재의 재질을 선택하지 않고 수mm부터 30mm 정도의 판재에 고속·저 열변형 절단이 용이하다.
② 절단 개시시의 예열 대기를 필요로 하지 않기 때문에 작업성이 좋다.
③ 장치의 도입비용이 높고, 절단홈이 넓고, 베벨각이 있는 두꺼운 판(10cm정도 이상)은 곤란하며, 소모 부품의 수명이 짧고 레이저 절단법에 비교하면 1mm정도 이하의 판재에 정밀도가 떨어진다.

2 ▶ 레이저 절단

① 레이저 빔은 코히렌트한 광원이기 때문에 파장이 오더 직경으로 교축할 수 있어 가스 불꽃이나 플라스마 제트 등에 비해 훨씬 높은 파워 밀도가 얻어진다.
② 금속, 비금속을 불문하고 대단히 높은 온도로 단시간, 국소 가열할 수 있기 때문에 고속 절단, 카프폭(자외선 레이저에서는 서브 미크론의 절단도 가능하다), 열영향 폭이 좁고 정밀절단, 연가공재의 절단 등이 가능하다.
③ 절단에는 탄산가스($10.6\mu m$), YAG($1.06\mu m$), 엑시마($193 \sim 350nm$)의 각 레이저를 쓸 수 있고 연속(CW) 또는 펄스(PW)모드를 선택해 폭넓게 응용이 가능하게 된다.
④ 절단, 용접, 표면개질 등의 복합 가공을 1대의 레이저로 행할 수 있다.
⑤ 레이저는 변환 효율이 낮고, 가공기구의 비용이 높고, 초점 심도가 얕기 때문에 두꺼운 판의 절단에는 적합하지 않다는 결점이 있다.
⑥ 레이저 절단 가능 품목
   • 과거에 절단이 불가능하던 세라믹도 절단이 가능
   • 유리, 나무, 플라스틱, 섬유 등을 임의의 형태로 절단이 가능
   • 금속 박판의 절단의 경우에도 형상변화를 최소화하여 절단이 가능
   • 비철금속의 절단이나 면도날의 가공에도 응용

1 특수 절단

1) 분말 절단(powder cutting)

① 절단부에 철분이나 용제 분말을 토치의 팁에 압축공기 또는 질소가스에 의하여 자동적·연속적으로 절단산소에 혼입 공급하여 예열불꽃 속에서 이들을 연소 반응시켜 이때 얻어지는 고온의 발생 열과 용제 작용으로 계속 용해와 제거를 연속적으로 행하여 절단하는 것

② 현재에는 플라스마 절단법이 보급되면서 100mm 정도 이상의 두꺼운 판 스테인리스강의 절단 이외에는 거의 이용되지 않음

③ 철분 절단 : 미세하고 순수한 철분 또는 철분에다 알루미늄 분말을 소량 배합하고 다시 첨가제를 적당히 혼입한 것이 사용된다. 단, 오스테나이트계 스테인리스강의 절단면에는 철분이 함유될 위험성이 있어 절단 작업을 행하지 않는다.

④ 용제 절단 : 스테인리스강의 절단을 주목적으로 내산화성의 탄산소다, 중탄산소다를 주성분으로 하며 직접 분말을 절단 산소에 삽입하므로 절단 산소가 손실되는 일이 없이 분출 모양이 정확히 유지되고 절단면이 깨끗하며 분말과 산소 소비가 적어도 된다.

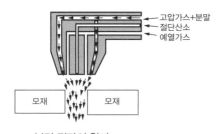

고압가스+분말
절단산소
예열가스

모재   모재

분말 절단의 원리

2) 주철의 절단(cast iron cutting)

① 주철은 용융점이 연소 온도 및 슬래그의 용융점보다 낮고 흑연은 철의 연속적인 연소를 방해함

② 분말 절단을 이용하거나 보조 예열용 팁이 있는 절단 토치를 이용하여 절단

③ 연강용 일반 절단 토치팁 사용 시 예열 불꽃의 길이가 모재의 두께와 비슷하게 조정하고 산소압력을 연강시보다 25~100% 증가시켜 토치를 좌우로 이동시키면서 절단한다.

3) 포갬 절단(stack cutting)

① 비교적 얇은 판(6mm 이하)을 여러 장 겹쳐서 동시에 가스 절단하는 방법

② 모재 사이에 산화물이나 오물이 있어 0.08mm 이상의 틈이 있으면 밑의 모재는 절단되지 않음

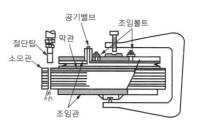

공기밸브   조임볼트
막관
절단팁
소모관
조임관

③ 모재 틈새가 최대 약 0.5mm까지 절단이 가능

④ 다이버전트 노즐의 사용 시에는 모재 사이의 틈새가 문제가 안 됨

⑤ 겹치는 두께와 절단선의 허용오차

절단선의 허용오차(mm)	0.8	1.6	무관
겹치는 두께(mm)	50	100	150

4) 산소창 절단(oxygen lance cutting)

① 산소창 : 내경 3.2~6mm, 길이 1.5~3mm

② 용광로, 평로의 탭 구멍의 천공, 두꺼운 강판 및 강괴 등의 절단에 이용되는 것

③ 보통 예열 토치로 모재를 예열시킨 뒤에 산소호스에 연결된 밸브가 있는 구리관에 가늘고 긴 강관을 안에 박 아 예열된 모재에 산소를 천천히 방출시키면서 산소와 강관 및 모재와의 화학반응에 의하여 절단하는 방법

5) 수중 절단(under water cutting)

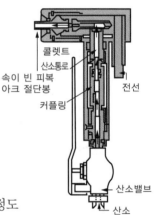

① 침몰된 배의 해체, 교량의 교각개조, 댐, 항만, 방파제 등의 공사에 사용

② 육지에서의 절단과 차이는 거의 없으나 절단 팁의 외측에 압축 공기를 보내어 물을 배제한 뒤에 그 공간에서 절단을 행하는 것

③ 수중에서 점화가 곤란하므로 점화 보조용 팁에 미리 점화하여 작업에 임하며 작업 중 불을 끄지 않도록 함

④ 연료가스 : 주로 수소 이용

⑤ 예열 가스 : 공기 중보다 4~8배의 유량 필요

⑥ 절단산소의 분출공 : 공기 중보다 50~100% 큰 것 사용

⑦ 절단속도 : 연강판 두께 15~50mm까지면 1시간당 6~9m/h의 정도

⑧ 일반적 토치는 수심 45m이내에서 작업

⑨ 절단능력 : 판두께 100mm

6) 워터제트(water jet) 절단

① 물을 초고압(3500~4000bar)으로 압축하고 초고속으로 분사하여 소재를 정밀 절단

② 용도 : 강, 플라스틱, 알루미늄, 구리, 유리, 타일, 대리석 등

③ 구성 : 고압펌프 → 노즐 → 테이블 → CNC컨트롤러

워터제트 절단기

2 아크 절단

1) 탄소 아크 절단(carbon arc cutting)
① 탄소 또는 흑연 전극봉과 모재와의 사이에 아크를 일으켜 절단하는 방법
② 사용전원은 보통 직류 정극성이 사용되나 교류라도 절단이 가능하다.
③ 탄소 아크 절단 작업 시에 사용전류가 300A 이하에서는 보통 홀더를 사용하나 300A 이상에서는 수냉식 홀더를 사용하는 것이 좋다.

2) 금속 아크 절단(metal arc cutting)
① 절단 조작 원리는 탄소 아크 절단과 같으나 절단 전용의 특수한 피복제를 도포한 전극봉을 사용한다.
② 절단 중 전극봉에는 3~5mm의 피복통을 만들어 전기적 절연의 형성 단락 방지, 아크의 집중성을 좋게 하여 강력한 가스를 발생시켜 절단을 촉진시킨다.

3) 산소 아크 절단(oxygen arc cutting)
① 예열원으로서, 아크열을 이용한 가스 절단법이다.
② 보통 안에 구멍이 나 있는 강에 전극을 사용하여 전극과 모재 사이에 발생되는 아크열로 용융시킨 후에 전극봉 중심에서 산소를 분출시켜 용융된 금속을 밀어낸다.
③ 전원은 보통 직류 정극성이 사용되나 교류로도 절단된다.

4) MIG 아크 절단(metal inert gas arc cutting)
① 보통 금속 아크 용접에 비하여 고전류의 MIG 아크가 깊은 용입이 되는 것을 이용하여 모재를 용융 절단하는 방법
② 절단부를 불활성가스로 보호하므로 산화성이 강한 알루미늄 등의 비철금속 절단에 사용되었으나 플라스마 제트 절단법의 출현으로 그 중요성이 감소되어 가고 있다.
③ 각종 금속의 미그 절단 조건

절단재료	판두께(mm)	전류(A)	와이어의 송급속도 (mm/min)	전극봉지름 (mm)	절단속도 (mm/min)	산소소비량 (L/min)
알루미늄	6.4	880	9,400	2.4	3,660	9~10
구리	6.4	800	10,200	2.4	1,520	9~10
황동	6.4	800	9,900	2.4	2,290	9~10

5) TIG 아크 절단(tungsten inert gas arc cutting)
① TIG 용접과 같이 텅스텐 전극과 모재 사이에 아크를 발생시켜 불활성가스를 공급해서 절단하는 방법
② 플라스마 제트와 같이 주로 열적 핀치효과에 의하여 고온, 고속의 제트상의 아크 플라스마를 발생시켜 용융한 모재를 불어내리는 절단법

③ 금속재료의 절단에만 이용되지만 열효율이 좋으며 고능률적이고 주로 알루미늄, 마그네슘, 구리 및 구리 합금, 스테인리스강 등의 절단에 이용되고 아크 냉각용 가스는 주로 아르곤-수소의 혼합가스가 사용된다.

🔍 불활성 가스 아크 절단

전극의 주위에서 아르곤이나 헬륨 등과 같이 금속과 반응이 잘 일어나지 않는 불활성 가스를 유출시키면서 절단하는 방법으로 GTA(텅스텐 전극) 절단과 GMA(금속전극) 절단이 있다.

GTA절단	• 텅스텐 전극과 모재 사이에 아크를 발생시켜 모재를 용융하여 절단하는 방법 • 전원은 직류 정극성을 사용하며 아크 냉각용 가스에는 주로 아르곤과 수소의 혼합가스가 사용된다. • 적용재료는 알루미늄, 마그네슘, 구리 및 구리합금, 스테인리스강 등의 금속 재료의 절단에만 이용된다. • 열적 핀치 효과에 의하여 고온, 고속의 제트상의 아크 플라스마를 발생시켜 용융된 금속을 절단하여 절단면이 매끈하고 열효율이 좋아 능률이 대단히 높다.
GMA 절단	• 전원은 직류 역극성이 사용되고 보호 가스로는 10~15% 정도의 산소를 혼합한 아르곤 가스를 사용한다. • 알루미늄과 같이 산화에 강한 금속의 절단에 이용된다. • 금속와이어에 대전류를 흐르게 하여 절단하는 방법이다.

3 가스 가우징(gas gauging)

1) 가스 가우징의 개요

가스 절단과 비슷한 토치를 사용해서 강재의 표면에 둥근 홈을 파내는 작업으로 일반적으로 용접부 뒷면을 따내든지 U형, H형 용접홈을 가공하기 위하여 깊은 홈을 파내든지 하는 가공법

2) 가스 가우징의 조건 및 작업

① 팁은 저속 다이버전트형으로 지름은 절단팁보다 2배 정도가 크고 끝부분이 약간(약 15~25˚) 구부러져 있는 것이 많다.
② 예열불꽃은 산소-아세틸렌 불꽃을 사용한다.
③ 작업 속도는 절단 때의 2~5배의 속도로 작업하며 홈의 폭과 깊이의 비는 1~3:1이다.
④ 자동가스 가우징은 수동보다 동일 가스 소비량에 대하여 속도가 1.5~2배 빨라진다.
⑤ 예열 시의 팁의 작업 각도는 모재표면에서 30~45˚ 유지하고 가우징 작업 시에는 예열부에서 6~13mm 후퇴하여 15~25˚로 작업 개시한다.

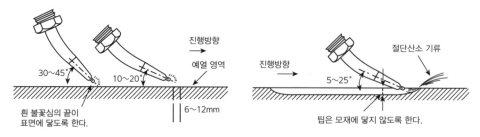

가스 가우징 작업

4 스카핑(scarfing)

1) 스카핑의 개요
① 각종 강재의 표면에 균열, 주름, 탈탄층 또는 홈을 불꽃 가공에 의해서 제작하는 작업방법
② 토치는 가우징에 비하여 능력이 크다.
③ 팁은 저속 다이버젠트형으로 수동형에는 대부분 원형 형태, 자동형에는 사각이나 사각에 가까운 모양이 사용된다.

2) 스카핑의 조건 및 작업
① 자동 스카핑 머신은 작업형태가 팁을 이동시키는 것은 냉간재에 사용하며 속도는 5~7m/min, 가공재를 이동시키는 것은 열간재에 사용하며 작업속도는 20m/min으로 작업을 한다.
② 스테인레스강과 같이 스카핑면에 난용선의 산화물이 많이 생성되어 작업 방해 시는 철분이나 산소기류 중에 혼입하여 그 화학반응을 이용하여 작업을 하기도 한다.

01 가스용접의 장점이 아닌 것은?

① 응용범위가 넓고 전원설비가 필요 없다.
② 가열과 불꽃조정이 아크 용접에 비해 어렵다.
③ 운반이 편리하고 설비비가 싸다.
④ 박판에 적합하고 유해광선 발생이 적다.

해설
가열과 불꽃조정이 자유롭다.

02 가스용접에 사용되는 가스가 갖추어야 할 성질 중 잘못된 것은?

① 불꽃의 온도가 용접할 모재의 용융점 이상으로 높을 것
② 연소속도가 늦을 것
③ 발열량이 클 것
④ 용융금속에 산화 및 탄화 등의 화학반응을 일으키지 말 것

해설
연소속도가 빨라야 발열량이 커진다.

03 가스용접에 사용되는 가스 중 백심이 있는 뚜렷한 불꽃을 얻을 수 없고 수중절단 및 납의 용접에만 사용되는 가스는?

① 수소
② LP가스
③ 산소
④ 아세틸렌 가스

해설
수소가스
• 비중(0.695)이 작아 확산속도가 크고 누설이 쉽다.
• 백심(inner cone)이 있는 뚜렷한 불꽃을 얻을 수 없고 무광의 불꽃으로 불꽃조절이 육안으로 어렵다.
• 수중절단 및 납(Pb)의 용접에만 사용되고 있다.

04 가스용접이나 절단에 사용되는 LP가스의 성질 중 틀린 것은?

① 공기보다 무겁다.
② 연소할 때 다른 가스보다 많은 산소량이 필요하다.
③ 액체에서 기체가스가 되면 체적은 150배로 팽창한다.
④ 주로 프로판, 부탄 등의 혼합기체이다.

해설
액체에서 기체가스가 되면 체적은 250배로 팽창된다.

05 아세틸렌은 삼중결합을 갖는 불포화 탄화수소로 매우 불안정하여 폭발성을 갖는다. 설명 중 틀린 것은?

① 406~408℃에서 자연발화한다.
② 15℃ 0.2MPa 이상 압력 시 폭발위험이 있다.
③ 아세틸렌 60%, 산소 40%일 때 가장 폭발위험이 크다.
④ 인화수소 함유량이 0.06% 이상 시 자연발화에 폭발된다.

해설
아세틸렌 15%, 산소 85%일 때 가장 폭발위험이 크고, 아세틸렌 60%, 산소 40%일 때 가장 안전하다.

06 다음 중 아세틸렌과 접촉하여도 폭발성이 없는 것은?

① 공기
② 산소
③ 인화수소
④ 탄소

07 가스용접에서 정압 생성열(Kcal/m²)이 가장 작은 가스는?

① 아세틸렌　　② 메탄

③ 프로판　　　④ 부탄

> **해설**
>
> 연료가스 중 발열량은 아세틸렌은 12.753.7, 메탄은 8.132.8, 프로판은 20.550.1, 부탄은 26.691.1이며 가장 적은 생성열은 메탄이다.

08 아세틸렌가스는 각종 액체에 잘 용해가 된다. 다음 중 액체에 대한 용해량이 잘못 표기된 것은?

① 석유 - 2배

② 벤젠 - 6배

③ 아세톤 - 25배

④ 물 - 1.1배

> **해설**
>
> 아세틸렌가스는 각종 액체에 잘 용해되며 물은 같은 양, 석유 2배, 벤젠 4배, 알콜 6배, 아세톤 25배가 용해되며 용해량은 온도를 낮추고 압력이 증가됨에 따라 증가하나 단, 염분을 함유한 물에는 잘 용해가 되지 않는다.

09 산소병에 대한 설명 중 잘못된 것은?

① 산소병은 이음매가 없는 병으로 구성은 본체, 밸브, 캡의 3부분이다.

② 산소병은 보통 35℃에서 15MPa(150kg/cm²)의 고압산소가 충전된다.

③ 산소병의 정기검사는 내용적 500L 미만은 1년마다 실시한다.

④ 산소병의 밑 부분의 형상은 볼록형, 오목형, 스커트형이 있다.

> **해설**
>
> 산소병의 정기검사는 내용적 500L 미만은 3년마다 실시하며, 외관검사, 질량검사, 내압검사(수조식, 비수조식) 등의 검사를 하고 내압시험압력은(충진압력 $\times \frac{5}{3}$ 배) 250kg/cm²이 사용된다.

10 산소병을 취급할 때의 주의사항으로 틀린 것은?

① 산소병에 충격을 주지 말고 눕혀 두어서는 안 된다.

② 고압가스는 타기 쉬운 물질에 닿으면 발화하기 쉬우므로 밸브에 그리스(grease)와 기름기 등을 묻혀서는 안 된다.

③ 안전상으로 반드시 안전 캡을 씌운 뒤 병 전체를 들어야 한다.

④ 산소병을 직사광선에 노출시키지 않아야 하며 화기로부터 최소한 5m 이상 멀리 두어야 한다.

11 산소용기의 용량이 30리터이다. 최초의 압력은 150kgf/cm²이고, 사용 후 100kgf/cm²로 되면 몇 리터의 산소가 소비되는가?

① 1020　　② 1500

③ 3000　　④ 4500

> **해설**
>
> • 산소용기의 총 가스량 = 내용적 × 기압(게이지 압력)
> • 소비량 = 내용적 30 × 현재 사용된 기압(150-100)
>   = 1,500

정답					
01 ②	02 ②	03 ①	04 ③	05 ③	06 ④
07 ②	08 ②	09 ③	10 ③	11 ②	

12 용해 아세틸렌 가스를 충전하였을 때 용기 전체의 무게가 34kgf이고 사용 후 빈병의 무게가 31kgf이면, 15℃ 1기압하에서 충전된 아세틸렌 가스의 양은 약 몇 L인가?

① 465L

② 1054L

③ 1581L

④ 2715L

해설

아세틸렌 가스의 양 = 905(전체의 병무게−빈병의 무게)
= 905(34−31) = 2715L

13 용해 아세틸렌 병은 안전상 용기의 구조에 퓨즈 플러그(fuse plug)가 있고 어느 정도 온도가 올라가면 녹아서 가스를 분출한다. 몇 도에서 녹는가?

① 85±5℃

② 95±5℃

③ 105±5℃

④ 115±5℃

해설

아세틸렌 가스용기의 구조는 밑 부분이 오목하며 보통 2개의 퓨즈 플러그(fuse plug)가 있고 이 퓨즈 플러그는 중앙에 105±5℃에서 녹는 퓨즈 금속(성분 : Bi 53.9%, Sn 25.9%, Cd 20.2%)이 채워져 있다.

14 압력 게이지의 압력지시 진행순서를 맞게 설명한 것은?

① 부르동관 → 켈리브레이팅링크 → 섹터기어 → 피니언 → 지시바늘

② 섹터기어 → 켈리브레이팅링크 → 부르동관 → 피니언 → 지시바늘

③ 피니언 → 켈리브레이팅링크 → 섹터기어 → 부르동관 → 지시바늘

④ 켈리브레이팅링크 → 부르동관 → 섹터기어 → 피니언 → 지시바늘

15 산소용 압력게이지는 보통 프랑스식과 독일식이 있는데 설명으로 틀린 것은?

① 프랑스식은 스템형이라 불린다.

② 독일식은 노즐형이라 불린다.

③ 스템형은 스템과 다이어프램으로 예민하지 않다.

④ 노즐형은 에보나이트계 밸브시드로 조정하여 예민하지 않다.

16 산소−아세틸렌 가스용접에 사용하는 아세틸렌용 호스의 색은?

① 청색   ② 흑색

③ 적색   ④ 녹색

해설

가스용접에 사용하는 호스의 색은 아세틸렌은 적색, 산소는 녹색(일본은 흑색)을 사용한다.

17 불변압식 팁 1번의 능력은 어떻게 나타내는가?

① 두께 1mm의 연강판 용접

② 두께 1mm의 구리판 용접

③ 아세틸렌 사용압력이 1kg/cm²이라는 뜻

④ 산소의 사용압력이 1kg/cm² 이하여야 적당하다는 뜻

해설

팁의 능력
• 프랑스식 : 1시간 동안 중성불꽃으로 용접하는 경우 아세틸렌의 소비량을 (ℓ)로 나타낸다. 보기로서 팁번호가 100, 200, 300이라는 것은 매시간의 아세틸렌 소비량이 중성불꽃으로 용접 시 100ℓ, 200ℓ, 300ℓ라는 뜻이다.
• 독일식 : 연강판 용접 시 용접할 수 있는 판의 두께를 기준으로 팁의 능력을 표시하며 예를 들면 1mm 두께의 연강판 용접에 적합한 팁의 크기를 1번팁, 두께 2mm 판에는 2번팁 등으로 표시한다.

18 연강용 가스 용접봉에 GA46이라고 표시되어 있을 경우, 46이 나타내고 있는 의미는?

① 용착금속의 최대 인장강도
② 용착금속의 최저 인장강도
③ 용착금속의 최대 중량
④ 용착금속의 최소 두께

가스용접봉 기호에서 GA의 G는 GAS의 첫 단어, A는 용접봉 재질이 높은 연성 전성인 것, B는 용접봉 재질이 낮은 연성 전성인 것, 46은 용착금속의 최저 인장강도이다.

19 액화산소 용기에 액체산소를 6,000L 충전하여 사용 시 기체산소 6,000L가 들어가는 용기 몇 병에 해당하는 일을 할 수 있는가?

① 0.83병
② 500병
③ 900병
④ 1250병

액체산소 1L를 기화하면 900L(0.9m³)의 기체산소로 되기 때문에 계산식에 의해 계산하면 (6,000L×900L)÷6,000L = 900병

20 가스 용접에서 역화의 원인이 될 수 없는 것은?

① 아세틸렌의 압력이 높을 때
② 팁 끝이 모재에 부딪혔을 때
③ 스패터가 팁의 끝 부분에 덮혔을 때
④ 토치에 먼지나 물방울이 들어갔을 때

역화란 폭음이 나면서 불꽃이 꺼졌다가 다시 나타나는 현상을 말한다. 역화의 원인은 ②, ③, ④항 외에 산소압력의 과다로 팁 끝이 모재에 닿아 순간적으로 팁 끝이 막히거나, 팁 끝의 가열 및 조임불량 등이 있다.

21 용접 30리터의 아세틸렌 용기의 고압력계에서 60기압이 나타났다면, 가변압식 300번 팁으로 약 몇 시간을 용접할 수 있는가?

① 4.5시간
② 6시간
③ 10시간
④ 20시간

가변압식 팁은 1시간 동안에 표준불꽃으로 용접할 경우에 아세틸렌 가스의 소비량을 나타내는 것으로 30리터×고압력계 60 = 1,800으로 300으로 나누면 6시간이다.

22 구리합금의 가스용접에 사용되는 불꽃의 종류는 어느 것인가?

① 아세틸렌 불꽃
② 탄화불꽃
③ 표준불꽃
④ 산화불꽃

산화불꽃은 표준불꽃 상태에서 산소의 양이 많아진 불꽃으로 구리 합금(황동) 용접에 사용되는 가장 온도가 높은 불꽃이다.

23 산소-아세틸렌용접법으로 전진법과 후진법이 있는데 다음 설명 중 틀린 것은?

① 열 이용율은 전진법이 좋다.
② 비드모양은 전진법이 보기 좋다.
③ 용접속도는 후진법이 빠르다.
④ 용접변형은 후진법이 작다.

열 이용률은 전진법이 나쁘다.

정답

12 ④	13 ③	14 ①	15 ③	16 ③	17 ①
18 ②	19 ③	20 ①	21 ②	22 ④	23 ①

24 다음 중 가스 용기 보관실의 안전관리 수칙으로 틀린 것은?

① 용기 보관실은 외면으로부터 보호시설까지 안전거리를 유지한다.

② 저장설비는 각 가스용기 집합식으로 하지 아니한다.

③ 용기보관실 내에는 방폭 등 외에도 다양한 조명등을 설치한다.

④ 가스누설 감지 및 경보기를 설치하고 항상 정상 유무를 확인한다.

해설
용기보관실 내에는 일반 조명은 스파크가 튈 우려가 있어서 화재의 위험을 사전에 안전하게 하게 하는 방법으로 방폭 등을 사용해야 한다.

25 가스용접에서 모재의 두께가 4.5mm일 때 용접봉 지름은 몇 mm를 사용해야 하는가?

① 2.0

② 2.4

③ 3.2

④ 5

해설
모재의 두께에 따라 용접봉 지름은 공식 $D = \dfrac{T}{2}+1$이다.

여기에서 D : 용접봉 지름[mm], T : 모재 두께[mm]로 4.5/2+1 = 3.25이므로 용접봉 지름은 3.2가 적당하다.

26 절단 방법에 따라 열절단에 속하지 않는 것은?

① 아크절단 ② 가스절단

③ 특수절단 ④ 유압절단

해설
열절단은 아크, 가스, 특수절단이 있으며 유압절단은 기계적 절단이다.

27 강의 가스절단에서 예열 시 약 몇 도 정도에서 절단을 시작하는가?

① 250~300℃

② 450~550℃

③ 660~760℃

④ 850~900℃

해설
강의 가스 절단은 절단 부분의 예열 시 약 850~900℃에 도달했을 때 고온의 철이 산소 중에서 쉽게 연소하는 화학 반응의 현상을 이용, 고압산소를 팁의 중심에서 불어 내면 철은 연소하여 저용융점 산화철을 이용, 산소기류에 불려 나가 약 2~4mm 정도의 홈이 파져 절단 목적을 이룬다.

28 다음 중에서 산소-아세틸렌 가스 절단이 쉽게 이루어질 수 있는 것은?

① 판두께 300mm의 강재

② 판두께 15mm의 주철

③ 판두께 10mm의 10% 이상 크롬(Cr)을 포함한 스테인리스강

④ 판두께 25mm의 알루미늄(Al)

해설
주철은 용융점이 연소온도 및 슬래그의 용융점보다 낮고, 또 주철 중의 흑연은 철의 연속적인 연소를 방해하며 스테인리스강의 경우에는 절단 중 생기는 산화물이 모재보다도 고용융점의 내화물로 산소와 모재와의 반응을 방해하여 절단이 저해된다.

29 압축공기나 산소를 이용하여 국부적으로 용융된 금속을 밀어내며 절단하는 절단법은?

① 산소-아세틸렌 가스절단

② 산소-LPG가스 절단

③ 아크 절단

④ 산소-공기가스절단

해설
아크의 열에너지로 피절단재(모재)를 용융시켜 절단하는 방법으로 압축공기나 산소를 이용하여 국부적으로 용융된 금속을 밀어내며 절단하는 것이 일반적이다.

30 가스절단에서 저압식 절단 팁에 대한 설명 중 잘못된 것은?

① 저압식 절단 팁은 동심형과 이심형으로 나누어진다.

② 동심형은 독일식이고 이심형은 프랑스식이다.

③ 동심형은 전후좌우 및 곡선을 자유로이 절단한다.

④ 이심형은 직선절단이 능률적이며 절단면이 아름답다.

해설

동심형은 프랑스식이고 이심형은 독일식이다.

31 중압식 절단 토치에 대한 설명 중 틀린 것은?

① 팁혼합형은 절단기 헤드까지 이어져 3단 토치라고도 한다.

② 토치에서 예열 가스와 산소가 혼합되는 토치혼합형도 있다.

③ 팁혼합형은 프랑스식이다.

④ 아세틸렌의 게이지 압력이 0.007~0.04 MPa이다.

해설

팁혼합형은 독일식이고 토치 혼합형은 프랑스식이다.

32 절단하고자 하는 모재 두께가 25mm일 때 드래그의 길이는 몇 mm인가?

① 2.4   ② 3.2

③ 5.0   ④ 6.4

해설

드래그 길이는 공식에 의해 드래그(%) = 드래그 길이(mm)/모재의 두께(mm)×100이므로,
드래그 길이 = 25×20/100 = 5mm

33 가스절단속도에 관한 설명으로 틀린 것은?

① 절단속도에 영향을 주는 것은 산소압력, 산소의 순도, 모재의 온도, 팁의 모양 등이다.

② 절단속도는 절단산소의 압력이 높고, 산소 소비량이 많을수록 정비례로 증가한다.

③ 절단속도는 절단가스의 좋고 나쁨을 판정하는 데 주요한 요소이다.

④ 모재의 온도가 낮을수록 고온 절단이 가능하다.

해설

모재의 온도가 높을수록 고온 절단이 가능하다.

34 산소 절단법에 관한 설명으로 틀린 것은?

① 예열 불꽃의 세기는 절단이 가능한 한 최대한의 세기로 하는 것이 좋다.

② 수동 절단법에서 토치를 너무 세게 잡지 말고 전후좌우로 자유롭게 움직일 수 있도록 해야 한다.

③ 예열 불꽃이 강할 때는 슬래그 중의 철 성분의 박리가 어려워진다.

④ 자동절단법에서 절단에 앞서 먼저 레일(rail)을 강판의 절단선에 따라 평행하게 놓고, 팁이 똑바로 절단선 위로 주행할 수 있도록 한다.

해설

가스절단에서 예열불꽃의 세기가 세면 절단면 모서리가 둥글게 용융되어 절단면이 거칠게 된다.

정답					
24 ③	25 ③	26 ④	27 ④	28 ①	29 ③
30 ②	31 ③	32 ③	33 ④	34 ①	

35 최소에너지 손실속도로 변화되는 절단팁의 노즐형태는?

① 스트레이트 노즐

② 다이버전트 노즐

③ 원형 노즐

④ 직선형 노즐

가스 절단에서 다이버전트 노즐의 지름은 절단팁보다 2배 정도 크고 끝부분이 약간(약 15~25°) 구부러져 있는 것이 많으며 작업속도는 절단 때의 2~5배 속도로 작업하며 홈의 폭과 길이의 비는 1~3:1이다.

36 강의 가스절단 할 때 쉽게 절단할 수 있는 탄소함유량은 얼마인가?

① 6.68%C 이하

② 4.3%C 이하

③ 2.11%C 이하

④ 0.25%C 이하

탄소가 0.25% 이하의 저탄소강에는 절단성이 양호하나 탄소량이 증가로 균열이 생기게 된다.

37 절단 산소 중에 불순물 증가 시에 나타나는현상이 아닌 것은?

① 절단속도가 빨라진다.

② 절단면이 거칠며 산소의 소비량이 많아진다.

③ 절단 가능한 판의 두께가 얇아지며 절단 시작 시간이 길어진다.

④ 슬래그 이탈성이 나쁘고 절단 홈의 폭이 넓어진다.

절단 산소 중의 불순물 증가 시의 현상으로 절단속도가 늦어진다.

38 절단홈 가공 시 홈면에서의 허용각도 오차는 얼마인가?

① 1~2°

② 2~3°

③ 3~4°

④ 5~7°

절단 홈은 3~4° 루트면에서는 2~3° 정도이면 양호하고 루트면의 높이도 1~1.5mm 정도의 오차면 양호하다.

39 가스 절단 후 변형발생을 최소화하기 위한 방법 중 형(形) 절단의 경우에 많이 이용되고 절단 변형의 발생이 쉬운 절단선에 구속을 주어 피절단부를 만들고 발생된 변형을 최소로 하여 절단한 후 구속부분을 절단 모재를 끄집어내는 방법은?

① 변태단 가열법

② 수냉법

③ 비석 절단법

④ 브릿지 절단법

비석 절단법은 절단선의 작업 순서를 변화시켜 절단을 행하는 방법으로 계획적인 변형대책이라고는 하지만 절단기의 종류와 재료의 조건에 제한을 받을 경우 차선책이 된다.

40 LP가스의 성질 중 틀린 것은?

① 액화하기 쉽고, 용기에 넣어 수송하기가 쉽다.

② 액화된 것은 쉽게 기화하며 발열량도 높다.

③ 폭발 한계가 넓어서 안전도도 높고 관리도 쉽다.

④ 열효율이 높은 연소기구의 제작이 쉽다.

LP가스는 폭발 한계가 좁아서 안전도도 높고 관리도 쉽다.

41 LP 가스는 산소와의 혼합비는 얼마인가?(혼합비는 LP가스 : 산소)

① 1 : 2.5 　　② 1 : 3.5

③ 1 : 4.5 　　④ 1 : 5.5

해설

산소 대 프로판 가스의 혼합비는 프로판 1에 대하여 산소 약 4.5배로 경제적인 면으로 프로판 가스 자체는 아세틸렌에 비하여 대단히 싸다(약 $\frac{1}{3}$ 정도). 산소를 많이 필요로 하므로 절단에 요하는 전비용의 차이는 크게 없다.

42 프로판 가스용 절단 팁에 관한 설명 중 틀린 것은?

① 아세틸렌보다 연소속도가 늦어 가스의 분출속도를 늦게 해야 한다.

② 많은 양의 산소 필요와 비중의 차이가 있어서 토치의 혼합실을 크게 하여야 한다.

③ 예열불꽃의 구멍을 작게 하고 구멍개수도 많이 하여 불꽃이 꺼지지 않도록 한다.

④ 팁 끝은 아세틸렌팁 끝과 같이 평평하지 않고 슬리브를 약 1.5mm정도 가공면보다 길게 하여 2차공기와 완전히 혼합되어 잘 연소하게 한다.

해설

프로판 가스는 예열불꽃의 구멍을 크게 하고 또 구멍 개수도 많이 하여 불꽃이 꺼지지 않도록 한다.

43 아세틸렌가스와 프로판가스의 비교 중 틀린 것은?

① 아세틸렌은 프로판보다 점화하기 쉽다.

② 아세틸렌은 프로판보다 불꽃 조정이 쉽다.

③ 아세틸렌가스는 절단 시 예열시간이 길다.

④ 포갬 절단 시 아세틸렌보다 프로판의 절단속도가 빠르다.

해설

아세틸렌가스는 절단 시 예열시간이 짧다.

44 가스 절단면의 기계적 성질에 대한 설명 중 옳지 않은 것은?

① 가스 절단면은 담금질에 의하여 굳어지므로 일반적으로 연성이 다소 저하된다.

② 매끄럽게 절단된 것은 그대로 용접하면 절단 표면부근의 취성화된 부분이 녹아버려 기계적 성질은 문제되지 않는다.

③ 절단면에 큰 응력이 걸리는 구조물에서는 수동 절단 시 생긴 거친 요철 부분은 그라인더를 사용하여 평탄하게 하는 것이 좋다.

④ 일반적으로 가스 절단에 의해 담금질되어 굳어지는 현상은 연강이나 고장력강에서 심각한 문제이다.

해설

절단면을 그대로 두고 용접구조물의 일부로 사용하는 경우에 절단면 부분에 응력이 걸리게 되면 취성균열이 일어나기 쉽다.

45 레이저빔 절단에 대한 설명 중 틀린 것은?

① 대기 중에서는 광선의 응축 상태가 확산되어 절단이 어렵다.

② 절단폭이 좁고 절단각이 예리하다.

③ 절단부의 품질이 산소-아세틸렌 절단면보다 우수하다.

④ 용접하는 데 사용되는 전원보다 사용전원의 양이 적어 경제적으로 좋다.

해설

레이저 빛은 단색성, 지향성, 간섭성, 에너지 집중도 및 휘도성이 뛰어나며 광선의 응축 상태가 집중되어 절단이 쉽다.

정답

35 ②	36 ④	37 ①	38 ③	39 ③	40 ③
41 ③	42 ③	43 ③	44 ②	45 ①	

46 레이저 절단 설명 중에 틀린 것은?

① 세라믹, 유리, 나무, 플라스틱, 섬유 등을 임의의 형태로 정밀 절단이 가능하다.

② 금속 박판의 경우는 집중성이 좋은 레이저 빔에 의해 절단 시에 형상변화가 최대화된다.

③ 절단, 용접, 표면개질 등의 복합가공을 1대의 레이저로 가공할 수 있다.

④ 레이저는 변환 효율이 낮고, 가공기구의 비용이 높고, 초점 심도가 얕기 때문에 두꺼운 판의 절단에는 적합하지 않다.

해설
금속 박판의 경우는 집중성이 좋은 레이저 빔에 의해 절단 시에 형상변화가 최소화된다.

---

47 플라스마 제트 절단에 대한 설명 중 틀린 것은?

① 아크 플라스마의 냉각에는 일반적으로 아르곤과 수소의 혼합가스가 사용된다.

② 아크 플라스마는 주위의 가스기류로 인하여 강제적으로 냉각되어 플라스마 제트를 발생시킨다.

③ 적당량의 수소 첨가 시 열적 핀치효과를 촉진하고 분출속도를 저하시킬 수 있다.

④ 아크 플라스마의 냉각에는 절단재료의 종류에 따라 질소나 공기도 사용한다.

해설
적당량의 수소 첨가 시 열적 핀치효과를 촉진하고 분출속도를 향상시킬 수 있다.

---

48 플라스마 제트 절단법의 설명 중 틀린 것은?

① 절단 개시 시에 예열 대기를 필요로 하지 않기 때문에 작업성이 좋다.

② 1mm정도 이하의 판재에도 정밀도가 좋다.

③ 피 절단재의 재질을 선택하지 않고 수 mm부터 30mm 정도의 판재에 고속. 저열변형 절단이 용이하다.

④ 아크 플라스마의 냉각에는 절단재료의 종류에 따라 질소나 공기도 사용한다.

해설
플라스마 절단 장치의 도입비용이 높고, 절단홈이 넓고, 베벨각이 있는 두꺼운 판(10cm정도 이상)은 곤란하고, 소모 부품의 수명이 짧고 레이저 절단법에 비교하면 1mm정도 이하의 판재에 정밀도가 떨어진다.

---

49 가스절단이 곤란하여 주철, 스테인리스강 및 비철금속의 절단부에 용제를 공급하여 절단하는 방법은?

① 스카핑

② 산소창 절단

③ 특수절단

④ 분말절단

해설
가스절단이 곤란한 주철, 비철금속 등의 절단부에 철분 또는 용제의 미세한 분말을 압축공기나 또는 압축질소에 의하여 자동적·연속적으로 팁을 통해서 분출하여 예열불꽃 중에서 이들과의 연소반응으로 절단하는 것을 분말절단이라 한다.

50 분말절단에서 미세하고 순수한 철분 또는 철분에다 알루미늄 분말을 소량 배합하고 다시 첨가제를 적당히 혼합한 것을 사용하는 절단법이 사용되지 않는 금속은?

① 오스테나이트계 스테인리스강
② 페라이트계 스테인리스강
③ 100mm정도 이상의 두꺼운 판 페라이트계 스테인리스강
④ 마텐자이트계 스테인리스강

해설
분말절단 중 철분 절단은 오스테나이트계 스테인리스강의 절단면에는 철분이 함유될 위험성이 있어 절단 작업을 행하지 않는다.

51 포갬절단은 비교적 6mm 이하의 얇은 판을 여러 장 겹쳐서 동시에 가스 절단하는 방법으로 모재 사이에 산화물이나 오물이 있어 모재 틈새가 최대 몇 mm까지 절단이 가능한가?

① 0.5mm   ② 0.8mm
③ 1.0mm   ④ 1.2mm

해설
모재 사이에 산화물이나 오물이 있어 0.08mm 이상의 틈이 있으면 밑의 모재는 절단되지 않으며 모재 틈새가 최대 약 0.5mm까지 절단이 가능하고 다이버전트 노즐의 사용 시에는 모재 사이의 틈새가 문제가 안 된다.

52 수중 절단은 침몰된 배의 해체, 교량의 교각개조, 댐, 항만, 방파제 등의 공사에 사용되며 수중에서 점화가 곤란하므로 점화 보조용 팁에 미리 점화하여 작업에 임하는데 주로 사용하는 연료가스는?

① 아세틸렌   ② 프로판
③ 수소   ④ 메탄

53 아크 절단법이 아닌 것은?

① 금속 아크 절단
② 미그 아크 절단
③ 플라스마 제트 절단
④ 서브머지드 아크 절단

해설
아크 절단법으로는 탄소 아크 절단, 금속 아크 절단, 아크 에어가우징, 산소 아크 절단, 플라스마 제트 절단, MIG 아크 절단, TIG 아크 절단 등이 있다.

54 수중절단 작업 시 예열가스의 양은 공기 중에서의 몇 배 정도로 하는가?

① 1.5~2배   ② 2~3배
③ 4~8배   ④ 5~9배

해설
수중에서 작업할 때 예열가스의 양은 공기 중에서의 4~8배 정도로 절단산소의 분출구도 1.5~2배로 한다.

55 아크 에어 가우징(arc air gouging) 작업에서 탄소봉의 노출 길이가 길어지고, 외관이 거칠어지는 가장 큰 원인의 경우는?

① 전류가 높은 경우
② 전류가 낮은 경우
③ 가우징 속도가 빠른 경우
④ 가우징 속도가 느린 경우

해설
아크에어 가우징에서는 공기압축기로 가우징홀더를 통해 공기압을 분출하는 구조로 전류가 높을 경우 탄소봉의 노출길이가 길어져 충분한 공기의 압력이 상쇄되어 외관이 거칠어진다.

정답				
46 ②	47 ③	48 ②	49 ④	50 ①
51 ①	52 ③	53 ④	54 ③	55 ①

56 스카핑 작업에 대한 설명 중 틀린 것은?

① 각종 강재의 표면에 균열, 주름, 탈탄층 등을 불꽃가공에 의해서 제작하는 작업이다.

② 토치는 가우징에 비하여 능력이 작고 팁은 저속 다이버젠트형이다.

③ 팁은 수동형에는 대부분 원형형태, 자동형에는 사각이나 사각에 가까운 모양이 사용된다.

④ 스테인리스강과 같이 스카핑면에 난용성의 산화물이 많이 생성되는 작업에는 철분이나 용제 등을 산소기류 중에 혼입하여 작업하기도 한다.

> **해설**
> 스카핑(scarfing) : 각종 강재의 표면에 균열, 주름, 탈탄층 또는 홈을 불꽃 가공에 의해서 제작하는 작업방법으로 토치는 가우징에 비하여 능력이 크며 팁은 저속 다이버젠트형으로 수동형에는 대부분 원형 형태, 자동형에는 사각이나 사각에 가까운 모양이 사용된다.

57 다음은 아크에어 가우징에 대한 설명이다. 틀린 것은?

① 탄소 아크절단 장치에 압축공기를 병용하여 가우징용으로 사용한다.

② 전극봉으로는 절단전용의 특수한 피복제를 도포한 중공의 전극봉을 사용한다.

③ 사용전원은 직류를 사용하고 아크 전류는 200~500A정도가 널리 사용된다.

④ 공장용 압축공기의 압축기를 사용하여 5~7kg/cm² 정도의 압력을 사용한다.

> **해설**
> 탄소 아크 절단 장치에 5~7kg/cm² 정도의 압축공기를 병용하여 가우징, 절단 및 구멍뚫기 등에 적합하며 특히 가우징으로 많이 사용되며 전극봉은 흑연에 구리도금을 한 것이 사용되며 전원은 직류이고 아크 전압 25~45V, 아크 전류 200~500A 정도의 것이 널리 사용된다.

58 GMA 절단의 설명 중 틀린 것은?

① 전원은 직류 정극성이 사용된다.

② 보호가스는 10~15% 정도의 산소를 혼합한 아르곤 가스를 사용한다.

③ 알루미늄과 같이 산화에 강한 금속의 절단에 이용된다.

④ 금속와이어에 대전류를 흐르게 하여 절단하는 방법이다.

> **해설**
> 전원은 직류 역극성이 사용된다.

정답		
56 ②	57 ②	58 ①

Chapter 2 특수용접 및 기타용접

01 서브머지드 아크 용접(SAW: submerged arc welding)

1 서브머지드 아크 용접의 원리

1) 개요

① 용접하고자 하는 모재의 표면 위에 미리 입상의 용제를 공급관을 통하여 살포한 뒤 그 용제 속으로 연속적으로 전극심선을 공급하여 용접하는 자동 아크 용접법

② 아크나 발생가스가 용제 속에 잠겨 있어 밖에 보이지 않으므로 잠호 용접, 유니언 멜트 용접 법(union melt welding), 링컨 용접법(Lincoln welding)이라고도 불림

③ 용제의 개발로 스테인리스강이나 일부 특수 금속에도 용접이 가능하게 됨

2) 장점

① 용제(flux)는 아크 발생점의 전방에 호퍼에서 살포되어 아크 및 용융금속을 덮어 용접진행이 공기와 차단되어 행하여지므로 대기 중의 산소와 질소 등에 의한 영향을 받는 일이 적고 스 틸울(steel wool)을 끼워서 전류를 통하게 하여 아크를 발생을 쉽게 하거나 고주파를 이용하 여 아크를 쉽게 발생시킨다.

② 용접속도가 수동 용접의 10~20배나(판 두께 12mm에서 2~3배, 25mm에서 5~6배, 50mm 에서 8~12배) 되므로 능률이 높다.

③ 용제(flux)의 보호(shield) 작용에 의해 열에너지의 방산을 방지할 수 있어 용입이 매우 크고 용접 능률이 매우 높고 비드 외관이 아름답다.

④ 대전류(약 200~4,000A)의 사용에 의한 용접의 비약적인 고능률화

⑤ 용접 금속의 품질(기계적 성질인 강도, 연신, 충격치, 균일성 등)이 양호하다.

⑥ 용접 홈의 크기가 작아도 상관이 없으므로 용접재료의 소비가 적어 경제적이고, 용접변형도 적어 용접비용이 저감된다.

⑦ 용접조건을 일정하게 하면 용접공의 기술 차이에 의한 용접품질의 격차가 없고, 강도가 좋아 서 이음의 신뢰도가 높다.

⑧ 유해광선이나 흄 등이 적게 발생되어 작업 환경이 깨끗하다.

[피복아크 수동 용접과 서브머지드 아크 용접의 구조]

항목		피복아크 수동 용접	서브머지드 아크 용접
용접속도		1	10~20배
용입상태		1	2~3배
전체적인 작업능률	판두께 12mm	1	2~3배
	판두께 25mm	1	5~6배
	판두께 50mm	1	8~12배

3) 단점

① 아크가 보이지 않으므로 용접의 좋고 나쁨을 확인하면서 용접할 수가 없다.
② 일반적으로 용입이 깊으므로 요구되는 용접 홈 가공의 정도가 심하다(0.8mm의 루트 간격이 넓을 때는 용락(burn through, metal down)의 위험성이 있다).
③ 용입(용접입열)이 크므로 변형을 가져올 우려가 있어 모재의 재질을 신중하게 선택한다.
④ 용접선의 길이가 짧거나 복잡한 곡선에는 비능률적이고 용접 적용 장소가 한정된다.
⑤ 특수한 장치를 사용하지 않는 한 용접자세가 아래 보기나 수평 필릿에 한정된다.
⑥ 용제의 습기 흡수가 쉬워 건조나 취급이 매우 어렵다.
⑦ 설비가 비싸며 결함이 한번 발생하면 대량으로 발생하기 쉽다.
⑧ 용접재료가 강철계(탄소강, 저합금강, 스테인리스강 등)로 한정된다.
⑨ 퍽 마크(puck mark) : 서브머지드 아크 용접에서 용융형 용제의 산포량이 너무 많으면 발생된 가스가 방출되지 못하여 기공의 원인이 되며 비드 표면에 퍽 마크가 생긴다.

2 서브머지드 아크 용접의 용접장치

1) 구성장치

용접전원(직류 또는 교류), 전압 제어상자(voltage control box), 심선을 보내는 장치(wire feed apparatus), 접촉팁(contact tip), 용접와이어(와이어전극, 테이프 전극, 대상전극), 용제호퍼, 주행대차 등으로 되어 있으며 용접전원을 제외한 나머지를 용접헤드(welding head)라 한다.

[서브머지드 아크 용접기의 구조]

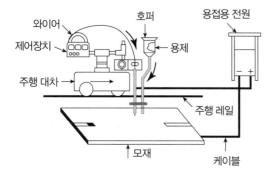

2) 종류

① 진공회수 장치 : 용접 후에 미 용융된 용제를 회수하는 장치
② 용접기의 종류

대형 용접기	최대전류 4000A로 판두께 75mm까지 한 번에 용접 가능 (M형)
표준만능형 용접기	최대전류 2000A (UE형, USW형)
경량형 용접기	최대전류 1200A (DS형, SW형)
반자동형 용접기	최대전류 900A 이상의 수동식 토치 사용 (UMW형, FSW형)

3) 용접방식

① 용접전원 : 교류 또는 직류를 다 사용하나 교류는 시설비가 싸고 자기불림이 매우 적어 많이 사용되며, 최근에는 정전압 특성의 직류 용접기가 사용되고 있다.

② 다전극 용접기

탠덤식 (tandem process)	두 개의 전극와이어를 독립된 전원에 접속하는 방식, 비드의 폭이 좁고 용입이 깊음
병렬식 (parallem transuerse process)	두 개의 와이어를 똑같은 전원에 접속하며 비드의 폭이 넓고 용입이 깊은 용접부가 얻어져 능률이 높음
횡직렬식 (series transuerse process)	두 개의 와이어에 전류를 직렬로 흐르게 하여 아크 복사열에 의해 모재를 가열 용융시켜 용접을 하는 방식

3 서브머지드 아크 용접의 용접재료

1) 와이어

① 비피복선이 코일 모양으로 와이어릴에 감겨져 있는 것을 외부의 한끝을 조정하여 사용

② 와이어의 표면은 접촉 팁과의 전기적 접촉을 원활하게 하고 녹을 방지하기 위하여 구리로 도금하는 것이 보통이다.

③ 와이어의 지름 : 2.4, 3.2, 4.0, 5.6, 6.4, 8.0mm 등

④ 코일의 표준 무게 : 작은 코일(S)은 12.5kg, 중간 코일(M)은 25kg, 큰 코일(L)은 75kg

2) 용제

① 용접 용융부를 대기로부터 보호하고, 아크의 안정 또는 화학적, 금속학적 반응으로서의 정련 작용 및 합금첨가 작용 등의 역할을 위한 광물성의 분말모양의 피복제

② 상품명으로는 컴퍼지션(composition)이라고 부름

③ 용제의 종류

용융형 용제 (fusion type flux)	• 원료 광석을 아크로에서 1300℃ 이상으로 가열 융해하여 응고시킨 다음, 부수어 적당한 입자를 고르게 만든 것 • 유리와 같은 광택을 가지고 있음 • 사용 시 낮은 전류에서는 입도가 큰 것을, 높은 전류에서는 입도가 작은 것을 사용하면 기공의 발생이 적음
소결형 용제 (sintered type flux)	• 광물성 원료 분말, 합금 분말 등을 규산나트륨과 같은 점결제와 더불어 원료가 융해되지 않을 정도의 비교적 저온(300~1000℃) 상태에서 소정의 입도로 소결한 것
혼성형 용제 (bonded type flux)	• 분말상의 원료에 점결제를 가하여 비교적 저온(300~400℃)에서 소결하여 응고시킨 것 • 스테인리스강 등의 특수강 용접 시에 사용

④ 용제가 갖추어야 할 성질
  • 아크 발생이 잘되고 지속적으로 유지시키며 안정된 용접을 할 수 있을 것
  • 용착금속에 합금 성분을 첨가시키고 탈산, 탈황 등의 정련작업을 하여 양호한 용착금속을 얻을 수 있을 것

• 적당한 용융온도와 점성온도 특성을 가지며 슬래그의 이탈성이 양호하고 양호한 비드를 형성할 것

서브머지드 아크 용접의 결함 원인

서브머지드 아크 용접의 기공발생 원인
• 모재의 표면 상태불량(녹, 기름, 수분 등)
• 용제의 흡습
• 용접속도의 과대
• 용제의 산포량 과소 및 과대

서브머지드 아크 용접의 슬래그 섞임 원인
• 전층 슬래그 잔유 시 슬래그가 용접 중에 떠오르지 못했을 때
• 용접속도가 느려 슬래그가 앞쪽으로 흐를 때
• 모재의 경사 시 하진용접(슬래그가 앞쪽으로 흐름)
• 아크 전압이 높을 때(아크 길이가 길어져 비드 끝에 혼입)

4 서브머지드 아크 용접의 용접기법

1) 용접전류

① 전류가 낮으면 : 용입 깊이, 여성(餘盛) 높이나 비드 폭 등이 부족하다.
② 전류가 높으면 : 비드 폭이 너무 넓게 되어 비드 높이가 낮고 고온균열을 일으키기 쉽다(Y형 개선에서 전류 과대의 경우 보이는 낮은 비드 형상을 배형 비드라고 한다).

2) 아크 전압

① 전압이 낮으면 : 용입이 깊고, 비드 폭이 좁은 배형형상이 되기 쉽고 균열이 생긴다.
② 전압이 높아지면 : 용입이 얕고, 비드 폭이 넓은 형상이 되어 여성(餘盛) 부족이 되기 쉽다.

3) 용접속도

① 용접속도를 작게 하면 : 큰 용융지가 형성되고 비드가 편평하게 되어 여성(餘盛)비드 형상이 되기 쉽다.
② 용접속도가 과대하면 : 언더컷이 발생하고 용착금속이 적게 된다.

4) 용접와이어 지름

① 용접전류, 전압, 속도를 일정하게 하여 용접할 경우 와이어 지름이 다르면 비드형상, 용입깊이는 변화한다.
② 일반적으로는 와이어 지름이 굵은 것보다는 가는 쪽이 깊은 용입이 된다.
③ 와이어 지름과 사용전류 범위

와이어 지름(mm)	1.2	1.6	2.0	2.4	3.2	4.0	4.8	6.4
전류 범위(A)	⟨280	200 ~ 350	300 ~ 500	350 ~ 600	400 ~ 800	450 ~ 1000	500 ~ 1500	700 ~ 1800

* 전류 밀도(current density) : 전류 밀도란 용접봉 단위 면적당 통과되는 전류의 양으로, 전류 밀도가 큰 용접일수록 용접봉이 녹아내리는 용착속도가 빠르고 모재가 녹아 들어가는 깊이인 용입이 켜지므로 결과적으로 생산성이 향상이 되고 수동용접보다 반자동용접, 자동용접인 서브머지드 용접이 전류밀도가 크다. 이것은 반자동, 전자동 용접에서는 전류를 공급하는 접촉팁(contact tip)이 와이어의 끝에서 조금 떨어진 토치 내에 위치하므로, 지름이 작아도 높은 전류를 공급할 수 있기 때문이다.

5) 플럭스의 살포 높이, 두께와 폭
① 살포 높이는 통상 25~40mm 정도로 아크가 플럭스의 입자간 또는 전극의 주위에 보이거나 보이지 않을 정도가 좋다. 본드 플럭스의 경우는 용융플럭스에 비해 겉보기에 빛이 제법 작으므로 살포 높이는 용융플럭스보다 20~50% 높은 편이 좋다.
② 플럭스의 두께가 너무 깊으면 아크가 갇혀져서 비드 표면이 로프(rope)같이 거칠어지고, 용접 중 발생한 가스가 탈출할 수 있어 비드가 불규칙하게 변형된다. 반대로 플럭스의 두께가 얇으면 플럭스 사이로 아크가 새어나오고 스패터가 발생하여 기공이 발생하여 비드 표면이 나빠진다.
③ 주어진 용접조건에서 최적의 플럭스 두께는, 플럭스 양을 서서히 증가하여 아크 불빛이 새어 나오지 않을 때이며 이때는 용접봉 주위로 가스가 서서히 새어나온다.

6) 용접준비
모재 개선 정밀도 : 개선각도 θ ±5°이내, 루트간격 0.8mm±1mm 이내

02 불활성가스 아크 용접(inert gas arc welding : TIG, MIG)

1 불활성가스 아크 용접의 원리
1) 개요
① 아크 용접법의 한 방식으로서 종래의 피복아크 용접이나 가스 용접으로는 용접이 불가능하였던 티탄 합금, 지르코늄 합금 등의 각종 금속의 용접에 널리 사용되고 있는 중요한 용접법
② 아르곤(Ar), 헬륨(He) 등 고온에서도 금속과 반응하지 않는 불활성가스의 분위기 속에서 텅스텐 또는 금속선을 전극으로 하여 모재와의 사이에 아크를 발생시켜 용접하는 방법
③ 용접법은 사용 전극에 따라 텅스텐 전극 사용 용접은 불활성가스 텅스텐 아크 용접(TIG 용접)이라 하고 금속 전극 사용 용접은 불활성가스 금속 아크 용접(MIG 용접)이라 한다.

(a) TIG 용접(비소모식)

(b) MIG 용접(소모식)

2) 장점

① 불활성가스의 용접부 보호와 아르곤가스 사용 역극성 시 청정효과로 피복제 및 용제가 필요 없다.
② 산화하기 쉬운 금속의 용접이 용이하고 용착부의 모든 성질이 우수하다.
③ 저전압 시에도 아크가 안정되고 양호하며 열의 집중 효과가 좋아 용접속도가 빠르고 또 양호한 용입과 모재의 변형이 적다.
④ 얇은 판의 모재에는 용접봉을 쓰지 않아도 양호하고 언더 컷(under cut)도 생기지 않는다.
⑤ 전자세 용접이 가능하고 고능률이다.

3) 단점

시설비가 비싼 것이 단점이나 전체 용접 비용은 오히려 싸게 되는 경우가 많다.

2 불활성가스 텅스텐 아크 용접(inert gas tungsten arc welding : GTAW, TIG)

1) 원리

① 텅스텐을 전극으로 사용하여 가스 용접과 비슷한 조작 방법으로 용가재를 아크로 녹이면서 용접하는 방법
② 비용극식 또는 비소모식 불활성가스 아크 용접법이라고도 함
③ 사용전원으로서는 교류 또는 직류가 사용되며 용접 결과에 큰 영향을 미침

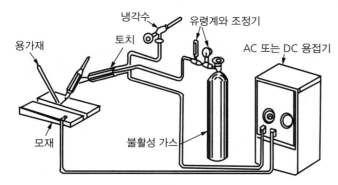

2) 특성 및 장치

① 전자는 (−)극에서 (+)극으로, 가스이온은 (+)극에서 (−)극으로 흐르며 고속도의 전자에 충돌을 받는 (+)극 쪽에서는 강한 충격을 받아 (−)극 쪽보다 많이 가열되므로 직류 역극성을 사용 시 텅스텐 전극 소모가 많아진다.

[TIG 직류 용접의 극성]

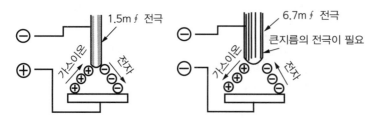

직류 정극성	(교류)	직류 역극성
용입이 깊고 좁다	경극성과 양극성의 중간	용입이 얕고 넓다

② 아르곤가스 사용 직류 역극성 시 청정 효과(cleaning action)가 있어 강한 산화막이나 용융점이 높은 산화막이 있는 알루미늄(Al), 마그네슘(Mg) 등의 용접이 용제 없이 가능하다.

③ 직류 정극성 사용 시는 폭이 좁고 용입이 깊은 용접부를 얻으나 청정효과가 없다.

④ 교류사용 시 용입 깊이는 직류 역극성과 정극성의 중간 정도이고 청정효과가 있다.

⑤ 교류사용 시 전극의 정류작용으로 아크가 불안정해져 고주파 전류나 2차 회로에 콘덴서를 장치한 평형 교류 용접기를 사용한다.

⑥ 고주파 전류 사용 시 아크 발생이 쉽고 안정되며 전극의 소모가 적어 수명이 길고 일정한 지름의 전극에 대해 광범위한 전류의 사용이 가능하다.

⑦ TIG용접 토치는 100A 이하 공랭식, 100A 이상 수냉식을 사용한다.

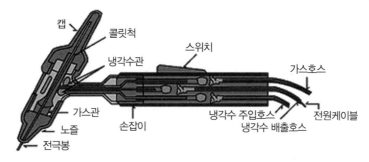

⑧ 텅스텐 전극봉은 순수한 텅스텐봉과 토륨을 1~2% 포함한 토륨 텅스텐 전극이 있고 후자가 전자방사 능력이 크고 접촉에 의한 오손이 적다.

⑨ 아르곤가스 밸브는 전자밸브회로이고 냉각수밸브는 자동통수(通水)밸브가 필요하다.

⑩ 주로 3mm 이하의 얇은 판 용접에 이용된다.

⑪ TIG 용접은 수동, 반자동, 자동의 용접 장치가 있다.

⑫ 실드 가스는 비교적 값이 비싸고 바람의 영향(풍속이 0.5~2m/sec 이상이면 아르곤 가스의 보호능력이 떨어진다)을 받기 쉽다는 결점과 용착속도가 작은 것부터 고속, 고능률 용접에는 그다지 적합하지 않다.

⑬ 티그 용접법은 일반적인 티그 용접법, 티그 핫와이어법, 대전류 직류정극성(DCSP) 티그 용접법, 티그 펄스 용접법, 티그 아크 스폿 용접법 등이다.

⑭ 용접 시 사용되는 유량은 3~30ℓ/min, 토치의 노즐에서 나오는 아르곤의 가스 속도는 2~3m/sec 정도이다.

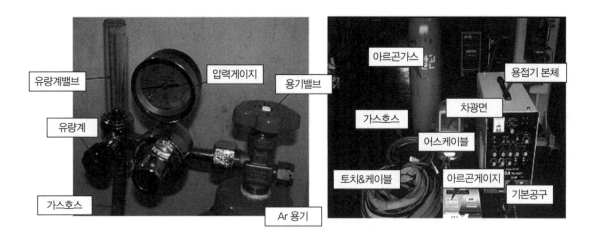

3) 텅스텐 전극봉의 종류

구분	AWS분류	텡스텐의 종류 (평균 합금)	색깔 표지	다듬질 정도	전류의 종류	특성
1	EWP	순텅스텐	녹색	청정 및 연삭	교류	• 양호한 아크유지, 오염될 염려가 없다. • 낮은 전류사용, 비용절감
2	EWZr	산화지르콘 0.15~0.4%	갈색		교류	• 전극봉의 오염이 심하다. • 전극봉 끝이 둥근 형태로 유지되어 용접에 우수하다. • 오염에 잘 견디고, 아크 발생이 양호하다.
3	EWTh-1	이산화토륨 0.8~1.2%	황색		직류정극성 및 역극성	• 아크 발생이 용이, 높은 전류 사용, 아크 안정 우수, 교류(AC) 시 둥근 형태의 전극봉 유지 곤란
4	EWTh-2	이산화토륨 1.7~2.2%	적색		직류정극성 및 역극성	
5	EWTh-1	이산화토륨 0.35~0.55%	청색		직류정극성 및 역극성	• 교류(AC) 용접을 개선하기 위해서 끝이 둥근 전극봉이 처음으로 고안되었다.

3 ▶ 불활성가스 금속 아크 용접(inert gas metal arc welding : MIG, GMAW)

1) 개요

① 용가재인 전극 와이어를 연속적으로 보내어 아크를 발생시키는 방법
② 용극 또는 소모식 불활성가스 아크 용접법이라고도 함
③ 상품명 : 에어코우매틱(air comatic) 용접법, 시그마(sigma) 용접법, 필러 아크(filler arc) 용접법, 아르고노트 (argonaut) 용접법 등
④ 전자동식과 반자동식이 있음

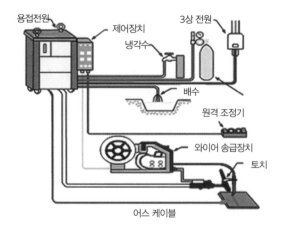

2) 특성 및 장치

① MIG용접은 직류 역극성을 사용하며 청정 작용이 있다.

② 전극 와이어는 용접 모재와 같은 재질에 금속을 사용하며 판두께 3mm 이상에 적합하다.

③ 전류밀도가 매우 크므로 피복아크 용접의 4~6배, TIG용접의 2배 정도이므로 서브머지드 아크 용접과 비슷하다.

④ 전극 용융 금속의 이행 형식은 주로 스프레이형으로 아름다운 비드가 얻어지나 용접전류가 낮으면 구적이행(globular transfer)이 되어 비드 표면이 매우 거칠다.

⑤ MIG용접은 자기 제어 특성이 있으며 헬륨가스 사용 시 아르곤보다 아크 전압이 현저하게 높다.

⑥ MIG용접기는 정전압 특성 또는 상승 특성의 직류 용접기이다.

⑦ MIG용접 장치 중 와이어 송급방식은 푸시식(push type), 풀식(pull type), 푸시풀식(push-pull type)의 3종류가 사용된다.

⑧ MIG용접 토치는 전류밀도가 매우 높아 수냉식이 사용된다.

⑨ 미그용접은 스테인리스강이나 알루미늄제에 적용할 수 있다는 장점을 갖고 있으나 연강재에는 비용이 높다.

⑩ 펄스 전원과의 조합에 의하여 특히 저전류역(스프레이화 임계전류 이하)으로부터의 없는 미려한 용접비드를 얻을 수 있고 용접 마무리에 고부가가치화를 노릴 수 있다.

[MIG 용접의 와이어 송급장치(푸시풀식)]

[MIG 용접토치의 단면도(수냉각식)]

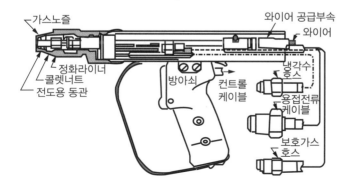

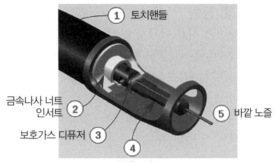

① 토치핸들
금속나사 너트 인서트 ②
보호가스 디퓨저 ③
④ 콘택트팁
⑤ 바깥 노즐

3) 장단점

장점	단점
• 용접봉을 갈아 끼우는 작업이 불필요하기 때문에 능률적이다. • 슬래그가 없으므로 슬래그 제거 시간이 절약된다. • 용접재료의 손실이 적으며 용착효율이 95% 이상이다(SMAW : 약 60%). • 전류밀도가 높기 때문에 용입이 크다.	• 용접장비가 무거워서 이동하기 곤란하고, 구조가 복잡하고 고장률이 높으며 고가이다. • 용접토치가 용접부에 접근하기 곤란한 조건에서는 용접이 불가능하다. • 바람이 부는 옥외에서는 보호가스가 보호역할을 충분히 하지 못하므로 방풍막을 설치하여야 한다.

4) 사용하는 차폐 가스

	차폐 가스(shielding gas)	적용되는 용접 금속(모재)	사용 시 특징
불활성 가스	argon(아르곤)	사실상의 모든 금속들	–
	helium(헬륨)	알루미늄, 동합금	보다 많은 열과 기공의 최소화
	75%Ar+25%He~25%Ar+75%He	알루미늄, 동합금	안정된 아크와 소음감소
	helium+10%Argon	고–니켈합금	–
절약 가스	nitrogen(질소)	동	매우 강한 아크 발생 일반적으로 사용되지 않음
	argon+25~30%nitrogen	동	강한 아크 발생 순수 질소 사용 시보다 아크 관리가 요구됨 드물게 사용됨
산화 가스	argon+1~2%oxygen(산소)	탄소합금강, 스테인리스강	–
	argon+3~5%oxygen	탄소강, 합금, 스테인리스강	산화철 wire 사용
	argon+5~10%oxygen	강철	산화철 wire 사용
	argon+20~30%CO_2(탄산가스)	강철	주로 short–circuiting Arc(단락 아크) 사용
	argon+5%oxygen+CO_2	강철	산화철 wire 사용
	carbon dioxide CO_2	연강, 탄소강	산화철 wire 사용
	carbon dioxide+3~10%oxygen	강철	산화철 wire 사용
	carbon dioxide+20%oxygen	강철	–

03 이산화탄소 아크 용접(CO_2 gas arc welding)

1 이산화탄소 아크 용접의 원리

1) 개요
① MIG용접의 불활성가스 대신에 가격이 저렴한 탄산가스(CO_2)를 사용하는 것
② 용접장치의 기능과 취급은 MIG 용접장치와 거의 동일함
③ 주로 탄소강의 용접에 사용

[탄산가스 아크 용접의 원리]

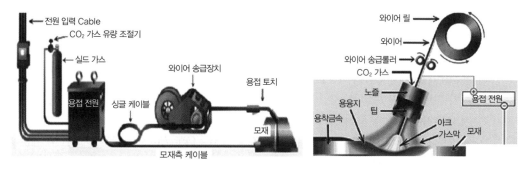

[CO_2, CO 가스가 인체에 미치는 영향]

작용	CO_2(체적%)	작용	CO(체적%)
두통, 뇌빈혈	3~4	건강에 유해	0.01 이상
위험상태	15 이상	중독 작용이 일어난다	0.02~0.05
극히 위험	30 이상	수시간 호흡할 때 위험	0.1 이상
		30분 이상 호흡하면 극히 위험	0.2 이상

[작업자 부분과 CO 가스의 농도]

위치	CO_2(체적%)
머리	〈0.001
바닥	〈0.001
헬멧의 내부	0.001
헬멧의 앞	0.0016
용접연기	0.020
아크근방	0.030~0.040

[각종 가스의 허용농도]

가스의 종류	허용농도(PPM)
CO_2	5,000
CO	55
NO	25
NO_2	5
O_2	0.3
HF	3

2) 용접법의 특징(장단점)

① 산화나 질화가 없고 수소량이 피복아크 용접봉보다 적어 기계적, 금속학적 성질이 우수한 좋은 용착금속을 얻는다.

② 값싼 탄산가스를 사용하고 가는 와이어로 고속도 용접이 가능하므로 다른 용접법에 비하여 비용이 싸다.

③ 용입이 깊어 아크 점용접이 가능하고 제품 무게의 경감에 도움이 된다.

④ 가시 아크이므로 용융지의 상태를 보면서 용접을 할 수 있어 용접진행의 양·부 판단이 가능하고 시공이 편리하다.

⑤ 서브머지드 아크 용접법에 비하여 모재표면의 녹과 오물 등에 둔감하다.

⑥ 필릿 용접이음의 적정강도, 피로강도 등의 수동 용접에 비하여 매우 좋다.

⑦ 킬드(killed), 세미킬드(semi-killed)는 물론 림드강(rimmed steel)에도 용접이 되므로 기계적 성질이 좋다.

⑧ 용제(flux)를 사용하지 않으므로 용접부에 슬래그 섞임(slag inclusion)이 없고 용접 후의 처리가 간단하다.

⑨ 전자세 용접이 가능하여 조작도 간단하므로 기능에 숙련을 별로 요구하지 않는다.

⑩ 솔리드 와이어 사용 시에 전류밀도가 크므로($100\sim300A/mm^2$) 피복 용접봉($10\sim20A/mm^2$)에 비하여 고 용착량, 용입이 깊은 고속도의 용접이 행하여진다.

⑪ 스프레이 이행시보다 구상 이행시 스패터가 많고 비드 외관이 거칠다.

⑫ 탄산가스 아크 용접에서 허용되는 바람의 한계속도는 2m/sec 이상이면 방풍장치가 필요하다.

⑬ 병에서 탄산가스의 유출량이 많을 때 압력조정기와 유량계가 얼어버리므로 압력조정기에는 가열 히터를 달아서 사용한다.

⑭ 비드 외관은 피복아크 용접이나 서브머지드 아크 용접에 비해 약간 거칠다. 복합와이어 방식을 선택하면 좋은 비드를 얻을 수 있다.

⑮ 적용 재료가 철 계통으로 한정이 되어있다.

2 - 이산화탄소 아크 용접법의 분류

1) 보호가스와 용극방식에 의한 분류

① 용극식
- 솔리드 와이어(solid wire) CO_2법(순 CO_2법)
- 혼합가스법 : CO_2-O_2법, CO_2-CO법, CO_2-Ar법, CO_2-Ar-O_2법
- CO_2용제법 : 아코스 아크(arcos arc)법, 퓨즈 아크(fuse arc) CO_2법, NCG법, 유니언(union) 아크법(자성용제)

② 비용극식 : 탄소 아크법, 텅스텐 아크법

[각종 CO_2 아크 용접용 복합와이어]

(a) 아크스 아크용 와이어 (b) NCG 와이어 (c) 퓨즈 아크 와이어

2) 토치 작동형식에 의한 분류

① 수동식 : 비용극식, 토치 수동
② 반자동식 : 용극식, 와이어 송급자동, 토치 수동
③ 전자동식 : 용극식, 와이어 송급자동, 토치 자동

3) 용접부의 형식에 의한 분류

① 연속 아크 용접법 : 용극식, 비용극식
② 아크 스폿 용접 : 용극식, 비용극식

3 ▶ 이산화탄소 아크 용접의 용접장치

1) 용접장치

① 용접장치는 자동, 반자동, 전자동 장치의 3가지가 있고 거의 반자동, 전자동식이 사용되고 용접용 전원은 직류 정전압 특성이 사용된다.
② 용접장치는 주행대차 위에 용접 토치와 와이어 등이 설치된 전자동식과 토치만 수동으로 조작하고 나머지는 기계적으로 조작하는 반자동식이 있다.
③ 와이어 송급장치는 푸시(push)식, 풀(pull)식, 푸시풀(push-pull)식 등이 있다.
④ 와이어 용접제어 장치로는 감속기 송급롤러 등의 전극 와이어의 송급제어와 전자밸브로 조정되는 보호가스 그리고 냉각수의 송급제어의 두 계열이 있다.
⑤ 아크 전압 구하는 식
   • 박판의 아크 전압

$$Vo = 0.04 \times I + 15.5 \pm 1.5$$
$$I : 사용\ 용접\ 전류의\ 값$$

   • 후판의 아크 전압

$$Vo = 0.04 \times I + 20 \pm 2.0$$

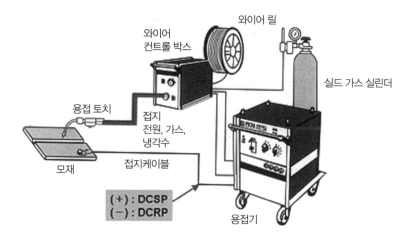

2) 와이어

① 와이어(wire)는 솔리드와 후락스가 안에 넣어져 있는 복합와이어가 있다.

② 일반 와이어는 망간, 규소, 티탄 등의 탈산성 원소를 함유한 솔리드(solid)와이어가 사용된다.

③ 복합와이어는 사용 전에 200~300℃로 1시간 정도 건조시켜 사용한다.

④ 와이어의 지름은 0.9, 1.0, 1.2, 1.6, 2.0, 2.4Ømm 등이 있으며 이중 많이 사용되는 것은 1.2mm와 1.6mm이다.

[이행형식]

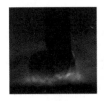 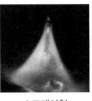 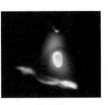

| 단락형 | 글로불러형 | 스프레이형 | 펄스형 |

4 이산화탄소 아크 용접의 용접 방법(조건)

1) 용접전류

① 정전압 특성의 전원은 토치 선단에서 송급된 와이어를 용융시켜 아크도 유지할 수 있는 필요 전류를 자동적으로 공급하는 특성을 가지며 전류조정은 와이어 송급속도를 변화하는 것에 의해 제어된다.

② 전류를 높게 하면 와이어의 녹아내림이 빠르고 용착률과 용입이 증가하며 지나치게 높은 전류는 볼록한 비드를 형성하여 용착금속의 낭비와 외관이 좋지 못한 결과를 초래하므로 적당한 값을 선택한다.

2) 용접전압

① 아크 전압을 높이면 비드가 넓어지고 납작해지며 지나치게 높이면 기포가 발생하고 너무 낮으면 볼록하고 좁은 비드를 형성하고 와이어가 녹지 않고 모재바닥에 부딪치며 토치를 들고 일어나는 현상이 생긴다.

② 낮은 전압일수록 아크가 집중되어 용입은 약간 깊어진다.

③ 높은 전압의 경우는 아크가 길어 모재에 닿지 않으며 위에서 와이어가 녹아 비드폭이 넓어지고 높이는 납작해지며 용입은 약간 낮아진다.

3) 용접속도

용접속도가 빠르면 모재의 입열이 감소되어 용입이 얕고 비드 폭이 좁으며 반대로 늦으면 아크 바로 밑으로 용융금속이 흘러들어 아크의 힘을 약화시켜서 용입이 얕으며 비드 폭이 넓은 평탄한 비드를 형성한다.

4) 와이어 돌출길이

① 팁 끝에서 아크 길이를 제외한 첨단까지의 길이로서 이것은 보호효과 및 용접작업성을 결정하는 것으로 돌출길이가 길어짐에 따라 용접와이어의 예열이 많아지고 용착속도와 용착효율이 커지며 보호효과가 나빠지고 용접전류는 낮아진다.
② 와이어 돌출길이가 짧아지면 가스보호는 좋으나 노즐에 스패터가 부착하기 쉬우며 용접부의 외관도 나쁘며 작업성이 떨어져 팁과 모재간의 거리는 저전류(약 200A 미만)에서는 10~15mm 정도, 고전류에서는 15~25mm 정도가 적당하다.

5) 전진법과 후진법

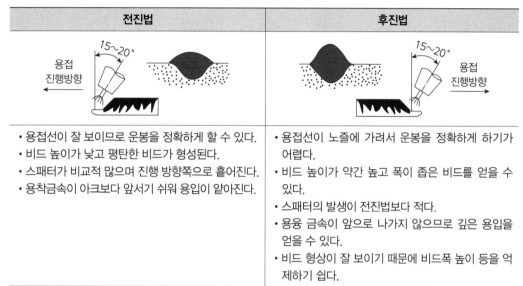

전진법	후진법
• 용접선이 잘 보이므로 운봉을 정확하게 할 수 있다. • 비드 높이가 낮고 평탄한 비드가 형성된다. • 스패터가 비교적 많으며 진행 방향쪽으로 흩어진다. • 용착금속이 아크보다 앞서기 쉬워 용입이 얕아진다.	• 용접선이 노즐에 가려서 운봉을 정확하게 하기가 어렵다. • 비드 높이가 약간 높고 폭이 좁은 비드를 얻을 수 있다. • 스패터의 발생이 전진법보다 적다. • 용융 금속이 앞으로 나가지 않으므로 깊은 용입을 얻을 수 있다. • 비드 형상이 잘 보이기 때문에 비드폭 높이 등을 억제하기 쉽다.

5 기타 이산화탄소 아크 용접

1) C.S 아크 용접

① CO_2가스 외에 소량의 산소를 혼입한 CO_2-O_2아크 용접방법
② 용접방식의 발명자인 일본의 세기구지(Sekiguchi)의 이름을 따서 명칭을 붙인 것
③ 이산화탄소 가스 중에 1/3 정도의 산소를 혼입하면 용착이 잘 되고 슬래그의 이탈성이 좋아짐

2) 유니언 아크 용접(union arc welding)

① 미국의 린데회사에서 발명
② 자석용제(magnetic flux)를 탄산가스 중에 부유시켰을 때 그 자성에 의해 용접 중심선에 부착시켜 용접하는 방식
③ 피복아크 용접에 비하여 용착속도가 50~100% 가량 빠르게 할 수 있고 용접비도 35~75%가량 낮으며 용착부의 외관이 비교적 양호하고 용입도 깊다.

3) 아코스 아크 용접(arcos arc welding)
① 벨기에의 아아코스회사에서 개발한 용접법
② 사용되는 용접와이어가 얇은 박강판을 여러 형태로 구부려서 외형은 원통으로 하고 그 안에 용제를 채운 복합와이어

4) 퓨즈 아크 용접(fuse arc welding)
① 영국에서 개발된 용접방식
② 심선외피에 통전용스파이럴 강선과 후락스가 감아져 있는 모양에 와이어를 연속적으로 공급하여 CO_2 분위기에서 용접하는 방법

5) 버나드 아크 용접(Bernard arc welding)
① 미국의 내셔널 시린더 가스회사의 플러스 내장 와이어를 사용하는 용접법
② N.C.G법 또는 버나드 법이라고도 함

04 플럭스 코어드 아크 용접(FCAW : Flux Cored Arc Welding)

1 플럭스 코어드 아크 용접의 원리

1) 개요
① 이산화탄소 가스 아크 용접에서 솔리드 와이어를 사용할 때 스패터 발생이 많고 작업성이 떨어지고 용접 품질도 떨어지는 단점을 보완해주는 용접
② 전자세 용접이 가능하고 탄소강과 합금강의 중·후판의 용접에 가장 많이 사용되고 용착속도와 용접속도가 상당히 큼
③ 전류 밀도가 높아 필릿 용접에서는 솔리드 와이어에 비해 10% 이상 용착속도가 빠르고 수직이나 위보기 자세에서는 탁월한 성능을 보인다.
④ 일부 금속에 제한적(연강, 합금강, 내열강, 스테인리스강 등)으로 적용되고 있다.
⑤ 용접 중 흄의 발생이 많고 복합와이어에 가격이 같은 재료의 와이어보다 비싸다.

2 가스보호 플럭스 코어드 아크 용접(gas shielded flux cored arc welding)

1) 개요
① 탄산가스 또는 혼합가스를 플럭스 코어드 와이어와 함께 동시에 사용하는 용접방식으로 이중(플럭스와 가스보호)으로 보호한다는 의미로 듀얼 보호(dual shield)용접이라고도 한다.
② 전자세 용접을 할 수 있는 방법이 개발되어 3.2mm정도의 박판까지도 용접이 가능하다.
③ 용입 및 용착효율이 다른 용접방식에 비해 현저하게 높아 인건비를 절감할 수 있어 자동화에 맞추어 수요가 점차 증가하고 있다.
④ 용접의 큰 단점인 스패터 및 흄 가스의 발생으로 인한 용접결함을 보완할 수 있는 데 의의가 있다.

2) 장점

① 용착속도가 빠르며 전자세 용접이 가능하다.

② 모든 연강, 저합금강 등의 용접이 가능하다.

③ 용입이 깊기 때문에 맞대기 용접에서 면취 개선 각도를 최소한도로 줄일 수 있고, 용접봉의 소모량과 용접시간을 현저하게 줄일 수 있다.

④ 용접성이 양호하며 사용하기 쉽고, 스패터가 적으며, 슬래그 제거가 빠르고 용이하다.

⑤ 다른 용접에 비해 이중보호로 인하여 용착금속의 대기 오염 방자를 효과적으로 할 수 있다.

⑥ 용착금속은 균일한 화학 조성 분포를 가지며, 모재 자체보다 양호하게 균일한 분포를 갖는 경우도 있다.

3 자체보호 플럭스 코어드 아크 용접(self shielded flux cored arc welding)

1) 개요

① 혼합가스(예 75%Ar과 25%CO_2)를 사용할 때 언더컷이 축소되고, 모재 결합부 가장자리를 따라 균일한 용융이 일어나는 웨팅작용이 증가하고, 아크가 안정되고 스패터가 감소된다.

    * 웨팅작용(wetting action) : 오버랩이 아닌 비드 끝부분이 계속 적시는 것

② 플럭스 코어드와이어에는 탈산제와 탈질제(denitrify)로 알루미늄을 함유하고 있어 용접금속 중에 알루미늄이 포함되면 연성과 저온충격강도를 저하시키므로 덜 중요한 용접에만 일반적으로 사용한다.

2) 장점

① 사용이 간편하고 적용성이 크며, 용접부 품질이 균일하다.

② 용접작업자가 용융지를 볼 수 있고 용융금속을 정확하게 조정할 수 있다.

③ 전자세 용접이 가능하고 옥외의 바람이 부는 곳에도 용접이 가능하다.

④ 용접 토치가 가볍고 조작이 쉬우므로 용접 중 용접사의 피로도가 최소로 되어 작업능률이 향상된다.

⑤ 높은 전류를 사용하기 때문에 용착속도와 용접속도가 증가하여 용접비용이 절감된다.

3) 용접봉속의 플럭스 작용

① 용접봉속의 플럭스 양은 전체무게의 15~20% 정도로 되어 있고 탈산제 역할과 용접금속을 깨끗이 한다.

② 용접금속이 응고하는 동안에 용접금속 위에 슬래그를 형성하여 보호한다.

③ 아크를 안정시키고 스패터를 감소시키며 용접 중 플럭스가 연소하여 보호가스를 형성한다.

④ 합금원소의 첨가로 강도를 증가시키나 연성과 저온 충격강도를 감소시킨다.

⑤ 플럭스 안에는 불화칼슘, 불화바륨 등의 불화물, 탄산칼슘 등의 탄산염, 마그네슘 등의 저비점 금속 및 각종 산화물 등이 충전되어 아크열에 분해하거나 또는 슬래그화 하고, 용융전극이나 용융지를 대기에서 보호한다.

⑥ 공기 중에서 침입하는 산소나 질소에 의한 기공(브로우홀)이나 인성의 저하 등 용접금속에 악영향을 막기 위해 알루미늄, 티탄 및 니켈 등이 사용된다.

4) 특징

① 야외에서 용접할 때 풍속 10m/s정도까지는 바람에 의한 영향이 적어 풍속 15m/s까지 적용이 가능하여 현장용접에 적합하다.

② 보호가스나 플럭스를 사용하지 않기 때문에 용접기와 와이어를 준비하면 좋으며 용접준비가 간단하다.

③ 피복아크 용접에 비해 아크타임률이 향상되고, 와이어 돌출부가 주울열 가열에서 용착속도가 빨라지며 피복아크 용접의 1.5~3배 능률 향상을 기대할 수 있다.

④ 가스보호 플럭스 코어드 용접에서는 돌출길이가 최소길이 12~19mm범위이고, 최대는 39mm 정도로 돌출길이가 너무 길면 스패터, 불규칙한 아크현상, 약간의 보호가스 손실을 가져오며, 반대로 짧으면 노즐과 전류 접촉팁에 스패터가 빨리 쌓이게 되며 가스의 흐름에 영향을 미치게 한다.

⑤ 용입이 약간 얕고, 내균열성은 비교적 양호하고, 미세 와이어에서는 반자동 가스보호 아크 용접과 같이 전체의 용접이 가능하다.

⑥ 용접 시에 용접 흄 발생량이 많고 실내 용접이나 좁은 곳에서의 용접에서는 용접 흄 배기 대책을 요구한다.

⑦ 건전한 용접금속을 얻기 위해서는 아크 길이 제어가 우수한 용접기가 필요하고 와이어에 적합하면서도 정확한 용접전류, 전압, 속도, 운봉법 및 와이어 돌출길이의 관리가 필요하다.

05 플라스마 제트 용접(plasma jet welding)

1 플라스마 제트 용접의 원리

1) 개요

① 플라스마(plasma) : 파일럿 아크 스타팅(pilot arc starting) 장치로 기체를 가열하여 온도를 높여 주면 기체원자가 열운동에 의해 양이온과 전자로 전리되어 충분히 이온화되어 전류가 통할 수 있는 혼합된 도전성을 띤 가스체

② 플라스마 제트 : 약 10,000℃ 이상의 고온에 플라스마를 적당한 방법으로 한 방향으로 소구경 노즐(컨스트릭팅 노즐 : constricting nozzle(구속노즐))을 고속으로 분출시키는 것으로 각종 금속의 용접, 절단 등의 열원으로 이용하며 용사에도 사용

③ 플라스마 제트 용접 : 플라스마 제트를 용접열원으로 하는 용접법

[플라스마 제트 토치의 단면]

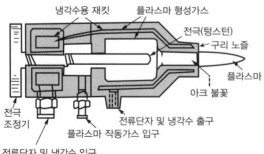

2) 특징

① 용접전원으로는 수하 특성의 직류가 사용된다.

② 이행형 아크는 플라스마 아크 방식으로 전극과 모재 사이에서 아크를 발생, 핀치효과를 일으키며 냉각에는 Ar 또는 Ar-H의 혼합가스를 사용, 열효율이 높고 모재가 도전성 물질이어야 한다.

③ 비이행형 아크는 플라스마 제트 방식으로 아크의 안정도가 양호하며 토치를 모재에서 멀리하

[플라스마 아크의 종류]

(a) 이송형   (b) 비이송형

여도 아크에 영향이 없고 또 비전도성 물질의 용융이 가능하나 효율이 낮다.

④ 일반적인 유량은 1.5~15ℓ/min으로 제한한다.

⑤ 중간형 아크는 반이행형 아크 방식으로 이행형 아크와 비이행형 아크 방식을 병용한 방식으로 파일럿 아크는 용접 중 계속적으로 통전되어 전력 손실이 발생한다.

⑥ 아크는 노즐 및 플라스마 가스의 열적 핀치력에 의해 좁아진다(플라스마 아크의 넓어짐은 작고 티그아크의 약 1/4 정도에서 전류밀도가 현저하게 높아진 아크가 된다).

⑦ 아크가 좁아지는 플라스마 아크의 전압은 대·중전류역에서 티그아크에 비해 높지만 소전류역에서는 반대로 낮아지고 예를 들어 티그아크는 20A 이하가 되면 현저한 부특성을 나타내지만 플라스마 아크는 파일럿 아크 등의 작용으로 아크 소전류로 되어도 전압의 상승은 적어 아크는 안정하게 유지된다.

3) 장점

① 플라스마 제트는 에너지 밀도가 크고, 안정도가 높으며 보유열량이 크다.

② 비드 폭이 좁고 용입이 깊다.

③ 용접속도가 빠르고 용접변형이 적다.

④ 아크의 방향성과 집중성이 좋다.

4) 단점

① 용접속도가 크게 되면 가스의 보호가 불충분하다.

② 보호가스를 2중으로 필요로 하므로 토치의 구조가 복잡하다.

③ 일반 아크 용접기에 비하여 높은 무부하 전압(약 2~5배)이 필요하다.

④ 맞대기 용접에서는 모재 두께가 25mm 이하로 제한되며 자동에서는 아래보기와 수평자세에 제한하고 수동에서는 전자세 용접이 가능하다.

5) 용접장치

① 직류전원, 제어장치(고주파 전압 발생회로, 시퀀스 제어회로, 플라스마 및 보호가스 제어회로), 용접토치, 용가재 송급장치, 출력 전류 등의 조정기, 자기주위 조작상자, 냉각수 순환장치 등으로 구성

② 티그용접 전원 등과 같이 수하 특성, 정전류 특성이지만 정격 부하 전압은 높고 티그 용접 전원의 1.5~2배로 되어있다.

2 플라스마 제트 용접의 분류(전류파형 · 극성으로 분류)

1) 직류 정극성 플라스마 용접
① 일반적인 플라스마 용접법
② 용접전류 20A 정도를 경계로 하여 소전류, 중·대전류로 나눈다.
③ 중·대전류 플라스마 용접에서는 플라스마 아크가 발생하면 파일럿 아크가 정지한다.
④ 소전류 플라스마 용접에서는 아크를 안전하게 유지하기 때문에 플라스마 아크가 발생해도 파일럿 아크는 그대로 유지한다.

2) 직류 역극성 플라스마 용접
① 텅스텐 대신에 수냉 동전극을 쓰고 봉플러스(EP)의 극성으로 행하는 방법
② 클리닝폭 제어를 목적으로 보호가스에 극히 미량의 산소를 첨가한다.

3) 펄스 플라스마 용접
① 티그용접 등과 같이 일정 주기로 용접전류의 증감을 반복하면서 용접하는 방식
② 피크(최대치)전류 범위에서 모재를 용융하고, 베이스 전류 범위에서 용융금속의 냉각, 응고를 행한다.

4) 핫 와이어 플라스마 용접
① 용가재의 용융속도 향상을 목적으로서, 통전 가열한 용가재(wire)를 첨가하는 방법
② 통전 가열하지 않는(cold wire) 경우 2~3배의 용착량이 얻어진다.

5) 교류 플라스마 용접
① 알루미늄 등의 키홀(key hold) 용접을 목적으로 개발된 방법
② 봉플러스(EP)범위에서 클리닝 작용과 봉마이너스(EN)범위에서 심용입의 양방을 활용했다.
③ 비교적 새로운 플라스마 용접법이다.

06 일렉트로 슬래그, 가스 용접, 테르밋 용접

1 일렉트로 슬래그 용접(electro-slag welding)

1) 원리
① 용융용접의 일종으로서 아크열이 아닌 와이어와 용융슬래그 사이에 통전된 전류의 저항열을 이용하여 용접을 하는 방법
② 용융슬래그와 용융금속이 용접부에서 흘러나오지 않도록 모재의 용접부 양쪽에 수냉된 동판을 붙여 미끄러 올리면서 용융슬래그 속의 와이어를 연속적으로 공급하여 용융슬래그 안에서 흐르는 전류의 저항 발열로서 와이어와 모재가 용융되어 용접되는 연속주조식 단층 수직 상진 용접법

[일렉트로 슬래그 용접법의 원리]

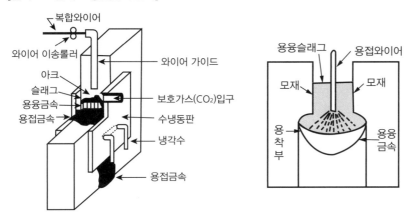

2) 특징

① 와이어가 하나인 경우는 판두께 120mm, 와이어를 2개 사용하면 100~250mm, 와이어를 3개 이상 사용하면 250mm 두께 이상의 용접에도 적당하다(전극와이어의 지름은 보통 2.4~3.2mm 정도이다).

② 용접홈 가공을 하지 않은 상태로 수직 용접 시 서브머지드 아크 용접에 비하여 준비시간, 본용접시간, 본경비, 용접공수 등을 1/5~1/3로 감소시킬 수 있다.

③ 수동 용접에 비하여 아크 시간은 4~6배의 능률향상, 경제적으로는 준비시간 포함 1/4~1/2의 경비절약이 된다.

④ 용접장치는 용접헤드, 와이어 릴, 제어장치 등이 용접기의 주체이고 구리로 만든 수냉판이 있고 홈의 형상은 I형 그대로 사용되므로 용접홈 가공 준비가 간단하다.

⑤ 두꺼운 판 용접에는 전극진동, 진폭장치 등을 갖춘 것이 좋다(두꺼운 판에서는 전극을 좌우로 흔들어 주며 흔들 때에는 냉각판으로부터 10mm의 거리까지 접근시켜 약 5초간 정지한 후 반대방향으로 움직이고 흔드는 속도는 40~50mm/min정도가 좋다).

⑥ 냉각속도가 느려 기공 및 슬래그 섞임이 없고 변형이 적다.

⑦ 용접부의 기계적 성질 특히 노치인성이 나빠 이 단점의 개선방향이 문제로 되어 있다.

⑧ 용접전원은 정전압형의 교류가 적합하다.

⑨ 용융 슬래그의 최고 온도는 1,925℃ 내외이며, 용융금속의 온도는 용융 슬래그의 접촉되는 부분이 가장 높아 약 1,650℃ 정도이다.

⑩ 박판용접에는 적용이 어렵고 장비가 비싸다.

⑪ 장비설치가 복잡하며, 냉각장치가 요구되며 용접작업 중 용접부를 직접 관찰할 수 없다.

⑫ 높은 입열로 용접부의 기계적 성질이 저하되고 용접자세는 수직자세가 안정적이다.

⑬ 용접구조가 복잡한 형상은 적용하기 어렵다.

2 일렉트로 가스 용접(electro gas welding)

1) 원리

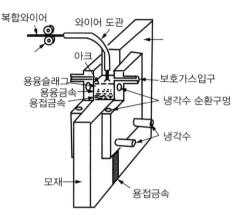

① 일렉트로 슬래그 용접과 같은 조작방법인 수직
용접법으로 슬래그를 이용하는 대신에 이산화
탄소 가스를 주로 보호 가스로 사용하며 보호
가스 분위기 속에서 아크를 발생시켜 아크열로
모재를 용융시켜 용접하는 방법
② 이산화탄소 가스 엔크로즈 아크 용접(CO_2
enclosed arc welding)이라고도 함

2) 특징

① 보호가스로는 아르곤, 헬륨, 탄산가스 또는 이들의 혼합가스가 사용된다.
② 일렉트로 슬래그 용접보다 얇은 중후판(10~50mm)의 용접에 적합하다.
③ 판두께에 관계없이 단층 수직 상진 용접으로 용접홈은 12~16mm정도가 좋다.
④ 용접속도가 빠르다(수동 용접에 비하여 용융속도 약 4~5배 용착금속은 10배 이상이 된다).
⑤ 용접변형이 거의 없고 작업성도 양호하다.
⑥ 용접홈에 기계가공이 필요 없고 가스절단 그대로 용접해도 된다.
⑦ 용접속도는 자동으로 조절되며 빠르고 매우 능률적이다.
⑧ 용접강의 인성이 저하되고 스패터, 흄 발생이 많다.
⑨ 풍속 3m/sec 이상에서는 방풍막을 설치하여야 한다.
⑩ 수직상태에서 횡 경사 60~90° 용접이 가능하며 수평면에서는 45~90° 경사 용접이 가능하
며 연속 용접이 가능하다.

3 테르밋 용접(thermit welding)

1) 원리

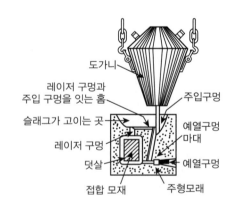

① 테르밋 반응 : 금속 산화물이 알루미늄에 의하
여 산소를 빼앗기는 반응을 총칭하는 것
② 산화철 분말(FeO, Fe_2O_3, Fe_3O_4 금속철)과 미세
한 알루미늄분말을 약 3~4 : 1의 중량비로 혼합
한 테르밋제에 점화제(과산화바륨, 마그네슘 등
의 혼합분말)를 알루미늄 가루에 혼합하여 점화
시키면 테르밋 반응이라 부르는 화학반응에 의
해 약 2800℃에 달하는 온도가 발생되는 것을
이용하는 용접법

2) 특징

① 용접작업이 단순하고 기술의 습득이 쉬우며 용접결과의 재현성이 높다.

② 용접용 기구가 간단하고 경량이기에 설비비가 싸다.

③ 작업장소의 이동이 쉽고 전력이 불필요하다.

④ 용접 후 변형이 적고 용접시간이 짧다.

⑤ 용접가격이 싸다.

⑥ 용접 이음부의 홈은 가스 절단한 그대로도 좋고, 특별한 모양의 홈을 필요로 하지 않는다.

3) 분류

① 용융 테르밋 용접법(fusion thermit welding)

② 가압 테르밋 용접법(pressure thermit welding)

07 전자빔, 레이저 용접

1 전자빔 용접(electronic beam welding)

1) 원리

전자빔 용접은 고진공(10^{-1}mmHg~10^{-4}mmHg 이상) 용기 내에서 음극 필라멘트를 가열하고, 방출된 전자를 양극전압으로 가속하고, 전자코일에 수속하여 용접물에 전자 빔을 고속으로 충돌시켜 이 충돌에 의한 열로 용접물을 고온으로 용융 용접하는 것이다.

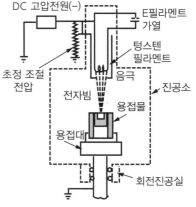

2) 특징

① 고용융점 재료 및 이종금속의 금속 용접 가능성이 크다.

② 용접입열이 적고 용접부가 좁으며 용입이 깊다.

③ 진공 중에서 용접하므로 불순가스에 의한 오염이 적다.

④ 활성금속의 용접이 용이하고 용접부에 열영향부가 매우 적다.

⑤ 시설비가 많이 들고 용접물의 크기에 제한을 받는다.

⑥ 얇은 판에서 두꺼운 판까지 용접할 수 있다.

⑦ 대기압형의 용접기 사용 시 X선 방호가 필요하다.

⑧ 용접부의 기계적 야금적 성질이 양호하다.

⑨ 다층 용접이 요구되는 용접부를 한번에 용접이 가능하며 용가재 없이 박판의 용접이 가능하다.

⑩ 에너지의 집중이 가능하여 용융속도가 빠르고 고속 용접이 가능하며 용접변형이 적어 정밀한 용접을 할 수 있다.

2 레이저 용접(Laser welding)

1) 원리

① 유도방출에 의한 빛의 증폭 발진방식으로 원자
와 분자의 유도 방사 현상을 이용하여 얻어진
빛, 즉 레이저에서 얻어진 강렬한 에너지를 가
진 접속성이 강한 단색광선을 이용한 용접

② 종류 : 루비레이저, Nd : YAG 레이저, 가스레이
저(탄산가스(CO_2)레이저)

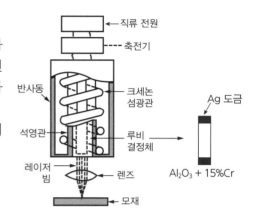

2) 특징

① 광선이 열원으로 진공이 필요하지 않다.

② 접촉하기 힘든 모재의 용접이 가능하고 열영향 범위가 좁다.

③ 부도체 용접이 가능하고 미세 정밀한 용접을 할 수 있다.

④ 용입깊이가 깊고 비드 폭이 좁으며 용입량이 작아 열변형이 적다.

⑤ 이종금속의 용접도 가능하며 용접속도가 빠르며 응용 범위가 넓다.

⑥ 정밀 용접을 하기 위한 정밀한 피딩(feeding : 급송, 송전)이 요구되어 클램프 장치가 필요
하다.

⑦ 기계 가동 시 안전 차단막이 필요하고 장비의 가격이 고가이다.

08 전기 저항 용접(electric resistance welding)

1 전기 저항 용접의 원리

1) 개요

① 용접하려고 하는 2개의 재료를 서로 맞대어
놓고 적당한 기계적 압력을 주며 전류를 통하
면 접촉면에서 접촉저항 및 금속고유저항에
의하여 저항발열이 발생되어 접합개소의 적
당한 온도로 높아졌을 때 압력을 가하여 용접
하는 방법

② 저항열 계산 : 주울(Joule)의 법칙에 의해서
계산

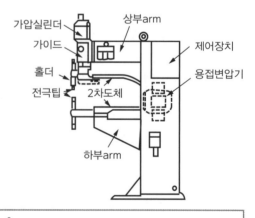

$$H = 0.238I^2Rt$$
H : 열량(cal), I : 전류(A), R : 저항(Ω), t : 시간(sec)

③ 이 식에서 발생하는 열량은 전도에 의해서 약간 줄어들게 된다.

2) 일반 특성
① 용접작업 시 고속 고능률로 대량생산에 적합하다.
② 작업자의 기능이 그다지 필요하지 않고 시설비가 비싸다.
③ 이종 금속의 저항 용접은 각 금속의 고유 저항이 다르므로 용접이 매우 곤란하다.

3) 저항 용접 시 일반 주의사항
① 모재 접합부의 녹, 기름, 도료 등의 오물을 깨끗이 제거한다.
② 모재의 형상이나 두께에 적합한 전극을 택한다.
③ 전극의 접촉저항이 최소가 되게 한다.
④ 전극의 과열을 방지한다.

4) 용접조건의 3대 요소
① 용접전류(I)
② 통전시간(t)
③ 가압력(P)

5) 저항 용접법의 종류

겹치기 저항 용접	점 용접, 돌기 용접, 심 용접
맞대기 저항 용접	업셋 용접, 플래시 용접, 맞대기 심 용접, 퍼커션 용접

2 점 용접(spot welding)

1) 원리
① 용접하려 하는 2개 또는 그 이상의 금속을 두 구리 및 구리 합금제의 전극 사이에 끼워 넣고 가압하면서 전류를 통하면 접촉면에서 줄의 법칙에 의하여 저항열이 발생하여 접촉면을 가열 용융시켜 용접하는 방법
② 너겟(nugget) : 접합부의 일부가 녹아 바둑알 모양의 단면으로 용접되는 부분

[점 용접의 원리]

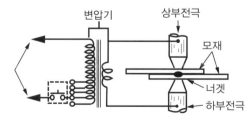

[점 용접의 온도분포]

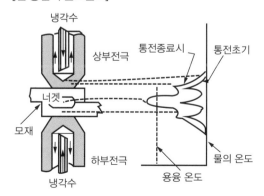

2) 특징

① 간단한 조작으로 특히 얇은 판(0.4~3.2mm)의 것을 능률적으로 작업할 수 있다.

② 열손실이 적고 용접부에 집중열을 가할 수 있어 얇은 판에서 한 점을 잇는 데 필요한 시간은 1초 이내이다.

③ 표면이 평편하고 작업속도가 빠르며 접합강도가 비교적 크며 대량생산에 적합하다.

④ 산화 및 변질 부분이 적고 구멍 가공이 필요 없고 재료가 절약된다.

⑤ 가압효과로 조직이 치밀해지고 변형이 없고 작업자의 숙련이 필요 없다.

⑥ 보통은 3.2~4.5mm 두께 정도 이하의 비교적 얇은 판의 접합이 대상이 된다.

⑦ 단시간에 통전과 비교적 긴 휴지(정지)시간을 반복하기 때문에 사용률은 작지만, 통전시의 부하는 크다.

> **사용률**(a) = (ta/(ta+tb))×100(%)
>
> ta : 통전시간의 합, tb : 휴지(정지)시간의 합

⑧ 용접기의 정격용량으로는 전력공급의 50%(JIS C 9305) 사용률의 용량이 사용되고 있다.

> $$P_{50} = P a \sqrt{\frac{a}{50}}$$
>
> P_{50} : 정격용량(50% 사용률), $P a$: 최대입력(KVA), a : 최대입력의 사용률(%)

3) 단점

① 대전류를 필요로 하고 설비가 복잡하고 값이 비싸다.

② 급냉 경화로 후열 처리가 필요하고 다른 금속 간의 접합이 곤란하다.

③ 용접부의 위치, 형상 등에 영향을 받는다.

4) 용접기의 종류

① 탁상 점 용접기

② 페달식 점 용접기

③ 전동가압식 점 용접기

④ 공기가압식 점 용접기 : 록커 암식(rocker arm type), 프레스식, 쌍두식, 다전극식(multi spot)

⑤ 포터블 점 용접기

5) 점 용접법의 종류

① 단극식 점 용접(single spot welding)

② 맥동 용접(pulsation welding)

③ 직렬식 점 용접(series spot welding)

④ 인터랙트 점 용접(interact spot welding)

⑤ 다전극 점 용접(multi spot welding)

(a) 인터랙트 스폿 용접

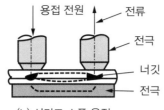

(b) 시리즈 스폿 용접

6) 용접 장치

① 기구상에 의한 분류
- 정치형
- 포터블형 멀티 스폿형
- 건, 트랜스 일체형

② 전류파형에 의한 분류
- 교류식 : 단상교류식, 3상저주파식
- 직류식 : 단상직류식, 3상정류식, 인버터 제어식, 콘덴서 방전식

③ 전극칩의 형식 : 각종 모양에 따라 P, R, C, E, F형

3 심 용접(seam welding)

1) 원리

① 원판형의 롤러 전극 사이에 용접물을 끼워 전극에 압력을 주면서 전극을 회전시켜 연속적으로 점 용접을 반복하는 방법
② 주로 수밀, 유밀, 기밀을 필요로 하는 용기 등의 이음에 이용

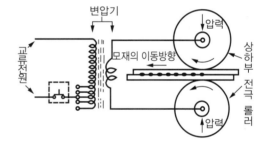

2) 특징

① 전류의 통전방법에는 단속(intermittent)통전법, 연속(contnuous)통전법, 맥동(pulsation) 통전법 등이 있고 그 중 단속 통전법이 가장 많이 사용된다.
② 직류전원 또는 교류 전원을 사용하며 같은 재료의 용접 시 점용접보다 용접 전류는 1.5~2.0 배, 전극 가압력은 1.2~1.6배 정도 증가 시킬 필요가 있다.
③ 적용되는 모재의 종류는 탄소강, 알루미늄 합금, 스테인레스강, 니켈 합금 등이다.
④ 용접 가능한 판 두께는 대체로 0.2~0.4mm 정도의 얇은 판에 사용된다.
⑤ 겹침분이 판두께의 1~3배의 준 겹침 이음에서는 판 표면의 통전면적에 대해 접합면의 통전 면적을 의도적으로 작게 할 수 있기 때문에 접합부를 우선적으로 온도 상승시켜 용융시킬 수 있다.
⑥ 겹침분이 판두께의 3배 이상인 겹침 이음에 있어서는 접합면에서의 전류집중은 스폿(점) 용접의 경우와 같이 전극의 선단 형상에 따라 이루어진다. 통전에 따라 피용접재 전체가 가열되지만 판의 표면을 전극으로 냉각하는 것으로 접합면의 온도를 상대적으로 높게 하고 접합부를 용융하고 있다.

3) 심 용접의 종류
① 매시 심 용접(mash seam welding)
② 포일 심 용접(foil seam welding)
③ 맞대기 심 용접(butt seam welding)

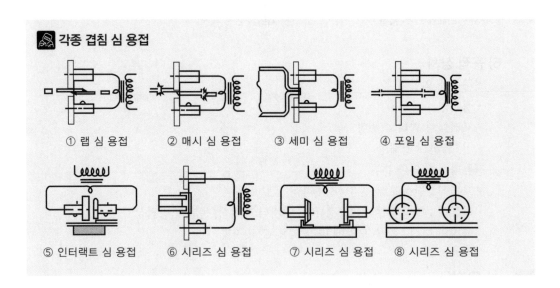

각종 겹침 심 용접
① 랩 심 용접 ② 매시 심 용접 ③ 세미 심 용접 ④ 포일 심 용접
⑤ 인터랙트 심 용접 ⑥ 시리즈 심 용접 ⑦ 시리즈 심 용접 ⑧ 시리즈 심 용접

4) 심 용접기의 종류와 구조
① 종류 : 횡심 용접기(circular seam welder), 종심 용접기(longitudinal seam welder), 만은 심 용접기(universal seam welder)
② 구조 : 용접변압기, 가압장치, 로어암, 전극, 전류 정지, 시간 제어 장치 및 전극 구동 장치를 필요로 하는 구조

5) 용접조건
① 전극폭

$$w = 3t+4 \sim 3t+3.2$$
전극폭 w(mm), 판두께 t(mm)

② 용접속도 : 최대 용접속도는 판두께 0.8mm 이상에서는 전자유도에 따라 제한되며, 판두께의 증가와 함께 최대 용접속도는 급격하게 감소되며 이하의 판두께에서는 접합부의 불연속성에 의해 제한된다.

$$v = 3600/n \cdot t$$
용접속도 v(cm/min), t(cycle)[교류전원을 사용한 경우 통전주기(연속통전의 경우는 0.5, 통전+휴지시간)],
단위길이 당의 스폿수 n(점/cm)

4 플래시 용접(flash welding)

1) 원리

불꽃 맞대기 용접이라고도 하며 용접할 2개의 금속단면을 가볍게 접촉시켜 여기에 대전류를 통하여 접촉점을 집중적으로 가열하면 접촉점이 과열, 용융되어 불꽃으로 흩어지나, 그 접촉이 끊어지면 다시 용접재를 전진시켜 계속 접촉과 불꽃 비산을 반복시키면서 용접면을 고르게 가열하여, 적정온도에 도달하였을 때 강한 압력을 주어 압접하는 방법이다.

2) 특징

① 가열범위, 열영향부가 좁고 용접강도가 크다.
② 용접작업 전 용접면의 끝맺음 가공에 주의하지 않아도 된다.
③ 용접면의 플래시로 인하여 산화물의 개입이 적다.
④ 이종 재료의 용접이 가능하고, 용접시간 및 소비전력이 적다.
⑤ 업셋량이 적고, 능률이 극히 높아 강재, 니켈, 니켈 합금에서 좋은 용접 결과를 얻을 수 있다.
⑥ 플래시 과정 초입(1.2sec)에서 단락·아크의 교호현상은 플래시 단면에 존재하는 CO 가스에 기인하는 것이다.
⑦ 1.2sec 경과하면 ⑥번의 주기성이 무너지고 단락아크의 전류치가 작아져서 그것들의 발생도 고립되므로 단락 아크의 반복수는 감소된다(이동대 속도 일정).

[플래시 용접과정]

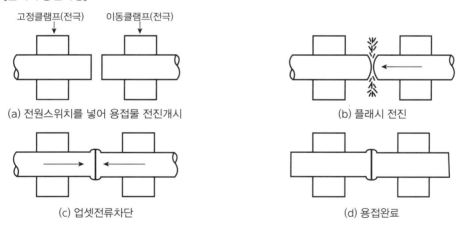

(a) 전원스위치를 넣어 용접물 전진개시   (b) 플래시 전진

(c) 업셋전류차단   (d) 용접완료

3) 단점

① 대전력을 필요로 하기 때문에 비교적 큰 전원 설비가 필요하다.
② 플래시의 발생으로 작업성이 저하된다. 피용접재는 모임분이 소모되고 주보의 제거를 필요로 한다.

4) 용접기의 종류

① 수동 플래시 용접기
② 공기 가압식 플래시 용접기
③ 전동기 플래시 용접기
④ 유압식 플래시 용접기

5 업셋 용접(upset welding)

1) 원리

① 접합할 두 재료를 클램프에 물리어 접합 면을 맞대고 압력을 가하여 접촉시킨 뒤에 대전류를 통하면 재료의 접촉저항 및 고유저항에 의하여 저항발열을 일으켜 재료가 가열 적당한 단조 온도에 도달하였을 때 센 압력을 주어 용접하는 방법
② 주로 봉모양의 재료를 맞대기 용접할 때 사용
③ 플래시 용접에 대하여 슬로우 버트 용접(slow butt welding) 또는 업셋 맞대기 용접(upset butt welding) 등으로 불림
④ 압력은 수동식으로 가하는데, 이때 스프링 가압식(spring pressure type)이 많이 쓰이며 대형기계에는 기압, 유압, 수압이 이용되고 있음

[업셋 용접의 원리]

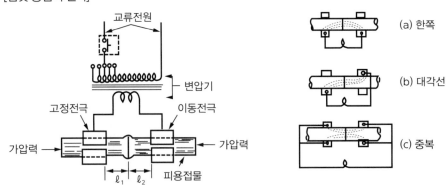

2) 특징 및 용접조건

① 용접물의 ℓ_1, ℓ_2의 치수는 같은 종류의 금속 용접인 경우로서, 이음재의 지름(d)에 비례하여 길이를 같게 한다.
② 구리인 경우에는 $\ell_1 = \ell_2 = 4d$로 하며, 다른 종류의 금속인 경우에는 열 및 전기 전도도가 큰 쪽을 길게 한다.
③ 가스 압접법과 같이 이음부에 개재하는 산화물 등이 용접 후 남아있기 쉽고, 용접 전 이음면의 끝맺음 가공이 특히 중요하다.
④ 플래시 용접에 비해 가열속도가 늦고 용접시간이 길어 열영향부가 넓다.
⑤ 단면적이 큰 것이나 비대칭형의 재료 용접에 대한 적용이 곤란하다.
⑥ 불꽃이 비산이 없고 가압에 의한 변형이 생기기 쉬워 판재나 선재의 용접이 곤란하다.
⑦ 용접기가 간단하고 가격이 싸다.

6 돌기 용접(projection welding)

1) 원리

돌기 용접은 점 용접과 비슷한 것으로 용접할 모재에 한쪽 또는 양쪽에 돌기(projection)를 만들어 점 용접과 같이 이 부위에 집중적으로 전류를 통하게 하여 압접하는 방법이다.

[돌기 용접의 원리]

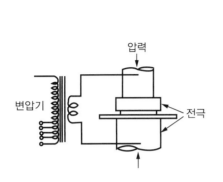

[용접과정]

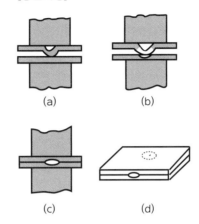

2) 특징

① 용접된 양쪽의 열용량이 크게 다를 경우도 양호한 열평형이 얻어진다.
② 작은 용접점이라도 높은 신뢰도를 얻을 수 있다.
③ 이종 재료의 용접이 가능하고, 열전도가 좋은 재료에 돌기를 만들어 쉽게 열평형을 얻을 수 있다.
④ 동시에 여러 점의 용접을 할 수 있고, 작업속도가 빠르다.
⑤ 전극의 수명이 길고, 작업능률이 높다.
⑥ 용접부의 거리가 작은 점 용접이 가능하다.
⑦ 용접 설비비가 비싸다.
⑧ 모재 용접부에 정밀도가 높은 돌기부를 만들어야 정확한 용접이 얻어진다.
⑨ 모재의 두께가 0.4~3.2mm의 용접에 가장 적합하다(판두께가 0.3mm 이하는 점 용접하는 것이 좋다).
⑩ 돌기 크기와 위치의 유연성은 점 용접(spot welding)으로 곤란하다.
⑪ 용융방식은 접합계면에 용융너깃을 형성시켜 안정된 접합부를 얻는 것으로 얇은 판 겹침 프로젝션의 거의가 이것에 해당한다.
⑫ 비용융방식은 프로젝션 부근의 용융–응고에 의해 너깃을 형성시키지 않고 프로젝션 압연의 소성 유동으로 계면의 불순물은 배제하여 맑고 깨끗한 금속면끼리 압접하는 것이다. 소성 유동을 이용한 방식은 비교적 두꺼운 판의 용접에 사용된다.

7. 전원 용접

낮은 전압 대전류를 얻기 위하여 사용되는 변압기의 1차측은 보통 220V, 2차측은 무부하에서 1~10V 정도인 것도 있으므로 전류를 통할 때 모재의 부하전압은 1V 이하의 리액턴스(reactance) 중의 전압 강하이다. 전극부분의 팔의 길이 및 간격이 크면 일정한 2차 전류를 흐르게 하는 데 큰 2차 무부하 전압이 필요하다. 1차입력은 거의 2차 전압과 2차 무부하전류를 곱한 것으로 된다.

8. 충격 용접(percussion welding)

① 직류전원의 콘덴서에 축적된 전기적 에너지를 금 속의 접촉면을 통하여 극히 짧은 시간(1/1000초 이 내)에 급속히 방전시켜 이때 발생하는 아크 열을 이 용하여 접합부를 집중 가열하고 방전하는 동안이 나, 직후에 충격적 압력을 가하여 접합하는 용접법

② 방전충격 용접이라고도 한다.

③ 극히 작은 지름의 용접물을 용접하는 데 사용

④ 콘덴서 : 변압기를 거치지 않고 직접 피용접물을 단락시키게 되어 있음

⑤ 피용접물이 상호충돌되는 상태에서 용접이 됨

⑥ 가압기구 : 낙하를 이용하는 것, 스프링의 압축을 이용하는 것, 공기 피스톤에 의하는 것 등

[퍼커션 용접의 원리]

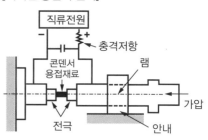

09 기타 용접

1. 단락 옮김 아크 용접(short arc welding)

1) 원리

① 가는 솔리드 와이어를 아르곤, 이산화탄소 또는 그 혼합가스의 분위기 속에서 용접하는 MIG용접 과 비슷한 방법

② 용적의 이행이 큰 용적

③ 와이어와 모재 사이를 주기적으로 단락을 일으키 도록 아크 길이를 짧게 하는 용접방법

④ 0.8mm 정도의 얇은 판 용접 가능

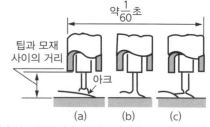

(a) 아크 발생 (b) 단락(소호) (c) 일그러짐(소회)

2) 용접장치

직류 정전압 전원, 와이어에 보내는 장치, 실드 가스용접 건(shield welding gun), 용접 케이블 (이산화탄소(CO_2)아크 용접장치와 비슷)

3) 마이크로와이어(micro-wire)

연강의 용접에서 규소-망간계에는 지름이 0.76mm, 0.89mm, 1.14mm인 아르곤 75%, 이산화 탄소 또는 산소 25%의 혼합가스가 널리 사용

2 아크 점 용접(arc spot welding)

1) 원리
① 아크의 고열과 그 집중성을 이용하여 겹친 2장의 판재의 한 쪽에서 아크를 0.5~5초 정도 발생시켜 전극팁의 바로 아래 부분을 국부적으로 융합시키는 용접법
② 용접에 의한 점 용접법

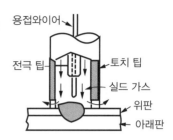

용접와이어
전극 팁
토치 팁
실드 가스
위판
아래판

2) 용접법의 적용
① 판두께 1.0~3.2mm정도의 위판과 3.2~6.0mm정도의 아래판을 맞추어서 용접하는 경우가 많음
② 능력범위 : 6mm까지는 구멍을 뚫지 않은 상태로 용접, 7mm 이상의 경우 구멍을 뚫고 플러그 용접을 시공
③ 극히 얇은 판재를 용접할 때에는 뒷면에 구리 받침쇠를 써서 용락을 방지할 필요가 있음

3 논실드 아크 용접(non shield arc welding)

1) 원리
① 실드가스(shield gas)를 사용하는 용접의 결점(옥외작업 시 바람의 영향을 받으며 서브머지드 아크 용접 시 용제 속에서 아크가 발생되어 작업상태를 보지 못함)을 개선하기 위한 반자동 용접법
② CO_2용접보다 다소 용접성이 뒤떨어지나 옥외작업이 가능하다는 장점이 있다.
③ 용접작업은 바람을 등지는 위치에서 행해야 하며 바람의 작용에 의하여 용적의 크기도 다르며 용적이 작을수록 질소 함유량이 적고 또 용접전류가 클수록 질소함유량은 적다.

2) 종류

구분	와이어	전원
논가스 논플럭스 아크 용접법	솔리드 와이어 사용	직류
논가스 아크 용접법	복합 와이어 사용	직류, 교류 어느 것이나 사용

3) 장점
① 용접기는 형태가 적고 가벼워 취급이 용이하다.
② 실드가스나 용제를 필요로 하지 않고 옥외작업이 가능하다.
③ 용접전원은 직류, 교류를 모두 사용할 수 있고 전자세 용접이 가능하다.
④ 저수소계 피복아크 용접봉과 같이 수소의 발생이 적고 비드가 아름답고 슬래그의 이탈성이 좋다.
⑤ 장치가 간단하고 운반이 편리하다.

4) 단점
① 전극 와이어의 형상이 복잡하여 가격이 비싸고 보관 관리가 어렵다.
② 실드가스(fume)의 발생이 많아서 용접선이 잘 보이지 않는다.
③ 용착금속의 기계적 성질이 다른 용접에 비해 다소 떨어진다.

4 ▶ 원자수소 아크 용접(atomic hydrogen arc welding)

1) 원리
① 가스실드 용접의 일종으로 수소가스의 분위기에서 2개의 텅스텐 전극 사이에 아크를 발생시키고 이 아크열에 의해 분자상의 수소 H_2를 원자상태의 수소 H로 해리하고, 이 해리된 원자 수소가 모재표면에서 냉각되어 분자상의 수소 H_2로 재결합할 때 발생되는 열(3,000~4,000℃)을 용접에 이용하는 방법
② 수소의 확산집합에 의하는 균열 등을 초래하는 경우가 있어 현재에는 거의 사용되고 있지 않음

2) 특징과 적용
① 용접전원으로는 교류, 직류가 다 사용되나 직류사용 시 극성효과로 한 쪽의 전극 소모가 빨리되므로 교류가 많이 사용되고 있다.
② 탄소강에서는 1.25% 탄소 함유량까지, 크롬강에서는 크롬 40%까지 용접 가능
③ 내식성을 필요로 하는 용접 또는 용융온도가 높은 금속 및 비금속재료 용접
④ 고도의 기밀, 유밀을 필요로 하는 내압용기

5 ▶ 스터드 용접(stud welding)

1) 원리
① 볼트, 환봉, 핀 등을 건축구조물 및 교량공사 등에서 직접 강관이나 형강에 용접하는 방법
② 볼트나 환봉을 용접 건(stud welding gun)의 홀더에 물리어 통전시킨 뒤에 모재와 스터드 사이에 순간적으로 아크를 발생시켜 이 열로 모재와 스터드 끝면을 용융시킨 뒤 압력을 주어 눌러 용접시키는 방법

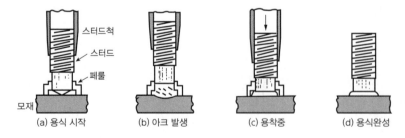

(a) 용식 시작   (b) 아크 발생   (c) 용착중   (d) 용식완성

2) 장치 및 특징
① 용접전원은 교류, 직류가 다 사용되나 그 중 세렌정류기를 사용한 직류 용접기가 많이 사용된다.

② 스터드 주변에는 내열성의 도자기로 된 페룰(ferrule)을 사용한다.

③ 아크의 발생시간은 일반적으로 0.1~2초 정도로 한다.

④ 대체로 급열, 급랭이 되기 때문에 저탄소강이 좋다.

⑤ 페룰은 아크 보호 및 열집중과 용융금속의 산화와 비산을 방지한다.

⑥ 용접단에 용제를 넣어 탈산 및 아크 안정을 돕는다.

6 가스 압접(pressure gas welding)

1) 원리

① 맞대기 저항 용접과 같이 봉모양의 재료를 용접하기 위해 먼저 접합부를 가스불꽃(산소-아세틸렌, 산소-프로판)으로 적당한 온도까지 가열한 뒤 압력을 주어 접합하는 방법

② 주로 산소-아세틸렌 불꽃을 사용함

③ 가열방법에 따라 밀착 맞대기법과 개방 맞대기법으로 나누고 있음

2) 용접방법에 따른 종류

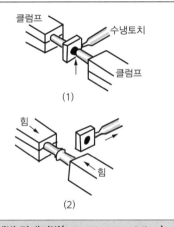

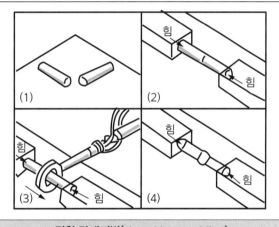

개방 맞대기법(open butt welding)	밀착 맞대기법(closed butt welding)
• 접합면을 약간 떼어놓고 그 사이에 가열토치를 넣어 균일하게 어느 정도 가열 접합면이 약간 용융되었을 때 가열토치를 제거하고 두 접합물을 가압 압접하는 방법	• 처음부터 접합면을 밀착시켜 압력을 가하면서 가스불꽃으로 용융되지 않을 정도로 가열한 뒤 어느 정도 압력이 가해지면 가열, 가압을 중지하고 압접을 완료시키는 방법 • 비용융 용접 • 이음면의 처음상태가 이음강도에 크게 영향을 주므로 정밀하고 깨끗하게 해야 한다.

3) 압접조건

① 가열토치 : 불꽃의 안정과 가열의 재현성과 균일성이 좋아야 하므로 토치팁의 구멍치수, 구멍수, 구멍배치 등에 주의해야 한다.

② 압접면 : 접합이 원활하게 이루어질 수 있게 이음면을 기계가공 등으로 깨끗하게 하여 불순물이 없게 한다.

③ 압력 : 접합물의 형상, 치수, 재질에 알맞은 압력을 가해야 한다.

④ 온도 : 이음면이 깨끗할 시 저온 이음이 가능하나 현장에서는 개재물을 확산시켜 이음성
능을 높일 목적으로 보통 1300~1350℃의 온도를 채택하고 있다(저온 이음 시 필요온도
900~1000℃).

4) 특징

① 이음부에 탈탄층이 전혀 없고 전력이 불필요하다.

② 장치가 간단하고, 설비비나 보수비 등이 싸다.

③ 작업이 거의 기계적이고 이음부에 첨가금속 또는 용제가 불필요하다.

④ 간단한 압접기를 사용 현장에서 지름 32mm정도의 철재를 압접한다.

⑤ 압접 소요시간이 짧다.

7 ▶ 용사(metallizing)

1) 원리

금속 또는 금속화합물의 분말을 가열하
여 반용융 상태로 하여 불어서 붙여 밀착
피복하는 방법

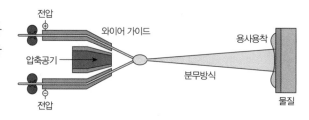

2) 용사재료

① 금속, 탄화물, 규화물, 질화물, 산화물(세라믹), 유리 등

② 재료의 선정 시 사용목적은 물론 융접, 용사재료와 모재와의 열팽창계수가 합치되는 것을 고
려한다.

3) 용사재료의 형상

① 와이어 또는 봉형

② 분말모양

4) 용사장치

가스불꽃 용선식 건, 분말식 건, 플라스마 용사 건

5) 용도

내식, 내열, 내마모 혹은 인성용 피복으로서 매우 넓은 용도를 가지며 특히 기계부품 분야에 많
이 쓰이고 항공기, 로켓 등의 내열피복으로도 적용됨

8 ▸ 저온 용접(low temperature welding)

1) 원리
① 공정(eutectic)조직을 가진 합금의 용접은 공정조직이 아닌 배합의 동일계 합금에 비하여 융점이 최저가 된다는 사실을 이용
② 특수한 용접봉을 사용하여 일반 가스 용접 및 아크 용접보다 낮은 온도에서 용접하는 용접법
③ 경납땜에 가까운 용접

* 공정 : 두 개 이상의 금속이 용융상태에서는 균일하게 조직을 이루나 냉각 시 일정한 온도에서 두 종류 이상의 결정으로 변화하여 미세한 결정립이 기계적으로 혼합된 조직이 되어 있는 것

2) 저온 용접의 방법

가스 용접	• I형 맞대기나 필렛 용접에 많이 사용되고 V형 용접도 한다. • 용접봉의 주성분은 주철, 강, 동과 알루미늄의 각 모재에 대하여 아연(Zn) 재료를 사용하여 용융온도는 170~300℃이다. • 용접봉의 주성분이 Al, Ag, Cu일 때는 용융온도가 510~660℃이고 Cu, Ni, Fe일 때 용융 온도는 750~800℃보다 약간 높다.
아크 용접	• 제일 많이 사용되며 전류는 교류와 직류를 다 사용해도 좋고 피복 용접봉을 사용한다. • 보통 피복아크 용접에서 사용되는 용접전류의 50~70%를 사용한다.

3) 특징
① 저온에서 용접이 되므로 모재의 재질변화가 적고 변형과 응력 균열이 적다.
② 공정으로 미세조직의 용접금속을 얻어 강도와 경도가 크게 된다.
③ 용접 시 모재를 예열한 후 용접을 실시한다.
④ 용접봉은 모재와 같은 계통의 공정 합금을 사용하고 작업속도가 빠르다.

4) 저온 용접의 응용
주철, 철강, 각종 합금강의 구조용접과 파손 수리 용접으로부터 알루미늄 합금의 각종 제품과 구리, 청동, 각종 황동류의 제품 용접, 경질의 덧붙이 용접 등 그 이용 범위가 매우 넓다.

9 ▸ 플라스틱 용접(plastics welding)

1) 원리
① 플라스틱 용접에는 일반적으로 열풍 용접이 많이 사용되며 전열에 의해 기체를 가열하여 고온기체를 용접부와 용접봉에 분출하여 용접하는 것
② 금속 용접과 거의 같으며 열가소성플라스틱(thermo-plastic)을 용접함

2) 용접방법
① 열풍 용접(hot gas welding)
② 열기구 용접(heated tool welding)

③ 마찰 용접법
④ 고주파 용접법

10 초음파 용접(ultrasonic welding)

1) 원리
용접모재를 겹쳐서 용접팁과 하부 앤빌(anvil) 사이에 끼워 놓고, 압력을 가하면서 초음파 (18KHz 이상) 주파수로 진동시켜 그 진동 에너지에 의해 접촉부에 진동 마찰열을 발생시켜 압접하는 방법

2) 초음파 전달방식
① 쐐기리드방식(wedge reed system)
② 횡진동방식(lateral driven system)
③ 염(비틀림)진동방식(torsional transducer system)

3) 특징
① 냉간압접에 비해 주어지는 압력이 작으므로 용접물의 변형률이 작다.
② 관의 두께에 따라 용접강도가 현저하게 변화한다.
③ 이종 금속의 용접이 가능하다.
④ 용접물의 표면처리가 간단하고 압연한 그대로의 재료도 용접이 쉽다.
⑤ 극히 얇은 판 즉 필름(film)도 쉽게 용접된다.
⑥ 용접금속의 자기풀림결과 미세결정 조직을 얻는다.

11 냉간압접(cold pressure welding)

1) 원리
냉간압접은 순수한 압접방식으로 두 개의 금속을 깨끗하게 하여 Å(10^{-8}cm)단위의 거리로 가까이하면 자유전자가 공통화되고 결정격자점의 양이온과 서로 작용하여 인력으로 인하여 원리적으로 금속원자를 결합시키는 형식으로 단순히 가압만의 조작으로 금속 상호간의 확산을 일으켜 압접을 하는 방법

2) 특징
① 압접공구가 간단하고 숙련이 필요하지 않다.
② 압접부가 가열 용융되지 않으므로 열영향부가 없다.
③ 접합부의 내식성과 전기저항은 모재와 거의 같다.
④ 압접부가 가공 경화되어 눌린 흔적이 남는다.
⑤ 압접부의 산화막이 취약되든가 충분한 소성변형 능력을 가진 재료에만 적용된다.
⑥ 철강 재료의 접합에는 부적당하고 압접의 완전성을 비파괴 시험하는 방법이 없다.

12 마찰 용접(friction welding)

1) 원리
용접하고자 하는 모재를 맞대어 접합면의 고속회전에 의해 발생된 마찰열을 이용하여 압접하는 방법

[마찰용접의 작업과정]

(a) ── 구동축 측 모재회전
(b) ── 모재간 접촉개시
(c) ── 마찰열 발생
(d) ── 회전정지 가압증대

2) 특징
① 접합부의 변형 및 재질의 변화가 적다.
② 고온 균열 발생이 없고 기공이 없다.
③ 소요 동력이 적게 들어 경제성이 높다.
④ 이종 금속의 용접이 가능하고 접합면의 끝손질이 필요하지 않다.

13 폭발압접(explosive welding)

1) 원리
2장의 금속판을 화약의 폭발에 의해 일어나는 순간적인 큰 압력을 이용하여 금속을 압접하는 방법

2) 특징
① 이종 금속의 접합이 가능하고 다층 용접이 된다.
② 작업장치가 불필요하므로 경제적이다.
③ 고용융점 재료의 접합이 가능하다.
④ 화약을 취급하므로 위험하고 큰 폭발음과 진동이 있다.

14 고주파 용접(high frequency welding)

1) 원리
① 고주파 전류를 직접 용접물에 통해 고주파 전류 자신이 근접효과(proximity effect)에 의해 용접부를 집중적으로 가열하여 용접
② 도체의 표면에 고주파 전류가 집중적으로 흐르는 성질인 표피효과(skin effect)를 이용하여 용접부를 가열 용접

맞대기 심 용접
가압롤
전류
파이프 맞대기 포인트
V각도 4~7도
튜브 방향
주축

2) 종류
① 고주파 유도 용접
② 고주파 저항 용접

3) 특징
① 모재의 접합면 표면에 어느 정도 산화막이나 더러움 등이 있어도 지장이 없다.
② 이종 금속의 용접이 가능하고 가열효과가 좋아 열영향부가 적다.
③ 이음형상이나 재료의 크기에 제약이 있고 전력의 소비가 다소 크다(고주파 유도 용접).

15 그래비티 용접(gravity welding)

1) 원리

피복아크 용접법으로 피더(feeder)에 철분계 용접봉(철분 산화철계, 철분 저수소계, 철분 산화 티탄계)을 장착하여 수평 필릿 용접을 전용으로 하는 일종의 반자동 용접장치로 길이가 긴 용접봉을 모재와 일정한 경사를 갖는 금속지주를 따라 용접 홀더가 하강하면서 용접봉이 모재의 용접선 위에 접촉되어 아크를 발생 후 용융됨에 따라 홀더는 지지 각도를 일정하게 유지하며 중력에 의하여 서서히 자동적으로 용접이 진행한다.

[그래비티 용접기의 구조]

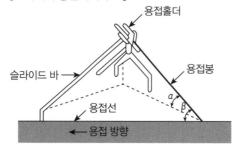

[그래비티 용접기의 설치 조건]

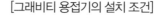

각도 (°)	운봉비(비드길이/용접봉길이)				
	1.1	1.2	1.3	1.4	1.5
a	33°	33°	32°	32°	32°
β	61°	57°	51°	51°	50°

2) 용접방법

① 용접봉 지름과 용접봉 길이의 크기에 따라 용접전류를 선택한다.
② 1인의 작업자가 여러대의 장치를 조절할 수 있는 능률적인 용접법이다.
③ 용접봉의 종류와 크기에 따라 알맞은 각도를 정한 다음에 각도 조정바에 있는 나사를 정확하게 고정한다.
④ 용접기를 움직여 용접봉을 모재에 끝단에 대고 아크를 일으킨다.

3) 그래비티 용접과 오토콘 용접과의 비교

구분	항목	오토콘 용접	그레비티 용접
장치	구조	간단하다	약간 복잡하다
	형상	부피가 작다	부피가 크다
	중량	가볍다	약간 무겁다
	사용법	쉽다	약간 어렵다
적용성	적용부위	정확한 조립 이음부 루트간격 : 2mm 이하 조립 보강재 간격 : 200mm 이상 조립 모재길이 : 1m 이상 경사각 : 70° 미만 목두께 크기 : 4.0~6.0mm	정확한 조립 이음부 루트간격 : 2mm 이하 조립 보강재 간격 : 650mm 이상 조립 모재길이 : 3m 이상 경사각 : 70° 미만 목두께 크기 : 3.5~6.0mm
	운봉속도	조절불가	조절가능(운봉비=0.8~1.8mm)
	용접자세	아래보기 비드, 수평필릿	아래보기 비드, 수평필릿
	모재두께	제한없음	제한없음
	모재종류	연강 및 고장력강	연강 및 고장력강

구분 \ 항목	오토콘 용접	그레비티 용접
작업성 스패터	약간 많음	보통
작업성 용입	약간 얕음	보통
작업성 비드외관	양호함	양호함

* 오토콘 용접(autocon welding : 저각도 용접)은 영구자석 및 특수 홀더에 스프링을 이용한 간단한 용접 장치로 고능률 하향 및 수평필릿 전용 용접법

10 용접의 자동화와 로봇용접

1 용접의 자동화

1) 개요

① 사람은 모든 능력에서 뛰어나지만 장기적으로 같은 일을 반복하는 작업이나 단순한 일을 하는 작업은 주의력이 시간이 지속될수록 떨어져 피로와 권태를 느끼며 또한 인력부족과 인건비의 상승 등의 원인으로 생산성이 저하되는 것을 보안하기 위하여 기계의 자동화를 한다.

② 자동화는 수동작업에 비해 기계를 이용하여 단순한 작업이나 반복되는 작업, 사람이 하기 어려운 위험한 작업 등을 고난도의 작업까지 하게 되는 프로세스를 말한다.

2) 자동화의 목적

① 단순 반복작업 및 위험작업에 따른 작업자의 보호와 안전
② 무인 생산화(로봇, PLC를 이용한 컨베이어 시스템 등)에 따른 원가 절감 및 균일한 품질의 유지
③ 인력(숙련 작업자)부족에 대처
④ 다품종 소량생산에 적응하고 재고 감소
⑤ 정보관리의 집중화

용접요소 \ 적용방법	수동 용접	반자동 용접	기계 용접	자동화 용접	적응제어 용접	로봇용접
아크 발생과 유지	인간	기계	기계	기계	기계(센서포함)	기계(로봇)
용접와이어 송급	인간	기계	기계	기계	기계(센서포함)	기계
아크열 제어	인간	인간	기계	기계	기계(센서포함)	기계 (센서를 갖춘 로봇)
토치의 이동	인간	인간	기계	기계	기계(센서포함)	기계(로봇)
용접선 추적	인간	인간	인간	경로 수정 후 기계	기계(센서포함)	기계 (센서를 갖춘 로봇)
토치 각도 조작	인간	인간	인간	기계	기계(센서포함)	기계(로봇)
용접 변형제어	인간	인간	인간	제어불가능	기계(센서포함)	기계 (센서를 갖춘 로봇)

3) 자동화에 필요한 기구

① 용접포지셔너(welding positioner) : 포지셔너의 테이블은 어느 방향으로든지 기울림과 회전이 가능하며, 이것을 사용함으로써 어떠한 구조의 용접물이든 아래보기 자세용접을 가능하게 하여 생산 가격을 절감한다. 일반적으로는 수직자세 용접은 같은 조건에서 아래보기 용접보다 3배가량 시간이 더 소요된다.

② 터닝 롤(turning rolls) : 터닝 롤은 대형 파이프의 원주 용접을 단속적으로 아래보기 자세로 용접하기 위해, 모재의 바깥지름을 지지하면서 회전시키는 장치이다.

③ 헤드 스톡(head stock) : 테일 스톡(tail stock) 포지셔너는 용접한 물체의 양끝을 고정한 후 수평축으로 회전시키면서 아래보기 자세용접을 가능하게 하는 것으로, 주로 원통형 용접물의 용접에 많이 이용한다.

④ 턴 테이블(turntable) : 턴 테이블은 용접물을 테이블 위에 고정시키고, 테이블을 좌우방향으로 정해진 속도로 회전시키면서 용접할 수 있는 장치이다.

⑤ 머니퓰레이터(manipulator) : 암(arm)이 수직·수평으로 이동 가능하며 또한 완전 360° 회전이 가능하므로, 서브머지드 용접기나 다른 자동용접기를 수평암에 고정시켜 아래보기 자세로 원주 맞대기 용접이나 필릿 용접을 가능하게 한다.

4) 용접 자동화 장치

아크 용접의 로봇에는 일반적으로 점용접(spot welding), GMAW(Gas Metal Arc Welding : CO_2, MIG, MAG)와 GTAW(Gas Tungsten Arc Welding : TIG) 및 LBW(Laser Beam Welding(레이저빔 용접))이 주로 이용되고 있다.

2 자동제어

1) 자동제어의 개요

① 제어 : 목적의 결과를 얻기 위해서 대상에 필요한 조작을 가하는 것
② 자동제어 : 어떤 센서를 통하여 인간 대신에 기기에 의하여 제어되는 것

2) 자동제어의 장점

① 제품의 품질이 균일화되어 불량품이 감소된다.
② 작업을 적정하게 유지할 수 있어 원자재, 원료 등이 절약되며 연속작업이 가능하다.
③ 인간에게는 불가능한 고속작업과 정밀한 작업이 가능하다.
④ 환경이 인간에게 부적당한 곳에서도 작업이 가능하고 위험한 장소의 사고가 방지된다(방사능 위험이 있는 장소, 주의가 복잡한 장소, 고온 등).
⑤ 노력의 절감이 가능하여 투자 자본의 절약이 가능하다.

3) 자동제어의 종류

① 정성적 제어(qualitative control)
  • 시퀀스 제어(sequence control) : 유접점과 무접점 시퀀스 제어로 구분된다.
  • 프로그램 제어(program control) : PLC(Programmable Logic Controller) 제어 방식이다.
  * 시퀀스 회로의 배선을 통해 제어를 하며 작업명령 → 명령처리부(제어명령) → 조작부(조작신호) → 제어대상(상태) → 표시 및 경보부

② 정량적 제어(quantitative control)
- 개루프 제어(open loop control)
- 폐루프 제어(closed loop control) : 피드백 제어(feedback control)가 첨가가 된다.
  * 목표값 → 제어요소(조작량) → 제어대상(제어량)

🖐 시퀀스 제어의 특징

유접점(릴레이) 시퀀스 제어	장점	① 개폐용량이 크며 과부하에 잘 견딘다. ② 전기적 잡음에 대해 안정적이다. ③ 온도 특성이 양호하다. ④ 독립된 다수의 출력회로를 갖는다. ⑤ 입력과 출력이 분리 가능하다. ⑥ 동작상태의 확인이 쉽다
	단점	① 동작 속도가 늦다. ② 소비전력이 비교적 크다. ③ 접점의 마모 등으로 수명이 짧다. ④ 기계적 진동, 충격 등에 약하다. ⑤ 소형화에 한계가 있다.
무접점(논리케이트) 시퀀스 제어	장점	① 전기적 잡음에 약하다. ② 온도의 변화에 약하다. ③ 신뢰성이 좋지 않다. ④ 별도의 전원 및 관련 회로를 필요로 한다.
	단점	① 동작 속도가 빠르다. ② 고빈도 사용에도 수명이 길다. ③ 열악한 환경에 잘 견딘다. ④ 고감도의 성능을 갖는다. ⑤ 소형이며 가볍다. ⑥ 다수입력 소수출력에 적당하다.

3 로봇

1) 머니퓰레이터(manipulator)

보통 여러 개의 자유도를 가지고 대상물을 잡거나 이동할 목적으로 서로 상대적인 회전운동, 미끄럼 운동을 하는 분절의 연결로 구성된 기계 또는 기구

① 직각 좌표 로봇 : 세 개의 팔이 서로 직각으로 교차하여 가로, 세로, 높이의 3차원 내에서 작업을 하는 로봇으로 자유도는 3이다.
   * 로봇은 팔의 자유도(축수) 3, 손목의 자유도 3의 합계 6 자유도의 기구가 일반적이며, 용도에 따라서 3, 4, 5 자유도의 것도 사용됨

② 극좌표 로봇 : 직선축과 회전축으로 되어 있으며 수직면과 수평면 내에서 선회 영역이 넓고 팔이 기울어져 상하로 운동하므로 스폿용접용 로봇으로 많이 이용된다(주로 PTP(point to point) 제어 로봇으로 경로상의 통과점들이 띄엄 띄엄 지정되어 있어 그 경로를 따라 움직이게 되어 있다).

③ 원통 좌표 로봇 : 두방향의 직선축과 한 개의 회전운동을 하지만 수직면에서의 선회는 안 되는 로봇으로 주로 공작물의 착탈 작업에 사용되며 자유도는 3이다.

④ 다관절 로봇 : 관절형 형식으로 팔꿈치나 손목의 관절에 해당도어 회전 → 선회 → 선회 운동
을 하는 대표적인 로봇이다.

[좌표계의 장단점]

형상	장점	단점
직각 좌표계	• 3개 선형축(직선운동) • 사각화가 용이 • 강성구조 • 오프라인 프로그래밍 용이 • 직선 축에 기계정지 용이	• 로봇 자체 앞에만 접근 가능 • 큰 설치공간이 필요 • 밀봉(seal)이 어려움
원통 좌표계	• 2개의 선형축과 1개 회전축 • 로봇 주위에 접근 가능 • 강성구조의 2개의 선형축 • 밀봉이 용이한 회전축	• 로봇 자체보다 위에 접근 불가 • 장애물 주위에 접근 불가 • 밀봉이 어려운 2개 선형축
극좌표계	• 1개의 선형축과 2개의 회전축 • 긴 수평 접근	• 장애물 주위에 접근 불가 • 짧은 수직 접근
관절 좌표계	• 3개의 회전축 • 장애물의 상하에 접근 가능 • 작은 설치공간에 큰 작업영역	• 복잡한 머니퓰레이터 구조

2) 로봇의 종류

3) 로봇의 구동장치

① 동력원(power supply) : 동력 공급원은 전기, 유압, 공압이 있다.

② 액추에이터(actuator) : 전기식 액추에이터, 공압식 액추에이터, 유압식 액추에이터, 전기 기계식 액추에이터

③ 서보모터(servo moter) : 로봇의 핵심 동력원으로 직류모터, 동기형 교류모터, 유도형 교류모터, 스태핑모터 등이 있다.

[산업용 로봇을 위한 동력원의 비교]

명칭	장점	단점
유압식	• 큰 가반 중량 • 적당한 속도 • 정확한 제어	• 고가, 장치의 큰 부피 • 소음 • 저속
공압식	• 저가 • 고속	• 정밀도 한계 • 소음 • 에어필터가 필요 • 습기 건조 시스템 필요
전기모터	• 고속, 정밀 • 비교적 저가 • 사용이 간편	• 감속장치가 필요 • 동력의 한계

4) 산업용 로봇을 위한 센서의 종류와 적용

형상	장점	단점
접촉식 센서	• 기계식-토치와 함께 이동하는 롤러 스프링 • 전자-기계식-양쪽에 연결된 탐침 • 용접선 내부 접촉 탐침-전자·기계식 • 복잡한 제어를 갖는 탐침 • 물리적 특성과 관계된 비접촉식 센서	용접선 추적용
비접촉 센서	• 음향(acoustic) : 아크 길이 제어 • 캐피시턴스 : 접근거리 제어 • 와전류 : 용접선 추적 • 자기유도 : 용접선 추적 • 자기(magnetic) : 전자기장 측정 • Through-The-Arc 센서 • 아크 길이 제어 • 전압측정하면서 좌우 위방 • 광학, 시각(이미지 포착과 처리) 센서 • 빛 반사 • 용접아크 상태 검출 • 용융지 크기 검출 • 아크 발생 전방의 이음형태 판단 • 레이저 음영 기술 • 레이저 영역 판별 기술 • 기타 시스템	다목적용

* 로봇 센서 : Arc센서, 터치 센서, 비전 센서, 광학 센서

5) 로봇 용접 장치

① 용접전원

② 포지셔너(positioner)

③ 트랙(track), 갠트리(gantry), 칼럼(column), 용접물 고정장치

  * 용접 작업할 데이터는 보관하여 피드백을 한다.

6) 로봇의 안전

① 방호장치

② 안전 수칙

- 작업 시작 전 머니퓰레이터의 작동 상태 점검
- 비상 정지 버튼 등 제동 장치 점검
- 작업자의 위험방지 지침을 작성하여 오동작, 오조작을 방지한다.
- 작업자 외에는 로봇을 작동하지 못하도록 하며 로봇 운전 중에는 로봇의 운전 구역에 절대 들어가지 않게 한다.
- 점검 시 주 전원을 차단한 뒤에 "조작금지" 안내판을 부착하고 점검을 실시한다.

7) 산업용 로봇의 작업절차

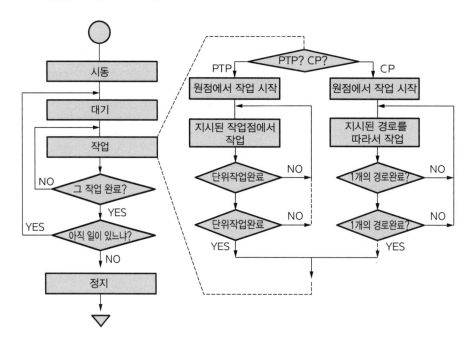

01 다음 중 서브머지드 아크 용접의 다른 명칭으로 불리는 것이 아닌 것은?

① 잠호 용접
② 불가시 아크 용접
③ 유니언 멜트 용접
④ 가시 아크 용접

해설
서브머지드 아크 용접은 다른 이름으로는 잠호 용접, 유니언 멜트 용접법(union melt welding), 링컨 용접법(Lincoln welding), 불가시 아크 용접이라고도 부른다.

02 서브머지드 아크 용접은 수동(피복아크 용접) 용접보다 몇 배의 용접속도의 능률을 갖는가?

① 2~3배
② 5~7배
③ 2~10배
④ 10~20배

해설
피복아크 용접보다 용접속도 10~20배의 능률을 갖는다.

03 서브머지드 아크 용접은 수동 용접보다 몇 배의 용입에 능률을 갖는가?

① 1~1.5배
② 2~3배
③ 5~7배
④ 6~8배

해설
수동 용접보다 2~3배 용입이 커진다.

04 서브머지드 아크 용접에 대한 설명 중 틀린 것은?

① 용접선이 복잡한 곡선이나 길이가 짧으면 비능률적이다.
② 용접부가 보이지 않으므로 용접상태의 좋고 나쁨을 확인할 수 없다.
③ 일반적으로 후판의 용접에 사용되므로 루트간격이 0.8mm 이하이면 오버랩(over lap)이 많이 생긴다.
④ 용접홈의 가공은 수동용접에 비하여 정밀도가 좋아야 한다.

해설
루트 간격이 0.8mm보다 넓을 때는 처음부터 용락을 방지하기 위해 수동용접에 의해 누설방지비드를 만들거나 뒷받침을 사용해야 한다.

05 서브머지드 아크 용접법의 특징에 대한 설명 중 틀린 것은?

① 와이어에 대전류를 흘러 줄 수 있어 중후판의 용접에 좋다.
② 후판의 용접에 사용되므로 열에너지의 손실이 크다.
③ 수동 용접보다 용입이 대단히 깊다.
④ 용접재료의 소비가 적어 경제적이고 용접 변형이 적다.

해설
모재에 플럭스가 먼저 용접부를 덮힌 뒤에 아크가 플럭스 보호 아래에서 일어나 열에너지의 손실이 적어 후판의 용접에 적합하다.

정답				
01 ④	02 ④	03 ②	04 ③	05 ②

06 다음은 서브머지드 아크 용접의 용접장치를 열거한 것이다. 용접헤드(welding head)에 속하지 않는 것은?

① 심선을 보내는 장치
② 진공회수장치
③ 접촉팁(contact tip) 및 그의 부속품
④ 전압제어상자

용접헤드는 용접전원(직류 또는 교류), 전압 제어상자 (voltage control box), 심선을 보내는 장치(wire feed apparatus), 접촉팁(contact tip), 용접와이어(와이어전극, 테이프 전극, 대상전극), 용제호퍼, 주행대차 등으로 되어 있으며 용접전원을 제외한 나머지를 용접헤드(welding head)라 한다.

07 다음은 서브머지드 아크 용접기를 전류용량으로 구별한 것이다. 틀린 것은?

① 400A   ② 900A
③ 1200A   ④ 2000A

용접기를 전류용량으로 구별하면 최대전류 900A, 1200A, 2000A, 4000A 등의 종류가 있다.

08 서브머지드 아크 용접에서 아크 전압에 관해 틀린 것은?

① 아크 전압이 낮으면 용입이 깊고 비드폭이 좁다.
② 아크 전압이 낮으면 균열이 발생하기 쉽다.
③ 아크 전압이 높으면 비드폭이 넓은 형상이 되어 여성(餘盛) 부족이 되기 쉽다.
④ 아크 전압이 높으면 용입이 깊고 비드폭이 좁아진다.

• 아크 전압이 낮으면 : 용입이 깊고, 비드 폭이 좁은 배형 형상이 되기 쉽고 균열이 생긴다.
• 아크 전압이 높아지면 : 용입이 얕고, 비드폭이 넓은 형상이 되어 여성(餘盛) 부족이 되기 쉽다.

09 다음은 서브머지드 아크 용접의 용접속도에 관한 것이다. 틀린 것은?

① 용접속도를 작게 하면 큰 용융지가 형성되고 비드가 편평하게 된다.
② 용접속도를 작게 하면 여성(餘盛) 부족이 되기 쉽다.
③ 용접속도를 과대하면 오버랩이 발생한다.
④ 용접속도가 과대하면 용착금속이 적게 된다.

• 용접속도를 작게 하면 큰 용융지가 형성되고 비드가 편평하게 되어 여성(餘盛)비드 형상이 되기 쉽다.
• 용접속도가 과대하면 언더컷이 발생하고 용착금속이 적게 된다.

10 서브머지드 아크 용접에서 용접전류가 낮을 때 일어나는 현상이 아닌 것은?

① 용입 깊이가 부족하다.
② 비드 높이가 부족하다.
③ 비드 폭이 부족하다.
④ 비드 폭이 너무 넓게 된다.

용접전류가 낮으면 용입 깊이, 비드 높이, 비드 폭이 부족하고, 용접전류가 높으면 비드 폭이 너무 넓게 되어 비드 높이가 낮고 고온균열을 일으키기 쉽다.

11 서브머지드 아크 용접의 사용되는 지름 4.0mm의 와이어의 사용전류 범위는?

① 400A
② 300~500A
③ 350~800A
④ 500~1100A

와이어 지름에 따른 사용전류범위는 와이어 지름 2.4mm : 150~350A, 3.2mm : 300~500A, 4.0mm : 350~800A, 4.8mm : 500~1100A, 6.4mm : 700~1600A, 7.9mm : 1,000~2,000A 이하이다.

12 다음 중 서브머지드 아크 용접에서 두 개의 와이어를 똑같은 전원에 접속하며 비드의 폭이 넓고 용입이 깊은 용접부가 얻어져 능률이 높은 다전극 방식은?

① 횡직렬식

② 종직렬식

③ 횡병렬식

④ 탠덤식

다전극 용접기
- 탠덤식(tandem process) : 두 개의 전극와이어를 독립된 전원에 접속하는 방식으로 비드의 폭이 좁고 용입이 깊다.
- 병렬식(parallem transuerse process) : 두 개의 와이어를 똑같은 전원에 접속하며 비드의 폭이 넓고 용입이 깊은 용접부가 얻어져 능률이 높다.
- 횡직렬식(series transuerse process) : 두 개의 와이어에 전류를 직렬로 흐르게 하여 아크 복사열에 의해 모재를 가열 용융시켜 용접을 하는 방식이다.

13 서브머지드 아크 용접의 고능률 용접법의 종류로 틀린 것은?

① CO_2+UM(union melt) 다전극 서브머지드 아크 용접법

② 컷 와이어(cut wire)첨가 서브머지드 아크 용접법

③ 핫 와이어(hot wire) 서브머지드 아크 용접법

④ 복합 와이어를 이용한 수평전용 서브머지드 아크 용접법

서브머지드 아크 용접법 중 고능률 용접법의 종류
- CO_2+UM(union melt) 다전극 서브머지드 아크 용접법
- 컷 와이어(cut wire)첨가 서브머지드 아크 용접법
- 핫 와이어(hot wire) 서브머지드 아크 용접법
- 복합 와이어와 솔리드 와이어로 병용하는 방법
- 타운형 탱크 원주 서브머지드 아크 용접법
- 3시 용접(three O'clock welding : 수평 서브머지드 아크 용접)
- I2R법(일명 KK-K법)
- 좁은 홈 용접
- 대상 전극(hoop electrode)법
- 테이프 전극 서브머지드 아크 용접법 등

14 다음 중 서브머지드 아크 용접의 용제 종류가 아닌 것은?

① 용융형 용제　　② 소결형 용제

③ 혼성형 용제　　④ 혼합형 용제

용제의 종류에는 용융형, 소결형, 혼성형이 있다.

15 불활성 가스 아크 용접법에서 실드 가스는 바람의 영향을 받기 쉬운데 풍속(m/sec) 얼마에 영향을 받는가?

① 0.1~0.3　　② 0.3~0.5

③ 0.5~2　　④ 1.5~3

16 서브머지드 아크 용접의 단점으로 틀린 것은?

① 아크가 보이지 않으므로 용접의 좋고 나쁨을 확인하면서 용접할 수가 없다.

② 일반적으로 용입이 깊으므로 요구되는 용접홈 가공의 정도가 심하다.

③ 용입이 크므로 모재의 재질을 신중하게 선택한다.

④ 특수한 장치를 사용하지 않아도 용접자세가 아래보기, 수직, 수평 필릿에 한정된다.

서브머지드 아크 용접의 단점
- 아크가 보이지 않으므로 용접의 좋고 나쁨을 확인하면서 용접할 수가 없다.
- 일반적으로 용입이 깊으므로 요구되는 용접홈 가공의 정도가 심하다(0.8mm의 루트 간격이 넓을 때는 용락(burn through, metal down)의 위험성이 있다).
- 용입이 크므로 모재의 재질을 신중하게 선택한다.
- 용접선의 길이가 짧거나 복잡한 곡선에는 비능률적이다.
- 특수한 장치를 사용하지 않는 한 용접자세가 아래보기나 수평 필릿에 한정된다.
- 용제의 습기 흡수가 쉬워 건조나 취급이 매우 어렵다.
- 시설비가 비싸다.

정답

06 ②	07 ①	08 ④	09 ③	10 ④	11 ③
12 ③	13 ④	14 ④	15 ③	16 ④	

17 서브머지드 아크 용접에 사용되는 용제가 갖추어야 할 성질 중 잘못된 것은?

① 아크 발생이 잘되고 지속적으로 유지시키며 안정된 용접을 할 수 있을 것
② 용착금속에 합금 성분을 첨가시키고 탈산, 탈황 등의 정련작업을 하여 양호한 용착금속을 얻을 수 있을 것
③ 적당한 용융온도와 점성온도 특성을 가지며 슬래그의 이탈성이 양호하고 양호한 비드를 형성할 것
④ 적당한 입도가 필요 없이 아크의 보호성이 좋을 것

적당한 입도를 가져 아크의 보호성이 좋을 것

18 미그(MIG)용접 등에서 용접전류가 과대할 때 주로 용융풀 앞기슭으로부터 외기가 스며들어, 비드 표면에 주름진 두터운 산하막이 생기는 것을 무엇이라 하는가?

① 퍼커링(puckering) 현상
② 퍽 마크(puck mark) 현상
③ 핀 호울(pin hole) 현상
④ 기공(blow hole) 현상

• 퍽 마크(puck mark) : 서브머지드 아크 용접에서 용융형 용제의 산포량이 너무 많으면 발생된 가스가 방출되지 못하여 기공의 원인이 되며 비드 표면에 퍽 마크가 생긴다.
• 핀 호울(pin hole) : 용접부에 남아있는 바늘과 같은 것으로 찌른 것 같은 미소한 가스의 기공이다.

19 불활성 가스 아크 용접법의 장점이 아닌 것은?

① 불활성 가스의 용접부 보호와 아르곤가스 사용 역극성 시 청정효과로 피복제 및 용제가 필요 없다.
② 산화하기 쉬운 금속의 용접이 용이하고 용착부의 모든 성질이 우수하다.
③ 저전압시에도 아크가 안정되고 양호하며 열의 집중 효과가 좋아 용접속도가 빠르고 또 양호한 용입과 모재의 변형이 적다.
④ 뜨거운 판의 모재에는 용접봉을 쓰지 않아도 양호하고 언더 컷(under cut)도 생기지 않는다.

불활성 가스 아크 용접법에는 얇은 판의 모재에는 용접봉을 쓰지 않아도 양호하고 언더 컷(under cut)도 생기지 않으며 전자세 용접이 가능하고 고능률이다.

20 불활성 가스 아크 용접법의 특성 중 틀린 것은?

① 아르곤가스 사용 직류 역극성 시 청정 효과(cleaning action)가 있어 강한 산화막이나 용융점이 높은 산화막이 있는 알루미늄(Al), 마그네슘(Mg) 등의 용접이 용제 없이 가능하다.
② 직류 정극성 사용 시는 폭이 좁고 용입이 깊은 용접부를 얻으나 청정효과도 있다.
③ 교류 사용 시 용입 깊이는 직류 역극성과 정극성의 중간 정도이고 청정효과가 있다.
④ 고주파 전류 사용 시 아크 발생이 쉽고 안정되며 전극의 소모가 적어 수명이 길고 일정한 지름의 전극에 대해 광범위한 전류의 사용이 가능하다.

직류 정극성 사용 시는 폭이 좁고 용입이 깊은 용접부를 얻으나 청정효과가 없다.

21 불활성 가스 아크 용접으로 용접을 하지 않는 것은?

① 알루미늄　　② 스테인리스강

③ 마그네슘 합금　④ 선철

불활성 가스 아크 용접에 해당되는 금속은 연강 및 저합금강, 스테인리스강, 알루미늄과 합금, 동 및 동합금, 티타늄(Ti) 및 티타늄 합금 등이며 선철은 용접하지 않는다.

22 TIG 용접에서 교류전원 사용 시 발생하는 직류성분을 없애기 위하여 용접기 2차회로에 삽입하는 것 중 틀린 것은?

① 정류기　　② 직렬 콘덴서

③ 축전지　　④ 콘덕턴스

교류에서 발생되는 불평형 전류를 방지하기 위해서는 2차회로에 직류 콘덴서(condenser), 정류기, 리엑터, 축전지 등을 삽입하여 직류성분을 제거하게 하는 것을 평형 교류 용접기라 한다.

23 MIG용접은 TIG용접에 비해 능률이 높기 때문에 두께 몇 mm 이상의 알루미늄, 스테인리스강 등의 용접에 사용이 되는가?

① 3mm　　② 5mm

③ 6mm　　④ 7mm

TIG는 3mm 이내가 좋고 MIG는 3mm 이상의 후판에 이용이 되고 있다.

24 TIG용접작업에서 토치의 각도는 모재에 대하여 진행방향과 반대로 몇 도 정도 기울여 유지시켜야 하는가?

① 15°　　② 30°

③ 45°　　④ 75°

TIG용접작업에서는 토치의 각도가 모재에 대하여 진행방향과 반대로 75° 정도 기울여 유지시키며 일반으로 전진법으로 용접하고 용접봉(용가재)을 모재에 대해 15° 정도의 각도로 기울여 용융풀에 재빨리 접근시켜 첨가한다(이때 용가재는 아크열 바깥으로 벗어나 공기와 접촉하면 산화가 되어 결함이 생긴다).

25 MIG용접에서 토치의 노즐 끝부분과 모재와의 거리를 얼마 정도 유지하여야 하는가?

① 3mm 정도　② 6mm 정도

③ 8mm 정도　④ 12mm 정도

MIG용접의 아크 발생은 토치의 끝을 약 15~20mm 정도 모재표면에 접근시켜 토치의 방아쇠를 당기어 와이어를 공급하여 아크를 발생시키며 노즐과 모재와의 거리를 12mm정도 유지시키고 아크 길이는 6~8mm가 적당하다.

26 TIG용접에 사용되는 전극봉의 재료는 다음 중 어느 것인가?

① 알루미늄봉　② 스테인리스봉

③ 텅스텐봉　　④ 구리봉

TIG용접에 사용되는 전극봉은 보통 연강, 스테인리스강에는 토륨이 함유된 텅스텐봉, 알루미늄은 순수 텅스텐봉, 그밖에 지르코늄 등을 혼합한 텅스텐봉이 사용된다.

27 다음은 불활성가스 텅스텐 아크 용접법의 극성에 대한 설명이다. 틀린 것은?

① 직류 정극성은 깊은 용입을 얻기 위해 전자운동에너지가 매우 커 전극이 가열된다.

② 직류 정극성은 음전기를 가진 전자가 모재에 강하게 충돌하므로 깊은 용입을 일으킨다.

③ 아르곤을 사용한 역극성에서는 알곤 이온이 모재표면에 충돌하여 산화막을 제거하는 청정작용이 있다.

④ 교류에서는 아크가 잘 끊어지기 쉬우므로, 용접전류에 고주파의 약전류를 중첩시켜 아크를 안정시킬 필요가 있다.

직류 정극성에는 모재에 전자가 강하게 충돌하여 전극에는 가스이온이 충돌하므로 전극은 그다지 가열되지 않는다.

정답					
17 ④	18 ①	19 ④	20 ②	21 ④	22 ④
23 ①	24 ④	25 ④	26 ③	27 ①	

28 TIG용접법으로 판두께 0.8mm의 스테인리스 강판을 사용하여 용접전류 90~140A로 자동 용접 시 적합한 전극의 지름은?

① 1.6mm

② 2.4mm

③ 3.2mm

④ 6.4mm

스테인리스강판 0.8mm 자동용접인 경우는 전극이 1.6mm이고 수동인 경우는 1~1.6mm를 사용하고 용접전류는 자동인 경우는 90~140A, 수동인 경우는 30~50A이다.

29 MIG용접 시 용접전류가 적은 경우 용융금속의 이행 형식은?

① 스프레이형

② 글로뷸러형

③ 단락이행형

④ 핀치효과형

MIG용접 시에 전극 용융 금속의 이행 형식은 주로 스프레이형(사용할 경우는 깊은 용입을 얻어 동일한 강도에서 작은 크기의 필릿용접이 가능하다)으로 아름다운 비드가 얻어지나 용접전류가 낮으면 구적이행(globular transfer)이 되어 비드 표면이 매우 거칠다.

30 TIG용접 시 교류 용접기에 고주파 전류를 사용할 때의 특징이 아닌 것은?

① 아크는 전극을 모재에 접촉시키지 않아도 발생된다.

② 전극의 수명이 길다.

③ 일정 지름의 전극에 대해 광범위한 전류의 사용이 가능하다.

④ 아크가 길어지면 끊어진다.

TIG용접에 고주파 전류를 사용할 때 고주파 전류로 아크가 길어져도 끊어지지 않는다.

31 불활성 가스 금속아크 용접의 특징 설명으로 틀린 것은?

① TIG 용접에 비해 용융속도가 느리고 발판용접에 적합하다.

② 각종 금속 용접에 다양하게 적용할 수 있어 응용범위가 넓다.

③ 보호가스의 가격이 비싸 연강 용접의 경우에는 부적당하다.

④ 비교적 깨끗한 비드를 얻을 수 있고 CO_2 용접에 비해 스패터 발생이 적다.

MIG 용접의 특징으로 TIG 용접에 비해 반자동, 자동으로 용접속도와 용융속도가 빠르며 후판용접에 적합하다.

32 MIG용접 제어장치에서 용접 후에도 가스가 계속 흘러나와 크레이터 부위의 산화를 방지하는 제어 기능은?

① 가스지연 유출시간(post flow time)

② 번 백 시간(burn back time)

③ 크레이터 충전시간(crate fill time)

④ 예비 가스 유출시간(preflow time)

• 번 백 시간 : 크레이터 처리기능에 의해 낮아진 전류가 서서히 줄어들면서 아크가 끊어지는 기능으로 이면 용접부가 녹아내리는 것을 방지한다.
• 크레이터 충전시간 : 크레이터 처리를 위해 용접이 끝나는 지점에서 토치 스위치를 다시 누르면 용접전류와 전압이 낮아져 크레이터가 채워져 결함을 방지하는 기능이다.
• 예비가스 유출시간 : 아크가 처음 발생되기 전 보호가스를 흐르게 하여 아크를 안정되게 하여 결함 발생을 방지하기 위한 기능이다.

33 MIG 용접의 특징이 아닌 것은?

① 아크 자기제어 특성이 있다.

② 정전압 특성, 상승특성이 있는 직류 용접기이다.

③ 반자동 또는 전자동 용접기로 속도가 빠르다.

④ 전류밀도가 낮아 3mm 이하 얇은 판 용접에 능률적이다.

GMAW의 특징
• 용접기 조작이 간단하고 손쉽게 용접할 수 있다.
• 용접속도가 빠르고 슬래그가 없고 스패터가 최소로 되기 때문에 용접 후 처리가 불필요하다.
• 용착효율이 좋다(수동 피복아크 용접 60%, MIG는 95%).
• 전자세 용접이 가능하고, 용입이 깊고 전류밀도가 높다.
• 3mm 이상 후판 용접에 적합하다.

34 다음은 TIG용접에 사용되는 토륨-텅스텐 전극에 대한 설명이다. 틀린 것은?

① 저전류에서도 아크 발생이 용이하다.

② 저전압에서도 사용이 가능하고 허용 전류 범위가 넓다.

③ 텅스텐 전극에 비해 전자방사능력이 현저하게 뛰어나다.

④ 교류전원 사용 시 불평형 직류분이 작아 바람직하다.

토륨-텅스텐 전극은 교류전원 사용 시 불평형 직류 전류가 증대하여 바람직하지 못하다.

35 다음은 TIG용접의 특징과 용도를 설명한 것이다. 틀린 것은?

① MIG 용접에 비해 용접능률은 뒤지나 용접부 결함이 적어 품질의 신뢰성이 비교적 높다.

② 작은 전류에서도 아크가 안정되어 후판의 용접에 적합하다.

③ 박판의 용접 시에는 용가재를 사용하지 않고 용접하는 경우도 있다.

④ 비용극식에는 전극으로 부터의 용융금속의 이행이 없어 아크의 불안정, 스패터의 발생이 없어 작업성이 매우 좋다.

TIG용접법은 작은 전류에서도 아크가 안정되고 박판의 용접에 적합하여 주로 0.6~3.2mm의 범위의 판두께에 많이 사용된다.

36 이산화탄소 아크 용접의 특징 설명으로 틀린 것은?

① 용제를 사용하지 않아 슬래그의 혼입이 없다.

② 용접 금속의 기계적, 야금적 성질이 우수하다.

③ 전류밀도가 높아 용입이 깊고 용융속도가 빠르다.

④ 바람의 영향을 전혀 받지 않는다.

이산화탄소 아크 용접의 특징
• 용제를 사용하지 않아 슬래그의 혼입이 없다.
• 용접 금속의 기계적, 야금적 성질이 우수하다.
• 전류밀도가 높아 용입이 깊고 용융속도가 빠르다.
• 일반적으로는 이산화탄소 가스가 바람의 영향을 크게 받으므로 풍속 2(m/sec) 이상이면 방풍장치가 필요하다.
• 적용재질은 철 계통으로 한정되어 있다.
• 비드 외관은 피복아크 용접이나 서브머지드 아크 용접에 비해 약간 거칠다(솔리드 와이어).

정답				
28 ①	29 ②	30 ④	31 ①	32 ①
33 ④	34 ④	35 ②	36 ④	

37 CO_2 가스 아크 용접에서 솔리드와이어에 비교한 복합와이어의 특징으로 틀린 것은?

① 양호한 용착금속을 얻을 수 있다.

② 스패터가 많다.

③ 아크가 안정된다.

④ 비드 외관이 깨끗하여 아름답다.

CO_2 가스 아크 용접에 사용되는 와이어 종류 중 솔리드 와이어와 비교해 복합와이어의 특징은 용제에 탈산제, 아크안정제 등 합금 원소가 포함되어 있어 양호한 용착금속을 얻을 수 있고 아크의 안정, 스패터가 적고 비드 외관이 깨끗하며 아름답다는 점이다.

38 CO_2 가스 아크 용접 시 이산화탄소의 농도가 3~4%이면 일반적으로 인체에는 어떤 현상이 일어나는가?

① 두통, 뇌빈혈을 일으킨다.

② 위험 상태가 된다.

③ 치사(致死)량이 된다.

④ 아무렇지도 않다.

이산화탄소가 인체에 미치는 영향(농도)
• 3~4% : 두통, 뇌빈혈
• 15% 이상 : 위험상
• 30% 이상 : 극히 위험

39 CO_2 가스 아크 용접에서 아크 전압이 높을 때 나타나는 현상으로 맞는 것은?

① 비드 폭이 넓어진다.

② 아크 길이가 짧아진다.

③ 비드 높이가 높아진다.

④ 용입이 깊어진다.

아크 전압이 전류에 비하여 높을 때
• 비드 폭이 넓어지고 납작해지며 기포가 발생한다.
• 아크가 길어지고 와이어가 빨리 녹으며 용입은 약간 낮아진다.

40 이산화탄소 아크 용접에서 일반적인 용접작업 (약 200A 미만)에서의 팁과 모재 간 거리는 몇 mm정도가 가장 적당한가?

① 0~5 ② 10~15

③ 30~40 ④ 40~50

이산화탄소 아크 용접에서 팁과 모재 간의 거리는 저전류 (약 200A)에서는 10~15mm 정도, 고전류 영역(약 200A 이상)에서는 15~25mm 정도가 적당하며 일반적으로는 용접작업에서의 거리는 10~15mm 정도이고 눈으로 보는 실제거리는 눈이 바로 보는 시각의 차이로 5~7mm 정도이다.

41 탄산가스 아크 용접법 용접장치에 대한 설명 중 틀린 것은?

① 용접용 전원은 직류 정전압 및 수하 특성이 사용된다.

② 와이어를 송급하는 장치는 사용목적에 따라 푸시(push)식과 풀(pull)식 등이 있다.

③ 이산화탄소, 산소, 아르곤 등의 유량계가 붙은 조정기가 필요하다.

④ 와이어 릴이 필요하다.

용접장치는 자동, 반자동 장치의 2가지가 있고 용접용 전원은 직류 정전압 특성이 사용된다.

42 다음은 플러스 코어드 아크 용접에 대한 설명이다. 틀린 것은?

① 전자세의 용접이 가능하고 탄소강과 합금강의 용접에 가장 많이 사용된다.

② 전류밀도가 낮아 용착속도가 빠르며 위보기 자세에는 탁월한 성능을 보인다.

③ 일부 금속에 제한적(연강, 합금강, 내열강, 스테인리스강 등)으로 적용되고 있다.

④ 용접 중에 흄의 발생이 많고 복합와이어의 가격이 같은 재료의 와이어보다 비싸다.

전류 밀도가 높아 필릿 용접에서는 솔리드 와이어에 비해 10% 이상 용착속도가 빠르고 수직이나 위보기 자세에서는 탁월한 성능을 보인다.

43 CO_2가스 아크 용접에서의 기공과 피트의 발생 원인으로 맞지 않는 것은?

① 탄산가스가 공급되지 않는다.
② 노즐과 모재 사이의 거리가 짧다.
③ 가스 노즐에 스패터가 부착되어 있다.
④ 모재의 오염, 녹, 페인트가 있다.

CO_2가스 아크 용접에서 기공 및 피트의 발생원인은 CO_2가스 유량 부족과 공기 흡입, 바람에 의한 CO_2가스 소멸, 노즐에 스패터가 다량 부착, 가스의 품질 저하, 용접 부위가 지저분하고 노즐과 모재 간 거리가 지나치게 길 때, 복합와이어의 흡습, 솔리드 와이어 녹 발생 등이다.

44 가스보호 플럭스 코어드 아크 용접의 특징 중 틀린 것은?

① 이중으로 보호한다는 의미로 듀얼 보호(dual shield)용접이라고도 한다.
② 전자세 용접을 할 수 있는 방법이 개발되어 3.2mm 정도의 박판까지도 용접이 가능하다.
③ 용입 및 용착효율이 다른 용접방식에 비해 현저하게 높아 인건비를 절감할 수 있어 자동화에 맞추어 수요가 점차 증가하고 있다.
④ 용접의 큰 단점인 스패터 및 흄 가스의 발생으로 인한 용접결함이 발생할 수 있다.

용접의 큰 단점인 스패터 및 흄 가스의 발생으로 인한 용접결함을 보완할 수 있는 데 의의가 있다.

45 가스보호 플럭스 코어드 아크 용접의 장점 중 틀린 것은?

① 용착속도가 빠르며 전자세 용접이 불가능하다.
② 용입이 깊기 때문에 맞대기 용접에서 면취 개선 각도를 최소한도로 줄일 수 있고, 용접봉의 소모량과 용접시간을 현저하게 줄일 수 있다.
③ 용접성이 양호하며 사용하기 쉽고, 스패터가 적으며, 슬래그 제거가 빠르고 용이하다.
④ 용착금속은 균일한 화학 조성 분포를 가지며, 모재 자체보다 양호하게 균일한 분포를 갖는 경우도 있다

가스보호 플럭스 코어드 아크 용접의 장점
• 용착속도가 빠르며 전자세 용접이 가능하다.
• 모든 연강, 저합금강 등의 용접이 가능하다.
• 용입이 깊기 때문에 맞대기 용접에서 면취 개선 각도를 최소한도로 줄일 수 있고, 용접봉의 소모량과 용접시간을 현저하게 줄일 수 있다.
• 용접성이 양호하며 사용하기 쉽고, 스패터가 적으며, 슬래그 제거가 빠르고 용이하다.
• 다른 용접에 비해 이중보호로 인하여 용착금속의 대기 오염 방자를 효과적으로 할 수 있다.
• 용착금속은 균일한 화학 조성 분포를 가지며, 모재 자체보다 양호하게 균일한 분포를 갖는 경우도 있다.

정답				
37 ②	38 ①	39 ①	40 ②	41 ①
42 ②	43 ②	44 ④	45 ①	

46 자체보호 플럭스 코어드 아크 용접의 특징 중 틀린 것은?

① 혼합가스(예 : 75%Ar과 25%CO$_2$)를 사용할 때 언더컷이 축소되고, 모재 결합부 가장자리를 따라 균일한 용융이 일어나는 웨팅작용(wetting action)이 증가하고, 아크가 안정되고 스패터가 감소된다.

② 플럭스 코어드 와이어에는 탈산제와 탈질제(denitrify)로 알루미늄을 함유하고 있어 용접금속 중에 알루미늄이 포함되면 연성과 저온충격강도를 저하시키므로 덜 중요한 용접에만 일반적으로 사용한다.

③ 사용이 간편하지 않고 적용성이 작으나, 용접부 품질이 균일하다,

④ 용접작업자가 용융지를 볼 수 있고 용융금속을 정확하게 조정할 수 있다.

해설

자체보호 플럭스 코어드 아크 용접의 장점
• 사용이 간편하고 적용성이 크며, 용접부 품질이 균일하다.
• 용접작업자가 용융지를 볼 수 있고 용융금속을 정확하게 조정할 수 있다.
• 전자세 용접이 가능하고 옥외의 바람이 부는 곳에도 용접이 가능하다.
• 용접 토치가 가볍고 조작이 쉬우므로 용접 중 용접사의 피로도가 최소로 되어 작업능률이 향상된다.
• 높은 전류를 사용하기 때문에 용착속도와 용접속도가 증가하여 용접비용이 절감된다.

47 플라스마의 원리 중 틀린 것은?

① 파일럿 아크 스타팅 장치로 기체를 가열하여 온도를 높여주면 전류가 통할 수 있는 도전성을 가진 가스체를 플라스마라 한다.

② 약 10,000℃ 이상의 고온에 소구경 노즐에 고속으로 분출하는 것을 플라스마 제트라고 한다.

③ 플라스마 제트는 각종 금속의 용접, 절단에 사용된다.

④ TIG에 비해 전류밀도가 현저히 낮아진다.

해설

아크는 노즐 및 플라스마 가스의 열적 핀치력에 의해 좁아진다(플라스마 아크의 넓어짐은 작고 티그아크의 약 1/4 정도에서 전류밀도가 현저하게 높아진 아크가 된다).

48 플라스마 용접장치의 특징 중 틀린 것은?

① 이행형 아크는 전극과 모재 사이에서 아크를 발생, 핀치효과를 일으키며 혼합가스를 사용 열효율이 높고 모재가 도전성 물질이어야 한다.

② 이행형 아크는 플라스마 아크 방식으로 혼합가스를 사용, 열효율을 낮게 하여 경제적이다.

③ 비이행형 아크는 플라스마 제트 방식으로 아크의 안정도가 양호하며 토치를 모재에서 멀리하여도 아크에 영향이 없고 또 비전도성 물질의 용융이 가능하나 효율이 낮다.

④ 일반적인 유량을 1.5~15L/min으로 제한한다.

해설

이행형 아크는 플라스마 아크 방식으로 전극과 모재 사이에서 아크를 발생, 핀치효과를 일으키며 냉각에는 Ar 또는 Ar-H의 혼합가스를 사용, 열효율이 높고 모재가 도전성 물질이어야 한다.

49 플라스마 용접장치의 특징 중 틀린 것은?

① 중간형 아크는 반 이행형 아크 방식으로 이행형 아크와 비이행형 아크 방식을 병용한 방식으로 파일럿 아크는 용접 중 계속적으로 통전되어 전력 손실이 발생한다.

② 아크는 노즐 및 플라스마 가스의 열적 핀치력에 의해 좁아진다.

③ 플라스마 아크의 넓어짐은 작고 티그아크의 약 1/4 정도에서 전류밀도가 현저하게 높아진 아크가 된다.

④ 아크가 좁아지는 플라스마 아크의 전압은 대·중전류역에서 티그아크에 비해 낮지만 소전류역에서는 반대로 높아진다.

아크가 좁아지는 플라스마 아크의 전압은 대·중전류역에서 티그아크에 비해 높지만 소전류역에서는 반대로 낮아지고 예를 들어 티그아크는 20A 이하가 되면 현저한 부특성을 나타내지만 플라스마 아크는 파일럿 아크 등의 작용으로 소전류가 되어도 전압의 상승은 적어 아크는 안정되게 유지된다.

50 플라스마의 전류파형과 극성으로 분류한 것 중 틀린 것은?

① 직류 정극성 플라스마 용접

② 직류 역극성 플라스마 용접

③ 펄스 플라스마 용접

④ 콜드 와이어 플라스마 용접

직류 정극성 플라스마 용접, 직류 역극성 플라스마 용접, 펄스 플라스마 용접, 핫 와이어 플라스마 용접 외에 플라스마 TIG 하이브리드(Hybrid) 용접법, 플라스마 MIG 하이브리드 용접법 등이 있다.

51 플라스마 아크 용접법의 장단점 중 틀린 것은?

① 플라스마 제트는 에너지 밀도가 크고, 안정도가 높으며 보유열량이 크다.

② 비드 폭이 좁고 용입이 깊고 용접속도가 빠르고 용접변형이 적다.

③ 용접속도가 크게 되면 가스의 보호가 불충분하다.

④ 일반 아크 용접기에 비하여 높은 무부하 전압(약 1~2배)이 필요하다.

장점
• 플라스마 제트는 에너지 밀도가 크고, 안정도가 높으며 보유열량이 크다.
• 비드 폭이 좁고 용입이 깊다.
• 용접속도가 빠르고 용접변형이 적다.
• 아크의 방향성과 집중성이 좋다.
단점
• 용접속도가 크게 되면 가스의 보호가 불충분하다.
• 보호가스를 2중으로 필요하므로 토치의 구조가 복잡하다.
• 일반 아크 용접기에 비하여 높은 무부하 전압(약 2~5배)이 필요하다.
• 맞대기 용접에서는 모재 두께가 25mm 이하로 제한되며 자동에서는 아래보기와 수평자세에 제한하고 수동에서는 전자세 용접이 가능하다.

52 일렉트로 슬래그 용접(electro-slag welding)에서 사용되는 수냉식 판의 재료는?

① 알루미늄

② 니켈

③ 구리

④ 연강

일렉트로 슬래그 용접에 사용되는 수냉식 판의 재료는 열전도가 좋은 구리(동)판을 사용한다.

정답			
46 ③	47 ④	48 ②	49 ④
50 ④	51 ④	52 ③	

53 일렉트로 슬래그(electro slag) 용접은 다음 중 어떤 종류의 열원을 사용하는 것인가?

① 전류의 전기저항열
② 용접봉과 모재 사이에서 발생하는 아크열
③ 원자의 분리 융합 과정에서 발생하는 열
④ 점화제의 화학반응에 의한 열

해설

일렉트로 슬래그 용접은 와이어와 용융슬래그 사이에 통전된 전류의 전기 저항열을 이용하는 용접이다.

54 아크열이 아닌 와이어와 용융 슬래그 사이에 통전된 전류의 전기 저항열을 주로 이용하여 모재와 전극 와이어를 용융시켜 연속 주조방식에 의한 단층 상진용접을 하는 것은?

① 플라스마 용접
② 전자빔 용접
③ 레이저 용접
④ 일렉트로 슬래그 용접

해설

일렉트로 슬래그 용접을 설명한 것으로 와이어가 하나인 경우는 판 두께 120mm, 와이어가 2개인 경우는 판 두께 100~250mm, 3개 이상인 경우는 250mm 이상의 후판 용접에도 가능한 용접이다.

55 다음 중 일렉트로 가스 용접에 사용되는 보호 가스가 아닌 것은?

① 이산화탄소
② 아르곤
③ 수소
④ 헬륨

해설

보호가스는 CO_2 또는 $CO+Ar$, $Ar+O_2$의 혼합가스가 사용된다.

56 다음은 일렉트로 가스 용접에 대한 설명이다. 틀린 것은?

① 용접홈은 판 두께와 관계없이 12~16mm 정도가 좋다.
② 용접할 수 있는 판 두께에 제한이 없이 용접폭이 넓다.
③ 수동 용접에 비하여 용융속도는 약 4배, 용착금속은 10배 이상이 된다.
④ 이산화탄소의 공급량은 15~20L/min 정도가 적당하다.

해설

일렉트로 가스 용접
• 일렉트로 슬래그 용접보다 얇은 중후판(10~50mm)의 용접에 적합하다.
• 판 두께에 관계없이 용접홈은 12~16mm 정도가 좋다.

57 미세한 알루미늄 분말, 산화철 분말 등을 이용하여 주로 기차의 레일, 차축 등의 용접에 사용되는 것은?

① 테르밋 용접   ② 논실드 아크 용접
③ 레이저 용접   ④ 플라스마 용접

해설

테르밋 용접은 산화철 분말과 미세한 알루미늄 분말을 약 3~4 : 1의 중량비로 혼합한 테르밋제에 점화제(과산화바륨, 마그네슘 등의 혼합분말)를 알루미늄 가루에 혼합하여 점화시키면 테르밋 반응이 일어나 화학반응에 의해 약 2,800℃에 달하는 온도로 주로 기차의 레일, 차축 등의 용접에 사용된다.

58 테르밋 용접에서 테르밋제란 무엇과 무엇의 혼합물인가?

① 탄소와 붕사의 분말
② 탄소와 규소의 분말
③ 알루미늄과 산화철의 분말
④ 알루미늄과 납의 분말

해설

테르밋제란 미세한 알루미늄 분말과 산화철 분말을 약 3~4 : 1의 중량비로 혼합한다.

59 다음은 전자빔 용접법의 특징이다. 틀린 것은?

① 고용융접재료 및 이종금속의 금속 용접 가능성이 크다.

② 전자빔에 의한 용접으로 옥외작업 시 바람의 영향을 받지 않는다.

③ 용접입열이 적고 용접부가 좁으며 용입이 깊다.

④ 대기압형의 용접기 사용시 X선 방호가 필요하다.

해설
전자 빔 용접은 고진공(10^{-1}mmHg~10^{-4}mmHg 이상) 중에서 용접하므로 불순가스에 의한 오염이 적고 바람에 영향을 받지 않으며 용접장치가 커서 실내에서 작업한다.

60 전자빔 용접의 장점에 해당되지 않는 것은?

① 예열이 필요한 재료를 예열 없이 국부적으로 용접할 수 있다.

② 잔류응력이 적다.

③ 용접 입열이 적으므로 열영향부가 적어 용접변형이 적다.

④ 시설비가 적게 든다.

해설
전자빔 용접기는 시설비가 고가이다.

61 전자빔 용접에서 전자는 전기적으로 가열된 필라멘트(일반적으로 텅스텐)에서 방출하는 열전자를 이용하는데 이때 필라멘트와 양극의 사이에 고전압을 인가해 전자를 가속하는데 사용되는 전압은 통상 얼마로 하는가?

① 20~50kV

② 30~60kV

③ 60~150kV

④ 150~250kV

해설
고전압은 통상 60~150kV를 인가해 전자를 가속시킨다.

62 레이저 용접에 대한 설명 중 틀린 것은?

① 루비레이저와 Nd : YAG 레이저, 가스레이저(탄산가스레이저)의 3 종류가 있다.

② 접촉하기 힘든 모재의 용접이 가능하고 열영향 범위가 좁다.

③ 부도체 용접이 가능하고 미세 정밀한 용접을 할 수 있다.

④ 광선이 열원으로 진공상태에서만 용접이 가능하다.

해설
레이저 용접의 특징
• 광선이 열원으로 진공이 필요하지 않다.
• 접촉하기 힘든 모재의 용접이 가능하고 열영향 범위가 좁다.
• 부도체 용접이 가능하고 미세 정밀한 용접을 할 수 있다.

63 다음의 용접법 중 고에너지 밀도 용접법이라고도 불리는 것은?

① 불활성가스 아크 용접법

② 탄산가스 아크 용접법

③ 레이저 용접법

④ 고주파 저항 용접법

해설
레이저 용접은 전자빔 용접과 같이 고에너지 밀도 용접법이라고도 불린다.

정답					
53 ①	54 ④	55 ③	56 ②	57 ①	58 ③
59 ②	60 ④	61 ③	62 ④	63 ③	

64 레이저 용접법의 특징 중 틀린 것은?

① 광선의 열원으로 진공이 필요하지 않다.

② 용입깊이가 깊고 비드 폭이 좁으며 용입량이 커서 열변형이 적다.

③ 이종금속의 용접도 가능하며 용접속도가 빠르며 응용 범위가 넓다.

④ 정밀 용접을 하기 위한 정밀한 피딩 (feeding)이 요구되어 클램프 장치가 필요하다.

①, ③, ④외에 ⊙ 용입깊이가 깊고 비드 폭이 좁으며 용입량이 작어 열변형이 적다. ⓒ 접촉하기 힘든 모재의 용접이 가능하고 열영향 범위가 좁다. ⓒ 부도체 용접이 가능하고 미세 정밀한 용접을 할 수 있다. ② 기계 가동 시 안전 차단막이 필요하고 장비의 가격이 고가이다.

65 점(spot)용접의 3대 요소로 옳지 않은 것은?

① 용접전압   ② 용접전류

③ 통전시간   ④ 가압력

점용접은 전기저항 용접의 종류로 저항용접의 3대 요소는 용접전류, 통전시간, 가압력이다.

66 전기저항 용접에서 발생하는 열량 Q[cal]와 전류 I[A] 및 전류가 흐르는 시간 t[s]일 때 다음 중 올바른 식은?(단, R은 저항(Ω)임)

① $Q = 0.24IRt$

② $Q = 0.24I^2Rt$

③ $Q = 0.24IR^2t$

④ $Q = 0.24I^2R^2t$

전기저항 용접에서 주울열은 전류의 제곱과 도체저항 및 전류가 흐르는 시간에 비례한다는 법칙으로 저항용접에 응용되고 열량은 $Q = 0.24I^2Rt$이다.

67 전기저항 용접법의 특징에 대한 설명으로 틀린 것은?

① 용제가 필요치 않으며 작업속도가 빠르다.

② 가압효과로 조직이 치밀해진다.

③ 산화 및 변질 부분이 적다.

④ 열손실이 많고 용접부의 집중 열을 가할 수 있다.

전기저항 용접의 특징
• 용접사의 기능도에 무관하며 용접시간이 짧고 대량생산에 적합하다.
• 산화작용 및 용접변형이 적고 용접부가 깨끗하다.
• 가압효과로 조직이 치밀하나 후열 처리가 필요하다.
• 설비가 복잡하고 용접기의 가격이 비싼 것이 단점이다.

68 점용접의 3대 요소 중 하나에 해당되는 것은?

① 용접전극의 모양

② 용접전압의 세기

③ 용착량의 크기

④ 용접전류의 세기

점용접의 3대 요소는 가압력, 용접전류의 세기, 가압시간이다.

69 저항용접에 의한 압접에서 전류 20A, 전기저항 30Ω, 통전시간 10sec일 때 발열량은 약 몇 cal인가?

① 14400

② 24400

③ 28800

④ 48800

발열량의 공식에 의해 $H = 0.238I^2Rt$(H : 열량(cal), I : 전류(A), R : 저항(Ω), t : 시간(sec))로 $H = 0.238 \times 20^2 \times 30 \times 10 ≒ 0.24 \times 20^2 \times 30 \times 10 = 28800$

70 점용접에서 용접물의 결합부가 녹아진 부분을 무엇이라 하는가?

① 용융부

② 용융풀

③ 너겟

④ 비드

71 점용접의 특징 중 틀린 것은?

① 간단한 조작으로 특히 얇은 판(0.4~3.2 mm)의 것을 능률적으로 작업할 수 있다.

② 얇은 판에서 한 점을 잇는 데 필요한 시간은 1초 이내이다.

③ 표면이 거칠어도 작업속도가 빠르다.

④ 단시간에 통전과 비교적 긴 휴지(정지)시간을 반복하기 때문에 사용률은 작지만, 통전 시의 부하는 크다.

해설

점용접의 특징

• 얇은 판에서 한 점을 잇는 데 필요한 시간은 1초 이내이다.

• 표면이 평편하고 작업속도가 빠르고, 구멍 가공이 필요 없고 재료가 절약된다.

• 변형이 없고 숙련이 필요 없다.

• 보통은 3.2~4.5mm 두께 정도 이하의 비교적 얇은 판의 접합이 대상이 된다.

• 용접기의 정격용량으로는 전력공급의 50%(JIS C 9305) 사용율의 용량이 사용되고 있다. $P_{50} = Pa\sqrt{\dfrac{a}{50}}$

(P_{50} : 정격용량(50% 사용율)(KVA), Pa : 최대입력(KVA), a : 최대입력의 사용율(%))

72 점용접의 사용율은 한 얇은 판을 용접할 때 통전시간이 1초이고 휴지 시간의 합이 10초 일 때에는 사용율이 몇 %가 되나?

① 5.0

② 7.7

③ 9.09

④ 10.01

해설

점용접의 사용율 a는 $a = (ta/(ta+tb)) \times 100(\%)$

단, ta : 통전시간의 합, tb : 휴지(정지)시간의 합으로,

$a = (1/(1+10)) \times 100(\%) = 9.09$

73 이음부의 겹침을 판 두께 정도로 하고 겹쳐진 폭 전체를 가압하여 심 용접을 하는 방법은?

① 매시 심용접(mash seam welding)

② 포일 심용접(foil seam welding)

③ 맞대기 심용접(butt seam welding)

④ 인터랙트 심용접(interact seam welding)

해설

심용접은 매시심, 포일심, 맞대기심 등이 있고 문제의 설명은 매시 심용접이다.

74 플래시 버트(flash butt) 용접에서 3단계 과정만으로 조합된 것은?

① 예열, 플래시, 업셋

② 업셋, 플래시, 후열

③ 예열, 플래시, 검사

④ 업셋, 예열, 후열

해설

저항용접 중 플래시 버트 용접은 예열 → 플래시 → 업셋 순으로 진행되며 열영향부 및 가열 범위가 좁아 이음의 신뢰도가 높고 강도가 좋다.

75 맞대기 저항용접에 해당하는 것은?

① 스폿 용접

② 매시 심용접

③ 프로젝션 용접

④ 업셋 용접

해설

전기 저항용접 중 맞대기 용접은 업셋 용접, 플래시 용접, 맞대기 심용접, 퍼커션 용접 등이 있다.

정답					
64 ②	65 ①	66 ②	67 ④	68 ④	69 ③
70 ③	71 ③	72 ③	73 ①	74 ①	75 ④

76 프로젝션(projection)용접의 단면치수는 무엇으로 하는가?

① 너깃의 지름
② 구멍의 바닥 치수
③ 다리길이 치수
④ 루트간격

점용접이나 프로젝션 용접의 단면치수는 너깃의 지름으로 표시한다.

77 돌기용접의 특징 중 틀린 것은?

① 용접부의 거리가 작은 점 용접이 가능하다.
② 전극 수명이 길고 작업능률이 높다.
③ 작은 용접점이라도 높은 신뢰도를 얻을 수 있다.
④ 한 번에 한 점씩만 용접할 수 있어서 속도가 느리다.

돌기용접의 특징 : ①, ②, ③항 외에 용접피치를 작게 하고, 용접속도가 빠르며 제품의 한쪽 또는 양쪽에 돌기를 만들어 여러 점을 용접전류를 집중시켜 압접하는 방법이다.

78 저항용접법 중 맞대기 용접에 속하는 것은?

① 스폿용접
② 심용접
③ 방전충격 용접
④ 프로젝션용접

저항용접에서 맞대기 용접은 업셋, 플래시, 버트심, 포일심, 퍼커션 용접이고 겹치기 용접은 점, 프로젝션, 심용접이다.

79 원판형의 롤러 전극 사이에 용접물을 끼워 전극에 압력을 주면서 전극을 회전시켜 연속적으로 점용접을 반복하는 용접법은?

① 프로젝션(돌기)용접법
② 심 용접법
③ 점용접법
④ 플래시 용접법

문제는 심 용접법 설명이다.

80 플래시 용접법의 특징 중 틀린 것은?

① 가열범위, 열영향부가 좁고 용접강도가 크다.
② 용접작업 전 용접면의 끝맺음 가공에 주의하지 않아도 된다.
③ 용접면의 플래시로 인하여 산화물의 개입이 적다.
④ 대전력을 필요로 하기 때문에 비교적 큰 전원 설비가 필요하다.

장점
• 가열범위, 열영향부가 좁고 용접강도가 크다.
• 용접작업 전 용접면의 끝맺음 가공에 주의하지 않아도 된다.
• 용접면의 플래시로 인하여 산화물의 개입이 적다.
• 이종 재료의 용접이 가능하고, 용접시간 및 소비전력이 적다.
• 업셋량이 적고, 능률이 극히 높아 강재, 니켈, 니켈 합금에서 좋은 용접 결과를 얻을 수 있다.
• 플래시 과정 초입(1.2sec)에서 단락과 아크의 교호현상은 플래시 단면에 존재하는 CO 가스에 기인하는 것이다.
• 1.2sec 경과하면 주기성이 무너지고 단락아크의 전류치가 작아져서 그것들의 발생도 고립되므로 단락 아크의 반복수는 감소된다(이동대 속도 일정).
단점
• 대전력을 필요로 하기 때문에 비교적 큰 전원 설비가 필요하다.
• 플래시의 발생으로 작업성이 저하된다. 피용접재는 모임분이 소모되고 주보의 제거를 필요로 한다.

81 아크 점용접법에 대한 설명 중 틀린 것은?

① 아크의 고열과 그 집중성을 이용하여 겹친 2장의 판재의 한 쪽에서 가열하여 용접하는 방법이다.

② 아크를 0.5~5초 정도 발생시켜 전극팁의 바로 아래 부분을 국부적으로 융합시키는 점 용접법이다.

③ 판두께 1.0~3.2mm 정도의 위판과 3.2~9.0mm 정도의 아래판을 맞추어서 용접하는 경우가 많다.

④ 능력범위는 6mm까지는 구멍을 뚫지 않은 상태로 용접하고, 7mm 이상의 경우 구멍을 뚫고 플러그 용접을 시공한다.

> **해설**
>
> 판두께 1.0~3.2mm 정도의 위판과 3.2~6.0mm 정도의 아래판을 맞추어서 용접하는 경우가 많은데, 능력범위는 6mm까지는 구멍을 뚫지 않은 상태로 용접하고, 7mm 이상의 경우 구멍을 뚫고 플러그 용접을 시공한다. 극히 얇은 판재를 용접할 때에는 뒷면에 구리 받침쇠를 써서 용락을 방지할 필요가 있다.

82 가는 솔리드 와이어를 아르곤, 이산화탄소 또는 혼합가스의 분위기 속에서 MIG용접과 비슷한 방법으로 0.8mm 정도의 얇은판 용접을 하는 용접법은?

① 탄산가스아크 용접
② 논실드 가스 아크 용접
③ 단락 옮김 아크 용접
④ 불활성가스 아크 용접

> **해설**
>
> 문제는 단락 옮김 아크 용접법의 설명이다.

83 업셋 용접법의 특징 및 용접조건으로 틀린 것은?

① 가스 압접법과 같이 이음부에 개재하는 산화물 등이 용접 후 남아있기 쉽고, 용접 전 이음면의 끝맺음 가공이 특히 중요하다.

② 플래시 용접에 비해 가열속도가 늦고 용접시간이 길어 열영향부가 넓다.

③ 단면적이 큰 것이나 비대칭형의 재료 용접에 대한 적용이 곤란하다.

④ 불꽃이 비산이 있고 가압에 의한 변형이 생기기 쉬워 판재나 선재의 용접이 곤란하다.

> **해설**
>
> ①, ②, ③ 외에
> • 불꽃이 비산이 없고 가압에 의한 변형이 생기기 쉬워 판재나 선재의 용접이 곤란하다.
> • 용접기가 간단하고 가격이 싸다.

84 심 용접법의 특징으로 틀린 것은?

① 같은 재료의 용접 시 점용접보다 용접 전류는 1.5~2.0배, 전극 가압력은 1.2~1.6배 정도 증가시킬 필요가 있다.

② 적용되는 모재의 종류는 탄소강, 알루미늄 합금, 스테인레스강, 니켈 합금 등이다.

③ 용접 가능한 판 두께는 대체로 0.4~3.2mm 정도의 얇은 판에 사용된다.

④ 겹침분이 판두께의 1~3배의 준 겹침 이음에서는 판 표면의 통전면적에 대해 접합면의 통전면적을 의도적으로 작게 할 수 있기 때문에 접합부를 우선적으로 온도 상승시켜 용융시킬 수 있다.

> **해설**
>
> 용접 가능한 판 두께는 대체로 0.2~0.4mm 정도의 얇은 판에 사용된다.

정답				
76 ①	77 ④	78 ③	79 ②	80 ④
81 ③	82 ③	83 ④	84 ③	

85 논실드 가스 아크 용접에 대한 설명 중 틀린 것은?

① 솔리드 와이어를 사용하는 논가스, 논 플럭스 아크 용접법과 복합와이어를 사용하는 논가스 아크 용접법이 있다.

② 논가스 논플럭스 아크 용접은 직류, 논 가스 아크 용접은 직류, 교류 어느 것이나 사용이 된다.

③ 탄산가스 아크 용접보다 다소 용접성이 좋고 옥외 작업이 가능하다.

④ 용접작업은 바람을 등지는 위치에서 행해야 한다.

> 해설
> CO₂용접보다 다소 용접성이 뒤떨어지나 옥외작업이 가능하다는 장점이 있다.

86 논실드 아크 용접법의 특징으로 틀린 것은?

① 실드가스나 용제를 필요로 하지 않고 옥외작업이 가능하다.

② 용접전원은 직류, 교류를 모두 사용할 수 있고 전자세 용접이 가능하다.

③ 장치가 복잡하고 운반이 편리하다.

④ 실드가스(fume)의 발생이 많아서 용접선이 잘 보이지 않는다.

> 해설
> 장치가 간단하고 운반이 편리하다.

87 원자수소 아크 용접에 대한 설명 중 틀린 것은?

① 가스실드 용접의 일종으로 수소가스의 분위기로 아크를 보호한다.

② 수소분자가 원자상태로 되었다가 다시 분자상태로 재결합할 때 발생되는 열을 이용한다.

③ 용접전원은 직류, 교류가 다 사용되나 그 중 직류를 더 많이 사용한다.

④ 고도의 기밀, 유밀을 필요로 하는 내압용기 용접에 이용된다.

> 해설
> 용접전원으로는 교류, 직류가 다 사용되나 직류 사용 시 극성효과로 한 쪽의 전극 소모가 빨리되므로 교류가 많이 사용되고 있다.

88 스터드 용접에 대한 설명 중 틀린 것은?

① 건축구조물 및 교량공사 등에 볼트나 환봉, 핀 등을 직접 강관이나 형강에 용접하는 방법이다.

② 용접전원은 직류, 교류가 다 사용되나 그 중에 교류를 많이 사용한다.

③ 스터드 주변에는 내열성의 도자기로 된 페룰(ferrule)을 사용한다.

④ 아크의 발생시간은 일반적으로 0.1~2초 정도로 한다.

> 해설
> 용접전원은 교류, 직류가 다 사용되나 그 중 세렌정류기를 사용한 직류 용접기가 많이 사용된다.

89 가스 압접법의 설명 중 틀린 것은?

① 가스 압접은 맞대기 저항 용접과 같이 봉 모양의 재료를 가스 불꽃으로 적당한 온도까지 가열한 후에 압력을 주어 접합하는 방식이다.

② 용접방법으로는 개방, 밀착 맞대기법으로 나누고 있다.

③ 가열 가스는 산소-아세틸렌, 산소-프로판이 주로 사용되고 있다.

④ 이음부에 탈탄층이 전혀 없고 전력이 필요하다.

해설
이음부에 탈탄층이 전혀 없고 전력이 불필요하다.

90 가스압접의 특징으로 틀린 것은?

① 이음부에 탈탄층이 전혀 없고 전력이 불필요하다.

② 장치가 간단하고, 설비비나 보수비 등이 비싸다.

③ 작업이 거의 기계적이고 이음부에 첨가 금속 또는 용제가 불필요하다.

④ 간단한 압접기를 사용 현장에서 지름 32mm 정도의 철재를 압접한다.

해설
장치가 간단하고, 설비비나 보수비 등이 싸고 압접 소요시간이 짧다.

91 용사(metallizing)에 대한 설명 중 틀린 것은?

① 금속 또는 금속화합물의 분말을 가열하여 완전 용융 상태로 하여 불어서 붙여 밀착 피복하는 방법을 용사라 한다.

② 용사재료는 금속, 탄화물, 규화물, 질화물, 산화물(세라믹), 유리 등이 있다.

③ 용사장치는 가스불꽃 용선식 건, 분말식 건, 플라스마 용사 건 등이 사용된다.

④ 내식, 내열, 내마모 혹은 인성용 피복으로서 매우 넓은 용도를 가지고 있다.

해설
금속 또는 금속화합물의 분말을 가열하여 반용융 상태로 하여 불어서 붙여 밀착 피복하는 방법을 용사라 한다.

92 저온 용접(low temperature welding)의 설명 중 틀린 것은?

① 공정(eutectic)조직을 가진 합금의 용접은 공정조직이 아닌 배합의 동일계 합금에 비하여 융점이 최저가 된다는 사실을 이용 낮은 온도에서 용접하는 용접법이다.

② 용접봉의 주성분은 주철, 강, 동과 알루미늄의 각 모재에 대하여 아연(Zn) 재료를 사용하여 용융온도는 170~300℃이다.

③ 제일 많이 사용되며 전류는 교류와 직류를 다 사용해도 좋고 피복 용접봉을 사용한다.

④ 보통 피복아크 용접에서 사용되는 용접 전류의 40~100%를 사용한다.

해설
보통 피복아크 용접에서 사용되는 용접전류의 50~70%를 사용한다.

정답			
85 ③	86 ③	87 ③	88 ②
89 ④	90 ②	91 ①	92 ④

93 저온용접의 특징 중 틀린 것은?

① 저온에서 용접이 되므로 모재의 재질변화가 많고 변형과 응력 균열이 적다.

② 공정으로 미세조직의 용접금속을 얻어 강도와 경도가 크게 된다.

③ 용접 시 모재를 예열한 후 용접을 실시한다.

④ 용접봉은 모재와 같은 계통의 공정 합금을 사용하고 작업속도가 빠르다.

저온에서 용접이 되므로 모재의 재질변화가 적고 변형과 응력 균열이 적다.

94 플라스틱 용접 방법으로 해당되지 않는 것은?

① 열풍 용접   ② 열기구 용접

③ 점용접   ④ 고주파 용접

플라스틱 용접에는 열풍 용접, 열기구 용접, 마찰용접, 고주파 용접 등이 이용되고 있다.

95 초음파 용접법의 특징 중 틀린 것은?

① 냉간압접에 비해 주어지는 압력이 작으므로 용접물의 변형률이 작다.

② 판의 두께에 따라 용접강도가 현저하게 변화한다.

③ 용접물의 표면처리가 복잡하고 압연한 그대로의 재료도 용접이 쉽다.

④ 극히 얇은 판 즉 필름(film)도 쉽게 용접된다.

용접물의 표면처리가 간단하고 압연한 그대로의 재료도 용접이 쉽다.

96 냉간압접의 특징 중 틀린 것은?

① 압접공구가 복잡하고 숙련이 필요하다.

② 압접부가 가열 용융되지 않으므로 열영향부가 없다.

③ 접합부의 내식성과 전기저항은 모재와 거의 같다.

④ 압접부가 가공 경화되어 눌린 흔적이 남는다.

압접공구가 간단하고 숙련이 필요하지 않다.

97 마찰용접의 특징 중 틀린 것은?

① 접합부의 변형 및 재질의 변화가 적다.

② 고온 균열 발생이 없고 기공이 없다.

③ 소요 동력이 적게 들어 경제성이 높다.

④ 이종 금속의 용접이 가능하고 접합면의 끝손질이 필요하다.

이종 금속의 용접이 가능하고 접합면의 끝손질이 필요하지 않다.

98 고주파 용접에 대한 설명이다. 틀린 것은?

① 모재의 적합한 표면에 어느 정도 산화막이나 더러움이 있어도 지장이 없다.

② 이종 금속의 용접이 가능하다.

③ 고주파 저항용접은 고주파 유도 용접에 비해 전력의 소비가 다소 크다.

④ 가열효과가 좋아 열영향부가 적다.

이음형상이나 재료의 크기에 제약이 있고 전력의 소비가 다소 크다(고주파 유도 용접).

99 용접장치가 모재와 일정한 경사 강을 이루고 있는 금속지주에 홀더를 장치하고 여기에 물린 길이가 긴 피복 용접봉이 중력에 의해 녹아내려가면서 일정한 용접선을 이루는 아래보기와 수평필릿 용접을 하는 용접법은?

① 서브머지드 아크 용접
② 그래비티 아크 용접
③ 퓨즈 아크 용접
④ 아까자기식 용접

100 자동화에 필요한 기구가 틀린 것은?

① 용접포지셔너　② 터닝 롤
③ 헤드 스톡　　　④ 스트롱백

해설
스트롱백은 용접 고정구로서 정반 등과 같이 사용된다.

101 로봇용접의 장점에 관한 다음 설명 중 맞지 않는 것은?

① 작업의 표준화를 이룰 수 있다.
② 복잡한 현상의 구조물에 적응하기 쉽다.
③ 반복작업이 가능하다.
④ 열악한 환경에서도 작업이 가능하다.

해설
로봇을 사용하여 용접을 하면 자동화 용접을 통한 균일한 품질과, 정밀도가 높은 제품을 만들 수 있으며, 생산성이 향상된다. 또한 용접사는 단순한 작업에서 벗어 날 수 있다.

102 용접 로봇 동작을 나타내는 관절 좌표계의 장점으로 틀린 것은?

① 3개의 회전축을 이용한다.
② 장애물의 상하에 접근이 가능하다.
③ 작은 설치 공간에 큰 작업 영역이 가능하다.
④ 단순한 머니퓰레이터의 구조이다.

해설
좌표계는 직각, 원통, 극, 관절 좌표계가 있고 관절 좌표계의 장점은 3개의 회전축, 장애물의 상하에 접근 가능, 작은 설치공간에 큰 작업영역 등이고 단점은 복잡한 머니퓰레이터 구조이다.

103 용접의 자동화에서 자동제어의 장점에 관한 설명으로 틀린 것은?

① 제품의 품질이 균일화되어 불량품이 감소된다.
② 인간에게는 불가능한 고속 작업이 불가능하다.
③ 연속작업 및 정밀한 작업이 가능하다.
④ 위험한 사고의 방지가 가능하다.

해설
자동제어의 장점
• 제품의 품질이 균일화되어 불량품이 감소된다.
• 적정한 작업을 유지할 수 있어서 원자재, 원료 등이 절약된다.
• 연속 작업이 가능하다.
• 인간에게는 불가능한 고속 작업이 가능하다.
• 인간 능력 이상의 정밀한 작업이 가능하다.
• 인간에게는 부적당한 환경에서 작업이 가능하다(고온, 방사능 위험이 있는 장소 등).
• 위험한 사고의 방지가 가능하며 투자 자본의 절약과 노력의 절감이 가능하다.

104 용접 자동화 방법에서 정성적 자동제어의 종류가 아닌 것은?

① 피드백 제어
② 유접점 시퀀스 제어
③ 무접점 시퀀스 제어
④ PLC 제어

해설
정성적 자동제어 : 예를 들어 물탱크에 물이 없으면, 물펌프를 가동하여 물을 탱크에 올려놓고, 물이 탱크에 가득차면 펌프를 끈다. 정해진 물높이에 ON/OFF의 신호가 발생하도록 하고 그것으로 제어한다. 현재 물이 얼마나 있는지 없는지는 중요하지 않으므로 '정해진 성질'에 따른 제어를 한다.

정답					
93 ①	94 ③	95 ③	96 ①	97 ④	98 ③
99 ②	100 ④	101 ②	102 ④	103 ②	104 ①

105 아크 용접용 로봇에서 용접작업에 필요한 정보를 사람이 로봇에게 기억(입력)시키는 장치는?

① 전원장치

② 조작장치

③ 교시장치

④ 머니퓰레이터

해설

아크로봇의 경로제어에는 PTP(point to point)제어와 CP(continuous path)제어, 교시방법이 있으며 수행하여야 할 작업을 사람이 머니퓰레이터를 움직여 미리 교시하고 그것을 재생시키면 그 작업을 반복하게 된다.

106 용접 자동화에 대한 설명으로 틀린 것은?

① 생산성이 향상된다.

② 외관이 균일하고 양호하다.

③ 용접부의 기계적 성질이 향상된다.

④ 용접봉 손실이 크다.

해설

용접 자동화를 하면 생산성이 증대하고 품질의 향상은 물론 원가절감 등의 효과가 있다. 수동용접법과 비교 시 용접와이어가 릴로부터 연속적으로 송급되어 용접봉 손실이 없으며 아크 길이, 속도 및 여러 가지 용접조건에 따른 공정수를 줄일 수 있다.

107 용접 로봇에 일반적으로 사용되는 용접법이 아닌 것은?

① 점용접법

② CO_2 용접법

③ TIG 용접법

④ 피복아크 용접법

해설

아크 용접 로봇에는 일반적으로 점용접(spot welding), GMAW(Gas Metal Arc Welding : CO₂, MIG, MAG)와 GTAW(Gas Tungsten Arc Welding : TIG) 및 LBW(Laser Beam Welding(레이저빔 용접))이 주로 이용되고 있다.

108 자동화에 필요한 기구 중 암(arm)이 수직·수평으로 이동 가능하며 또한 완전 360°회전이 가능하므로, 서브머지드 용접기나 다른 자동용접기를 수평암에 고정시켜 아래보기 자세로 원주 맞대기 용접이나 필릿 용접을 가능하게 하는 기구는?

① 머니퓰레이터   ② 턴 테이블

③ 용접 포지셔너   ④ 터닝 롤

해설

문제는 머니퓰레이터에 대한 설명이다.

109 자동제어의 종류 중에 정량적 제어에 해당되지 않는 것은?

① 개루프 제어   ② 폐루프 제어

③ 프로그램 제어   ④ 피드백 제어

해설

정량적 제어(quantitative control) : 개루프 제어(open loop control) → 폐루프 제어(closed loop control)는 피드백 제어(feedback control)가 첨가가 되며 프로그램 제어는 정성적 제어의 종류이다 .

110 로봇의 좌표 종류가 아닌 것은?

① 직각 좌표 로봇   ② 극좌표 로봇

③ 직선 좌표 로봇   ④ 원통 좌표 로봇

해설

로봇의 좌표 제어 로봇 종류는 머니퓰레이터, 직각좌표, 극좌표, 원통좌표, 다관절 로봇 등이다.

111 로봇의 구동장치가 아닌 것은?

① 동력원   ② 액추에이터

③ 서보모터   ④ 논 서버 제어

해설

로봇의 구동장치

• 동력원(power supply) : 동력 공급원은 전기, 유압, 공압이 있다.

• 액추에이터(actuator) : 전기식 액추에이터, 공압식 액추에이터, 유압식 액추에이터, 전기 기계식 액추에이터

• 서보모터(servo moter) : 로봇의 핵심 동력원으로 직류모터, 동기형 교류모터, 유도형 교류모터, 스태핑모터 등이 있다.

112 일반적인 로봇의 종류가 아닌 것은?

① 조정로봇

② 시퀀스 로봇

③ 논 적응 제어 로봇

④ 지능 로봇

일반적인 로봇 종류
- 조정(operating)로봇
- 시퀀스 로봇
- 플레이 백 로봇(play back)
- 수치 제어 로봇(numerically controlled : NC)
- 지능(intelligent) 로봇
- 감각(sensory) 제어 로봇
- 적응 제어 로봇(adaptive controlled)
- 학습 제어 로봇(learning controlled)

113 로봇 용접장치가 아닌 것은?

① 용접전원   ② 포지셔너

③ 트랙   ④ 접촉식 센서

로봇의 용접장치는 용접전원, 포지셔너(positioner), 트랙(track), 갠트리(gantry), 칼럼(column), 용접물 고정장치가 있다.

114 로봇의 안전수칙으로 틀린 것은?

① 작업 시작 전 머니퓰레이터의 작동 상태 점검

② 비상 정지 버튼 등 제동 장치 점검

③ 작업자의 위험방지 지침을 작성하여 오동작, 오조작을 방지한다.

④ 자동제어로 가동되어 작업자 외에도 로봇을 작동할 수 있다.

로봇의 안전수칙
- 작업 시작 전 머니퓰레이터의 작동 상태 점검
- 비상 정지 버튼 등 제동 장치 점검
- 작업자의 위험방지 지침을 작성하여 오동작, 오조작을 방지
- 작업자 외에는 로봇을 작동하지 못하도록 하며 로봇 운전 중에는 로봇의 운전 구역에 절대 들어가지 않게 함
- 점검 시는 주 전원을 차단한 뒤에 "조작금지"안내판을 부착하고 점검 실시

115 시퀀스 제어에서 유접점(릴레이)의 장점 중 틀린 것은?

① 개폐용량이 크며 과부하에 잘 견딘다.

② 전기적 잡음에 대해 안정적이다.

③ 온도 특성이 양호하다.

④ 소형이며 가볍다.

유접점의 장점
- 개폐용량이 크며 과부하에 잘 견딘다.
- 전기적 잡음에 대해 안정적이다.
- 온도 특성이 양호하다.
- 독립된 다수의 출력회로를 갖는다.
- 입력과 출력이 분리 가능하다.
- 동작상태의 확인이 쉽다.
유접점의 단점
- 동작 속도가 늦다.
- 소비전력이 비교적 크다.
- 접점의 마모 등으로 수명이 짧다.
- 기계적 진동, 충격 등에 약하다.
- 소형화에 한계가 있다.

116 시퀀스 제어에서 무접점(논리케이트)시퀀스의 단점 중 틀린 것은?

① 전기적 잡음에 약하다.

② 온도의 변화에 약하다.

③ 신뢰성이 좋지 않다.

④ 별도의 전원 및 관련 회로가 필요하지 않다.

무접점의 장점
- 동작 속도가 빠르다.
- 고빈도 사용에도 수명이 길다.
- 열악한 환경에 잘 견딘다.
- 고감도의 성능을 갖는다.
- 소형이며 가볍다.
- 다수입력 소수출력에 적당하다.
무접점의 단점
- ①, ②, ③과 별도의 전원 및 관련 회로를 필요로 한다.

정답					
105 ③	106 ④	107 ④	108 ①	109 ③	110 ③
111 ④	112 ③	113 ④	114 ④	115 ④	116 ④

Chapter 3 용접부의 시험과 검사

01 시험 및 검사방법의 종류

1 작업 검사

1) 용접 시공전의 작업 검사

① 용접설비 : 용접기기, 부속기구, 보호기구, 지그(jig) 및 고정구의 적합성 검사

② 용접봉 : 겉모양과 치수, 용착금속의 성분과 성질, 모재와 조립한 이음부의 성질, 피복제의 편심율, 작업성과 균열시험

③ 모재 : 재료의 화학조성, 물리적 성질, 화학적 성질, 기계적 성질, 개재물의 분포, 래미네이션(lamination) 열처리법 검사

④ 용접준비 : 홈각도, 루트 간격, 이음부의 표면상태(스케일, 유지 등의 부착, 가접의 양부 등 상황) 등 검사

⑤ 시공조건 : 용접조건, 예열, 후열 등의 처리 등 검사

⑥ 용접공의 기량 확인

2) 용접 중의 작업 검사

① 각 층마다(용접 비드층)의 융합상태, 슬래그섞임, 비드 겉모양, 크레이터의 처리, 변형상태(모재 외관)등을 검사

② 용접봉의 건조상태, 용접전류, 용접순서, 운봉법, 용접자세 등에 주의

③ 예열을 필요로 하는 재료에는 예열온도, 층간온도를 점검

3) 용접 후의 용접부 작업 검사

후열처리, 변형교정 작업점검과 균열, 변형, 치수 잘못 등의 조사

2 완성 검사

1) 용접 후 전체 완성 검사

① 용접 구조물 전체에 결함여부를 조사하는 검사

② 파괴 검사(destructive testing) : 용접물에서 시험편(specimen)을 잘라내기 위해 파괴

③ 비파괴 검사(NDT : non-destructive testing) : 용접물을 파괴하지 않고 결함유무를 조사

2) 검사법의 분류

3) 용접부의 결함 종류에 따른 검사법

결함의 종류		시험과 검사법
수치상의 결함	변형	적당한 게이지를 사용한 외관 육안 검사
	용접 금속부 크기가 부적당	용접 금속용 게이지를 사용한 육안 검사
	용접 금속부 형상이 부적당	용접 금속용 게이지를 사용한 육안 검사
구조상의 결함	기공	방사선 검사, 전자기 검사, 와류 검사, 초음파 검사, 파단 검사, 현미경 검사, 마이크로 조직 검사
	비금속 또는 슬래그 섞임	방사선 검사, 전자기 검사, 와류 검사, 초음파 검사, 파단 검사, 현미경 검사, 마이크로 조직 검사
	융합 불량	방사선 검사, 전자기 검사, 와류 검사, 초음파 검사, 파단 검사, 현미경 검사, 마이크로 조직 검사
	용입 불량	방사선 검사, 전자기 검사, 와류 검사, 초음파 검사, 파단 검사, 현미경 검사, 마이크로 조직 검사
	언더컷	외관 육안 검사, 방사선 검사, 굽힘 시험
	균열	외관 육안 검사, 방사선 검사, 초음파 검사, 현미경 검사, 마이크로 조직 검사, 전자기 검사, 침투 검사, 형광 검사, 굽힘 시험 외관 육안 검사, 기타
	표면결함	외관 육안 검사

결함의 종류		시험과 검사법
성질상의 결함	인장강도의 부족	전용착금속의 인장 시험, 맞대기 용접의 인장 시험, 필릿 용접의 전단 시험, 모재의 인장 시험
	항복강도의 부족	전용착금속의 인장 시험, 맞대기 용접의 인장 시험, 모재의 인장 시험
	연성의 부족	전용착금속의 인장 시험, 굽힘 시험, 모재의 인장 시험
	경도의 부적당	경도 시험
	피로강도의 부족	피로 시험
	충격에 의한 파괴	충격 시험
	화학성분의 부적당	화학 분석
	내식성의 불량	부식 시험

02 용접 재료의 파괴 시험법

1 기계적 시험

1) 인장 시험(tensile test)

여러 가지 모양(원봉상, 판상, 각진 쇠막대 등)의 고른 단면을 가진 기다란 시험편을 사용하여 인장시험기로 인장을 파단시켜 인장강도, 연신율, 항복점, 단면수축률 등을 측정하는 것

[인장 시험편(원봉형)]

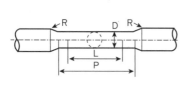

표점 거리 L=50mm, 평행 볼분의 크기
P≒60mm, 지름 D 14mm, 어깨 부분의
반지름 R 15mm 이상

[하중 변형 선도]

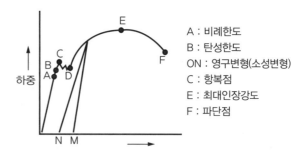

A : 비례한도
B : 탄성한도
ON : 영구변형(소성변형)
C : 항복점
E : 최대인장강도
F : 파단점

① 탄성한도 : 그림의 점 B의 하중을 시험편의 원단면적으로 나눈 값이며, 점 B 이하에서는 다음과 같다. 여기서, 상수(E)를 세로탄성률(영률, young's modulus)이라 한다.

$$\frac{응력(\delta)}{연신율(\epsilon)} = 상수(E)$$

※ 연신율=변형률

② 응력과 연신율 : 하중 Pkg에 있어 최초의 단면적 Amm^2로 나눈 값을 응력이라 하고, 표점 사이의 거리의 변화를 나타내는 것을 연신율이라 한다.

③ 인장강도(tensile stress) : 그림에서 점 E로 표시되는 최대하중(P_{max})을 시험편의 원단면적 ($A\,mm^2$)으로 나눈 값이다.

$$인장강도(\sigma M) = \frac{P_{max}}{A}\,(kg/mm^2)$$

2) 굽힘 시험(bending test)

모재 및 용접부의 연성결함의 유무를 조사하기 위하여 적당한 길이와 나비를 가진 시험편을 적당한 지그를 사용하여 굽힘 시험을 하는 것으로, 굽힘 시험방법에는 자유굽힘, 형틀 굽힘(KS B 0832), 롤러 굽힘(KS B 0835)이 있다. 굽힘에 의한 용접부 표면(이면)에 나타나는 균열의 유무와 크기에 의하여 용접부의 양부를 판정하는 것이다.

① 형틀굽힘 시험 : 용접 기능검정 시험에 채택되고 있는 굽힘방법에는 자유굽힘과 형틀굽힘으로 구분되며 표면상태의 조건에 따라 표면굽힘 시험(surface bend test), 이면 굽힘 시험(root bend test), 측면굽힘 시험(side bend test) 등으로 구분된다. 형틀굽힘 시험은 시험편을 보통 180°까지 굽히고 시험편과 시험형틀은 아래 그림과 같다.

표면 굽힘 시험 (surface bend test)	이면 굽힘 시험 (root bend test)	측면 굽힘 시험 (side bend test)

[형틀 굽힘 시험편]

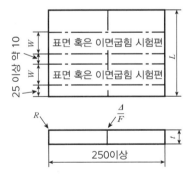

[형틀 굽힘 시험편의 크기]

시험편	1호	2호	3호
판두께(t)	3.0~3.5	5.5~6.5	8.5~9.5
길이(L)	약 150	약 200	약 250
폭(W)	19~38	19~38	19~38
측면라운딩(R)	〈 0.5	〈 1.0	〈 1.5

② 롤러 굽힘 시험(roller bend test) : 시험용 지그가 필요 없이 판두께 3~19mm 시험편을 그대로 굽힐 수 있으며 굽힘방법은 자유 굽힘 방법과 같다. 용접금속과 모재의 경도가 너무나 차이가 있는 것은 시험에 부적합하다.

[롤러 굽힘 시험 지그]

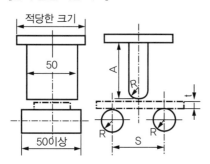

[롤러 굽힘 시험 지그의 치수]

기호	R	S	A	굽힘각도
N-1p	1.5	16/3R + 3	5R + 100 이상	90°
G-1p	1.5	5R + 3	5R + 80 이상	90°

3) 경도 시험(hardness test)

물체의 기계적인 단단함의 정도를 나타내는 수치로 금속의 인장강도에 대한 간단한 척도가 되며, 시험방법에는 브리넬(brinell), 로크웰(rock well), 비커스(vickers), 쇼어(shore) 등이 있다.

① 브리넬 경도(HB, brinell hardness) : 일정한 지름 D(mm)의 강철구슬을 일정한 하중 P (3000, 1000, 750, 500kg)로 시험편을 표면에 압입한 다음, 하중을 제거한 후에 강철 구슬 자국의 표면적으로 하중을 나눈 값을 나타내는 것

$$H_B = \frac{하중(kg)}{오목자국표면적(mm^2)} = \frac{2P}{\pi D\,CD - \sqrt{D^2 - d^2}} = \frac{P}{\pi dt}(kg/mm^2)$$

[브리넬 경도 시험]

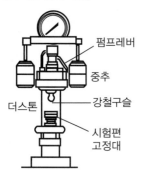 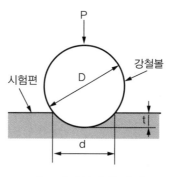

P : 압입하중(kg)
D : 강철볼의 지름(mm)
d : 볼 자국의 지름(mm)
t : 볼 자국의 깊이(mm)

② 로크웰 경도(rock well hardness) : 압입형태에 따라 B스케일과 C스케일로 구분

B스케일(H_{RB})	• 지름 1,588mm($\frac{1}{16}''$)의 강철볼을 압입하는 방법 • 연한 재료의 경도 시험에 사용되는 방법 • 기준하중 10kg을 작용시키고 다시 100kg을 걸어 놓은 후에 10kg의 기준하중으로 되돌렸을 때 자국의 깊이(h)를 다이얼게이지로 표시 • $H_{RB} = 130 - 500h$ ∴h : 압입깊이(mm)
C스케일(H_{RC})	• 꼭지각 120°의 다이아몬드 원뿔을 압입자로 사용 • 굳은 재료의 경도 시험에 사용되는 방법 • 시험 하중 150kg에서 시험 • $H_{RC} = 100 - 500h$ ∴h : 압입깊이(mm)

③ 비커스 경도(vickers hardness)
- 압입체로서, 꼭지각이 136°인 사각뿔 모양의 다이아몬드 피라미드를 사용, 1~120kg의 하중으로 시험하여 생긴 오목자국 측정 후 가해진 하중을 오목자국의 표면적으로 나눈 값
- 브리넬 경도 시험에 비해 압입자에 가하는 하중이 매우 작으며 홈 역시 매우 작아 0.025mm 정도의 박판이나 정밀가공품, 단단한 강(표면경화된 재료) 등에 사용되며 재료가 균질일 때 비커스 경도는 특수한 경우를 제외하고 인장강도의 약 3배의 값으로 보아도 별지장이 없다.

$$H_V = \frac{하중(kg)}{오목자국표면적(mm^2)} = \frac{2Psin(\theta/2)}{d^2} = \frac{1.8544P}{d^2}(kg/mm^2)$$

P : 압입하중(kg), S : 사각변 길이(mm), d : 대각선 길이(mm), t : 대면각(136°)

④ 쇼어 경도(shore hardness)
- 압입 시험과 달리 작은 다이아몬드(끝단이 둥글다)를 선단에 고정시킨 낙하추(2.6g)를 일정한 높이 ho(25cm)에서 시험편 표면에 낙하시켰을 때 튀어오른 높이 h로 쇼어 경도 Hs를 측정하는 것
- 오목자국이 남지 않아 정밀품의 경도 시험에 널리 사용되며, 쇼어 경도계는 다이얼지시식 쇼어경도 시험기(D형), 직독식 쇼어경도계(C형) 등이 있다.

$$H_s = \frac{10,000}{65} \times \frac{h}{h_0}$$

⑤ 에코방식(Echo type) 경도 측정

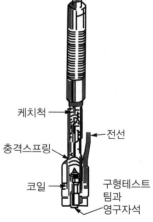

[에코방식의 임팩트 보디]

- 텅스텐 카바이드로 된 둥근 테스트팁을 가진 임팩트 보디(impact body)가 충격스프링에 의해 시험편의 표면을 때리고 다시 튀어오를 때 충격속도와 반발속도를 정밀 측정
- 이러한 측정은 임팩트 보디 속에 내장된 영구자석이 테스트하는 과정에서 코일 속을 통과하면서 통과속도에 정비례하는 양의 전기전압을 전진과 후진 시에 발생시켜 이루어지며 충격 시와 반발 시의 속도로 추출된 측정치는 디지털에 경도값이 수치로 나타나며 이 값을 환산표에 의해 환산하여 경도를 측정한다.
- 측정범위 : Hbo 0~440, Hv 0~940, Hre 20~68 정도

케치척
전선
충격스프링
코일
구형테스트 팁과 영구자석

4) 충격 시험(impact test)

시험편에 V형 또는 U형 등의 노치(notch)를 만들고 충격적인 하중을 주어서 파단시키는 시험법이다. 충격적인 힘을 가하여 시험편이 파괴될 때에 필요한 에너지를 그 재료의 충격값(impact value)이라 하고 충격적인 힘의 작용 시 충격에 견디는 질긴 성질을 인성(toughness)이라 하며, 파괴되기 쉬운 여린 성질을 메짐 또는 취성(brittleness)이라 하고 인성을 알아보는 방법으로는 보통 시험편을 단순보 상태에서 시험하는 샤르피식(Charpy type)과 내다지보 상태에서 시험하는 아이조드식(Izod type)이 있다.

시험편의 파단까지의 흡수에너지가 많을수록 인성이 크고 작을수록 취성이 큰 재료이며 우리나라에서는 샤르피 충격시험기(KSB 0809에 규정)를 많이 사용하고 있다. 시험편 흡수에너지 E는 다음 식과 같다.

$$\text{흡수에너지 } E = WR(\cos\beta \times \cos\sigma)\,(kg \cdot m)$$
$$\text{충격값 } U = WR(\cos\beta \times \cos\sigma) / A\,(kg \cdot m/cm^2)$$

5) 피로 시험(fatique test)
동적시험의 일종으로 재료의 인장강도 및 항복점으로부터 계산한 안전하중상태에서도 작은 힘이 계속적으로 반복하여 작용하였을 때 재료에 파괴를 일으키는 일이 있는데 이와 같은 파괴를 피로파괴라 하고 시험편에 규칙적인 주기를 가지는 교변하중을 걸고 하중의 크기와 파괴가 될 때까지의 되풀이 횟수에 따라 피로강도를 측정하는 것을 피로시험이라 한다.
용접이음 시험편에서는 명확한 평단부가 나타나기 어려우므로 2×10^6회 내지 2×10^7회 정도에 견디어 내는 최고하중을 구하는 수가 많다.

2 화학적 시험

1) 화학분석(chemical analysis)
① 용접봉 심선, 모재 용착금속 등의 금속 또는 합금 중에 포함되는 각 성분을 알기 위한 금속분석을 하는 것으로 시험편에서 재료를 잘라 내어 화학분석을 한다.
② 시험 대상 : 금속 중에 포함된 화학조성 및 불순물함량, 가스조성의 종류, 양, 슬래그, 탄소강의 탄소, 규소 망간 등
③ 시료 중에 포함되는 금속각 조성의 평균값을 알 수 있다.
④ 재료의 금속학적 성질(현미경조직, 설퍼프린트 등)의 좋고 나쁨을 판정하는 기초자료이다.
⑤ 시료 중에 각조성의 분포상태(편석 등)에 대해서는 알 수 없다.

2) 부식 시험(corrosion test)
① 용접물이 풍우, 해수, 토사 등 어떤 분위기 속에서 부식되는 상태를 조사하기 위하여 실제 분위기와 같거나 비슷한 상태에서 부식액을 사용하여 실험적으로 시험하는 방법이다.
② 부식 시험 종류

습부식 시험	청수, 해수, 유기산, 무기산 알칼리에 의한 부식 상태 시험
고온 부식 시험(건부식)	고온의 증기가스에 의한 부식 상태 시험
응력 부식 시험	응력에 의한 부식 상태 시험

3) 수소 시험
① 용접부에 용해한 수소는 기공, 비드 균열, 은점, 선상조직 등 결함의 큰 요인이 되므로, 용접방법 또는 용접봉에 의해 용접금속 중에 용해되는 수소량의 측정은 주요한 시험법의 하나이다.
② 함유 수소량의 측정 : 45℃ 글리세린 치환법, 진공가열법

3 야금적 단면 시험

1) 파면 시험(fractography, fracture test)
① 용착금속이나 모재의 파면에 대하여 결정의 조밀, 균열, 슬래그 섞임, 기공, 선상조직, 은점 등을 육안관찰로서 검사하는 방법
② 시험 대상 : 인장, 파면, 충격시험편의 파면, 모서리 용접 또는 필릿 용접의 파면에 대한 관찰
③ 파면색채 판정법 : 일반적인 결정의 파면이 은백색이며 빛나면 취성 파면, 쥐색이며 치밀하면 연성 파면이다.

2) 매크로조직 시험(macrography)
용접부에서 용입의 상태, 다층 용접시 각 층의 양상, 열영향부의 범위, 결함의 유무 등을 알기 위해 용접부 단면을 연삭기나 샌드페이퍼 등으로 연마하고, 적당한 매크로에칭(macro-etching)을 해서 육안 또는 저배율의 확대경으로 관찰하는 것으로 에칭을 한 다음 부식성 액체를 사용하므로 곧 물로 세척하고 건조시켜 시험한다.

3) 현미경 시험
시험편은 샌드페이퍼로써 연마하고, 그 위에 연마포로 충분히 매끈하게 광택, 연마한 다음 적당한 매크로부식액으로 부식시키고, 50~200배의 광학현미경으로 조직이나 미소결함 등을 관찰하며 또, 2000배 이상의 전자현미경으로 조직을 정밀 관찰할 수도 있다.

4 중요한 용접성 시험

1) 용접 균열 시험
① T형 용접 균열 시험 : 연강, 고장력강, 스테인리스강 용접봉의 고온 균열을 조사할 때에 사용되며 T이음의 한쪽을 필릿 용접으로 구속한 후 반대측에 시험비드를 놓고 균열의 정도를 조사하는 방법
② 겹치기 이음 용접 균열 시험 : CTS(controlled thermal severity, 영국 코트렐)시험으로도 불리며 시험재에서 6개의 시험편을 채취하여 연마한 뒤에 현미경으로 단면 내 균열의 유무 등을 조사하는 시험으로 저합금재의 열영향부와 연강용 저수소계 용접봉 및 고장력강 용접봉의 용착금속 균열의 강도를 조사한다.
③ 슬리트형 용접 균열 시험 : 시험재에 가스 절단이나 기계절삭으로 Y형의 홈을 만들고 이 슬리트에 시험비드를 놓은 뒤 일정시간 경과한 뒤에 균열의 유무나 균열의 길이를 조사하는 시험으로 사용하는 시험편은 원칙으로는 SB41 또는 이에 상당하는 강재로 되어있고 슬리트가 비스듬하므로 루트에 응력 집중이 크며 매우 민감한 시험이다.
④ 환봉형 용접 균열 시험(KS B 0860) : 연강 용접봉을 대상으로 한 시험으로 환봉형 시험편을 용접으로 구속한 뒤 중앙부에 아래보기 자세로 비드를 놓고 비드에 발생하는 균열의 정도로 균열 감도를 비교한다.
⑤ C형 지그 구속 맞대기 용접 균열 시험 : 시험편을 볼트로 고정한 뒤에 4곳에 시험비드를 형성한 뒤 냉각 후 용접부를 접어서 파단하여 그 파면에서 균열여부를 조사하는 시험으로 용착

금속의 고온균열의 경향을 알아내는데 사용하며 시험의 재료로는 연강, 스테인리스강, 비철합금용 용접봉을 들 수 있다.

⑥ 기타 용접 균열 시험

리하이형 구속 균열시험	맞대기 용접 균열시험법, 용접봉 시험에 이용, 저온균열
피스코 균열시험	스위스 슈나트에서 시작된 고온균열로 맞대기 구속균열시험법
CTS 균열시험(영국의 코트렐)	겹치기 이음의 비드밑균열시험(열적구속도 균열시험)
바텔비드밑균열시험	Battle type under bead Cracking test 저합금강의 비드밑균열시험에 사용되는 방법이다. 미국의 바텔 연구소에서 개발한 균열 시험방법으로서 소형 시험편 표면에 소정의 용접조건(E −6010 형 Ø3.2 용접봉 100A, 24~26V, 250㎜/min)으로 비드를 만들고 24시간 방치한 후에 절단하여 균열을 사소한다. 그리고 비드 길이에 대한 균열의 길이를 비(%)로서 나타낸다. 보통 5개의 평균값으로 나타낸다.

※구머너트법 : 국제용접학회에서 권장하는 응력측정법

2) 용접부의 연성 시험

① 용접부의 최고 경도 시험(KS B 0893) : 용접 열영향부가 경화하는 정도를 조사하는 경도 시험방법으로 용접모재에서 채취한 시험편을 경도 시험기로 측정하여 최고 경도를 구하는데 이 최고경도는 용접조건을 설정하는데 중요한 요소의 하나로 가령 용접시의 예열과 후열의 필요성을 결정하는데 사용한다.

② 용접비드의 굽힘 시험 : 코머렐(KOMMERELL, 오스트리아 시험) 시험이라고도 하며 시험편을 굽혀서 용접금속이나 열영향부에 발생하는 균열의 상태 등에서 연성을 비교하는 시험방법으로 균열 발생 시의 굽힘 각도가 중요하며 시험온도가 낮아질수록 이 각도는 작아진다.

③ 용접비드의 노치 굽힘 시험 : 킨젤(KINZEL)시험이라고도 하며 시험편으로 굽힘을 행하여 연성 및 균열의 전파를 조사히는 시험으로 용접한 모재를 그대로 시험할 수 있는 장점이 있다.

④ T형 필릿 용접의 굽힘 시험 : 시험재에 잘라낸 시험편을 규정에의 지그로 일정한 각도까지 굽혀서 굽힘에 필요한 최대하중과 균열 등에서 시험재나 용접부의 적정 여부를 조사하는 방법으로 만일 파단했을 때에는 파단시의 굽힘 각도에서 연성의 양부를 평가한다.

⑤ 용접 열영향부의 연성 시험

재현 열열향부 시험	환봉으로 된 시험편을 실제의 아크 용접으로 열영향부가 받는 가열 및 냉각의 열사이클과 같이 조작할 수 있는 장치 내에서 열처리한 뒤 인장시험을 한 후 열열향부의 기계적 성질을 알아내는 시험이다.
연속 냉각 변태 시험	시험편을 일정한 온도까지 급속히 가열한 후 다양한 속도로 냉각하여 생성과 종료온도를 구하고 실온에서 경도와 조직시험 및 굽힘시험을 하는 방법으로 CCT(Continuous Cooling Transformation)곡선을 작성하기 위하여 실행하는 시험으로 이 방법은 저합금강의 용접 열영향부의 연성을 조사하는데 좋은 방법의 하나이다.

3) 용접 취성 검사

① 용접부의 노치 충격시험 : 용접부의 충격값, 연성파면율을 조사하며 용접성을 판단하는 시험으로 샤르피 충격시험기를 사용하며 시험편의 노치는 V형으로 정해져 있다.

② 로버트슨 시험(Robertson test) : 시험편 좌측 노치부에 액체 질소로 냉각하고 우측을 가열(가스불꽃)하여 거의 직성적인 온도 기울기를 부여하여 시험편의 양단에 하중을 건 채로 노치부에 충격을 가하여 균열을 발생시킨다. 이 균열 시험법은 시험편에 전파되는 균열의 정지온도를 구하여 취성균열의 정지온도를 정하고 각각의 인장응력과 이 온도와의 관계를 알아내는 시험이다(어떠한 응력점에 도달하면 더 이상의 응력을 가하여도 균열이 정지하는 한계의 온도를 로버트슨 시험의 천이온도라고 하며 이 온도 이상으로 사용할 때에는 취성파괴를 피할 수 있다).

③ 칸 티어 시험(Kahn tear test) : 노치를 만들 시험편을 종이 찢듯이 찢어서 파면의 상태를 조사하여 파면의 천이온도를 구하는 시험방법으로 일면 미해군 찢기 시험이라고도 한다.

④ 밴더 빈 시험(Vander Veen test) : 노치 굽힘 시험의 일종으로 유럽에서 처음 시작된 시험으로 판의 측면에 프레스 노치를 붙여 굽힘시험을 하고 최대하중시 시험편 중앙부위가 최대 6mm되는 지점을 연성 천이온도라 하고 연성 ·파면의 길이가 32mm가 되는 온도를 파면 천이온도라 한다.

⑤ 티퍼 시험(Tipper test) : 영국에서 처음 시작된 시험으로 양측면에 V노치가 붙은 시험편을 여러 가지 저온에서 정적하중을 가하여 인장파단시켜 천이온도를 구하는 방법으로 연강 용접선에서 취성파괴 발생은 티퍼 시험의 천이온도보다 낮은 온도에서 일어나기 힘들다.

⑥ 에소 시험(ESSO test) : 시험편을 균일한 온도로 유지하고 인장응력(설계응력)을 가한 상태로 쐐기를 때려 취성균열을 유발하여 발생을 시키며 이 방법으로 여러 온도에 적용하여 천이온도를 구하는 방법으로 균열이 정지하는 온도는 그 강재의 설계응력에 허용되는 최저온도이다.

⑦ 이중 인장 시험 : 취성균열의 전파장치의 천이온도를 구하는 시험으로 전파부에 소정의 인장하중을 가한 상태에서 저온으로 냉각한 균열 발생부를 다른 장치로 잡아당겨서 이 부분에서 발생한 균열을 전파부로 전한다. 이와 같은 상황에서 전파한 균열이 어느 부분에서 정지하는지를 조사하여 그 부분의 온도와 인장응력과의 과계를 구하여 강재의 성질을 알아낸다.

⑧ 기타 용접 취성 시험

낙하시험	시험편에 무거운 추를 낙하시켰을 때 시험편이 어떤 굽힘 각도 내에서 취성파괴를 발생의 여부에 한계온도를 조사하는 방법
폭파시험	화약의 폭발력으로 시험편을 파괴하여 균열의 발생과 전파의 상태를 조사하는 방법
대형 인장 용접 시험	시험편 용접에 의해 잔류 응력과 인공적인 노치를 시험편에 만들어 놓고 용접의 열영향에 의한 취화와 잔류 응력과의 효과를 정적 인장하중을 가하는 것으로 취성균열을 발생시켜서 전파시키는 시험으로 응력제거 풀림 등의 효과를 조사할 때에도 사용되고 있으며 실제의 구조물에서 볼 수 있는 취성파괴의 발생 조건을 잘 재현하고 있다.

03 비파괴 검사(nondestructive testing : 약칭 NDT)

1 외관 검사(육안 검사, Visual inspection : VT)

① 용접부의 양부를 외관에 나타나는 비드의 형상에 의하여 육안으로 관찰하는 것
② 간편한 검사법으로 널리 사용되고 있음
③ 비드 외관, 비드의 나비 및 비드의 높이, 용입, 언더 컷, 오버 랩, 표면균열 등에 대해서 관찰

2 누수 검사(누설 검사, leak testing : LT)

① 탱크, 용기 등의 기밀, 수밀, 유밀을 요구하는 제품에 정수압 또는 공기압을 가해 누수유무를 확인하는 방법
② 특수한 경우 할로겐가스, 헬륨가스를 사용하기도 함

3 침투 검사(Penetrant testing : PT)

1) 개요

제품의 표면에 발생된 미세균열이나 작은 구멍을 검출하기 위해 이곳에 침투액을 표면장력의 작용으로 침투시킨 후에 세척액으로 세척한 후 현상액을 사용, 결함부에 스며든 침투액을 표면에 나타나게 하는 것

2) 형광 침투 검사(fluorescent penetrant inspection)

① 형광 침투액 : 표면장력이 작으므로 미세한 균열이나 작은 구멍의 흠집에 잘 침투함
② 형광 침투액 침투 후 최적 약 30분 경과한 다음에 표면을 세척한 다음 탄산칼슘, 규사가루, 산화마그네슘, 알루미늄 등의 혼합분말 또는 알코올에 녹인 현탁 현상액을 사용하여 형광물질을 표면으로 노출시킨 후 초고압 수은등(black light)으로써 검사
③ 검사순서

┌───┐
│   최저 30분   │
│ 형광침투액 침투 → 물로 세척 → 현상액 침투 → 예비청정 → 건조 → 검사(초고압 수은등) │
└───┘

3) 염료 침투 검사(dye penetrant inspection)

① 형광염료 대신 적색염료를 이용한 침투액을 사용
② 일반 전등이나 일광 밑에서도 검사가 가능하고 방법이 간단하여 현장 검사에 널리 사용됨
③ 검사순서(스프레이 염료통 사용)

┌───┐
│ 세척액으로 표면에 오염 제거 → 침투액 도포 후 5~20분간 방치 → 세척액으로 표면에 침투액 세척 → 현상액 │
│ 을 표면에 균일하게 도포 → 현상액이 건조되며 결함 검출   │
└───┘

4 초음파 검사(ultrasonic inspection : UT)

1) 개요

사람이 실제로 귀로 들을 수 없는 파장이 짧은 초음파(0.5~15)를 검사물 내부에 침투시켰을 때 내부의 결함, 불균일층이 존재할 때 전파 상태에 이상이 생기는 것으로 검사를 하는 방법

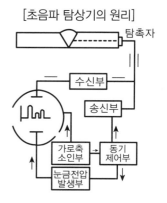

[초음파 탐상기의 원리]

2) 초음파의 속도

① 공기 : 약 330m/sec
② 물속 : 약 1500m/sec
③ 강 : 약 6000m/sec

3) 초음파의 강 중에 침투조건

① 강의 표면이 매끈하여야 한다.
② 초음파 발진자와 강 표면 사이에 물, 기름, 글리세린 등을 넣어서 발진자를 강 표면에 밀착시킨다.

4) 탐촉자의 종류

① 2 탐촉자법 : 입사탐촉자와 수파탐촉자를 다른 탐촉자로 사용
② 1 탐촉자법 : 입사탐촉자와 수파탐촉자를 1개로 겸용으로 사용

5) 초음파의 검사법의 종류

① 펄스(pulse) 반사법
  • 지속시간이 0.5~5sec 정도의 초음파 펄스(단시간의 맥류)를 물체의 일면에서 탐촉자를 통해서 입사시켜 타 단면 및 내부의 결함에서의 반사파를 면상의 같은 탐촉자에 받아 발생한 전압펄스를 브라운으로 관찰하는 방법
  • 초음파의 입사각도에 따른 구분

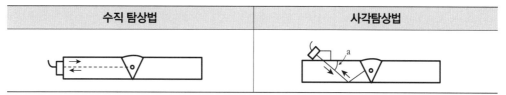

수직 탐상법	사각탐상법

② 투과법 : 시험물에 초음파의 연속파 또는 펄스를 송신하고 뒷면에서 이를 수신하며 내부에 결함이 있을 때 초음파가 산란되거나 강약 정도로써 검출하는 방법
③ 공진법
  • 시험물에 송신하는 초음파를 연속적으로 교환시켜서 반파장의 정수가 판두께와 동일하게 될 때 송신파와 반사파가 공진하여 정상파가 되는 원리를 이용한 것
  • 판두께 측정, 부식정도, 내부결함, 래미네이션(lamination) 등 검사

[초음파 탐상법의 종류]

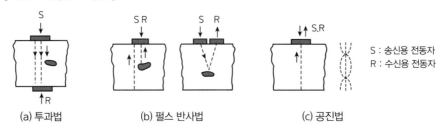

(a) 투과법　　　　　(b) 펄스 반사법　　　　　(c) 공진법

S : 송신용 전동자
R : 수신용 전동자

5 자기 검사(magnetic inspection : MT)

1) 개요

용접 시험물을 자화시킨 상태에서 결함이 있을 때 자력선이 교란되어 생기는 누설자속을 자분
(철분) 또는 탐사코일을 사용하여 결함을 검사하는 방법

2) 자분검사법(magnetic particle inspection)

① 대표적인 자기검사법
② 비자성체(알루미늄, 구리, 오스테나이트계 스테인레스 등)에는 사용할 수 없음
③ 자화전류에는 500~5000A정도의 교류(3~5초 통전) 또는 직류(0.2~0.5초 통전)를 단시간
　흐르게 한 후에 잔류자기를 이용하는 것이 보통

[자분탐상기]

직류조정레벨
누름시험스위치
교류직류
전환스위치
코일

[자기 검사의 원리]

누설자속
강재표면
자속
자력선
표면결함
내부결함

3) 자화방법의 종류

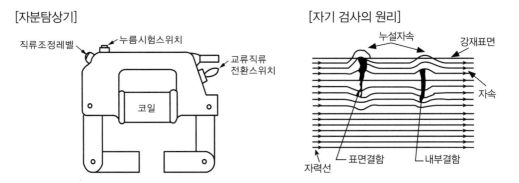

자화방법	축통전법	직각통전법	관통법	전류통전법	코일법	극간법	자속관통법
	원형자장				직진자장		원형자장
자화종류							

ⓒ전류　　ⓜ자장　　ⓓ결함

6 방사선 투과 시험(rediographic inspection : RT)

1) 개요

① X선 또는 γ선을 검사물에 투과시킨 뒤 검사물 투과 반대편에 부착한 필름에 감광된 것을 현상하여 결함의 유무를 조사하는 방법

② 현재는 모니터를 통해 방사선 투과시험 결과(필림과 같은)를 볼 수 있고 저장도 가능함

③ 용접 내부에 결함사항이 있을 때는 필름 현상 시 결함부분에 감광량이 많아 그 모양대로 검게 나타남

④ 매크로적 결함의 검출로서는 가장 확실한 방법이며 널리 사용되고 있음

2) X선 투과 검사(X-ray radiography)

① X선이란, 쿠울리지 관내에의 음극에서 열전자가 튀어나오게 하여 이것을 고전압으로 가속시켜서 양극쪽의 타겟(텅스텐)에 부딪치면 발생하는 파장이 극히 짧은(0.01~100Å(10^{-8}cm)) 전자파(발견자(W. C. Rontgen)의 이름을 따서 렌트겐선이라 함)

② X선이 직진하며 이 X선을 용접부에 투과시켜 필름에 감광된 강도로 결함을 조사하며, 검사 작업 시 X선의 전부가 투과되는 것이 아니라 검사물에 일부가 흡수되며 검사물 두께가 두꺼울수록 흡수량이 커지므로 판 두께의 2% 이상의 결함을 검출하기 위해 가는 줄 10개 이상이 고정된 투과도계를 검사물 위에 놓고 검사한다. 시험 후 필름에 감광된 투과도계(penetramater)로 결함 검출의 기준으로 삼는다.

③ X선 투과법에 의하여 검출되는 결함 : 균열, 융합불량, 용입불량, 기공, 슬래그 섞임, 비금속 개재물, 언더컷 등

④ X선 검사방법

보통법	X선을 단순히 수직방향에서 투과하며 평면적인 위치 크기는 정확히 검출되나 결함의 어느 두께의 위치 파악 못함
스테레오법	평면적 위치, 크기, 어느 두께의 위치 검출

3) γ선 투과 검사

① X선으로는 투과하기 힘든 두꺼운 판에 대하여 X선보다 투과력이 강한 γ선을 사용

② 보통 천연의 방사선 동위원소(라듐 등)가 사용되는데 최근에는 인공방사선 동위원소(코발트 60, 세슘 134 등)도 사용

③ 장치도 간단하고 운반도 용이하며 취급도 간단하여 현장에서 널리 사용

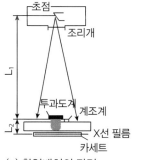

(a) 촬영배치의 단면

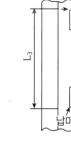

(b) 촬영배치의 평면

4) 용접부 결함의 등급

등급 \ 시험부의 최대두께 (mm)	5.0 이하	5.1~10.0	10.1~20.0	20.1~50.0	50.1 이상
1급	0	0	$\leqq 1$	$\leqq 1$	$\leqq 1$
2급	$\leqq 2$	$\leqq 3$	$\leqq 4$	$\leqq 5$	$\leqq 6$
3급	$\leqq 4$	$\leqq 6$	$\leqq 8$	$\leqq 10$	$\leqq 12$
4급	$\leqq 8$	$\leqq 12$	$\leqq 15$	$\leqq 18$	$\leqq 20$
5급	$\leqq 12$	$\leqq 18$	$\leqq 25$	$\leqq 30$	$\leqq 40$
6급	결함의 수가 5급보다 많은 것				

① 표 중의 숫자는 결함이 가장 조밀하게 존재하는 부분의 $10 \times 50 mm^2$ 내에 존재하는 결함의 수를 나타낸 것

② 결함의 크기는 길이 2mm 이하로 하고, 2mm를 넘는 크기의 결함에 대해서는 다음의 계수를 곱한다. 다만, 결함의 크기가 12mm를 넘는 경우 및 균열이 존재하는 경우에는 6급으로 한다.

결함의 크기 (mm)	2.0 이하	2.1~4.0	4.1~6.0	6.1~8.0	8.1~10.0	10.1~12.0
계수	1	4	6	10	15	20

7 - 맴돌이전류 검사(와류 검사, eddy current inspection : ET)

① 금속 내에 유기되는 맴돌이전류(와류전류)의 작용을 이용하여 검사하는 방법

② 전자유도에 의해 와전류를 발생하며 시험체 표층부의 결함에 의해 발생한 와전류의 변화를 측정하여 결함을 탐지하는 검사법

③ 파이프와 봉, 강관 등 전도체 재료의 표면 또는 표면근처의 결함검출과 물성측정에 이용

④ 적용재료 : 자기탐상 검사가 안 되는 비자성 금속(오스테나이트 스테인레스강 등)

⑤ 검출되는 결함 : 표면 및 표면에 가까운 내부결함으로 균열, 기공, 개재물, 피트, 언더컷, 오버랩, 용입불량, 융합불량, 조직변화 및 기계적, 열적변화

01 강의 충격시험 시의 천이온도에 대해 가장 올바르게 설명한 것은?

① 재료가 연성파괴에서 취성파괴로 변화하는 온도 범위를 말한다.

② 충격시험한 시편의 평균온도를 말한다.

③ 시험시편 중 충격값이 가장 크게 나타난 시편의 온도를 말한다.

④ 재료의 저온사용한계 온도이나 각 기계장치 및 재료 규격집에서는 이 온도의 적용을 불허하고 있다.

해설
용접부의 천이온도는 금속재료가 연성 파괴에서 취성 파괴로 변하는 온도범위를 말하며 철강 용접의 천이온도는 최고 가열온도가 400~600℃이며 이 범위는 조직의 변화가 없으나 기계적 성질이 나쁜 곳이다.

02 용접부의 시험 및 검사법의 분류에서 전기, 자기 특성시험은 무슨 시험에 속하는가?

① 기계적 시험　② 물리적 시험

③ 야금학적 시험　④ 용접성 시험

해설
용접부의 검사법은 크게 나누어 기계적, 물리적, 화학적으로 구분한다.
• 기계적 시험 : 인장, 충격, 피로, 경도 등
• 물리적 시험 : 자기, 전자기적, 전기 시험 등
• 화학적 시험 : 부식, 수소시험 등

03 용접이음의 피로강도는 다음의 어느 것을 넘으면 파괴되는가?

① 연신율　② 최대하중

③ 응력의 최대값　④ 최소하중

해설
응력의 최대값을 초과할 때 파괴된다.

04 용접부의 검사법 중 비파괴 검사(시험)법에 해당되지 않는 것은?

① 외관검사　② 침투검사

③ 화학시험　④ 방사선 투과시험

해설
화학시험은 파괴시험으로 부식시험을 한다.

05 용접부의 시험법에서 시험편에 V형 또는 U형 등의 노치(notch)를 만들고, 하중을 주어 파단시키는 시험 방법은?

① 경도시험　② 인장시험

③ 굽힘시험　④ 충격시험

해설
파괴시험법 중 충격시험은 샤르피식(U형노치에 단순보(수평면))과 아이조드식(V형노치에 내다지보(수직면))이 있고 충격적인 하중을 주어서 파단시키는 시험법으로 흡수에너지가 클수록 인성이 크다.

06 용접부의 비파괴검사(NDT) 기본 기호 중에서 잘못 표기된 것은?

① RT : 방사선 투과시험

② UT : 초음파 탐상시험

③ MT : 침투 탐상시험

④ ET : 와류 탐상시험

해설
비파괴검사의 종류는 방사선 투과시험(RT), 초음파 탐상시험(UT), 자분탐상(MT), 침투탐상(PT), 와류탐상(ET), 누설시험(LT), 변형도 측정시험(ST), 육안시험(VT), 내압시험(PRT)이 있다.

정답					
01 ①	02 ②	03 ③	04 ③	05 ④	06 ③

07 용접부의 시험에서 확산성 수소량을 측정하는 방법은?

① 기름치환법　　② 글리세린 치환법
③ 수분치환법　　④ 충격치환법

용접파괴시험 중 화학적 시험 중 함유 수소시험법은 글리세린 치환법, 진공 가열법, 확산성 수소량 측정법 등이 있다.

08 용착금속의 충격시험에 대한 설명 중 옳은 것은?

① 시험편의 파단에 필요한 흡수 에너지가 크면 클수록 인성이 크다.
② 시험편의 파단에 필요한 흡수 에너지가 작으면 작을수록 인성이 크다.
③ 시험편의 파단에 필요한 흡수 에너지가 크면 클수록 취성이 크다.
④ 시험편의 파단에 필요한 흡수 에너지는 취성과 상관관계가 없다.

파괴시험인 충격시험은 샤르피식(U형노치에 단순보(수평면))과 아이조드식(V형노치에 내다지보(수직면))이 있고 충격적인 하중을 주어서 파단시키는 시험법으로 흡수에너지가 클수록 인성이 크다.

09 비파괴 검사 중 자기검사법을 적용할 수 없는 것은?

① 오스테나이트계 스테인리스강
② 연강
③ 고속도강
④ 주철

자기검사(MT)는 자성이 있는 물체만을 검사할 수 있으며 비자성체는 검사가 곤란하다. 오스테나이트 스테인리스강(18-8)은 비자상체이다.

10 용접 결함의 종류 중 구조상 결함에 속하지 않는 것은?

① 슬래그 섞임　　② 기공
③ 융합 불량　　　④ 변형

용접의 결함 종류
• 치수상 결함 : 변형, 치수 및 형상불량
• 구조상 결함 : 기공, 슬래그 섞임, 언더컷, 균열, 용입불량 등
• 성질상 결함 : 인장강도의 부족, 연성의 부족, 화학성분의 부적당 등

11 자기검사(MT)에서 피검사물의 자화방법이 아닌 것은?

① 코일법　　　　② 극간법
③ 직각통전법　　④ 펄스 반사법

자기검사 종류에는 축통전법, 직각통전법, 관통법, 코일법, 극간법이 있고 펄스 반사법은 초음파 검사 방법이다.

12 형틀 굽힘 시험은 용접부의 연성과 안전성을 조사하는 것인데, 형틀 굽힘 시험의 내용에 해당되지 않는 것은?

① 표면 굽힘 시험　② 이면 굽힘 시험
③ 롤러 굽힘 시험　④ 측면 굽힘 시험

파괴시험의 종류 중 굽힘 시험의 종류는 표면 굽힘, 이면 굽힘, 측면 굽힘 시험이다.

13 파괴시험에 해당되는 것은?

① 음향시험　　　② 누설시험
③ 형광 침투시험　④ 함유수소시험

파괴시험에서 화학시험 종류인 함유수소시험법은 글리세린 치환법, 진공 가열법, 확산성 수소량 측정법 등이 있다.

14 용접 결함 중 구조상 결함에 해당되지 않는 것은?

① 융합 불량　　② 언더컷

③ 오버랩　　　④ 연성 부족

용접의 결함 종류
- 치수상 결함 : 변형, 치수 및 형상불량
- 구조상 결함 : 기공, 슬래그 섞임, 언더컷, 오버랩, 균열, 용입 불량 등
- 성질상 결함 : 인장강도의 부족, 연성의 부족, 화학성분의 부적당 등

15 용접사에 의해 발생될 수 있는 결함이 아닌 것은?

① 용입불량　　② 스패터

③ 래미네이션　④ 언더필

래미네이션(lamination)은 재료의 재질 결함으로 래미네이션 균열은 모재의 재질결함으로 설퍼밴드와 같이 층상으로 편재되있고 내부에 노치를 형성하며 두께방향에 강도를 감소시키며 델래미네이션은 응력이 걸려 래미네이션이 갈라지는 것을 말하며 방지방법으로는 킬드강이나 세미킬드강을 이용하여야 한다.

16 용접부의 인장시험에서 모재의 인장강도가 45kgf/mm²이고 용접부의 인장강도가 31.5kgf/mm²로 나타났다면 이 재료의 이음효율은 얼마 정도인가?

① 62%　　　　② 70%

③ 78%　　　　④ 90%

이음효율 공식에 의해 이음효율 = 용접시편인장강도/모재인장강도×100% = 31.5/45×100% = 70%

17 다음 중 자분탐상 시험을 의미하는 것은?

① UT　　　　　② PT

③ MT　　　　　④ RT

시험의 종류는 방사선 투과시험(RT), 초음파 탐상시험(UT), 자분탐상(MT), 침투탐상(PT), 와류탐상(ET), 누설시험(LT), 변형도 측정시험(ST), 육안시험(VT), 내압시험(PRT)이 있다.

18 용접부의 기공검사는 어느 시험법으로 가장 많이 하는가?

① 경도 시험

② 인장 시험

③ X선 시험

④ 침투탐상 시험

비파괴시험으로 X선 투과시험은 균열, 융합불량, 슬래그 섞임, 기공 등의 내부 결함에 사용된다.

19 다음 중 균열이 가장 많이 발생할 수 있는 용접이음은?

① 십자이음　　② 응력제거 풀림

③ 피닝법　　　④ 냉각법

용접 이음부분이 많을수록 열의 냉각이 빨라 균열이 생기기 쉽다.

20 자기검사에서 피검사물의 자화방법은 물체의 형상과 결함의 방향에 따라서 여러 가지가 사용된다. 그 중 옳지 않은 것은?

① 투과법　　　② 축 통전법

③ 직각 통전법　④ 극간법

자화방법은 축 통전법, 직각 통전법, 관통법, 전류 통전법, 코일법, 극간법, 지속 관통법 등이 있다.

정답						
07 ②	08 ①	09 ①	10 ④	11 ④	12 ③	13 ④
14 ④	15 ③	16 ②	17 ③	18 ③	19 ①	20 ①

21 초음파 탐상법 중 가장 많이 사용되는 검사법은?

① 투과법　　② 펄스 반사법
③ 공진법　　④ 자기검사법

초음파 검사는 0.5~15MHz의 초음파를 물체의 내부에 침투시켜 내부의 결함, 불균일층의 유무를 알아내는 검사로 투과법, 펄스 반사법, 공진법이 있으며 펄스 반사법이 가장 일반적이다.

22 B스케일과 C스케일 두 가지가 있는 경도시험법은?

① 브리넬 경도
② 로크웰 경도
③ 비커스 경도
④ 쇼어 경도

로크웰 경도 시험기에서는 C스케일은 꼭지각 120°의 다이아몬드 원뿔을 압입자로 사용하여 굳은 재료의 경도시험에 사용되는 방법으로 시험하중 150kg에서 시험한 후 다음 식으로 계산한다.
H_{RB} = 100−500h 여기서 h는 압입깊이로 B스케일은 강 철볼을 압입하는 방법이다.

23 자분탐상법의 특징에 대한 설명으로 틀린 것은?

① 시험편의 크기, 형상 등에 구애를 받는다.
② 내부결함의 검사가 불가능하다.
③ 작업이 신속 간단하다.
④ 정밀한 전처리가 요구되지 않는다.

비파괴검사의 종류인 자분탐상법의 장점은 신속 정확하며, 결함지시 모양이 표면에 직접 나타나기 때문에 육안으로 관찰할 수 있으며, 검사방법이 쉽고 비자성체는 사용이 곤란하다.

24 용접균열은 고온균열과 저온균열로 구분된다. 크레이터 균열과 비드 밑 균열에 대하여 옳게 나타낸 것은?

① 크레이터 균열−고온균열,
　　비드 밑 균열−고온균열
② 크레이터 균열−저온균열,
　　비드 밑 균열−저온균열
③ 크레이터 균열−저온균열,
　　비드 밑 균열−고온균열
④ 크레이터 균열−고온균열,
　　비드 밑 균열−저온균열

용접균열은 용접을 끝낸 직후에 크레이터 부분에 생기는 크레이터 균열, 외부에서는 볼 수 없는 비드 밑 균열 등이 있고 크레이터 균열은 고온균열, 비드 밑 균열은 저온 균열이다.

25 용착금속의 인장 또는 굽힘 시험했을 경우 파단면에 생기며 은백색 파면을 갖는 결함은?

① 기공
② 크레이터
③ 오버랩
④ 은점

굽힘 시험을 했을 경우 수소로 인한 헤어 크랙과 생선 눈처럼 은백색으로 빛나는 은점 결함이 생기어 취성파면이다.

26 용접부 인장시험에서 최초의 길이가 40mm이고 인장시험편의 파단 후의 거리가 50mm일 경우에 변형률 ε는?

① 10%　　② 15%
③ 20%　　④ 25%

재료의 최초의 길이를 ι, 재료의 파단 후의 길이를 κ 라 할 때 변형률 = $\kappa - \iota / \iota$ = (50−40)/40 = 25%

27 브리넬 경도계의 경도 값의 정의는 무엇인가?

① 시험하중을 압입자국의 깊이로 나눈 값

② 시험하중을 압입자국의 높이로 나눈 값

③ 시험하중을 압입자국의 표면적으로 나눈 값

④ 시험하중을 압입자국의 체적으로 나눈 값

해설

브리넬 경도 값 = 하중/오목(압입)자국 표면적[mm²]

28 연강을 인장시험으로 측정할 수 없는 것은?

① 항복점

② 연신율

③ 재료의 경도

④ 단면 수축률

해설

인장시험은 항복점, 연신율, 단면수축률을 측정할 수 있고 경도시험은 브리넬 경도, 로크웰, 비커스 경도, 쇼어 경도 등의 시험이 있다.

29 용접부의 노치인성을 조사하기 위해 시행되는 시험법은?

① 맞대기 용접부의 인장시험

② 샤르피 충격시험

③ 저사이클 피로시험

④ 브리넬 경도시험

해설

충격시험은 샤르피식(U형 노치에 단순보(수평면))과 아이 조드식(V형 노치에 내다지보(수직면))이 있고 충격적인 하중을 주어서 파단시키는 시험법으로 흡수에너지가 클수록 인성이 크다.

30 미소한 결함이 있어 응력의 집중에 의하여 성장하거나, 새로운 균열이 발생될 경우 변형 개방에 의한 초음파가 방출되는데 이러한 초음파를 AE검출기로 탐상함으로서 발생장소와 균열의 성장속도를 감지하는 용접시험 검사법은?

① 누설 탐상검사법

② 전자초음파법

③ 진공검사법

④ 음향방출 탐상검사법

해설

AE(Acoustic Emission)시험 또는 음향방출 탐상검사라고도 하며 고체의 변형 및 파괴에 수반하여 해당된 에너지가 음향펄스가 되어 진행하는 현상을 검출기, 증폭기와 필터, 진폭변별기, 신호처리로 탐상하는 검사법

31 일반적으로 사용되는 용접부의 비파괴 시험의 기본기호를 나타낸 것으로 잘못 표기한 것은?

① UT : 초음파 시험

② PT : 와류 탐상시험

③ RT : 방사선 투과시험

④ VT : 육안시험

해설

용접부의 비파괴시험 기본기호
• VT : 육안검사(외관검사)
• LT : 누수검사
• PT : 침투검사
• UT : 초음파검사
• MT : 자기검사
• RT : 방사선 투과검사
• ET : 와류(맴돌이 전류)검사

32 용접성 시험 중 용접부 연성시험에 해당하는 것은?

① 로버트슨 시험   ② 카안 인열 시험

③ 킨젤 시험   ④ 슈나트 시험

해설

용접 연성시험에는 코머렐 시험, 킨젤 시험, T굽힘 시험, 재현열영향부시험, 연속냉각변태시험, HW최고경도시험 등이 있다.

정답					
21 ②	22 ②	23 ①	24 ④	25 ④	26 ④
27 ③	28 ③	29 ②	30 ④	31 ②	32 ③

33 자분 탐상검사의 자화방법이 아닌 것은?

① 축통전법　　② 관통법
③ 극간법　　　④ 원형법

자분탐상법의 자화방법은 축통전법, 직각통전법, 관통법, 전류통전법, 코일법, 극간법, 자속관통법 등이 있다.

34 방사선 투과 검사에 대한 설명 중 틀린 것은?

① 내부 결함 검출이 용이하다.
② 래미네이션(lamination) 검출도 쉽게 할 수 있다.
③ 미세한 표면 균열은 검출되지 않는다.
④ 현상이나 필름을 판독해야 한다.

래미네이션은 모재의 재질 결함으로 강괴일 때 기포가 압연되어 생기는 결함으로 설퍼밴드와 같이 층상으로 편재해 있어 강재의 내부적 노치를 형성하여 방사선 투과시험에는 검출이 안 된다.

35 약 2.5g의 강구를 25cm 높이에서 낙하시켰을 때 20cm 튀어 올랐다면 쇼어경도(H_S) 값은 약 얼마인가?(단, 계측통은 목측형(C형)이다)

① 112.4
② 192.3
③ 123.1
④ 154.1

쇼어경도 산출식 = (10000/65)×(튀어오른 높이/25mm)
= (10000/65)×(20/25) = 153.8×0.8 = 192.25 ≒ 192.3

36 용착금속 내부에 균열이 발생되었을 때 방사선 투과검사 필름에 나타나는 것은?

① 검은 반점
② 날카로운 검은선
③ 흰색
④ 검출이 안 됨

방사선 투과검사 결과 필름상의 균열은 그 파면이 투과 방향과 거의 평행할 때는 날카로운 검은선으로 밝게 보이나 직각일 때에는 거의 알 수 없다.

37 응력이 "0"을 통과하여 같은 양의 다른 부호 사이를 변동하는 반복응력 사이클은?

① 교번응력
② 양진응력
③ 반복응력
④ 편집응력

일반적으로 피로한도는 응력 진폭으로 표시되고, 양진(평균응력 = 0, 응력비 = −1)의 피로한도를 기준으로 한다.

38 T이음 등에서 강의 내부에 강판 표면과 평행하게 층상으로 발생되는 균열로 주요 원인은 모재의 비금속 개재물인 것은?

① 재열균열
② 루트 균열(root crack)
③ 라멜라 티어(lamellar tear)
④ 래미네이션 균열(lamination crack)

라멜라 티어란 필릿 다층 용접 이음부 및 십자형 맞대기 이음부 같이 모재표면에 직각방향으로 강한 인장구속 응력이 형성되는 경우 용접열영향부 및 그 인접부에 모재표면과 평행하게 계단형상으로 발생하는 균열이다.

39 용접부 고온균열 원인으로 가장 적합한 것은?

① 낮은 탄소 함유량

② 응고 조직의 미세화

③ 모재에 유황성분이 과다 함유

④ 결정 입자 내의 금속 간 화합물

적열취성(고온취성, red shortness) : 유황(S)이 원인으로 강 중에 0.02%정도만 있어도 인장강도, 연신율, 충격치 등이 감소, FeS은 융점(1193℃)이 낮고 고온에서 약하여 900~950℃에서 파괴되어 균열을 발생시킨다.

40 잔류응력 경감법 중 용접선의 양측을 가스 불꽃에 의해 약 150mm에 걸쳐 150~200℃로 가열한 후에 즉시 수냉함으로써 용접선 방향의 인장응력을 완화시키는 방법은?

① 국부응력 제거법

② 저온응력 완화법

③ 기계적 응력 완화법

④ 노 내응력 제거법

저온응력 완화법 : 용접선의 양측을 일정한 속도로 이동하는 가스 불꽃에 의하여 폭 약 150mm를 약 150~200℃로 가열 후 수냉하는 방법으로 용접선 방향의 인장응력을 완화하는 방법이다.

41 용접부의 내부결함 중 용착금속의 파단면에 고기 눈 모양의 은백색 파단면을 나타내는 것은?

① 피트(pit)

② 은점(fish eye)

③ 슬래그 섞임(slag inclusion)

④ 선상조직(ice flower structure)

용착금속의 파단면에 고기 눈 모양의 결함은 수소가 원인으로 은점과 헤어크랙, 기공 등에 결함이 있다.

42 용접작업 시 발생한 변형을 교정할 때 가열하여 열응력을 이용하고 소성변형을 일으키는 방법은?

① 박판에 대한 점 수축법

② 숏 피닝법

③ 롤러에 거는 방법

④ 절단 성형 후 재용접법

박판에 대한 점 수축법은 용접할 때 발생한 변형을 교정하는 방법으로, 가열할 때 열응력을 이용하여 소성변형을 일으켜 변형을 교정하는 방법이다.

43 용접부의 냉각속도에 관한 설명 중 맞지 않는 것은?

① 예열은 냉각속도를 완만하게 한다.

② 동일 입열에서 판두께가 두꺼울수록 냉각속도가 느리다.

③ 동일 입열에서 열전도율이 클수록 냉각속도가 빠르다.

④ 맞대기 이음보다 T형 이음용접이 냉각속도가 빠르다.

용접부의 냉각속도
• 열의 확산방향의 수가 많으면 냉각속도가 빠르다.
• 얇은 판보다 두꺼운 판이 열의 확산 방향이 많고 판보다 T형이 방향이 많아 냉각속도가 빠르다.
• 열전도율이 크면 열확산방향 수가 많아 냉각속도가 빠르다.

44 용접 비드 부근이 특히 부식이 잘 되는 이유는 무엇인가?

① 과다한 탄소함량 때문에

② 담금질 효과의 발생 때문에

③ 소려효과의 발생 때문에

④ 잔류응력의 증가 때문에

잔류응력의 증가에 의해 부식과 변형이 발생한다.

정답					
33 ④	34 ②	35 ②	36 ②	37 ②	38 ③
39 ③	40 ②	41 ②	42 ①	43 ②	44 ④

45 가용접에 대한 설명으로 잘못된 것은?

① 가용접은 2층 용접을 말한다.

② 본용접봉보다 가는 용접봉을 사용한다.

③ 루트 간격을 소정의 치수가 되도록 유의한다.

④ 본용접과 비등한 기량을 가진 용접공이 작업한다.

용접에서의 가접
- 용접 결과의 좋고 나쁨에 직접 영향을 준다.
- 본용접의 작업 전에 좌우의 홈부분을 잠정적으로 고정하기 위한 짧은 용접이다.
- 균열, 기공, 슬래그 잠입 등의 결함을 수반하기 쉬우므로 본용접을 실시할 홈 안에 가접하는 것은 바람직하지 못하며, 만일 불가피하게 홈 안에 가접하였을 경우 본용접 전에 갈아 내는 것이 좋다.
- 본용접을 하는 용접사와 비등한 기량을 가진 용접사에 의해 가접을 실시한다.
- 가접에는 본용접보다 지름이 약간 가는 용접봉을 사용하는 것이 좋다.

46 가용접(tack welding)에 대한 사항 중 틀린 것은?

① 부재 강도상 중요한 장소는 가용접을 피한다.

② 가용접용의 용접봉은 본용접보다 지름이 약간 굵은 것을 사용한다.

③ 본용접 전에 좌우의 홈 부분을 잠정적으로 고정하기 위한 짧은 용접이다.

④ 가용접은 본용접 못지 않게 중요하다.

45번 해설 참고

47 재료의 내부에 남아 있는 응력은?

① 좌굴응력 ② 변동응력

③ 잔류응력 ④ 공칭응력

재료의 내부에 남아 있는 잔류응력은 이음형성, 용접입열, 판 두께 및 모재의 크기, 용착순서, 용접순서, 외적구속 등의 인자 및 불균일한 가공에서 나타나는 재료 내부에 잔류응력은 박판인 경우 변형을 일으키기도 한다.

48 용접에 의한 잔류응력을 가장 적게 받는 것은?

① 정적 강도 ② 취성 파괴

③ 피로 강도 ④ 횡굴곡

취성파괴, 피로강도, 횡굴곡 등은 용접 후의 결함이며 정적 강도인 경우에는 재료에 연성이 있어 파괴되기까지 소성변형이 약간 있고 잔류응력이 존재하여도 강도에는 영향이 적다.

49 필릿 용접에서, 모재가 용접선에 각을 이루는 경우의 변형은?

① 종수축 ② 좌굴변형

③ 회전변형 ④ 횡굴곡

횡굴곡 즉 각변형이란 용접부재에 생기는 가로방향의 굽힘변형을 말하며 필릿용접의 경우 수평판의 상부가 오므라드는 것을 말하며 각변형을 적게 하려면 용접층수를 가능한 적게 한다.

정답				
45 ①	46 ②	47 ③	48 ①	49 ④

Chapter ④ 용접시공

01 용접시공 계획

1 용접시공

① 적당한 시방서에 의하여 주문자가 요구하는 구조물을 제작하는 방법
② 용접설계나 사양서 내용이 부적당하면 시공이 매우 곤란하게 됨
③ 좋은 용접제품과 이익을 위해서는 세밀한 설계와 적절한 용접시공이 이루어져야 함
④ 용접시공 전에 설계에 의한 공사량과 설비능력을 바탕으로 공사 일정과 비용을 계획하고 관리하기 위하여 공정 및 설비계획을 수립

2 용접시공 계획에 사용되는 방법

1) 과거

① 테일러 방법(Flow Taylor Process chart)
② 칸트의 막대그래프 방법(H.L.Gantt Chart)

2) 근래

① PERT CPM법(Program Evaluation and Review Technique, Critical Path Method)
② 특성요인도
③ 빅데이터(big data)

3 용접시공 과정

1) 일반적 용접 구조물의 제작과정

계획 → 설계 → 제작도 → 재료조정 → 시험 → 원형본뜨기 → 금긋기 → 재료절단 → (변형교정) → (홈가공) → 조립 → 가접 → (예열) → 용접 → (열처리) → (변형교정) → 다듬질 → 검사 → (가조립) → (도장) → 수송 → 현장가설 → 현장용접 → 검사 → (도장) → 완성 → 준공검사

단, ( )안의 사항은 생략할 수도 있다.

2) 공정계획

공정표, 산적표 → 공작법(시공) → 인원배치표, 시공표

3) 용접시공 흐름

재료 → 절단 → 굽힘, 개선가공 → 조립 → 가접 → 예열 → 용접 → 직후열 → 교정 → 용접후열처리(PWHT)[불합격 시는 보수 후] → 합격 → 제품

02 용접 준비

1 일반적 준비
① 모재 재질 확인
② 용접법 선택
③ 용접기 선택
④ 용접봉 선택
⑤ 용접공 선임
⑥ 용접지그 결정

2 용접이음의 준비

1) 홈가공
① 피복아크 용접의 홈각도 : 54~70° 정도가 적합
② 용접균열방지 : 루트 간격을 작게 선택하는 것이 좋다.
③ 능률면 : 용입이 허용되는 한 홈 각도를 적게 하고 용착금속량을 적게 하는 것이 좋다.
④ 서브머지드 아크 용접의 준비
   • 루트 간격 : 0.8mm 이하
   • 루트면 : 7~16mm
   • 표면 및 뒷면 용접 : 3mm 이상 겹치도록 용접(용입)

2) 용접조립(assembly)
① 맞대기 용접이음(수축이 큼) → 필릿 용접
② 큰 구조물 : 구조물의 중앙 → 끝, 대칭으로 용접

3) 용접가접(tack welding)
① 용접결과의 좋고 나쁨에 직접 영향을 준다.
② 본용접의 작업 전에 좌우의 홈 부분을 잠정적으로 고정하기 위한 짧은 용접이다.
③ 균열, 기공, 슬래그 잡입 등의 결함을 수반하기 쉬우므로 본용접을 실시할 홈 안에 가접하는 것은 바람직하지 못하며, 만일 불가피하게 홈 안에 가접하였을 경우 본용접 전에 갈아 내는 것이 좋다.
④ 본용접을 하는 용접사와 비등한 기량을 가진 용접사에 의해 실시되어야 한다.
⑤ 가접에는 본용접보다 지름이 약간 가는 봉을 사용하는 것이 좋다.
⑥ 가접에는 루트 간격이 용가재의 지름과 같거나 지름에 ±0.1~1mm 정도가 되도록 유의하여야 한다.

4) 루트 간격

① 허용한도 이내로 교정
   - 루트 간격이 너무 좁거나 큼 : 용접결함이 생기기 쉬움
   - 루트 간격이 너무 큼 : 용접입열 및 용착량 커짐 → 모재 재질 변화 및 굽힘응력 생성

② 맞대기이음 홈의 보수

루트 간격 6mm 이하	루트 간격 6~16mm	루트 간격 16mm 이상
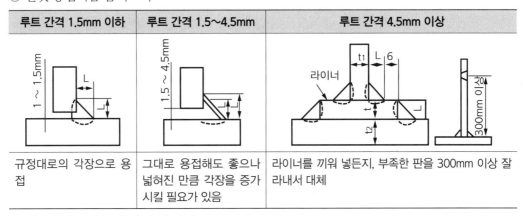		
한쪽 또는 양쪽을 덧살 올림 용접으로 깎아 내고, 규정간격으로 홈을 만들어 용접	두께 6mm 정도의 뒤판을 대어서 용접	판의 전부 또는 일부 (약 300mm) 대체

③ 필릿 용접이음 홈의 보수

루트 간격 1.5mm 이하	루트 간격 1.5~4.5mm	루트 간격 4.5mm 이상
규정대로의 각장으로 용접	그대로 용접해도 좋으나 넓혀진 만큼 각장을 증가시킬 필요가 있음	라이너를 끼워 넣든지, 부족한 판을 300mm 이상 잘라내서 대체

④ 서브머지드 아크 용접 홈의 정밀도
   - 자동 용접은 이음 홈의 정밀도가 중요함
   - 용착을 방해하기 때문에 루트 간격이 엄격히 제한되어 있음
   - 높은 용접전류를 사용하고 용입도 깊으므로 이음홈의 정밀도가 불충분하면 일정한 용접 조건하에서 용입이 불균일하거나 기공·균열을 일으킴

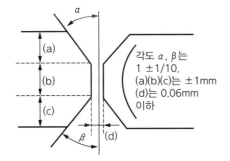

각도 α, β는
1 ±1/10.
(a)(b)(c)는 ±1mm
(d)는 0.06mm
이하

5) 용접이음부의 청정

① 이음부에 있는 수분, 녹, 스케일, 페인트, 기름, 그리스, 먼지, 슬래그 등은 기공이나 균열의 원인이 됨

② 제거 방법 : 와이어 브러시, 그라인더(grinder), 쇼트블라스트(shot blast) 등의 사용과 화학 약품 등이 사용

③ 자동 용접인 경우 고속 용접으로 불순물의 영향이 커 용접 전에 가스불꽃으로 홈의 면이 80℃ 정도로 가열하여 수분, 기름기를 제거

03 용접작업

1 용착법과 용접순서

1) 용착법

① 용접하는 방향에 의한 분류 : 전진법, 후진법, 대칭법, 교호법, 비석법 등

② 다층 용접 : 덧살올림법, 캐스케이드법, 전진블록법 등

③ 전진법은 수축이나 잔류응력이 용접의 시작부보다 끝나는 부분이 크므로 용접이음이 짧거나 변형 및 잔류응력이 별로 문제가 되지 않을 경우 사용하여도 좋다.

④ 잔류응력을 가능한 적게 할 경우에는 비석법(skip method)이 좋다.

2) 용접 순서

① 같은 평면 안에 많은 이음이 있을 때에는 수축은 가능한 자유단으로 보낸다.

② 용접물 중심에 대하여 항상 대칭으로 용접을 진행시킨다.

③ 수축이 큰 이음을 가능한 먼저 용접하고, 수축이 작은 이음을 뒤에 용접한다.

④ 용접물의 중립축에 대하여 수축력 모먼트(moment)의 합이 제로(0:Zero)가 되도록 한다.

[복잡한 강판의 용접순서의 예]

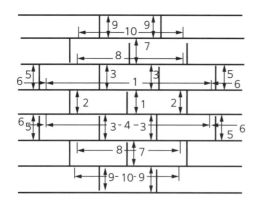

2 용접시의 온도분포 및 열의 확산

1) 용접 비드 부근의 온도 분포

① 용접은 고온의 열원에 의해 짧은 시간에 금속을 용융시켜 구조물을 접합시키는 방법으로 용접부 부근의 온도는 대단히 높으며 금속 조직이 변하여 상온에서의 냉각 시 온도 기울기 (temperature gradient)가 급하여 급랭에 의해 열영향을 받게 된다.

② 온도 기울기가 급할수록 용접부 근방은 급랭된다.

③ 급랭되면 열영향부가 경화되며 이음성능에 나쁜 영향을 준다.

[연강판 용접 온도분포]

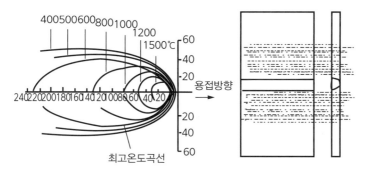

(연강판 두께 5mm, 용접전류 200A, 용접속도 200mm/min)

2) 열의 확산

① 용접작업 시 어떤 부위에 가열을 하면 가열을 받는 금속의 모양, 두께 등 여러 조건에 따라 가열시간과 냉각속도가 달라지므로 열의 확산방향에 따라 적절한 가열조치가 필요하다.

② 열의 확산방향의 수가 많으면 냉각 속도가 빠르다.

③ 얇은 판보다 두꺼운 판이 열의 확산방향이 많아 냉각속도가 빠르다.

④ 열전도율(heat conductivity)이 크면 열확산방향 수가 많아 냉각속도가 빠르다.

[각종이음 모양에 따른 열의 확산방향]

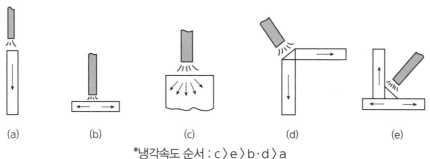

*냉각속도 순서 : c〉e〉b·d〉a

3 예열 및 모재의 온도 확산율

1) 용접금속의 예열

① 용접금속이 어떤 조건하에서 급랭이 되면 열영향부에 경화 및 균열 등이 생기기 쉬우므로 예열을 하여 냉각속도를 느리게 하여 용접할 필요가 있다.

② 비드 밑 균열(under bead cracking) 방지를 위해서는 재질에 따라 50~350℃ 정도로 홈을 예열하여 냉각속도를 느리게 하여 용접을 한다(고장력강, 저합금강, 주철, 연강 두께 25mm 이상 등).

③ 연강이라도 기온이 0℃ 이하이면 저온균열이 발생하기 쉬우므로 용접이음의 양쪽 약 100mm나, 비드를 약 40~70℃로 가열하는 것이 좋다.

④ 연강 및 고장력강의 예열온도는 탄소당량을 기초로 하여 예열하며 여기서 원소기호는 무게 비의 값이고, 합금원소가 많아져서 탄소당량이 커지든지 판이 두꺼워지면 용접성이 나빠지며 예열온도를 높일 필요가 있다.

$$\text{탄소당량(Ceq)} = C + \frac{1}{6}Mn + \frac{1}{24}Si + \frac{1}{40}Ni + \frac{1}{50}Cr + \frac{1}{4}Mo + \frac{1}{14}V$$

[탄소당량을 기초로 한 연강 및 고장력강의 용접조건]

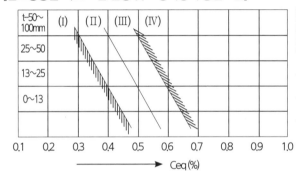

용접성 분류	일미나이트계 용접봉 예열(℃)	저수조계 용접봉 예열(℃)
(I) 수	예열불필요	예열불필요
(II) 우	〉40~100℃	〉-10℃
(III) 양	〉150℃	〉40~100℃
(IV) 가	〉150~200℃	〉100

2) 모재의 온도 확산율

모재의 열 전도율 K값이 클수록 용접 열은 모재쪽으로 넓게 전도되기 쉽고 이것에 의하여 모재의 온도가 상승하는 양은 온도 확산율 K1로 결정한다.

$$K1 = K/C\rho \ [\text{cm}^2/\text{s}]$$
$$C : 비열(cal/g℃) \quad \rho : 밀도(g/cm^2) \quad K : 열 전도율(cal/cm·s℃)$$

04 용접 후 사후처리

1 잔류 응력의 영향

1) 개요

① 용접 이음에서 잔류 응력은 후판에서는 항복점에 가까운 큰 값으로 존재하고 강구조물의 허용 응력은 정하중에 대하여 1~1.4MPa(10~14kgf/mm²) 정도이며 동하중에 대하여는 더욱 적어 잔류응력은 허용응력보다 훨씬 큰 값이 되므로 구조물의 안정성에 미치는 영향이 문제가 된다.

② 잔류응력의 저감은 용접부에 존재하는 탄성변형으로 소성변형에 변환하는 데에서 발생이 되고 고온유지 과정에서 발생하는 크리프 변형과 가열과정에서의 항복응력 저하에 기인하는 소성변형 생성의 두 가지로 발생 부위는 잔류응력이 존재하고 조직적으로 불안정한 용접부이다.

2) 정적 강도

재료에 연성이 있어 파괴되기까지 얼마간의 소성변형이 일어나는 경우도 항복점에 가까운 잔류응력이 존재하고 있어도 강도에는 영향이 별로 없는 것으로 알려져 있다.

3) 취성파괴(저 응력 파괴)

① 재료가 연성이 부족하여 거의 소성변형을 하지 않고 파괴되는 경우는 잔류응력의 영향이 나타나며 전단면이 항복하기 전에 파괴가 발생되면 잔류응력이 클수록 작은 하중에도 파괴가 된다.

② 연강은 저온에서 연성이 상실되어 압력용기, 저장탱크, 송급관 등이 동계의 저온, 정하중 조건하에 갑자기 유리나 도자기와 같이 취성 파괴가 될 수 있으며 연강판 중에 취성파괴가 전파하는데 온도가 어떠한 값 즉 전파 정지 온도보다 낮아야 하고 응력도 어떤 값 즉 전파 한계 응력보다 높아야 한다. 전파 응력의 크기는 항복점보다 훨씬 낮고 설계응력보다도 훨씬 낮은 값이다.

4) 피로강도

① 용접부에 균열, 언더컷 슬러그 혼입 등과 같이 예리한 노치가 되는 용접 결함이 존재하고 있을 때에 항복점에 비하여 훨씬 낮은 응력이 작용하여도 피로 파괴가 발생하므로 적은 하중은 잔류 응력이 별로 삭감되지 않게 되어 결국 잔류 응력의 존재로 인하여 피로 강도가 감소할 가능성이 생기게 된다.

② 잔류 응력 영향을 검사하는 경우에는 용접 후 처리를 하지 않는 것과 응력 제거 풀림 처리를 한 것을 비교하는 경우에 연강의 용접이음에서는 응력 제거 풀림에 의하여 피로 강도가 약간 증가하는 것이 보통이다.

5) 부식(응력 부식균열)

① 용접에서 응력이 존재하는 상태에서는 재료의 부식이 촉진되는 경우가 많은데 이것을 응력 부식이라고 하며 용접부에 잔류응력이 항복점에 가까운 높은 큰 인장 응력이 있으므로 응력 부식의 원인이 될 위험성이 크다.

② 금속 재료에는 현미경적으로 보아 부식을 받기 쉬운 부분이 있으며 그곳이 침식되면 작은 노치가 되어 인장응력이 재료에 가해지고 있으면 노치부에 응력이 집중되어 선단에 작은 균열이 발생하고 이 균열의 끝이 다시 선택적으로 부식되어 어느 정도 약해지면 응력 집중이 되어 다시 새로운 균열이 진행되어 응력 부식이 발생하는 데는 재질(알루미늄 합금, 마그네슘 합금, 동합금, 연강 등) 부식 매질, 응력의 크기와 유지(보지) 시간 및 온도 등이 크게 영향을 미친다.

③ 응력 부식균열의 감수성은 일반적으로 경도로 정리할 수 있다.

2 ▶ 용접 후 열처리(post-weld heat treatment : PWHT)와 응력 제거

*PWHT의 목적 : ① 야금적 성질의 개선에 의한 사용 성능의 개선, ② 용접 잔류응력의 저감

1) 노내 풀림법

① 응력제거 열처리법 중에서 가장 잘 이용되고 효과가 크며 제품 전체를 가열로 안에 넣고 적당한 온도에서 어떤 시간 유지한 다음, 노 내에서 서랭하는 것이다.

② 어떤 한계 내에서 유지온도가 높을수록, 유지시간이 길수록 잔류응력 제거효과가 크다.

③ 연강 종류는 제품의 노 내를 출입시키는 온도가 300℃를 넘어서는 안 된다.

④ 300℃ 이상에서 가열 및 냉각속도 R는 다음 식을 만족시켜야 한다.

$$R \leqq 200 \times 25/t(℃/h)$$

t : 가열부의 용접부 최대 두께(mm)

⑤ 판두께 25mm 이상인 탄소강 경우에는 일단 600℃에서 10℃씩 온도가 내려가는 데 대해서 20분씩 유지시간을 길게 잡으면 된다(온도를 너무 높이지 못할 경우).

⑥ 구조물의 온도가 250~300℃까지 냉각되면 대기 중에서 방랭하는 것이 보통이다.

2) 국부 풀림법

현장 용접된 것이나 제품이 커서 노내에 넣어 풀림을 하지 못할 경우 용접선의 좌우 양측 250mm의 범위 혹은 판두께의 12배 이상 범위를 유도가열 및 가스불꽃으로 가열, 국부적으로 풀림 작업하는 것으로 잔류응력 발생염려가 있다.

3) 저온응력 완화법

용접선의 양측을 정속으로 이동하는 가스불꽃에 의해 나비의 60~130mm에 걸쳐서 150~200℃로 가열한 다음 곧 수냉하는 방법으로 주로 용접선방향의 잔류응력이 완화된다.

4) 기계적 응력완화법

잔류응력이 있는 제품에 하중을 주고 용접부에 약간의 소성 변형을 일으킨 다음 하중을 제거하는 방법으로 큰 구조물에서는 한정된 조건하에서 사용할 수 있다.

5) 피닝 법

치핑해머(chipping hammer)로 용접부를 연속적으로 때려 용접 표면상에 수축변형을 경감하고 잔류응력의 완화 등을 목적으로 소성변형을 주는 방법으로 잔류응력의 경감, 변형의 교정 및 용접금속의 균열을 방지하는 데 효과가 있다.

[피닝의 이동방법]

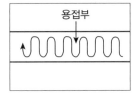

3 용접 변형경감 및 교정

1) 개요
① 용접 후에 발생되는 잔류응력과 변형이 가장 문제시됨
② 변형경감(방지) : 용접 전에 변형을 방지하는 것
③ 변형교정 : 용접 후 변형된 것을 정상대로 회복시키는 것

2) 변형의 경감

용접 전 변형방지방법	억제법, 역변형법
용접시공에 의한 방법	대칭법, 후퇴법, 교호법, 비석법
모재의 입열을 막는 방법	도열법
용접부의 변형과 응력제거 방법	피닝법

① 억제법(control method)
  - 피용접물을 가접, 지그(jig)나 볼트 등으로 조여서 변형 발생을 억제하는 방법
  - 잔류응력이 커지는 결함이 있어 용접 후 풀림을 하면 좋고 엷은 판 구조에 적당함

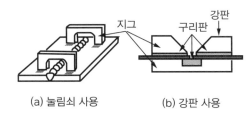

(a) 눌림쇠 사용   (b) 강판 사용

② 역변형법(pre-distortion method)
  - 용접에 의한 변형(재료의 수축)을 예측하여 용접 전에 미리 반대쪽으로 변형을 주고 용접하는 방법
  - 종류 : 탄성(elasticity) 역변형법, 소성(plasticity) 역변형법

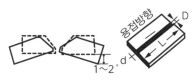

D : 벌려 줄 간격 (d+0.015L)
L : 공작물 길이
d : 용접 시작점 루트 간격

③ 교호법(skip block method), 비석법(skip method) : 구간 용접방향과 전체 용접방향이 같고 모재의 냉각된 부분을 찾아서 용접하는 방법으로 용접 전체 선에 있어 용접열이 비교적 균일하게 분포된다.
④ 도열법 : 용접부에 구리로 된 덮개판을 대거나 뒷면에서 용접부를 수랭시키거나 용접부 주위에 물을 적신 석면이나 천 등을 덮어 용접열이 모재에 흡수되는 것을 방해하여 변형을 방지하는 방법이다.

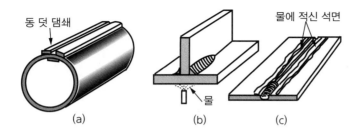

(a)   (b)   (c)

3) 용접변형 교정방법

① 얇은 판에 대한 점수축법(spot contractile)

② 형재에 대한 직선수축법(straight contractile method)

③ 가열 후 해머질하는 방법

④ 두꺼운 판에 대하여 가열 후 압력을 걸고 수랭하는 방법

⑤ 롤러에 거는 방법

⑥ 피닝 법

⑦ 절단에 의하여 변형하고 재용접하는 방법

> **변형 교정 시공조건**
> • 최고 가열온도를 600℃ 이하로 하는 것이 좋은 방법 : 위 방법의 ①~④
> • 점수축법의 시공조건
> – 가열온도 : 500~600℃
> – 가열시간 : 약 30초
> – 가열점의 지름 20~30mm
> – 실제 판두께 2.3mm 경우 가열점 중심거리 : 60~80mm
> – 주의할 점 : 용접선 위를 가열해서는 안되며 가열부의 열량이 전도되지 않도록 한다.

4 결함의 보수

(a) 언더컷 보수

(b) 오버랩 보수

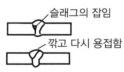
(c) 슬래그의 보수

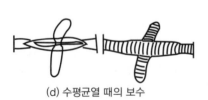
(d) 수평균열 때의 보수

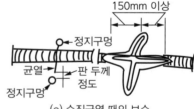
(e) 수직균열 때의 보수

① 언더컷의 보수 : 가는 용접봉을 사용하여 보수용접한다.

② 오버랩의 보수 : 용접금속 일부분을 깎아 내고 재용접한다.

③ 결함부분을 깎아내고 재용접한다.

④ 균열 때의 보수 : 균열이 끝난 양쪽부분에 드릴로 정지 구멍을 뚫고, 균열부분을 깎아 내어 홈을 만들고 조건이 된다면 근처의 용접부도 일부 절단하여 가능한 자유로운 상태로 한 다음, 균열부분을 재용접한다.

5 보수 용접

① 보수 용접 : 기계부품, 차축, 롤러 등이 마멸 시 덧살 용접을 하고 재생, 수리하는 것
② 보수 용접에 사용되는 용접봉
  • 탄소강 계통의 망간강 또는 크롬강의 심선 사용
  • 비철합금계 계통의 크롬-코발트-텅스텐 용접봉
③ 덧살올림의 경우 용접봉을 사용하지 않음
④ 용융된 금속을 고속기류에 의해 불어(spray) 붙이는 용사법도 있음
⑤ 서브머지드 아크 용접에서도 덧살올림 용접을 하는 방법이 많이 이용되고 있음

6 여러 가지의 용접 결함

용접법은 짧은 시간에 고온의 열을 사용하는 야금학적 접합법이므로 어떤 일부의 조건에 이상이 발생하면 용접결함이 발생되므로 시공 시에 정확한 작업조건을 갖추어야 좋은 용접부를 얻을 수 있다.

① 융합 불량   ② 용입 부족
③ 언더컷   ④ 용접 금속 내의 각종 균열
⑤ 황균열   ⑥ 용접 열영향부쪽 부근의 균열

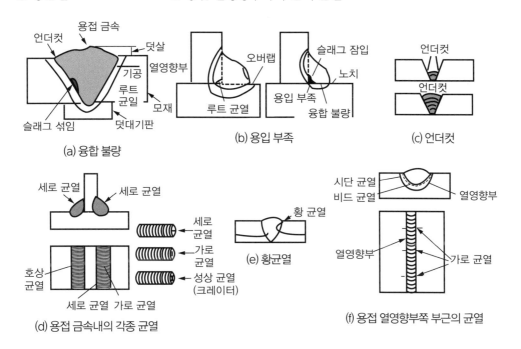

(a) 융합 불량
(b) 용입 부족
(c) 언더컷
(d) 용접 금속내의 각종 균열
(e) 황균열
(f) 용접 열영향부쪽 부근의 균열

1 용접 잔류 응력의 발생

1) 잔류응력(residual stress)의 개요

용접이음에서는 어떤 외력이 작용하지 않아도 용접부의 온도변화에 의하여 응력이 발생하며 특히 냉각 시에 수축응력이 크므로 완전하게 실온까지 냉각한 경우에는 일정 크기의 응력이 잔류하게 된다.

2) 잔류 응력의 영향

① 이음형상, 용접입열, 모재두께, 모재의 크기, 용착순서, 외적구속 등의 인자에 크게 영향을 받음
② 외적구속이 크거나 후판에서는 모재의 변형이 거의 허용되지 않으므로 잔류응력이 커지고 이 잔류응력으로 용접부가 균열이 가는 경우가 있다.
③ 박판에서는 모재가 변형이 쉬우므로 잔류응력이 적지만 대신 용접변형이 크게 되어 실제의 제품상 곤란한 문제가 발생된다.

3) 잔류 응력의 발생

용착부에서는 용접선 방향으로 강하게 수축되고자 하는 힘이 용접응고 부분에 의하여 방해되고 있으므로 용접선에 직각단면에서는 용착부는 대략 항복응력과 같은 응력에 의하여 용접선 방향으로 되고 있으며 수배인 약 60mm의 영역 중에서 인장응력이 작용하고 그 양측은 반대로 수축응력이 작용하여 인장응력의 약 1/4 정도의 크기에 이루고 있으며 비드의 주변 약 100mm 부분에서는 용접선 방향의 인장응력이 급격히 감소되고 용접선 길이가 약 200mm보다 짧아지면 모재의 구속력이 감소하게 되어 용접선에 접한 인장잔류응력이 항복점 보다 낮아진다.
이와 같은 결과에 의해 잔류응력은 ① 후판 구조에서는 취성파괴가 발생되고 ② 박판구조에서는 국부 좌굴이 발생되며 ③ 기계 부품에서는 사용 중에 서서히 해방되어 변형이 생긴다.

2 잔류 응력의 측정법

1) 측정법의 분류

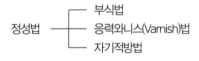

① 응력이완법 : 정량적으로 측정하는 X선을 이용하는 경우를 제외하고는 절삭, 천공 등 기계가공에 의하여 응력을 해방하고 이에 생기는 탄성변형을 전기적 또는 기계적변형도기를 써서 측정을 하나 주로 사용하는 것은 저항선 스트레인게이지가 있다.

② X선에 의한 잔류응력 측정 : 시험편을 전혀 손상시키지 않고 응력을 측정할 수 있으며 극히 작은 면적의 응력을 측정할 수 있으므로 다른 기계적 또는 전기적인 방법에 비해 뛰어나다.

3 잔류응력의 영향

1) 용접이음에서 잔류응력
① 후판에서는 항복점에 가까운 값
② 연강에는 20~30Kgf/mm^{2}에 이름
③ 강구조물의 허용응력은 정하중에 대하여는 10~14Kgf/mm^{2}정도이며 동하중에 대하여는 더욱 적다.
④ 잔류응력은 허용응력보다 훨씬 큰 값이 되므로 이것이 구조물의 안정성에 미치는 영향이 문제가 된다.

2) 정적강도
재료에 연성이 있어서 파괴되기까지 얼마간에 소성변형이 일어난 경우에는 항복점에 가까운 잔류응력이 존재하고 있어도 강도에는 영향이 없는 것으로 보고 있다.

3) 취성파괴
① 모재가 연성이 부족하여 거의 소성변형을 하지 않고 파괴되는 경우에는 잔류응력의 영향이 나타난다.
② 전단면이 항복하기 전에 파괴가 일어나면 잔류응력이 클수록 작은 하중에서 파괴된 것이다.
③ 유리나 도자기와 같이 경화된 담금질강, 주철 등이 이러한 경우에 해당한다.

4) 피로강도
① 잔류응력이 용접이음의 피로강도에 영향을 미치는 여부에 대해서는 아직 확실한 결론이 없는데 이는 실험이 곤란하기 때문이다.
② 용접부에 균열, 언더컷, 슬래그혼입 등과 같이 예리한 노치가 되는 용접결함이 존재하고 있을 때는, 항복점에 비하여 훨씬 낮은 응력이 작용하여도 피로파괴가 일어나므로 이러한 작은 하중으로는 잔류응력이 별로 삭감되지 않아 결국 잔류응력의 존재로 인하여 피로강도가 감소할 가능성이 생기게 된다.
③ 응력 제거처리에 의하여 잔류응력이 거의 소멸하는 것은 사실이지만 이와 동시에 용접열영향부가 연화되어 연성이 증가한다는 야금학적 재질 개선의 효과가 크게 영향을 미치므로 단순히 잔류응력의 존재가 피로강도를 감소시키는 것으로 판단해서는 안 된다.

5) 부식
① 응력이 존재하는 상태에서는 재료의 부식이 촉진되는 경우가 많으며 이것을 응력부식(stress corrosion)이라 한다.

② 용접잔류응력은 항복점에 가까운 높은 인장 응력이 존재하여 응력부식의 원인이 될 위험이 크고 금속재료에서는 현미경적으로 보아 부식을 받기 쉬운 부분이 있으며 그곳이 침식이 되면 작은 노치가 된다.

③ 이때 인장응력이 재료에 가해지고 있으면 이 노치에 응력이 집중되어 선단에 작은 균열이 발생되고 이 균열이 끝이 다시 선택적으로 부식되어 어느 정도 약해지면 응력집중이 되어 다시 새로운 균열이 진행되며 응력부식이 생기는 데에는 재질, 부식 매질, 응력의 크기와 보지시간 및 온도 등이 크게 영양을 미친다.

④ 응력부식이 생기기 쉬운 재질은 알루미늄 합금, 마그네슘 합금, 동합금, 오스테나이트계 스테인리스강 및 연강을 들 수 있으며 동, 마그네슘, 아연을 함유하는 알루미늄 합금은 응력부식을 일으키기 쉽다.

4 ▶ 잔류응력의 경감과 완화

1) 용접 시공법에 의한 경감

① 용착금속의 양을 될 수 있는 대로 감소(적게)할 것 : 수축과 변형량을 감소시켜 그 결과로서 잔류응력을 경감시키게 된다.

② 적당한 용착법과 용접 순서를 선정할 것

③ 적당한 포지셔너(용접 지그)를 이용할 것

④ 예열을 이용할 것

2) 용접 잔류응력의 완화

용접시공법에 주의를 하여도 잔류응력을 현저히 낮게 하는 것은 곤란하다. 따라서 용접 잔류응력을 제거 또는 경감할 필요가 있을 때는 용접 후 인위적인 응력제거 방법을 채용하여야 한다. 이에는 용접부를 가열하는 방법 및 기계적 처리 두 가지 방법이 있다.

[철(Fe) 표면에서 공식이 발생하는 모식도]

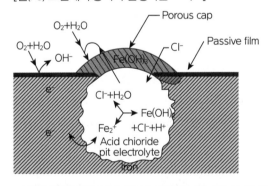

> 🔧 **응력제거풀림의 효과**
> ① 용접잔류응력의 제거
> ② 치수 틀림의 방지
> ③ 응력부식에 대한 저항력의 증대
> ④ 열영향부의 템퍼링연화
> ⑤ 용착금속 중의 수소제거에 의한 연성의 증대
> ⑥ 충격저항의 증대
> ⑦ 크리프(creep) 강도의 향상
> ⑧ 강도의 증대(석출경화)

Chapter 5

작업안전

01 작업안전, 용접 안전관리 및 위생

1 안전관리의 정의 및 일반 개념

1) 안전관리의 정의
① 생산성의 향상과 손실(loss)의 최소화를 위하여 행하는 것
② 재해로부터 인간의 생명과 재산을 보호하기 위한 궁극 목적으로 계획적이고 체계적인 제반 활동

2) 안전관리의 목적
① 인명의 존중
② 사회복지의 증진
③ 생산성의 향상
④ 경제성의 향상

3) 안전사고의 정의
고의성 없이 어떤 직업 또는 간접적인 불안정한 행동이나 조건 등이 원인이 되어 생산성을 저해하거나 능률을 저하시키며 인명과 재산의 손실

4) 재해(loss, calamity)의 정의
안전사고의 결과로 일어난 인명과 재산의 손실

5) 안전사고와 부상의 종류
① 중상해 : 부상으로 인하여 14일 이상의 노동 손실을 가져온 상태
② 경상해 : 부상으로 1일 이상 14일 미만의 노동손실을 가져온 상태
③ 경미상해 : 부상으로 8시간 이하의 휴무 또는 작업에 종사하며 치료받는 상태

6) 안전관리의 조직
① 라인형 조직(line system)
② 참모식 조직(staff system)
③ 라인스텝 조직(line and staff system)

2 안전관리 관계 법령 및 규칙

1) 근로기준법
헌법에 의거하여 근로조건의 기준을 최저 기준으로 정함으로써 근로자의 기본적 생활을 보장·향상시키며 균형 있는 국민경제의 발전을 기함을 목적으로 전체를 총칙, 근로계약 등 12장 115조로 되어있다.

2) 산업안전보건법
산업안전보건에 관한 기준을 확립하여 산업재해를 예방하고 쾌적한 작업환경을 조성함으로써 근로자의 안전과 보건을 유지·증진함을 목적으로 한다. 전체 총칙, 안전보건관리체제, 유해 위험 예방 조치 등 시행규칙 제2편 안전기준이 있으나 산업 안전보건에 대한 강화를 위하여 시행령과 법 등이 개편이 되고 있다.

3) 기타법률
① 산업안전 표식에 관한 규칙
② 산업재해보상 보험법

3 안전사고율의 판정 기준

1) 연천인율
1,000명을 기준으로 한 재해발생건수의 비율

$$연천인율 = \frac{재해건수}{연평균근로자수} \times 1,000$$

$$연천인율 = 도수율 \times 2.4$$

2) 도수율(frequency rate, 빈도율)
안전사고의 빈도를 표시하는 단위로 근로시간 100만 시간당 발생하는 사상건수를 표시(소수점 둘째자리까지 계산)

$$도수율 = \frac{재해건수}{근로연시간수} \times 1,000,000$$

3) 강도율(severity rate)
안전사고의 강도를 나타내는 기준으로 근로시간 1,000시간당의 재해에 의하여 손실된 노동손실일수(소수점 둘째 자리까지 계산)

$$강도율 = \frac{근로손실일수}{근로총시간수} \times 1,000$$

4 안전교육 및 환경 관리

1) 안전교육계획
교육목표, 과정요약, 강의 개요(3가지 요소 포함)

2) 작업환경조건
소음, 온도, 조명, 분진, 환기

3) 소음
① 소음의 영향과 장해 : 청력장해, 혈압상승 및 호흡억제 등의 생체기능장해, 불쾌감, 작업능률의 저하 등
② 소음평가수 기준 : 85dB
③ 지속음 기준 폭로한계 : 90dB(8시간 기준)
④ 소음장해 예방대책 : 소음원 통제, 공정변경, 음의 흡수장치, 귀마개 및 귀덮개의 보호구 착용 등

4) 온도
안전적정온도 18~21℃보다 높거나 낮을 때 사고 발생의 원인이 된다.

5) 조명
① 종류 : 직접조명, 간접조명, 반간접조명, 국부조명 등
② 단위 : 룩스(Lux)
③ 작업에 알맞은 조명도

초정밀 작업	600 Lux 이상
정밀 작업	300 Lux 이상
보통 작업	150 Lux 이상
기타 작업	70 Lux 이상

6) 분진
① 분진의 허용기준 : 유리 규산(SiO_2)의 함량에 좌우
② 흡입성 분진 중 폐포 먼지 침착률이 가장 높은 것 : 0.5~5.0 μ

7) 환기
① 실내 작업 시 발생되는 유해 가스, 증기, 분진 등의 화학적 근로환경과 온도, 습도 등의 물리적 근로 환경에 의해 근로자가 피해 입는 것을 방지하기 위하여 창문, 환기통 및 후드(hood), 덕트(duct), 송풍기(blower) 등의 장치를 통하여 근로조건을 개선하는 방법

② 환기법

자연 환기법	온도차 환기(중력환기), 풍력환기
기계 환기법	흡출식, 압입식, 병용식

③ 후드(hood) : 기류 특성 및 송풍량에 따라 여러 종류가 있으며 용접작업에는 원형(측방배출), 장방형(측방배출) 등 사용
④ 덕트(duct) : 유해물질이 포함된 후드에서 집진장치까지 또는 집진장치에서 최종 배출관까지 운반하는 유도관

주관	• 제진장치에서 외부로 배출하는 송풍관
분관	• 후드에 직접 연결되는 송풍관 • 1개 또는 2개 이상을 연결하여 집진장치로 모여진 공기를 운반해 주는 장치

5 안전관리 직무체계

1) 안전보건관리책임자

개요	• 상시 100인 이상의 근로자를 사용하는 사업장에 두며 선임된 후 1년 이내에 교육을 받아야 하며 그 후 매 2년마다 직무교육을 받는다.
직무	• 산업재해 예방계획의 수립 및 작업환경의 점검 및 개선에 관한 사항 • 유해, 위험방지 및 근로자의 안전, 보건교육에 관한 사항 • 근로자의 건강진단 등 건강관리에 관한 사항 • 산업재해에 관한 통계의 기록, 유지 및 원인조사와 재발방지대책에 관한 사항

2) 안전관리자

개요	• 상시 50인 이상 근로자 사용 사업장 및 50인 미만으로서 노동부령이 정한 사업장에 두며 2년마다 직무교육을 받는다.
직무	• 건설물, 설비, 작업장소 또는 작업방법의 위험에 따른 응급조치 또는 적절한 방지 조치 • 안전장치, 보호구, 소화설비, 기타 위험방지시설의 정기점검 및 정비 • 작업의 안전에 관한 교육 및 훈련과 재해원인의 조사와 대책수립 • 안전보조자 감독 및 안전에 관한 주요사항 기록 및 보전, 기타 근로자의 안전에 관한 사항

3) 안전담당자
당해 작업분야의 기능사 2급 취득자 및 노동부장관이 실시하는 산업안전교육을 이수한 자로 지정한다.

02 일반 안전

1 재해

1) 재해의 원인

직접원인	인적 원인	무지, 과실, 미숙련, 과로, 질병, 흥분, 체력부족, 신체적 결함, 음주, 수면부족, 복장불량
	물적 원인	설비 및 시설의 불비, 작업환경의 부족
간접원인		기술적 원인, 교육적 원인, 신체적 원인, 정신적 원인, 관리적 원인, 사회적 원인, 역사적 원인

2) 재해의 시정책(3E)

① 교육(Education)
② 기술(Engineering)
③ 관리(Enforcement)

2 일반 안전

1) 통행과 운반

① 옥내통로인 경우 통로면으로부터 높이 1.8m 이내에는 장애물이 없도록 할 것
② 작업장 및 작업장이 있는 건축물에는 2 이상의 비상구를 설치하여 미닫이 및 밖여닫이문을 설치하여야 한다.
③ 상시 50인 이상 근로자가 작업하는 옥내작업장에는 비상경보용 설비 또는 기구를 설치하여야 한다.
④ 가설통로의 설치는 산업안전보건 시행규칙 기준에 준하여 한다.
  • 구배는 30° 이하로 하며 단, 계단설치이거나 높이 2m 미만의 가설통로로서 튼튼한 손잡이 설치 경우는 그러 하지 아니하다.
  • 구배 15° 초과 시는 미끄럼 방지 구조일 것
  • 추락 위험이 있는 장소에는 높이 75cm 이상 손잡이를 설치할 것
  • 건설공사에 사용하는 높이 8m 이상의 비계다리에는 7m 이내마다 계단참을 설치할 것
⑤ 사다리의 상단은 걸쳐 놓은 곳으로부터 60cm 이상 돌출시키며 각도는 바닥면에서의 각도가 75° 이하일 것
⑥ 비계의 높이가 2 m 이상인 작업장소에서는 폭이 40cm 이상 발판 재료간의 틈은 3cm 이하로 작업 발판을 설치할 것
⑦ 이동식 사다리의 폭은 30cm 이상으로 미끄럼방지 장치 등을 할 것
⑧ 계단 및 승강구를 구멍이 있는 재료로 설치 시 재료, 공구의 낙하방지를 위하여 그 빈틈은 최대 10mm × 12mm를 넘어서는 안 된다.
⑨ 인도, 차도 및 구내의 궤도는 위험한 평면교차를 피하도록 한다.
⑩ 긴 물건의 운반 시에는 끝에 표시를 한 후 운반한다.
⑪ 통행로에 부득이 이동식 사다리를 설치 작업 시는 안전담당자를 배치한다.

⑫ 통행로와 운반차, 기타의 시설물 등에는 안전표시를 해야 한다.
  *산업안전표지 속의 그림 또는 부호의 크기는 표지의 크기와 비례하여
   야 하며 산업안전표지 전체 규격의 30% 이상이 되어야 한다.
⑬ 안전표찰은 작업복 또는 보호의 우측 어깨, 안전모의 좌우면,
   안전완장에 부착한다.

[안전표찰]
흰색
녹색
녹색

[산업안전표지의 종류, 형태 및 색채]

표지종류	기본모형	색채표시
금지표시	원형	바탕-흰색, 기본모형-빨강, 관련부호 및 그림-검정색
경고표시	삼각형	바탕-노랑, 기본모형, 부호, 그림-검정색
지시표시	원형	바탕-파랑, 관련그림-흰색
안내표시	사각형	바탕-흰색(녹색), 기본모형, 관련부호-녹색(흰색)

[산업안전 색채의 종류]

빨강	금지	노랑	경고, 주의표시
파랑	지시	녹색	안내
흰색	파랑, 녹색에 대한 보조색	검정	문자 및 빨강, 노랑에 대한 보조색

2) 재료의 취급, 운반, 저장에 대한 안전
① 물건의 취급 중량은 원칙적으로 단독 시험 시 55kg 이하로 한다.
② 물건의 중량은 장시간 작업 시는 일반적으로 최중의 40%를 한도로 한다.
③ 물건에 될 수 있는 대로 접근하여 중심을 낮게 한다.
④ 중량이 무거운 물건 운반을 2인 이상이 할 때는 서로 잘 알고 있는 신호에 맞추어 한다.
⑤ 경사면에 물건 운반시는 멈춤틀이나 쐐기 이외에 이동 조절용 로프(rope) 및 기타 고패
   (tackle)를 사용할 것

3) 용접봉의 보관 및 취급
① 전기용접봉의 피복제는 습기를 잘 흡수하므로 지면보다 높고 건조된 장소에 저장해야 한다.
② 용접봉 저장장소는 진동이나 충격을 받지 말고 하중을 많이 받지 않게 한다.
③ 현장용접에서는 건조기를 설치하여 2~3일분의 용접봉을 항상 건조시켜 둔다.
④ 용접봉은 사용 전에 저수소계 300~350℃로 2시간 정도, 그 외의 것은 70~100℃에서
   30~60분간 건조시켜야 한다.

4) 용기의 보관 및 취급
① 산소와 가연성 가스의 용기는 각각 구분하여 용기보관장소에 저장할 것
② 용기보관장소에는 게이지(계량기) 등 작업에 필요한 물건 외에는 두지 아니할 것
③ 용기보관장소의 주위 2m 이내에는 화기 또는 인화성 물질이나 발화성 물질을 두지 아니할
   것(단, 아세틸렌 발생장치는 발생기로 부터 5m 이내 발생실로부터 3m 이내의 장소에서 흡
   연, 화기의 사용 또는 불꽃을 발할 우려가 있는 행위를 금지한다)

④ 이동식 아세틸렌 용접장치의 발생기는 고온의 장소, 통풍 또는 환기가 불충분한 장소, 진동이 많은 장소에 보관을 금지한다.

⑤ 충전용기는 항상 40℃ 이하의 온도를 유지하고 직사광선을 받지 아니하도록 조치할 것

⑥ 충전용기(내용적 5L 이하의 것을 제외)에는 넘어짐 등에 의한 충격 및 밸브의 손상을 방지하는 등의 조치를 하고 난폭한 취급을 하지 아니할 것

⑦ 가연성 가스용기보관장소에는 휴대용 손전등 외에 등화를 휴대하고 들어가지 아니할 것

⑧ 용기의 운반 시에는 눕혀 굴리는 것을 금하며 항시 세워서 한 손으로 밸브쪽을 잡고 한 손으로 굴리거나 전용의 운반차 등을 이용한다.

⑨ 차에 실을 때에는 산소와 가연성 가스를 같이 싣지 말아야 하며 용기끼리의 충격을 주지 말아야 한다.

⑩ 크레인으로 운반 시에는 용기를 철상자에 넣어서 올리며 체인, 로우프로 용기를 밸브나 캡을 묶어서 올리지 말아야 한다.

⑪ 마그넷 크레인을 사용하지 말아야 한다.

⑫ 용기의 운반 중 발이나 손가락에 부상당할 우려가 있으니 장갑, 안전화를 착용한다.

⑬ 용기는 사용 후나 공병상태에 저장 시에는 반드시 밸브를 잠가 두어야 한다.

⑭ 용기를 사용하지 않거나 운반 시에는 반드시 보호캡을 씌운다.

⑮ 용기의 저장시설 외부의 보기 쉬운 곳에 경고 및 금지 등의 안전표지를 설치한다.

03 전공안전

1 일반 안전수칙

① 작업에 맞는 공구를 선택하여 사용할 것
② 결함이 없는 좋은 공구를 사용할 것
③ 주의를 정리 정돈할 것
④ 손이나 공구에 묻은 기름, 물 등을 깨끗이 닦아낼 것
⑤ 사용용도 및 작업방법을 알맞게 사용할 것
⑥ 수공구는 사용목적 이외에는 사용하지 말 것

2 수공구의 안전수칙

1) 해머 작업 시 안전

① 해머는 쐐기를 박아서 손잡이가 튼튼하게 박힌 것을 사용한다.
② 해머의 타격 부분이 거스러미가 있거나 둥글게 변형된 것은 연삭기에 갈아서 사용할 것
③ 녹슨 공작물에는 보호안경을 착용한다.
④ 장갑을 끼고 작업을 해서는 안 된다.
⑤ 대형 해머 사용 시 작업자의 능력에 맞게 사용할 것
⑥ 최초에는 해머를 가볍게 친다.
⑦ 좁은 장소에서는 해머작업을 해서는 안 된다.

2) 쇠톱(hand saw) 작업 시 안전

① 톱날을 톱에 장치하고 가볍게 두세 번 사용한 후에 재조정하고서 본 작업에 들어간다.

② 톱틀과 손잡이를 확실하게 잡아 좌우 흔들림 없이 작업한다.

③ 관(pipe) 및 환봉은 삼각줄로 안내홈을 파고 그 뒤에 홈을 자르기 시작한다.

④ 절단이 끝날 무렵에는 힘을 알맞게 감소시킨다.

3) 스패너, 렌치 작업안전

① 스패너 및 렌치는 너트와 부속에 꼭 맞는 것을 사용한다.

② 스패너 및 렌치는 앞으로 잡아당길 것

③ 조금씩 돌려 무리한 힘을 가하지 않는다.

④ 해머 대용으로 사용하지 않는다.

⑤ 스패너, 렌치의 손잡이에 파이프를 끼워서 사용하는 것을 피할 것

⑥ 벗겨져도 넘어지거나 손이 다치지 않는 자세를 취한다.

[렌치의 결합]

렌치가 알맞게 결합되었다.

렌치가 너트보다 크다.

[조정렌치의 사용법]

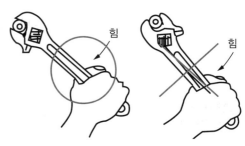

4) 정작업 안전

① 정작업 시에는 반드시 보호안경을 쓸 것

② 마주 보고 작업하지 말 것

③ 정으로 담금질된 재료를 가공하지 말 것

④ 작업시작과 끝에는 힘을 약하게 할 것

⑤ 공작물 재질에 따라 날 끝의 각도를 바꿀 것

⑥ 정을 잡고 있는 손에는 힘을 강하게 주지 말 것

[정작업 시 발의 위치]

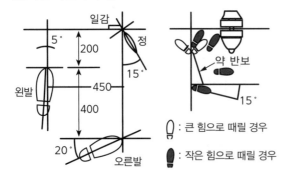

5) 연삭작업 안전
① 연삭숫돌의 정면에 서지 말고 측면으로 비켜서 작업할 것
② 숫돌 교체 시는 최소한 3분 이상, 작업전에는 1분 이상 공회전시킨다.
③ 연삭받침대의 간격은 1.5~3mm 이내로 유지할 것
④ 플랜지의 크기는 숫돌지름의 1/3 이상인 것을 사용할 것
⑤ 연삭기의 안전커버가 없는 것은 사용하지 말 것
⑥ 숫돌의 구멍지름은 축지름보다 0.1mm 정도 클 것
⑦ 보호안경을 작업 시 착용할 것
⑧ 연삭숫돌의 최고 사용 원주속도를 초과하여 사용하지 말 것

6) 줄, 드라이버, 바이스 작업안전
① 바이스를 앤빌 대용으로 사용하지 말 것
② 바이스대에 재료, 공구 등을 올려놓지 말 것
③ 작업 중간에 바이스를 자주 조인다.
④ 줄 작업 후 절삭분을 입으로 불지 말고 반드시 청소도구를 이용할 것
⑤ 드라이버는 홈과 꼭 맞는 것을 사용할 것
⑥ 줄은 자루가 있는 것을 사용하고 해머대용으로 사용하지 말 것

[드라이버의 사용법]

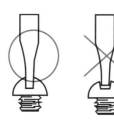

04 용접안전관리

1 ▶ 아크 가스 및 기타 용접의 안전장치

1) 보호구
① 안전점검 대상 보호구 : 노동부장관의 검정(노동부 한국 산업안전보건공단 이사장 행함)을 받아야 할 보호구, 방진 마스크, 안전모, 안전대, 안전신발, 보안경, 보안면, 안전장갑, 귀마개 등
② 보호구의 선택 시 주의사항
　• 사용 목적에 적합할 것
　• 공업규격에 합격하고 보호성능이 보장되는 것
　• 작업행동에 불편을 주지 않는 것
　• 착용이 용이하고 중량이 가벼우며 크기 등 사용자에게 편리한 것

③ 보호구의 종류

머리 보호구	안전모 (safety helmet)	• 안전모의 규격은 높이 1.5m에서 무게 3.5kg의 쇠공을 자유낙하 시켰을 때 파손 또는 심한 균열이 생기지 않아야 하고 또 무게 1.8kg의 뾰족한 강철추를 높이 0.6mm에서 떨어뜨려 모자의 정수리에 꽂히지 않아야 한다. • 완비된 안전모의 무게는 400g 이하여야 한다. • 안전모의 모체는 흡수성이 낮고 내열성, 내한성, 난연성, 대전성 등이 높아야 한다. • 모자를 쓸 때 모자와 머리끝 부분의 간격은 25mm 이상 되도록 조절해 놓아야 한다.
	작업모	• 작업모는 땀의 흡수성이 좋고 잘 타지 않는 재료로서 세탁이나 소독에 충분히 견딜 수 있어야 한다. • 작업모는 쉽게 세탁할 수 있어야 한다.
차음 보호구		• 귀마개, 귀덮개 등이 있다. • 귀마개는 저음까지 모두 차음하는 제1종과 고음만 차음하는 제2종이 있어 작업장에 따라 적당한 것을 선택한다. • 귀마개는 2,000CPS에서 20dB 이상, 4,000CPS에서 25dB 이상의 차음력을 가져야 한다. • 귓구멍에 적합하고 오랜 시간 사용해도 압박감이 없어야 한다. • 안경이나 안전모에 방해가 되지 않고 좁은 장소에서 작업시 사용할 수 있어야 한다.
안전화		• 안전화의 앞에 들어가는 철 캡은 내압 1000kg 전면의 정하중에 원재료의 형에 변형이 되면 불량품이 된다. • 안전화 밑창에는 미끄럼방지 장치가 되어야 한다. • 구두창에 발이 찔리지 않아야 한다. • 부식성 약품을 사용 시에는 고무제품 장화를 착용해야 한다.
눈의 보호구	방진안경	• 선반, 연삭작업 등 작은 비산물이 작업 중에 눈에 상해를 주는 것을 방지하기 위한 보호구로 작업에 적합한 것을 선택하여야 한다. • 렌즈의 빛의 투과율은 신품의 경우에는 적어도 투사광선의 약 90%를 투과하는 것으로 보통 70%를 내려서는 안 된다. • 안경테는 렌즈가 깨져도 파편을 보존할 만큼의 힘이 있어야 한다.
	차광안경	• 가시광선을 적당히 투과하고 눈부심을 느끼지 않아야 한다. • 자외선 및 적외선을 허용치 이하로 약화시켜야 한다. • 렌즈 색은 흑색, 황적색, 황록색, 녹색, 청록색 등의 수수한 것이 좋다.
호흡용 보호구	방진마스크	• 여과 효율은 특급 99% 이상, 1급 95% 이상, 2급 85% 이상으로 구분되고 있다. • 방진마스크는 여과 효율이 좋고 흡배기 저항이 낮아야 한다.
	방독마스크, 송풍마스크	• 유해작업장에서 작업 시 방독마스크를 사용하나 산소가 공기 중에 결핍(18% 미만)되어 있으면 송풍마스크를 사용한다. • 각 유해물의 종류에 따라서 흡수제를 잘 선택해야 한다.
기타 보호구		• 피부보호 및 추락방지 등을 위해 보호장갑, 작업복, 안전대 등을 작업에 따라 착용한다.

2 아크 용접의 안전

1) 용접기의 안전

① 용접기의 모든 설치 및 수리는 전기기능자격이 있는 자가 해야 한다.

② 용접기에는 감전사고 방지를 위하여 자동전격 방지장치를 설치하여야 한다.

③ 자동전격 방지장치는 다음과 같은 곳에 설치나 성능을 갖추어야 한다.

- 도전체에 둘러싸인 장소, 현저하게 좁은 장소 또는 높이가 2m 이상의 장소에서 작업 시는 필히 자동전격 방지장치를 해야 한다.
- 용접기의 출력측 무부하 전압이 1.5초 이내에 30V 이하가 되도록 하여야 한다.
- 전원전압의 변동 허용범위는 정격전류전압이 85~110%까지가 되어야 한다.
- 장치에 정격전류는 접속하는 점, 즉 전원 및 출력측 전류의 최대치 이상이 되어야 한다.
- 정격사용률은 용접기의 정격사용률 이상이어야 한다.
- 장치의 충격 시험은 표시등을 떼고 돌기물이 없는 면을 아래로 하고 높이 30cm의 위치에서 콘크리트 위 또는 강관 위에 3회 낙하시켜서 변형 또는 파손된 부분이 없어야 한다.

④ 용접기 자체는 항상 접지되어 있어야 한다.

⑤ 용접기의 단자와 케이블의 접속부는 반드시 절연물로 보호되어 있어야 한다.

⑥ 용접기 케이스의 상부나 외부에 무거운 물건 등을 놓지 말아야 한다.

⑦ 용접기는 1년에 1회 이상 건조한 압축공기로 내부를 청소한다.

⑧ 용접기는 비나 눈이 오는 옥외나 습기가 많은 곳, 부식성 기체나 액체가 있는 장소에는 설치하지 말아야 한다.

⑨ 용접기 내부의 회전 부분이나 움직이는 부분은 주기적으로 적당한 주유를 해야 한다.

2) 아크 용접작업의 안전

① 안전홀더와 보호구를 착용할 것

② 보호구는 건조된 것을 착용할 것

③ 아크 광선을 맨 눈으로 보지 말아야 한다.

④ 차광유리는 적합한 번호를 사용해야 한다.

⑤ 전선 및 케이블은 전류용량에 맞는 것을 사용해야 한다.

⑥ 작업의 이동 시 용접케이블을 땅에 끌거나 하여 피복이 벗겨지는 일이 없도록 한다.

⑦ 아크광선 속의 적외선은 열을 동반하므로 피부 노출 시 화상을 입게 된다.

⑧ 홀더는 파손된 부분이 없이 절연 및 연결 부분이 잘 된 것을 사용한다.

⑨ 높은 장소에서의 용접작업시 추락방지를 위해 반드시 안전대를 착용한다.

⑩ 작업장은 충분히 통풍환기를 해서 유해가스를 흡입하지 않도록 한다.

⑪ 아연도금 철판 및 관용접시는 유해가스가 발생되므로 마스크에 가성소다($NaOH$) 액에 적시어 사용하거나 방독마스크를 착용한다.

⑫ 폭발성 또는 인화성 물질을 충전하였거나 인화성 가스를 발생하였던 용기를 용접이나 절단 작업 시는 작업 전 다음과 같은 조치를 해야 한다.

- 용기 내부를 증기 및 기타 효과적인 방법으로 완전히 세척해야 한다.
- 용기 내부의 공기를 채취하여 검사한 결과 혼합가스나 증기가 전혀 없어야 한다.

- 용기 내부의 완전세척이 부득이 어려운 경우 용기 내부의 불활성 공기를 가스로 바꿔두어야 한다.
- 불활성가스 사용 시는 작업 중에 계속하여 용기 안으로 불활성가스를 서서히 유입시킨다.

⑬ 밀폐된 용기나 커다란 탱크의 용접이나 절단작업 시는 다음의 조치를 취하여야 한다.
- 배풍기나 강압통풍장치 따위에 의하여 적당한 환기를 계속하여야 한다.
- 환기의 목적으로 산소를 사용하여서는 안 된다.
- 필요에 따라서는 보조자(안전담당자)가 탱크 밖에서 용접공을 보호 감시해야 한다.

⑭ 아크로 인하여 전광선 안염을 일으켜 의사의 진찰을 받지 못할 때에는 붕산수 2% 수용액으로 눈을 닦고 냉습포하면 효과가 있다.

⑮ 용접케이블을 터미널을 이용하여 연결할 때는 터미널 압착공구를 이용하여 완전히 압착시켜 사용 중 발열 저항이 일어나지 않게 한다.

⑯ 모재에 용접봉이 단락되었을 때에는 홀더에서 분리시킨 뒤에 용접봉을 떼어내어야 한다.

⑰ 용접작업 중에 탭전환을 하지 말아야 한다.

⑱ 작업을 중단할 때는 항상 용접기의 스위치를 꺼야 한다.

⑲ 용접작업장 주위에는 인화성 및 폭발성 물질이 없도록 해야 한다.

⑳ 용접작업장에는 작업자 외에 사람이 아크 광선을 보지 않도록 차폐물을 설치한다.

3 가스용접 및 절단의 안전

1) 산소 및 아세틸렌 용기의 취급 안전

① 아세틸렌 용기는 반드시 세워서 사용해야 한다. 만약 눕혀서 저장 및 사용 시에는 용기 안에 아세톤이 흘러나와 기구의 부식 및 불꽃을 나쁘게 한다.

② 아세틸렌 용기에는 구리 및 동합금(62% 이상의 동), 은, 수은 등과 접촉하지 않게 하여 폭발을 방지한다.

③ 아세틸렌 용기의 밸브는 1.5회전 이상 열지 말아야 한다.

④ 산소 및 아세틸렌가스의 누출 검사는 반드시 비눗물로 한다.

⑤ 아세틸렌 용기에 진동이나 충격을 주어서는 안 된다.

⑥ 아세틸렌 용기를 이동할 때에는 반드시 밸브 보호캡을 씌운다.

⑦ 직사광선이 쬐는 곳에 가스용기를 저장해서는 안 된다.

⑧ 가스용기는 항시 40℃ 이하로 유지한다.

⑨ 가스용기의 밸브가 얼었을 때는 끓지 않는 더운 물로 녹인다.

⑩ 가스용기는 작업장의 화기에서 5m 이상 떨어지게 한다.

⑪ 용기밸브 및 압력조정기가 고장 나면 전문가에게 수리를 의뢰한다.

⑫ 산소용기의 밸브 및 접촉기구에 그리스나 기름이 묻어 있으면 화재의 우려가 있다.

⑬ 산소용기의 운반 시는 밸브 보호캡을 씌운 뒤 운반한다.

⑭ 가스용기의 운반은 반드시 세워서 하고 끌거나 옆으로 뉘어 굴리지 않는다.

⑮ 용기의 보관은 가연성 가스와 같이 해서는 안 되며 충전용기와 빈 용기를 구분하여 보관한다.

2) 가스용접 및 절단작업 안전

① 작업장 부근에 인화물이 없어야 한다.

② 토치의 점화에는 반드시 점화용 라이터를 사용한다.

③ 작업에 적합한 차광안경을 선택하여 필히 착용한다.

④ 가스용기는 반드시 세워서 고정시켜 둔다.

⑤ 산소 및 아세틸렌 호스를 바꿔 사용하지 않도록 한다.

⑥ 작업장 가까이 눈에 잘 띄는 곳에 소화기를 설치한다.

⑦ 작업장에는 유해한 가스가 많이 발생하므로 항상 환기를 시킨다.

⑧ 토치에 점화나 불을 끌 때는 항상 아세틸렌 밸브를 먼저 조작한다.

⑨ 압력조정기가 조작된 상태에서 용기밸브를 열면 압력조정기가 파괴될 위험이 많다.

⑩ 아세틸렌의 사용 압력은 $1.3kgf/cm^2$을 초과하지 않아야 한다.

⑪ 토치의 팁구멍이 막히거나 이물질이 있을 때는 팁구멍 크기보다 한 단계 낮은 팁크리너를 사용하여 팁구멍이 커지지 않게 청소한다.

⑫ 역류, 역화의 현상이 발생했을 때에는 우선 토치에 아세틸렌 밸브를 잠그고 적절한 조치를 한다.

⑬ 토치의 팁이 과열되어 물에 냉각할 때는 산소만 분출시켜 냉각한다.

3) 가스용접의 기타 안전대책

① 산소용기 밸브의 안전밸브는 내압시험압력의 80% 이하 압력에서 작동할 수 있어야 한다 ($170kgf/cm^3$ 이상에서 작동한다).

② 아세틸렌 용기에 설치된 퓨즈 플러그 내의 퓨즈 금속(B 53.9%, Sn 25.9%, Cd 20.2%의 조성 합금)은 약 105±5℃에 도달하면 녹아야 한다.

③ 만약 산소 및 아세틸렌가스가 용기에서 새어나올 때는 바람이 통하는 옥외로 빨리 대피시킨 뒤에 전문가에게 수리를 의뢰한다.

④ 안전기의 주요 부분은 두께 2mm 이상의 강판 또는 강관을 사용한다.

⑤ 안전기의 도입부는 수봉배기관을 갖춘 수봉식은 유휴수주를 저압용은 25mm 이상 중압용은 50mm 이상을 유지한다.

⑥ 안전기는 수위를 용이하게 점검할 수 있는 점검창의 수면계 등을 갖춘다.

⑦ 중압용 안전기에 수봉배기관은 안전기의 압력이 $1.5kgf/cm^2$에 도달하기 전 배기를 시킬 수 있는 능력을 갖춘다.

⑧ 중압용 수봉식 안전기에 과열판은 안전기 내의 압력이 $5kgf/cm^2$에 달하기 전에 파열하는 것이어야 한다. 단, 안전기 내의 압력이 $3kgf/cm^2$을 넘기 전에 작동하는 자동배기 밸브를 구비하고 있는 구조일 때는 과열판에 과열압력은 $10kgf/cm^2$ 이하여야 한다.

⑨ 용해 아세틸렌 및 LP 가스 사용시에는 건식 안전기를 사용하는 것이 좋다.

[우회로식 건식 안전기]

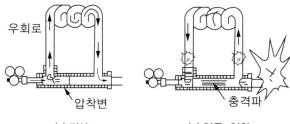

(a) 정상   (b) 역류·역화

⑩ 아세틸렌 용접장치의 토치 1개마다 안전기를 1개 설치해야 하며 토치에서 발생기까지의 가스집합 장치인 경우는 하나의 토치에 안전기가 2개 이상 설치되어야 한다.

⑪ 발생기 물의 온도가 60℃ 이상이 될 때는 환수시키도록 한다. 단, 습식 아세틸렌 발생기의 경우는 무압식으로 다년간 사용 시 부식이 심하고 반응열도 심하여 70℃를 넘지 않도록 주의하여 분해 폭발을 미연에 방지하여야 한다.

⑫ 아세틸렌 용접장치 및 가스집합 용접장치는 매설부분을 제외하고 연 1회 자체적으로 장치의 손상유무, 변형 유무, 부식 유무, 기능 상태를 정기 검사한 뒤 자체 검사의 결과를 기록하여 기록 문서를 3년간 보관해야 한다.

05 용접화재방지

1 연소이론

1) 연소의 정의
연소는 적당한 온도의 열과 일정비율의 가연성 물질과 산소가 결합하여 그 반응으로서 발열 및 발광현상을 수반하는 것을 말한다.

2) 연소의 3요소
가열물, 산소공급원, 점화원

3) 발화점의 정의
① 인화점 : 가연성 액체 또는 고체가 공기 중에서 그 표면부근에 인화하는 데에 필요한 충분한 농도의 증가를 발생하는 최저 온도
② 연소점 : 연소를 계속시키기 위한 온도로 대체로 인화점보다 약 10℃ 정도 온도가 높다.
③ 착화점 : 가연물이 공기 중에서 가열되었을 때 다른 것으로 점화하지 않고 그 반응열로 스스로 발화하게 되는 최저온도로 발화점 또는 자연발화온도라고 한다.
④ 발화원의 종류 : 충격마찰, 나화, 고온표면, 단열압축, 전기불꽃(아크 등), 정전기 불꽃, 자연발열, 광선열선

2 폭발

1) 폭발의 정의
급격한 고압력의 발생 또는 해방으로 에너지가 증대해 평형상태를 유지하지 못할 때 소리를 내며 파열되거나 팽창하는 현상

2) 폭발의 종류
① 화학적 폭발
② 압력의 폭발

③ 분해 폭발
④ 중합 폭발

3 용접화재방지 및 안전

1) 화재 및 폭발의 방지
① 인화성 액체의 작업실 내에 보관 또는 저장 시는 그 용량을 20L 이하로 하고 승인된 형식의 용기 사용 및 안전장치를 철저히 할 것
② 작업장과 인화 및 폭발성 물질의 부근에서는 흡연을 금한다.
③ 인화 및 폭발성 물질은 폭발범위 이내의 농도로 취급하며 발화원의 원인이 발생하지 않게 사전에 안전대책을 할 것
④ 폭발성 물질 취급 시 작업복에는 철제류의 각종 장식(단추, 버클, 신발바닥) 등을 사용하지 말아야 한다.
⑤ 화재 발생의 원인이 되는 작업장 부근에는 인화성 물질이 없도록 할 것
⑥ 필요한 장소에 방화설비 및 경보설비를 설치해야 한다.

2) 작업장의 화재 및 폭발의 방지
① 용접작업장은 원칙으로 가연성 물질이 부근에 있어서는 안 된다.
② 전기용접의 시설은 방호장치 및 안전장치가 철저히 되어야 한다.
③ 전선 및 용접기의 2차 케이블선은 적절한 것을 선택 작업 중 저항발열 및 누전 등이 없어야 한다.
④ 전원스위치는 될 수 있는 한 안전한 자동브라켓트 스위치를 사용하고 카바나이프 스위치 등의 사용 시 안전한 적정 퓨즈를 사용한다.
⑤ 용접작업장 내에 인화물질이 있을 때에는 기화가 되지 않게 용기에 잘 보관한 뒤에 불연성 커버로 덮고 물은 그 위에 뿌려 놓은 등의 방법을 취한다.
⑥ 용접작업 시 불꽃이 튀어 가연성 물질의 마룻바닥, 벽, 창 등의 틈에 들어가거나 용접호스 또는 전선 등에 닿지 않게 한다.
⑦ 용접기의 외부나 전선의 피복이 벗기어진 부분에 철편 등이 닿아 합선 등의 현상이 발생되지 않게 한다.

4 화재의 소화대책

1) 소화 조건
① 가연물의 제거
② 화점의 냉각
③ 공기(산소)의 차단
④ 연속적 연소의 차단

2) 화재의 종류와 적용 소화제

① A급 화재(일반 화재) : 수용액
② B급 화재(유류 화재) : 화학 소화액(포말, 사염화탄소, 탄산가스, 드라이케미컬)
③ C급 화재(전기 화재) : 유기성 소화액(분말, 탄산가스, 탄산칼륨 + 물)
④ D급 화재(금속 화재) : 건조사

3) 소화기 종류와 용도

화재종류 소화기	보통화재	유류화재	전기화재
포말 소화기	양호	적합	양호
분말 소화기	적합	적합	부적합
탄산가스 소화기	양호	양호	적합

4) 소화기의 관리 및 취급 요령

① 포말 소화기(A, B급 화재) : 유류 화재에 효과적으로 동절기에는 얼지 않게 보온장치를 하며 전기나 알코올류 화재에는 사용하지 못하고 소화액은 1년에 한 번 이상 교체한다.
② 분말 소화기(B, C급 화재) : 화점부에 접근 방사하여 시계를 흐리지 않게 하며 고압가스용기 는 년 2회 이상 중량 점검 후 감량 시 새 용기와 교체한다.
③ 탄산가스 소화기(B, C급 화재) : 전기의 불량도체이기 때문에 전기화재에 유효하며 인체에 접촉 시 동상에 위험이 있어 취급 시 주의가 필요하고 탄산가스의 중량이 2/3 이하일 경우 즉 시 재충전하지 않으면 안 된다. 또한 탄산가스 용기는 6개월마다 내압시험을 하여 안전을 도 모해야 한다.
④ 강화액 소화기(A, B, C급 화재) : 물에 탄산칼륨 등을 용해시킨 수용액을 사용하며 물에 의한 소화효과에 탄산칼륨 등을 첨가한 것으로 소화 후 재연소를 방지하는 효과가 크다.

5) 소화기 사용 시 주의사항

① 방사시간이 짧고(15~50초 정도) 방출거리가 짧아 초기 화재에만 사용된다.
② 소화기는 적용되는 화재에만 사용해야 한다.
③ 소화 작업은 바람을 등지고 풍상에서 풍하로 향해 방사한다.
④ 비로 쓸 듯이 골고루 소화해야 한다.

5 사고 응급조치

1) 작업현장에 구비해야 할 구급용품

삼각건, 붕대, 탈지면, 솜, 반창고, 거즈, 핀셋, 가위, 작은칼, 지혈관, 지혈봉, 부목, 들것, 알코 올, 옥도정기, 머어큐로크롬액, 암모니아수, 붕산수 등

2) 구급조치

① 구급조치의 4단계 : 지혈, 기도유지, 상처보호, 쇼크방지와 치료
② 인공호흡법의 종류 : 불어넣기법, 흉부압박상지거상법, 배부압박상지거상법, 배수법 등
③ 응급상황별 구급조치

창상 (절창, 극창, 열창, 찰과상)	• 불결한 손, 종이, 수건 등을 직접 상처에 대지 말 것 • 먼지, 흙 등이 상처에 붙어 있을 때 무리하게 떼어내지 말 것 • 통증이 심할 시에는 건습포를 해서 상처부를 심장부보다 높게 할 것 • 상처주위를 깨끗이 소독할 것 • 머큐로크롬액을 바른 후 붕대로 감을 것
타박상과 염좌	• 요오드팅크(옥도정기)를 바를 것 • 냉찜질을 할 것 • 머리, 배, 가슴부분의 타박상일 때는 빨리 의사의 진단을 받을 것
출혈	• 혈액은 체중의 약 1/13(7.7%) 정도인데 그 중 30% 이상을 잃으면 위험하고 50% 이상을 흘리면 사망 • 모세관 출혈 : 작은 상처에서 피가 스며나오거나 방울방울 새어 나오는 정도로 머큐 로크롬액을 바르고 붕대로 감아 두어 세균감염만 방지하면 된다. • 정맥출혈(검붉은색) : 상처 부위에 거즈를 대고 붕대로 세게 감아서 압박에 의하여 지혈을 한다. • 동맥출혈(진분홍색) : 의사의 조치를 받아야 하나 지혈대나 압박붕대, 지압지혈법, 긴급 지혈법 등으로 지혈을 시킨다. • 피하출혈 : 냉찜질을 하여 출혈을 막고 난 뒤에 약을 바르고 온수찜질을 한다.
화상	• 제1도 화상(피부가 붉어지고 약간 아픈 정도) : 냉수나 붕산수로 찜질한다. • 제2도 화상(피부가 빨갛게 부풀어 물집이 생긴다) : 제1도 화상 때와 같은 조치를 하 되 특히 물집을 터트리면 감염되므로 소독 거즈를 덮고 가볍게 붕대로 감아 둔다. • 제3도 화상(피하조직의 생명력 상실) : 제2도 화상 시와 같은 치료를 한 후 즉시 의 사에게 치료를 받는다. • 제1도 화상이라도 신체의 1/3(30%) 이상의 화상을 입으면 생명이 위험하다.
감전	• 감전사고가 발생하면 우선 전원을 끊는다. • 전원을 끊을 수 없는 경우 구조자가 보호구(고무장화, 고무장갑 등)를 착용한 후 떼 어 놓는다. • 감전자가 호흡 중지시 인공호흡을 시킨다. • 의식을 잃었을 때는 마른 수건으로 전신을 마사지 한다. • 환자를 보온시키고 비틀비틀할 때는 조용히 눕혀 머리를 식힌 후 포도주나 냉수를 먹인다.

01 아크 용접 시, 감전 방지에 관한 내용 중 틀린 것은?

① 비가 내리는 날이나 습도가 높은 날에는 특히 감전에 주의를 하여야 한다.
② 전격 방지장치는 매일 점검하지 않으면 안 된다.
③ 홀더의 절연 상태가 충분하면 전격 방지 장치는 필요 없다.
④ 용접기의 내부에 함부로 손을 대지 않는다.

해설
홀더의 절연 상태는 안전홀더인 A형을 사용하고 전격방지 장치는 인체에 전격을 방지 할 수 있는 안전한 장치로 홀 더와는 무부하 전압에 전격을 방지하기 위한 안전전압인 24V를 유지시키는 전격방지 장치는 산업안전보건법으로 필요한 장치이다.

02 아크 용접 중 방독 마스크를 쓰지 않아도 되는 용접 재료는?

① 주강
② 황동
③ 아연 도금판
④ 카드뮴 합금

해설
황동, 아연 도금판, 카드뮴 합금 등은 가열 시 과열에 의한 아연 증발과 카드뮴의 증발로 중독을 일으키기 쉬워 방독 마스크를 착용하고 용접작업을 해야 한다.

03 용접작업 중 정전이 되었을 때, 취해야 할 가장 적절한 조치는?

① 전기가 오기만을 기다린다.
② 홀더를 놓고 송전을 기다린다.
③ 홀더에서 용접봉을 빼고 송전을 기다린다.
④ 전원을 끊고 송전을 기다린다.

해설
전기안전에서 정전이 되었다면 모든 전원스위치를 내려 전원을 끊고 다시 전기가 송전될 때가지 기다린다.

04 용접 흄(fume)에 대하여 서술한 것 중 올바른 것은?

① 용접 흄은 인체에 영향이 없으므로 아무리 마셔도 괜찮다.
② 실내 용접작업에서는 환기설비가 필요하다.
③ 용접봉의 종류와 무관하며 전혀 위험은 없다.
④ 용접 흄은 입자상 물질이며, 가제 마스크로 충분히 차단할 수가 있으므로 인체에 해가 없다.

해설
용접 흄에는 인체에 해로운 각종 가스가 있어 실내 용접작업할 때에는 환기설비를 필요로 한다.

05 아크 용접에서 전격 및 감전방지를 위한 주의사항으로 틀린 것은?

① 협소한 장소에서의 작업 시 신체를 노출하지 않는다.
② 무부하 전압이 높은 교류 아크 용접기를 사용한다.
③ 작업을 중지할 때는 반드시 스위치를 끈다.
④ 홀더는 반드시 정해진 장소에 놓는다.

해설
전격 및 감전 위험은 무부하 전압이 높은 교류가 높아 교류 아크 용접기는 산업안전보건법에서 반드시 전격방지기를 달아서 사용하게끔 되어있다.

06 CO_2 가스 아크 용접에서, CO_2 가스가 인체에 미치는 영향으로 극히 위험상태에 해당하는 CO_2 가스의 농도는 몇 %인가?

① 0.4% 이상   ② 30% 이상
③ 20% 이상   ④ 10% 이상

해설
CO_2 농도에 따른 인체의 영향
• 3~4% : 두통
• 15% 이상 : 위험
• 30% 이상 : 치명적

07 아크 빛으로 혈안이 되고 눈이 부었을 때 우선 조치해야 할 사항으로 가장 옳은 것은?

① 온수로 씻은 후 작업한다.
② 소금물로 씻은 후 작업한다.
③ 심각한 사안이 아니므로 계속 작업한다.
④ 냉습포를 눈 위에 얹고 안정을 취한다.

해설
아크광선은 가시광선, 자외선, 적외선을 갖고 있으며 아크광선에 노출되면 자외선으로 인하여 전광선 안염 및 결막염을 일으킬 수 있다. 그러므로 광선에 노출되면 우선 조치사항으로는 냉습포를 눈 위에 얹고 안정을 취하는 것이 좋다.

08 아크 용접작업에서 전격의 방지대책으로 가장 거리가 먼 것은?

① 절연 홀더의 절연부분이 파손되면 즉시 교환할 것
② 접지선은 수도 배관에 할 것
③ 용접작업을 중단 혹은 종료 시에는 즉시 스위치를 끊을 것
④ 습기 있는 장갑, 작업복, 신발 등을 착용하고 용접작업을 하지 말 것

해설
수도배관에 접지를 할 경우는 전격의 위험이 있으니 용접기의 2차측 단지의 한쪽과 케이스는 반드시 땅속(표면지하)에 접지할 것

09 용접 흄(fume)에 대해서 서술한 것 중 올바른 것은?

① 용접 흄은 인체에 영향이 없으므로 아무리 마셔도 괜찮다.
② 실내 용접작업에서는 환기설비가 필요하다.
③ 용접봉의 종류와 무관하며 전혀 위험은 없다.
④ 용접 흄은 입자상 물질이며, 가재 마스크로 충분히 차단할 수가 있으므로 인체에 해가 없다.

해설
용접 흄은 해로운 물질(주로 CO, CO_2, N_2 등)로 반드시 환기설비가 필요하다.

정답				
01 ③	02 ①	03 ④	04 ②	05 ②
06 ②	07 ④	08 ②	09 ②	

10 용접을 장시간 하게 되면 용접 흄 또는 가스를 흡입하게 되는데 그 방지대책 및 주의사항으로 가장 적당하지 않은 것은?

① 아연 합금, 납 등의 모재에 대해서는 특히 주의를 요한다.
② 환기통풍을 잘한다.
③ 절연형 홀더를 사용한다.
④ 보호 마스크를 착용한다.

<u>해설</u>
용접을 장시간 할 때에는 안전상 환기통풍을 하고 재료 특성과 가스에 의한 흄, 미스트에 맞는 보호 마스크를 사용해야 한다.

11 아크 용접작업 중의 전격에 관련된 설명으로 옳지 않은 것은?

① 습기찬 작업복, 장갑 등을 착용하지 않는다.
② 오랜 시간 작업을 중단할 때에는 용접기의 스위치를 끄도록 한다.
③ 전격 받은 사람을 발견하였을 때에는 즉시 손으로 잡아당긴다.
④ 용접홀더를 맨손으로 취급하지 않는다.

<u>해설</u>
아크 용접작업 중 전격을 받은 사람을 발견했을 때에는 먼저 전원스위치를 차단하고 바로 의사에게 연락하여야 하며 때에 따라서는 인공호흡 등 응급처치를 해야 한다.

12 피복아크 용접작업 시 주의해야 할 사항으로 옳지 못한 것은?

① 용접봉은 건조시켜 사용할 것
② 용접전류의 세기는 적절히 조절할 것
③ 앞치마는 고무복으로 된 것을 사용할 것
④ 습기가 있는 보호구를 사용하지 말 것

<u>해설</u>
피복아크 용접 시에 앞치마가 고무복일 때에는 용접할 때 스패터 및 높은 온도 때문에 녹아 화상을 입을 수 있다.

13 가스도관(호스) 취급에 관한 주의사항 중 틀린 것은?

① 고무호스에 무리한 충격을 주지 말 것
② 호스 이음부에는 조임용 밴드를 사용할 것
③ 한냉 시 호스가 얼면 더운물로 녹일 것
④ 호스의 내부 청소는 고압수소를 사용할 것

<u>해설</u>
가스용접에 사용되는 호스의 내부 청소는 압축공기를 사용하여 고압산소(또는 수소)로 청소하면 위험하므로 절대로 사용해서는 안 된다.

14 탱크 등 밀폐 용기 속에서 용접작업을 할 때 주의사항으로 적합하지 않은 것은?

① 환기에 주의한다.
② 감시원을 배치하여 사고의 발생에 대처한다.
③ 유해가스 및 폭발가스의 발생을 확인한다.
④ 위험하므로 혼자서 용접하도록 한다.

<u>해설</u>
안전상 탱크 및 밀폐 용기 속에서 용접작업을 할 때는 반드시 감시인 1인 이상을 배치시켜서 안전사고의 예방과 사고 발생 시에 즉시 사고에 대한 조치를 하도록 한다.

15 용접에 관한 안전 사항으로 틀린 것은?

① TIG 용접 시 차공렌즈는 12~13번을 사용한다.
② MIG 용접 시 피복아크 용접보다 1[m]가 넘는 거리에서도 공기 중의 산소를 오존으로 바꿀 수 있다.
③ 전류가 인체에 미치는 영향에서 50mA는 위험을 수반하지 않는다.
④ 아크로 인한 염증을 일으켰을 경우 붕산수(2% 수용액)로 눈을 닦는다.

<u>해설</u>
산업안전에 교류 전류가 인체에 통했을 때의 영향
• 1mA : 전기를 약간 느낄 정도
• 5mA : 상당한 고통을 느낌
• 10mA : 견디기 어려울 정도의 고통
• 20mA : 심한 고통을 느끼고 강한 근육 수축이 일어남
• 50mA : 상당히 위험한 상태
• 100mA : 치명적인 결과 초래(사망 위험)

16 TIG용접 시 안전사항에 대한 설명으로 틀린 것은?

① 용접기 덮개를 벗기는 경우 반드시 전원 스위치를 켜고 작업한다.

② 제어장치 및 토치 등 전기계통의 절연상 태를 항상 점검해야 한다.

③ 전원과 제어장치의 접지 단자는 반드시 지면과 접지되도록 한다.

④ 케이블 연결부와 단자의 연결 상태가 느슨해졌는지 확인하여 조치한다.

> **해설**
> 용접기 덮개를 벗기는 경우 반드시 전원스위치를 끄고 (OFF) 작업을 하여야 감전을 예방할 수 있다.

17 가연성 가스 등이 있다고 판단되는 용기를 보수 용접하고자 할 때 안전사항으로 가장 적당한 것은?

① 고온에서 점화원이 되는 기기를 갖고 용기 속으로 들어가서 보수 용접한다.

② 용기 속을 고압산소를 사용하여 환기하며 보수 용접한다.

③ 용기 속의 가연성 가스 등을 고온의 증기로 세척한 후 환기를 시키면서 보수 용접한다.

④ 용기 속의 가연성 가스 등이 다 소모되었으면 그냥 보수 용접한다.

> **해설**
> 가연성 가스용기보수 용접
> • 용기 내부를 증기 및 기타 효과적인 방법으로 완전히 세척할 것
> • 용기 내부의 공기를 채취하여 검사한 결과 혼합가스나 증기가 조금도 없을 것
> • 용기 내부의 완전세척이 부득이 어려운 경우 용기 내부의 불활성 공기를 가스로 바꾸어 들 것
> • 불활성가스 사용 시는 작업 중에 계속하여 용기 안으로 불활성가스를 서서히 유입시킴

18 산업피로의 발생요인으로 적당하지 않은 것은?

① 작업부하조건

② 노동시간조건

③ 휴식시간

④ 임금조건

> **해설**
> 산업피로의 발생요건
> • 작업부하조건 : 작업공간, 밀도, 환경의 상호관계
> • 노동시간 : 8시간 정식 근무 외에 많은 잔업, 주·야간 근무 등
> • 휴식시간, 휴양조건
> • 개인적인 전용조건 등

19 안전사고의 부상으로 1~14일 미만의 근로손실을 가져온 상해는?

① 경미상해

② 경상해

③ 중상해

④ 중경상해

> **해설**
> 안전사고와 부상의 종류
> • 중상해 : 부상으로 인하여 14일 이상의 노동 손실을 가져온 상태
> • 경상해 : 부상으로 1일 이상 14일 미만의 노동손실을 가져온 상태
> • 경미상해 : 부상으로 8시간 이하의 휴무 또는 작업에 종사하며 치료받는 상태

정답				
10 ③	11 ③	12 ③	13 ④	14 ④
15 ③	16 ①	17 ③	18 ④	19 ②

20 안전관리의 목적으로서 합당하지 않는 것은?

① 인명의 존중
② 경영의 합리
③ 사회복지의 증진
④ 경제성의 향상

해설
안전관리의 목적
• 인명의 존중
• 사회복지의 증진
• 생산성의 향상
• 경제성의 향상

21 화재의 대책방법으로서 적당하지 않는 것은?

① 화재예방
② 화재를 작은 범위로 국한시킨다.
③ 발화물질의 정리정돈
④ 화재시의 피난

해설
화재대책 방법으로는 예방, 국한, 피난 등이 있고 발전된 사항은 피난 → 소화 → 국한 → 예방의 순서로 되어있으며 대책으로는 사전, 사후 대책이 필요하고 사전대책으로는 발화예방대책, 방화구조, 내화구조 등 불연소 대책과 사후대책으로는 연소확대방지(국한), 화재진압(소화), 위험대피(피난) 등이 있다.

22 소화작업 방법 중 틀린 것은?

① 화재 시 가스밸브를 잠그고 전기스위치를 끈다.
② 소화기 소화작업은 바람을 등지고 한다.
③ 금속화재 시 물을 사용 냉각소화 시킨다.
④ 화재가 발생하면 즉시 화재경보를 한다.

해설
소화방법
• A급 화재(일반 화재) : 수용액
• B급 화재(유류 화재) : 화학 소화액(포말, 사염화탄소, 탄산가스, 드라이케미컬)
• C급 화재(전기 화재) : 유기성 소화액(분말, 탄산가스, 탄산칼륨 + 물)
• D급 화재(금속 화재) : 건조사

23 전기화재 시 사용되는 적합한 소화기는?

① 포말소화기　② 분말소화기
③ 물　　　　　④ 건조사

해설
소화기의 관리 및 취급 요령
• 포말소화기(A, B급 화재) : 유류 화재에 효과적으로 동절기에는 얼지 않게 보온장치를 하며 전기나 알코올류 화재에는 사용하지 못하고 소화액은 1년에 한 번 이상 교체한다.
• 분말소화기(B, C급 화재) : 화점부에 접근 방사하여 시계를 흐리지 않게 하며 고압가스용기는 년 2회 이상 중량 점검 후 감량시 새 용기와 교체한다.
• 탄산가스소화기(B, C급 화재) : 전기의 불량도체이기 때문에 전기화재에 유효하며 인체에 접촉 시 동상에 위험이 있어 취급시 주의가 필요하고 탄산가스의 중량이 2/3 이하일 경우 즉시 재충전하지 않으면 안 된다. 또한 탄산가스 용기는 6개월마다 내압시험을 하여 안전을 도모해야 한다.
• 강화액 소화기(A, B, C급 화재) : 물에 탄산칼륨 등을 용해시킨 수용액을 사용하며 물에 의한 소화효과에 탄산칼륨 등을 첨가한 것으로 소화 후 재연소를 방지하는 효과가 크다.

24 연소의 3요소에 해당하지 않는 것은?

① 가연물
② 산소공급원
③ 점화원
④ 이산화탄소

해설
연소의 3요소는 가연물, 산소공급원, 점화원이다.

Chapter 6

용접재료의 관리

01 금속의 특성과 상태도

1 금속의 성질

1) 물리적 성질

비중 (specific gravity)	• 어떤 물질의 단위 용적의 무게와 같은 체적의 4℃ 물의 무게와의 비
용융점 (fusion point)	• 고체에서 액체로 변할 때의 온도 • Fe 1,538℃, W 3,410℃, Hg −38.8℃
비열 (specific heat)	• 어떤 금속 1g을 1℃ 올리는 데 필요한 열량 • 단위 : cal/g.deg
선팽창계수 (coefficient of liner expansion)	• 물체의 단위길이에 대하여 온도 1℃가 높아지는 데 따라 막대의 길이가 늘어나는 양
열전도율 (thermal conductivity)	• 길이 1cm에 대하여 1℃의 온도차가 있을 때 1cm^{2}의 단면적을 통하여 1초 사이에 전달되는 열량 • Ag 〉 Cu 〉 Pt 〉 Al
전기전도율 (electric conductivity)	• 금속의 성분이 순수할수록 좋고 불순물이 들어가면 불량 • 실온 20℃ 기준 : Ag 〉 Cu 〉 Au 〉 Al 〉 Mg 〉 Zn 〉 Ni 〉 Fe 〉 Pb 〉 Sb
금속의 탈색력	• 금속의 색을 변색시키는 힘 • Sn 〉 Ni 〉 Al 〉 Fe 〉 Cu 〉 Zn 〉 Pt 〉 Ag 〉 Au
자성	강자성체	• 자석에 강하게 끌리고 자석에서 떨어진 후에도 금속자체에 자성을 갖는 물질 • Fe, Ni, Co(철니코)
	상자성체	• 자석을 접근시키면 먼 쪽에 같은 극, 가까운 쪽에는 다른 극 (붙는 것 같기도 하고 않는 것 같기도 한 것) • Al, Pt, Sn, Mn
	반자성체	• 외부에서 자기장이 가해지는 동안에만 형성되는 매우 약한 형태의 자성 • Cu, Zn, Sb, Ag, Au

금속 원소와 물리적 성질

금속	원소 기호	비중	융점 (℃)	융해잠열 J/g	선팽창계수 (20℃) ×106	열전도율 (20℃) KW/(m·k)	전기비저항 (20℃) μΩcm	비등점 (℃)
은	Ag	10.49	960.8	104.7	19.68	234.4	1.59	2,210
알루미늄	Al	2.699	660	395.6	23.6	899.9	2.65	2,450
금	Au	19.32	1,063	67.6	14.2	130.6	2.35	2,970
비스무트	Bi	9.80	271.3	52.3	13.3	123.1	106.8	1,560
카드뮴	Cd	8.65	320.9	55.3	29.8	23	6.83	765
코발트	Co	8.85	1,495±1	244.5	13.8	414.4	6.24	2,900
크롬	Cr	7.19	1,875	401.9	6.2	460.5	12.9	2,665
구리	Cu	8.96	1,083	211.8	16.5	385.1	1.67	2,595
철	Fe	7.87	1,538±3	274.2	11.76	460.5	9.71	3,000±150
게르마늄	Ge	5.323	937.4	443.7	5.75	305.6	46	2,830
마그네슘	Mg	1.74	650	368±8.4	27.1	1025.6	4.45	1,107±10
망간	Mn	7.43	1,245	266.6	22	481.4	185	2,150
몰리브덴	Mo	10.22	2,610	292.2	4.9	276.3	5.2	5,560
니켈	Ni	8.902	1,453	308.9	13.3	439.5	6.84	2,730
납	Pb	11.36	327.4	26.4	29.3	129.3	20.64	1,725
백금	Pt	21.45	1,769	112.6	8.9	131.4	10.6	4,530
안티몬	Sb	6.62	650.5	160.3	8.5~10.8	205.1	39.0	1,380
주석	Sn	7.298	231.9	60.7	23	226	11	2,270
티탄	Ti	4.507	1,668±10	435.3	8.41	519.1	42	3,260
바나듐	V	6.1	1,900±25	−	8.3	498.1	24.8~26.0	3,400
텅스텐	W	19.3	3,410	184.2	4.6	138.1	5.6	5,930
아연	Zn	7.133	419.5	100.9	39.7	383	5.92	906

2) 화학적 성질

부식성	• 금속이 대기 중의 산소, 물 등에 의하여 화학적으로 부식(녹이 스는)되는 성질 • 이온화 경향이 큰 것일수록 큼 • Ni, Cr 등을 함유한 것은 잘 부식되지 않음
내식성	• 산의 종류에 잘 견디는 성질

3) 기계적 성질

인장강도 (tensile strength, 극한강도)	• 외력(옆으로 당기는 힘)에 견디는 힘 • 단위 : kgf/mm²[MPa]
연성 (ductility)	• 물체가 탄성한도를 초과한 힘을 받고도 파괴되지 않고 가느다란 선으로 늘어나는 성질 • Au 〉Ag 〉Ce 〉Pt 〉Zn 〉Fe 〉Ni
전성 (malleability)	• 가단성과 같은 말로 단조, 압연 작업에 의하여 얇은 판으로 넓게 펴질 수 있는 성질 • Au 〉Ag 〉Pt 〉Al 〉Fe 〉Ni 〉Cu 〉Zn
취성 (brittlness)	• 인성에 반대되는 성질 • 물체가 변형 및 충격에 의해 잘 부서지거나 깨지는 성질
가공경화 (work hadenimg)	• 금속이 가공에 의하여 강도, 경도가 커지고 연신율이 감소되는 성질
가주성 (castability)	• 가열에 의하여 유동성이 좋아져 주물 작업이 가능한 성질
피로 (fatigus)	• 피로 : 재료의 안전 하중 상태에서도 작은 힘이 계속 반복하여 작용했을 때에 재료가 파괴되는 것 • 피로하중 : 피로 시의 힘
항복점 (yielding point)	• 탄성한계 이상의 하중을 가하면 하중과 연신율은 비례하지 않으며 하중을 증가시키지 않아도 시험편이 늘어나는 현상
청열취성 (blue shortness)	• 연강이 200~300℃에서는 상온에서보다 연신율은 낮아지고 강도와 경도는 높아져 부스러지기 쉬운 성질을 갖게 되는 현상
저온취성 (low tempering shortness)	• 재료의 온도가 상온보다 낮아지면 경도나 인장 강도는 증가하지만 연신율이나 충격값 등은 급속히 감소하여 부스러지기 쉽게 되는 현상
소성가공성	• 재료를 소성가공하는 데 용이한 성질 • 단조성, 압연성, 성형성 등
접합성	• 재료의 용융성을 이용하여 두 부분을 반영구적으로 접하게 하는 난이도의 성질 • 용접, 단접, 납땜 등
절삭성	• 절삭 공구에 의해 재료가 절삭되는 성질

🧑‍🏭 금속의 용접성에 영향을 주는 요인
• 탄소의 함유량(용융점과 냉각속도에 영향)
• 인장강도
• 용융점(열전도 및 열영향부에 영향)

2 금속재료의 특성

1) 금속의 특성

① 상온에서 고체이며 결정구조를 형성한다(단, 수은은 제외).
② 열 및 전기의 양도체(良導體)이다.
③ 연성(延性) 및 전성(展性)을 갖고 있어 소성변형을 할 수 있다.
④ 금속 특유의 광택을 갖는다.
⑤ 용융점이 높고 대체로 비중이 크다(비중 5 이상을 중금속, 5 이하를 경금속이라 한다).

경금속	Li(0.53), K(0.86), Ca(1.55), Mg(1.74), Si(2.23), Al(2.7), Ti(4.5) 등
중금속	Cr(7.09), Zn(7.13), Mn(7.4), Fe(7.87), Ni(8.85), Co(8.9), Cu(8.96), Mo(10.2), Pb(11.34), Ir(22.5) 등

> **금속의 무게**
> • 가장 가벼운 금속 : Li(0.53)
> • 가장 무거운 금속 : Ir(22.5)
> • 실용 금속 중 가장 가벼운 것 : Mg(1.74)

2) 합금의 특성

① 용융점이 저하된다.
② 열전도, 전기전도가 저하된다.
③ 내열성, 내산성(내식성)이 증가된다.
④ 강도, 경도 및 가주성이 증가된다.

3) 금속의 응고

용융된 순금속을 냉각하면 어떤 고유한 일정 온도에서 응고가 시작되며 이때 발생된 결정핵을 중심으로 그 금속원자 고유의 결정격자를 이루면서 나뭇가지 모양으로 원자가 배열된 수지상(dendrite)으로 결정이 성장되며 응고된다.

[수지상의 결정과정]

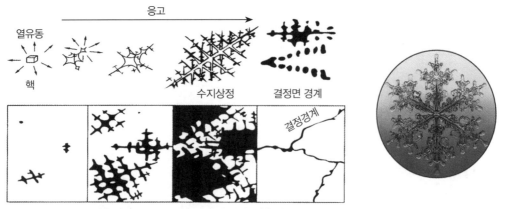

(1) 용액상태   (2) 결정액 발생   (3) 결정의 성장   (4) 결정경계 형성

[주조조직]

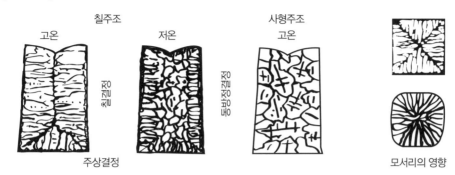

고온 칠주조

저온

사형주조 고온

주상결정

모서리의 영향

4) 금속의 결정구조

금속은 대단히 많은 크고 작은 결정들이 무질서하게 집합을 이루고 있으며 그 하나하나의 결정입자들 사이의 결계를 결정경계라 하고, 결정입자들은 원자가 규칙적으로 배열되어 있어 이와 같은 것을 결정격자라 하며 이것을 다시 결정의 공간격자(space lattice)라고도 한다. 이 결정격자는 단위 세포(unit cell)로 구성되어 있으며 각 금속에 따라 여러 형태가 있으나 대표적인 것은 다음의 것이 있다.

① 단순입방격자(simple cubie lattice)
② 체심입방격자(B. C. C : body-centered cubic lattice) : 소속원자수 = 1/8 × 8 + 1 = 2개
③ 면심입방격자(F. C. C : face-centered cubic lattice) : 소속원자수 = 1/8 × 8 + 1/2 × 6 = 4개
④ 저심입방격자(base centered cubic lattice)
⑤ 조밀육방격자(H. C. P : hexagonal close packed lattice) : 소속원자수 = 2 × 3개 = 6개

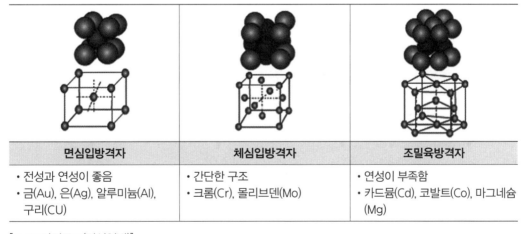

면심입방격자	체심입방격자	조밀육방격자
• 전성과 연성이 좋음 • 금(Au), 은(Ag), 알루미늄(Al), 구리(CU)	• 간단한 구조 • 크롬(Cr), 몰리브덴(Mo)	• 연성이 부족함 • 카드뮴(Cd), 코발트(Co), 마그네슘(Mg)

[NaCl 결정구조(면심입방)]

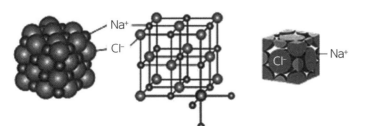

Na⁺
Cl⁻

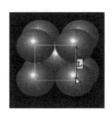

Cl⁻   Na⁺

5) 금속의 변태

① 변태(transformation) : 금속의 고체가 온도가 높아짐에 따라 액체나 기체로 변화하거나 고체 자체 내에서의 원자배열이 변화하는 것

② 변태의 종류

동소변태 (allotropic transformation)	• 고체 내에서의 원자 배열의 변화 즉 결정격자의 형상이 변하기 때문에 생기게 되는 것 • 순철(pure iron)에는 α, γ, δ의 3개의 동소체가 있는데 α철은 912℃(A_3 변태) 이하에서는 체심입방격자이고 γ철은 912℃로부터 약 1400℃(A_4 변태) 사이에 면심입방격자이며 δ철은 약 1400℃에서 용융점 1538℃ 사이에는 체심입방격자
자기변태 (magnetic transformation)	• 순철에서 원자 배열에는 변화가 생기지 않고 780℃(A_2 변태) 부근에서 급격히 자기의 크기에 변화를 일으키는 것 • 일명 퀴리점(curie point)이라고도 한다. • 대표적 금속 : 철, 니켈, 코발트 등

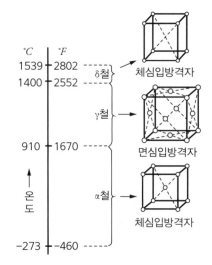

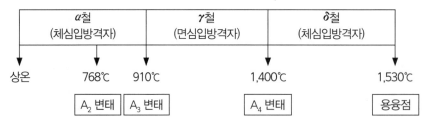

③ 변태점 측정법 : 열 분석법, 시차 열 분석법, 비열법, 전기저항법, 열 팽창법, 자기분석법

6) 합금(alloy)

① 한 개의 금속 원소에 다른 한 개 이상의 금속 원소나 비금속 원소를 첨가하여 융합된 것으로 서 금속적인 성질을 가지는 것

② 순금속에 비해 특수한 성질이 얻어져 각종 재질을 개선할 수 있으며 고체 상태의 합금으로 나타나는 상이 복잡하다.

③ 공정(eutectic) : 용융 상태에서는 균일한 액체로 형성된 두 개의 성분금속이 어떤 온도로 냉각시킨 후 응고 시에 성분금속이 각각 결정으로 분리되어 기계적으로 혼합된 조직이 형성된 현상

④ 고용체(solid solution)
  • 2종 이상의 금속이 용융상태에서 합금이 되었거나 고체 상태에서도 균일한 융합상태로 되어 각 성분금속을 기계적인 방법으로 구분할 수 없는 완전한 융합
  • 용매원자 속에 용질원자가 배열된 상태에 따른 구분

침입형 고용체	치환형 고용체	규칙격자형 고용체

⑤ 금속간 화합물(intermetallic compound) : 2종 이상의 금속이 간단한 원자비로 화학적으로 결합하여 성분금속과는 다른 성질을 가지는 독립된 화합물을 만드는 것

⑥ 공석(eutectold) : 고온에서 균일한 고용체로 된 두 종류의 고체가 공정과 같이 일정한 비율로 동시에 석출해서 생긴 혼합물(공정과 비교하기 위해 공석이라 함)

⑦ 포정반응(peritectic reaction) : 하나의 고체에 다른 액체가 작용하여 다른 고체를 형성하는 반응

⑧ 편정반응(monotectic reaction) : 하나의 액체에서 고체와 다른 종류의 액체를 동시에 형성하는 반응, 공정반응과 흡사하지만 하나의 액체만이 변태반응을 일으킴

합금의 반응식
• 공정반응 : 액체 ↔ 고체 + 고체
• 공석반응 : 고체 ↔ 고체 + 고체
• 포정반응 : 고체 ↔ 액체 + 고체

02 금속재료의 성질과 시험

1 금속의 소성 변형과 가공

1) 소성가공의 목적
① 금속을 변형시켜 필요한 모양으로 만든다.
② 주조 조직을 파괴 단련하여 조직을 미세화한 후 풀림처리하여 기계적 성질을 좋게 한다.
③ 가공에 의한 내부응력을 적당히 잔류시켜 기계적 성질을 향상시킨다.

2) 소성가공의 원리

① 슬립(slip) : 외력에 의해 인장력이 작용하여 격자면 내외에 미끄럼변화를 일으킨 현상이다.

② 쌍정(트윈, twin) : 슬립현상이 대칭으로 나타낸 것으로 황동 풀림 시 연강을 저온에서 변형 시 흔히 볼 수 있다.

③ 전위(dislocation) : 금속의 결정격자가 불완전하거나 결함이 있을 때 외력이 작용하면 불완전한 곳과 결함이 있는 곳에서 이동이 생기는 현상으로 전위에는 날끝전위(edge disolocation)와 나사전위(screw dislocation)가 있다.

[소성변형 과정도]

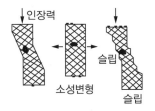

3) 소성가공의 종류

① 냉간가공 : 재결정 온도보다 낮은 온도에서 가공하는 것

② 열간가공 : 재결정 온도 이상의 온도에서 가공하는 것

4) 재결정(recrystallization)

① 가공 경화된 재료를 가열하면 재질이 연하게 되어 내부변형이 일부 제거되면서 회복되며 계속 온도가 상승하여 어느 온도에 도달하면 경도가 급격히 감소하고 새로운 결정으로 변화하는 것

② 주요 금속의 재결정 온도

금속원소	재결정 온도(℃)	금속원소	재결정 온도(℃)
Au(금)	200	Al(알루미늄)	150~240
Ag(은)	200	Zn(아연)	5~25
Cu(구리)	200~300	Sn(주석_	−7~25
Fe(철)	350~450	Pb(납)	−3
Ni(니켈)	530~660	Pt(백금)	450
W(텅스텐)	1,000	Mg(마그네슘)	150

2 ▶ 합금의 성분과 농도표시법

1) 상(相)과 성분

① 상 : 합금의 구조에서와 같이 계안에서 다른 부분과 명확한 경계로 구분되고, 또 물리적, 화학적으로 균일하게 되어 있는 계의 부분이다.

　例 물 및 수증기가 공존 시 고상, 액상, 기상의 3상이 존재

② 성분 : 하나의 계(系, system)를 구성하는 기본이 되는 물질이며, 그 양의 비를 조성이라고 한다.

2) 상률(相率)

여러 개의 상으로 이루어진 물질의 상 사이의 열적 평형 관계를 나타내는 법칙이다. 즉 계 중의 상이 평형을 유지하기 위한 자유도를 규정하는 법칙이다.

① 자유도(degree of freedom)

$$F = C + 2 - P$$

$$C : 성분 수, P : 상의 수$$

  예 물 상태도에서 1상인 물, 얼음, 수증기구역에서
  - F=1+2-1=2(성분 : 1, 상의 수 : 1)
  - 자유도는 2로 온도와 압력 두 가지를 다 변화시켜도 존재할 수 있다.

  예 물과 얼음과 수증기 3상이 공존하는 3중점
  - F=1+2-3=0
  - 자유도는 0이다. 즉 0.0075℃에서 4.58mmHg 압력의 경우만이 3상은 공존이 가능하다.

② 응축계의 상률 : 압력의 변화에 대한 온도의 변화가 작아 압력을 무시한다.

$$F = C + 1 - P$$

[물의 상태도]

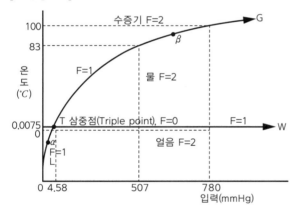

3) 농도(원자비)

① 1개의 계에서 서로 성분 서로 간에 관계량, 또는 그 비율

② 단위 : %

③ 성분금속의 원자수의 비율

  예 탄화철(Fe_3C)의 금속간 화합물에 있어서 철의 원자가 3개 탄소의 원자가 1개 있으므로

    Fe의 원자비(%) : 3/3+1 × 100 = 75

    C의 원자비(%) : 1/3+1 × 100 = 25

3 ▶ 상태도

1) 합금의 응고와 상태도의 관계
① 순금속의 응고는 일정한 온도에서 이루어지는 반면 합금의 경우는 어떤 온도 구간 사이에서 이루어지는 것이 일반적이다.
② 온도 구간 사이에서 고온 쪽에 있는 것을 액상선(liquidus line), 저온 쪽에 있는 것을 고상선(solidus line : 고체로 변하는 선)이라 한다.

2) 2성분계 상태도
두 가지 종류의 성분으로 구성되어 있는 금속을 가로축에 조성의 변화를, 세로축에 온도의 변화를 나타내어 응고 시의 변화를 선으로 나타낸 것

3) 전율 고용체 상태도
① 두 성분의 비율에 상관없이 이것이 융해하여 하나의 상이 될 때 이들 두 성분은 전율 고용한다고 말한다.
② 정출(crystallization) : 용융액이 냉각되어 어떤 점에 이르면 용융액에서 고체의 결정이 나오기 시작하는 것

4) 공정형 상태도
① 공정 반응(eutectic reaction) : 두 금속이 용융 상태에서는 완전히 융합되어 있으나, 일정한 온도에서 동시에 두 개의 다른 금속이 정출되는 것, 그 조직을 공정 조직, 그 온도를 공정 온도라 한다.
② 공정형상태도에서 공정 조성보다 왼쪽에 있는 합금을 아공정 합금(hypoeutectic alloy)이라 하며, 공정점보다 오른쪽에 있는 합금을 과공정 합금(hypereutectic alloy)이라 한다.
③ 공정반응형상태도(L→A+B) : 고용체에서 고용되지 않는 합금의 상태도

> 결정 : 액체 = X1 l_2 : X1 S_2
> 고상(A) : 액상 = X_2e : X_2c
> 공정반응 : 액상(e) ↔ 고상(A) + 액상(B)
> A와 B의 양적 관계
> A : B = ed : ec

5) 금속간 화합물(intermetallic compound)
① 2종 금속 원소의 고용체에서 조성이 간단한 원자비로 표시되고, 특정한 결정격자 내에서 각기 원자의 위치가 분명히 결정되어 있는 것
② 어떤 의미에서는 합금, 다른 의미에서는 화합물 : 조성이 특정 값에서 약간 변하면 결정구조와 물성이 갑자기 변하기 때문
③ 규칙격자 합금에서 규칙-불규칙 변태온도가 높은 데에 있어 어느 온도에서도 원자배열이 거의 안정한 규칙상태에 있는 경우

④ 2성분계 상태도의 공통점
- 서로 대응하고 있는 곡선은 평형상태에 있는 두 개의 상조성을 나타낸다.
- 수평선은 자유도(F) 0의 반응을 표시한다(공정, 포정, 편정, 공석반응 등).
- 한 구역에는 한 개 혹은 두 개의 상이 존재할 뿐이고, 3개의 상은 존재할 수 없다.
- 한 개의 수평선은 3개 구역의 경계선이 된다.

⑤ 금속간 화합물의 종류 및 특징

원자가 효과 화합물	NaCl형, 역 CaF_2형, Zinc blende형, Wurtzite형, NiAs형
원자가 반경효과 화합물	성분원자의 반경비가 1.225에 가까운 경우(Laves상) MgCu_2, MgZn_2, MgNi_2형
	성분원자의 하나가 C, N와 같이 원자반경이 극히 작은 경우(침입형 화합물) 탄화물, 수소화물, 질화물 등
	CuAl_2형 격자의 화합물(AgIn_2, AgTh_2, CuTh_2)
전자 화합물 (Hume-Rothery상)	원자당의 원자수(전자농도 또는 e/a 비)에 따라 3/2형(CuZn 등), 21/13형(Cu_5Zn_8 등) 및 7/4형(CuZn_3 등) 3종으로 분류

합금명	화합물
탄소강, 주철	Fe_3C
청동	Cu_4Sn, Cu_3Sn
알루미늄 합금	CuAl_2
마그네슘 합금	Mg_2Si, MGZn_2

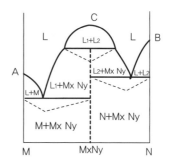

03 용접재료 열처리

1 열처리의 개요

1) 열처리(heat treatment)
금속을 적당한 온도로 가열 및 냉각하여 조직을 변화시켜 사용목적에 적합한 성질로 개선하는 것

2) 열처리의 종류
① 일반 열처리 : 담금질, 뜨임, 풀림, 노멀라이징
② 항은 열처리 : 오스템퍼, 마퀜칭, 마템퍼
③ 표면경화 열처리 : 화염 경화법, 고주파 경화법, 침탄법, 시안회화법, 질화법
④ 금속경화 열처리 : 계단 열처리(interrupted heat treatment), 항온 열처리(isothermal heat treatment), 연속냉각 열처리(continuous cooling heat treatment)

3) Fe-C평형상태도의 변태

A₄(HN)	• δ고용체가 γ고용체로 변화하기 시작하는 온도(1400℃)를 표시 • 탄소량이 증가하면 변태점이 상승(0.17% C 이상에서는 이 변태가 안 일어남)
A₃(GS)	• γ고용체가 δ고용체로 변화하기 시작하는 온도(912℃)를 표시 • 탄소량이 증가하면 변태점은 하강하여 0.86% C(국정교과서 0.77% C)에서는 723℃가 되어 A₁변태와 일치함
A₂(MO)	• 페라이트 α철의 자기변태점(탄소량에 관계없이 780℃에서 변태) • 0.86% C 이상에서는 일어나지 않음
A₁(PSK)	• 공석선으로 δ고용체가 펄라이트로 변화하기 시작하는 온도 • 탄소량과 관계없이 723℃로 일정하고 0.025~6.68% C에서 일어남 • 순철에는 이 변태가 없음
A₀(PR)	• 시멘타이트의 자기변태점 • 탄소량에 관계없이 210℃에서 일어나며 210℃ 이하에서는 상자성체 • 순철에는 이 변태가 없음
Acm(ES)	• 시멘타이트의 초석선 • r고용체에 시멘타이트가 석출하기 시작하는 온도 • 탄소량이 0.86~1.7%(국정교과서 2.11% C)까지의 탄소강에서 볼 수 있으며 탄소량이 많아질수록 높은 온도에서 일어남

4) 강의 변태

① A₁변태점 : 이 점을 경계로 오스테나이트 ↔ 펄라이트의 변화가 생김

② 펄라이트(pearlite)는 페라이트나 시멘타이트의 혼합물로 구성

③ 이러한 변화(γ고용체 ↔ α고용체, Fcc ↔ Bcc, 고용탄소 ↔ 유리탄소)를 이용하여 강의 기계적 성질을 조정하는 것이 강의 열처리로서 가장 많이 이용

④ 공석강 → 펄라이트(0.85%C)

⑤ 아공석강 → 페라이트 + 펄라이트(0.025~0.085% C)

⑥ 과공석강 → 펄라이트 + Fe₃C(0.85~2.0% C)

2 담금질(소입, quenching or hardening)

1) 개요

탄소강에 주로 강도와 경도를 증가하기 위하여 A₃변태 및 Acm선 이상으로 가열하여 오스테나이트(r철) 상태(Ac₁변태점 이상의 온도)에서 급랭하면 A$_{R1}$변태가 저지되어 굳어지는 열처리 조작

* 변태점에 붙어 있는 문자 C는 가열(불어의 chauffage) r는 냉각(불어의 refroiiussment)을 표시한다.

> 🔖 **변태의 변화 : 2단계**
> • 제1의 변화 : 오스테나이트(C를 고용한 γ고용체) → 페라이트(C를 과포화 한 α철)
> • 제2의 변화 : 페라이트 → 페라이트와 시멘타이트(Fe₃C)

2) 담금질 조직

A₃변태점 이상으로 가열한 오스테나이트의 강을 물, 기름, 염욕 속에서 급랭에 의하여 펄라이트에 이르는 도중에 얻어지는 중간조직, 표준조직에 비해 강도, 경도가 증가되나 그 질이 여림

오스테나이트 (Austenite)	• 탄소를 침입형으로 고용하는 면심입방격자(F.C.C)이며 고온에서 안전한 γ고용체 • 상온에서는 강(r고용체 상태)을 급랭시켜 Ac₁변태를 완전히 저지했을 때 얻어지는 다각형 조직이며 쌍정으로 나타남 • 상자성체로서 자기저항이 크고 경도는 낮으나 인장강도에 비하여 연신율이 큼 • 보통 탄소강에서는 이 조직을 얻을 수 없으나 Ni, Cr, Mn 함유 시 쉽게 얻어짐
마텐자이트 (Martensite)	• 탄소를 억지로 과포화상태로 고용하고 있는 $\alpha(\alpha + Fe_3C)$고용체로 탄소강을 오스테나이트 상태에서 수중에 급랭하여 Ar"(Mn: 300℃)변태로 얻어지는 조직 • 체심입방격자(B.C.C)인 α-마텐자이트와 β-마텐자이트로 구분 • 침상조직(수냉 후 α-마텐자이트로 된 것에 약 130℃로 가열하면 안전한 β-마텐자이트로 변함) • 부식저항, 강도, 경도가 크고 취성이 있고 연신율이 작음 • 강자성을 가지고 있음
트루스타이트 (Troostite)	• 강을 기름 냉각이나 A$_{R1}$변태가 550~600℃에서 생기게 하거나 마텐자이트를 300~400℃로 뜨임하였을 때 얻어지는 조직 • 미세 펄라이트($\alpha + Fe_3C$)조직
소르바이트 (Sorbite)	• 트루스타이트보다 냉각속도가 느리거나(유냉, 공랭), 마텐자이트를 500~600℃로 뜨임할 경우에 조직이 나타남 • α고용체 중에 혼합된 시멘타이트가 트루스타이트보다 조대하고 펄라이트보다는 미세함

① 담금질(AR₁변태의 냉각속도 차이에 따른)의 조직변화 : 오스테나이트(A) → 마텐자이트(M) → 트루스타이트(T) → 소르바이트(S) → 펄라이트(P)
② 각 조직의 경도순서 : 오스테나이트 〈 마텐자이트 〈 트루스타이트 〈 소르바이트 〈 펄라이트 〈 페라이트

[냉각속도와 변태와의 관계]

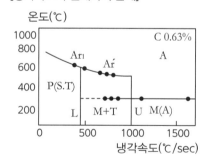

A : 오스테나이트
M : 마텐자이트
P : 펄라이트
T : 트루스타이트
L : 하부 임계 냉각속도
U : 상부 임계 냉각속도

[가열냉각 시의 길이와 변태]

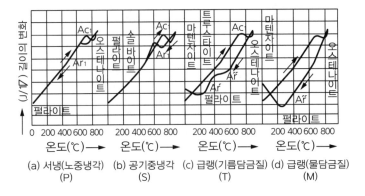

[열처리 조직의 기계적 성질]

조직명	브리넬경도(H_B)	인장강도(kg/mm²)	연신율(%)
페라이트(Ferrite)	90~100	135~28	30
오스테나이트(Austenite)	50~155	84~105	20~25
펄라이트(Pearlite)	200~225	84	20~25
소르바이트(Sorbite)	270~275	70~140	10~20
트루스타이트(Troostite)	400~480	140~175	5~10
마르텐사이트(Martensite)	600~720	135~210	2~8
시멘타이트(Cementite)	800~920	–	0

3) 담금질 온도(quenching temperature)

① 아공석강, 공석강 : A_{C3}선 이상 30~50℃

② 공석강, 과공석강은 담금질 균열을 일으킨다.

4) 담금질 균열(quenching media)

① 오스테나이트가 마텐자이트로 변화할 때 생기는 갑작스런 팽창응력 때문에 생기는 균열

② 방지법 : 강을 담금질한 후 200~300℃ 부근을 서서히 냉각시키어 마텐자이트가 서서히 형성되도록 하는 것

5) 담금질액(quenching media)

담금질액의 종류	720~550℃	200℃	담금질액의 종류	720~550℃	200℃
10% 식염수	1.96	0.98	물 (50℃)	0.17	0.95
물(18℃)	1.00	1.00	기름10%와 물과의 에멀션화액	0.11	1.33
30%Sn~70%Cd	0.009	0.77	비누물	0.077	1.16
중유	0.30	0.55	철판	0.061	0.011
글리세린	0.20	0.89	물 (100℃)	0.044	0.71
기계유	0.18	0.20	정지공기	0.028	0.077

＊각 온도(720~550℃) 밑 란의 수치는 냉각능력(18℃ 물을 1.00으로 한 것)을 표시

6) 담금질의 질량효과(mass effect)

① 재질이 같을 때는 재료지름의 크기에 따라 냉각속도가 다르므로 내부와 외부에 경도차가 생기게 되는 것
② 질량효과가 큰 재료 : 지름이 크면 내부의 담금질 정도가 작아짐
③ 질량효과가 작은 강 : 냉각속도를 적게 해도 담금질이 잘 되고 변형과 균열이 적음
④ 질량효과를 작게 하는 원소 : Ni, Cr, Mn, Mo 등

3 뜨임(tempering, 소려)

1) 개요

담금질로서 경화된 강은 내부응력이 커서 경도가 크고 메짐으로 내부응력을 제거시키고 인성을 증가시키기 위하여 A1 온도 이하로 재가열하는 열처리

2) 뜨임 시 조직변화(가열온도에 따른 변화)

① 뜨임 온도 : 마텐자이트 400℃ → 트루스타이트(troostite) 600℃ → 소르바이트(sorbite) 700℃ → 입상 펄라이트(pearlite)

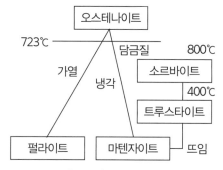

② 오스몬타이트(Osmontite) : 뜨임 시 조직 중에서 400℃로 뜨임한 것, 가장 부식되기 쉬움, 트루스타이트의 일종
③ 뜨임 온도에 따른 뜨임색

온도℃	뜨임색	온도(℃)	뜨임색
200	담황색	290	암청색
220	황색	300	청색
240	갈색	320	담회청색
260	황갈색	350	회청색
280	적자색	400	회색

④ 고온뜨임 : 담금질한 강을 550~650℃로 뜨임한 것으로 강도와 인성이 요구되는 재료에 한함
⑤ 저온뜨임 : 담금질에 의해 발생한 내부응력, 변형, 담금질 취성을 제거하고 주로 경도를 필요로 하는 재료에 150℃ 부근에서 뜨임처리를 하는 것

3) 뜨임취성

① 200~400℃에서 뜨임을 한 후 충격치가 저하되어 강의 취성이 커지는 현상

② 가장 주의할 취성 : 300℃
③ Mo를 첨가하면 방지할 수 있음
④ 저온뜨임 취성 : 250~300℃
⑤ 1차 뜨임취성(뜨임 시효취성) : 500℃ 부근 → Mo 첨가 방지효과 없음
⑥ 2차 뜨임취성(뜨임 서냉취성) : 525~600℃ → Mo 방지 필요

4) 심랭처리(sub-zero treatment)
① 담금질된 강 중에 잔류 오스테나이트가 마텐자이트 화 되기 위하여 0℃ 이하의 온도에서 냉각시키는 처리방법
② 담금질 직후 -80℃ 정도에서 실시하는 것이 좋음

4 풀림(annealing, 소둔)

1) 개요
강의 조직을 미세화시키고 기계가공을 쉽게 하기 위하여 A₃-A₁변태점보다 약 30~50℃ 높은 온도에서 장시간 가열하고 냉각시키는 열처리로 재질을 연화시킴

2) 저온풀림(ionnealing)
① 내부응력을 제거하고 재질을 연화시킬 목적으로 행하는 풀림
② 500℃ 부근 : 내부응력 감소
③ 650℃ 부근 : 완전 연화

3) 구상화 풀림
과공석강의 가계적 가공선 개선, 담금질 후의 강인성 증가, 담금질 균열 등을 방지하기 위해 침상 시멘타이트를 구상화하기 위하여 A₃-A₁-Acm±(20~30℃)에서 가열 및 냉각하는 열처리

5 노멀라이징(normalizing, 소준, 불림)
① 주조 또는 단조한 제품에 조대화한 조직을 미세하게 하여 표준화하기 위해 Ac₃나 Acm변태점보다 40~60℃ 높은 온도로 가열 오스테나이트로 한 후 공기 중에서 냉각시키는 열처리방법
② 연신율과 단면수축률이 좋아짐

6 항온 열처리(isothermal heat treatment)

1) 항온 열처리 개요
① 항온변태 : 강을 가열 후(Ac₁ 변태점 이상) 오스테나이트 상태에서 냉각할 때 냉각도중 어떤 온도에서 냉각을 정지하고 그 온도에서 변태를 시키는 것
② 항온 변태곡선(TTT곡선, Time-tempeprature-trasformation, S곡선) : 항온변태 개시온도와 변태완료 온도를 온도-시간 곡선으로 나타낸 것

③ TTT곡선에서 코(noze, PP'부)보다 상부는 펄라이트이며 코보다 낮은 온도에서 냉각 시 상부 베이나이트(Bainite)와 하부 베이나이트 조직이 생김
* 베이나이트 조직의 성질 : 열처리에 따른 변형, 응력이 적고 경도가 높으면서 인성이 커서 기계적 성질이 우수하여 탄소강 재료로서는 좋다.

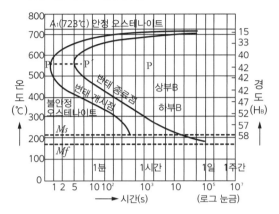

2) 항온 열처리의 특성

① 크랙(crack)방지와 변형을 감소시키기 위하여 실시하는 열처리방법이다.
② TTT곡선의 코(noze)부분의 560℃ 부근에서는 극히 짧은 시간(1초 이내)에 변태가 시작되어 빨리 변태가 완료되므로 변태속도가 최대로 된다.
③ Ni, Cr 등의 특수강 및 공구강 등에 많이 사용되며 조직의 변화는 오스테나이트 – 펄라이트 – 베이나이트 – 마텐자이트의 순서로 변화된다.

3) 항온 열처리의 응용

오스템퍼 (Austemper)	· 담금질온도(S곡선의 코와 MS점 사이 즉 Ar'와 Ar"사이)에서 일정한 염욕(salt bath) 중에 넣어 항온변태를 끝낸 후에 상온까지 냉각하는 담금질 방법 · 베이나이트 조직이 얻어지며 이 조직은 다시 뜨임할 필요가 없고 경도(HRC) 35~40으로서 인성이 크고 담금질 균열 및 변형이 잘 생기지 않음 * Ar'(약 550℃)부근에서는 연한 상부베이나이트 조직, MS점(Ar")부근에서는 단단한 하부 베이나이트 조직이 얻어진다.
마템퍼 (Martemper) 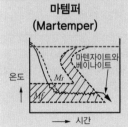	· 오스테나이트 상태에서 Ms와 Mf 사이의 온도에서 항온염욕(100~200℃) 중에 담금질하여 변태가 완료할 때까지 등온으로 유지한 후 상온까지 공랭하여 마텐자이트와 베이나이트 혼합조직을 얻는 것 · 경도가 크고 인성이 있으나 홀딩타임(holding time)이 긴 것이 결점

마퀜칭 (Marquenching) 	• Ms보다 약간 높은 온도의 염욕에 담금질한 후에 내외부 온도가 균일하게 된 것을 급랭하여 오스테나이트가 항온변태를 일으키기 전에 꺼내어 공기 중에서 마텐자이트 변태(Ar")를 담금질 • 균열과 변형을 방지하고 복잡한 물건의 담금질에 사용
Ms퀜칭 (Ms quenching)	• 오스테나이트 상태로 가열한 강을 Ms점보다 낮은 온도의 열욕(hot bath)에 넣고 강의 내외부가 동일 온도로 될 때까지 항온유지(지름 25mm에 대하여 약 5분간)한 후 물 또는 기름에 급랭시키는 열처리 • 강의 내외부의 팽창차가 작아 담금질 균열이나 변형의 염려가 적고 잔류 오스테나이트의 양이 적어 시효변형이 적어짐
시간 담금질 (타임퀜칭, Time quenching)	• 임계구역(900℃ 또는 800~550℃)에서는 물 또는 기름에 급랭시킨 후 그 물체가 300~400℃(Ar')까지 냉각된 후에 냉각액에서 꺼냈다가 다시 물 또는 기름 중에 냉각하는 방법 • 경화 후에 그 목적에 따라 뜨임하여 사용 • 냉각액 중에 유지시간은 제품의 두께 3mm에 대하여 1초 동안 물 속에 넣었다가 기름 또는 공기 중에서 냉각시킨다. • 진동 또는 물 끓는 소리가 정지하는 순간에 꺼내서 냉각시킨다. • 제품의 붉은 색이 없어지는 시간의 2배쯤 물속에 넣었다가 꺼내 기름 또는 공기 중에서 냉각한다.
항온뜨임 (isothermal tempering)	• 뜨임에 대하여 2차적으로 경화되는 고속도강이나 다이스강 등의 뜨임에 이용되는 방법 • 뜨임 온도에서 MS점 부근의 열욕 중에 넣어 항온을 유지하여 일부 베이나이트 조직을 얻기 위한 것으로 일명 "베이나이트 뜨임(Bainite tempering)"이라고도 함
항온풀림 (isothermal ennealing)	• 보통의 풀림온도로 가열한 강을 급하게 펄라이트 변태가 진행되는 S곡선의 코 부분의 온도(600~700℃)에서 항온변태를 시키고 변태가 끝난 후 꺼내어 공랭시키는 방법 • 보통 풀림에 비해 처리시간이 짧고 풀림로도 순환적으로 사용할 수 있는 특징이 있음 • 공구강, 특수강, 또는 자경성이 강한 특수강의 풀림에 적합

• MS점 계산방식 : MS(℃) = 550−350×C%−40×Mn%−35×V%−5W%+15×Co%+30×Al%
• 열욕(hat bath) : 주로 염욕(salt bath)이나 금속욕 등이 많이 사용되고 염욕은 질산나트륨, 질산칼륨, 소금, 염화바륨 등의 염을 용융시킨 것이고 금속욕은 Pb(납)을 용융시킨 것 등이 사용

7 표면경화 및 처리법

1) 개요

기계의 축 및 기어 등은 강인성과 내마멸성이어야 하므로 강인성이 있는 재료의 표면을 열처리하여 경도가 크도록 하는 것

2) 침탄법(carburizing)

0.2% C 이하의 저탄소강 또는 저탄소 합금강을 침탄제(탄소)와 침탄 촉진제를 제품과 함께 침탄 상자에 넣은 후 침탄로에서 가열하여 침탄한 후 급랭하면 약 0.5~2mm의 침탄층이 생겨 표면만 고탄소강이 되어 단단하게 하는 열처리 방법

고체 침탄법 (pack carburizing)	침탄할 재료를 철제 상자에 목탄, 코우스트 등 침탄제와 침탄촉진제($BaCO_3$, $NaCl$, Na_2CO_3, KCN)를 혼합하여 넣고, 침탄로 중에서 900~950℃로 3~4시간 가열하여 침탄한 후 급랭하여 표면을 경화시킨다.
가스침탄법 (gas carburizing)	메탄가스, 프로판가스와 같은 탄화 수소계의 가스를 사용하는 침탄법으로 열효율이 좋고 작업이 간단하여 연속적인 침탄이 가능하고 침탄 온도에서 직접 담금질을 할 수 있어 대량생산에 적합하다.
액체침탄법 (cyaniding, 시안화법, 청화법)	침탄제($NacN$, KCN)에 염화물($Nacl$, $CaCl_2$)이나 탄산염(Na_2CO_3, K_2CO_3) 등을 40~50% 첨가하여 염욕 중에서 600~900℃로 용해시키고 탄소와 질소가 강의 표면으로 침투하여 표면을 경화시키는 방법으로 침탄질화법이다.

3) 질화법(nitrding)

① 암모니아(NH_3)로 표면을 경화하는 방법
② 520~550℃에서 50~100시간 동안 질화 처리하면 철의 표면에 극히 경도가 높은 Fe_4N, Fe_2N 등의 질화철이 생기어 내마멸성과 내식성도 커지는데 이 때 사용되는 철은 질화용 합금강(Al, Cr, Mo 등이 함유된 강)
③ 질화를 방지하려면 구리(Cu) 도금, 아연합금 도금을 한다.

🔖 침탄법 vs 질화법

침탄법	질화법
1. 경도는 질화법보다 낮다.	1. 경도는 침탄층보다 높다.
2. 침탄 후 열처리가 필요하다.	2. 질화 후 열처리는 필요 없다.
3. 침탄 후에도 수정이 가능하다.	3. 질화 후에는 수정이 불가능하다.
4. 같은 깊이에서는 침탄처리 시간이 짧다.	4. 질화층을 깊게 하려면 장시간 걸린다.
5. 경화로 인한 변형이 생긴다.	5. 경화로 인한 변형이 적다.
6. 고온이 되면 뜨임이 되어 경도가 저하된다.	6. 고온이라도 경도가 저하되지 않는다.
7. 침탄층이 질화층처럼 여리지 않다.	7. 질화층이 여리다.
8. 담금질강은 질화강처럼 강종의 제한이 적다.	8. 강종의 제한을 받는다.

4) 금속 침투법(metallic cementation)

① 제품을 가열하여 그 표면에 다른 종류의 금속을 피복시키는 동시에 확산에 의하여 합금 피복층을 얻는 방법
② 표면경화뿐만 아니라 내부식성, 내열성 등의 향상을 목적으로 함
③ 각종 금속 침투에 따른 종류

Cr	크로마이징(Caromizing)	Si	실리코나이징(siliconizing)
Al	칼로라이징(Calorizing)	B	브론나이징(Boronizing)
Zn	세라다이징(Sheradizing)	방전 경화법	Fe–Cr(내식성) Cu, 그래파이트(Graphite) 등 사용

5) 기타 표면 경화법

① 화염 경화(Flame hardening) : 0.4% C전후의 탄소강이나 합금강에서 산소-아세틸렌 화염으로 표면만을 가열하여 오스테나이트로 한 다음 물로 냉각시켜 표면만 경화시키는 방법으로 경화층의 깊이는 불꽃의 온도, 가열시간, 불꽃이동 속도로 조정한다.
② 고주파 경화(induction hardening) : 화염 경화법과 같은 원리로 고주파 전류에 의한 열로 표면을 가열한 뒤에 물로 급랭하여 담금질하는 방법으로 담금질 시간이 대단히 짧아 탄화물이 오스테나이트 중에 용입하는 시간이 짧다.

04 철강 재료

1 철강의 제조

1) 철광석

① 선철(pig iron)의 제조에 사용, 철분 40% 이상, 불순물이 적은 것, 인(P)과 황(S)은 0.1%를 초과해서는 안 됨
② 종류 및 주성분

광석형	주성분	Fe 함량
자철광(magnetic iron ore)	Fe_2O_3	50~70%
적철광(redhematite ironore)	Fe_3O_4	40~60%
갈철광(limonite iron ore)	$Fe_2O_3 \ 3H_2O$	52~66%
능철광(spathic iron are)	Fe_2CO_3	30~40%

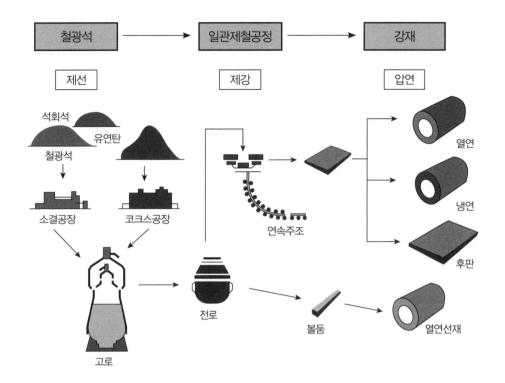

2) 선철의 제조법

① 철광석을 용광로에 용해 환원하여 제조

② 용광로의 상부에서 철광석, 코크스, 석회석 등을 교대로 장입하고 열풍로에서 약 800℃로 예열시킨 공기를 송풍하여 코크스를 연소시키면 1,600℃의 고온으로 철광석을 녹이고 이 때 발생하는 일산화탄소(CO)가 철광석을 환원시켜 선철로 만듦

[용광로의 설명도]

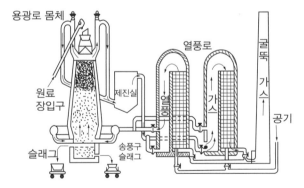

③ 용광로의 크기 : 24시간 동안에 산출된 선철의 무게를 톤(ton)으로 표시

④ 용광로 내부에서 생기는 화학변화

간접 환원식	$3Fe_2O_3 + CO \rightarrow 2Fe_3O_4 + CO_2 \uparrow$ $Fe_3O_4 + CO \rightarrow 3FeO + CO_2 \uparrow$ $FeO + CO \rightarrow Fe + CO_2 \uparrow$
직접 환원식	$3Fe_2O_3 + C \rightarrow 2Fe_3O_4 + CO$ $Fe_3O_4 + C \rightarrow 3FeO + CO$ $FeO + C \rightarrow Fe + CO$
철광석의 환원식	$Fe_2O_3 \rightarrow Fe_3O_4 \rightarrow FeO \rightarrow Fe$ (금속)

⑤ 선철의 주성분 : C 3.0~4.5%, Si 0.5~2.0%, Mn 0.5~2.0%, P 0.02~0.5%, S 0.01~0.1%
⑥ 제강용 선철(KS 2102)

종류		C (%)	Si (%)	Mn (%)	P (%)	S (%)	용도
1종	1호	3.50 이상	1.20 이하	0.8 이상	5.5 이하	0.05	보통용
	2호	3.50 이상	1.40 이하	0.8 이상	5.5 이하	0.07	제강용
2종	1호	3.50 이상	1.20 이하	0.8 이상	0.025 이하	0.025 이하	저인용,
	2호	3.50 이상	1.20 이하	0.8 이상	0.035 이하	0.030 이하	산성 노에 사용
3종	1호	3.50 이상	1.20 이하	0.8 이상	0.35 이하	0.050 이하	염기성 노에 사용
	2호	3.50 이상	1.20 이하	0.8 이상	0.35 이하	0.035 이하	

3) 제강법

① 강을 만드는 방법
② 강(steel) : 선철 중의 불순물을 제거하고 탄소량을 0.02~2.06%로 감소시킨 재료
③ 종류

평로 제강법 (open hearth process)	• 반사로의 일종 • 선철과 고철(scrap)의 혼합물을 용해실에 넣고 연료인 중유, 코크스를 사용하여 고온으로 가열용해하며 탄소와 기타 불순물, 산소 등을 산화에 의해 제거시켜 강을 얻는 방법 • 시이멘스–마틴법(siemens–martins)이라고도 함 • 용량 : 1회당 용해할 수 있는 쇳물의 무게(보통 100ton, 500ton)로 표시 • 내화물의 종류에 따른 분류 : 염기성법, 산성법
전로 제강법 (converter process)	• 용해된 선철을 경사할 수 있는 전로 내에 주입하고 노의 밑 부분에 뚫어 놓은 많은 작은 구멍을 통하여 1.5~2.0 기압의 산소농도를 높인 공기를 불어 넣어 탄소, 규소 기타의 불순물을 산화, 제거시켜 강을 만드는 방법 • 제강시간 : 약 20분 정도 • 불순물의 연소열을 이용하기 때문에 연료가 절약됨 • 내화물의 종류에 따른 분류 : 산성법, 염기성법 • 용량 : 1회에 제강할 수 있는 무게를 톤(ton)으로 나타냄
전기로 제강법 (electric furnace process)	• 저항식, 유도식, 아크식 등 • 전열을 이용하여 고철, 선철 등 원료를 용해하여 강철 또는 합금강을 만드는 데 사용 • 소규모의 설비로 우수한 질의 좋은 강이나 특수강이 얻어짐 • 전력비가 많이 들어서 제품의 가격이 높아짐 • 전기로의 용량 : 1회에 용해할 수 있는 무게로 표시
도가니로 제강법 (crucible process)	• 소량의 특수목적으로 순도가 높은 철강이나 합금강을 용해하는 데 사용 • 불꽃이 뚜껑으로 인하여 용강에 직접 접촉하지 않으므로 불순물의 혼입을 막을 수 있음 • 용량 : 1회 용해 가능한 구리의 무게로 표시

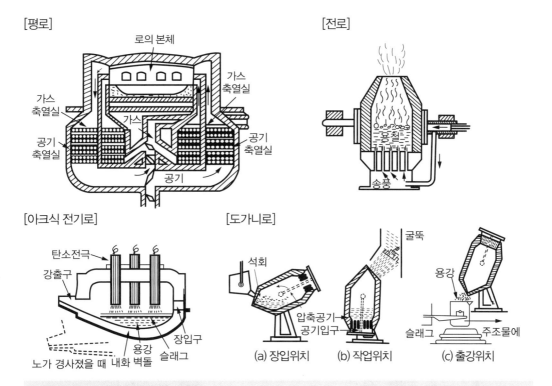

[평로] [전로]

[아크식 전기로] [도가니로]

(a) 장입위치 (b) 작업위치 (c) 출강위치

> **제강로(평로, 전로)의 제강방법**
> • 베세머법(산성전로법) : 산성 내화물(규석 벽돌) 이용
> • 토마스법(염기성전로법) : 염기성 내화물(내화(생석회) 벽돌) 이용

4) 강괴(ingot steel)의 종류

① 제강에서 얻은 용강을 금속주형이나 사형에 넣어서 탈산제를 첨가하여 탈산한 후에 덩어리로 냉각시킨 것
② 모양 : 원형, 4각, 6각, 8각형의 등의 기둥과 같음
③ 탈산 정도에 따른 구분

림드강 (rimmed steel)	• 평로나 전로에서 정련된 용강을 페로망간(Fe-Mn)으로 가볍게 탈산시킨 것 • 탈산 및 가스처리가 불충분하여 내부에는 기포 및 용융점이 낮아 불순물이 편석되기 쉬움 • 림반응(rimming action) : 주형의 외벽으로 림(rim)을 형성 • 탄소 0.3% 이하의 보통강 • 용접봉선재, 봉, 판재 등에 사용
세미 킬드강 (semi-killed steel)	• 약간 탈산한 강 • 킬드강과 림드강의 중간 정도 • 탄소 함유량 : 0.15~0.3% 정도
킬드강 (killed steel)	• 용강을 페로실리콘(Fe-Si), 페로망간(Fe-Mn), 알루미늄(Al) 등의 강탈산제로 충분히 탈산시킨 강 • 표면에 헤어크랙이나 수축관이 생기므로 강괴의 10~20%를 잘라버림 • 탄소 함유량 : 0.3% 이상 • 비교적 성분이 균일하여 고급 강재로 사용

[탈산정도에 따른 강괴 종류]

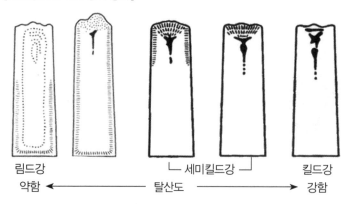

림드강   └─── 세미킬드강 ───┘   킬드강
약함 ◄─────────── 탈산도 ───────────► 강함

5) 철강 제품의 제조 공정

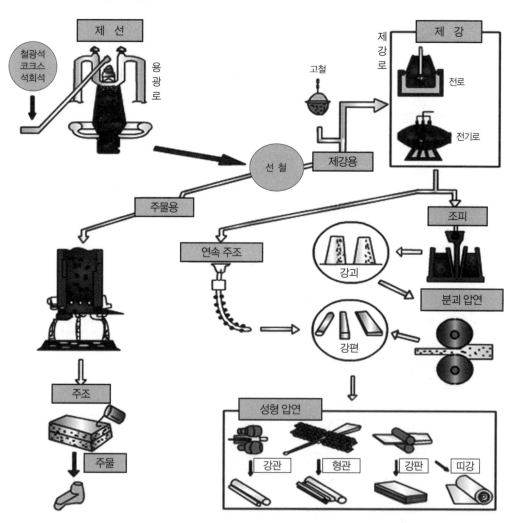

2 순철(pure iron)

1) 순철의 성질
① 탄소의 함유량(0~0.035%)이 낮아 연하고 전연성이 풍부하나 기계 재료로서는 부적당
② 인장강도가 낮고 투자율(投資率)이 높기 때문에 변압기, 발전기용 박 철판으로 사용
③ 카아보닐 철분(약 200℃에 분해)은 소결시켜서 압분철심 등으로 고주파 공업에 널리 사용
④ 물리적 성질

융점	1539℃	비중	7.86~7.88	팽창계수	$1.116 \sim 10^{-5}$	열전도도	0.159

⑤ 기계적 성질

인장강도		경도	
18~25kgf/mm²		HB 60~70	

2) 순철의 종류
① 순철이라 하여도 다소의 불순물을 함유하고 있음
② 공업용 순철의 화학성분(%)

종류	C	Si	Mn	P	S	Cu
전해철	0.008	–	0.036	0.005	–	0.010
카아보닐철	0.01	0.02	0.02	0.01	0.007	–
아암코철	0.015	0.015	0.07	0.015	0.02	–
용철	0.008	0.05	–	0.02	0.02	0.10
연철	0.02	0.13	0.10	0.238	0.002	0.06

③ 아암코(Armco)철, 연철 : 전해철, 카아보닐(car bonyl)철에 비하여 순도가 대단히 떨어짐
④ 연철 : 인(P)의 함유량이 많고 슬래그의 함량도 많음

3) 순철의 변태
① 세 가지 고체 형태를 나타내며 2가지는 체심입방구조이고 1개는 면심입방구조이다.
② 표준조직은 다각형 입자로 상온에서는 체심입방격자로 α 조직(ferrite structure)이다.

3 탄소강(carbon steel)

1) Fe-C계 평형상태도
① 철과 탄소량에 따른 조직을 표시한 것
② 탄소는 철 중에서 여러 가지의 형태로 나타나며 철과 탄소는 6.68% C에서 시멘타이트 (cementite)를 만들며 실제로 사용되는 강철은 Fe_3C와 Fe의 2원계 합금으로 강철 중에 함유되어 있는 탄소는 모두 이 Fe_3C의 모양으로 존재
③ 탄소량의 증가에 따라 감소 : 탄소강의 비중, 열팽창계수, 열전도도
④ 탄소량의 증가에 따라 증가 : 비열, 전기저항, 항자력

[Fe-C계 평형상태도]

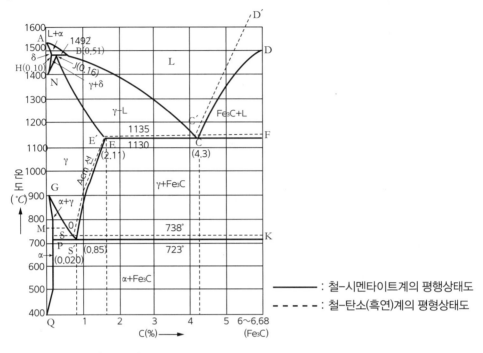

- A: 순철의 응고점(1538℃)
- AB: δ고용체의 액상선
- B점: 0.51%C
- AH: δ고용체의 고상선
- H점: 0.077%C
- AHN: δ철(δ고용체에 C 고용) 체심입방격자(1394~1538℃)
- HJB: 포정선 (1492℃) = B (융액) + H (δ고용체) ⇄ J (r 고용체)
- BC: γ 고용체의 액상선
- JE: γ 고용체의 고상선
- N: 순철의 A4변태점 (1400℃) = δ고용체 ⇄ γ 고용체 (동소변태)
- HN: δ고용체에서 γ 고용체가 석출 시작되는 온도
- JN: δ고용체에서 γ 고용체가 석출 완료하는 온도
- CD: Fe₃C의 액상선
- E: γ 고용체의 탄소 최대 함유점(2.11%C). 보통점 E 보다 탄소량이 적은 합금을 탄소강, 그보다 많은 합금을 주철이라 한다.
- C: 공정점(1130℃). 4.3%C의 용액에서 r 고용체와 시멘타이트가 동시에 정출하는 점으로 이 조직을 레데뷰라이이트 (ledeburite)라 하며 γ 고용체와 시멘타이트의 공정조직이다.
- 용액: (C) ⇄ γ 고용체 (E) + (F)
- ES: γ 고용체로부터 Fe₃C의 석출 개시하는 온도 (Acm선)
- G: 순철의 A3 변태점 (912℃). 이 온도 이하에서는 철이 다시 체심입방격자의 결정을 가지며 이 온도 이하에서 결정격자는 변화하지 않는다. γ-Fe ⇄ a-Fe
- GOS: γ 고용체로부터 A 고용체가 석출 시작되는 온도 (A3변태점)
- GP: γ 고용체로부터 A 고용체가 석출을 끝내는 온도
- M: 순철의 A2 변태점(768℃) (자기변태)
- MO: 강의 A2 변태점

- S: 공석점 (723℃, 0.86%C). 오스테나이트로부터 냉각됨에 따라 γ와 시멘타이트 (Fe3C)의 공석을 석출하고 이 결정을 펄라이트 (Pearlite)라 한다.
- P: α 고용체의 탄소최대 함유점 (0.025%C). 페라이트 조직(ferrite Stuc struc ture)
- PSK: 공석선(723℃)
- PQ: α 고용체에 대한 Fe3C의 용해도 곡선(0.01%C)
- NJESG: 이 범위의 고용체를 오스테나이트 (austenite)라 한다.

2) 탄소강의 표준조직(standard stracture)

① 불림(소준, normaling) : 강을 단련한 후에 A₃선 또는 Acm 이상 30~50℃(γ 고용체 범위)까지 가열한 후에 적당한 시간 그 온도에서 유지한 후(균일한 오스테나이트가 될 때까지) 서냉시키는 처리

② 표준조직 : 불림 처리 후 나타나는 조직

오스테나이트 (austenite)	• γ 철에 탄소가 최대 2.11%까지의 고용된 고용체로 A점(723℃)에서 안정된 조직 • 상자성체 • 인성이 큼 • Mn, Ni 등이 많이 고용된 강은 상온에서도 오스테나이트 조직이 됨
페라이트 (ferrite)	• 일반적으로 상온에서 α 철에 탄소를 0.03±0.02%로 고용된 것 • 강자성체 • 극히 연하고 연성이 큼 • 재휘현상(recalescence) : 오스테나이트에서 페라이트 변태 시 수반되는 열의 방사
펄라이트 (pearlite)	• 오스테나이트가 페라이트와 시멘타이트의 층상으로 된 조직 • 0.85%의 탄소를 함유하는 공석점
시멘타이트 (cementite)	• 철과 6.68% 탄소의 화합물인 탄화철(Fe₃C) • 경도가 높고, 취성이 크며 백색으로 상온에선 강자성체

3) 탄소강 중에 함유된 성분과 영향

Mn 0.2~0.8%	• 강도·경도·인성·점성·주조성 증가, 전연성 감소 • 담금질 효과를 증대시켜 경화능이 커지고 고온에서 결정립 성장을 억제한다. • 유황(S)으로 인한 적열취성을 방지하고 고온가공을 용이하게 한다(취성의 원인이 되는 유화철(FeS)의 발생을 방지하고 MnS로 되어 슬래그화 시킴).
Si 0.2~0.6%	• α 고용체 중에 고용해서 경도·강도·탄성한계·주조성(유동성) 증가, 연신율·충격치, 단접성 감소 • 단접성(결정입자를 성장 조대화시켜) 및 냉간가공성을 해치고 저탄소강에는 0.2%로 제한
S 0.06% 이하	• 강 중에 0.02% 정도 함유 시 강도·연신율·충격치 감소, 고온가공성 나쁨(Mn 첨가 시 고온가공성 개선) • 용접성을 나쁘게 하고 적열취성 및 균열의 원인이 되어 공구강에는 0.03% 이하의 함유가 요구된다.

P 0.06% 이하	• 강도·경도 증가, 연신율·충격치(상온) 감소, 편석 발생(담금균열 원인) • Fe와 결합하여 Fe₃C를 만들고 결정입자의 조대화 촉진 및 냉간 가공성 저하의 상온취성 (cold shortness)의 원인이 된다(공구강 0.025% 이하, 반경강 0.04% 이하로 함유량 제한). • Fe₃P는 MnS, MnO 등과 집합하여 대상 편석인 고스트선(ghost line)을 형성하여 강의 파괴 원인이 된다.
H₂	• 보통 함유량은 0.01~0.15%정도로 철을 여리게 하여 산이나 알칼리에 약하게 함 • 헤어크랙(hair crack) 발생 : 강의 내부에 머리칼모양으로 미세하게 균열(carack)된 것을 말하며 외부나 절삭 상태에서는 보이지 않는다. • 백점(flakes) 발생 : 수소의 압력이나 열응력, 변태응력 등에 의하여 강의 내부에 생기는 균열을 말하며 파면이 흰색으로 빛나게 보인다. • Ni–Cr, Ni–Cr–Mo, Cr–Mo 강 등에 발생되기 쉽다.
N₂	• 상온에서 0.015%정도밖에 용해되지 않으므로 그다지 해가 크지는 않음 • 페라이트에 고용이 되어 석출경화의 원인이 됨 • 200~300℃ 가열 시 C, O₂ 등과 함께 청열취성(blue shortness)의 원인이 됨
Cu 0.25% 이하	• 증가 : 인장강도, 경도, 부식저항 • 압연 시 균열 발생(Ni 존재 시 구리의 해를 감소시키나 Sn 존재 시 Cu의 해가 커짐)
O₂	• 페라이트 중에 고용이 되는 것 외에 FeO, MnO, SiO₂ 등 산화물로 존재 • 기계적 성질 저하 • FeO는 적열취성의 원인이 된다.

4) 탄소강의 기계적 성질

① 탄소량 증가에 따라 : 경도 증가, 강도 증가, 인성 감소, 충격값 감소(냉간가공성 감소)
② 온도가 높아지면 : 강도 감소, 경도 감소, 인성 증가, 전연성 증가(단조성 향상)
③ 온도가 낮아지면 : 강도 증가, 경도 증가, 연신율 감소, 단면수축률 감소, 충격치 감소
④ 아공석강(Co 0.86% 이하)에서의 강도, 경도

$$강도 = 20 + 100 \times 탄소량(kgf/mm^2)$$
$$경도 = 2.8 \times 강도$$

5) 탄소함유량에 따른 용도

① 가공성만을 요구하는 경우 : 0.05~0.3%C
② 가공성과 강인성을 동시에 요구하는 경우 : 0.3~045%C
③ 강인성과 내마모성을 동시에 요구하는 경우 : 0.45~0.65%C
④ 내마모성과 경도를 동시에 요구하는 경우 : 0.65~1.2%C

6) 탄소강의 종류

저탄소강 (C 0.3% 이상)	• 극연강, 연강, 반연강 • 주로 가공성 위도, 단접(용접)성 양호, 침탄용강(0.15%C 이하)으로 많이 사용, 열처리 불량

고탄소강	• 강도·경도 위주, 단접불량, 열처리 양호, 취성증가 • 열처리(담금질)한 것은 하지 않은 것의 인장강도가 3배
일반 구조의 강 (SS)	• 저탄소강(C 0.08~0.23%) • 교량, 선박, 자동차, 기차 및 일반 기계부품 등에 사용 • 기체 구조용 강은 SM으로 표시
공구강	• 공구강(탄소공구강(C 0.7% STC), 합금공구강(STC), 스프링강(SPS), 고탄소강(C 0.06~1.5%)), 킬드강으로 제조 • 목공에 쓰이는 공구나, 기계에서 금속을 깎을 때 쓰이는 공구에는 경도가 높고, 내마열성이 있어야 한다.
쾌삭강 (free cutting steel)	• 강에 P, S, Pb, Se, Sn 등을 첨가하여 피절삭성 증가하여 고속 절삭에 적합한 강 • 유황 쾌삭강은 강에 유황(0.10~0.25%S)을 함유한 강이고 저탄소강은 P를 많게 한다. • 연쾌삭강은 0.2% 정도의 Pb를 첨가 유황 쾌삭강보다 기계적 성질이 우수하다.
주강(SC)	• 주철로서는 강도가 부족되는 부분 등 넓은 범위에서 사용 • 수축율은 주철의 2배, 탄소 함유량이 0.1~0.6%, 융점(1600℃)이 높고 강도가 크나 유동성이 작다. • 주조한 것은 내부응력이 있고 조직이 조대화되어 흔히 위드만스탭턴조직이 되어 취성이 있고 기포가 많아 풀림열처리 필요(주강 주입온도 1500~1550℃) • 풀림온도 AC_3 이상 30~50℃, 냉각속도는 가능한 느린 것이 좋다.

고탄소강의 용접균열의 방지법

- 용접전류를 낮게 한다.
- 예열 및 후열처리를 한다.
- 용접속도를 느리게 한다.
- 저수소계 용접봉을 사용하여 수소를 작게 하고 층간 용접온도를 지킨다.

7) 탄소강의 종류와 용도

종별	C(%)	인장강도 (kg/mm²)	연신율(%)	용도
극연강	〈0.12	25	25	철판, 철선, 못, 파이프, 와이어, 리벳
연강	0.13~0.20	38~44	22	관, 교량, 각종 강철봉, 판, 파이프, 건축용, 철골, 철교, 볼트, 리벳
반연강	0.20~0.30	44~50	20~18	기어, 레버, 강철판, 볼트, 너트, 파이프
반경강	0.30~0.40	50~55	18~14	철골, 강철판, 차축
경강	0.40.~0.50	55~60	14~10	차축, 기어 캠, 레일차축, 기어
최경강	0.50~0.70	60~70	10~7	레일, 스프링, 단조공구, 피아노선, 각종, 목공구, 석공구, 수공구,
탄소공구강	0.70~1.50	70~50	7~2	절삭공구, 게이지
표면경화강	0.08~0.2	40~45	15~20	표면 경화강, 기어 캠, 축류

8) 강의 취성(메짐-여림)

① 적열취성(고온취성, red shortness) : 유황(S)이 원인으로 강 중에 0.02%정도만 있어도 인장 강도, 연신율, 충격치 등이 감소, FeS은 융점(1193℃)이 낮고 고온에서 약하여 900~950℃에서 파괴되어 균열을 발생시킨다.

② 청열취성(blue shortness) : 200~300℃에서 강도. 경도 최대, 연신율. 단면수축률 최소 P .N.O.C가 원인

③ 상온취성(cold shortness) : 인화철(Fe_3P)과 인(P)이 강 중에 용해하여 결정립의 성장을 도와 조직을 거칠게 하고 경도 강도 다소 증가, 연신율, 충격치를 감소시킴

　　*고스트라인(ghost line) : Fe_3P가 결정입계에 편석 고온에서도 확산, 소실되지 않고 압연, 단련에 의해 가늘고 긴 띠 모양으로 늘어나 MnS, MnO 등과 합쳐 편석으로 되며 강재파괴의 원인이 되는 층

④ 저온취성(cold brittleness) : 상온보다 낮아지면 강도·경도 점차 증가, 연신율·충격치 감소로 약해짐

　　*천이온도 : 온도가 내려감에 따라 어떤 한계온도에 도달하면 충격값이 급격히 감소 −70℃ 부근에서 "0"에 접근(연강에서도 1kgf/cm²정도를 벗어나지 못한다)하는데 이와 같은 한계온도

9) 강재의 KS기호

① SS(B) : 일반 구조용 강재
② SM : 기계 구조용 강재
③ SBB : 보일러용 압연강재
④ SBV : 리벳용 압연강재
⑤ SKH : 고속도 공구강재
⑥ SWS : 용접구조용 압연강재

4 합금강(special steel)

1) 합금강의 개요

① 합금강(특수강, alloy steel) : 탄소강에 특수한 성질을 갖게 하기 위하여 1종 또는 그 이상의 다른 원소를 첨가한 강을 말하며 보통 사용되는 특수 원소는 Ni, Cr, W, Mo, V, Co, Sl, Mn, B, Ti, Be, Zr, Al 등이 있다.

② 용도별 합금강의 분류

구조용 합금강	강인강, 표면 경화용 강(침탄강, 질화강), 스프링강, 쾌삭강
공구용 합금강(공구강)	합금 공구강, 고속도강, 다이스강, 비철 합금 공구 재료
특수 용도 합금강	내식용 특수강, 내열용 특수강, 자성용 특수강, 전기용 특수강, 베어링강, 불변강

③ 첨가 원소의 영향

Cr	내식성·내마멸성 증가	Mo, W	고온에서 강도·경도 증가
Cu	공기 중에서 내산화성 증대	N	강인성 증가, 내식·내산성 증가
Mn	적열취성 방지	Si	내열성, 전자기적 특성
Mo	뜨임취성 방지	V, Ti, Al, Zr	결정립의 조절

④ 합금강의 종류

분류	용도	종류	
구조용 합금강	강인강	Ni강, Mn강, Cr강, Ni-Cr강, Cr-Mo강, Cr-Mn강, Cr-V강, Ni-Cr-Mo강, Cr-Mn-Mo강	
	표면경화용강	침탄강	Ni강, Ni-Cr강, Cr-Mo강, Cr-Mn-Mo강
		질화강	Al-Cr강, Cr-Mo강, Al-Cr-Mo강
		스프링강	Si-Mn강, Si-Cr강, Cr-V강
		쾌삭강	Mn-S강, Pb강
공구용 합금강	공구강	합금공구강	W강, W-Cr강, Cr-Mn강
		고속도강	W-Cr-V강, W-Cr-V-Co강, W-Cr-Co-Mn강
		다이스강	W-Cr강, W-Cr-V강, Cr강
		게이지강	Mn강, Cr강, Mn-Cr-Ni강, Mn-Cr-W강
내식·내열강	내식강	스테인레스강	Cr강, Cr-Ni강, Cr-Ni-Mo강
	내열강	–	Cr강, Cr-Ni강, Cr-Mo강
특수용도용합금강	전기용강	비자성장	Cr강, Cr-Ni강, Cr-Mo강
		규소강	규소강판
	자석강	–	Cr강, W강, Co강, Ni-Al-Co강

2) 구조용 합금강

구조용으로서 강도가 큰 것이 필요할 때에 사용되는 강으로 강인강, 표면 경화강, 스프링강 등이 있다.

① 강인강 : 구조용 탄소강의 강인성과 질량효과를 개선한 것으로 탄소강에 Ni, Cr, Mn 등 특수원소 첨가

니켈강(Ni강) : 1.5~5% Ni 첨가	• 표준상태에서는 펄라이트(pearlite) 조직 • 강도가 크고 내마멸성, 내식성 우수 • 공랭하여도 쉽게 마텐자이트 조직이 됨 • 크고 두꺼운 물건의 내·외부를 균일하게 경화시킴 • 자경성(self-hardening) 또는 기경성(air hardening)이 있음 * 자경성 : 강에 Ni, Cr, Mn 등과 같이 담금 효과를 증대시키는 원소를 많이 함유할 때 가열 후 공랭하여도 담금질 효과를 나타내는 성질
Cr강	• 1~2% Cr 첨가 • 상온에서 펄라이트 조직, 자경성·내마모성 개선 • 830~880℃ 담금질, 550~680℃로 뜨임(급랭시켜 뜨임취성 방지)
Ni-Cr강 (SNC)	• 연신율 및 충격값의 감소가 적으면서도 경도가 크고 열처리 효과도 큼 • 뜨임(600℃)에 의하여 경하고 강인한 소르바이트 조직이 얻어짐 • 결점 : 백점발생, 수지상 결정 발생, 뜨임취성이 나타나기 쉬움 • 방지법 : 급랭 및 Mo, W, V 첨가하여 뜨임 취성 방지

Ni-Cr-Mo강	• 구조용 강 중에서도 가장 우수한 대표적인 강 • Ni-Cr강에 0.15~0.3% Mo 첨가 • 질량효과 감소, 담금질성 증가, 내열성 증가 • 뜨임취성 감소 및 강인성 증대
Cr-Mo강	• Cr강의 성질을 개선하기 위하여 0.15~0.35% Mo를 첨가한 것 • Ni-Cr강의 대용품 • 값이 쌈 • 뜨임취성이 작고 용접성·고온강도 증가
Mn-Cr강	• Ni-Cr강에서 Ni 대신에 Mn을 첨가 • 질량효과 인성이 큼 * 질량효과 인성 : 끈질겨 전단에 견딤
고력강도강	• 용접성의 개선을 위해 인장강도가 큰 강이 요구되는 곳에 사용 • 저망간강(ducole, steel), Si-Mn강이 대부분 • 항복점, 인장강도가 아주 높고 용접성 우수
Cr-Mn-Si (크로망실)	• 값이 싸고 기계적 성질이 좋아 차축에 사용
고 Mn강	• Austenite Mn강(10~14% Mn), 하드필드망간강(Hard field Mn강), 수인강 • 내마멸성 우수, 경도 큼
초강인강	• 중량이 가볍고 강력한 부분에 사용하기 위하여 Ni-Cr-Mn강에 Si, Mn, V, B 등을 첨가한 것 • 인장강도 : 150~200kg/mm^2 • 공랭만으로 완전한 오스테나이트강이 되지 않으므로 1,000~1,100℃에 유냉 또는 수냉하여 완전한 오스테나이트 조직으로 만듦(유인법, 수인법)

② 표면 경화강 : 내부의 강도와 표면의 경도가 요구될 때 사용

침탄용 강	• 표면침탄이 잘되게 하기 위해 Ni, Cr, Mo 등을 첨가한 강
질화용 강	• Al, Cr, Mo를 첨가한 강 • Al : 질화층의 경도를 높여주는 역할 • Cr, Mo : 재료의 성질을 좋게 하는 역할
스프링강	• Si-Mn강, Si-Cr강, Cr-V강 • Si-Mn강 : 탄성한계, 항복점이 높음 • Cr-V강 : 정밀, 고급품, 소형 스프링재로 사용

3) 공구용 합금강

① 공구재료의 구비조건
  • 고온경도, 내마멸성, 강인성이 클 것
  • 열처리, 제조와 취급이 쉽고 가격이 쌀 것
② 합금 공구강(STS) : 탄소 공구강의 결점인 고온에서 경도 저하 및 담금질효과 개선 위해 Cr, W, V, Mo 등을 첨가한 강

Cr	담금질에 의한 경화능력을 크게 하고 결정립 미세화, 내마멸성, 고온경도 유지
W	고온경도, 고온강도, 내마멸성 향상
Cr-Mn강	담금 변형, 경화층 깊고 내마멸성이 크므로 게이지 제작에 사용(200℃ 이상 장시간 뜨임)

③ 고속도강(SKH, 하이스(HSS))
- 대표적인 절삭공구 재료로 0.7~0.9% C정도의 공석근방의 탄소강을 모체로 하여 많은 양의 W, Cr, V을 함유시킨 것
- 표준형 고속도강 : 18W-4 Cr-1 V에 탄소량 0.8%가 주성분
- 특성 : 500~600℃까지 가열 뜨임하여도 경도가 유지되고 고속절삭 가능

텅스텐(W)고속도강의 열처리법
- 800~900℃로 예열
- 1250~1300℃의 염욕에서 급 가열 후 2분 정도 유지
- 300℃로 기름냉각 후 공기 중 서냉(균열방지)하면 1차 경화(마텐자이트)된다.
- 2차 경화(secondary hardening) : 550~580℃에서 20~30분간 유지하여 뜨임 후 공기 중 서냉(특히 250~300℃에서 팽창률이 커 더욱 서냉)하면 경도가 크게 된다.
- ※ 2차 경화 이유 : 1차 담금질 상태에서 20~30%잔류 오스테나이트의 제거 및 경도를 더 크게 하는데 목적이 있다(풀림온도: 850~900℃).

고발트(Co) 고속도강	• 0.3~20% 첨가하며 Cofid이 증가할수록 경도 증가, 점성 증가, 절삭성이 우수하다. • 용융점이 높아 담금질 온도를 높여서 성능을 좋게 한다. • 보통 Co고속도강은 C함유량 0.7~0.85%, 5종의 고코발트 고속도강은 탄소함유량 0.2~0.4%정도이다. • SKH_5는 고코발트 고속도강(Co 0.16~0.17%함유)으로서 강력절삭에 쓰인다.
몰리브덴(Mo) 고속도강	• Mo 5~8%, W 5~7% 첨가로 담금질성 향상, 뜨임메짐 방지, 탈탄이 열처리 시 쉬움 • 열처리 시 탈탄 및 몰리브덴의 증발을 막기 위해 붕사피복 또는 염욕가열 등의 방법을 사용

W고속도강에 비해 Mo고속도강의 우수한 점
- 비중이 작고 가격이 저렴하다.
- 담금질 온도가 낮고 인성이 높다(W의 열전도율이 나빠 예열온도가 높다).
- 열전도가 좋아서 열처리가 용이하다.

④ 주조 경질합금(cast hard metal) : Co-Cr-W(Mo)-C를 금형에 주입하여 연마 성형한 합금

대표적	• 스텔라이트(stellite) → Co 40~55%-Cr 25~35%-W 4~25%-C 1~3로 Co가 주성분
특징	• 단조·절삭 불가능, 주조 가능, 연삭 가능 • 열처리 불필요 • 고속도강보다 600℃ 이상에서는 단단하고 여리며 절삭속도는 1.5~2배 정도 큼(단, 상온에서는 담금질한 고속도강보다 다소 연함) • 조직이 안정, 800℃까지 경도 유지 • 용접가능하고 내식, 내열, 내마모성이 강함(단, 고가) • 고속도강보다 인성, 내구력이 다소 작음
용도	• 강철, 주철, 가단주철, 스테인리스강, 구리 합금강의 절삭용

⑤ 초경합금(sinteree hardmetal) : 금속 탄화물의 분말형의 금속원소를 프레스로 성형, 소결시킨 합금

금속 탄화물 종류	WC, TiC, TaC(혼합재 : Co분말, 결합재 : 시멘트)	
	* 고속도강보다 훌륭한 비철재료로서 W, Cr, Co 등의 탄화물을 소결한 것과 용융 주조한 것의 2가지로 나눌 수 있다.	
소결 초경합금	WC – Co계	주철, 비철금속, 비금속의 절삭용(인성이 작아 충격을 받는 부분에 부적당)
	WC–TiC–Co계	고탄소강, Ni–Cr강, Mn강 등의 절삭용(TiC는 내마모성, 고온 경도가 커 공구수명 증가시킴)
제조방법	• 금속탄화물 분말에 Co분말을 혼합 건조하여 금형에 가압 성형 후 800~1000℃로 예비소결 가공 • 수소(H_2)기류 중에서 1400~1500℃에서 소결시키는 분말 야금법	
특성	열처리 불필요, 고온경도 큼	
종류	S종(강절삭용), G종(주철, 비철금속용), D종(다이스용)	
상품명	위디아(Widia, 독일), 당갈로이(Tungaloy, 일본), 카아블로이(Carboloy, 미국), 미디아(idia, 영국), 이겟타로이(igetalloy), 다이다로이(Dialloy), 트리디아(Teidia)	

⑥ 시효 경화합금(Age hardening alloy) : 시효경화에 의하여 공구에 충분한 경도를 갖도록 한 재료

5. 4. 8합금	• 미국에서 발명된 Fe–W–Co계 합금, 담금질경도 낮고, 뜨임경도가 높으며 고속도강보다 수명이 긺		
특성	• 내열성 우수 SKH보다 수명이 긺 • 담금질 후 경도 낮아 기계가공이 쉬워 공구제작에 편리 • 석출 경화성이 커 자석강으로 좋은 성질 가짐		
재질의 종류	• Fe–W–Co • Fe–Mo–Co • Fe–W–Cr	• Fe–W–Mo • Fe–W	• Fe–Mo • W–Co

⑦ 세라믹(ceramics)공구 : 세라믹이란 도기라는 뜻이며 알루미나(Al_2O_3)를 주성분으로 점토를 소결한 것

제조방법	• 산화물계 Al_2O_3를 1600℃ 이상에서 소결성형
장점	• 열을 흡수하지 않아 내열성이 극히 우수 • 고온경도, 내마모성이 우수(절삭 중 초절삭 재료와 공구가 용착되지 않음) • 고속 정밀가공에 적합 • 내부식성, 내산화성, 비자성, 비전도체
단점	• 상온경도 및 저항력이 크지 않음 • 항절력이 초경합금의 1/2 • 인성이 작고 충격에 약함(강력 정밀한 공작기계 필요) • 고속 절삭가공이 유리하여 구조상 제한을 받음
용도	• 고온절삭, 고속 정밀가공용, 강자성 재료의 가공용

⑧ 다이아몬드 공구 : 경도가 크므로 절삭공구에 사용

용도	• 선반 보링 머신의 정밀가공용 공구, 연삭숫돌의 드레서(dresser), 인발 가공용 다이스, 조각용 공구, 고속 절삭가공용
절삭 적용 재료	• 구리, 알루미늄, 스테인리스강, 에보나이트, 유리 등의 절삭
작업 조건	• 이송(feed)은 0.1mm 이하, 절삭속도 100~300m/min 정도 • 신선용 다이스는 지름 0.25mm 이하의 가는 것에 사용 • 스테인리스강에는 지름 1mm 정도의 것도 사용
장점	• 다이아몬드 공구를 사용하면 가공면이 좋음

5 주철과 주강

1) 주철(cast iron)의 개요

① 용선로(cupola)에서 용해해서 주형에 주입 성형된 주조용 재료
② 탄소 함유량 : Fe-C 평형 상태도(Fe-C diagram)에서 1.7~6.68%(실사용은 2.5~4.5%C 함유)
③ Fe, C 이외에 Si(약 1.5~3.5%), Mn(0.3~1.5%), P(0.1~1.0%), S(0.05~0.15%) 등을 포함
④ 장단점

장점	• 용융점이 낮고 유동성이 좋아 주조성(castability)이 우수 • 복잡한 형상의 주물제품의 단위 무게당 가격이 쌈(금속재료 중에서) • 마찰저항이 좋고 절삭가공이 쉬움 • 주물의 표면은 굳고 녹이 잘 슬지 않으며, 페인트칠도 잘됨 • 압축강도가 큼(인장강도의 3~4배)
단점	• 인장강도, 휨강도, 충격값 작음 • 연신율이 작고 취성이 큼 • 고온에서의 소성변형이 되지 않음

⑤ 종류(주철 중 함유된 탄소의 형상에 따른)

회주철 (gray cast ironi : GC)	• Mn량이 적고 냉각속도가 느릴 때 생기기 쉽다. • 탄소 일부가 유리되어 존재하는 유리탄소(free carbon)나 흑연(graphite)화 함으로서 파면이 회색이다. • C, Si량이 많을수록 냉각속도가 느릴 때 절삭성이 좋고, 주조성이 좋음 • 용도 : 공작기계의 베드, 내연기관의 실린더, 피스톤, 주철관, 농기구, 펌프 등
백주철(white cast iron)	• 회주철과 백주철의 중간상태로 Fe_3C의 화합상태로 존재해 백색파면

⑥ 주철에 포함된 전 탄소량 = 흑연량 + 화합 탄소량
⑦ 주철의 흑연화 현상
  • 흑연화 : Fe_3C → $3Fe + C$(안정한 상태로 분리)
  • Fe_3C는 1000℃ 이하에서는 불안정
  • Fe, C를 분해하는 경향이 있음
  • 흑연의 현상 : 공정상, 편상, 판상, 괴상, 수상, 과공정상, 장미상, 국화상(문어상)
  • 흑연화 촉진제 : Al, Si, Ni, Ti
  • 흑연화 방지제 : Mn, Cr, Mo, V, S

2) 주철의 조직

바탕조직(페라이트, 펄라이트+페라이트)과 흑연이 편상으로 존재

① 주철의 평형 상태도

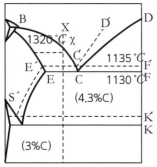

— : Fe–Fe₃C계 평형상태도
··· : Fe–C계 평형상태도

- 1500~1600℃에서는 균일한 융체
- 1320℃에서 초정으로 γ 고용체가 정출되기 시작
- E' C' F' 선(1135℃) : 오스테나이트와 흑연으로 나머지융체가 분리되는 공정선(서냉 시)
- E C F선(1130℃) : 오스테나이트와 시멘타이트가 공정으로 정출 고체가 됨(급냉 시)
- C점 : 공정점(4.3%C, 1148℃)
- 아공정 주철 : C점 왼쪽, 1.7~4.3%C를 함유한 주철
- 과공정 주철 : C점 오른쪽, 4.3%C 이상 함유한 주철

② 마우러 조직도(Maurer's diagram) : C와 Si의 양 및 냉각속도에 따라 주철의 조직관계를 나타낸 것

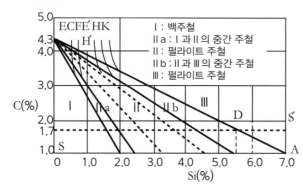

- - - - - : 안전계
—— : 준안전계

- 3% 이상 함유 시 각선이 E점에 모이지 않고 위쪽으로 휘어진다.
- 펄라이트(강력) 주철 : 기계구조용 재료로서 가장 우수한 주철(C : 2.8~3.2%, Si : 1.0~1.8%, C(C+Si)%가 적을수록 좋음)

③ 스테다이트(Stedite) : 주철(회주철) 중 P가 Fe₃P를 만들어 a–Fe와 Fe₃C와의 합인 3원 공정 조직을 형성한 것

3) 주철의 성질

① 전연성이 작고 적열하여도 점도가 불량(가공이 안 됨)
② 점성은 C, Mn, P이 첨가되면 낮아짐
③ 비중(1300℃ 이하) : 약 7.1~7.3(흑연이 많을수록 작아짐)
④ 물리적 성질 : 일반적으로 비중 7.0~7.3, 용융점 1145~1350℃, 수축률 0.5~1% 정도
⑤ 인장강도
- C와 Si의 함량, 냉각속도, 용해조건, 용탕처리 등에 의존
- 인장강도(σt)와 탄소포화도(Sc)와의 관계식

$$\sigma t = d - e \cdot Sc$$
$$\sigma t = 102 - 82.5 \times Sc \, kg/mm^2$$
$$\sigma t = 0.0013 HB$$

⑥ 탄소포화도
- $Sc = C\%/4.23 - 0.312\ Si\% - 0.275P\%$
- 탄소포화도가 증가하면 흑연이 많이 발생하여 강도가 저하됨
⑦ 열처리
- 담금질 뜨임이 안 되어 중요부분 사용 시는 주조응력을 제거하기 위해 풀림처리는 가능하다.
- 담금질 : 3%C 이하, 1.2%Mn 이상, P, S이 적은 주철로 800~850℃로 서서히 가열 후 기름에 냉각(마텐자이트 조직이 바탕, 내마모성 향상)
- 풀림 : 500~600℃로 6~10시간 풀림(주조응력 제거, 변형제거 목적)
⑧ 자연시효(matural aging or seasoning) : 주조 후 장시간(1년 이상) 자연 대기 중에 방치하여 주조응력이 없어지는 현상(정밀가공 주물 시 좋음)

4) 주철의 성장(growth of cast iron)

600℃ 이상(650~950℃ 정도)의 온도에서 가열과 냉각을 반복하면 부피가 증가하여 변형, 균열이 발생하는 현상

성장의 원인	• Fe_3C의 흑연화에 의한 팽창 • A_1변태에서 체적변화에 따른 팽창 • 페라이트 중 고용원소인 Si의 산화에 의한 팽창 • 불균일한 가열로 인한 팽창 • Al, Si, Ni, Ti 등의 원소에 의한 흑연화 현상 촉진 • 흡수되어 있는 가스의 팽창으로 인하여 재료가 항복되어 생기는 팽창
방지법	• 흑연의 미세화(조직 치밀화) • 탄화물 안정원소 Mn, Cr, Mo, V 등을 첨가하여 Fe_3C 분해 방지 • Si의 함유량 저하 • 내산화제 Ni 첨가하여 안정성을 줌

> 🧑‍🏫 **주철의 수축 3단계**
> 용체의 수축 → 응고 시의 수축 → 응고 후의 고체 수축

5) 주철의 종류

① 보통 주철(회주철 GC 1~3종)
- 조직 : 페라이트(α-Fe) 기지 조직 중에 편상흑연이 산재해 있으며 펄라이트 조직이 다소 포함
  * 기지 : 페라이트 분위기 속의 조직
- 인장강도 : $10\sim20kg/mm^2$
- 성분 : C=3.2~3.8%, Si=1.4~2.5%, Mn=0.4~1.4%, P=0.3~1.5%, S=0.06~1.3%
- 용도 : 일반기계 부품, 수도관, 주물품(주조가 쉽고 가격이 쌈)
  * 두께가 얇은 주철은 Si를 많이 넣지 않으면 백주철이 되어 가공이 어렵다.
② 고급 주철(회주철 Gc4~6종) : 펄라이트 주철
- 개념 : 기지바탕은 펄라이트로 하고 흑연을 미세화시켜 인장강도를 강화시킨 주철
- 인장강도 : $30kg/mm^2$ 이상

- 성분 : 높은 강도를 위하여 C, Si의 양을 적게 하고 강철 스크랩 등 배합(특수원소 첨가하지 않음)
- 용도 : 고강도, 내마멸성을 요구하는 기계부품
- 제조법 : 란쯔(Lana)법, 에멜(Emmel)법, 코살리(Corsalli)법, 파워스키(Piworarsky)법, 미이하나이트(Meehanite)법

③ 미이하나이트 주철(Meehanite Cast iron)
- 개념 : 접종(inoculation) 백선화를 억제시키고 흑연의 형상을 미세, 균일하게 하기 위하여 규소 및 칼슘-실리사이드(Cacium-Silicide;Ca-Si) 분말을 첨가하여 흑연의 핵 형성을 촉진시키는 조작)을 이용하여 만든 고급 주철
- 인장강도 : 35~45kg/mm^2
- 조직 : 미세 흑연 + 펄라이트
- 용도 및 특성 : 강력구조용, 내열용, 내식용, 내마멸, 고강도, 담금질 가능

④ 회주철의 종류와 기계적 성질(KSD 4301)

종류	기호	주철품의 지름(mm)	인장시험	항절시험		경도시험	
				최대하중(N)	휨(mm)		
1종	GC 100	30	>100	>7,000	>3.5	<200	보통 주철
2종	GC 150	30	>150	>8,000	>4.0	<212	
3종	GC 200	30	>200	>9,000	>4.5	<223	
4종	GC 250	30	>250	>10,000	>5.0	<241	고급 주철
5종	GC 300	30	>300	>11,000	>5.5	<262	
6종	GC 350	30	>350	12,000	>5.5	<277	

6) 합금 주철(특수 주철)

① 합금 주철 : 주철의 여러 성질을 개선(물리적, 화학적, 기계적 성질)하기 위해 특수원소(Ni, Cr, Cu, Mo, V, Ti, Al, Mg, B, Sn, Pb, As)를 첨가

[합금 원소의 영향(강도, 내열성, 내부식성, 내마멸성 등 향상)]

Cr	흑연화 방지, 탄화물 안정화, 내열성·내식성 향상(펄라이트 조직 미세화)
Ni	흑연화 촉진원소, 흑연화 능력 Si의 1/3~1/2
Mo	흑연화 다소 방지, 강도 증대, 경도 증대, 내마멸성 증대, 두꺼운 주물조직 균일화
Ti	강탈산제, 흑연화 촉진(다량 시 흑연화 방지로 보통 0.3% 이하 첨가)
Cu	경도 증가, 내마모성과 내식성 증가(Cu 0.4~0.5%가 가장 좋음)

＊ 강력한 흑연화 방지제

② 고 합금 주철

종류	• 내열 주철 : 고크롬 주철(Cr 34~40%), 니켈(Ni) 오스테나이트 주철(Ni12~18%, r2~5%), 규소 주철(4~6%Si)로 강도와 연성이 우수하며 강한 내열 주철이다. • 내산 주철 : 고규소(Si) 주철(Si14~18%)로 내산주철로서 각종 산에 강하고 값이 저렴하나 절삭가공이 안되고 취성이 크다. ∗ 두리론(duriron Si15%) 주철 • 구상 흑연 주철(nodular graphite castiron or D.C ductile cast iron) : 용융상태에서 Mg, Ce, Mg–Cu, Ca(Li, Ba, Sr) 등을 첨가하여 편상흑연을 구상화하므로 제조된 주철이다. ∗ 흑연구상화처리 후 용탕상태로 방치하면 구상화의 효과가 소멸하는데 이것을 페이딩(fading)현상이라 하고 편상흑연화되는 것이다. ∗ 구상 흑연을 얻는 데 유해한 불순물 : Sn, Pb, As, Sb, Bi, Al, Ti 등
기계적 성질	• 주조상태 = 인장강도 50~70kg/mm², 연신율 2~6% • 풀림상태 = 인장강도 45~55kg/mm², 연신율 12~20%
조직	• 시멘타이트(cementite)형 • 펄라이트(pearlite)형 • 페라이트(ferrite)형 ∗ 벌즈아이조직(Bull's eye structure) : 펄라이트 조직을 풀림처리하여 페라이트로 변할 때 페라이트가 구상 흑연 주위에 나타나는 조직으로 연성, 내마멸성이 증가
명칭	노듀울러 주철, 닥타일(연성) 주철, 강인 주철 등으로도 불리운다.
특성	내마멸, 내열성이 우수하고 주철 성장이 적다. 풀림 열처리 기능 ∗ 주철성장 : 주로 시멘타이트가 분해되어 흑연이 발생함으로써 팽창하여 일어난다.

[구상 흑연 주철의 분류와 성질]

명칭	발생원인	성질
시멘타이트형 (시멘타이트가 석출한 것)	• Mg의 첨가량이 많을 때 • C, Si 특히 Si가 적을 때 • 냉각속도가 빠를 때	• 경도가 H_B220 이상이 된다. • 연성이 없다.
펄라이트형 (바탕이 펄라이트)	시멘타이트형과 페라이트형의 중간 발생 원인	• 강인하고 인장강도 60~70kg/mm² • 연신율은 2% 정도 • 경도 H_B = 150 24C
페라이트 (페아리트가 석출할 것)한	• C, Si 특히 Si가 많을 때 • Mg의 양이 적당할 때 • 냉각속도가 느리고, 풀림을 했을 때	• 연신율 6~20% • 경도 H_B = 150~20C • Si가 3% 이상이 되면 취약

∗ 대체적인 조성 : C 3.3~3.9%, Si 2.0~3.0%, Mn 0.2~0.6%, P 0.02~0.15%, S 0.005~0.015% 정도

7) 칠드 주철(chilled castiron : 냉경 주철)

① 주조 시 규소(Si)가 적은 용선에 망간(Mn)을 첨가하고 용융상태에서 주형에 냉금을 주입하여 주물 표면이 급랭되어 아주 가벼운 백주철(백선화)로 만든 것(chill 부분은 Fe_3C 조직이 됨)
② 경도, 내마모, 압축강도, 충격성 등 증가
③ 표면(백선화)부분 : Hs=60~70 Hb=350~500, 취성이 있음, 내마모성 향상

④ 내부 : 강인성, 회주철, 취약하지 않다(칠드 깊이 보통 10~25mm).
⑤ 용도 : 각종 용도의 압연의 롤러, 철도차륜, 각종 파쇄기의 부품

8) 가단 주철(malleable cast iron)

고탄소 주철로 백주철을 풀림 처리하여 탈탄과 Fe_3C의 흑연화에 의해 연성(또는 가단성)을 가지게 한 주철(연신율 5~14%)

백심 가단 주철 (WMC : white-heart malleable cast iron)	• 표면의 탈탄이 주목적으로 백주철을 철광석, 밀스케일(mill scale) 등 산화철과 함께 풀림상자에 넣고 약 950℃에서 70~100시간 가열하여 탈탄 후 서냉
흑심 가단 주철 (BMC : black-heart malleable cast iron)	• Fe_3C의 흑연화가 목적으로 저탄소, 저규소의 백주철을 풀림하여 Fe_3C를 분해시켜 흑연을 입상으로 석출시키는 것(1826년 미국에서 제조)
펄라이트(pearlite) 가단주철 (PMC)	• 입상 및 층상의 펄라이트 조직의 주철로 흑심 가단 주철의 흑연화를 완전히 하지 않기 위해 제2단계 흑연화를 생략하거나, 열처리 중간에서 중지하여 펄라이트를 남게 한 것 → 풀림흑연+pearlite 조직 • 일부의 탄소가 탄화물로 잔류시키며 조직이 구상·층상 펄라이트 또는 베이나이트, 소르바이트로 남음

> **산화철(탈탄제)을 가한 2단계 풀림**
> • 제1단계 : 850~950℃, γ 고용체+Fe_3C(유리Fe_3C → 흑연화), 30~40시간 동안 가열유지
> • 제2단계 : 680~730℃(펄라이트 중의 Fe_3C → 흑연화), 30~40시간 동안 가열유지

9) 주강(SC : Casr Steel)

주조할 수 있는 강, 단조에서 단조강보다 가공공정을 감소시킬 수 있으며, 균일한 재질을 얻을 수 있음

특성	• 주철보다 기계적 성질이 우수해 강도를 필요로 하는 부품에 사용 • 주철에 비하여 용융점이 높아 주조하기 힘듦 • 대량생산에 적합
종류	• 주강을 주로 0.5%C 이하가 많고 주조 후 풀림 또는 불림으로 조직을 조정하며 잔류응력을 제거하여 사용 • 0.20%C 이하인 저탄소 주강 • 0.20~0.50%C의 중탄소 주강 • 0.5%C 이상인 고탄소 주강

6 - 기타재료

1) 스테인리스강(STS : Stainless steel)

① 강에 Ni, Cr을 다량 첨가하여 내식성을 현저히 향상시킨 강으로 대기 중, 수중, 산 등에 잘 견딘다.
② 스테인리스강의 종류 : 1~17종
③ Cr 12% 이상을 스테인리스강 또는 불수강이라 하고 그 이하를 내식강이라 함

④ 13Cr 스테인리스강 : 스테인리스강 종류 중 1~3종으로 자동차 부품, 일반용, 화학공업용에 사용

특징	• 표면을 잘 연마한 것은 대기 중 또는 수중에서 부식되지 않음 • 오스테나이트계에 비해 내산성이 작고 가격이 쌈 • 유기산이나 질산에는 침식되지 않으나 다른 산 종류에는 침식됨
페라이트(ferrite)계 스테인리스강	• Cr 12~14%, C 0.1% 이하 • 강자성, 강인성, 내식성이 있고 열처리에 의해 경화
마텐자이트(martensite)계 스테인리스강	• Cr 12~14%, C 0.15~0.30% • 고온에서 오스테나이트 조직이고 이 상태에서 담금질하면 마텐자이트로 되는 종류의 강 • 강자성 최저의 내식성

⑤ 18-8 스테인리스강 : 오스테나이트(austenite)계 스테인리스강으로 대표적인 것(Cr 18%, Ni 8% 첨가)

특징	• 비자성체이고 담금질이 안 됨 • 연전성이 크고 13Cr형 스테인리스강보다 내식·내열·내충격성이 큼 • 용접하기 쉬움 • 입계부식에 의한 입계균열의 발생이 쉬움(Cr_4C탄화물이 원인)
용도	• 건축용, 공업용, 자동차용, 항공기용, 치과용 등

입계부식(boundary corrosion) 방지법
• 탄소 함유량을 적게 한다.
• Ti, V, Nb 등의 원소를 첨가하여 Cr 탄화물 생성 억제
• 고온도에서 Cr 탄화물을 오스테나이트 중에 고용하여 기름 중에 급랭시킴(용화제 처리)

2) 내열강(SEH : heat resisting alloy steel)

조건	• 고온에서 화학적, 기계적 성질이 안정되고 조직변화가 없을 것 • 열팽창, 열변형이 적어야 함 • 소성가공, 절삭가공, 용접 등에 사용
종류	• 페라이트계(Fe-Cr, Si-Cr) • 오스테나이트계(18-8 STS에 Ti, Mo, Ta, W 등 첨가한 강) • 초내열합금(Ni, Co을 모체로 함)
초내열합금 종류	• 주조용 합금 : 하스텔로이, 해인스, 서어밋(세라믹 재질) • 가공용 합금 : 팀켄(Timken), 인코넬, 19-9LD, N-155
내열성을 주는 원소	• 고크롬강(Cr), Al(Al_2O_3), Si(SiO_2)
실크로움(Si-Cr) 내열강	• 내연기관의 밸브재료로 사용 • 표준성분 C 0.1%, Cr 6.5%, Si 2.5%

3) 영구 자석강(SK)

잔류자기(Bc)와 항자력(Hc)이 크고 온도변화나 기계적 진동 또는 산란자장 등에 의하여 쉽게 자기 강도가 변하지 않는 것

종류	• 고탄소강(0.8~1.2%C)을 물에 담금질한 것 • W강　　　• Co강　　　• Cr강 • 알니코(Alnico → Ni-Al-Co-Cu-Fe)
규소강	• Si 1~4% 함유한 강으로 자기감응도가 크고 잔류자기 및 항자력이 작음 • 변압기의 철심이나 교류기계의 철심 등에 사용됨
비자성강	• 발전기, 변압기, 배전판 등에 자석강 사용 시와 전류발생에 의한 온도상승 방지 목적에 사용 • 종류(오스테나이트 조직강) : 18-8계 스테인리스강, 고망간계 오스테나이트강, 고니켈강, Ni-Mn강, Ni-Mn-Cr

4) 베어링강

① 강도 및 경도와 내구성을 필요로 함
② 고탄소 저크롬강(C=1%, Cr=1.2%)
③ 담금질 후 반드시 뜨임을 해야 함

5) 게이지강

W-Cr-Mn계 합금 공구강이 사용됨

조건	• 내마멸성과 내식성이 우수할 것 • 열팽창 계수가 작고 담금질 균열이 적을 것 • 영구적인 치수변화가 없을 것

＊치수변화 방지 : 200℃ 이상 온도에서 장기간 뜨임하여 사용(시효처리)

6) 고니켈강(불변강)

비자성강으로 열팽창계수, 탄성계수가 거의 '0'에 가깝고 Ni 26%에서 오스테나이트 조직으로 강력한 내식성을 가지고 있음

인바아 (invar)	• Ni 36%, 열팽창계수 0.1×10^{-6} • 정밀기계 부품, 시계, 표준자(줄자), 계측기 부품, 길이 불변
초인바아 (superinvar)	• Ni 30.5~32.5%, Co 4~6% 함유한 것 • 인바아보다 열팽창계수 작음(20℃에서 0.1×10^{-6})
엘린바아 (elinvar)	• Ni 36%, Cr 12% 함유
코엘린바아 (koelinvar)	• Cr 10~11%, Co 26~58%, Ni 0~16% 함유 • 공기 중이나 수중에서 부식되지 않음 • 스프링 태엽, 기상관측용 부품에 사용
퍼말로이 (permallox)	• N 75~80%, Co 0.5%, C 0.5% 함유 • 해저전선의 장하 코일에 사용
플래티나이트 (platinite)	• Ni 44~47.5%, 나머지 철(Fe) 함유 • 전구의 도입선, 진공관 도선용(페르니코, 코바트) • 열팽창계수가 유리, 백금과 같음

05 비철 금속재료

1 알루미늄과 경금속 합금

1) 알루미늄(Al)
① 지구상에서 O, Si 다음으로 다량 존재
② 지각의 약 7.85% 존재
③ 제조 시 대부분 보크사이트를 사용
④ Al 광석
- 보크사이트(bauxite : Al_2O_3, $2SIO_2$, $2H_2O$)
- 빙정석(AlF_3, $3NaF$)
- 토혈암(Al_2O_3, SIO_2, $2H_2O$)

2) Al의 성질
① 물리적 성질 : 비중 2.7, 용융점 666℃, 전기 및 열의 양도체 면심입방격자
② 기계적 성질 : 전연성이 좋음, 순수 Al은 주조 곤란, 유동성 작음, 수축률 큼, 냉간 가공에 의해 경화된 것을 가열 시 150℃에서 연화, 300~350℃에서 완전 연화
③ 화학적 성질 : 공기나 물속에서 내부식성이나 염산·황산 등의 무기산·바닷물에 침식, 대기 중에서 안정한 표면 산화막 형성(제거제 : LiCl 혼합물)

> **인공내식 처리법**
> 양극산화 피막법(황산법, 크롬산법, 알루마이트법)

3) Al합금의 개선
Cu, Si, Mg 등을 Al에 첨가한 고용체(α고용체)를 열처리에 의하여 석출경화나 시효경화 시켜 성질을 개선
① 석출경화 : α고용체의 성분합금을 담금질에 의한 급랭으로 얻어진 과포화 고용체에서 과포화 된 용해물을 조금씩 석출하여 안정 상태로 복귀하려 할 때 (안정화 처리)시간이 경과와 더불어 경화되는 현상
② 시효경화 : 석출경화 현상이 상온상태에서 일어나는 것
- 자연시효 : 대기 중에 진행하는 시효
- 인공시효 : 담금질된 (용체화 처리)재료를 160℃ 정도의 온도에 가열하여 시효하는 것

4) 주조형 알루미늄 합금
주조 종류 : 모래, 금형, 다이캐스트 등

Al-Cu계 합금	• Cu 7~12% • 주조성, 기계적 성질, 절삭성 등 좋음 • 고온메짐(취성)이 있음 • 미국 합금 : Cu 8% 첨가한 것

AI-Cu-Si계 합금	• Cu 3~8% • 대표적 : 라우탈(lautal) • 주조성이 좋고, 시효경화성이 있음 • Fe, Zn, Mg 등이 많아지면 기계적 성질 저하 • Si 첨가 : 주조성 개선 • Cu 첨가 : 실루민 결점인 절삭성 향상	
AI-Si계 합금	• Si 10~14% • 대표적 : 실루민(silumin)(미국에서는 Alpax라고 함) • 주조성이 좋고 절삭성이 나쁨 • 열처리효과가 나빠 개량처리(개질처리, modi-fication treatment)에 의해 기계적 성질 개선	
	개량 처리	• Si의 결정조직을 미세화하기 위하여 특수원소를 첨가시키는 조작 • 금속 Na첨가법 : 가장 많이 사용, Na 0.05~0.1% 또는 Na 0.05% + K 0.05% 첨가 • F(플루오르 불소) 화합물 첨가법 : F화합물 + 알칼리 토금속 1 : 1 혼합물의 용체를 1~3% 첨가한 후 도가니에 뚜껑을 막아 3~5분간 기다렸다가 탄소봉으로 혼합 • 수산화나트륨 첨가법(NaOH, 가성소다)
	기타 AI-Si계 합금	• β-실루민 : AI + Si + Mg 0.3~0.8% + Mn 0.3~0.8% 합금을 담금질(510~520℃ 4시간 수냉) 후 150~160℃로 가열 환원처리를 행한 것 • γ-실루민 : 실루민에 Mg 1% 이하를 첨가하여 시효 효과를 얻은 것 • 로우엑스(Lo-Ex) : AI-Si에 Cu, Mg, Ni 등을 첨가한 특수 실루민으로 Na 처리를 한 것으로 열팽창이 작고 내열성이 우수하여 내연기관의 피스톤에 사용됨 • 고규소 합금(알루질) : AI-Si 20% 정도로 조직을 미세화(PCl₅ 또는 PCu, P 0.01~0.05% 첨가)하여 피스톤용의 내열·내마모성 합금으로 사용
AI-Mg계 합금	• Mg 12% 이하 • 하이드로날륨(hydronalium), 마그날륨(magn alium)이라 함 • 내식성, 고온강도, 양극피막성, 절삭성, 연신율 우수하고 비중이 작음 • 주단조 겸용, 해수, 알칼리성에 강함 • Mg이 용해나 사형에 주입 시 H를 흡수(금속-금형반응)하여 기공을 생성하기 쉬워 Be 0.004%를 첨가하여 산화방지 및 주조성을 개선(Mg 4~5% 때 내식성 최대)	
Y합금 (내열합금)	• AI-Cu 4%-Ni 2%-Mg 1.5% 합금 • 고온강도가 크므로 내연기관의 실린더, 피스톤, 실린더 헤드에 사용	
	열처리	• 510~530℃로 가열 후 더운물에 냉각, 약 4일간 상온시효 시킴 • 인공시효처리온도 : 100~150℃
	RR계 내열합금 (hiduminum RR)	• Y합금에 Si, Fe를 가한 합금 • 영국에서 발달 • 내열성과 기계적 성질이 뛰어나 실린더블록, 크랭크케이스, 피스톤 등에 사용
다이캐스트용 AI합금	• 유동성이 목적 • AI-Si계 또는 AI-Cu계 합금 사용 • Mg 함유 시 유동성이 나빠짐 • Fe은 점착성, 내식성, 절삭성 등을 해치는 불순물로 최고 1% 함유까지 허용	
AI-Zn계 합금	• Zn 8~12% 첨가 • 주조성이 좋고 가격이 저렴함 • 내열성·내식성이 좋지 않고 기계적 성질이 나쁨 • 담금질 시효경화층이 극히 적음 • 일반 시중용은 독일 합금이라 하여 Cu 2~5% 첨가된 것을 사용	

5) 단련용 알루미늄 합금

두랄루민 (duralumin)		• 단조용 Al 합금의 대표 • 표준성분 : Al-Cu 3.5~4.5%-Mg 1~1.5%-Si 0.5%-Mn 0.5~1% • Si는 불순물로 포함하고 주물로서 제조하기 어려움 • 제조 : 주물의 결정조직을 열간가공으로 완전히 파괴한 뒤 고온에서 물에 급랭한 후 시효경화시켜 강인성을 얻음(시효경화 필요원소 : 실제 Cu, Mg, Si(불순물)) • 용도 : 무게를 중요시하는 항공기, 자동차, 운반기계 등의 재료로 사용
	기계적 성질	• 풀림한 상태 : 인장강도 18~25kgf/mm^2, 연신율 10~14%, HB 40~60 • 시효경화 상태 : 인장강도 30~40kgf/mm^2, 연신율 20~25%, HB 90~120(0.2% 탄소의 탄소강과 기계적 성질이 비슷, 비중 2.9)
	복원현상	• 시효경화를 완료한 합금은 상온에서 변화가 없으나 200℃에서 수분간 가열하면 연화되어 시효경화 전의 상태로 되는 현상(다시 상온에 두면 시효경화를 나타내기 시작) • 단위 중량당에 대한 강도는 연강의 약 3배 • 내식성이 없고 바닷물에는 순 Al의 1/3정도 밖에 내식성이 나타나지 않으며 응력상태에서 입간부식으로 결정입체를 파괴하여 강도가 감소
강력 알루미늄 합금		초두랄루민(super-duralumin), 고력 알루미늄 합금(No4, AlCOa24S), 초강두랄루민(extra super duralumin), 고력 알루미늄 합금(No6, AlCOa75S) 등 사용
	초두랄루민	• Al-Cu-Mg-Mn-Cr-Cu-Zn • 시효경화 완료 후 인장강도 최고 48kg/mm^2 이상 • Cu 1~2%로 압연단조성 향상 • Mn 1% 이내 Cr 0.4% 이내 첨가 목적은 결정의 입계부식과 자연균열방지
단련용 Y합금		• Al-Cu-Ni-Mg계 내열합금(250℃에서 상온의 90%의 높은 강도 유지) • 300~400℃에서 단조할 수 있음(Ni의 영향)
내식성 Al 합금		• 하이드로날륨(hydronalium) : Al-Mg계, Mg 0% 이하 함유, 내식성·강도 좋고 피로 강도온도에 따른 변화 적고 용접성도 좋음 • 알민(almin) : Al-Mn계, 가공성·용접성 좋음 • 알드레이(aldrey) : Al-Mg-Si계, 인성·용접성·내식성 좋음
복합제(clding)		• 알크래드(Alclad)라고도 함 • 강력 Al 합금 표면에 내식성 Al 합금을 접착시킨 것 • 접착은 표재두께의 5~10%

2 구리와 그 합금

1) 실용되는 동광석의 종류

적동광(산화동), 황동광(유화동), 휘동광, 반동광

① 유화동 : 황동광($CuFeS_2$), 휘동광(Cu_2S), 반동광($3Cu_2S$, FeS_2)

② 산화동 : 적동광(Cu_2O), 공작석($CuCO_3$), 반동광($2CuCO_3$), 규공작석($CuSiO_3$)

③ 자연동

2) 구리의 제법

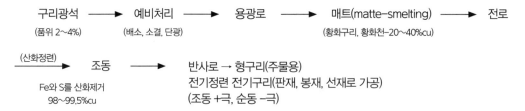

3) 순동의 종류
① 전기동(electrolytic copper)
② 정련동(electrolytic tough pitch copper)
③ 탈산동(deoxidized copper)
④ 무산소동(OFHC : oxygen-freemgh conductivity copper)

4) 구리의 성질
① 물리적 성질 : 면심입방격자, 격자상수 $3.608\text{Å}(10^{-8}\text{cm})$, 용융점 1083℃, 비중 8.96, 비등점 2360℃, 변태점이 없음, 비자성체, 전기 및 열의 양도체
② 기계적 성질 : 전연성 풍부

가공	열간가공(가공온도 750~850℃), 냉간가공
경도	• 가공경화로 증가(1/4H, 1/2H, H 등으로 분류) • 가공경화된 것은 600~700℃로 30분간 풀림하면 연화
인장강도	• 가공도에 따라 증가(가공율 70% 부근에서 최대) • 압연 시 : 34~36kgf/cm² • 압연 후 풀림 상태 : 22~25kg/mm² • 냉간가공으로 강하게 된 것 : 100~150℃에서 약간 연화, 150~200℃ 재결정 온도에서 연화(350℃에서 가공 전 상태로 복귀, 완전한 풀림은 600~650℃ 정도)

③ 화학적 성질 : 고온의 진한 황산·질산에 용해되고 CO_2, SO_2, 습기, 해수(바닷물)에 녹 발생 (녹의 색 : 녹색)

> **🔧 수소병(수소취성)**
> 산화구리를 환원성 분위기에서 가열하면 H_2가 반응하여 수증기를 발생하고, 구리 중에 확산 침투하여 균열(hair crack)을 발생한다.

5) 구리의 일반적 성질
① 전기, 열의 양도체(전도성) 우수하다.
② 전연성, 유연성이 좋아 가공이 쉽다.
③ 색채, 광택이 아름다워 귀금속적인 성질을 갖는다.
④ 화학적, 저항력이 커서 내식성이 크다.
⑤ Zn, Sn, Ni, Au, Ag 등과 쉽게 합금을 만든다.

6) 구리 합금의 특징

① 넓은 범위에 걸쳐 고용체를 형성하여 성질 개선
② α 고용체 : 순동에 가까운 성질, 연성이 크고 가공용에 사용
③ β, σ -고용체 : 가공성이 나빠짐

> **불순물**
> - Ti, P, Fe, Si, As(비소), Sb : 전기전도도 저하
> - Bi, Pb : 가공성 저하
> - Cd : 강도 및 내마모성 향상

7) 황동(brass, 진유(놋쇠:眞鍮))

① 구리와 아연의 합금
② 실용품은 아연(Zn)을 약 30~40% 이하로 함유한 것
③ 아연(Zn) 함유량

30%	7 : 3 황동(α 고용체)	연신율 최대, 고온가공불량(600℃ 이상에서 취약), 냉간가공 양호, 경도 30% 이상부터 증가, 균열방지 풀림온도 200~300℃, 인장강도 30~24kg/mm^2
40%	6 : 4 황동($\alpha+\beta$ 고용체)	인장강도 최대, 냉간가공성 불량(600~800℃ 까지 가열하여 열간가공), 강도 목적, 연신율 감소, 균열방지 풀림온도 180~200℃, 인장강도 40~44kg/cm^2
50%	γ 고용체	급격히 메짐이 커지고, 전기전도율 최대, 취성이 커서 사용 불가

* 아연 함유량에 따라 α, β, γ, δ, η, ε 등의 6개의 고용체를 만드나 α 고용체와 $\alpha+\beta$ 고용체만 실용됨

④ 변태점이 있고 α 고용체는 면심입방격자, β 고용체는 체심입방격자
⑤ 주조성, 가공성, 내식성, 기계적 성질이 우수
⑥ 색채가 아름답고 값이 쌈
⑦ 완전풀림 온도 : 600~650℃
⑧ 자연 균열(geason crack)

설명	시계균열이라고도 하며 냉강 가공한 봉, 관, 용기 등이 사용 중이나 저장 중에 가공 때의 내부 응력, 공기 중의 염류, 암모니아 기체(NH_3)로 인해 입간부식을 일으켜 균열이 발생하는 현상 (일종의 응력부식균열)
방지법	• 200~300℃에서 저온풀림하여 내부응력 제거 • 도금법 • S : 1~1.5% 첨가

⑨ 탈아연 현상(부식)

설명	바닷물에 침식되어 아연(Zn)이 용해 부식되는 현상
방지법	• 아연판을 도선에 연결 • 전류에 의한 방식법

⑩ 고온탈아연부식(dezincing)

설명	온도가 높을수록, 표면이 깨끗할수록 탈아연이 심해짐
방지법	• 아연산화물 피막형성 • Al 산화물 피막형성

⑪ 경년변화 : 냉간 가공한 후 저온 풀림 처리한 황동(스프링)이 사용 중 경과와 더불어 경도 값이 증가(스프링 특성 저하)하는 현상

⑫ 저온풀림경화(low temperature anneal hardening) : 황동을 냉간가공하여 재결정온도 이하의 낮은 온도로 풀림하면 가공 상태보다 오히려 경화하는 현상

⑬ 황동의 종류

종류		성분	명칭	용도
단련황동	톰백 (tombac) & 황동	95Cu–Zn	gilding metal	동전(화폐), 메달용
		90Cu–10Zn	commercial brass	톰백의 대표적, 딥드로잉 (deep drawing), 메달, 배지용, 색이 청동과 비슷하여 청동대용품
		85Cu–Zn	rich low or red brass	연하고 내식성이 좋아 건축 소켓 체결용
		80Cu–20Zn	low brass	전연성이 좋고 색도 아름답다. 장식용, 악기용, 불상용 등
	7 : 3황동	70Cu–30Zn	cartridge brass	가공용 황동 대표적, 탄피, 봉, 판용
		65Cu–35Zn	high or yellow bress	7 : 3 황동보다 값이 싸다
	6 : 4황동	60Cu–40Zn	muntz metal	인장강도 크고 가장 값이 싸다
황동주물	적색황동 주물 황색황동 주물	80Cu > 20Zn 70Cu < 30%Zn	red brass casting yellow brass casting	납땜황동 강도 크고 일반 황동 주물
특수황동	연황동 (lead brass)	6 : 6황동 – 1.5~3.0% Pb	쾌삭황동(free cutting brass), 하아드 황동 (hard brass)	절삭성이 좋다(강도·연신율 감소) 나사, 시계용 기어, 정밀가공용
	주석황동	7 : 3황동 – 1%Zn	에드머럴티 황동 (admiralty brass)	내식성 증가, 탈아연 방지 스프링용, 선박기계용
		6 : 4황동 – 1%Sn	네이벌 황동 (naval brass)	
	철황동	6 : 4황동 – 1~2% Fe	델터메탈 (delta metal)	강도 크고 내식성 좋다. 광산기계, 선박기계, 화학기계용
	강력 황동	6 : 4황동 – Mn, Al, Fe, Ni, Sn	–	강도·내식성 개선, 주조·가공성 향상, 열간 단련성 좋다.
	양은, 양백	7 : 3황동 – 7~30%Ni	German silver	주단조가능, 식기, 전기재료, 스프링
	Al 황동	76~80% Cu – 1.6~3.0% Al – Zn	Albra(알부락)	내식성 향상, 콘덴서, 튜브재료
	Si 황동	Cu – Zn 10~16% – Si 4~5%	silzin bronze	주조성 좋다. 내해수성, 강도 포 금보다 우수하다.

8) 청동(bronze 또는 주석청동(tin bronze))

① 구리와 주석의 합금(용융점이 급속하게 내려감), 또는 구리+10% 이하의 주석이나 주석을 함유하지 않고 다른 특수원소(Al, Si, Ni, Mn, P, Be 등)의 합금의 풀림

② α, β, γ, σ 및 ε 등의 고용체와 Cu_4Sn, Cu_3Sn 등의 화합물이 있음

③ 공업적으로는 α로부터 $\alpha + \sigma$까지의 조직이 사용됨

④ 공석변태 : $\beta \rightleftarrows a + \gamma$ (586℃), $\gamma \rightleftarrows \alpha + \delta$ (520℃), $\delta \rightleftarrows \alpha + \varepsilon$ (350℃)

⑤ 내해수성(10% Sn까지는 주석 함량이 증가함에 따라 내해수성이 좋아짐), 내식성, 내마모성이 있음

⑥ 주조성, 강도가 좋음

⑦ 주석(Sn)의 함유량

4%	연신율 최대, 그 이상에서는 급격히 감소
15% 이상	경도가 급격히 증가, Sn 함량에 비례하여 증가

⑧ 청동의 종류

종류		명칭	성분	용도
계룡청동	포금	Gun metal	Sn 8~12%, Zn 1~2%	청동의 예전 명칭, 청동주물(BC)의 대표 유연성, 내식성, 내수압성이 좋다. 일반기계부품, 밸브, 기어 등에 사용
		Admiralty gun metal	Cu 88%, Sn 10%, Zn 2%	
	납-아연함유 청동	Red arss	Cu 85%, Sn 5%, Zn 5%, Pb 5%	기계가공성·내수압성 증가, 일반용 밸브 콕에 사용
	베어링용 청동	Bearing bronze	Cu+Sn 13~15%	조직 $\alpha+\delta$, P 첨가 시 내마멸성 증가
특수청동	인청동 (PBS)	Phospher bronze	Cu+Sn 9% +P 0.35%	P(탈산제) 내마멸성·내식성·냉간가공 시 인장강도·탄성한계 증가, 판스프링재(갱년 변화가 없다), 기어, 베어링, 밸브시이트
		듀랄플랙스 (Duralflex)	Cu+Sn 10% + Pb 4~16%	미국에서 개발, 성형성·강도가 좋다.
	납 청동		Cu+Sn 10% + Pb 4~16%	Pb은 구리와 합금을 만들지 않고 윤활작용, 베어링용
		켈밋 (kelmet)	Cu+Pb 30~40%	고열전도, 압축강도 크고 고하중, 고속 베어링에 사용
	소결베어링 합금	오일리스베어링 (Oilless bearing)	Cu분말+Sn 8~12% +흑연분말 4~5%	구리, 주석, 흑연분말혼합 가압성형, 700~750℃ 수소기류 중에서 소결, 기름에서 가열 시 무게로 20~30% 기름흡수, 기름 흡급 곤란한 곳의 베어링 사용

특수청동	구리 – 니켈계 합금	어드밴스 (Advance)	Cu 54% + Ni 44% + Mn 1% + Fe 0.5%	정밀 전기기계의 저항선
		콘스탄탄 (Constantan)	Cu + Ni 45%	열전대용, 전기저항선
		콜슨 (Colson)	Cu + Ni 4% + Si 1%	금속간 화합물, 인장강도 105kg/mm² 전선, 스프링용
		쿠니알 청동 (Kunial)	Cu + Ni 4~16% + Al 1.5~7%	뜨임경화성이 크다. (Ni : Al = 4 : 1 최고)
	강력 알루미늄 청동	아암즈 청동 (Aams bronze)	Cu + Al 5~12%에 Fe, Mn, Si, Zn등 첨가	Fe : 결접입자 미세화 및 강도 증가 Ni : 내식성, 고온 강도 증가

[그 외]

알루미늄 청동	• Cu + Al 8~12% • 기계적 성질, 내식성, 내열성, 내마멸성 등이 우수 • 강도 Al 10%, 가공성 8% 전후해서 가장 우수 • 자기풀림(self – annealing) 현상 : 모래 주형에 주입 시 대형주물에서 $\beta \rightarrow \delta + \delta$ 로 완전분해하여 메진 상태로 됨
베릴륨(Be) 청동	• Cu + Be 2~3% • 뜨임시효 경화성이 있음 • 내식·내열·내피로성 우수 • 인장강도 133kgf/mm² • 베어링이나 고급 스프링에 사용
Cu–Cd 합금	• Cu + Cd 1% • 송전선·안테나선으로 사용(인장강도, 전기전도도 큼)
Cu–Si 합금	• Cu + Ag 3~5% • 전선, 전극, 전기접전 등 사용(강도, 전기전도도 큼)
Cu–Si 합금	• Cu + Si 0.75~3.5% • 전선, 전극, 전기접전 등 사용(강도, 전기전도도 큼)
Cu–Mn 합금	• 구리의 탈산 목적으로 Mn 0.1~0.8% 첨가 • Mn 0.8 이상 시 고온 강도 높음 • Mn 3~5% : 보일러의 화실내부, 터빈의 날개 등에 사용
Cu+Ti 합금	• Cu + Ti 약 5% • 고강도, 내열성·내마모성 우수, 전기전도율 낮음 • CTB 합금 : Cu + Ti 4% + Be 0.5% + Co 0.5% 또는 Cu + Ni 2% + Fe 1% • CTG 합금 : Cu + Ti 4% + Ag 3% + Zr 1%(강도 115kgf/mm², 내마모성 우수)
호이슬러 자성합금 (Heusler magnetic alloy)	• 강자성체 • Cu 61% + Mn 26% + Al 13% • 첨가원소가 비자성체(Al, Si, Sb, Bi)

3 마그네슘과 그 합금

1) Mg의 제조방법

마그네사이트($MgCO_3$), 소금찌꺼기앙금 ⟶ ┌ $MgCl_2$ ⟶ Mg
(전기분해 또는 환원처리)
└ MgO ⟶ Mg (용융전해)

2) Mg의 성질

① 비중 1.74(실용금속 중 가장 가볍다), 용융점 650℃, 재결정온도 150℃
② 조밀육방격자, 고온에서 발화하기 쉽다.
③ 대기 중에서 내식성이 양호하나 산이나 염류에는 침식되기 쉽다.
④ 냉간가공이 거의 불가능하여 200℃ 정도에서 열간 가공한다.
⑤ 250℃ 이하에서 크리이프(creep)특성은 Al보다 좋다.
⑥ 비강도가 Al합금보다 우수하다.

3) Mg의 용도

Al 합금용, Ti 제련용, 구상흑연주철 첨가제, 사진용 flash, 건전지 음극보호

4) 주물용 Mg합금의 종류

① Mg-Al계의 도우메탈(Dow metal)
② Mg-Al-Zn계의 엘렉트론(elektron)
③ Mg-회토류계의 미슈메탈(Mischu metal)

4 니켈과 그 합금 및 티탄

1) Ni의 성질

① 백색의 인성이 풍부한 금속으로 면심입방격자이다.
② 상온에서 강자성체이나 353℃에서 자기변태로 자성을 잃는다.
③ 용융점 1455℃, 비중 8.9, 재결정 온도 530~660℃, 열간가공 1000~1200℃
④ 냉간 및 열간가공이 잘 되고 내식성, 내열성이 크다.

2) Ni의 용도

화학 식품 공업용, 진공관, 화폐, 도금 등에 사용

3) Ni 합금

주물용과 다련용 합금으로 구분

	콘스탄탄 (konstantan)	Ni 40~45%, 온도측정용 열전쌍, 표준전기저항선
Ni-Cu계 합금	어드밴스 (advance)	Ni 44% Mn 1%, 전기의 저항선
	모넬메탈 (Monel metal)	Ni 65~70% Fe 1.0~3.0%, 강도와 내식성 우수, 화학공업용 개량형 : Al모넬, Si모넬, Si모넬, S모넬 등 KR → C • R모넬 : 0.035%S를 넣어 피삭성을 증대 • K모넬 : Al을 첨가 석출경화성 • KR모넬 : K모넬에 탄소를 증가 • H모넬 : Si 3% 첨가 • S모넬 : 4% Si를 첨가한 합금
Ni-Fe계 합금	인바아 (invar)	Ni 36%(0.2% Mn 0.4%, 길이 불변, 표준자·바이메탈용
	초인바아 (super invar)	Vi 30~32% CO 4~6%, 측정용(팽창계수 20℃에서 제로)
	엘린바아 (elinvar)	Ni 36% Cr 12%, 탄성계수 불변, 시계부품
	플래티나이트 (platinite)	Ni 42~48%, 열팽창계수가 작음, 전구, 진공관 도선용
	니칼로이 (nickalloy)	Ni 50%, Fe 50%, 해저전선에 감아 자기유도계수 증가로 송전어수증 가용으로 쓰임
	퍼어멀로이 (permalloy)	Ni 70~90%, 투자율 높음, 자심재료, 장하코일용
	초퍼어멀로이 (super permalloy)	No 1%, Ni 70~85%, Fe 15~30%, Co < 4%
	펌인바아 (perminvar)	Ni 20~75%, Co 5~40% 나머지 Fe, 고주파용 철심
내식, 내열용 합금	니크롬 (nichrome)	Ni 50~90%, Cr 15~20%, Fe 0~25%, 내열성 우수, 전열 저항선에 사용(Fe 첨가 전열선은 내열성 저하 및 고온에서 내산성 저하)
	인코넬 (inconel)	Ni에 Cr 13~21%, Fe 6.5% 첨가(내식성 우수, 내열용에도 사용)
	하스텔로이 (hastelloy)	Ni에 Fe 22%, Mo 22% 정도 첨가(내식성 우수, 내열용에도 사용)
	알루멜 (alumel)	Ni에 3% Al 첨가(고온 측정용 열전대 재료, 최고 1200℃까지 사용 가능)
	크로멜 (chromel)	Ni에 10% Cr 첨가(고온 측정용 열전대 재료, 최고 1200℃까지 사용 가능

4) 티탄(Ti)의 성질 및 용도

① 성질 : 비중 4.5. 용융점 1800℃, 인장강도 50kg/mm², 점성강도 큼, 내식성, 내열성이 우수
② 용도 : 항공기 및 송풍기 및 송풍기 프로펠라 등에 사용

5 아연, 주석, 납과 그 합금

1) 아연(Zn : Zinc)과 그 합금

① Zn의 제조 : 섬아연광(ZnS), 탄산아연광($ZnCO_3$)을 원광석으로 건시법(환원), 습식법(전해 채취)에 의해 제조
② Zn의 성질 : 비중 7.13. 용융점 420℃, 조밀육방격자, 재결정온도 상온 부근, 염기성 탄산염 표면 산화막 형성
③ Zn의 용도 : 철재의 도금, 인쇄판, 다이캐스트용
④ Zn의 합금

다이캐스팅 합금	Zn-Al, Zn-Al-Cu계 사용, 특히 4% 함유 합금을 자막(zamak, 미국) 또는 마작 (mazak, 영국)이라 함
베어링용 합금	Zn-Al 2~3%, Zn-Cu 5~6%, Sn 10~25%의 합금

2) 주석(Sn : Tin)과 그 합금

① Sn의 성질 : 18℃에서 동소변태

백주석	18℃ 이상 안정, β주석, 비중 7.3, 체심입방, 전성우수
휘주석	18℃ 이하, α주석, 다이아몬드형, 비중(1℃) 5.7, 내식성 우수, 식기류에 사용

② Sn의 용도 : 철의 표면부식 방지, 청동·베어링메달용 땜납

3) 납(Pb : Lead)과 그 합금

① Pb의 성질 : 비중 11.35, 용융점 327℃, 면심입방격자, 연신율 50%, 인장강도 2kg/mm²이하 합금 원소 첨가 시(Sb, Mg, Sn, Cu 등) 실온에서 시효 경화, 인체에 유해하므로 식기, 완구류 에는 Pb 10% 이상 함유해서는 안 됨
② 용도 : 땜납, 활자합금, 수도관, 축전지의 극판 등에 사용

4) 베어링용 합금

① 화이트메탈(WM) : Sn-Cu-Sb-Zn의 합금으로 저속기관의 베어링에 많이 사용
② 배빗메탈(babbit metal) : Sn을 기지로 한 화이트메탈로 경도, 열전도율이 크고 충격, 진동 에 강하여 고하중 고속의 축용 베어링에 사용

5) 저용융점 합금(fusible alloy)

① Sn보다 융점이 낮은 금속으로 퓨즈, 활자, 안전장치, 정밀 모형 등에 사용됨(Pb, Sn, Co의 두 가지 이상의 공정 합금)

② 종류 : Bi-Pb-Sn의 3원 합금, Bi-Pb-Sn-Cd의 4원 합금

③ 명칭 : 우드메탈(Wood's metal), 리포위쯔 합금(Lipowitz alloy), 뉴우톤 합금(Newton's alloy), 로우즈 합금(Rose's alloy), 비스무트 땜납(Bismuth solder) 등

6) 땜납 합금

① 연납(soft solder) : Pb-Sn 합금(Sn 40~50% 주로 사용)

② 경납(hard solder) : 450℃ 이상의 용융점을 갖는 납, 은납, 황동납, 금납, 동납 등

6 귀금속, 회유금속, 신금속, 분말야금

1) 귀금속

① 금, 은 백금(전체면심입방격자)

② 전연성·가공성 양호, 내식성 우수

2) 회유금속

고순도 Ge(반도체), Si(트랜지스터 재료), Se(반도체, 정류기, 광전용 기기), Te(강에 첨가 쾌삭강), In(항공기용 베어링), Li(원자로용, Al접착제), Ta(외과, 치과용 기구), Bi, Hg, Cd 등

3) 신금속

① 신개발 금속으로 과거 사용금속 중 고순도 및 특수 목적으로 사용되는 금속으로 회유금속(rare metal)에 속하는 것이 많음

② 용도 : 원자로용, 전자공업용, 항공, 우주용, 내식용, 특수 합금용 등

4) 분말야금

① 개요 : 금속 및 비금속 화합물의 분말을 압축 성형하여 만드므로 용해 및 기계가공이 필요 없음

② 소결(sintering) : 압축 성형한 분말을 가열하여 분말입자들을 충분히 결합시켜 균일한 재질의 강한 조직을 가지는 재료를 만드는 방법

③ 분말야금제품 : 기계부품, 베어링 및 다공질 합금, 전기접점합금, 초경 합금

06 신소재 및 그 밖의 합금

1 신소재

1) 신소재의 분류 및 종류

2) 신소재의 종류 및 용도

재료 용도	무기재료	고분자 재료	금속재료	복합재료
전자재료	갈륨비소, 아몰퍼스실리콘, 탄화지르코늄, 규소화 몰리브덴, 붕화란탄, 티탄산지르콘산납	폴리아미드, 폴리아세탈, 폴리카보네이트, PBT, 변성PPO, 폴리옥시벤질렌(에코놀)	아몰포스	–
자성재료	가돌리늄, 갈륨, 가넷, 페리아트	도전성 필름	니오브 티탄 합금, 센더스트 금속, 회토류자석	도전성 접착제
광학재료	석영섬유, 황화 카드뮴	MMA 수지, 클로로필 폴리어	–	칼코게나이트 글라스
고온·내열 재료	질화규소, 탄화규소, 사이아론, 질화붕소	불소수지, 실리콘수지, 폴리아미드	수퍼얼로이 (Ni, Co 등)	탄소섬유, 탄화규소 섬유, 알루미나 섬유
초경재료	질화붕소, 탄화티탄, 탄화규소, 탄화붕소, 붕화 지르코늄	–	코발트 합금, 초미립자 금속(Cr계, Ni계)	–
구조재료	탄화티탄	폴리카보네이트	수소저장합금, 머르에이징강, 고장력강	스틸섬유, 소결 스테인리스강 섬유
기타	인조보석, 규소화 붕소(원자로 제어재)	킬레이트 수지, 이온교환수지, 고분자 촉매	초소성 금속, 다공질 금속, 형상기억 합금	특수 유리섬유

01 다음 중 중금속에 속하는 것은?

① Al

② Mg

③ Be

④ Fe

해설

각 금속의 비중을 알아보면 Al : 2.699, Mg : 1.74, Be : 1.848, Fe : 7.37이다. Fe의 비중은 5 이상이므로 중금속에 속한다.

02 주석(Sn)의 비중과 용융점을 가장 적당하게 나타낸 것은?

① 2.67, 660℃

② 7.28, 232℃

③ 8.96, 1083℃

④ 7.87, 1538℃

해설

주석의 비중은 7.298 용융점은 232℃이다.

03 경금속과 중금속은 무엇으로 구분되는가?

① 전기전도율

② 비열

③ 열전도율

④ 비중

해설

경금속과 중금속은 비중으로 5 이상이면 중금속이다.

04 다음 중에서 중금속에 속하지 않는 것은?

① 크롬(Cr)

② 구리(Cu)

③ 철(Fe)

④ 티탄(Ti)

해설

티탄은 4.5이고 철은 7.87, 구리는 8.96, 크롬은 7.09 등이다.

05 다음 중 열 및 열전도도가 가장 큰 금속은?

① 변태점을 가지고 있다.

② 자유전자가 이동할 수 있다.

③ 비금속 재료에 비하여 비중이 크다.

④ 금속은 대부분 상온에서 결정으로 되어 있다.

해설

열전도율(thermal conductivity) : 길이 1cm에 대하여 1℃의 온도차가 있을 때 1cm²의 단면적을 통하여 1초 사이에 전달되는 열량으로 자유전자가 활발히 이동하는 것으로 열전도율이 가장 좋은 금속은 Ag → Cu → Pt → Al 등의 순이다.

06 물체가 탄성한도를 초과한 힘을 받고도 파괴되지 않고 가느다란 선으로 늘어나는 성질은 기계적 성질에서 무엇이라 하는가?

① 연성   ② 전성

③ 취성   ④ 절삭성

해설

① 연성(ductility) : 물체가 탄성한도를 초과한 힘을 받고도 파괴되지 않고 가느다란 선으로 늘어나는 성질(Au 〉 Ag 〉 Ce 〉 Pt 〉 Zn 〉 Fe 〉 Ni)
② 전성(malleability) : 가단성과 같은 말로 단조, 압연 작업에 의하여 얇은 판으로 넓게 펴질 수 있는 성질(Au 〉 Ag 〉 Pt 〉 Al 〉 Fe 〉 Ni 〉 Cu 〉 Zn)
③ 취성(brittleness) : 인성에 반대되는 성질로 물체가 변형 및 충격에 의해 잘 부서지거나 깨지는 성질
④ 절삭성 : 절삭 공구에 의해 재료가 절삭되는 성질

07 다음은 금속의 일반적인 특성이다. 틀린 것은?(단, Hg 제외)

① 상온에서는 고체이며 결정체이다.
② 전성, 연성이 크다.
③ 전기와 열의 양도체이다.
④ 비중이 작고 경도가 크다.

해설
①, ②, ③번과 금속특유의 광택을 갖고 용융점이 높고 대체로 비중이 크다.

08 기계 재료에 가장 많이 사용되는 재료는?

① 비금속 재료
② 철합금
③ 비철합금
④ 스테인레스강

해설
현재에는 철합금이 가장 많이 사용되는 재료이나 점점 변화가 된다.

09 합금의 공통적인 특성은?

① 용융점이 낮아진다.
② 압축력이 낮아진다.
③ 경도가 감소된다.
④ 내식성, 내열성이 감소한다.

해설
합금의 특징
• 경도와 강도를 증가시킨다.
• 주조성이 좋아진다.
• 내산성, 내열성이 증가한다.
• 색이 아름다워진다.
• 용융점, 전기 및 열전도율이 낮아진다.

10 다음 중 합금에 속하는 것은?

① 철
② 구리
③ 구리강
④ 납

해설
구리와 강이 합쳐진 합금이다.

11 금속의 결정구조와 관계없는 사항은 다음 중 어느 것인가?

① 면심입방격자
② 체심입방격자
③ 조밀육방격자
④ 사방입방격자

해설
금속의 결정구조는 단순, 체심, 면심, 저심입방격자와 조밀육방격자이다.

12 금속의 결정핵 수와 관계없는 것은?

① 금속의 종류
② 장소
③ 냉각속도
④ 냉각속도의 서냉과 급랭

해설
결정핵의 수는 냉각속도와 장소에 따라 달라진다.

정답					
01 ④	02 ②	03 ④	04 ④	05 ②	06 ①
07 ④	08 ②	09 ①	10 ③	11 ④	12 ①

13 금속의 냉각속도가 빠르면 조직은 어떻게 변화하는가?

① 금속의 조직이 치밀하여진다.
② 냉각속도와 금속의 조직과는 관계가 없다.
③ 금속의 조직이 조대해진다.
④ 불순물이 적어진다.

해설
냉각속도가 빠르면 결정핵 수의 증가 및 결정입자의 미세화가 되고 냉각속도가 느리면 결정핵 수의 감소 및 결정입자의 조대화가 된다.

14 금속의 조직이 성장되면 불순물은 어느 곳으로 모이게 되는가?

① 결정의 모서리에 모인다.
② 결정의 중심부에 모인다.
③ 결정결계에 모신다.
④ 조직의 성장과는 관계가 없다.

해설
금속이 응고할 때에 고용되지 않은 불순물은 결정경계 부분에서 배출되는 일이 많다. 그러므로 주상정으로 된 주물에는 주상정에 연결부에 해당하는 곳에 불순물이 집중하므로 취성이 생기며 약한 면이 형성되어 가공 중에 균열되기 쉽다.

15 금속의 결정격자는 규칙적으로 배열되는 것이 정상이지만 불완전하거나 결함이 있을 때 외력이 작용하면 불완전한 곳과 결함이 있는 곳에서부터 이동이 생기는 것을 무엇이라 하는가?

① 슬립
② 전위
③ 쌍정
④ 탄성변형

해설
문제는 소성가공의 원리 중 전위(dislocation)를 설명한 것으로 전위에는 날끝전위와 나사전위가 있다.

16 상온에서 철의 결정격자는 어떤 구조로 되어 있는가?

① 체심정방격자
② 사방황격자
③ 면심입방격자
④ 체심입방격자

해설
철의 상온에서는 체심입방격자 고온으로는 면심이고 용융점이 되면 다시 체심입방격자이다.

17 체심입방격자의 소속 원자수는 몇 개인가?

① 1개
② 2개
③ 3개
④ 4개

해설
체심입방격자는 소속원자수는 $1/8 \times +1 = 2$개이다.

18 다음에서 자기변태점을 갖지 않는 금속은?

① 철(Fe)
② 주석(Sn)
③ 코발트(Co)
④ 니켈(Ni)

해설
자기변태점을 가지는 금속은 철, 니켈, 코발트(철니코)라고 한다.

19 철(Fe)의 자기변태점의 온도는 몇 도인가?

① 450℃

② 780℃

③ 912℃

④ 1400℃

철의 자기변태점의 온도는 780℃이다.

20 퀴리점(curie point)이란 무엇을 뜻하는가?

① 용융점

② 응고점

③ 동소변태점

④ 자기변태점

퀴리점은 자기변태점이다.

21 금속이나 합금은 고체 상태에서 온도의 변화에 따라 내부 상태가 변화하여 기계적 성질이 달라지는데 이것을 무엇이라 하는가?

① 동소변형

② 동소변태

③ 자기변태

④ 재결정

22 순철이 912℃ 이하에서는 어떤 결정구조를 형성하고 있는가?

① 면심입방격자

② 단순사방격자

③ 체심입방격자

④ 조밀육방격자

23 금속간 화합물의 설명으로 옳지 않은 것은?

① 일반적으로 AmBn의 화학식으로 표시한다.

② A,B 두 금속에 반드시 일정한 원자비로 결합하여야 한다.

③ A,B 두 금속이 간단한 원자비로 결합되어 본래의 물질과 비슷한 성질을 형성한다.

④ A,B 두 금속의 친화력이 대단히 강해야 한다.

24 침입형 고용체에 용해될 수 없는 원소는?

① H

② N

③ C

④ P

침입형 고용체에는 용매원자기 결정격자의 틈새에 용질원자가 드러간 구조로 침입이 가능한 원자의 반경은 원(元)원자반경의 0.41배이며 BCC에서는 0.29로 보다 작다. 따라서 용집원자는 반경이 작은 H, C, N, B, O 등의 비금속원소가 많다.

정답					
13 ①	14 ③	15 ②	16 ④	17 ②	18 ②
19 ②	20 ④	21 ④	22 ③	23 ③	24 ④

25 다음은 금속의 소성가공 이유를 설명한 것 중 옳지 않은 것은?

① 금속을 변형시켜 필요한 모양으로 만든다.

② 기계적 성질을 좋게 한다.

③ 항복강도, 경도가 다 감소한다.

④ 가공으로 인하여 생긴 내부응력을 적당히 재료내부에 남게 함으로써 기계적 성질을 향상시킨다.

26 어떤 종류의 금속이나 합금은 가공경화한 직후부터 시간이 경과와 더불어 기계적 성질이 변화하나, 나중에는 일정한 값을 나타내는데, 이러한 현상을 무엇이라 하는가?

① 시효경화

② 가공경화

③ 담금질 인공시효경화

④ 인공시효

문제는 시효경화를 설명한 것이다.

27 다음 중에서 시효 경화를 일으키지 않는 금속은?

① 황동

② 니켈

③ 듀랄루민

④ 알루미늄

28 다음 금속 중 재결정 온도가 가장 높은 것은?

① Au

② Zn

③ Ni

④ W

각 금속의 재결정 온도는 Au : 200℃, Zn : 5~25℃, Ni : 530~660℃, W : 1,000℃ 이므로 W이 가장 높다.

29 다음 중 경금속에 속하지 않는 것은?

① Cu

② Al

③ Mg

④ Be

구리(8.96)는 중금속이다.

30 냉각가공과 열간가공의 한계를 결정짓는 것은 다음 중 어느 것인가?

① 변태온도

② 변태시간

③ 용융온도

④ 재결정 온도

가공경화된 재료를 가열하면 재질이 연하게 되어 내부변형이 일부 제거되면서 회복되며 계속 온도가 상승하여 어느 온도에 도달하면 경도가 급격히 감소하고 새로운 결정으로 변화하는 것을 재결정이라 한다.

31 금속간 화합물의 특성 중 틀린 것은?

① 복잡한 공간격자 구조를 가지며 대단히 취약해서 소성변형 능력이 거의 없다.

② 복잡한 공간 격자 구조를 가지며 대단히 성질이 좋아 소성변형에 제일 적합하다.

③ 경도가 높다.

④ 전기 저항이 크다.

32 동소 변태를 일으키는 원소와 온도를 열거하였다. 틀린 것은?

① Co-477℃

② Fe-912℃~1400℃

③ Sn-865℃

④ Ti-833℃

33 다음 그림에 대한 설명으로 맞는 것은?

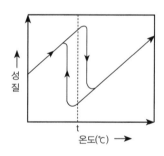

① 동소변태가 생길 때의 길이의 변화와 온도와의 관계

② 동소변태가 생길 때의 내부 부피 및 중량의 차

③ 자기변태가 생길 때의 성질과 온도와의 관계

④ 자기변태가 생길 때의 길이의 변화와 온도

해설
위 그림은 동소변태가 생길 때의 길이의 변화와 온도와의 관계를 나타내는 것으로 변태점에서 설질변화가 급격히 생기고 있으며 이 때 변화는 가역적이고 가열에서는 냉각온도보다 다소 높은 온도에서 변태가 생긴다.

34 변태점을 측정하는 방법 중에서 온도가 상승하면 팽창하고 강하하면 수축하나 변태점에서는 급변하는 것을 이용하는 방법은?

① 열분석법

② 열팽창법

③ 전기저항법

④ 비열법

해설
문제는 열팽창법을 설명한 것이다.

35 소성변형 시 불완전하거나 결함이 있을 때 외력이 작용하면 불완전하거나 결함이 있는 곳에서부터 이동이 생기는데 이것을 무엇이라 하는가?

① 슬립

② 쌍정

③ 전위

④ 트윈

해설
문제는 전위를 설명한 것이다.

36 다음 열거한 것 중 고용체의 종류가 아닌 것은?

① 침입형 고용체

② 규칙적자형 고용체

③ 치환형 고용체

④ 불완전형 고용체

해설
2종 이상의 금속이 용융상태에서 합금이 되었거나 고체상태에서도 균일한 융합상태로 되어 각 성분금속을 기계적인 방법으로 구분할 수 없는 완전한 융합을 말하며 용매원자 속에 용질원자가 배열된 상태에 따라 침입형 고용체와 치환형 고용체 그리고 규칙격자형 고용체로 구분한다.

정답					
25 ③	26 ①	27 ②	28 ④	29 ①	30 ④
31 ②	32 ③	33 ①	34 ②	35 ③	36 ④

37 고온에서 균일한 고용체로 된 것이 고체 내부에서 공정과 같은 조직으로 분리되는 경우를 무엇이라 하는가?

① 공석   ② 공정

③ 포정   ④ 쌍정

공석(eutectold) : 고온에서 균일한 고용체로 된 두 종류의 고체가 공정과 같이 일정한 비율로 동시에 석출해서 생긴 혼합물로 공정과 비교하기 위해 공석이라 한다.

38 금속의 소성가공하는 이유 중 틀린 것은?

① 금속을 변형시켜 필요한 모양으로 만든다.

② 주조된 상태의 금속은 기계적 성질이 약하므로 단련하여 조직을 미세화한 후에 풀림 열처리를 함으로써 기계적 성질은 좋게 한다.

③ 가공으로 생긴 내부응력을 완전히 제거하는데 있다.

④ 가공으로 인하여 생긴 내부응력을 적당히 재료 내부에 남기어 기계적 성질을 향상시킨다.

소성가공의 목적은 ① 금속을 변형시켜 필요한 모양으로 만든다. ② 주조 조직을 파괴 단련하여 조직을 미세화한 후 풀림처리하여 기계적 성질을 좋게 한다. ③ 가공에 의한 내부응력을 적당히 잔류시켜 기계적 성질을 향상시킨다.

39 금속원소에서 온도의 변화에 따라 내부상태의 변화 즉 결정격자의 형상이 변하는데, 이것을 무엇이라 하는가?

① 동소변태

② 자기변태

③ 소성변형

④ 격자변화

40 액체에서 고체의 결정이 동시에 생성되는 현상은?

① 공정   ② 공석

③ 석출   ④ 정출

문제는 정출에 대한 내용이다.

41 다음 중 틀린 것은 어느 것인가?

① 용융금속은 응고 시 발생되는 핵의 중심으로 원자가 규칙적으로 배열되어 발달된다.

② 이 핵이 발달되어 나뭇가지 모양으로 된 것을 수상정이라 한다.

③ 주형의 모서리는 둥근형보다 모진 것이 좋다.

④ 냉각속도가 빠를수록 발생핵의 수가 많아지고 결정입자가 미세해진다.

42 순철의 동소변태점에서 알맞은 것은?

① 체심입방격자 〉 912℃ 〉 면심입방격자

② 면심입방격자 〉 912℃ 〉 체심입방격자

③ 면심입방격자 〉 1400℃ 〉 체심입방격자

④ 체심입방격자 〉 1538℃ 〉 면심입방격자

고체 내에서의 원자 배열의 변화, 즉 결정격자의 형상이 변하기 때문에 생기게 되는 것으로 예를 들면 순철(pure iron)에는 α, γ, δ의 3개의 동소체가 있는데 α철은 912℃(A_3 변태) 이하에서는 체심입방격자이고, γ철은 912℃로부터 약 1400℃(A_4 변태) 사이에 면심입방격자이며, δ철은 약 1400℃에서 용융점 1538℃ 사이에는 체심입방격자이다.

43 2개의 성분금속이 용융상태에서는 균일한 액체를 형성하나 응고 후에는 성분금속이 각각 분리되어 기계적으로 혼합한 조직을 무엇이라 하는가?

① 공정　　② 공석
③ 포정　　④ 고용체

<u>해설</u>
고온에서 균일한 고용체로 된 두 종류의 고체가 공정과 같이 일정한 비율로 동시에 석출해서 생긴 혼합물로 공정과 비교하기 위해 공석이라 한다.

44 한 성분의 금속 중에 다른 성분의 금속이 혼합되어 용융상태에서 합금이 되었을 때 또는 고체상태에서도 균일한 용융상태로 각 성분 금속을 기계적인 방법으로 구분할 수 없는 것은?

① 공정　　② 공석
③ 포정　　④ 고용체

<u>해설</u>
2종 이상의 금속이 용융상태에서 합금이 되었거나 고체상태에서도 균일한 융합상태로 되어 각 성분금속을 기계적인 방법으로 구분할 수 없는 완전한 융합을 말하며 용매원자 속에 용질원자가 배열된 상태에 따라 침입형 고용체와 치환형 고용체 그리고 규칙격자형 고용체로 구분한다.

45 다음 중 반자성체에 해당하는 금속으로만 이루어진 것은?

① 철, 구리
② 코발트, 니켈
③ 안티몬, 금
④ 알루미늄, 망간

<u>해설</u>
자기장에 놓일 때 자기장과 반대 방향으로 자화되는 물질. 자기장이 없어지면 자성을 소실하며, 비자화율은 극히 작아 $10^{-5} \sim 10^{-8}$ 범위이다. 따라서 실용상 비투자율은 1이며, 거의 자화되지 않는다고 할 수 있다. 물, 수은, 은, 납, 구리, 안티몬, 비스무트 알루미늄. 망간등은 반자성체의 대표적인 예이다.

46 어떤 금속의 결정구조를 표시하는 방법은?

① 단위포의 각 모서리의 길이로 표시
② 금속의 단위포 중에 있는 원자를 보올로서 표시
③ 원자의 규칙적인 배열상태로 표시
④ 결정입자들 사이의 결계로 표시

<u>해설</u>
금속은 대단히 많은 크고 작은 결정들이 무질서하게 집합을 이루고 있으며 그 한개 한개의 결정입자들이 사이의 결계를 결정경계라 하고 결정입자들은 원자가 규칙적으로 배열되어 있어 이와 같은 것을 결정격자라 하며 이것을 다시 결정의 공간격자(space lattice)라고도 한다.

47 다음 중 자기변태를 하는 대표적인 금속으로만 이루어진 것은?

① Fe, Ni, Co
② Mg, W, Zn
③ Cu, Al, Au
④ Pb, Agm Cd

<u>해설</u>
자기변태를 하는 대표적 금속은 철, 니켈, 코발트 등이다.

48 순철에서 a철은 몇 도 이하에서 어떠한 결정격자인 원자배열을 갖는가?

① 912℃ 이하에서 안정한 체심입방격자
② 1394℃ 이하에서 안정한 조밀육방격자
③ 912~1394℃에서 안정한 면심입방격자
④ 770~912℃에서 정방격자

<u>해설</u>
순철(pure iron)에는 α, γ, δ의 3개의 동소체가 있는데 α철은 912℃(A_3 변태)이하에서는 체심입방격자이다.

정답					
37 ①	38 ③	39 ①	40 ④	41 ③	42 ②
43 ②	44 ④	45 ④	46 ④	47 ①	48 ①

49 다음 중 상자성체인 금속으로만 이루어진 것은?

① 니켈(Ni), 코발트(Co), 망간(Mn)

② 안티몬(Sb), 비스무트(Bi), 수은(Hg)

③ 철(Fe), 안티몬(Sb), 금(Au)

④ 코발트(Co), 구리(Cu), 은(Ag)

해설

상자성체인 근속은 니켈, 코발트. 망간 등이다.

50 다음 중 Mg, Zn, Cd, Ti 등의 금속이 갖는 결정격자는?

① 체심입방격자

② 면심입방격자

③ 조밀육방격자

④ 정방격자

해설

조밀육방격자은 연성이 부족하며 문제에 설명된 금속이 있다.

51 순철의 동소변태점은?

① 2개(α, β)

② 3개(α, γ, δ)

③ 4개(α, β, γ, δ)

④ 5개(α, β, γ, δ, ρ)

해설

순철(pure iron)에는 α, γ, δ의 3개의 동소체가 있다.

52 성분이 균일한 2개의 금속이 용융상태에서 응고할 때 서로 다른 종류의 결정이 동시에 응고하는 상태를 무엇이라 하는가?

① 공정

② 공석

③ 초정

④ 초석

해설

용융상태에서는 균일한 액체로 형성된 두 개의 성분금속이 어떤 온도로 냉각시킨 후 응고시에 성분금속이 각각 결정으로 분리되어 기계적으로 혼합된 조직이 형성된 현상

53 용액의 한쪽의 결정을 정출하여 다른 쪽의 융체로 변화하는 반응은 무엇인가?

① 포정반응

② 편정반응

③ 공석반응

④ 공정반응

해설

편정반응이란 하나의 액체에서 고체와 다른 종류의 액체를 동시에 형성하는 반응으로 공정반응과 흡사하지만 하나의 액체만이 변태반응을 일으킨다.

54 2종 이상의 금속원자가 간단한 원자 비로 결합하고 있으며 결정격자의 단위포 안에서 일정한 위치를 차지하고 있는 합금을 무엇이라고 하는가?

① 고용체

② 금속간 화합물

③ 혼합체

④ 공정합금

해설

2종 이상의 금속이 간단한 원자비로 화학적으로 결합하여 성분금속과는 다른 성질을 가지는 독립된 화합물을 만드는 것을 말한다.

55 금속이 용융상태에서 서냉하면 무슨 형태의 결정이 되는가?

① 수지 상결정
② 주상결정
③ 망상결정
④ 전상결정

해설
용융된 순금속을 냉각하면 어떤 고유한 일정 온도에서 응고가 시작되며 이 때 발생된 결정핵을 중심으로 그 금속원자 고유의 결정격자를 이루면서 나뭇가지 모양으로 원자가 배열된 수지상(dendrite)으로 결정이 성장되며 응고된다.

56 격자상수란 무엇인가?

① 단위포의 한 모서리의 길이
② 격자를 이루고 있는 원자의 수
③ 단위포의 모서리와 모서리가 이루는 각
④ 격자의 단위 체적량의 수

해설
금속은 대단히 많은 크고 작은 결정들이 무질서하게 집합을 이루고 있으며 그 한개 한개의 결정입자들이 사이의 결계를 결정경계라 하고 결정입자들은 원자가 규칙적으로 배열되어 있어 이와 같은 것을 결정격자라 하며 이것을 다시 결정의 공간격자(space lattice) 라고도 한다. 이 결정격자는 단위 세포(unit cell)로 구성되어 있다.

57 고용체 상태에서는 어떠한 현상을 찾아볼 수 없는가?

① 강도 증가
② 경도 증가
③ 변형의 증가
④ 전연성의 증가

해설
2종 이상의 금속이 용융상태에서 합금이 되었거나 고체 상태에서도 균일한 융합상태로 되어 각 성분금속을 기계적인 방법으로 구분할 수 없는 완전한 융합을 말하며 전연성의 증가는 없다.

58 금속재료의 잘라진 부분을 보면 무수한 가는 알갱이의 모임으로 구성되어 있는 것을 알 수 있다. 이 가는 알갱이를 무엇이라 하는가?

① 결정격자
② 단위포
③ 결정립
④ 격자상수

해설
금속은 대단히 많은 크고 작은 결정들이 무질서하게 집합을 이루고 있으며 그 한개 한개의 결정입자들이 사이의 결계를 결정경계라 하고 결정입자들은 원자가 규칙적으로 배열되어 있어 이와 같은 것을 결정격자(상수)라 한다.

59 금속의 결정구조 중에서 일반적으로 볼 수 없는 결정격자는 어느 것인가?

① 면심입방격자
② 체심입방격자
③ 조밀육방격자
④ 면심정방격자

해설
금속의 결정구조 중에서 면심정방격자는 없다.

60 조밀육방격자인 금속은 어느 것인가?

① Zn
② Cu
③ Mo
④ Ag

해설
Zn는 조밀육방격자, Cu는 면심입방격자, Mo는 체심입방격자, Ag는 면심입방격자

정답					
49 ①	50 ③	51 ②	52 ①	53 ②	54 ②
55 ①	56 ①	57 ④	58 ③	59 ④	60 ①

61 순철에는 a철 γ철 δ철의 3개의 동소체가 있는데, 다음 중 a철에 해당되는 것은?

① 912℃ 이하에서 안정한 체심입방격자
② 912~1,394℃에서 안정한 면심입방격자
③ 1,394℃ 이상에서 안정한 면심입방격자
④ 778℃에서 안정한 조밀육방격자

62 금속의 변태에 관한 설명 중 틀린 것은?

① 금속의 용해도 일종의 변태라 할 수 있다.
② 동소변태는 고체 내에서의 원자배열의 변화로 생긴다.
③ 자기변태의 대표적 금속은 Fe, Ni, Co 등이다.
④ 자기변태는 일정온도에서 급격한 비연속적 변화이다.

63 탄화물의 입계석출로 인하여 입계부식을 가장 잘 일으키는 스테인리스강은?

① 펄라이트계 ② 페라이트계
③ 마텐자이트계 ④ 오스테나이트계

64 용접 비드 부근이 특히 부식이 잘되는 이유는 무엇인가?

① 과다한 탄소함량 때문에
② 담금질 효과의 발생 때문에
③ 소려효과의 발생 때문에
④ 잔류응력의 증가 때문에

65 금속의 조직 중에서 가장 경도가 높은 것은?

① 페라이트(ferrite)
② 트루사이트(troosite)
③ 펄라이트(pearlite)
④ 시멘타이트(cementite)

66 다음 중 금속의 일반적 특성으로 틀린 것은?

① 모든 금속은 상온에서 고체이며 결정체이다.
② 열과 전기의 좋은 양도체이다.
③ 전성 및 연성이 풍부하다.
④ 금속적 광택을 가지고 있다.

67 합금강에 첨가한 원소의 일반적인 효과가 잘못된 것은?

① Ni - 강인성 및 내식성 향상

② Ti - 내식성 향상

③ Cr - 내식성 감소 및 연성 증가

④ W - 고온강도 향상

해설
크롬은 작은 양이라도 경도와 인장강도가 증가하고 함유량의 증가에 따라 내식성과 내열성 및 자경성이 커진다.

68 용접 금속 조직의 특징에서 주상정(主狀晶)의 발달을 억제하는 방법으로 가장 적합하지 않은 것은?

① 용접 중에 초음파 진동을 적용하는 방법

② 용접 중에 공기 충격을 적용하는 방법

③ 용접 직후에 롤러 가공을 적용하는 방법

④ 용접 금속 내의 온도 구배를 현저하게 하는 방법

해설
용접 금속에서 표면의 빠른 냉각으로 중심부를 향하여 방사상으로 이루어진 결정을 주상정이라 하며 보통 온도구배가 커지면 내부 쪽으로 주상정이 커진다.

69 용착금속이 응고할 때 불순물이 한 곳으로 모이는 현상을 무엇이라고 하는가?

① 공석   ② 편석

③ 석출   ④ 고용체

해설
금속의 처음 응고부와 나중에 응고하는 농도차가 있어 불순물이 한곳으로 모이는 것을 편석이라고 한다.

70 공석강의 항온 변태 중 723℃ 이상에서의 조직은?

① 오스테나이트   ② 페라이트

③ 세미킬드강   ④ 베이나이트

해설
항온 변태곡선에서 A_1(723℃)에서는 안정 오스테나이트 조직으로 인성이 크며 상자성체이다.

71 황은 강철에 어떤 영향을 주는가?

① 저온인성   ② 적열취성

③ 저온취성   ④ 적열인성

해설
탄소강에 유황은 강 중에 0.02% 정도 함유 시 강도, 연신율, 충격치 감소, 고온 가공성을 나쁘게 하고(망간을 첨가 고온가공성 개선), 고온취성(적열 또는 고온메짐)과 균열의 원인이 된다.

72 레데부라이트(ledeburite)를 옳게 설명한 것은?

① δ고용체와 석출을 끝내는 고상선

② 시멘타이트의 용해 및 응고점

③ δ고용체로부터고용체와 시멘타이트가 동시에 석출되는 점

④ 고용체와의 Fe_2C와의 공정주철

해설
4.3%C의 용액에서 γ고용체와 시멘타이트가 동시에 공정 정출하는 점으로 이 조직을 레데부라이트라 하며 A_1점 이상에서는 안정적으로 존재하고 경도가 크고 취성을 가지는 성질의 공정주철이다.

정답					
61 ①	62 ④	63 ④	64 ④	65 ④	66 ①
67 ③	68 ④	69 ②	70 ①	71 ②	72 ④

73 2개의 성분 금속이 용해된 상태에서는 균일한 용액으로 되나 응고 후에는 성분 금속이 각각 결정이 되어 분리되며 2개의 성분 금속이 고용체를 만들지 않고 기계적으로 혼합된 조직은?

① 공정 조직
② 공석 조직
③ 포정 조직
④ 포석 조직

해설
철-탄소 상태도에서 두 개의 성분 금속이 용융상태에서 균일한 액체를 형성하나 응고 후에는 성분 금속이 각각 결정으로 분리, 기계적으로 혼합된 것을 공정이라 하고 공정선은 레데뷰라이트 선이라고도 불린다.

74 규소가 탄소강에 미치는 일반적 영향으로 틀린 것은?

① 강의 인장강도를 크게 한다.
② 연신율을 감소시킨다.
③ 가공성을 좋게 한다.
④ 충격값을 감소시킨다.

해설
탄소강 내에 규소는 경도, 강도, 탄성한계, 주조성(유동성)을 증가시키고, 연신율, 충격치, 단접성(결정입자를 성장·조대화시킨다)을 감소시킨다.

75 다음 중 적열취성의 주원인이 되는 원소는?

① 질소
② 황
③ 수소
④ 망간

해설
적열(고온)취성의 원인은 황이며 망간을 첨가하면 고온 가공성 개선이 된다.

76 스테인리스강은 900~1100℃의 고온에서 급랭할 때의 현미경 조직에 따라서 3종류로 크게 나눌 수 있는데, 다음 중 해당되지 않는 것은?

① 마텐자이트계 스테인리스강
② 페라이트계 스테인리스강
③ 오스테나이트계 스테인리스강
④ 트루스타이트계 스테인리스강

해설
문제에 13Cr 스테인리스강은 마텐자이트계, 페라이트계, 18-8 스테인리스강은 오스테나이트계의 종류로 나누어 진다.

77 탄화물의 입계석출로 인하여 입계부식을 가장 잘 일으키는 스테인리스강은?

① 펄라이트계
② 페라이트계
③ 마텐자이트계
④ 오스테나이트계

해설
오스테나이트계(18-8 스테인리스강)는 입계부식에 의한 임계균열의 발생이 쉽다(Cr₄C 탄화물이 원인). 입계부식 방지법은 탄소함유량을 적게, Ti, V, Nb 등의 원소를 첨가하여 Cr 탄화물 생성 억제, 고온에서 크롬 탄화물을 오스테나이트 중에 고용하여 기름 중에 급냉시킴(용화제 처리)

78 스테인리스강의 종류에서 용접성이 가장 우수한 것은?

① 마텐자이트계 스테인리스강
② 페라이트계 스테인리스강
③ 오스테나이트계 스테인리스강
④ 펄라이트계 스테인리스강

해설
스테인리스강의 종류에서 용접성이 가장 우수한 것이 18-8 오스테나이트계로 내식, 내산성, 내열, 내충격성이 13Cr보다 우수하고 연전성이 크고, 담금질 열처리로 경화되지 않으며 비자성체이다.

79 저용융점 합금이란 어떤 원소보다 용융점이 낮은 것을 말하는가?

① Zn ② Cu

③ Sn ④ Pb

해설
저용융점 합금은 Sn보다 융점이 낮은 금속으로 퓨즈, 활자, 안전장치, 정밀 모형 등에 사용된다. Pb, Sn, Co의 두 가지 이상의 공정 합금으로 3원합금과 4원합금이 있고 우드메탈, 리포위쯔 합금, 뉴우톤 합금, 로우즈 합금, 비스무트 땜납 등이 있다.

80 내열합금 용접 후 냉각 중이나 열처리 등에서 발생하는 용접구속 균열은?

① 내열균열 ② 냉각균열

③ 변형시효균열 ④ 결정입계균열

해설
내열합금 등 용접 후에 냉각 중이거나 열처리 및 시효에 의해 발생되는 균열을 변형시효균열이라고 한다.

81 황동의 종류에서 먼츠 메탈(Muntz metal)이라고 하며 복수기용 판, 열간 단조품, 볼트, 너트 등 제조에 쓰이는 것은?

① 60Cu-40Zn

② 65Cu-35Zn

③ 70Cu-30Zn

④ 90Cu-10Zn

해설
6:4 황동을 먼츠메탈이라고 하며 인장강도가 크고 가장 값이 싸다.

82 다음 중 황동을 불순한 물이나 바닷물 중에서 사용할 때 발생하는 결함은 무엇인가?

① 자연균열

② 방치갈림

③ 탈아연부식

④ 경년변화

해설
자연 균열(geason crack) : 시계균열이라고도 하며 냉간 가공한 봉, 관, 용기 등이 사용 중이나 저장 중에 가공 때의 내부응력, 공기 중의 염류, 암모니아 기체(NH_3)로 인해 입간부식을 일으켜 균열이 발생하는 현상으로 방지법은 200~300℃에서 저온플림하여 내부응력 제거, 도금법, S : 1~1.5% 첨가 등이 있다.

83 다음 자연균열을 일으키는 것들 중 맞지 않는 것은 어느 것인가?

① 물 및 수은

② 도료

③ 암모니아가스

④ 산소 및 이산화탄소

84 특수황동의 종류에 속하지 않는 것은?

① 애드미럴티 황동

② 네이벌 황동

③ 쾌삭 황동

④ 코어손 황동

해설
특수황동 종류는 연황동, 주석황동, 철황동, 강력황동, 양은(양백), 알루미늄 황동, 규소황동 등이 있다.

정답					
73 ①	74 ③	75 ②	76 ④	77 ④	78 ③
79 ③	80 ③	81 ①	82 ①	83 ②	84 ④

85 다음 합금을 냉간가공 한 것은 탄성 및 내피로성이 크므로 스프링 재료로 쓰인다. 이 합금은?

① 청동
② 인청동
③ 황동
④ 연황동

인청동은 P(탈산제) 내마멸성·내식성·냉간가공 시 인장강도·탄성한계 증가, 판스프링재(갱년변화가 없다), 기어, 베어링, 밸브시이트 등에 사용

86 Al–Cu–Si계 합금으로서 Si 함유량이 크므로 주조성이 좋고 열처리에 의하여 기적 성질이 좋은 주조용 알루미늄 합금은 어느 것인가?

① 라우탈   ② 실루민
③ 로우엑스   ④ 하이드로날륨

Al–Cu–Si계 합금으로 라우탈(lautal)이 대표적이고 조성 : Cu 3~8% 주조성이 좋고, 시효경화성이 있다. Fe, Zn, Mg 등이 많아지면 기계적 성질 저하되고 Si 첨가 : 주조성 개선, Cu첨가 : 실루민 결점인 절삭성 향상된다.

87 알루미늄에 함유원소로서 마그네슘을 넣으면 무엇이 좋아지는가?

① 내열성
② 내마모성
③ 내식성
④ 인성

Al–Mg계 합금(Mg 12% 이하)은 하이드로날륨(hydronalium), 마그날륨(magnalium)이라 한다. 내식성, 고온강도, 양극 피막성, 절삭성, 연신율이 우수하고 비중이 작다. 주단조 겸용, 해수, 알칼리성에 강하며 Mg이 용해나 사형에 주입 시 H를 흡수(금속–금형반응)하여 기공을 생성하기 쉬워 Be 0.004%를 첨가하여 산화방지 및 주조성을 개선한다(Mg 4~5% 때 내식성 최대).

88 다음 중 주석보다 용융점이 낮아 주로 퓨즈, 활자, 안전장치, 정밀모형 등에 사용되는 저용융점 합금에 해당되지 않는 것은?

① 우드메탈
② 비스무트땜납
③ 뉴우톤 합금
④ 스티어링 합금

저용융점 합금은 Sn보다 융점이 낮은 금속으로 퓨즈, 활자, 안전장치, 정밀 모형 등에 사용된다(Pb, Sn, Co의 두 가지 이상의 공정 합금). 저용융점 합금(fusible alloy)의 종류에는 Bi–Pb–Sn의 3원 합금과 Bi–Pb–Sn–Cd의 4원 합금이 있고 명칭은 우드메탈(Wood's metal), 리포위쯔 합금(Lipowitz alloy), 뉴우톤 합금(Newton's alloy), 로우즈 합금(Rose's alloy), 비스무트 땜납(Bismuth solder) 등이 있다.

89 청동의 강도는 주석을 많게 할수록 점점 커지고 주석 ( )% 응상에서 급격히 커진다. 연신율은 주석 ( )%에서 최대이고 그 이상이 되면 급격히 감소한다. 위 ( )안에 적당한 것은?

① 15, 10
② 15, 4
③ 15, 15
④ 10, 4

90 200~500℃에서 다른 재료보다 강도가 우수하여 초음속 항공기 외판이나 로케트 재료로 사용되는 항공기 재료는?

① W   ② Ti
③ Mg   ④ Cr

• 티탄의 성질 : 비중 4.5, 용융점 1800℃, 인장강도 50kg/mm², 점성강도가 크다. 내식성, 내열성이 우수하다.
• 티탄의 용도 : 항공기 및 송풍기 및 송풍기 프로펠라 등에 사용

91 Y합금에 해당되지 않는 것은?

① Al_5, Cu_2, Mg_2의 금속간 화합물의 석출할 시 경도가 향상된다.

② 고온강도가 크므로 내연기간의 피스톤, 실린더헤드 등에 사용된다.

③ 주조할 때 사형에 주조하는 것이 좋고 기공이 발생하지 않는다.

④ Al에 Cu 4%, Ni 2%, Mg 1.5%의 조성으로 내열성이 좋고 시효경화성 합금이다.

해설

Y합금(내열합금) : Al-Cu 4%-Ni 2%-Mg 1.5% 합금. 고온강도가 크므로 내연기관의 실린더, 피스톤, 실린더 헤드에 사용된다. 열처리는 510~530℃로 가열 후 더운물에 냉각, 약 4일간 상온시효 시킨다. 인공시효처리온도는 100~150℃이다.
※ RR계 내열합금(hiduminum RR) : Y합금에 Si, Fe를 가한 합금으로 영국에서 발달, 내열성과 기계적 성질이 뛰어나 실린더블록, 크랑크케이스, 피스톤 등에 사용

92 오스템퍼링에 관한 다음 사항 중 틀린 것은?

① 오스테나이트 상태에서 Ar'와 Ar"중간의 솔트배스(염욕)에 담금질하여 강인한 하부 베이나이트로 만든다.

② 변형을 적게 하고 균열을 방지할 수 있어 주로 박판띠강 선재등 판의 면적이 작은 물건에 이용된다.

③ 뜨임을 한 동일 경도의 재질보다도 강도와 인성이 우수한 것을 얻을 수 있다.

④ 풀림온도에 가열한 재료를 비교적 급속히 펄라이트 변태가 진행되는 온도에서 항온변태 함으로서 연질의 조직을 얻는 방법이다.

해설

담금질온도(S곡선의 코와 MS점 사이 즉 Ar'와 Ar"사이)에서 일정한 염욕(salt bath)중에 넣어 항온변태를 끝낸 후에 상온까지 냉각하는 담금질 방법으로서 베이나이트 조직이 얻어지며 이 조직은 다시 뜨임할 필요가 없고 경도(HRC)35~40으로서 인성이 크고 담금질 균열 및 변형이 잘 생기지 않는다.

93 고체침탄 반응에서 중심부의 결정입자가 조대해지므로 몇 도 정도에서 침탄시키는가?

① 700~750℃

② 800~850℃

③ 900~950℃

④ 1000~1050℃

해설

고체침탄법은 침탄할 재료를 철제 상자에 목탄, 코우스트 등 침탄제와 침탄촉진제($BaCO_3)NaCl$, Na_2CO_3,KCN)를 혼합하여 넣고, 침탄로 중에서 900~950℃로 3~4시간 가열하여 침탄한 후 급랭하여 표면을 경화시킨다.

94 담금질 작업으로 강을 유냉 시 500℃ 부근의 온도에서 생기는 결정상의 조직은?

① 마텐자이트

② 트루스타이트

③ 소르바이트

④ 오스테나이트

해설

트루스타이트(Troostite) : 강을 기름냉각이나 A_{R1}변태가 550~600℃에서 생기게 하거나 마텐자이트를 300 ~ 400℃로 뜨임할였을 때 얻어지는 조직으로 미세 펄라이트(a+Fe_3C)조직이다.

95 다음 중 강도와 경도가 가장 높은 조직은?

① 소르바이트

② 마텐자이트

③ 드루스타이트

④ 오스테나이트

해설

담금질(A_{R1}변태의 냉각속도 차이에 따른)의 조직변화 : 오스테나이트(A) → 마텐자이트(M) → 트루스타이트(T) → 소르바이트(S) → 펄라이트(P)

정답					
85 ②	86 ①	87 ③	88 ④	89 ②	90 ②
91 ①	92 ③	93 ③	94 ②	95 ②	

96 고속도강은 담금질 상태보다도 뜨임하였을 때가 경도가 크게 되는 경향이 있다. 이를 제2차 경화라 칭하는데, 이때의 온도는 얼마 정도가 가장 알맞은가?

① 550~580℃

② 580~640℃

③ 640~760℃

④ 800~900℃

고온뜨임 : 담금질한 강을 550~650℃로 뜨임한 것으로 강도와 인성이 요구되는 재료에 한한다.

97 강을 S곡선의 코와 MS점 사이의 온도의 항온염욕에 급랭하고 그 온도에서 변태를 완료시킨 다음 염욕에서 끄집어내어 공랭시켜 베이나이트 조직으로 만드는 열처리방법은?

① 타임퀜칭　　② 마퀜칭

③ 마템퍼링　　④ 오스템퍼링

담금질온도(S곡선의 코와 MS점 사이 즉 Ar'와 Ar"사이)에서 일정한 염욕(salt bath)중에 넣어 항온변태를 끝낸 후에 상온까지 냉각하는 담금질 방법으로서 베이나이트 조직이 얻어지며 이 조직은 다시 뜨임할 필요가 없고 경도(HRC)35~40으로서 인성이 크고 담금질 균열 및 변형이 잘 생기지 않는다.
※ Ar'(약 550℃)부근에서는 연한 상부베이나이트 조직, MS점(Ar")부근에서는 단단한 하부베이나이트 조직이 얻어진다.

98 질화강의 질화층의 경도를 높여주는 원소는?

① Al　　② Mo

③ Zn　　④ Ni

질화법(nitrding) : 암모니아(NH_3)로 표면을 경화하는 방법으로 520~550℃에서 50~100시간 동안 질화처리하면 철의 표면에 극히 경도가 높은 Fe_4N, Fe_2N 등의 질화철이 생기어 내마멸성과 내식성도 커지는데 이때 사용되는 철은 질화용 합금강(Al, Cr, Mo 등이 함유된 강)이다. 질화를 방지하려면 구리(Cu)도금, 아연합금도금을 한다.

99 고속도강의 최고 단조온도가 1250℃이다. 스테인레스강의 최고 단조온도는?

① 1000℃

② 1200℃

③ 1100℃

④ 1300℃

100 잔류 오스테나이트의 베이나이트화로 인하여 경도가 그리 떨어지지 않고 인성이 높은 조직을 얻을 수 있기 때문에 MS~Mf 사이의 온도로 항온염욕에 급랭하는 열처리방법은?

① 하아드페이싱

② 오스템퍼링

③ 마퀜칭

④ 마템퍼링

101 특수강을 열처리에 따라 분류하면 변태속도의 변화와 변태온도가 문제시 되는데 크롬, 텅스텐, 몰리브덴이 주는 영향은?

① 변태온도를 높이고, 변태속도를 느리게 한다.

② 변태온도를 낮추고, 변태속도를 느리게 한다.

③ 변태온도와 변태속도에는 아무런 영향도 주지 않는다.

④ 변태온도를 높이고, 변태속도를 크게 한다.

102 경질바이트, 면도날, 줄칼, 줄셋트 등에 쓰이는 STC의 담금질온도와 냉각방법은?

① 760~820℃ 수냉
② 760~820℃ 공랭
③ 850~900℃ 유냉
④ 850~900℃ 공랭

103 담금질한 강을 제가열하면 마텐자이트는 어떻게 변화하겠는가?

① 마텐자이트 → 펄라이트 → 소르바이트 → 트루스타이트
② 마텐자이트 → 소르바이트 → 트루스타이트 → 펄라이트
③ 마텐자이트 → 트루스타이트 → 소르바이트 → 펄라이트
④ 마텐자이트 → 소르바이트 → 펄라이트 → 트루스타이트

104 다음 중 침탄 질화법에 사용되는 액체 침탄계는?

① $BaCO_3$
② NaOH
③ NaCN
④ CNOH

해설
액체침탄법(cyaniding, 시안화법, 청화법) : 침탄제(NacN, KCN)에 염화물(Nacl, $CaCl_2$)이나 탄산염(Na_2CO_3, K_2CO_3)등을 40~50% 첨가하여 염욕 중에서 600~900℃로 용해시키고 탄소와 질소가 강의 표면으로 침투하여 표면을 경화시키는 방법으로 침탄질화법이다.

105 연신율 및 충격값의 감소가 적으면서도 경도가 크고 열처리 효과도 크다. 또한 850℃에서 담금질하고 600℃에서 뜨임하면 강인한 소르바이트 조직으로 되는 강은?

① Mn-Cr강
② Cr-Mn-Si강
③ Ni-Cr강
④ Ni-Cr-Mo강

106 KCN 또는 NaCN와 관련이 있는 것은 다음 중 어느 것인가?

① 청화법
② 질화법
③ 침탄법
④ 화염 경화법

107 다음 중 담금질에 의한 변형 방지법이 아닌 것은?

① 열처리할 소재를 액 중에 가라앉게 하지 말 것
② 복잡한 형상, 두꺼운 이형단면의 소재는 최대단면 부분이 먼저 냉각액에 닿도록 할 것
③ 소재를 대칭하는 축방향으로 냉각액 중에 넣을 것
④ 가열한 소재를 냉각액 중에서 흔들지 말 것

해설
담금질에 의한 변형방지법은 항온 열처리로서 ④번은 오답이다.

정답					
96 ①	97 ④	98 ①	99 ②	100 ③	101 ①
102 ①	103 ③	104 ③	105 ③	106 ②	107 ④

108 강의 표면 경화법 중 물리적인 처리방법은?

① 침탄법

② 고주파 경화법

③ 시안화법

④ 질화법

해설
고주파 경화(induction hardening) : 화염 경화법과 같은 원리로 고주파 전류에 의한 열로 표면을 가열한 뒤에 물로 급랭하여 담금질하는 방법으로 담금질 시간이 대단히 짧아 탄화물이 오스테나이트 중에 용입하는 시간이 짧다.

109 대단히 단단하고 내마모성이 우수하여 다이스, 게이지, 절삭공구 등에 좋은 효과가 있으므로 담금질한 부품을 줄작업 할 목적으로 줄에 표면처리하는 방법은?

① 칼로라이징

② 크로마이징

③ 시멘테이션

④ 브론나이징

110 고속도강의 담금질온도로 가장 알맞은 범위는?

① 815~870℃

② 870~950℃

③ 950~1,250℃

④ 1,250~1,320℃

111 A_1변태점 이하로 가열하여 서서히 냉각하는 풀림을 저온풀림이라 한다. 다음 중 저온풀림에 해당되지 않는 것은?

① 항온 풀림

② 응력제거 풀림

③ 프로세스 풀림

④ 재결정 풀림

해설
풀림의 종류 중 프로세서 풀림은 없다.

112 담금질한 부품은 굳기가 여린 경우가 많다. 또 급랭할 때 큰 내부응력이 발생한다. 또 급랭할 때 큰 내부응력이 발생한다. 이 응력을 제거하기 위한 열처리방법은?

① 뜨임

② 불림

③ 풀림

④ 침탄

해설
풀림(annealing, 소둔) : 강의 조직을 미세화시키고 기계 가공을 쉽게 하기 위하여 A_3-A_1변태점보다 약 30~50℃ 높은 온도에서 장시간 가열하고 냉각시키는 열처리로 재질을 연화시킨다.

113 다음 중 가스 침탄법에서 침탄제로 사용되는 가스가 아닌 것은?

① 프로판가스

② 아황산가스

③ 일산화탄소

④ 탄산가스

해설
가스침탄법에 사용되는 가스는 메탄, 프로판가스, 탄산가스 등이다.

114 용융점이 저온인 Sn 및 Pb과 같은 금속은 상온에 방치하여도 풀림효과가 생겨 연화되는 현상이 생기는데 이러한 현상을 무엇이라고 하는가?

① 저온풀림
② 완전풀림
③ 자연풀림
④ 냉간풀림

115 다음 중 경도가 낮은 것부터 높은 것의 순서로 된 것은 어느 것인가?

〈보기〉
① 마텐자이트   ② 트루스타이트
③ 페라이트   ④ 펄라이트
⑤ 시멘타이트

① ①②③④⑤
② ②④①③⑤
③ ④②③①⑤
④ ③④②①⑤

116 다음 중 항온 냉각에 의한 담금질과 관계가 깊은 것은?

① 노멀라이징
② 고주파 경화법
③ 시안화법
④ 오스템퍼링

해설

오스템퍼(Austemper) : 담금질온도(S곡선의 코와 MS점 사이 즉 Ar'와 Ar"사이)에서 일정한 염욕(salt bath)중에 넣어 항온변태를 끝낸 후에 상온까지 냉각하는 담금질 방법으로서 베이나이트 조직이 얻어지며 이 조직은 다시 뜨임할 필요가 없고 경도(HRC)35~40으로서 인성이 크고 담금질 균열 및 변형이 잘 생기지 않는다.

117 고속도강의 3단 가열 시 필요한 담금질온도는 어느 정도인가?

① 1,250~1,320℃
② 1,040~1,150℃
③ 750~980℃
④ 450~680℃

118 MS점 이하의 항온염욕 중에 담금질하여 항온변태 완료 후 상온까지 냉각하여 Martensite와 Bairite를 얻는 열처리는?

① 오스템퍼
② 마템퍼
③ 마퀜칭
④ 파텐링

119 금속 재료의 연화 및 균열방지 등을 목적으로 고온으로 가열한 후 천천히 냉각시키는 열처리는?

① 담금질
② 풀림
③ 불림
④ 뜨임

정답					
108 ②	**109** ②	**110** ④	**111** ③	**112** ③	**113** ③
114 ③	**115** ④	**116** ④	**117** ①	**118** ②	**119** ②

120 Temper-brittleness(뜨임취성)의 설명으로 맞지 않는 것은?

① Ni-Cr강이나 Cr강에서 많이 나타낸다.

② 300~360℃에서 충격치의 저하 현상을 말한다.

③ Mn이나 Mn-Ni을 첨가함으로써 취성을 막을 수 있다.

④ 500~600℃에서 tempering한 후 서냉할 때의 취성을 말한다.

해설

뜨임취성 : 200~400℃에서 뜨임을 한 후 충격치가 저하되어 강의 취성이 커지는 현상으로 Mo를 첨가하면 방지할 수 있다(가장 주의할 취성은 300℃이다).
- 저온 뜨임취성 : 250~300℃
- 1차 뜨임취성(뜨임시효취성) : 500℃ 부근 → Mo 첨가하면 방지효과가 없다.
- 2차 뜨임취성(뜨임서냉취성) : 525~600℃ → Mo은 방지하는 데 필요하다.

121 강의 열처리에서 불림과 가장 관계 깊은 것은?

① 기계적 성질 개선

② 편석 잔류응력 제거

③ 경화 세기 증가

④ 인성 증가

해설

노멀라이징(normalizing, 소준, 불림) : 주조 또는 단조한 제품에 조대화한 조직을 미세하게 하여 표준화하기 위해 Ac₃나 Acm변태점보다 40~60℃ 높은 온도로 가열 오스테나이트로 한 후 공기중에서 냉각시키는 열처리방법으로 연신율과 단면수축률이 좋아진다.

122 담금질조직에서 경도만이 요구되는 경우 약 150℃ 부근에서 뜨임하는 것은?

① 열간뜨임   ② 상온뜨임

③ 고온뜨임   ④ 저온뜨임

해설

저온뜨임 : 담금질에 의해 발생한 내부응력, 변형, 담금질 취성을 제거하고 주로 경도를 필요로 하는 재료에 150℃ 부근에서 뜨임처리를 하는 것

123 마텐자이트 설명으로 관계가 없는 것은?

① γ-Fe에 탄소가 고용된 상태이다.

② quenching조직 중 경도가 가장 높다.

③ quenching에 따른 체적변화 가장 크다.

④ 강을 수중에서 quenching하였을 때 나타내는 침상조직이다.

해설

마텐자이트(Martensite)
- 탄소를 억지로 과포화상태로 고용하고 있는 $\alpha(\alpha+Fe_3C)$ 고용체로 탄소강을 오스테나이트 상태에서 수중에 급랭하여 Ar"(Mn : 300℃)변태로 얻어지는 조직으로 체심입방격자(B.C.C)인 α-마텐자이트와 β-마르텐자이트로 구분되고 침상조직이다.
- 부식저항, 강도, 경도가 크고 취성이 있고 연신율이 작다. 강자성을 가지고 있다.

124 Ar변태를 올바르게 나타낸 것은?

① 트루스타이트-마텐자이트

② 오스테나이트-트루스타이트

③ 오스테나이트-소르바이트

④ 오스테나이트-마텐자이트

125 강의 항온변태에서 Martensite와 roostite의 중간조직으로 생겨난 것은?

① Bainite   ② Ferrite

③ Osmontite   ④ Sorbite

126 담금질한 강재가 실온으로 되었을 때 이것을 계속 0℃ 이하의 온도까지 냉각하고 잔류 Austenite를 적게 하여 치수가 틀리는 것을 방지하는 방법은?

① 마퀜칭 ② 저온뜨임

③ 노치효과 ④ 서브제로처리

> **해설**
> 심랭처리(sub-zero treatment) : 담금질된 강 중에 잔류 오오스테나이트가 마르텐자이트화 되기 위하여 0℃ 이하의 온도에서 냉가시키는 처리방법으로 담금질 직후 -80℃ 정도까지에서 실시하는 것이 좋다.

127 서멘테이션에 의한 경화법 중 Zn을 표면에 침투시키는 것은?

① 크로마아징 ② 칼로라이징

③ 세라다이징 ④ 브론나이징

128 시멘타이트를 구상화시키는 구상화 풀림방법으로서 틀린 것은?

① AC 바로 아래(650~700℃)에서 일정시간을 유지한 후 냉각하는 방법

② A선 or A_{C3}선 이하로 가열하여 망상 시멘타이트의 석출을 촉진하도록 급냉 하는 방법

③ Ar점 이하의 온도에서 변태완료까지 일정 시간 유지 후 공랭하는 방법

④ AC점의 상하 20~30℃ 사이에서 여러 번 반복가열 냉각시키는 방법

> **해설**
> 구상화 풀림 : 과공석강의 가계적 가공선 개선, 담금질 후의 강인성 증가, 담금질 균열 등을 방지하기 위해 침상 시멘타이트를 구상화하기 위하여 A_3-A_1 - Acm ±(20~30℃)에서 가열 및 냉각하는 열처리

129 Austemper(오스템퍼)를 설명한 것으로 맞는 것은?

① Mf직상의 온도로 유지된 염욕에 담금한다.

② 강을 냉각한 다음 Ms점 위의 온도까지 급랭한다.

③ S곡선의 nose보다 다소 낮고 Ms보다 높은 온도까지 항온변태시킨다.

④ Martensite화에 의한 변형이나 균일이 생길 우려가 있다.

130 Martempering했을 때 나타나는 조직은?

① Martensit

② Bainite

③ Sorbite

④ Troostite

> **해설**
> 마템퍼(Martemper) : 오스테나이트 상태에서 Ms와 Mf 사이의 온도에서 항온염욕(100~200℃) 중에 담금질하여 변태가 완료할 때까지 등온으로 유지한 후 상온까지 공랭하여 마르텐자이트와 베이나이트 혼합조직을 얻는 것으로, 경도가 크고 인성이 있으나 홀딩타임(holding time)이 긴 것이 결점이다.

131 다음 중 침탄 질화법에 사용되는 액체 침탄제는?

① $BaCO_3$

② NaOH

③ NaCN

④ CHOH

> **해설**
> 액체침탄법(cyaniding, 시안화법, 청화법) : 침탄제(NacN, KCN)에 염화물(Nacl, $CaCl_2$)이나 탄산염(Na_2CO_3, K_2CO_3) 등을 40~50% 첨가하여 염욕 중에서 600~900℃로 용해시키고 탄소와 질소가 강의 표면으로 침투하여 표면을 경화시키는 방법으로 침탄질화법이다.

정답					
120 ③	121 ②	122 ④	123 ①	124 ④	125 ①
126 ④	127 ③	128 ①	129 ③	130 ②	131 ③

132 다음 그림 중 BC구간은 어떤 조직을 유지해야 하는가?

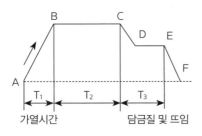

① 오스테나이트
② 마텐자이트
③ 트루스타이트
④ 소르바이트

133 구상화 풀림방법에 대한 다음 사항 중 틀린 것은?

① Ac_1과 Ar_1사이의 온도에서 가열 및 냉각을 반복한다.
② 냉간 가공재의 구상화는 Ac_4점 이상인 900℃부근에 온도에서 장시간 풀림한다.
③ 담금질 후에 600~700℃에서 뜨임하면 소르바이트 조직이 구상화한다.
④ Ac_1점의 상하 20~30℃ 사이에서 여러 번 가열 냉각시키는 방법이다.

> **해설**
> 구상화 풀림 : 과공석강의 가계적 가공선 개선, 담금질 후의 강인성 증가, 담금질 균열 등을 방지하기 위해 침상 시멘타이트를 구상화하기 위하여 A_3-A_1 - Acm±(20~30℃)에서 가열 및 냉각하는 열처리

134 다음 중 저온풀림에 해당하는 것은?

① 재결정 풀림
② 항온풀림
③ 완전풀림
④ 확산풀림

135 강철의 표준조직이라 함은?

① Ac_3 또는 A cm변태점 이상으로 가열하였다가 기름에 담금질 한 것
② Ac_3 또는 A cm변태점 이상으로 가열하였다가 공기 중에서 냉각한 것
③ Ac_3 또는 A cm변태점 이하로 가열하였다가 공기 중에서 냉각한 것
④ A_1변태점 이상으로 가열하였다가 노안에서 냉각한 것

136 다음 침탄법과 질화법의 표면 경화법을 비교 설명한 것이다. 맞지 않는 것은?

① 침탄법이 질화법보다 경도가 낮다.
② 침탄층은 질화층보다 여리지 않다.
③ 침탄법은 침탄 후 열처리가 필요 없다.
④ 침탄법은 침탄 후 수정이 가능하나 질화법은 질화 후 수정이 불가능하다.

137 질화법에 사용되는 질화제는?

① 탄산소오다
② 염화칼륨
③ 소금
④ 암모니아가스

> **해설**
> 질화법은 암모니아로 표면을 경화하는 방법이다.

138 가스 침탄법에 쓰이지 않는 것은?

① CH_4 ② C_2H_6
③ C_3H_8 ④ NH_4

> **해설**
> 가스 침탄법에 사용되는 것은 메탄가스, 프로판가스와 같은 탄화 수소계의 가스를 이용한다.

139 담금질한 침탄강을 뜨임하는데 가장 적당한 온도는?

① 360~450℃
② 300~350℃
③ 150~200℃
④ 60~120℃

140 다음 중 항온 열처리에서 S곡선에 표시되지 않는 곡선은?

① 온도　　② 변태
③ 시간　　④ 속도

141 질화강의 질화층의 경도를 높여 주는 원소는?

① Al　　② Mo
③ Zn　　④ Ni

해설
경도를 높여 주는 질화용 합금강는 Al, Cr, Mo등이 함유된 강

142 고체 침탄 시 가열온도 범위는?

① 700~850℃
② 450~600℃
③ 700~900℃
④ 900~950℃

143 미르텐자이트가 큰 경도를 갖게 되는 원인으로 적합하지 않은 것은?

① 원자격자 슬립이 생겨 내부응력의 증가에 의한 것
② 탄소원자 및 Fe_3C로 석출되면서 초격자에 의한 것
③ 무확산 변태에 의한 체적변화에 의한 것
④ 질량 효과가 크므로 균일한 처리에 한 것

144 니켈-크롬강에 0.15~0.30%의 몰리브덴을 첨가하면 내열강 및 담금질효과가 좋아지는데 이러한 강의 용도로서 적합하지 않은 것은?

① 크랭크축 스플릿핀
② 강력 볼트 기어
③ 터어빈 날개 커넥팅로드
④ 스프링 신선용 다이스

해설
내식, 내열강은 고온에 잘 견디는 강의 용도로 사용이 되고 대부분이 니켈, 크롬,철 등이 주류를 이루고 그리고 몰리브덴, 알루미늄등이 첨가한다. ④번은 적합하지 않는다.

145 연화 저항이 커서 고온에서 뜨임할 수 있고 인성이 크며 뜨임메짐도 방지할 수 있는 구조용 강은?

① Cr-Mn-Si강
② Fe-Cr-C강
③ Ni-Cr강
④ Ni-Cr-Mo강

정답

132 ①	133 ②	134 ①	135 ②	136 ③	137 ④	138 ④
139 ③	140 ④	141 ①	142 ④	143 ③	144 ④	145 ③

146 시효현상의 원인이 아닌 것은?

① 금속의 성질이 시간의 경과에 따라 변화
② 용해도에 의한 석출을 억제하고 저온에서 과포화 고용체 형성
③ 냉간가공의 원인으로 금속결정 내부에 응력이나 격자 결함이 생김
④ 2개의 상이 분해되어 농도가 다른 2개의 고용체로 변화하는 것을 억제

해설
시효경화(時效硬化)는 금속재료를 일정한 시간 적당한 온도 하에 놓아두면 단단해지는 현상이다. 시효경화가 일어나는 합금은 여러 종류가 있으나 상온에서 일어나는 것은 알루미늄합금·납합금 등 녹는점이 낮은 금속의 합금이다.

147 뜨임열처리 시 뜨임온도를 판정하기 위해서는 뜨임색으로 온도를 판정하는 데 290℃에서 뜨임색은?

① 담황색   ② 갈색
③ 청회색   ④ 황색

해설
뜨임온도에 따른 뜨임색

온도℃	뜨임색	온도(℃)	뜨임색
200	담황색	290	암청색
220	황색	300	청색
240	갈색	320	담회청색
260	황갈색	350	회청색
280	적자색	400	회색

148 다음 중 침탄층의 깊이를 좌우하는 원소가 아닌 것은?

① 원재료의 성분
② 침탄제의 종류
③ 가열온도의 시간
④ 침탄로의 종류

149 화염경화에서 사용하는 강의 탄소 함유량은?

① 0.3% 전후
② 0.4% 전후
③ 0.5% 전후
④ 0.6% 전후

해설
화염경화(Flame hardening) : 0.4%C 전후의 탄소강이나 합금강에서 산소-아세틸렌 화염으로 표면만을 가열하여 오스테나이트로 한 다음 물로 냉각시켜 표면만 경화시키는 방법으로 경화층의 깊이는 불꽃의 온도, 가열시간, 불꽃이동속도로 조정한다.

150 스프링의 휨, 비틀림 등의 반복응력에서 피로한도를 향상 시키는데 이용되는 방법은?

① 고주파 경화법
② 숏 피이닝법
③ 침탄법
④ 오스템퍼링

151 질화법의 표면 경화 시 가열온도는?

① 550~600℃
② 600~660℃
③ 700~770℃
④ 800~850℃

해설
질화법(nitrding) : 암모니아(NH₃)로 표면을 경화하는 방법으로 520~550℃에서 50~100시간 동안 질화 처리하면 철의 표면에 극히 경도가 높은 Fe4N, Fe2N 등의 질화철이 생기어 내마멸성과 내식성도 커지는데 이 때 사용되는 철은 질화용 합금강(Al, Cr, Mo 등이 함유된 강)이다. 질화를 방지하려면 구리(Cu)도금, 아연합금 도금을 한다.

정답		
146 ①	147 ③	148 ④
149 ②	150 ②	151 ①

Chapter 7

용접도면해독

01 일반사항(양식, 척도, 문자 등)

1 도면

1) 제도의 정의

① 제도(drawing) : 설계자가 주문자의 의도한 주문에 따라 설계한 제품의 모양이나 크기를 일정한 규칙에 따라 선, 문자, 기호 등을 이용하여 도면으로 작성한 것

② 기계제도 : 기계의 제작, 설치, 구조, 기능, 취급법, 모양, 크기(치수), 재료, 가공, 공정 등을 간단하고 정확하게 전달할 수 있어야 하고 여기에는 제작도가 중심이 된다.

③ 제도의 연혁 : 우리나라는 1966년에 한국공업규격(K.S)이 제도통칙 KSA0005로 제정되었고 그 뒤 1967년에 KSB0001로 기계제도통칙이 제정·공포되어 일반기계 제도로 규정되었다.

2) 제도의 규격

① 각국의 공업규격 및 규격기호

제정년도	국별	규격기호
1966	한국공업규격	KS(Korea Industrial Standards)
1901	영국표준규격	BS(British Standards)
1917	독일공업규격	DIN(Deutsche Industrie Normen)
1918	스위스공업규격	VSM(Normen des Vereins Sweizerischinen Industerieller)
1918	미국표준규격	ASA(American Standard Association)
1947	일본공업규격	JIS(Japanese Industrial Standards)
1952	국제표준화기구	ISO(International Organization for Standardization)

② 한국 공업 규격의 분류기호

기호	A	B	C	D	E	F	G	H	K	L	M	W
분류	기본	기계	전기	금속	광산	토건	일용품	식료품	섬유	요업	화학	항공

③ KS 기계부문 분류

KS 규격번호	분류
B 0001~0891	기계기본
B 1000~2403	기계요소
B 3001~3402	공구
B 4001~4606	공작기계
B 5301~5531	특정계산용, 기계기구, 물리기계
B 6001~6430	일반기계
B 7001~7702	산업기계
B 8007~8591	수송기계

3) 도면의 종류

도면은 그 용도 및 내용에 따라 여러 종류가 있고 가장 많이 사용되는 것은 제작도이며 제작도에는 부품도와 조립도가 있다.

① 용도에 따른 분류

계획도(layout drawing)	제작도 등을 만드는 기초가 되는 도면
제작도(working drawing)	제품을 만들 때 사용되는 도면
주문도(order drawing)	주문서에 붙여 요구의 대강을 나타내는 도면으로 모양, 기능 등을 나타냄
승인도(approved drawing)	주문자의 검토를 거쳐 승인을 받아 이것에 의하여 계획 및 제작을 하는 기초 도면
견적도(estimation drawing)	견적서에 붙여 조회자에게 제출하는 도면
설명도(explanation drawing)	사용자에게 구조, 기능, 취급법을 보이는 도면

② 내용에 따른 분류

조립도(assembly drawing)	전체의 조립을 나타내는 도면
부분 조립도(part assembly drawing)	일부분의 조립을 나타내는 도면
부품도(part drawing)	부품을 제작할 수 있도록 그 상세를 나타내는 도면
배선도(wiring drawing)	전선의 배치를 나타내는 도면
배관도(pipe drawing)	건축물, 선박의 급수, 배수관, 기계 장치의 송유관 등 관의 배치를 나타내는 도면
기초도(foundation drawing)	기계나 건물의 기초 공사에 필요한 도면
설치도(setting drawing)	보일러, 기계 등의 설치 관계를 나타내는 도면
배치도(arrangement drawing)	기계나 장치의 설치 위치를 나타내는 도면
장치도(equipment drawing)	각 장치의 배치, 제조 공정 등의 관계를 나타내는 도면

③ 표현형식에 따른 분류

외관도(outside drawing)	대상물의 외형 및 최소한의 필요한 치수를 나타낸 도면
전개도(development drawing)	물체, 건조물 등의 표면을 평면에 전개한 도면
곡면선도(curved surface drawing)	선박, 자동차의 복잡한 곡면을 나타내는 도면
선도(diagram diagrammatic drawing)	기호와 선을 사용하여 장치·플랜트의 기능 등 계통도를 나타내는 도면
계통도(system diagram)	배관, 전기 장치의 결선 등 계통을 나타내는 도면
구조선도(structure drawing)	기계나 구조물의 골조를 나타내며 구조계산 도면
입체도(single view drawing)	측 투상법, 사 투상법 또는 투시 투상법에 의해서 입체적으로 표현한 그림의 총칭

④ 도면 형태상의 분류

스케치도(sketch drawing)	실물을 보고 종이 위에 그 모양을 프리핸드(freehand)로 그려 도면을 작성한 것
원도(original drawing)	제도지 위에 연필로 그린 도면
트레이스도(traced drawing)	사도(寫圖)라고도 하며 복사의 목적으로 원도 위에 트레이스 용지(tracing paper)를 놓고 먹물이나 연필로 도면을 그리는 것과 트레이스 용지에 처음부터 연필 등으로 그린 도면
복사도	원도 또는 트레이스도를 감광지에 복사한 도면으로 제작관계자에게 배포되며, 계획과 시공 작업이 진행되는 도면, 청사진(blue print), 백사진(positive print) 등

4) 도면의 크기

① 도면은 길이 방향을 좌우 방향으로 놓아서 그리는 것을 원칙으로 함

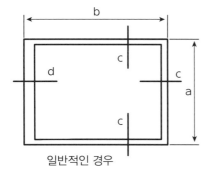

일반적인 경우

② A4 이하의 도면은 예외로 함

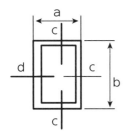

③ 특별히 긴 도면은 필요할 경우 좌우로 연장하여도 무방
④ KSB0001에서 A0~A5까지 6종으로 규정

크기의 호칭		A0	A1	A2	A3	A4	A5	A6
도면의 테두리	a×b	840×1189	594×841	420×594	297×420	210×297	148×210	105×148
	c(최소)	10	10	10	5	5	5	5
	d 최소 철하지 않을 때	10	10	10	5	5	5	5
	철할 때	25	25	25	25	25	25	25

크기의 호칭	B0	B1	B2	B	B4	B5	B6
a×b	1030×1456	728×1030	515×728	364×515	257×354	182×257	128×182

⑤ 용지의 크기 : A0의 단면적은 $1m^2$

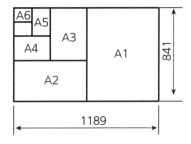

⑥ 용지의 폭과 길이의 비 : $1:\sqrt{2}$

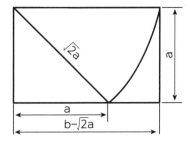

⑦ 도면을 접었을 때는 표제란을 겉으로 나오게 하며 그 크기는 원칙적으로 A4지 크기로 하고 윤곽선은 굵은 실선을 사용
⑧ 길이의 단위 : 밀리미터(mm) 단위를 원칙으로 하여 기호를 붙이지 않으나 다른 단위 사용 시에는 명시
⑨ 각도의 단위 : 보통 '도'로 표시하며 필요에 따라 '분', '초'를 병용

5) 척도 및 척도의 기입

① 척도(scale) : 도면의 크기와 실물 크기와의 비율

② 척도의 종류

종류	정의	표기 예시
현척 (full scale)	실물의 크기와 같은 크기로 그린 것	$\dfrac{1}{1}$
축척 (contraction scale)	실물보다 축소하여 그린 것	$\dfrac{1}{2}$, $\dfrac{1}{2.5}$, $\dfrac{1}{3}$, $\dfrac{1}{4}$, $\dfrac{1}{5}$, $\left(\dfrac{1}{8}\right)$, $\dfrac{1}{10}$, $\dfrac{1}{20}$, $\left(\dfrac{1}{25}\right)$, $\dfrac{1}{50}$, $\dfrac{1}{100}$, $\dfrac{1}{200}$, $\left(\dfrac{1}{250}\right)$, $\left(\dfrac{1}{500}\right)$
배척 (enlarged scale)	실물보다 확대하여 그린 것	$\dfrac{2}{1}$, $\dfrac{5}{1}$, $\dfrac{10}{1}$, $\dfrac{20}{1}$, $\dfrac{50}{1}$, $\left(\dfrac{100}{1}\right)$

* ( )를 붙인 척도는 되도록 사용하지 않는다.

③ 척도의 기입
- 도면의 표제란에 기입
- 같은 도면에서 서로 다른 척도의 사용 시 : 표제란에 그 도면 중 주요 도형의 척도를 기입하고 각각 도형 위 또는 아래에 그 척도를 기입
- 도면이 치수에 비례하지 않고 그렸을 경우에는 "비례척이 아님" 또는 "NS" 기호로 치수 밑이나 표제란에 기입
- 사진으로 도면을 축소나 확대할 경우에는 그 척도에 의해서 자의 눈금에 일부를 넣어야 함
- 도면은 원칙으로는 현척으로 그리나, 축척이나 배척 시 도면에 기입하는 각 부분의 치수는 실물의 치수로 기입

2 문자

1) 문자 쓰는 법

① 한글, 로마자, 아라비아숫자 등을 고딕체로 하여 수직 또는 75° 경사체로 쓴다.
② 높이를 맞추고 바른 모양과 비율로 흐리게 쓴다.
③ 먹물 사용 시 문자 높이의 1/10정도의 굵기로 한다.
④ 문자와 문자, 어구와 어구 사이에는 적당한 간격을 둔다.

2) 한글 쓰는 법

① 크기는 높이 10, 8, 6.3, 5, 4, 3.2, 2.5mm의 7종이 있다.
② 고딕체로 가로선은 수평, 세로선은 수직으로 쓴다.
③ 너비는 높이의 100~80% 정도로 한다.

3) 아라비아숫자 쓰는 법

① 크기는(로마자와 동일) 10, 8, 6.3, 5, 4, 3.2, 2.5 2mm의 8종이 있다.

② 5mm 이상 숫자는 높이를 2:3 비율로 나누어 상, 중, 하 3줄의 안내선, 4mm 이하는 상, 하 2줄의 안내선을 긋는다.

③ 너비의 높이는 약 $\frac{1}{2}$로 한다.

④ 분수는 가로선을 수평으로, 분모, 분자의 높이는 정수 높이의 $\frac{2}{3}$로 한다.

4) 로마자 쓰는 법

① 문자의 너비는 높이에 대문자가 $\frac{1}{2}$, 소문자는 $\frac{2}{5}$가 되게 한다.

② 구획 안에 정확한 글자체로 가늘게 쓴 다음 굵게 써서 완성한다.

02 선의 종류 및 용도와 표시법

1 선의 종류

1) 모양에 의한 분류(KSA0005의 5항, KSB0001의 5항)

명칭	종류	긋는 방법	선의 굵기
실선	———	연속되는 선	• 외형부분 굵은 실선 : 0.4~0.8mm • 치수선, 치수보조선, 지시선, 해칭선 : 0.3mm 이하
파선	··············	짧은 선을 약간의 간격으로 나열한 선	• 외형선을 표시하는 실선의 약 $\frac{1}{2}$ 치수선보다 굵게 함
일점쇄선	·—·—·—	선과 1개의 점을 서로 번갈아 그은 선	• 가는 쇄선 : 0.3mm 이하
이점쇄선	·—··—··	선과 2개의 점을 서로 번갈아 그은 선	• 굵은 쇄선 : 0.4~0.8mm

2) 선의 용도에 따른 분류

용도에 의한 명칭	선의 종류		선의 용도
외형선	굵은 실선(0.4~0.8mm)	▬▬▬	물체의 보이는 부분의 형상을 나타내는 선
은선	중간 굵기의 파선 [1]	∙∙∙∙∙∙∙∙∙∙	물체의 보이지 않는 부분의 형상을 표시하는 선
중심선	가는 일점쇄선 또는 가는 실선	————∙———	도형의 중심을 표시하는 선
치수선 치수보조선	가는 실선(0.3mm 이하)	————	치수를 기입하기 위하여 쓰는 선
지시선	가는 실선(0.3mm 이하)	————	지시하기 위하여 쓰는 선
절단선	가는 일점쇄선으로 하고, 그 양끝 및 굴곡부 등의 주요한 곳에는 굵은 선으로 한다.[2] 또, 절단선의 양끝에 투상의 방향을 표시하는 화살표를 붙인다.[3]	↑ ↑	단면을 그리는 경우, 그 절단 위치를 표시하는 선
파단선	가는 실선 (불규칙하게 쓴다)	∿∿∿∿	물품의 일부를 파단한 곳을 표시하는 선, 또는 끊어낸 부분을 표시하는 선
가상선	가는 일점쇄선[4] (0.3mm 이하)	—∙—∙—∙—	• 도시된 물체의 앞면을 표시하는 선 • 인접 부분을 참고로 표시하는 선 • 가공 전 또는 가공 후의 모양을 표시하는 선 • 이동하는 부분의 이동 위치를 표시하는 선 • 공구, 지그 등의 위치를 참고로 표시하는 선 • 반복을 표시하는 선(외형선의 $\frac{1}{2}$) • 도면 내에 그 부분의 단면형을 90° 회전하여 나타내는 선
피치선	가는 일점쇄선 (0.3mm 이하)	—∙—∙—∙—	기어나 스프로킷 등의 이 부분에 기입하는 피치원이나 피치선
해칭선	가는 실선	/////////	절단면 등을 명시하기 위하여 쓰는 선
특수한 용도의 선	굵은 일점쇄선	▬∙▬∙▬	특수한 가공을 실시하는 부분을 표시하는 선

[주]
1) 굵은 파선도 좋다.
2) 절단선이라는 것이 명확한 경우에는 양끝 및 주요한 곳은 굵게 하지 않아도 좋다.
3) 화살표에 의하여 투상의 방향을 표시할 필요가 없을 때에는 이것을 생략하여도 좋다.
4) 가는 이점쇄선도 좋다.

1 투상도

투상도 ── 회화적투상도 ── 투시도, 등각 투상도
└─ 정 투상도 └─ 부등각 투상도, 사투상도

물체의 한 면 또는 여러 면을 평면 사이에 놓고 여러 면에서 투시하여 투상면에 비추어진 물체의 모양을 1개의 평면 위에 그려 나타내는 것을 투상도(projection drawing)라 하고 목적, 외관, 관점과의 상하관계 등에 따라 점투상도법, 사투상도법, 투시도법의 3종류가 있다.

[투상법]

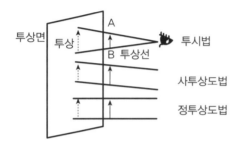

1) 투시도(perspective drawing)
① 눈의 투시점과 물체의 각 점을 연결하는 방사선에 의하여 원근감을 갖도록 그리는 것
② 물체의 실제 크기와 치수가 정확히 나타나지 않음
③ 도면이 복잡하여 기계제도에서는 거의 쓰이지 않고 토목·건축제도에 주로 쓰임

[투시도법]

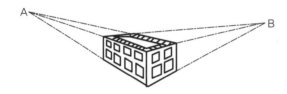

2) 정투상도(orthograghic drawing)
① 기계제도에서는 원칙적으로 정투상법이 가장 많이 쓰임
② 직교하는 투상면의 공간을 4등분하여 투상각이라 함
③ 3개의 화면(입화면, 평화면, 축화면) 중간에 물체를 놓고 평행광선에 의하여 투상되는 모양을 그린 것
④ 제1각 안에 놓고 투상하는 제1각법, 제3각 안에 놓을 때는 제3각법이라 함
⑤ 정면도, 평면도, 측면도 등이 있음

[정투상도의 투상각 및 공간]

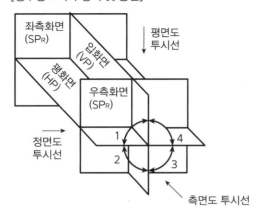

[투상도의 명칭]

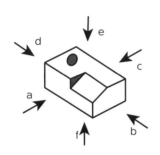

보는 방향	투상도의 명칭		
a 앞쪽	정면도	F	front view
b 오른쪽	우측면도	SR	right side view
c 뒤쪽	배면도	R	rear view
d 왼쪽	좌측면도	SL	left side view
e 위쪽	평면도	T	top view
f 아래쪽	저면도	B	bottom view

3) 사투상도(oblique projection drawing)

① 정투상도는 직사하는 평행광선에 의해 비쳐진 투상을 취하므로 경우에 따라 선이 겹쳐져 판단이 곤란한 경우가 있어 이를 보완 입체적으로 도시하기 위해 경사진 광선에 의한 투상된 것을 그리는 방법

② 등각 투상도, 부등각 투상도, 사향도(사투상도)로 구분

등각 투상도 (isometric drawing)	• 수평면과 30°의 각을 이룬 2축과 90°를 이룬 수직축의 세축이 투상면 위에서 120°의 등각이 되도록 물체를 투상한 것	120° 120° 120° 30° 30°
부등각 투상도 (axonometric drawing)	• 서로 직교하는 3개의 면 및 3개의 축에 각이 서로 다르게 경사져 있는 그림 • 2측 투상도(diametric drawing) : 2각막이 같은 것 • 3측 투상도(trimetric drawing) : 3각막이 전부 다른 것	127.5° 105° 127.5° 15° 37.5° 2측 투상도 135° 105° 120° 15° 30° 3측 투상도

사투상도 (사향도, oblique drawing)	• 물체의 주요면을 투상면에 평행하게 놓고 투상면에 대하여 수직보다 다소 옆면에서 보고 물체를 입체적으로 나타낸 것 • 입체의 정면을 정투상도의 정면도와 같이 표시하고 측면의 변을 일정한 각도 a(30°, 45°, 60°)만큼 기울여 표시하는 것 • 배관도나 설명도 등에 많이 이용	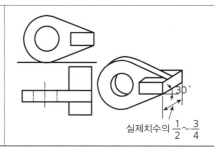 실제치수의 $\frac{1}{2} \sim \frac{3}{4}$

2 ▸ 정투상도

한 평면 위에 물체의 실체 모양을 정확히 표현하기 위해 각각 다른 방향에서 본 2개 또는 2 이상의 투상도를 조합하여 물체를 완전하고 정확하게 표시하는 방법으로 제1각법과 제3각법이 있으며 두 방법의 투상도는 같지만 배치가 서로 다르므로, 같은 도면에서는 혼용하여 사용하지 않는 것이 좋다. 기계제도에서는 제3각법으로 그리도록 규정되어 있으나 특별히 제3각법과 제1각법을 명시해야 할 필요가 있을 때에는 적당한 위치에 3각법 또는 1각법이라 기입하거나 문자 대신 기호를 사용해도 좋다.

[투상법의 기호]

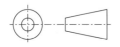

(a) 제3각법

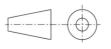

(b) 제1각법

1) 제3각법과 제1각법

제3각법 (third angle projection)	• 물체를 투상각의 제3각 공간에 놓고 투상하는 방식이며 투상면 뒤쪽에 물체를 놓는다. • 정면도를 중심으로 위쪽에 평면도 오른쪽에 우측면도를 그린다. • 위에서 물체를 보고 투상된 것은 물체의 상부에 도시한다.	눈 → 투상면 → 물체 F : 정면도 T : 평면도 S_R : 우측면도
제1각법 (first angle projection)	• 물체를 제1각 안에 놓고 투상하며 투상면 앞쪽에 물체를 놓는다. • 정면도를 중심으로 하여 아래쪽에 평면도, 왼쪽에 우측면도를 그린다. • 위에서 물체를 보고 물체의 아래에 투상된 것을 표시한다.	눈 → 물체 → 투상면 F : 정면도 T : 평면도 S_R : 우측면도

📖 제3각법의 장점
• 물체에 대한 도면의 투상이 이해가 쉬워 합리적이다.
• 각 투상도의 비교가 쉽고 치수 기입이 편리하다.
• 보조투상이 쉬워 보통 제3각법으로 하기 때문에 제1각법인 경우 설명이 붙어야 한다.

2) 필요한 투상도의 수

물체의 투상도는 정면도를 중심으로 평면도, 배면도, 저면도, 좌측면도, 우측면도의 6개를 그릴 수 있으나 물체의 모양을 완전하고 정확하게 나타낼 수 있는 수의 투상면도면 충분하므로 보통 평면도, 정면도 우측(좌측)면도의 3면 투상이 그려지는 것이 많이 사용되나 물체의 모양이 간단한 것은 2면 또는 1면으로도 충분한 경우가 있다.

① 3면도 : 3개의 투상도로 물체를 완전히 도시할 수 있는 것으로 가장 많이 쓰인다.

② 2면도 : 간단한 형태의 물체로 2개의 투상도로 충분히 물체의 모양을 나타낼 수 있는 것에 쓰인다.

③ 1면도 : 원통, 각기둥, 평판 등과 같이 간단한 기호를 기입하여 1면만으로라도 물체에 대한 이해가 충분한 것에 쓰인다.

[2면도와 1면도]

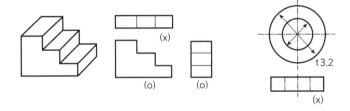

3) 투상도의 선택

① 은선이 적은 투상도를 선택한다.

② 물체를 표시하는 데 필요한 투상도만 그린다.

③ 정면도를 중심으로 우측면도와 평면도를 선택하는 것을 원칙으로 한다.

④ 정면도와 평면도, 또는 정면도와 측면도의 어느 것으로도 표시해도 좋을 때에는 투상도를 배치하기 좋은 쪽을 선택한다.

⑤ 링, 벨트풀리, 기어 등과 같이 원형으로 표시되는 투상도는 정면도로 선택하지 않고 평면도 또는 측면도로 표시한다.

⑥ 물체의 모양과 기능을 가장 잘 나타내는 면을 정면도로 하고 이것을 기준으로 평면도, 측면도를 표시한다.

[은선이 적은 투상도]　　　　　　　　　　　　　　[필요한 투상도]

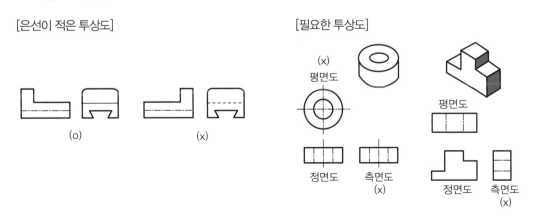

4) 투상도의 도시

① 물체는 가능한 자연스러운 위치로 나타낸다.
② 물체의 특징을 가장 잘 나타내는 투상도를 정면도로 선택한다.
③ 물체의 주요면은 가능한 투상면에 평행 또는 수직으로 나타낸다.
④ 관련 투상도는 가능한 은선을 쓰지 않고 그릴 수 있어야 한다.
⑤ 도형은 물체를 가공할 때 놓이는 상태와 같은 방향으로 그린다.
⑥ 평면절삭을 하는 것은 그 길이 방향을 수평으로 하고, 가공면이 도면의 표면이 되도록 하는 것이 좋다.

[정면도를 중심으로 한 투상도]

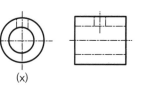

[배치에 따른 선택]

3 입체 투상법

1) 점의 투상법

① 두 화면의 공간에 있는 점의 위치의 투상
  • 점이 공간에 있을 때 : 점A
  • 점이 평화면 위에 있을 때 : 점B
  • 점이 입화면 위에 있을 때 : 점C
  • 점이 기선 위에 있을 때 : 점D

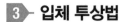
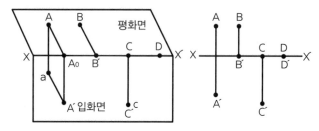

2) 직선의 투상법

① 한 화면에 평행한 직선은 실제 길이를 나타낸다.
② 한 화면에 수직인 직선은 점이 된다.
③ 한 면에 평행한 면의 경사진 직선은 실제 길이보다 짧게 나타낸다.

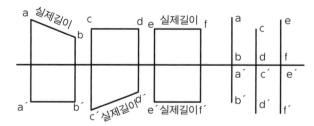

3) 평면의 투상법
① 화면에 평행한 평면은 실제의 형을 나타낸다.
② 화면에 수직인 평면은 직선이 된다.
③ 화면에 경사진 평면은 단축되어 나타나게 된다.

4 특수 방법에 의한 투상도

보조 투상도 (auxiliary view)	• 물체의 평면이 경사면인 경우 모양과 크기가 변형 또는 축소되어 나타나므로 이럴 때는 경사면에 평행한 보조 투상면을 설치하고 이것에 필요한 부분을 투상하면 물체의 실제 모양이 나타나게 된다. • 정면, 배면, 좌위측면, 입면, 부분 보조 투상도 등이 있다.	
부분 투상도 (partial view)	• 물체 일부분의 모양과 크기를 표시하여도 충분할 경우 필요부분만 투상도를 나타낸다.	
요점 투상도	• 필요한 요점부분만 투상한 것	—
회전 투상도	• 제도자의 시선을 고정시키고 보스(boss)와 같은 것은 어떤 축을 중심으로 물체를 회전시켜 투상면에 평행하게 놓고 투상도를 그린 것 • 고정부분과 가동부분과의 간격, 여러 가지 각도 관계를 결정하는 데 많이 사용	
복각 투상도	• 도면에 물체의 앞면과 뒷면을 동시에 표시하는 방법을 이용하면 효과적으로 도면을 그리고 이해도도 편리하므로 한 투상도에 2가지의 투상법을 적용하여 그린 투상도	 정면도　　　측면도

	선은 보통 0.3mm 이하 일점쇄선 또는 이점쇄선으로 그림	
가상 투상도	도시된 물체의 바로 앞쪽에 있는 부분을 나타내는 경우	단면 A – A
	물체 일부의 모양을 다른 위치에 나타내는 경우	
	가공 전 또는 가공 후의 모양을 나타내는 경우	끼운 후에 머리를 가공한다.
	한 도면을 이용 부분적으로 다른 종류의 물체를 나타내는 경우	반수는 구멍을 이 위치에 둔다.
	인접부분 참고 및 한 부분의 단면도를 90°회전하여 나타내는 경우	
	이동하는 부분의 운동범위를 나타내는 경우	–
상세도	도면 중 그 크기가 작아서 알아보기가 어렵거나 치수기입이 곤란한 부분의 이해를 정확히 하기 위해 필요부분을 적당한 위치에 확대하여 상세히 그린 투상도	
전개 투상도	판금, 제관 등의 경우에 물체를 필요에 따라 평면에 펼쳐 전개하는 것	
일부분에 특정한 모양을 가진 물체 도시	키홈을 가진 보스, 실린더 등 일부에 특정한 모양을 가진 것은 가능한 그 부분이 위쪽에 오도록 그리는 것이 좋다.	
평면의 표시법	원형부품 중 면이 평행임을 나타낼 필요가 있을 때에는 0.3mm 이하 가는 실선으로 대각선을 그려 넣는다.	

둥글게 된 부분의 2면 교차부의 도시	2개의 면이 교차하는 부분에 라운드(round)를 가지고 있을 경우에 도시는 두 면의 라운드가 없는 경우의 교차선 위치에 굵은 실선으로 표시	
관용 투상도	원기둥과 원기둥, 원기둥과 사각기둥 등의 교차하는 부분은 투상도에 상관선이 나타나지만 번거롭기 때문에 원기둥이 자신보다 작은 원기둥, 또는 사각기둥과 교차할 때에는, 상관선을 실체의 투상도에 도시하지 않고 직선 또는 원호로 그린다.	
	상관체(interescting soild) : 두 개 이상의 입체가 서로 만나 관통하고 있는 것	
	상관선(line of intersecting) : 상관체의 표면에 나타나는 선	
절단면의 앞쪽에 있는 선의 생략	그림은 원통 보일러의 단면이다. 그림 (a)에서 A선은 도면을 이해하는 데 지장이 없으면 생략하고 그림 (b)와 같이 도시한다.	
선의 우선순위	투상도를 그릴 때 외형선과 은선 및 중심선에서 2~3개의 선이 겹칠 경우에는 ① 외형선, ② 은선, ③ 중심선의 차례로 우선 순위를 정하여 하나의 선을 그려 넣으면 된다.	

같은 종류의 모양이 많은 경우의 생략	같은 종류의 리벳구멍, 볼트구멍, 파이프구멍, 파이프 그 밖의 같은 종류의 같은 모양이 연속일 때는 그 양쪽 끝 또는 요소만을 그리고 다른 부분은 중심선에 의하여 생략한 것의 위치를 표시한다.	
같은 단면을 갖고 길이가 긴 것의 생략 (중간부의 생략)	축, 막대, 파이프, 형강, 테이퍼 등 동일 단면을 갖고 길이가 긴 경우 중간부분을 생략하여 표시할 수 있고 이 경우 생략된 경계부분은 파단선으로 표시한다.	
너얼링(knurling) 가공부품 및 무늬강판의 표시	일부분에만 무늬를 넣어 표시한다.	
특수 가공부의 표시	물체의 특수 가공부의 범위를 외형선에 평행하게 약간 띄워서 그은 일점쇄선으로 표시하고 특수 가공에 관한 필요사항을 지시한다.	

04 치수의 표시방법

1 일반 치수기입의 원칙

1) 치수기입 시 주의사항
① 정확하고 이해하기 쉽게 기입할 것
② 현장 작업 시에 따로 계산하지 않고 치수를 볼 수 있을 것
③ 제작공정이 쉽고 가공비가 최저로서 제품이 완성되는 치수일 것
④ 특별한 지시가 없는 기입 방법은 제품 완성치수로 기입하여 잘못 읽는 예가 없을 것
⑤ 도면에 치수기입을 누락시키지 않을 것
⑥ KS규격에 준하여 하는 것이 좋음

2) 치수단위
① 길이 : 보통 완성치수를 mm단위로 하고 단위기호는 붙이지 않으며 치수 숫자가 자릿수가 많아도 3자리씩 끊는 점을 찍지 않는다. 예 125.35, 12.00, 12120
② 각도 : 보통 "도"로 표시하고 필요시는 분 및 초를 병용할 수가 있고 도, 분, 초 표시는 숫자의 오른쪽에 °, ′, ″를 기입한다. 예 90° 22.5° 3′21″ 0°15′ 7°21′5″

3) 치수기입
① 치수기입의 요소는 치수선, 치수보조선, 화살표 치수 숫자, 지시선 등이 필요하며 KS규격에 준하여 하는 것이 좋다.
② 치수기입은 수평방향의 치수선은 치수선 위에, 수직방향의 치수선은 치수선 왼쪽에 치수 숫자를 기입한다.
③ 치수선은 연속선으로 연장하고 연장선상 중앙 위에 치수를 기입하고 치수선 양쪽 끝에 화살표를 붙인다. (a) 과거 |← 100 →| (b) 현재 |←⎯100⎯→|)
④ 치수선과 치수보조선은 외형선과 명확히 구별하기 위하여 0.3mm 이하의 가는 실선으로 긋는다.
⑤ 치수선은 외형선과 평행하게 그리고 외형선에서 10~15mm 정도 되게 띄워서 긋는다.
⑥ 치수선은 외형선과 다른 치수선과의 중복을 피한다.
⑦ 외형선, 은선, 중심선, 치수보조선은 치수선으로 사용하지 않는다.
⑧ 치수보조선은 실제 길이를 나타내는 외형선의 끝에서 외형선에 직각으로 긋는다. 단, 테이퍼 부의 치수를 나타낼 때는 치수선과 60°의 경사로 긋는 것이 좋다.
⑨ 치수보조선의 길이는 치수선과의 교차점보다 약간(3mm정도) 길게 긋도록 한다.
⑩ 화살표의 길이와 폭의 비율은 보통 4:1정도로 하며 길이는 도형의 크기에 따라 다르지만 보통 3mm 정도로 하고 같은 도면에서는 같은 크기로 한다.
⑪ 도형에서부터 치수보조선을 길게 끌어낼 경우에는 직접 도형 안에 치수선을 긋는 것이 알기 쉬울 때가 있다
⑫ 구멍이나 축 등의 중심거리를 나타내는 치수는 구멍 중심선 사이에 치수선을 긋고 기입한다.

⑬ 치수 숫자의 크기는 작은 도면에서는 2.5mm, 보통 도면에서는 3.2mm, 4mm 또는 5mm로 하고 같은 도면에서는 같은 크기로 쓴다.

⑭ 비례척에 따르지 않을 때의 치수기입은 치수 숫자 밑에 선을 그어 표시해야 한다. <u>예</u> <u>300</u>

[화살표]

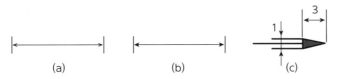

[치수기입법]

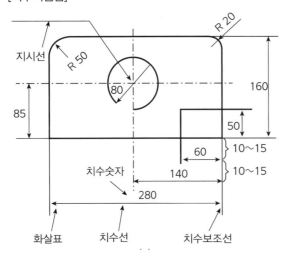

2 치수에 사용되는 기호

치수 숫자만 같고 도면의 이해가 어려운 경우에는 기호를 치수 숫자 앞에 치수 숫자와 같은 크기로 표시하여 도면의 이해를 돕는다.

기 호	읽는법	구 분	비 고
Ø	파이	원의지름기호	명확히 구분할 경우 생략할 수 있다.
□	사각	정사각형기호	생략할 수도 있다.
R	알	원의반지름기호	반지름을 나타내는 치수선이 원호의 중심까지 그을 때는 생략된다.
구	구	구면기호	Ø, R의 기호 앞에 사용한다.
C	씨	모떼기의 기호	45° 모떼기에만 사용한다.
P	피	피치기호	치수 숫자 앞에 표시한다.
t	티	판의 두께기호	치수 숫자 앞에 표시한다.
⊠	–	평면기호	도면 안에 대각선으로 표시한다.

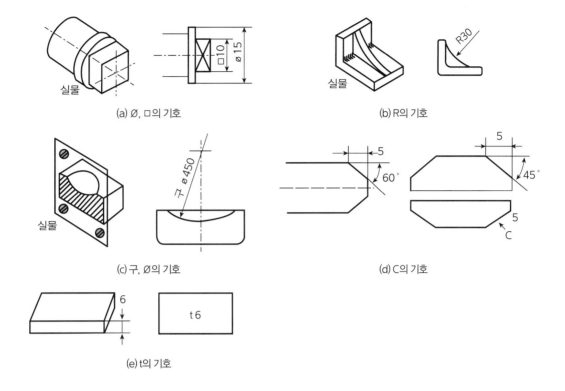

(a) Ø, □의 기호

(b) R의 기호

(c) 구, Ø의 기호

(d) C의 기호

(e) t의 기호

3 여러 가지 치수기입의 방법

1) 지름, 반지름

① 지름의 표시는 직경치수로서 표시하고 치수 숫자 앞에 Ø의 기호를 붙이나 도면에서 원이 명확할 경우에는 생략된다.

② 지름의 치수선은 가능한 직선으로 하고 대칭형의 도면은 중심선을 기준으로 한쪽에만 치수선을 나타내고 한쪽에는 화살표를 생략한다.

③ 원호의 크기는 반지름으로 치수를 표시하고 치수선은 호의 한쪽에만 화살표를 그리고 중심축에는 그리지 않으나 특히 중심을 표시할 필요가 있을 때는 흑점 또는 +자로 그 위치를 표시 한다.

④ 원호의 치수가 180°가 넘는 경우는 지름의 치수를 기입한다.

[지름의 치수기입]   [반지름의 치수기입]

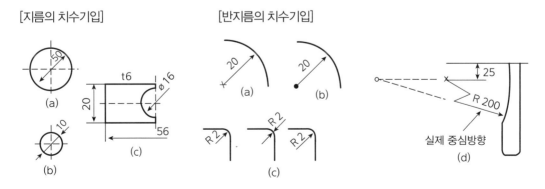

2) 현과 호

① 치수선의 기입방법은 현의 길이를 나타낼 때는 직선, 호의 길이를 나타낼 때는 동심원호로 그린다.

② 특히 현과 호를 구별할 필요가 있을 때에는 호의 치수 숫자 위에 (⌒)의 기호를 기입하거나 치수 숫자 앞에 현 또는 호라고 기입한다.

③ 2개 이상의 동심원호 중에서 특정한 호의 길이를 특히 명시할 필요가 있을 때에는 그 호에서 치수 숫자에 대해 지시선을 긋고 지신된 호측에 화살표를 그리고 호의 치수를 기입한다.

[현과 호의 치수]

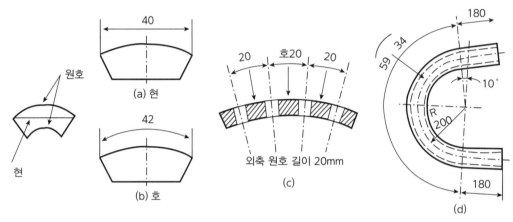

3) 구멍

① 드릴구멍, 리머 구멍, 펀칭구멍, 코어(core) 등의 구별을 표시할 필요가 있을 때에는 숫자에 그 구별을 함께 기입한다.

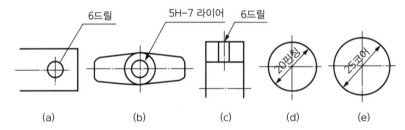

② 같은 종류, 같은 크기의 구멍이 같은 간격으로 있을 때의 치수기입은 아래와 같이 기입하고 구멍의 총수는 같은 장소의 총수를 기입하고 구멍이 1개인 때에는 기입하지 않는다.

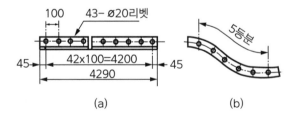

4) 테이퍼(taper)와 기울기(slope)

① 한쪽면 기울기를 구배(slope)라 하고, 양면 기울기를 테이퍼(taper)라 한다.

② 테이퍼는 중심선 중앙 위에 기입하고 기울기는 경사면에 따라 기입한다.

③ 테이퍼는 축과 구멍이 테이퍼면에서 정확하게 끼워 맞춤이 필요한 곳에만 기입하고 그 외는 일반 치수로 기입한다.

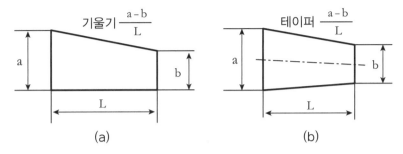

기울기 $\dfrac{a-b}{L}$

테이퍼 $\dfrac{a-b}{L}$

(a)   (b)

5) 기타 치수 기입법
① 치수에 중요도가 작은 치수를 참고로 나타낼 경우에는 치수 숫자에 괄호를 하여 나타낸다.
② 대칭인 도면은 중심선의 한쪽만을 그릴 수 있다. 이 경우 치수선은 원칙적으로 그 중심선을 지나 연장하며, 연장한 치수선 끝에는 화살표를 붙이지 않는다.

05 표제란과 부품표

1 표제란(title panel)

1) 표제란 위치 : 도면 오른쪽 아래

2) 표제란에 기입해야 하는 사항
① 도면 번호 (도번) ② 도명 ③ 척도 ④ 제도소명 ⑤ 도면 작성년원일 ⑥ 책임자의 서명

[표제란과 부품표의 일예]

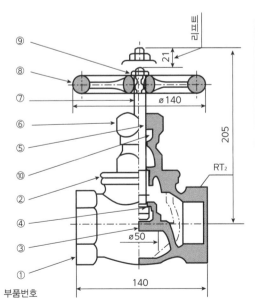

부품번호

부품표

품번	품 명	재료	개수	공정	무게	비고
1						
2						
3						
4						
5						
6						
7						
8						
9						
10						

표제란

교 명		성 명		설계	제도	사도
도 명				첨 로	투상법	
				도 번		

3) 표제란의 형식

형식이 일정하지 않으며, 크기도 도면의 크기에 따라 다르므로 기입 사항을 확실하게 알 수 있는 정도로 함

2 부품 번호

1) 부품 번호(part number) 또는 품번

기계는 다수의 부품으로 조립되어 있는 것이 보통이므로, 이들 각 부품은 그 재질, 가공법, 열처리 등이 서로 다르므로 각 부품의 제작이나 관리의 편리를 위해서 각 부품에 붙인 번호

2) 부품 번호의 기입법

① 그 부품에서 지시선을, 그 끝에 원을 그리고 원 안에 숫자를 기입
② 부품 번호의 숫자 : 5~8mm 정도의 크기
③ 숫자를 쓰는 원의 지름 : 10~16mm, 도형의 크기에 따라 알맞게 그 크기를 결정할 수 있으나, 같은 도면에서는 같은 크기로 함
④ 지시선 : 치수선이나 중심선과 혼동되지 않도록 하기 위하여 수직방향이나 수평방향으로 긋는 것을 피하며, 숫자를 쓰는 원의 중심으로 향하여 그음
⑤ 많은 부품번호를 기입할 때에는 보기 쉽도록 배열
⑥ 부품을 별도의 제작도로 표시할 때에는, 부품번호 대신에 그 도면번호를 기입하여도 됨

3 부품표

1) 부품표 위치 : 도면의 오른쪽 위나 오른쪽 아래

2) 부품표 크기 : 표제란에 따른 크기

3) 부품표에 기입해야 하는 사항

① 품번 : 부품번호를 기입한다.
② 품명 : 부품의 명칭을 기입한다.
③ 재료 : 부품의 재료를 재료기호로 기입한다.
④ 개수 : 도명의 부품 1조분의 수량을 기입한다.
⑤ 공정 : 부품을 가공하는 공정을 공장의 약부호로 기입한다.
⑥ 무게 : 완성된 부품 1개의 무게(kg)를 기입한다.
⑦ 비고 : 참조할만한 규격번호, 열처리 작업에 관한기사, 그 밖의 지적사항을 기입한다.
＊오른쪽 아래에 기입할 때에는 표제란에 붙여서 아래에서부터 위로 기입

4 표준 부품

1) 표준 부품 : 종류 모양이나 치수 등이 규격으로 정해져 있는 것

예 볼트, 너트, 작은나사, 와셔, 키, 핀, 구름베어링 등

2) 표준 부품의 표시

보통 시판되는 것을 사용하기 때문에 그 모양, 치수를 부품도에서 도시하지 않고 부품표에 호칭을 문자로 기입하여 나타냄

06 스케치

1 스케치의 개요

1) 스케치의 필요성

① 도면이 없는 부품과 같은 것을 만들려고 할 경우(현재 사용 중인 것)
② 도면이 없는 부품을 참고로 하려고 할 경우(신제품 제작 시)
③ 부품의 수리제작 교환 때(마멸, 파손 시)

2) 스케치의 주의사항

① 보통 3각법에 의하고 프리핸드로 그린다.
② 스케치 시간이 짧아야 한다.
③ 분해, 조립용구나 스케치 용구를 충분하게 갖추어야 한다.
④ 스케치도는 제작도의 기초가 되며 제작도를 겸하는 경우도 있다.

2 스케치의 종류

1) 제작에 필요한 스케치

① 구상 스케치(scheme sketch)
② 계산 스케치(computation sketch)
③ 설계 스케치(design sketch)

2) 설명에 필요한 스케치

① 핵심 스케치(executive sketch)
② 상세 스케치(detail sketch)
③ 변경 스케치(variable sketch)
④ 꾸미기 스케치(assembly sketch)
⑤ 설치 스케치(outline or diagrammatic sketch)

3 스케치 용구

구분	용구		비고
항시 필요한 것	연필		B, HB, H정도의 것, 색연필
	용지	방안지	그림을 그리고 모양을 뜬다.
		백지, 모조지	그림을 그리고 모양을 뜬다.
	마분지, 스케치도판		밑받침
	광명단		프린트법에서 모양을 뜰 때 사용하는 붉은칠 도료
	자 및 캘리퍼스	강철자	길이 300mm, 눈금 0.5mm가 있는 것
		접는자	긴 물건 측정에 사용
		캘리퍼스	긴 물건 측정에 사용
		외경 캘리퍼스	외경 측정용
		내경 캘리퍼스	내경 측정용
	버니어 캘리퍼스		길이, 깊이, 내·외경 등의 정밀 측정
	깊이 게이지		구멍 깊이, 홈 등의 정밀 측정용
	마이크 로미터	외경 마이크로미터	외경 정밀 측정(1/100mm 측정)
		내경 마이크로미터	내경 정밀 측정(1/100mm 측정)
	직각자		각도, 평면의 정도 측정
	정반		각도, 평면의 정도 측정 보조용
	기타		칼, 지우개, 종이집개, 압침, 샌드페이퍼 등
있으면 편리한 것	경도시험기		경도 측정, 재질 판정
	표면 거칠기 견본		표면 거칠기 판정
	기타		컴퍼스, 삼각자 등
특수 용구	피치 게이지		나사의 피치나 산의 측정
	치형 게이지		치형 측정
	틈새 게이지		부품 사이의 틈새 측정
기타	꼬리표		부품에 번호 붙이는 데 사용
	납선 또는 구리선		모양뜨기에 사용
	기타		반지름 게이지, 각도기, 비누, 걸레, 기름걸레, 풀, 분해, 조립공구

4 스케치 방법(형상의 스케치법)

1) 프리핸드법 : 손으로 그리는 법

① 정투상도법

② 사투상도법

③ 투시도법

④ 등각 투상도법에 의한 스케치

2) 프린트법 : 부품 표면에 광명단이나 기름걸레를 사용하여 종이에 실제 모양을 뜨는 방법

3) 모양뜨기(본뜨기)법 : 불규칙한 곡선부분을 종이에 대고 연필로 그리거나 납선, 구리선 등을 사용하여 모양을 뜨는 방법

4) 사진촬영법 : 복잡한 기계조립 상태나 부품을 여러 각도에서 촬영하여 도면을 제작하는 방법

5 스케치도와 제작도 작성순서

1) 스케치의 작성순서
① 기계 분해 전에 부품의 구조 기능을 조사한다.
② 각부의 부품조립도와 부품표를 작성하고 세부치수를 기입한다(조립도를 그린다).
③ 각 부품도에 재료(재질), 가공법, 수량 끼워맞춤 기호 등을 기입한다.
④ 기계 전체의 형상을 명백히 하고 완전 여부를 검토한다.

2) 제작도 작성순서
① 각 부품도와 부품표를 작성한다.
② 각부의 부품조립도 작성과 조립상태를 잘 나타내고 기입하는 치수는 조립에 관계있는 범위 내에서 그린다.
③ 조립도를 그리고 그 기계 전체의 형상을 명백히 한다.

07 KS 도시기호 및 도면해독

1 재료 기호

1) 재료 기호의 정의
① 도면에 부품의 재질을 간단하게 표시하기 위한 기호
② 공업 규격에 제정되어 있지 않은 비금속 재료 등은 그 재료명을 문자로 기입

2) 재료 기호를 표시하는 요령
① 첫째자리 : 재질
② 둘째자리 : 제품명 또는 규격
③ 셋째자리 : 재료의 종별, 최저 인장강도, 탄소 함유량, 경·연질, 열처리
④ 넷째자리 : 제조법
⑤ 다섯째자리 : 제품 형상
* 보통 셋째자리로 표시하나 때로는 다섯째자리로 표시하기도 함

3) 첫째자리 기호 : 재질

기호	재질	기호	재질	기호	재질
Al	알루미늄	F	철	NiS	양은
AlA	알루미늄 합금	HBs	강력 황동	PB	인청동
Br	청동	L	경합금	Pb	납
Bs	황동	K	켈밋	S	강철
C	초경 합금	MgA	마그네슘 합금	W	화이트 메탈
Cu	구리	NBs	네이벌 황동	Zn	아연

4) 둘째자리 기호 : 제품명 또는 규격

기호	제품명 또는 규격명	기호	제품명 또는 규격명	기호	제품명 또는 규격명
AU	자동차용 재료	GP	철과 강 가스 파이프	P	비철금속 판재
B	철과 강 보일러용 압연재	H	철과 강 표면 경화	S	철과 강 구조용 압연재
BF	단조용 봉재	HB	최강 봉재	SC	철과 강 철근 콘크리트용 봉재
BM	비철 금속 머시닝용 봉재	K	철과 강 공구강	T	철과 비철관
BR	철과 강 보일러용 리벳	KH	철과 강 고속도강	TO	공구강
C	철과 비철 주조품	L	궤도	UP	철과 강 스프링강
CM	철과 강 가단 단조품	M	조선용 압연재	V	철과 강 리벳
DB	볼트, 너트용 냉간 드로잉	MR	조선용 리벳	W	철과 강 와이어
E	발동기	N	철과 강 니켈 강	WP	철과 강 피아노선
F	철과 강 단조품	NC	니켈-크롬강		
G	게이지 용재	NS	스테인레스 강		

5) 셋째자리 기호 : 종별

구분	기호	기호의 의미
종별에 의한 기호	A B C D E	갑 을 병 정 무
가공법·용도·형상 등에 의한 기호	D CK F C P F A B	냉각 드로잉, 절삭, 연삭 표면 경화용 평판 파판 강판 평강 형강 봉강
알루미늄 합금의 열처리 기호	F O H 1/2H T_2 T_6	열처리를 하지 않는 재질 풀림 처리한 재질 가공 경화한 재질 반경질 담금질한 후 시효 경화 진행 중의 재료 담금질한 후 뜨임 처리한 재료

6) 넷째자리 기호 : 제조법

기호	제조법	기호	제조법
Oh	평로강	Cc	도가니강
Oa	산성 평로강	R	압연
Ob	염기성 평로강	F	단련
Bes	전로강	Ex	압출
E	전기로강	D	인발

7) 다섯째자리 기호 : 제품형상

기호	제품	기호	제품	기호	제품
P	강판	☐	각제	☐	평강
●	둥근강	△⑥	6각장	I	I형강
◎	파이프	⑧	8각장	☐	채널

2 KS분류기호별 표시 기호

KSD	명칭	종별	기호	인장강도 (kg/mm^2)	용도
3503	일반 구조용 압연 강재	1종	SB34	34~44	강판, 평강, 봉강 및 강대
		2종	SB41	41~52	강판, 평강, 봉강 및 형강
		3종	SB50	50~62	강판, 평강, 봉강 및 형강
		4종	SB55	55이상	두께, 지름, 변 또는 대면 거리가 40mm 이하의 강판, 평강, 형강 봉강 및 강대 *비고 : 강판, 평강, 형강 및 봉강을 표시할 때의 기호는 종류의 기호 다음에 R(강판), F(평강), A(형강), 및 B(봉강)을 표시 예 SB 34P(일반 구조용 압연 강재 강판 1종)
3507	배관용 탄소 강관	일반 배관용 탄소 강관 (A관)	SPP 흑관	30 이상	아연 도금을 하지 않은 관
			백관		아연 도금을 한 관
		수도 배관용 탄소 강관 (B관)	SP PW 백관	30 이상	아연 도금을 한 관으로서, 최대 정수두가 100 이하의 수도 배관용에 적용됨

KSD	명칭	종별		기호	인장강도 (kg/mm²)	용도
3509	피아노 선재	1종	A	PWRIA	–	와이어 로프
			B	PWRIB		
		2종	A	PWR 2A	–	스프링
			B	PWR 2B	–	PC강선
		3종	A	PWR 3A	–	강 연선
			B	PWR EB	–	강 연선
3512	냉간 압연 강판 및 강대	1종		SCP 1		일반용
		2종		SCP 2	28 이상	가공용 (가공도가 작은 것)
		3종		SCP 3	28 이상	가공용 (가공도가 큰 것)
3515	용접 구조용 압연 강재	1종	A	SWS 41A	41~52	강판, 강대, 형강 및 평강의 두께 100mm 이하
			B	SWS 41B		
			C	SWS 41C		강판 및 강대의 두께 50mm 이하
		2종	A	SWS 50A	50~62	강판, 강대, 형강 및 평강의 두께 100mm 이하
			B	SWS 50B		
			C	SWS 50C		강판 및 강대의 두께 50mm 이하
		3종	A	SWS 50YA	50~62	강판, 강대, 형강 및 평강의 두께 50mm 이하
			B	SWS 50YB		
		4종	B	SWS 53B	53~65	강판, 강대, 형강 및 평강의 두께 50mm 이하
			C	SWS 53C		강판, 강대의 두께 50mm 이하
		5종		SWS 58	58~73	강판 및 강대의 두께 6mm 이상 50mm 이하
3751	탄소 공구강	1종		STC 1	63 이상	경질 바이트, 면도 날, 각종 줄
		2종		STC 2	63 이상	바이트, 프라이스, 제작용 공구, 드릴
		3종		STC 3	63 이상	탭, 나사 절삭용, 다이스, 쇠톱 날, 철공용 끌, 게이지, 태엽, 면도날
		4종		STC 4	61 이상	태엽, 목공용 드릴, 도끼, 철공용 끌, 면도 날, 목공용 띠톱, 펜촉
		5종		STC 5	59 이상	각인, 스냅, 태엽, 목공용 띠톱, 원형톱, 펜촉, 등사판 줄, 톱날
		6종		STC 6	56 이상	각인, 스냅, 원형톱, 태엽, 우산대, 등사판 줄
		7종		STC 7	54 이상	각인, 스냅, 프레스형 칼

KSD	명칭	종별		기호	인장강도 (kg/mm²)	용도
3752	기계 구조용 탄소강 강재	1종		SM10C	32 이상	비렛, 컬렛
		2종		SM15C	38 이상	볼트, 너트, 리벳
		3종		SM20C	41 이상	볼트, 너트, 리벳
		4종		SM25C	45 이상	볼트, 너트, 전동기축
		5종		SM30C	55 이상	볼트, 너트, 기계 부품
		6종		SM35C	58 이상	볼트, 너트, 기계 부품
		7종		SM40C	62 이상	연접봉, 이음쇠, 축류
		8종		SM45C	70 이상	크랭크축류, 로드류
		9종		SM50C	75 이상	키, 핀, 축류
		10종		SM55C	80 이상	키, 핀류
		21종		SM9CK	40 이상	방직기 로울러
		22종		SM15CK	50 이상	캠, 피스톤 핀 ※21, 22종은 침탄용
3753	합금 공구강	절 삭 용	S 1종	STS 1	–	절삭 공구, 냉간 드로잉용 다이스
			S 11종	STS 11	–	
			S 2종	STS 2	–	탭, 드릴, 커터, 피이밍 다이스, 나사 절삭 다이스
			S 21종	STS 21	–	
			5 S 51종	STS 5 STS 51	–	원형톱, 띠톱
			7	STS 7	–	핵 소오
			S 8종	STS 8	–	줄
		주 로 내 충 격 용	S 4종	STS 4	–	끌, 펀치, 스냅
			S 41종	STS 41	–	
			S 42종	STS 42	–	끌, 펀치, 칼날, 줄, 눈금용 공구
			S 43종	STS 43	–	착암기용 피스톤
			S 44종	STS 44	–	끌 해딩 다이스
		냉 간 금 형 용	S 3종	STS 3	–	게이지, 탭, 다이스, 절단기, 칼날
			S 31종	STS 31	–	게이지, 피이밍 다이스
			D 1종	STD 1	–	신선용 다이스, 피이밍 다이스
			D 11종	STD 11	–	게이지, 피이밍 다이 나사, 전조 다이스
			D 12종	STD 12	–	
			D 2종	STD 2	–	신선용 다이스, 피이밍 다이스
		주 로 열 간 금 형 용	D 4종	STD 4	–	프레스 형틀, 다이 캐스팅용 형틀, 압출 다이스
			D 5종	STD 5	–	
			D 6종	STD 6	–	
			D 61종	STD 61	–	
			F 1종	STF 1	–	다이스 형틀
			〜 5종	STF 5	–	
			F 6종	STF 6	–	프레스용 형틀

KSD	명칭	종별		기호	인장강도 (kg/mm²)	용도
4101	탄소 주강품	1종		SC 37	37 이상	전동기 부품용
		2종		SC 42	42 이상	일반 구조용
		3종		SC 46	46 이상	일반 구조용
		4종		SC 49	49 이상	일반 구조용
4301	회주철품	1종		GC 10	10 이상	일반 기계 부품, 상수도 철관 난방 용품
		2종		GC 15	15 이상	
		3종		GC 20	20 이상	약간의 경도를 요하는 부분
		4종		GC 25	25 이상	
		5종		GC 30	30 이상	실린더 헤드, 피스톤 공장 기계 부품
		6종		GC 35	35 이상	
4302	구상 흑연주철	1종		GCD 40	40 이상	–
		2종		GCD 45	45 이상	
		3종		GCD 50	50 이상	
		4종		GCD 60	60 이상	
		5종		GCD 70	70 이상	
4303	흑심 가단 주철	1종		BMC 28	28 이상	–
		2종		BMC 32	32 이상	
		3종		BMC 35	35 이상	
		4종		BMC 37	37 이상	
4305	백심 가단 주철	1종		WMC 34 WMC 38	34 이상 38 이상	–
		2종		WMC 45 WMC 50 WMC 55	45 이상 50 이상 55 이상	
5504	터프 피치 구리	1종	연질	TGuS 1~0	20 이상	전기와 열전도성이 좋고 전연성, 가공성, 내식성, 내후성이 요구되는 곳, 전기 부품, 증류 기구, 건축용, 화학 공업용 개스킷, 기물 등
			1/4 경질	TGuS 1~1/4	22~28 이상	
			1/2 경질	TGuS 1~1/2	25~35 이상	
			경질	TGuS 1~H	28 이상	
5102	인청동봉	1종		PBR 1	50 이상	탄성, 내마멸성, 내식성 등을 요구하는 부품(기어, 베어링, 이음쇠, 나사)
		2종		PBR 2	52 이상	
		3종		PBR 3	55 이상	

KSD	명칭	종별	기호	인장강도 (kg/mm^2)	용도
6001	황동 주물	1종	BsC 1	15 이상	플렌지, 전기 부품
		2종	BsC 2	20 이상	전기 부품, 일반 기계 부품
		3종	BsC 3	25 이상	건축용 장식품, 일반 기계 부품, 전기 부품
6002	청동 주물	1종	BrC 1	25 이상	기계적 성질, 내식성이 우수하여 밸브, 콕 및 기계 부품에 적합
		2종	BrC 2	25 이상	
		3종	BrC 3	20 이상	절삭성이 양호하여 기계 부품, 밸브 콕 등에 적합
		4종	BrC 4	22 이상	
		5 종	BrC 5	17 이상	절삭성이 양호하여 급수, 배수 및 건축용 등에 적합

〔주〕숫자 다음의 A는 연질, B는 반경질, C는 경질의 표시임

[주요 재료의 표시 기호]

KS 분류기호	명칭	KS 기호	KS 분류기호	명칭	KS 기호
KSD 3503	일반 구조용 압연 강재	SB	KSD 3752	기계 구조용 탄소 강재	SM
KSD 3507	일반 배관용 탄소 강판	SPP	KSD 3753	합금 공구강 (주로 절삭 내충격용)	STS
KSD 3508	아크 용접봉 심선재	SWRW	KSD 3753	합금 공구 강재 (주로 내마멸성 불변형용)	STD
KSD 3509	피아노 선재	PWR	KSD 375D	합금 공구 강재 (주로 열간 가공용)	STF
KSD 3512	냉간 압연 강판 및 강재	SBC	KSD 4101	탄소 주강품	SC
KSD 3515	용접 구조용 압연 강재	SWS	KSD 4102	스테인리스 주강품	SSC
KSD 3517	기계구조용 탄소강	STKM	KSD 4301	회주철품	GC
KSD 3522	고속도 공구 강재	SKH	KSD 4302	구상 흑연 주철	DC
KSD 3554	연강 선재	MSWR	KSD 4303	흑심 가단 주철	BMC
KSD 3559	경강 선재	HSWR	KSD 4305	백심 가단 주철	WMC
KSD 3560	보일러용 압연 강재	SBB	KSD 5504	구리판	CuS
KSD 3566	일반 구조용 탄소 강관	SPS	KSD 5516	인청동봉	PBR
KSD 3701	스프링강	SPS	KSD 6001	황동 주물	BsC
KSD 3707	크롬 강재	SCr	KSD 6002	청동 주물	BrC
KSD 3708	니켈-크롬 강재	SNC	KSD 5503	쾌삭 황동봉	MBsB
KSD 3710	탄소강 단조품	SF	KSD 5507	단조용 황동봉	FBsB
KSD 3711	크롬–몰리브덴 강재	SCM	KSD 5520	고강도 황동봉	HBsR
KSD 3751	탄소 공구강	STC			

* 재료 기호 : SWS 50A → S (강), W (용접), S (구조강재), 50 (최저인장강도), A (종)
  SM 10C → S (강), M (기계구조용), 10 (탄소함유량 0.10%), C (화학성분의 성분표시)

1 나사

1) 나사의 용어

① 나사(screw) : 나사곡선(helix)에 따라 홈을 깎은 것

② 수나사(external thread) : 원통의 바깥면을 깎은 나사

③ 암나사(internal thread) : 구멍의 안쪽면을 깎은 나사

④ 피치(pitch) : 인접한 두 산의 직선거리를 측정한 값

⑤ 리드(lead) : 나사가 1회전하여 축방향으로 진행한 거리

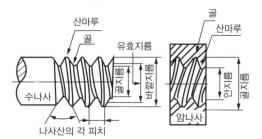

[나사의 각부 명칭]

$$L = np$$
L : 리드, n : 줄수, p : 피치

⑥ 한줄나사(single thread) : 나사산이 한 줄로 되어 있는 나사. 피치와 리드가 같은 나사를 말한다.

⑦ 다줄나사(multiple thread) : 2개 이상의 나사산을 갖는 나사를 이른다. 나선의 줄 수에 따라 2줄 나사, 3줄 나사로 분류된다. 줄 수가 많을수록 리드각은 크게 된다.

⑧ 오른나사 : 축방향에서 시계방향으로 돌려서 앞으로 나아가는 나사

⑨ 왼나사 : 축방향에서 시계반대방향으로 돌려서 앞으로 나아가는 나사

⑩ 호칭 이름 : 수나사는 바깥지름, 암나사는 암나사에 맞는 수나사의 바깥지름으로 나타낸다.

2) 나사의 표시법

수나사의 산마루 또는 암나사의 골밑을 나타내는 선에서 지시선을 긋고, 그 끝에 수평선을 그어 그 위에 KS에 규정된 방법에 따라 다음과 같이 표시(단, 나사의 잠긴 방향이 왼나사일 때에는 '좌'의 문자로 표시하나, 오른나사는 생략하고 한줄나사일 때는 줄수를 기입하지 않음)

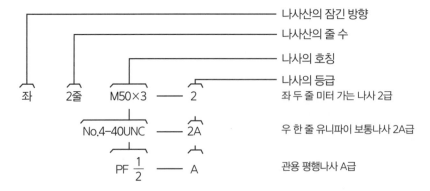

[나사의 표시 방법]

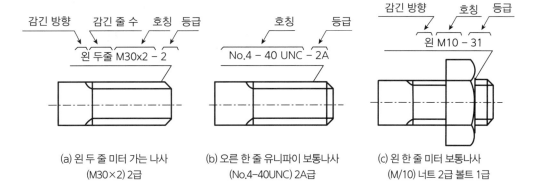

(a) 왼 두 줄 미터 가는 나사
(M30×2) 2급

(b) 오른 한 줄 유니파이 보통나사
(No.4-40UNC) 2A급

(c) 왼 한 줄 미터 보통나사
(M/10) 너트 2급 볼트 1급

3) 나사의 호칭

나사의 호칭은 나사의 종류표시 기호, 지름표시 숫자, 피치 또는 25.4mm에 대한 나사산의 수로써 다음과 같이 표시한다.

① 피치를 mm로 나타내는 나사의 경우

| 나사의 종류를 표시하는 기호 | 나사의 지름을 표시하는 숫자 | × | 피치 | (M16×2) |

* 미터 보통나사는 원칙적으로 피치를 생략하나 다만 M3, M4, M5에는 피치를 붙여 표시한다.

② 피치를 산의 수로 표시하는 나사의 경우(유니파이 나사는 제외)

| 나사의 종류를 표시하는 기호 | 나사의 지름을 표시하는 숫자 | 산의 수 | (TW20산6) |

* 관용나사(pipe thred)는 산의 수를 생략한다. 또 각인에 한하여 '산' 대신에 하이픈(-)을 사용할 수 있다.

③ 유니파이 나사의 경우

| 나사의 지름을 표시하는 숫자 또는 번호 | - | 산의 수 | 나사의 종류를 표시하는 기호 | $(\frac{1}{2}$ -13UNC$)$ |

4) 나사의 등급

① 필요 없을 경우에는 생략해도 좋음
② 암나사와 수나사의 등급을 동시에 표시할 필요가 있을 시에는 암나사의 등급 다음에 (/)을 넣고 수나사 등급을 표시 예 한 줄 미터 보통나사, 암나사 2급, 수나사 1급
③ 나사의 등급 표시 방법

나사의 종류	미터나사			유니파이 나사						관용평행나사	
등급	1급	2급	3급	3A급	3B급	2A급	2B급	1A급	1B급	A급	B급
표시방법	1	2	3	3A	3B	2A	2B	1A	1B	A	B

④ 나사 종류 표시 기호 및 나사 호칭에 대한 표시방법

구분	나사의 종류		나사의 종류를 표시하는 기호	나사 호칭의 표시 방법 예	관련 규격
일반용	미터보통나사		M	M 8	KSB 0201
	미터 가는 나사[1]			M 8×1	KSB 0204
	유니파이 보통 나사		UNC	3/8-16 UNC	KSB 0203
	유니파이 가는 나사		UNF	No. 8-36 UNF	KSB 0206
	30° 사다리꼴 나사		TM	18	KSB 0227
	29° 사다리꼴 나사		TW	20	KSB 0226
	관용 테이퍼 나사	테이퍼 나사	PT	PT 3/4	KSB 0222
		평행 암나사[2]	PS	PS 3/4	
	관용 평행 나사		PF	PF 1/2	KSB 0221
특수용	박강 전선관 나사		C	C 15	KSB 0223
	자전차 나사	일반용	BC	BC 3/4	KSB 0224
		스포크용		BC 2.6	
특수용	재봉용 나사		SM	SM 1/4 산 40	KSB 0225
	전구 나사		E	E 10	−
	자동차 타이어 공기 밸브 나사		TV	TV 8	KSB 9408
	자전차 타이어 공기 밸브 나사		CTV	CTV 8 산 30	−

＊ 특히 가는 나사인 것을 명확히 표시할 필요가 있을 때는 피치 또는 소수 다음에 "가는 나사"라는 문자를 ( )에 넣어서 기입할 때도 있다. 예 M8×1(가는 나사)

＊ 평행 암나사는 테이피 나사에 대해서만 사용된다.

2 ► 볼트와 너트

1) 볼트와 너트의 호칭

① 볼트의 호칭

규격번호	종류	다듬질 정도	나사의 호칭×길이	−	나사의 등급	재료	지정사항
KSB1002	육각볼트	상	M42×150	−	2	SM20C	둥근끝

＊ 규격번호는 특히 필요하지 않으면 생략하고 지정사항은 자리붙이기, 나사부의 길이, 나사 끝 모양, 표면처리 등을 필요에 따라 표시한다.

② 너트의 호칭

규격번호	종류	모양의 구별	다듬질 정도	나사의 호칭	−	나사의 등급	재료	지정사항
KSB1012	육각너트	2종	상	M42	−	1	SM25C	H = 42

＊ 규격번호는 특별히 필요치 않으면 생략하고 지정사항은 나사의 바깥지름과 동일한 너트의 높이(H), 한 계단 더 큰 부분의 맞변거리(B), 표면처리 등을 필요에 따라 표시한다.

③ 작은 나사(machine screw or vic) : 보통 나사의 지름이 1~8mm인 나사

종류	나사의 호칭	×	길이	재료	지정사항
+ 자홈 접시머리 작은 나사	M5×0.8		25	HSWR37	아연도금

④ 세트 스크류(set screw)

머리모양	끝모양	등급	나사의 호칭	×	길이	재료	지정사항
사각	평행형	2급	M5×0.8		10	SM20C	아연도금

3 리벳

1) 리벳의 종류

① 용도에 따른 종류 : 일반용, 보일러용, 선박용

② 리벳 머리의 종류

둥근머리	접시머리	납작머리	둥근접시머리	얇은납작머리	남비머리

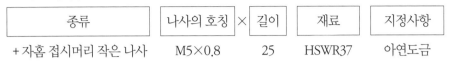

2) 리벳의 호칭

규격번호	종류	호칭지름	×	길이	재료
KSB1102	열간 둥근머리 리벳	16		40	SBV34

* 규격번호를 사용하지 않는 경우에는 명칭에 "열간" 또는 "냉간"을 앞에 기입한다.

3) 구조물에 사용되는 리벳의 기호

		둥근머리 리벳	접시머리 리벳					납작머리 리벳			둥근 접시머리 리벳		
종별													
기호 (화살표 방향에서 봄)	공장 리벳	○	◎	◌	⌀	⊘	⌀	⌀	⌀	⌀	⊗	⊗	⊗
	현장 리벳	●	◉	◉	⊘	⊘	⊘	⊘	⊘	⊘	⊗	⊗	⊗

4) 리벳 이음의 도시법

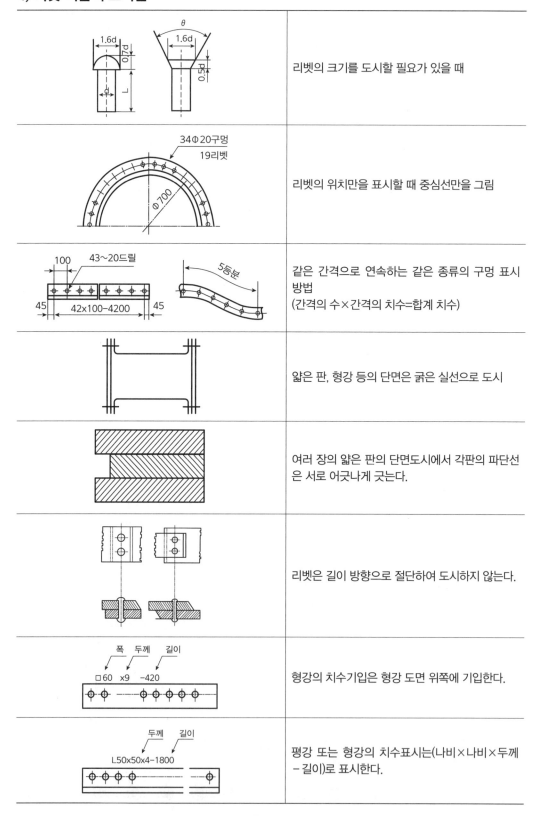

	리벳의 크기를 도시할 필요가 있을 때
	리벳의 위치만을 표시할 때 중심선만을 그림
	같은 간격으로 연속하는 같은 종류의 구멍 표시 방법 (간격의 수×간격의 치수=합계 치수)
	얇은 판, 형강 등의 단면은 굵은 실선으로 도시
	여러 장의 얇은 판의 단면도시에서 각판의 파단선은 서로 어긋나게 긋는다.
	리벳은 길이 방향으로 절단하여 도시하지 않는다.
	형강의 치수기입은 형강 도면 위쪽에 기입한다.
	평강 또는 형강의 치수표시는(나비×나비×두께 − 길이)로 표시한다.

09 용접기호

1 용접이음(welding joint)의 종류

1) 모양의 배치에 따른 종류

맞대기 이음	양면 덮개판 이음	겹치기 이음	T 이음	모서리 이음	끝단 이음

2) 용착부분의 모양에 따른 종류

필릿 용접 (fillet weld)	홈용접 (groove weld)	플러그 용접 (plug weld)	슬롯 용접 (slot weld)

3) 용접 비드 표면모양에 의한 용접 종류

납작	오목	볼록	연속	단속

2 용접 기호(welding symbol)

1) 개요

① 용접 기호 : 용접 구조물의 제작도면의 설계 시 설계자가 그의 뜻을 제작자에게 전달하기 위해 용접 종류와 형식, 모든 처리방법 등을 기호로써 나타내고 있는 것

② KSB0052로 1967년에 제정되어 1982년에 일부가 개정되어 규정되어 있음

③ 기본기호와 보조기호로 나누어져 있고 이들 기호는 설명선(화살, 기선, 꼬리)에 의해 표시하고 있음

2) 용접부의 기본기호

번호	명칭	그림	기호
1	돌출된 모서리를 가진 평판사이의 맞대기 용접, 예지 플랜지형 용접(미국), 돌출된 모서리는 완전 용해		
2	평행(형) 맞대기 용접		
3	V형 맞대기 용접		
4	일면 개선형 맞대기 용접		
5	넓은 루트면이 있는 V형 맞대기 용접		
6	넓은 루트면이 있는 한 면 개선형 맞대기 용접		
7	U형 맞대기 용접(평행면 또는 경사면)		
8	J형 맞대기 용접		
9	이면 용접		
10	필릿 용접		
11	플러그 용접 : 플러그 또는 슬롯 용접(미국)		
12	점 용접		
13	심(seam) 용접		

번호	명칭	그림	기호
14	개선각이 급격한 V형 맞대기 용접		\/
15	개선각이 급격한 일면 개선형 맞대기 용접		V
16	가장자리(edge) 용접		‖‖
17	표면 육성		⌒⌒
18	표면(surface) 접합부		═
19	경사 접합부		∥
20	겹침 접합부		⊃

※ 번호1의 돌출된 모서리를 가진 평판 맞대기 용접부는 완전 용입이 안되면 용입 깊이가 S인 평형 맞대기 용접부 (번호2)로 표시한다.

3) 기본기호 사용보기

번호	명칭, 기호	그림	표시	기호
1	플랜지형 맞대기 용접 八 1			
2	I형 맞대기 용접 ‖ 2			
3				
4	I형 맞대기 용접 ‖ 2			
5	V형 이음 맞대기 용접 V 3			
6				

번호	명칭, 기호	그림	표시	기호
7	일면 개선형 맞대기 용접 V 4			
8				
9				
10				
11	넓은 루트면이 있는 V형 맞대기 용접 Y 5			
12	넓은 루트면이 있는 일면 개선형 맞대기 용접 Y 6			
13				
14	U형 맞대기 용접 Y 7			

번호	명칭, 기호	그림	표시	기호
15	J형 맞대기 용접 〕 8			
16				
17	필릿 용접 △ 10			
18				
19				
20				
21				
22	플러그 용접 ⊓ 11			
23				

번호	명칭, 기호	그림	표시	기호
24	점 용접 ◯ 12			
25				
26	심 용접 ⊖ 13			
27				

4) 양면 용접부의 조합기호 : 필요한 경우에는 기본기호를 조합하여 사용할 수 있다.

명칭	그림	기호
양면 V형 맞대기 용접(X용접)		X
K형 맞대기 용접		K
넓은 루트면이 있는 V형 용접		Y
넓은 루트면이 있는 K형 맞대기 용접		K
양면 U형 맞대기 용접		⋈

5) 보조기호

용접부 표면 또는 용접부 형상	기호
평면(동일한 면으로 마감처리)	───
블록형	⌒
오목형	⌣
토우를 매끄럽게 함	⌣
영구적인 이면 판재(backing strip) 사용	M
제거 가능한 이면 판재 사용	MR

6) 보조기호의 적용

명칭	그림	기호
평면 마감 처리한 V형 맞대기 용접		▽
블록 양면 V형 용접		⋈
오목 필릿 용접		
이면 용접이 있으며 표면 모두 평면 마감 처리한 V형 맞대기 용접		
넓은 루트면이 있고 이면 용접된 V형 맞대기 용접		
평면 마감 처리한 V형 맞대기 용접		▽ or ✓
매끄럽게 처리한 필릿 용접		

7) 도면에서의 일반적인 기호의 위치

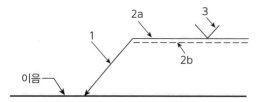

1 : 화살표(지시선)
2b : 식별선(점선)
3 : 용접 기초

화살표의 위치	• 접합부당 하나의 화살표
기준선의 위치	• 점선은 실선의 위 또는 아래에 있을 수 있다. ‒‒‒‒‒‒ ‒‒‒‒‒‒‒ • 대칭 용접의 경우 점선은 불필요하며 생략할 수도 있다. • 화살표, 기준선, 기호, 글자의 굵기는 각각 ISO 128과 ISO 3098-1에 의거하여 치수를 나타내는 선 굵기에 따른다.
기호의 위치	• 기호 : 특정한 숫자의 치수와 통상의 부호 • 용접 방법, 허용 수준, 용접자세, 용접재료 및 보조재료 등과 같은 상세정보가 주어지면 기준선 끝에 덧붙인다.

3 배관 도시 기호

1) 개요

① 원칙적으로 1줄의 실선으로 도시

② 동일 도면 내에서는 같은 굵기의 선 사용

③ 관의 계통, 상태, 목적을 도시하기 위해 선의 종류(실선, 파선, 쇄선, 2줄의 평행선 등)를 바꿔서 도시해도 되며 이 경우 선의 종류와 뜻을 도면상의 보기 쉬운 위치에 명기

④ 관을 파단하여 표시하는 경우 : 파단선으로 표시

2) 배관계의 시방 및 유체의 종류·상태의 표시 방법

① 표시 항목은 원칙적으로 순서에 따라 필요한 것을 글자·글자기호를 사용하여 표시

② 추가할 필요가 있는 표시항목은 그 뒤에 붙임

③ 글자기호의 뜻은 도면상의 보기 쉬운 위치에 명기

3) 관의 도시 방법

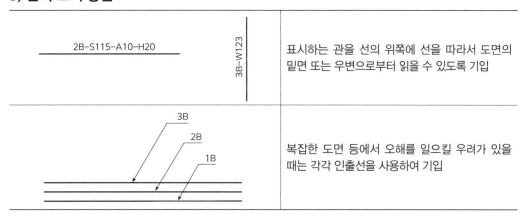

4) 유체 흐름의 방향 표시 방법

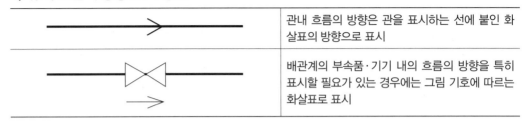

(화살표 →)	관내 흐름의 방향은 관을 표시하는 선에 붙인 화살표의 방향으로 표시
(밸브 기호와 화살표)	배관계의 부속품·기기 내의 흐름의 방향을 특히 표시할 필요가 있는 경우에는 그림 기호에 따르는 화살표로 표시

5) 관 접속상태의 표시 방법

관의 접속상태		도시방법
접속하고 있지 않을 때		─┼─ ─┼─ 또는 ─┤├─
접속하고 있을 때	교차	─●─
	분기	─●─

6) 관 결합방식의 표시 방법

결합방식의 종류	그림 기호
일반	──┼──
용접식	──●──
플랜지식	──‖──
턱걸이식	──) ──
유니온식	──‖|──

7) 관이음의 표시 방법

	관이음쇠의 종류		그림 기호	비고
고정식	엘보 및 벤드		또는	• 그림기호와 결합하여 사용한다. • 지름이 다르다는 것을 표시할 필요가 있을 때는 그 호칭을 인출선을 사용하여 기입한다.
	티			
	크로스			
	리듀서	동심		특히 필요한 경우에는 그림기호와 결합하여 사용한다.
		편심		
	하트커플링			
가동식	팽창(신축) 이음쇠			특히 필요한 경우에는 그림기호와 결합하여 사용한다.
	플렉시블 이음쇠			

8) 관 끝부분의 표시 방법

끝부분의 종류	그림 기호
막힌 플랜지	
나사박음식 캡 및 나사박음식 플러그	
용접식 캡	

9) 밸브 및 콕 몸체의 표시 방법

밸브·콕의 종류	그림 기호	밸브·콕의 종류	그림 기호
밸브 일반	⋈	앵글밸브	△
게이트 밸브	⋈	3방향밸브	⋈
글로브 밸브	⋈ (filled)	안전밸브	(안전밸브 기호)
체크 밸브	⋈ 또는 ⋈		
볼 밸브	⋈	콕 일반	⋈
버터플라이 밸브	⋈ 또는 ⋈		

＊밸브 및 콕과 관의 결합방법을 특히 표시하고자 하는 경우는 그림기호에 따라 표시한다.

＊밸브 및 콕이 닫혀 있는 상태를 특히 표시할 필요가 있는 경우에는 다음 그림과 같이 그림기호를 칠하여 표시하든가 또는 닫혀 있는 것을 표시하는 글자("폐", "C" 등)를 첨가하여 표시한다.

10) 밸브 및 콕 조작부의 표시 방법

개폐 조작	그림 기호	비고
동력조작	(동력조작 기호)	조직부·부속기기 등의 상세에 대하여 표시할 때에는 KS A 3016(계장용 기호)에 따른다.
수동조작	(수동조작 기호)	특히 개폐를 수동으로 할 것을 지시할 필요가 없을 때는, 조직부의 표시를 생략한다.

11) 계기의 표시 방법

관을 표시하는 선에서 분기시킨 가는 선의 끝에 원을 그려서 계기의 측정하는 변동량 및 기능 등을 표시하는 글자기호를 표시

압력지시계 온도지시계 유량지시계

12) 지지장치의 표시 방법

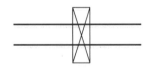

13) 투영에 의한 배관 등의 표시 방법

① 화면에 직각방향으로 배관되어 있는 경우의 관의 입체적 표시 방법

	정투영도	각도
관 A가 화면에 직각으로 바로 앞쪽으로 올라가 있는 경우		
관 A가 화면에 직각으로 반대쪽으로 내려가 있는 경우		
관 A가 화면에 직각으로 바로 앞쪽으로 올라가 있고 관 B와 접속하고 있는 경우		
관 A로부터 분기된 관 B가 화면에 직각으로 바로 앞쪽으로 올라가 있으며 구부러져 있는 경우		
관 A로부터 분기된 관 B가 화면에 직각으로 반대쪽으로 내려가 있고 구부러져 있는 경우		

② 화면에 직각 이외의 각도로 배관되어 있는 경우의 관의 입체적 표시 방법

	정투영도	등각도
관 A가 위쪽으로 비스듬히 일어서 있는 경우		
관 A가 아래쪽으로 비스듬히 내려가 있는 경우		
관 A가 수평방향에서 바로 앞쪽으로 비스듬히 구부러져 있는 경우		
관 A가 수평방향으로 화면에 비스듬히 반대쪽 윗방향으로 일어서 있는 경우		
관 A가 수평방향으로 화면에 비스듬히 바로 앞쪽 윗방향으로 일어서 있는 경우		

③ 밸브·플랜지 등의 입체적 표시 방법

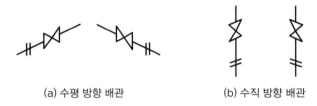

(a) 수평 방향 배관　　　　　(b) 수직 방향 배관

④ 배관부속품 등의 등각도 표시 방법

4 철골 구조물 도면의 해독

1) 철골 구조(steel structure)의 제도 통칙
도면의 표시 방법은 KSA 0005(제도 통칙), KSA0101(수학 기호), KSB 0052(용접 기호), KSF 1501(건축 제도)에 규정된 방법으로 한다.

2) 철골 구조의 표시사항
① 철골 구조 및 건축 구조물의 구조 도면의 치수 기입은 치수선을 생략하고 구조물을 표시한 도면의 한쪽에 나란히 치수를 기입한다.
② 필요에 따라 사용 강재의 종류를 명시하고 부품은 품질 구분을 명시한다.
③ 필요에 따라 트러스(trus), 보의 치울림(camber)을 도면에 명시한다.
④ 도면은 치수단면형 각 부재의 상대적 위치를 면밀히 표시하고 바닥면기둥 중심, 각 부재의 분기에 대하여 치수 표시를 한다.
⑤ 기둥 재료의 밑판의 접촉면, 기둥이음매 등은 필요할 때는 마무리의 정도를 도면에 기입 지시한다.

[구조물의 치수 기입법]

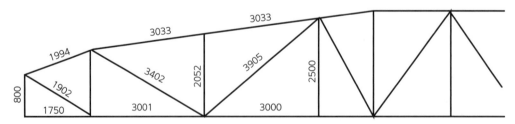

10 용접구조설계(design in welding)

1 용접설계의 개요

1) 용접설계의 의의
① 넓은 의미에서 용접시공의 중요한 일부분을 차지하는 것
② 용접을 이용하여 기계 또는 구조물 등을 제작하는 경우 그 제품이 사용목적에 적합하고 경제성이 높도록 시공순서 및 방법 등과 제품의 모양, 크기 등을 기초적으로 결정하는 것

2) 용접 설계자가 갖추어야 할 지식
① 각종 용접재료에 대한 용접성 및 물리 화학적 성질
② 용접이음의 강도와 변형 등 모든 특성
③ 용접 구조물에 가해지는 여러 조건에 의한 응력
④ 각종 용접 시공법의 종류에 따른 특성
⑤ 정확한 용접비용(적산)의 산출
⑥ 정확한 용접시공의 사후처리방법(예열, 후열, 검사법 등)의 선정

3) 용접설계의 기본 순서 및 고려사항
① 기본계획(구조, 제품계획) : 발주자에 의한 사용목적, 사용조건, 경제성, 기본형식, 공사기간 등 설정
② 강도계산 : 기본계획에 의한 구조 및 제품에 대한 사용조건에 따른 강도 및 응력 등의 계산
③ 구조설계 : 강도계산 결과 및 시공조건 등을 고려하여 시공방법 등의 설계도면 작성
④ 적산표작성 : 설계도면에 의한 소요재료 및 인력 등에 대한 비용계산
⑤ 시방서(사양서)작성 : 설계, 제작, 설치, 작업 방법 등과 기타 지정할 사항의 자세한 명세서를 만든다.

4) 용접설계 채택 시의 장점
① 리벳이음 및 주조, 단조품에 비해 재료절약 및 중량을 가볍게 할 수 있다.
② 다른 이음법에 비해 이음효율이 높다(리벳이음효율 80%, 용접이음효율 100%).
③ 수밀, 기밀, 유밀도가 높다(리벳이음 40%, 용접이음 100%).
④ 주조, 단조품에 비해 설비비가 적고 다른 이음보다 제조공정이 짧다.
⑤ 다른 이음에 비해 소음이 작다.

5) 용접설계 채택 시의 단점
① 용접열에 의한 급열, 급냉으로 발생되는 열영향부의 재질변화와 재료의 수축 및 변형
② 용접부에 응력집중으로 인한 파괴위험성 및 노치부에 대한 균열발생

2 용접이음의 선택 요건

1) 용접이음 선택의 개요
① 용접이음은 용접부의 구조 및 판두께, 용접법 등에 따라 선택해야 한다.
② 실제로 구조물에서 용접 이음방법을 정확하게 선택한다는 것은 매우 어렵다.
　　예 홈 가공 및 용접작업을 편하게 하려면 I형홈, V형홈 등이 좋으나 판의 두께가 두꺼워지면
　　　완전한 용입을 얻을 수 없다(I형).
　　예 V형홈에서는 용접금속의 양이 증대하여 변형을 가져오는 위험이 있어 비경제적이 되므로
　　　홈가공이 약간 복잡하지만 U형, H형 등을 선택할 때도 있다.
③ 용접설계 시에는 용접부의 구조 및 하중의 종류, 용접시공법 등에 대하여 충분한 검토를 해
　야 한다.

2) 용접이음을 설계할 때 주의사항
① 용접작업을 안전하게 할 수 있는 구조로 한다.
② 아래보기 용접을 많이 하도록 한다.
③ 용접봉의 용접부에 접근성도 작업의 쉽고 어려움에 영향을 주므로 용접작업에 지장을 주지
　않도록 간격을 남길 것

 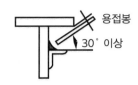 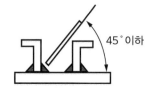

④ 필릿 용접을 가능한 피하고 맞대기 용접을 하도록 한다.
⑤ 판두께가 다른 2장의 모재를 직접 용접하면 열용량이 서로 다르게 되어 작업이 곤란하므로
　두꺼운 판쪽에 구배를 두어 갑자기 단면이 변하지 않게 한다.

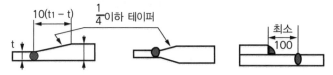

⑥ 용접부에 모먼트(moment)가 작용하지 않게 한다.

⑦ 맞대기 용접에는 이면 용접을 하여 용입부족이 없도록 할 것
⑧ 용접부에 잔류응력과 열응력이 한 곳에 집중하는 것을 피하고, 용접이음부가 한 곳에 집중되
　지 않도록 한다.

3) 용접의 종류와 용도

홈 용접	조직의 연속체, 정 및 동하중을 받고, 수기밀을 요하는 구조
필릿 용접	구조 조립
플레어 용접	박판 또는 환봉구조
플러그 용접	국부 접합
변두리 용접	변두리 공작
덧붙이 용접	수리보강, 경질표면
저항 용접	미소 정밀 접합

3 용접설계의 기초 역학

1) 하중(load)

① 하중의 정의 : 재료에 외부로부터 작용하는 힘

② 하중의 종류

인장하중 (tensile load)	재료의 축 방향으로 늘어나게 하려는 하중	W ←----------→ W
압축하중 (compressive load)	재료를 축 방향으로 눌러 수축시키려는 하중	W →□← W
전단하중 (shearing load)	재료를 세로방향으로 자르려는 하중	
휨하중 (bending load)	재료를 구부려 꺾으려는 하중	
비틀림하중 (twisting load)	재료를 비틀어 꺾으려는 하중	

③ 하중의 속도에 의한 분류

정하중 (static load, dead load)	• 정지 상태에서 힘이 가해져 변화하지 않는 하중
동하중 (dynamic load)	• 하중의 크기와 방향이 시간과 더불어 변화하게 되는 하중 • 반복하중(repeated load) • 교번하중(alternate load) • 충격하중(impact load)

2) 응력(stress)

① 응력의 정의 : 하중이 어떤 물체에 힘이 걸리면 그 재료의 내부에는 이에 대항하는 힘이 생겨 균형을 이루는데, 이 저항력을 말함

② 응력의 크기 : 하중과 같음, 보통 단위면적당의 크기로 나타냄

③ 응력의 단위 : $kg/cm^2(Pa)$

④ 응력의 종류 : 수직응력, 전단응력, 경사응력

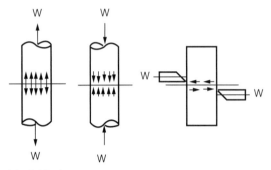

(a) 인장응력   (b) 압축응력   (c) 전단응력

⑤ 수직응력 : 물체에 작용하는 응력이 단면에 직각 방향으로 작용하는 것

   • 인장응력(σ_t)

$$\sigma_t = \frac{W}{A}\ [kg/cm^2]$$

W : 하중[kg], A : 단면적[cm²]

   • 압축응력(σ_c)

$$\sigma_c = \frac{W}{A}\ [kg/cm^2]$$

⑥ 전단응력 : 물체단면에 평행하게 물체를 전달하려고 하는 방향으로 작용하는 외력을 전단하중이라 하고 이에 대하여 응력이 평행하게 발생하는 것을 전단응력이라 한다.

$$r = \frac{W}{A}\ [kg/cm^2]$$

⑦ 경사응력(inclined stress) : 단면 XX와 θ (단 $0 \leq \theta \leq 90°$)의 각도를 이루는 경사단면 xx에 생기는 응력

   • 인장하중 W를 xx단면에 수직한 분력 P와 평행한 분력 Q로 나누면 다음과 같다.

$$xx단면에 응력 = \frac{W}{A_0}$$

P : $W\cos\theta$ Q : $W\sin\theta$

   • xx단면적을 A라 하면, $A = \frac{A_0}{\cos\theta}$이므로, P에 의하여 xx단면에 생기는 인장응력을 σ_n, Q에 의하여 생기는 전단응력을 r이라 하면, 다음과 같이 된다.

$$\sigma_n = \frac{P}{A} = \frac{W\cos\theta}{A_0/\cos\theta} = \frac{W}{A_0}\cos^2\theta = \sigma\cos^2\theta$$

$$r = \frac{Q}{A} = \frac{W\sin\theta}{A_0/\cos\theta} = \frac{W}{A_0}\sin\theta\cos\theta = \frac{\sigma}{2}\sin^2\theta$$

• 위 식에서 σ_n이 최대로 되는 것은 , $\cos^2\theta=1$, 즉 $\theta=0°$일 때이므로, 그 때의 σ_n을 최대응력 (σ_{max})이라 하면 $\sigma_{max}=\sigma$이고 또 τ가 최대로 되는 것은 , $\sin^2\theta=1$, 즉, $\theta=45°$일 때이고 그 때의 전단응력(τ)을 최대전단응력(τ_{max})이라 하면 $\tau_{max}=\frac{1}{2}\sigma$이며 이 때 xx단면의 인장응력은 $\sigma_n=\sigma(\cos45°)^2=\frac{1}{2}\sigma$이다. 그러므로 경사단면은 수직응력과 전단응력이 동시에 발생하고 특히 $\theta=45°$의 단면에서 전단응력이 최대가 되므로 단면에 따라 재료가 파괴되는 이유가 된다.

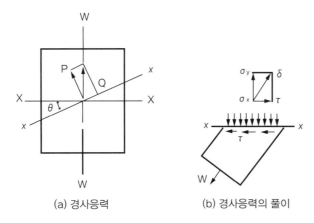

(a) 경사응력   (b) 경사응력의 풀이

3) 변형률(strain)

① 변형률의 정의 : 재료에 하중이 작용하면 변형이 되고 이 변형량의 원래 길이에 대한 비율
② 방향 및 형태에 따른 분류 : 가로변형률(lateral strain), 세로변형률(longitudinal strain), 전단변형률, 체적변형률 등
③ 변형률의 종류

l	재료의 처음 길이[cm 또는 mm]	l'	재료의 늘어난 길이나 줄어든 길이[cm]
λ	세로변형량	σ	가로변형량
d	재료의 처음 직경	d'	재료가 변형된 길이
λ_s	전단변형량	V	처음의 체적
V'	변형된 체적	Δv	체적의 변형량
ε	세로변형률	ε'	가로변형률
γ	전단변형률	ε_v	체적변형률

4) 허용응력과 안전율

① 사용응력 : 용접 구조물 및 기계를 사용할 때 실제 각 부분에 발생하는 응력
② 허용응력(allowable stress) : 사용응력에 대하여 재료의 안전성을 고려하여 안전할 것이라고 허용되는 최대의 응력
③ 응력의 크기 : 극한강도(인장강도) 〉 허용응력 ≥ 사용응력
④ 안전율(safety factor) : 인장강도와 허용응력의 비

$$안전률 = \frac{허용응력}{사용응력}$$

$$인장강도 = 허용응력 \times 안전률$$

⑤ 용접이음의 안전율(연강)

하중의 종류	정하중	동하중		충격하중
		단진응력	교번응력	
안전률	3	5	8	12

5) 응력집중(stress Concentration)

① 응력집중 : 단면이 균일한 재료에 구멍, 노치, 홈 때문에 국부적으로 큰 응력이 생기는 현상
② 형상계수(응력집중계수) : 응력집중과 평균응력과의 비

6) 크리프(creep)

어떤 재료가 고온이 되면 하중이 일정하더라도 시간이 지남에 따라 변형률이 조금씩 증가되는 현상

7) 용접 이음 효율

$$이음효율 = 용접 \ 시험편의 \ 인장강도 \ / \ 모재의 \ 인장강도$$

8) 용접이음의 설계 계산식

용접이음을 설계할 때에는 이음에 작용하는 응력을 산정하고, 이것이 정해진 허용응력 이하로 되게 하지 않으면 안 되며 맞대기이음 같은 경우 설계의 강도계산 시에 덧살(0.25×판두께) 부분을 무시하는 것과 같이 이론상으로 계산한다.

① 용접의 기본강도 계산식

σ : 인장응력(kg/mm²)	W : 하중(kg)
σ_b : 휨응력(kg/mm²)	t : 용접 치수(mm)
r : 전단응력(kg/mm²)	L : 용접 길이(mm)

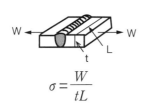

$$\sigma = \frac{W}{tL}$$

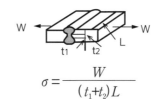

$$\sigma = \frac{W}{(t_1+t_2)L}$$

$$\sigma = \frac{W}{tL}$$

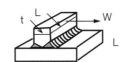

$$\sigma_b = \frac{6W\ell}{t^2L}$$

$$r_{max} = \frac{W}{tL}$$

② 용접이음의 적정강도(연강의 평균값)

이음의 형식	이음의 강도[kg/mm²]		비고
맞대기	σ_ω	45	
전면 필릿	$\fallingdotseq 0.90\,\sigma_\omega$	40	덮개판이음
	$\fallingdotseq 0.80\,\sigma_\omega$	36	
측면 필릿	$\fallingdotseq 0.70\,\sigma_\omega$	32	겹치기이음
플러그	$0.60 \sim 0.70\,\sigma_\omega$	27~32	T이음

9) 용접구조물의 치수 결정

① 브로드겟(O.W.Blodgett)은 용접이음부를 용접선이라고 생각했을 경우에 대한 필릿 용접 이음에 대한 계산법을 발표함
② 가장 간단한 방법으로 용접부를 하나의 단위 넓이(나비)를 갖는 선이라 생각하고 재료역학 공식을 사용하여 응력을 구하는 방법

③ 부호 해석

b	접합부의 너비[mm]
d	접합부의 높이[mm]
A	수평 전단력을 용접부에서 전하는 플랜지 단면적[mm^2]
y	전단면의 중립축과 플랜지 단면의 중심과의 거리[mm]
I	전단면의 단면 2차 모멘트[mm^2]
c	중립축과 용접부 바깥 끝과의 거리[mm]
t	판 두께[mm]
J	비틀림 전단면의 단면 2차 모멘트[mm^2]
P	인장 또는 압축 하중[kgf]
V	수직 전단력[kgf]
M	굽힘 모멘트[kgf-mm]
T	비틀림 모멘트[kgf-mm]
A$_W$	용접부를 선이라 생각했을 때의 면적[mm]
Z$_W$	용접부를 선이라 생각했을 때의 단면계수[mm^2]
J$_W$	용접부를 선이라 생각했을 때의 단면 극 2차 모멘트[kgf-mm^2]
f	용접부를 선이라 생각했을 때의 용접부의 응력[kgf/mm]
n	용접부의 수
N$_X$	X축에서 용접부까지의 거리[mm]
N$_Y$	Y축에서 용접부까지의 거리[mm]

④ 용접부를 선이라 생각했을 때의 용접선의 응력

		하중형식	용접선의 종류
주요 접합부	인장 또는 압축		$f = \dfrac{P}{Aw}$
	수직전단		$f = \dfrac{V}{Aw}$
	굽힘		$f = \dfrac{M}{Zw}$
	비틀림		$f = \dfrac{TC}{Jw}$
2차적 접합부	수평전단		$f = \dfrac{YAy}{In}$
	비틀림 수평전단		$f = \dfrac{TCt}{J}$

⑤ 제닝의 응력 계산

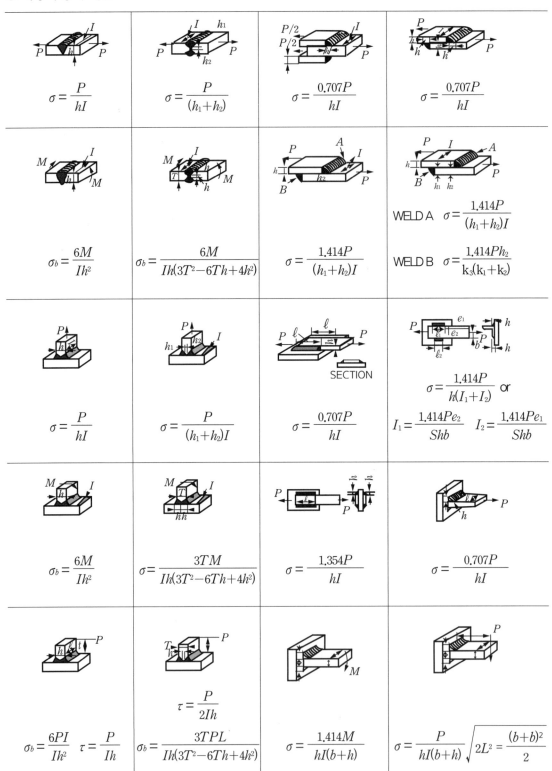

$\sigma = \dfrac{P}{hI}$	$\sigma = \dfrac{P}{(h_1+h_2)}$	$\sigma = \dfrac{0.707P}{hI}$	$\sigma = \dfrac{0.707P}{hI}$
$\sigma_b = \dfrac{6M}{Ih^2}$	$\sigma_b = \dfrac{6M}{Ih(3T^2-6Th+4h^2)}$	$\sigma = \dfrac{1.414P}{(h_1+h_2)I}$	WELD A $\sigma = \dfrac{1.414P}{(h_1+h_2)I}$ WELD B $\sigma = \dfrac{1.414Ph_2}{k_3(k_1+k_2)}$
$\sigma = \dfrac{P}{hI}$	$\sigma = \dfrac{P}{(h_1+h_2)I}$	SECTION $\sigma = \dfrac{0.707P}{hI}$	$\sigma = \dfrac{1.414P}{h(I_1+I_2)}$ or $I_1 = \dfrac{1.414Pe_2}{Shb}$ $I_2 = \dfrac{1.414Pe_1}{Shb}$
$\sigma_b = \dfrac{6M}{Ih^2}$	$\sigma = \dfrac{3TM}{Ih(3T^2-6Th+4h^2)}$	$\sigma = \dfrac{1.354P}{hI}$	$\sigma = \dfrac{0.707P}{hI}$
$\sigma_b = \dfrac{6PI}{Ih^2}$ $\tau = \dfrac{P}{Ih}$	$\tau = \dfrac{P}{2Ih}$ $\sigma_b = \dfrac{3TPL}{Ih(3T^2-6Th+4h^2)}$	$\sigma = \dfrac{1.414M}{hI(b+h)}$	$\sigma = \dfrac{P}{hI(b+h)}\sqrt{2L^2 = \dfrac{(b+b)^2}{2}}$

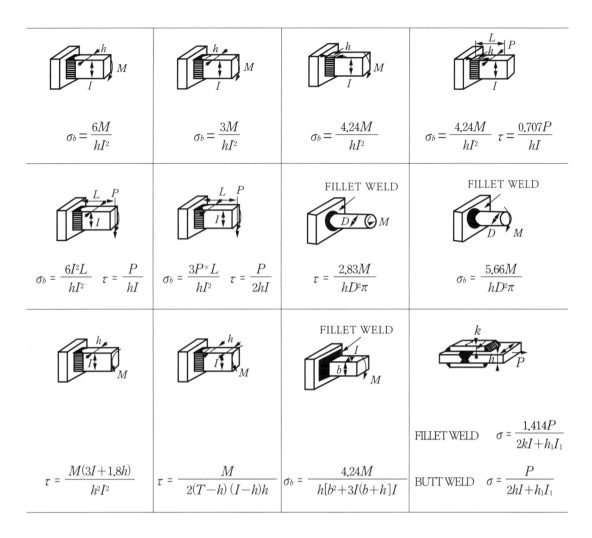

$\sigma_b = \dfrac{6M}{hI^2}$	$\sigma_b = \dfrac{3M}{hI^2}$	$\sigma_b = \dfrac{4.24M}{hI^2}$	$\sigma_b = \dfrac{4.24M}{hI^2}$ $\quad \tau = \dfrac{0.707P}{hI}$
$\sigma_b = \dfrac{6I^2 L}{hI^2}$ $\quad \tau = \dfrac{P}{hI}$	$\sigma_b = \dfrac{3P \times L}{hI^2}$ $\quad \tau = \dfrac{P}{2hI}$	$\tau = \dfrac{2.83M}{hD^2\pi}$	$\sigma_b = \dfrac{5.66M}{hD^2\pi}$
$\tau = \dfrac{M(3I+1.8h)}{h^2 I^2}$	$\tau = \dfrac{M}{2(T-h)(I-h)h}$	$\sigma_b = \dfrac{4.24M}{h[b^2+3I(b+h]I}$	FILLET WELD $\quad \sigma = \dfrac{1.414P}{2kI+h_1 I_1}$ BUTT WELD $\quad \sigma = \dfrac{P}{2hI+h_1 I_1}$

4 ▶ 용접경비 산출

1) 용접경비의 정의
용접공사에 필요한 모든 경비(cost)의 총금액을 산출 또는 견적에서 얻어진 것

2) 용접경비의 산출
임금(국가고시 임금과 현재 현장에 사용되는 임금), 재료비, 전력비, 공사기간에 따른 모든 경비, 장비비, 세금 이익 등의 모든 직·간접비와 이익 등을 고려하여야 함

3) 용접경비 절감 시 주의사항
① 용접봉(용가재)의 적당한 선정과 경제적 사용방법
② 재료절약을 위한 용접, 기계적 이음방법 등의 연구 및 채용
③ 고정구(fixture)의 사용에 의한 작업능률 향상
④ 용접지그의 사용에 의한 아래 보기자세의 채용 및 용접공의 작업능률 향상
⑤ 적절한 종합 품질관리와 검사 및 안전 작업의 이행으로 보수경비절감
⑥ 적절한 공사방법으로 공사기간단축(용접법의 적절한 선택)

4) 용접봉 소요량

용접이음의 용착금속 단면적에 용접 길이를 곱하여 얻어지는 용착금속 중량에 스패터 또는 연소에 의한 손실량과 홀더 물림부의 폐기량을 가산한다.

① 용착률(deposition efficiency) : 용착금속 중량과 사용 용접봉 전중량(피복포함)의 비
② 용접봉 가격

$$용접봉 \ 가격 = \frac{1}{용접봉사용률 \times 용착률} \times 용접봉단가$$

5) 용접작업시간

용접제품의 종류나 형상, 용접봉의 종류 및 용접봉 지름, 용접자세에 따라 변하고 특히 용접자세가 아래보기인 경우는 수직, 위보기자세에 비해 단위길이 용접시간이 약 반이면 된다.

① 용접시간

$$용접시간 = \frac{아크시간}{아크시간률}$$

② 노임

$$노임 = 작업시간 \times 노임단가$$

6) 상각비와 보수비

① 상각비 : 용접작업 1시간당 비용으로 계산하며 상각연수는 보통 8년이나 수요가의 사정에 따라 5~7년으로 한다.

$$상각비 = \frac{용접기가격}{상각시간}$$

② 보수비 : 일반적으로 연간에 기계대금의 10%라고 가정하여 계산하나 실적에 따라 다르다.

$$보수비 = \frac{연간보수비}{연간사용시간}$$

5 용접절차 시방서(WPS 및 PQR 작성법)

1) 정의

WPS (welding procedure specification)	• CODE의 기본요건에 따라 현장의 용접을 최소한의 결함으로 안정적인 생산용접을 달성하기 위한 지침의 제공을 위해 준비되어, 자격 부여된 문서화된 용접 절차서
PQR (production qualification record)	• 용접 절차서(WPS)에 따라 시험편을 용접하는데 사용된 용접 변수의 기록서로 즉 시험편을 용접하는데 사용된 용접자료의 기록서 • 시험편 용접 시 기록된 변수의 기록서로서 시편의 시험결과를 포함 • 기록된 변수는 일반적으로 생산품 용접에 사용될 실제 변수 내의 좁은 범위에 듦

2) 목적

① 용접 구조물의 제작에 사용
② 용접부가 적용하고자 하는 용도에 필요한 기계적 성질을 갖추고 있는가를 결정
③ WPS : 용접사를 위한 지침의 제공
④ PQR : WPS를 자격부여 하는데 사용된 변수와 시험결과를 나열
⑤ PQ TEST를 수행하는 용접사는 숙련된 작업자이어야 한다는 것이 전제 조건임
⑥ PQ TEST는 용접사의 기능이 아니라 용접부의 기계적 성질을 알아보는 데 있음

3) 용접 절차 시방서(WPS : welding procedure specification)

① 제작자 관련사항 : 제작자 신원사항, WPS의 번호
② 모재 관련사항 : 모재의 규격, 치수, 형상 등
③ 공통사항
  • 용접법, 이음부 형상, 용접자세, 홈가공 방법 및 상태
  • 용접방법 : 직선, 위빙 유무 등
  • 이면 가우징 : 이면 가우징 유무 및 방법
  • 뒷받침 방법 및 크기와 재질, 용가재 종류 및 규격, 제작자, 상표 등
  • 용가재 치수(지름, 폭 등)와 플럭스의 취급방법
  • 용접전원, 용접전류, 전압, 극성, 펄스조건 등
  • 기계적(자동화)인 용접조건으로 용접속도, 와이어 송급속도
  • 예열, 후열 조건과 층간온도등

4) 시공 승인 기록(PQR : procedure qualification record)

① 용접사양서를 작성하고 작성된 내용이 요구되는 결과치가 만족하는지를 시험한 결과서
② 사업주로부터 발주되어 계약한 후 사업주위 시방서와 구조물의 상세도면에 의해 → 감리회사에 승인 → WPS전에 PQ(용접 기능 검정:Performance Qualification)를 하고 용접부의 건정성을 확보한 뒤 PQR을 작성한다.
③ 요구되는 시험의 종류는 기계적 시험 종류와 홈 및 필렛 용접부의 시험을 거쳐 따로 자격 부여를 하여 작업에 임한다.

5) WPS/PQR의 작성 FLOW

항목	기술부	용접기술개발팀	기술연구소	생산부	QC/고객
PQ 검토	PQ TEST 여부 확인 NO YES				
DRAFTWPS 검토	DRAFTWPS PQ SPEC 작성 배포	DRAFTWPS 사본			
PQ TEST		시험편 준비 용접 TEST 의뢰	시편가공 및 TEST TEST REPORT		입회
POR 작성	POR 작성				
WPS 작성	WPS 작성			WPS 사본	WPS 검토 WPS 사본
본 용접				용접	MONITORING

6) 용접절차사양서(WPS)

용접절차사양서(Welding Procedure Specification)

회사이름 : 한국가스공사   작성자 : 김우식

용접절차사양서 번호(WPS No.) : WPS–A53 Gr.B–1(Rev.0)   작성일 : 1996. 11. 30

관련 절차인정기록서 번호(PQR No.) : PQR–A53 Gr.B–1   작성일 : 1996. 11. 30

용접방법 : GTAW(수동)   적용규격 : API STD. 1104

A. 모재(Base Metals)

재료규격 및 등급(A) : ASTM A53 Gr.B

재료규격 및 등급(B) : ASTM A53 Gr.B

배관공칭두께 범위 : 4.78mm 미만

배관공칭직경 범위 : 전 직경에 적용

B. 이음매(Joints)

이음매 형상 : 단일 "V" Groove

① 베벨각도 : 30˚ + 5˚, −0˚

② 루트간격 : 3±1mm

③ 루 트 면 : 1.6(±0.8mm)

④ 오 프 셋 : 1.6mm(배관내면에서 최대값)

⑤ 덧살크기 : 루트덧살 – 2mm(최대)

          : 외면덧살 – 3mm(최대)

받   침   : 없음

받침재료   : 없음

이음매 상세도(Joint Detail)

C. 용가재(Filler Metals)

	GTAW
AWS 규격번호 :	5.18
용가재 F번호(ASME) :	6
용착금속 A번호(ASME) :	1
AWS 분류 :	ER70S–G
용가재 직경 :	Ø2.4mm
용접봉–용제 분류 :	없음
건조 온도 및 시간 : (사용전)	없음
(유지온도)	없음
(용접현장)	없음

D. 자세(Position)

용접자세 : 전자세   용접진행방향 : 상진(UPHILL)

E. 전기적 특성(Electrical Characteristics)

전류 및 극성 : 직류정극성(DCSP)–GTAW

전류범위 : J항 참조   전압범위 : J항 참조

WELDING PROCEDURE SPECIFICATION (WPS)

WPS No. _____ FC SA–001 _____   Date _____ APR. 22. 1997 _____

SUPPORTING PQR No. _____ QFC SA–001–1F, 2F _____

Revision No. _____ – _____   Date _____ – _____

Welding Process(es) ___ FCAW + SAW ___   Type ___ SEMI–AUTOMATIC + Automatic ___

JOINT DESIGN

Type of joint _____ SEE JOINT DETAIL _____

Backing (YES) ___ ○ ___ (NO) _____

Backing Mat'l ___ CERAMIC BACKING MAT'L ___

Other BRAND : _____ CBM–8061 _____

BASE METALS

Mat'l Spec. ___ ORDINARY STRENGTH STEEL ___

Type and Grade _____ NVA, NVA32 _____

Thickness Range _____ $10 \leq t \leq 80mm$ _____

Pipe Dia. Range _____ N/A _____

Other _____ N/A _____

FILLER METALS

Filler Metal Spec. AWS FCAW : A5.20 E71T–1

SAW : F7A2/EH–14

Filler Metal Class ___ FCAW : DNV II YMS ___

SAW : DNV III YTM

Size of Filler Metals ___ FCAW : 1.4Ømm MAX ___

SAW : 4.8Ømm MAX

Electrode–Flux (Class) _____ N/A _____

Flux Trade Name _____ S–777MX _____

Consumable Insert _____ N/A _____

Brand Name ___ SF–71 : H–14/ S–777MX ___

(PUKYONG WELDING & METAL CO., LTD)

GAS

Type of Gas ___ CO_2 GAS(FCAW ONLY) ___

Composition of gas Mixture _____ 99.5% _____

Flow Rate _____ 20~25 ℓ/min _____

JOINT DETAIL

Groove angle (D) : 30~40°

Root face (F) : 0~2mm

Root gap (G) : 3~8mm

Misalignment (M) : 0~2mm

POSITION

Position of Groove _____ FLAT _____

Welding Progression _____ N/A _____

HEAT TREATMENT

Preheat Temp. _____ $38<t : 66℃$ MIN. _____

Inter pass Temps. _____ 260℃ MAX. _____

Post weld Heat Treatment

Temp. _____ N/A _____

Time. _____ N/A _____

WELDING TECHIQUE

Methode of Back gouging _____ *6 _____

Single or Multi Pass ___ MULT–PASS ___

Single or Multi Electrode ___ SINGLE ___

WPS NO. :   FC SA-001

TYPICAL WELDING CONDITION			Welding Position : FLAT					
Plate Thick. (mm)	Groove Design & Welding Sequence	Run	Elect. Dia. Ø (mm)	Current		Voltage (V)	Speed (cm/min)	Remark
				AC, DC	Ampere(A)			
10≦ t≦80	REST	1	1.2 1.4	DCRP	180~240 220~250	23~31 27~38	6~12 12~20	FCAW
		2	1.2 1.4	DCRP	240~280 280~300	26~36 30~34	25~45 16~20	
		3	4.0	AC	450~550	30~40	35~45	SAW
			4.8		500~600	30~40	40~50	
		REST	4.0		550~750	30~40	35~50	
			4.8		600~800	30~40	40~50	

SPECIAL INSTRUCTIONS

1. This procedure is a kind of combined Welding of FCAW and SAW.

2. Ceramic backing meterial is to be attached at the reverse side of the groove to form a reverse side bead.

3. After root run welding is done, backing Material can be removed.

4. This root side shell be welded by FCAW with ceramic backing to prevent burn through during SAW.

5. Other welding material(s) approved by DNV as the same grade may be used.

6. Back side gouging and welding may be applied if bead appearance is not acceptable.

Approved by	S. M. CHO		
Checked by	S. H. KIM	Authorized by	
Prepared by	W. S. JOO	Authority	

용접절차사양서
WELDING PROCEDURE SPECIFICATION

작업 표준 번호
WPS NO.   WI-TDW-004   REV. NO. 0
관련 시험 번호
SUPPORTING PQR NO.   P1-TDW-004
용접방법
WELDING PROCESS   GMAW + SMAW
형태
TYPE   MANUAL
IMPACT PROPERTY ■ NO. □ YES(TCV)AT   ℃

자세 POSITION (QW-405)
그루브 자세
POSITION OF GROOVE   ALL
필렛 자세
POSITION OF FILLET   ALL
진행 방법
PROGRESSION : UP   O   DOWN   N/A

이음 설계 JOINT DESIGN (CW-402)
이음 형태
TYPE OF JOINT   GROOVE & Fill
백킹 유무
BACKING YES :   Ar(2°)   NO :
백킹 재질(형태)
BACKING MAT'L(TYPE) (1*) (2*)

예열 유지 PREHEAT(QW-406)
최저 예온 온도
MIN. PREHEAT TEMP. 25mm UNDER : 16℃
                    25mm OVER : 93℃
최고 패스간 온도
MAX. INTERPASS TEMP.   250℃
예열 유지
PREHEAT MAINTENANCE   NONE

모재 BASE METAL (QW-403)
P.NO. 1 GR.NO. 1.2 TO P.NO. 1 GR.NO. 1.2
혹은 사양
CR SPEC. AND FRADE
            TO
검정 두께 범위
QUALIFIED THICKNESS RANGE
모재
BASE METAL GROOVE: 4,840mm FILLET: ALL
파이프 직경 범위
MAXPAS TH'K LIMIT : 12mm
기타
OTHER   NONE

후열 처리 POSTWELD HEAT TREATMENT(QW-407)
온도 범위
TEP. RANGE   625±25℃
시간 범위
TIME RANGE   MAX : 185HR
기타
OTHER   NONE

가스 GAS(ES) (QW-408)
가스 종류
SHELDING GAS(ES)   ARGON(GMAW)
                        N/A(SWAW)
혼합 가스 조성 비율 99.99%(GMAW)
PERENT COMPOSITION(MIXTURE)   N/A(SMAW)
유량
FLOW RATE   15~25 ℓ/min(GMAW) N/A(SMAW)
가스 백킹
GAS BACKING   NONE
트레일링 가스   NONE

용가재 FILLER METALS(QW-404)
(GMAW)(SMAW)(GMAW)(SMAW)(GMAW)(SMAW)
F NO. 6+4 A NO. 1+1 SFA NO. 5.18+5.1
AWS CLASS YFW 23 G(GMAW) E7016-(SMAW)
용가재 크기
SIZE OF FILLET METAL : Ø12(GMAW) 4.0(SMAW)
용착금속 두께 범위
DEPOSITED WELD METAL
TH'K RANGE : GROOVE MAX 6mm(GMAW), 34mm(SMAW)
            FILLET ALL
와이어 플럭스 사양
WIRE FLUX CLASS   N/A
플럭스 상표명
FLUX TRADE NAME   N/A
소모성 인서트
CONSUMABLE INSERT   N/A
기타
OTHER TRADE NAME(CHOSUN STEEL, WIRE CO. LTD or EQ)

전기 특성 ELECTRICAL CHARACTERISTICS(QW-409)
전류
CURRENT   (GMAW) AC(SMAW)
극성
POLARITY   (GMAW) N/A(SMAW)
텅스턴 전극봉 경 및 모양
TUNGSTEN ELECTRODE SIZE AND TYPE N/A(SMAW)
용융 금속 전이 형태
MODE OF METAL TRANSFER FOR GMAW   N/A
전극봉 이송 속도 범위
ELECTRODE WIRE FEED SPEED RANGE   N/A

용접절차사양서
WELDING PROCEDURE SPECIFICATION

작업 표준 번호 WPS NO.	Wi-TDW-004		REV.NO.	0

용접 기법 WELDING TECHNIQUE (QW-410)

비드 형태
STRING OR WEAVE BEAD   STRINGWEAVING

가스컵 크기
ORFICE OR GAS CUP SIZE   (GMAW) N/A(SMAW)

초층 및 층간 청결 방법
INITIAL OR INTERPASS CLEANING BRUSHING OR GRINDING

콘텍트 튜브와 용접물간 거리
CONTACT TUBE TO WORK DISTANCE   N/A

가우징 방법
METHOD OF BACK GOUGING GRINDING OR AR-ARC

단층 또는 다층
SINGLE OR MULTIPLE PASS(PER SIDE)
SINGLE(GTAW)   MULTIPLE(SMAW)   진동
OSCLLATION   NONE

단극 또는 다극
SINGLE OR MULTIPLE ELECTRODE   SINGLE

피이닝
PEENING   PROHIBITED TO USE

LAYER NO.	PROCESS	FILLERMETAL		CURRENT		VOLT RANGE (V)	TRAVEL SPEED (cm/min)	OTHER
		CLASS	DIA(ø)	TYPE OF POLAR	AMP RANGE			
A)	2ND-END	GMAW	YFW 23	1.2	SP	80~115	12~15	–
1ST		SMAW	E 7016	4.0	–	95~140	25~32	–

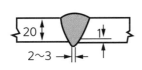 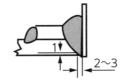 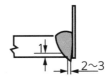

이음상태 JOINT DETAIL
　※ GROOVE ANGEL : BUTT JOINT 60° ± 5°, CORNER JOINT 45° ± 5°, PAD JOINT 30 ± 5

특기사항 SPECIAL INSTRUCTION

1. GMAW : WITHOUT BACKING
2. SMAW : WITH BACKING WELD METAL
3. PRIOR TO WELDING, ADJACENT WITHIN 1/2″ FROM EDGE PREPARATION SHALL BE FREE OF DIRT, GREASE OR ANY OTHER HARMFUL METERIAL TO WELDS.
4. WEAVE MAX IS 3TIMES OF ELECTRODE DIAMETER (ONLY SMAW WELDING PROCESS)
5. RETAINER SHALL NOT BE USED.REX. NO.PREPARED BY REVIEWED BY APPROVED BY REVIEWED BY

REV.NO.	PREPARED BY	REVIEWED BY	APPROVED BY	REVIEWED BY

7) 용접절차 검정기록서(PQR)

용접절차 검정기록서
PROCEDURE QUALIFICATION RECORD (PQR)

PROCEDURE QUALIFICATION RECORD NO	P1-COMB-004		DATE	DEC 01 2006
WELDING PROCEDURE SPECIFICATION NO	W1-COMB-004		TYPE	MANUAL
WELDING PROCESS(ES)	GMAW + SMAW			

JOINT DESIGN (QW-402)		BEND	NO.	PROCES	SELEC	TRODE	SIZE	(ø) AM
				SPEED	5		YGW 12	ø 1.2
				(??/min)	6		YFW 23	ø 1.2
		P.	VOLT	1	GMAW	SMAW	LC 300	ø 4.0
		(A)	(V)	2	GMAW	SMAW	LC 300	ø 4.0
				3	SMAW		LC 300	ø 4.0
GROOVE DESIGN OF COUPON				4	SMAW		LC 300	ø 4.0

BASE METAL (QW-403)

METERIAL SPEC.   A516   TO   A516

TYPE OR GRADE   GR70   TO   GR70

P-NO 1   GRNO. 2   TO P-NO 1   GRNO. 2

THICKNESS OF TEST COUPON   20mm

DIAMETER OF TEST COUPON   N/A

OTHER   –

FILLET METALS (QW-404)

SPA SPECIFICATION   5.18(GMAW), 5.1(SMAW)

AWS CLASSIFICATION   YFW 23(GMAW), E7016(SMAW)

FILLER METAL F-NO.   6(GMAW), 4(SMAW)

WELDING METAL A-NO.   1(GMAW), 1(SMAW)

SIZE OF FILLER METAL   ø 12(GMAW), 4.0 ø (SMAW)

DEPOSITED WELD METAL THK MAX15mm(GMAW), 17mm(SMAW)

TRADE NAME(CHOSUN STEEL, WIRE CO. LTD.

POSITION (QW-405)

POSITION OF GROOVE   33

WELD PROGRESSION UPHILL   OTHER   –

PREHEAT (QW-406)

PREHEAT TEMP   18℃

INTERPASS TEMP   230℃

OTHER   –

POSTWELD HEAT TREATMENT (QW-407)

TEMPERATURE   630℃

TIME   15HR

OTHER   –

GAS (QW-408)

SHELDING GAS   ARGON(GMAW), N/A(SMAW)

PERCENT COMPOSITION 99.99%(GMAW), N/A(SMAW)

FLOW RATE   ℓ /min(GMAW) N/A(SMAW)

BACKING GAS   NONE

OTHER   –

ELECTRICAL CHARACTERISTICS (qw-409)

CURRENT (GMAW), E7016(SMAW)

POLARITY N/A(SMAW)

TUNGSTEN ELECTRODE SIZE AND TYPE

ø 12 EWTH-2(GMAW), N/A(SMAW)

OTHER   –

THECNIQUE (12-410)

STRING OR WEAVE BEAD   STRINGWEAVING

OSCILLATION   NONE

    SINGLEPASS(GMAW)

MULTIPASS OR SINGLE PASS(PER SIDE)   MULTIPASS

    (SMAW)

SINGLE OR MULTIPLE ELECTRODE   SINGLE

MODE OF METAL TRANSFER FOR GMAW N/A

OTHER   –

용접절차 검정기록서
PROCEDURE QUALIFICATION RECORD (PQR)

PQR NO. : P1-COMB-004

TENSILE TEST (QW-150)				ASME SEC. 1 PART A			
				SPEC VAULE : 49.5-63.3(kg/mm²)			
SPECIMEN NO.	WIDTH (mm)	THICKNESS (mm)	AREA (mm²)	ULTIMATE TOTAL LOAD	(kg)	ULTIMATE UNIT STRESS(kg/mm²)	
TYPE OF	FAILURE	LOCATION	TR-5	18.9	20.0	378	
21500	56.9	BASE	METAL	DUCTILE	TS-6	19.0	

GUIDED BEND TESTS (QW-160)

TYPE AND FIGURE NO.	RESULT
SIDE SEND QW - 462.2	NO DEFECT (ACCEPTED)
SIDE SEND QW - 462.2	NO DEFECT (ACCEPTED)
SIDE SEND QW - 462.2	NO DEFECT (ACCEPTED)
SIDE SEND QW - 462.2	NO DEFECT (ACCEPTED)

TOUGHNES TESTS (QW-170)

SPECIMEN NO.	NOTCH LOCATION	NOTCH TYPE	TEST TEMP.	IMPACT VALUE	LATERAL. EXP.		DROP WEIGHT	
					% SHEAR	MILS	BREAK	NO BREAK
				-BLANK-				

FILLET-WELD TEST (QW-180)

RESULT-SATISFACTOR : YES_____ NO_____   PENETRATION INTO PARENT METAL : YES_____ NO_____

OTHER TEST

RADIOGRAPHC TEST ____ NONE

DEPOSIT ANALYSIS ____ NONE

OTHER _____ - _____

HARDNESS TEST		
BASE METAL	WELD METAL	H. A. Z
	(REFER TO TTACHMENT)	
		/

WELDER'S NAME K. N PARK(SMAW). (GTAW) STAMP NO. SW-07 TESTS CONDUCTED BY ____ M   K   HAN

WE CERTIFY THAT THE STATEMENTS IN ARE CORRECT AND THAT THE WELDS WERE PREPARED, WELDED, AND TESTED IN ACCORDANCE WITH REQURIVENTS OF SECTION × OF THE ASME CODE AND THE RESULTS FOUND TO BE SATISFACTORY.

PREPARED BY	REVIEWED BY	APPROVED BY	REVIEWED BY

01 KS 규격에서 기계규격 번호를 옳게 나타낸 것은?

① KSB

② KSA

③ KSO

④ KSC

해설

KS 규격에서 기호 B는 기계규격이다.

02 각국의 공업규격 중 틀린 것은?

① KS : 한국

② JIS : 일본

③ BS : 미국

④ DIN : 독일

해설

BS는 영국표준규격이다.

03 KS 제도 규격의 필요성은?

① 도면을 해독할 때 의문이나 오해가 없도록 설계자의 뜻을 정확하게 이해시키기 위하여

② 다른 나라도 정하고 있으므로

③ 다른 종목도 있으니까

④ 현대화된 다량생산에 맞추기 위해서

04 KS 규격의 통칙에 규정된 용지의 길이와 폭의 비는 얼마인가?

① $1 : \sqrt{2}$

② $1 : \sqrt{3}$

③ $1 : \sqrt[2]{2}$

④ $1 : \sqrt[2]{3}$

해설

종이 크기의 폭과 길이의 비는 $1 : \sqrt{2}$이다.

05 KS의 분류 기호와 관계가 없는 것은?

① A : 통칙

② M : 화학

③ G : 일용품

④ C : 금속

해설

• A : 기본(통칙)	• B : 기계
• C : 전기	• D : 금속
• E : 광산	• F : 토건
• G : 일용품	• H : 식료품
• K : 섬유	• L : 요업
• M : 화학	• W : 항공

06 주문자의 검토를 거쳐 승인을 받아 이것에 의하여 계획 및 제작을 하는 기초 도면은?

① 설치도

② 계획도

③ 승인도

④ 제작도

해설

① 설치도 : 보일러, 기계 등의 설치 관계를 나타내는 도면

② 계획도 : 제작도 등을 만드는 기초가 되는 도면

④ 제작도 : 제품을 만들 때 사용되는 도면

07 다음 도면의 종류 중 용도에 따른 분류에 속하지 않는 것은?

① 계획도
② 주문도
③ 견적도
④ 공정도

도면의 용도에 따른 도면 종류는 계획도, 제작도, 주문도, 승인도, 견적도, 설명도 등이며 공정은 전체에 제작의 순서를 나타내는 계획 설계이다.

08 제도용지를 사용할 때 테두리에서 철하는 부분의 치수는?

① 5mm
② 10mm
③ 15mm
④ 25mm

도면의 테두리에서 철할 때는 25mm이고 철하지 않을 때는 A0~A2까지 10mm, A3~A6까지 5mm이다.

09 도면을 접을 때, 도면의 크기는 원칙적으로 어느 크기로 하는가?

① A0
② A2
③ A4
④ A6

도면을 접었을 때는 표제란이 겉으로 나오게 하며 그 크기는 원칙적으로 A4지 크기로 하고 윤곽선은 굵은 실선을 사용한다.

10 도면의 척도 값 중 실제 형상을 축소하여 그리는 것은?

① 100 : 1
② $\sqrt{2}$: 1
③ 1 : 1
④ 1 : 2

11 도면에서 사용되는 긴 용지에 대해서 그 호칭 방법과 치수 크기가 서로 맞지 않는 것은?

① A3×3 : 420mm×630mm
② A3×4 : 420mm×1189mm
③ A4×3 : 297mm×630mm
④ A4×4 : 297mm×841mm

도면에서 사용되는 용지는 A0 : 841×1189, A1 : 594×841, A2 : 420×594, A3 : 297×420, A4 : 210×297으로 규칙을 잘 살펴보면 항상 세로의 크기가 다음 용지에 가로 길이로 나와 있다.

12 다음 중 쇄선이 사용되지 않는 것은?

① 피치선
② 가상선
③ 중심선
④ 은선

은선은 중간 굵기의 파선이다.

정답					
01 ①	02 ③	03 ①	04 ①	05 ④	06 ③
07 ④	08 ④	09 ③	10 ④	11 ①	12 ④

13 도면의 척도의 기입에 맞지 않는 것은?

① 척도는 도면의 표제란에 기입한다.

② 같은 도면에서 서로 다른 척도의 사용 시에는 표제란에 주요 도형의 척도를 기입하고 각각 도형 위 또는 아래에 그 척도를 기입한다.

③ 사진으로 도면을 축소나 확대할 경우에는 그 척도에 의해서 자의 눈금에 일부를 넣어야 한다.

④ 도면은 원칙으로 현척으로 그리나, 축척이나 배척 시 도면에 기입하는 각 부분의 치수는 실제 도면에 표시된 치수로 기입한다.

해설
도면은 원칙으로 현척으로 그리나, 축척이나 배척 시 도면에 기입하는 각 부분의 치수는 실물의 치수로 기입한다. 도면이 치수에 비례하지 않고 그렸을 경우에는 "비례척이 아님" 또는 "NS" 기호로 치수 밑에나 표제란에 기입한다.

14 도면의 선택법 중 맞지 않는 것은?

① 은선이 적은 도면을 선택한다.

② 물체는 되도록 자연적인 위치에서 나타낸다.

③ 물체의 주요 면이 투상면에 수직하고 수평하게 나타낸다.

④ 물체의 특성이 있는 부분을 평면도로 나타낸다.

해설
물체의 모양과 기능을 가장 잘 나타내는 면을 정면도로 하고 이것을 기준으로 평면도, 측면도를 표시한다.

15 도면에서 외형선은 어떤 선으로 표시하나?

① 굵은 실선

② 가는 실선

③ 파선

④ 쇄선

해설
굵은 실선은 물체의 보이는 부분의 형상을 나타내는 외형선에만 사용된다.

16 굵은 실선의 굵기는 얼마인가?

① 0.3~0.8mm

② 0.2mm 이하

③ 0.6~0.7mm

④ 0.2mm 이상

해설
굵은 실선의 크기는 0.4~0.8mm이다.

17 제도용 문자의 크기는 무엇으로 나타내는가?

① 글자의 나비

② 글자의 굵기

③ 글자의 높이

④ 글자의 크기

18 해칭선 부분에 사용되는 선은?

① 이점쇄선

② 일점쇄선

③ 가는 실선

④ 절단선

해설
해칭선은 가는 실선으로 절단면 등을 명시하기 위하여 사용하는 선이다.

19 물체에 표면처리 부분을 표시하는 선은 어느 것인가?

① 가는 실선
② 가는 일점쇄선
③ 이점쇄선
④ 굵은 일점쇄선

해설
표면처리와 같은 특수한 가공을 실시하는 부분을 표시하는 선

20 경사진 부분을 측면도나 평면도에서 나타낼 때 실제 길이를 나타내기 힘들다. 이때 사용하는 투상도는?

① 보조 투상도
② 부분 투상도
③ 가상 투상도
④ 회전 투상도

해설
부분 투상도(partial view) : 물체의 일부분의 모양과 크기를 표시하여도 충분할 경우 필요 부분만을 투상도로 나타낸다.

21 단면방법 중 물체의 1/4을 잘라내고 단면도를 나타내는 것은?

① 절단면도
② 한쪽 단면도
③ 회전 단면도
④ 부분 단면도

해설
대칭형의 대상물은 외형도의 절반과 온 단면도의 절반을 조합하여 표시할 수 있다.

22 다음 중 가상투상에 알맞지 않은 것은?

① 밑 부분
② 회전단면
③ 보조투상
④ 전개투상

해설
가상 투상도의 선은 보통 0.3mm 이하 일점쇄선 또는 이점쇄선으로 그리며 다음과 같은 경우에 사용한다.
• 도시된 물체의 바로 앞쪽에 있는 부분을 나타내는 경우
• 물체 일부의 모양을 다른 위치에 나타내는 경우
• 가공 전 또는 가공 후의 모양을 나타내는 경우
• 한 도면을 이용 부분적으로 다른 종류의 물체를 나타내는 경우
• 인접 부분 참고 및 한 부분의 단면도를 90° 회전하여 나타내는 경우
• 이동하는 부분의 운동범위를 나타내는 경우

23 등각 투상도에서 사용되지 않는 투상각은?

① 20°
② 30°
③ 45°
④ 60°

해설
등각 투상도(isometric drawing) : 수평면과 30°의 각을 이룬 2축과 90°를 이룬 수직축의 3축이 투상면 위에서 120°의 등각이 되도록 물체를 투상한 것

24 회전 단면을 절단하여 도형밖에 이동하여 그릴 때 어떠한 선으로 단면을 표시하는가?

① 가상선
② 은선
③ 외형선
④ 가는 실선

정답					
13 ④	14 ④	15 ①	16 ①	17 ③	18 ③
19 ④	20 ②	21 ②	22 ④	23 ①	24 ①

25 보조 투상도는 몇 각법으로 그려야 하는가?

① 제1각법

② 제3각법

③ 단면도법

④ 전개도법

제3각법의 장점
• 물체에 대한 도면의 투상이 이해가 쉬워 합리적이다.
• 각 투상도의 비교가 쉽고 치수 기입이 편리하다.
• 보조투상이 쉬워 보통 제3각법으로 하기 때문에 제1각법인 경우 설명이 붙어야 한다.

26 사투상도에서 정면도의 원은 어떻게 나타나는가?

① 사각형

② 쌍곡선

③ 진원

④ 타원

사투상도(사향도, oblique drawing) : 물체의 주요면을 투상면에 평행하게 놓고 투상면에 대하여 수직보다 다소 옆면에서 보고 물체를 입체적으로 나타낸 것으로 입체의 정면을 정투상도의 정면도와 같이 표시하고 측면의 변을 일정한 각도 (a < 30°, 45°, 60°)만큼 기울여 표시하는 것으로 배관도나 설명도 등에 많이 이용되고 정면도의 원은 타원으로 나타낸다.

27 해칭을 할 때 해칭선의 각도는?

① 기선과 중심선에 대해 40°

② 중심선에 대해 60°

③ 기선에 대해 90°

④ 기선과 중심선에 대해 45°

가는 실선으로 절단면 등을 명시하기 위하여 사용되는 선으로 기선과 중심선에 대해 45°로 한다.

28 원근감을 갖도록 그린 그림으로 토목, 건축제도에 주로 사용되는 것은?

① 가투상법

② 등각 투상법

③ 부등각 투상도

④ 투시도

투시도(perspective drawing) : 눈의 투시점과 물체의 각 점을 연결하는 방사선에 의하여 원근감을 갖도록 그리는 것으로 물체의 실제 크기와 치수가 정확히 나타나지 않고 또 도면이 복잡하여 기계제도에서는 거의 쓰이지 않고 토목, 건축제도에 주로 쓰인다.

29 다음 중 제3각도법의 장점이 아닌 것은?

① 보조 투영이 용이하다.

② 치수기입이 합리적이다.

③ 도면의 표현이 합리적이다.

④ 도면의 이해가 어렵다.

제3각법의 장점
• 물체에 대한 도면의 투상이 이해가 쉬워 합리적이다.
• 각 투상도의 비교가 쉽고 치수기입이 편리하다.
• 보조투상이 쉬워 보통 3각법으로 하기 때문에 제1각법인 경우 설명이 붙어야 한다.

30 제1각법과 제3각법의 비교 설명 중 틀린 것은?

① 제작도에서는 3각법보다 1각법이 유리하다.

② 제1각법에서는 투상도끼리 비교 대조하는 데 편리하다.

③ 제3각법에서는 투상도끼리 비교 대조하는 데 편리하다.

④ 제3각법에서는 정면도를 다른 도형이 보는 위치와 같은 쪽에 그린다.

31 [보기]와 같은 입체도에서 화살표 방향이 정면일 때 정면도로 가장 적합한 것은?

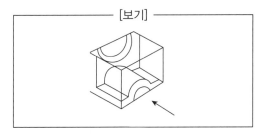

① ② ③ ④

32 다음 투상도 중 1각법이나 3각법으로 투상하여도 정면도를 기준으로 그 위치가 동일한 곳에 있는 것은?

① 우측면도   ② 평면도
③ 배면도   ④ 저면도

A : 정면도
B : 평면도
C : 좌측면도
D : 우측면도
E : 저면도
F : 배면도
배면도의 위치는 한 보기를 나타냄

(a) 제1각법   (b) 제3각법

33 [보기]의 입체도에서 화살표 방향이 정면일 때 제3각법으로 투상한 것으로 가장 알맞은 것은?

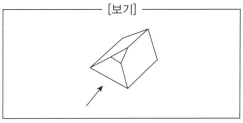

① ② ③ ④

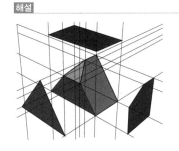

정답				
25 ②	26 ④	27 ④	28 ④	29 ④
30 ②	31 ②	32 ③	33 ①	

34 일반적으로 판금 작업에서의 전개도를 그리는 방법이 아닌 것은?

① 삼각형 전개법

② 사각형 전개법

③ 평행선 전개법

④ 방사선 전개법

해설
전개도법에는 평행선 전개법, 방사선 전개법, 삼각형 전개법 등 3종류의 전개법이 사용되고 있다.

35 3개의 좌표축의 투상이 서로 120°가 되는 축측 투상으로 평면, 측면, 정면을 하나의 투상면 위에 동시에 볼 수 있도록 그려진 투상법은?

① 등각 투상법

② 국부 투상법

③ 정 투상법

④ 경사 투상법

해설
등각투상도는 정면, 평면, 측면을 하나의 투상면 위에 동시에 볼 수 있도록 두 개의 옆면 모서리가 수평선과 30°가 되게 하고 세 축이 120°의 등각이 되도록 입체도로 투상한 것을 말한다.

36 인쇄된 제도 용지에서 다음 중 반드시 표시해야 하는 사항을 모두 고른 것은?

〈보기〉	
① 표제란	② 윤곽선
③ 방향 마크	④ 비교 눈금
⑤ 도면 구역 표시	⑥ 중심마크
⑦ 재단 마크	

① ①, ②, ③

② ①, ②, ⑤

③ ①, ②, ③, ⑤

④ ①, ②, ③, ④, ⑤, ⑦

해설
도면의 양식은 윤곽선, 중심마크, 구역표시, 표제란, 재단마크는 반드시 인쇄된 도면에 있어야 한다.

37 인접 부분을 참고로 표시하는 데 사용하는 선은?

① 숨은선

② 가상선

③ 외형선

④ 피치선

해설
인접부분을 참고로 하는 데 사용하는 선은 가상선으로 가는 2점쇄선을 사용한다.

38 한 면이 10mm인 정사각형을 2 : 1로 도시하려고 한다. 실제 정사각형 면적을 L이라고 하면 도면 도형의 정사각형 면적은 얼마인가?

① 1/2L

② 2L

③ 1/4L

④ 4L

해설
도면이 2:1로 배척이므로 정사각형인 경우는 실제 면적을 (2×2 = 4) 4배로 되며 4L이 된다.

39 도면 내에 표시된 NS 기호는 무엇을 뜻하는가?

① 축적이나 배척표시

② 참고 부품표시

③ 생략표시

④ 비례척이 아님을 표시

해설
도면이 치수에 비례하지 않고 그렸을 경우에는 "비례척이 아님" 또는 "NS" 기호로 치수 밑이나 표제란에 기입한다.

40 [보기] 입체도의 화살표 방향을 정면으로 제3각법으로 제도한 것으로 맞는 것은?

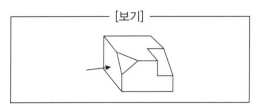

①
②
③
④

41 모서리나 중심축에 평행선을 그어 전개하는 방법으로 주로 각기둥이나 원기둥을 전개하는데 가장 적합한 전개도법의 종류는?

① 삼각형을 이용한 전개법
② 평행선을 이용한 전개도법
③ 방사성을 이용한 전개도법
④ 사다리꼴을 이용한 전개도법

> 해설
> 평행선 전개법은 각 기둥과 원기둥을 연직 평면 위에 펼쳐 놓은 것으로 능선(모서리)이나 직선면소에 직각방향으로 전개되어 있다.

42 다음 그림 중 A와 같은 투영도를 무엇이라 하는가?

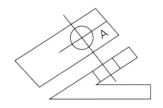

① 부투상도(보조 투상도)
② 국부 투상도
③ 가상도
④ 회전도법

43 보기와 같이 화살표 방향을 정면도로 선택하였을 때 평면도의 모양은?

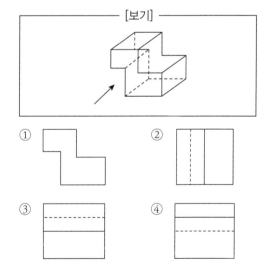

①
②
③
④

> 해설
> 화살표 방향이 정면도로 선택되었으면 위에서 보는 것이 평면도이다.

정답				
34 ②	35 ①	36 ②	37 ②	38 ④
39 ④	40 ④	41 ②	42 ①	43 ②

44 제3각법에 대한 설명 중 틀린 것은?

① 평면도는 배면도의 위에 배치된다.

② 저면도는 정면도의 아래에 배치된다.

③ 정면도 위쪽에 평면도가 배치된다.

④ 우측면도는 정면도의 우측에 배치된다.

45 [보기] 도면에서 A~D선의 용도에 의한 명칭으로 틀린 것은?

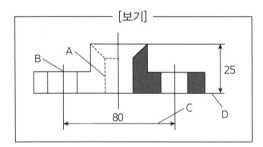

① A : 숨은선

② B : 중심선

③ C : 치수선

④ D : 지시선

D는 치수보조선이다.

46 [보기]와 같은 투상도의 명칭으로 가장 적합한 것은?

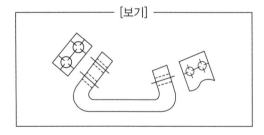

① 보조 투상도

② 국부 투상도

③ 주 투상도

④ 경사 투상도

해설

경사면을 나타내기 위한 보조 투상도이다.

47 [보기]와 같이 구조물의 부재 등에서 절단할 곳의 전후를 끊어서 90° 회전하여 그 사이에 단면 형상을 표시하는 단면도는?

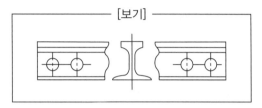

① 부분 단면도

② 한쪽 단면도

③ 회전 도시 단면도

④ 조합 단면도

해설

핸들, 벨트풀리, 기어 등과 같이 바퀴와 암, 리브, 훅, 축, 구조물의 부재 등의 절단면을 90°로 회전시켜서 표시하는 것을 회전도시 단면도라 한다.

48 그림의 입체도에서 화살표 방향을 정면으로 하여 3각법으로 정투상한 도면으로 가장 적합한 것은?

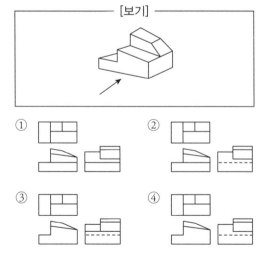

49 치수 보조기호 중 지름을 표시하는 기호는?

① D

② Ø

③ R

④ SR

치수보조기호 중 Ø는 지름, R은 반지름, SR은 구의 반지름이다.

50 모떼기의 치수가 2mm이고 각도가 45°일 때 올바른 치수 기입 방법은?

① C2

② 2C

③ 2-45°

④ 45°×2

치수 보조기호에서 45° 모떼기는 C로 표시하는데, 치수가 2mm일 때에는 C2로 표시한다(45° 모떼기 치수의 치수 수치 앞에 붙인다).

51 KS 재료 중에서 탄소강 주강품을 나타내는 SC 410의 기호 중에서 410이 의미하는 것은?

① 최저 인장강도

② 규격 순서

③ 탄소 함유량

④ 제작 번호

S : 강(steel), C : 주조품, 410 : 최저인장강도를 뜻한다.

52 다음 그림의 (　)안에 써넣을 숫자는?

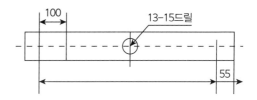

① 14×100-1400

② 13×100-1300

③ 12×100-1200

④ 11×100-1100

13개의 구멍에 15드릴로 구멍을 뚫을 때는 전체 길이 중 1을 뺀 숫자를 기록한다. 이 문제에서는 13개 구멍을 그대로 하여 13×100-1300이다.

53 다음 그림의 (　)안의 숫자는?

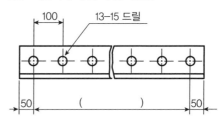

① 1100

② 1200

③ 1300

④ 1400

13개의 구멍에 15드릴로 구멍을 뚫을 때는 전체 길이 중 1을 뺀 숫자를 기록한다.

정답				
44 ①	45 ④	46 ①	47 ③	48 ③
49 ②	50 ①	51 ①	52 ②	53 ②

54 스케치 방법에 관한 다음 사항 중 틀린 것은?

① 프리이핸드로 그리는 것이 원칙이다.

② 재질, 가공법을 기입한다.

③ 조립에 필요한 사항을 기입한다.

④ 치수는 μ 단위로 정확히 측정하여 기입한다.

해설

스케치의 필요성과 주의사항
• 도면이 없는 부품과 같은 것을 만들려고 할 경우(현재 사용 중인 것)
• 도면이 없는 부품을 참고로 하려고 할 경우(신제품 제작 시)
• 부품의 수리제작 교환 때(마멸, 파손 시)
• 보통 3각법에 의하고 프리핸드로 그린다.
• 스케치 시간이 짧아야 한다.
• 분해, 조립용구나 스케치 용구를 충분하게 갖추어야 한다.
• 스케치도는 제작도의 기초가 되며 제작도를 겸하는 경우도 있다.

55 그림과 같은 도면의 해독으로 잘못된 것은?

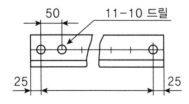

① 구멍 사이의 피치는 50mm

② 구멍의 지름은 10mm

③ 전체 길이는 600mm

④ 구멍의 수는 11개

해설

전체 길이는 50×10+25+25 = 550mm

56 도면에 나사가 M10×1.5–6g으로 표시되어 있을 경우 나사의 해독으로 가장 올바른 것은?

① 한줄 왼나사 호칭경 10mm이고, 피치가 1.5mm이며 등급은 6g이다.

② 한줄 오른나사 호칭경 10mm이고, 피치가 1.5mm이며 등급은 6g이다.

③ 한줄 오른나사 호칭경 10mm이고, 피치가 1.5mm에서 6mm중 하나면 된다.

④ 줄수와 나사감김 방향은 알수가 없고 미터나사 10mm짜리로 피치는 1.5×6mm이다.

해설

나사의 표시방법은 나사산의 감김 방향–나사산의 줄의 수–나사의 호칭–나사의 등급 순이며 피치를 mm로 표시하는 나사의 경우는 나사의 종류를 표시하는 기호–나사의 호칭지름을 표시하는 숫자–피치 순이다.

57 리벳 이음(rivet joint) 단면의 표시법으로 가장 올바르게 투상된 것은?

①   ②

③   ④

58 KS 재료기호 SM10C에서 10C는 무엇을 뜻하는가?

① 제작방법

② 종별 번호

③ 탄소함유량

④ 최저 인장강도

해설

재료 기호
• SWS 50A → S(강), W(용접), S(구조강재), 50(최저인장강도), A(종)
• SM 10C → S(강), M(기계구조용), 10(탄소함유량 0.10%), C(화학성분의 성분표시)

59 다음 중 머리부를 포함한 리벳의 전체 길이로 리벳 호칭 길이를 나타내는 것은?

① 얇은 납작머리 리벳

② 접시머리 리벳

③ 둥근머리 리벳

④ 냄비머리 리벳

60 다음 중 도면의 표제란에 기입되지 않아도 되는 사항은?

① 도면번호　　② 척도

③ 책임자의 서명　④ 주문자의 서명

해설

도면의 표제란에는 일반적으로 도면, 번호, 도명, 척도, 제도소명, 도면작성 연월일, 책임자의 서명 등을 기입한다.

61 다음은 부품번호의 기입법에 대한 설명이다. 틀린 것은?

① 부품번호는 대상부품에서 지시선을 긋고 그 끝에 원을 그리고 원안에 숫자를 기입한다.

② 부품번호는 숫자는 7~11mm 정도의 크기로 쓴다.

③ 숫자를 쓰는 원의 지름은 10~16mm 정도로 한다.

④ 지시선은 치수선이나 중심선과 혼돈되지 않도록 한다.

해설

부품번호의 숫자는 5~8mm 정도의 크기로 사용한다.

62 나사의 피치와 호칭지름을 mm로 나타내고 나사산의 각도가 60°인 나사는?

① 미터나사

② 관용나사

③ 유니파이나사

④ 위트워어드나사

해설

나사의 호칭 : 나사의 호칭은 나사의 종류표시 기호, 지름 표시 숫자, 피치 또는 25.4mm에 대한 나사산의 수로써 다음과 같이 표시한다.

• 미터나사 : 피치를 mm로 나타내는 나사의 경우
• 위트워어드 나사 등 : 피치를 산의 수로 표시하는 나사(유니파이 나사는 제외)의 경우, 관용나사(pipe thred)는 산의 수를 생략한다. 또 각인에 한하여 '산' 대신에 하이픈(–)을 사용할 수 있다.
• 유니파이나사 : 나사의 지름을 표시하는 숫자 또는 번호–산의 수–나사의 종류를 표시하는 기호(1/2 - 13UNC)

63 육각 볼트의 도시에서 머리 부분의 높이는 볼트 지름(d)의 몇 배로 하는가?

① 0.7d

② 1.5d

③ 2d

④ 2.5d

해설

호칭지름 M6의 바깥지름(d)가 6mm일 때 머리높이(H)는 4mm, M7인 경우는 d = 7, H = 5의 경우를 볼 때 머리 부분의 높이는 볼트 지름의 0.7d가 맞다.

정답				
54 ④	55 ③	56 ②	57 ④	58 ③
59 ②	60 ④	61 ②	62 ①	63 ①

64 M10-2/1과 같은 나사의 표시가 있다. 다음 중 틀린 것은?

① M - 미터나사

② 10 - 호칭지름

③ 암나사 1급, 수나사 2급

④ 수나사 1급, 암나사 2급

문제에 나사는 좌 1줄 미터 보통나사(M10) 암나사 2급, 수나사 1급의 조합이다.

65 리벳 호칭법을 옳게 나타낸 것은?

① (종류) × (길이)(호칭지름)(재료)

② (종류)(호칭지름) × (길이)(재료)

③ (종류)(재료) × (호칭지름) × (길이)

④ (종류)(재료)(호칭지름) × (길이)

규격번호	종류	호칭지름	길이	재료
KSB1102	열간 둥근머리 리벳	16S ×	40	BV34

규격번호를 사용하지 않는 경우에는 명칭에 "열간" 또는 "냉간"을 앞에 기입한다.

66 다음 중 나사의 도시법이 틀린 것은?

① 완전 나사와 불안정 나사부의 경계는 굵은 실선으로 나타낸다.

② 암나사의 골지름은 굵은 실선으로 나타낸다.

③ 보이지 않는 나사부분은 파선으로 나타낸다.

④ 수나사와 암나사의 끼워 맞춤 부분은 수나사를 기중으로 나타낸다.

나사의 표시법 : 나사의 골밑(수나사의 골지름 및 암나사의 골지름)을 가는 실선으로 표시한다.

67 두 개의 부품 사이의 거리를 일정한 간격으로 유지할 때 사용하는 볼트는 다음 중 어느 것인가?

① 전단 볼트

② 스테이 볼트

③ 아이 볼트

④ 티이 볼트

• 스테이 볼트(stay bolt) : 부품을 일정한 간격으로 유지하고 구조자체를 보강하는데 사용한다.

• 아이 볼트(eye bolt) : 무거운 기계와 전동기 등을 들어올릴 때 로프(rope), 체인(chain) 또는 훅 등을 거는데 사용한다.

• 티이 볼트 : 공작기계의 테이블 T홈에 볼트의 머리 부분을 끼워서 적당한 위치에 공작물과 기계 바이스를 고정할 때 사용한다.

68 다음 중 납작머리 리벳의 현장리벳을 나타내는 기호는?

①

②

③

④

리벳의 기호

종별		둥근머리 리벳	접시머리 리벳				납작머리 리벳			둥근 접시머리 리벳	
기호(화살표 방향에서 봄)	공장 리벳	○	◎	✿	∅	∅	∅	∅	⌀	∅	⊗	⊗
	현장 리벳	●	◉	✸	∅	∅	∅	∅	∅	∅	⊗	⊗

69 다음은 나사의 약도법에 대한 설명이다. 틀린 것은?

① 수나사의 바깥지름, 암나사의 안지름은 굵은 실선으로 그린다.

② 불완전 나사부의 골을 나타내는 선은 축선에 대하여 30°의 가는 실선으로 그린다.

③ 암나사의 단면도시에서 드릴구멍이 나타날 때에는 가는 실선으로 120°가 되게 그린다.

④ 수나사와 암나사의 끼워맞춤 부분은 수나사로 나타낸다.

> **해설**
> 암나사의 단면도시에서 드릴구멍이 나타날 때에는 굵은 실선으로 120°가 되게 그린다.

70 M20인 볼트의 머리두께는 얼마인가?

① 12mm
② 14mm
③ 17mm
④ 20mm

> **해설**
> 볼트의 머리두께 비율은 0.7d이며 KS규격에는 13mm로 되어 있다.

71 리벳이음에서 피치를 P, 리벳지름을 d라 할 때 1줄 리벳겹치기 이음에서 피치를 구하는 공식은?

① P = 2d + 8
② P = 1.5d + 10
③ P = 2.6d + 10
④ P = 2.6d + 15

> **해설**
> • 1줄 리벳겹치기 이음의 피치공식은 P = 2d + 8
> • 2줄 리벳겹치기 이음의 지그재그형은 P = 2.6d + 15
> • 평행형은 P = 2.6d + 10

72 다음 그림에서 현의 길이 기입법으로 맞는 것은?

① 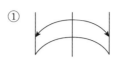　②

③ 　④

> **해설**
> ① 호의 길이 ② 현의 길이 ③ 원의 반지름 ④ 원의 지름

73 전개도 작성 시 평행선법으로 사용하기에 가장 적합한 형상은?

① 　②

③ 　④

> **해설**
> 평행선 전개도법
> • 원기둥, 각기둥 등과 같이 중심축에 나란한 직선을 물체 표면에 그을 수 있는 물체(평행체)의 뜨기 전개도를 그릴 때에는 평행선법을 많이 사용한다.
> • 능선이나 직선면소에 직각 방향으로 전개하는 방법으로 능선이나 면소는 실제의 길이이며 서로 나란하고 이 간격은 능선이나 면소를 점으로 보는 투영도에서의 점의 사이의 길이와 같다.
> • 전개도의 정면도와 평면도를 현척으로 그린다.

정답				
64 ③	65 ②	66 ②	67 ②	68 ②
69 ③	70 ②	71 ①	72 ②	73 ①

74 [보기]와 같이 경사지게 절단된 원통의 전개 방법으로 가장 적당한 것은?

① 삼각형 전개법   ② 방사선 전개법
③ 평행선 전개법   ④ 사변형 전개법

평행선 전개법은 각 기둥과 원기둥을 연직 평면 위에 펼쳐 놓은 것으로 능선(모서리)이나 직선면소에 직각방향으로 전개되어 있다.

75 관의 끝부분의 표시 방법에서 용접식 캡을 나타내는 것은?

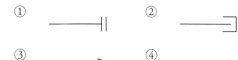

① 막힌 플랜지   ② 나사박음식 캡 및 나사박음식 플러그
③ 용접식 캡

76 그림과 같은 심 용접 이음에 대한 용접기호 표시 설명 중 틀린 것은?

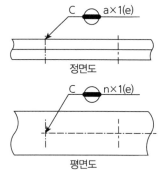

① C : 용접부의 너비
② n : 용접부의 수
③ 1 : 용접길이
④ (e) : 용접부의 깊이

(e)는 인접한 용접부의 간격을 뜻한다.

77 용접부 표면 또는 용접부 형상의 설명과 보조 기호 연결이 틀린 것은?

① ────── 평면
② ──⌣── 볼록형
③   토우를 매끄럽게 함
④ M   제거 가능한 이면 판재 사용

④는 영구적인 이면 판재 사용을 뜻한다.

78 플러그 용접에서 용접부 수는 4개, 간격은 70mm, 구멍의 지름은 8mm일 경우 그 용접 기호 표시로 올바른 것은?

① 4⌐ ⌐8=70   ② 8⌐ ⌐4=70
③ 4⌐ ⌐8=(70)   ④ 8⌐ ⌐4=(70)

플러그 용접 기호 앞에 있는 숫자는 플러그의 폭(구멍의 지름)을 나타내며 뒤의 숫자는 용접의 수, ( )에 있는 숫자는 간격을 표시한다.

79 그림과 같은 양면 필릿 용접기호를 가장 올바르게 해석한 것은?

① 목길이 6mm, 용접길이 150mm, 인접한 용접부 간격 50mm
② 목길이 6mm, 용접길이 50mm, 인접한 용접부 간격 150mm
③ 목두께 6mm, 용접길이 150mm, 인접한 용접부 간격 50mm
④ 목두께 6mm, 용접길이 50mm, 인접한 용접부 간격 150mm

80 파이프 이음의 도시 중 다음 기호가 뜻하는 것은?

① 유니언
② 엘보
③ 부시
④ 플러그

81 다음의 그림과 같은 용접 도시 기호를 올바르게 설명한 것은?

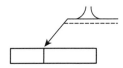

① 돌출된 모서리를 가진 평판 사이에 맞대기 용접이다.
② 평행(I형) 맞대기 용접이다.
③ U형 이음으로 맞대기 용접이다.
④ J형 이음으로 맞대기 용접이다.

해설

돌출된 모서리를 가진 평판 사이의 맞대기 용접기호이며 실선 위에 위치하여 화살표 쪽을 향하고 있다.

82 다음의 그림과 같은 용접 도시 기호를 올바르게 설명한 것은?

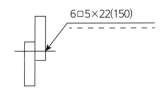

① 슬롯 용접의 용접 수 22개
② 슬롯의 너비 6mm, 용접 길이 22mm
③ 슬롯의 너비 5mm, 피치 22mm
④ 슬롯용접루트간격 6mm, 폭 150mm

해설

실선 위에 플러그 또는 슬롯 용접기호가 있고 너비 6mm, 용접길이 22mm, 슬롯과 슬롯 사이는 150mm이다.

83 배관 도면에서 그림과 같은 기호의 의미로 가장 적당한 것은?

① 콕 일반   ② 볼 밸브
③ 체크 밸브   ④ 안전 밸브

해설

문제에 있는 밸브의 기호는 체크 밸브이다.

84 다음의 그림과 같이 도시된 용접부 형상을 표시한 KS용접기호의 명칭으로 맞는 것은?

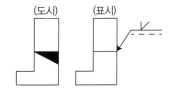

① 일면 개선형 맞대기 용접
② V형 맞대기 용접
③ 플랜지형 맞대기 용접
④ J형 이음 맞대기 용접

해설

실선 위에 일면 개선형 맞대기 용접의 도시가 되어있다.

85 KS규격에서 용접부 A.C용접부의 표면 형상 설명으로 옳지 않은 것은?

① ——— 동일평면으로 다듬질 함
② ⌣ 끝단부를 오목하게 함
③ M 영구적인 덮개판을 사용함
④ MR 제거 가능한 덮개판을 사용함

해설

⌣토우(끝단부)를 매끄럽게 하는 기호이고 끝단부를 오목하게 하는 기호는 ⌣이다.

86 그림과 같은 KS 용접 보조기호의 명칭으로 가장 적합한 것은?

① 필릿 용접 끝단부를 2번 오목하게 다듬질
② K형 맞대기 용접 끝단부를 2번 오목하게 다듬질
③ K형 맞대기 용접 끝단부를 매끄럽게 다듬질
④ 필릿 용접 끝단부를 매끄럽게 다듬질

필릿 용접의 끝단부를 매끄럽게 다듬질하라는 보조기호

87 그림과 같은 용접 도시기호에 의하여 용접할 경우 설명으로 틀린 것은?

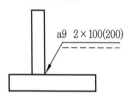

a9 2×100(200)

① 화살표 쪽에 필릿 용접한다.
② 목두께는 9mm이다.
③ 용접부의 개수는 2개이다.
④ 용접부의 길이는 200mm이다.

도시기호는 실선에 있어서 화살표쪽 필릿용접, 목두께 9mm, 용접개수 2개, 용접부의 길이 100mm, 간격이 200mm이다.

88 용접부의 보조기호에서 제거 가능한 이면 판재를 사용하는 경우의 표시기호는?

① M
② P
③ MR
④ PR

문제에 있는 기호는 용접 보조기호로 ① 영구적인 이면판재 사용, ③ 제거 가능한 이면판재 사용의 표시이다.

89 배관제도 밸브 도시기호에서 밸브가 닫힌 상태를 도시한 것은?

①　　②　　③　　④

배관의 밸브 및 콕의 닫혀 있을 때의 표시는 밸브를 까맣게 칠해주거나 "닫힘" "C" 등을 첨가하여 표시한다.

90 KS규격(3각법)에서 용접기호의 해석으로 옳은 것은?

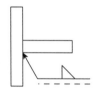

① 화살표 반대쪽 맞대기용접이다.
② 화살표 쪽 맞대기용접이다.
③ 화살표 쪽 필릿 용접이다.
④ 화살표 반대쪽 필릿 용접이다.

용접부가 이음의 화살표 쪽에 있을 때에는 기호는 실선 쪽의 기준선에 기입을 하고 이음의 반대쪽에 있을 때에는 기호는 파선 쪽에 기입하고 기호는 필릿 용접이다.

91 다음은 철골구조 보의 이음에 대한 도면의 일부이다. (   )속에 부재의 명칭으로 맞는 것은?

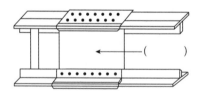

① 웨브덧판(web plate)
② 플랜지 덧판(flange plate)
③ 커버판(cover plate)
④ 가셋판(gussed plate)

보의 이음의 철판은 앵글 사이에 이음부로 웨브덧판이라 한다.

92 파이프 이음 도시기호 중에서 플랜지 이음에 대한 기호는?

①   ②

③   ④

해설

결합부 및 끝부분의 위치

결합부 · 끝부분의 종류	도시	치수가 표시하는 위치
결합부 일반		결합부의 중심
용접식		용접부의 중심
플랜지식		플랜지면
관의 끝		관의 끝면
막힌플랜지		관의 플린지면
나사박음식 캡 및 나사박음식 플러그		관의 끝면
용접식 캡		관의 끝면

93 다음은 철골구조 기둥과 보의 접합에 대한 보기이다. 화살표의 부재 명칭으로 올바른 것은?

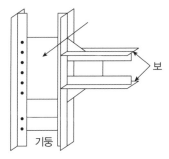

① 가셋판(gussed plate)
② 플랜지 덧판(flange plate)
③ 웨브덧판(web plate)
④ 커버판(cover plate)

해설

가셋판은 철골구조 접합방법으로 많이 사용되며 보통 6mm 철판과 주요 구조물에 9~12mm두께 철판을 사용하는 것이다.

94 배관 도시 기호 중 게이트 밸브에 해당하는 것은?

①   ②

③   ④

해설

① 게이트 밸브 ② 체크밸브 ③ 앵글밸브

95 용접보조 기호 중 현장용접을 나타내는 기호는?

①    ②

③   ④

해설

① 현장용접 기호 ② 일주용접 기호

96 다음 배관 도면에 포함되어 있는 요소로 볼 수 없는 것은?

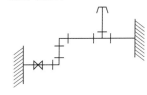

① 엘보
② 티
③ 캡
④ 체크밸브

해설

체크밸브의 표시방법은 ─╢╟─이다.

정답					
86 ④	87 ④	88 ③	89 ④	90 ③	91 ①
92 ①	93 ①	94 ①	95 ①	96 ④	

97 밸브 표시 기호에 대한 밸브 명칭이 틀린 것은?

① 슬루스 밸브

② 3방향 밸브

③  버터플라이 밸브

④ 볼 밸브

98 필릿용접의 이음강도를 계산할 때, 각장이 10mm라면 목두께는?

① 약 3mm　　② 약 7mm

③ 약 11mm　　④ 약 15mm

해설
이음의 강도 계산에는 이론 목 두께를 이용하고 목단면적은 목두께×용접의 유효 길이로 하며 목두께 각도가 60~90°는 0.7로 계산하여 0.7×10 = 7이다.

99 단면이 가로 7mm, 세로 12mm인 직사각형의 용접부를 인장하여 파단시켰을 때 최대하중이 3444kgf이었다면 용접부의 인장강도는 몇 kgf/mm²인가?

① 31　　② 35

③ 41　　④ 46

해설
용접의 인장강도 = 최대하중 / 단면적
　　　　　　　 = 3444 / (7×12) = 41

100 다음 그림과 같이 두께 12mm의 연강판을 겹치기 용접이음을 하고, 인장하중 8000kgf을 작용시키고자 할 경우 용접선의 길이[mm]는? (단, 용접부의 허용응력은 4.5kgf/mm²이다.)

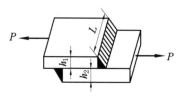

① 224.7　　② 184.7

③ 104.7　　④ 204.7

해설
허용응력을 구하는 식에 의해 허용응력 = 인장하중(최대하중)/단면적에서 4.5 = 8000/12×L = 0.707×8000 / 4.5×12 = 5656/54 = 104.74

101 그림과 같이 완전용입 T형 맞대기용접 이음에 굽힘 모멘트 M_b = 9000kgf/cm가 작용할 때 최대굽힘응력(kgf/cm²)은?(단, L = 400mm, l = 300mm, t = 20mm, P[kgf]는 하중이다.)

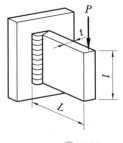

① 30　　② 300

③ 45　　④ 450

해설
T형 맞대기용접 이음의 공식에 의거 σ = 6M/tl² = (6× 9000)/(2×30²) = 30
＊ mm를 cm로 환산

102 재료의 내부에 남아 있는 응력은?

① 좌굴응력   ② 변동응력

③ 잔류응력   ④ 공칭응력

해설

재료의 내부에 남아 있는 잔류응력은 이음형성, 용접입열, 판 두께 및 모재의 크기, 용착순서, 용접순서, 외적구속 등의 인자 및 불균일한 가공에서 나타나는 재료 내부에 잔류응력은 박판인 경우 변형을 일으키기도 한다.

103 용착금속의 인장강도를 구하는 옳은 식은?

① 인장강도 $= \dfrac{\text{인장하중}}{\text{시험편의 단면적}}$

② 인강강도 $= \dfrac{\text{시험편의 단면적}}{\text{인장하중}}$

③ 인장강도 $= \dfrac{\text{표점거리}}{\text{연신율}}$

④ 인장강도 $= \dfrac{\text{연신율}}{\text{표점거리}}$

해설

용접부에 작용하는 하중은 (용착금속의 인장강도×판두께×목두께)로 구하며 단위 면적당 작용하는 하중을 인장강도 또는 최대 극한강도라고 한다.

104 용접부의 인장시험에서 최초의 표점 사이의 거리를 l_0로 하고, 파단 후의 표점 사이의 거리를 l_1으로 할 때 파단까지의 변형률 δ를 구하는 식으로 옳은 것은?

① $\delta = \dfrac{l_1 + l_0}{2l_0} \times 100\%$

② $\delta = \dfrac{l_1 - l_0}{2l_0} \times 100\%$

③ $\delta = \dfrac{l_1 + l_0}{l_0} \times 100\%$

④ $\delta = \dfrac{l_1 + l_0}{l_0} \times 100\%$

해설

변형률 = (파단 후의 표점 사이의 거리−최초의 표점 사이의 거리)/최초의 표점 사이의 거리×100%

105 V형 맞대기용접(완전한 용입)에서 판 두께가 10mm인 용접선의 유효길이가 200mm일 때, 여기에 50kgf/mm²의 인장(압축)응력이 발생한다면 용접선에 직각 방향으로 몇 kgf의 인장(압축)하중이 작용하겠는가?

① 2,000kgf   ② 5,000kgf

③ 10,000kgf   ④ 15,000kgf

해설

인장하중 = 인장응력×판두께×용접선의 유효길이
= 5×10×200 = 10,000

106 두께가 6.4mm인 두 모재의 맞대기 이음에서 용접이음부가 4536kgf의 인장하중이 작용할 경우 필요한 용접부의 최소 허용길이(mm)는? (단, 용접부의 허용인장응력은 14.06kg/mm²이다.)

① 50.4   ② 40.3

③ 30.1   ④ 20.7

해설

용접부의 최소 허용길이는 인장하중 구하는 공식으로 인장하중 = 인장응력×판두께×용접선의 유효길이의 공식에서 용접의 최소 허용길이(유효길이) = 인장하중/(허용인장응력×두께) = 4536/(6.4×14.06) = 50.4

107 다음 그림과 같은 필릿 이음의 용접부 인장응력(kgf/mm²)은 얼마 정도인가?

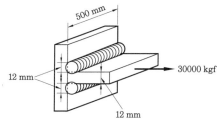

① 약 1.4   ② 약 3.5

③ 약 5.2   ④ 약 7.6

해설

인장응력 = 0.707×P / hl
= 0.707×30000 / 12×500 = 3.53

정답					
97 ①	98 ②	99 ③	100 ③	101 ①	102 ③
103 ①	104 ④	105 ③	106 ①	107 ②	

108 연강의 맞대기용접 이음에서 용착금속의 인장강도가 40kgf/mm², 안전율이 8이면, 이음의 허용응력은?

① 5kgf/mm² 　　② 8kgf/mm²

③ 40kgf/mm² 　　④ 48kgf/mm²

허용응력 = 인장강도/안전율 = 40/8 = 5

---

109 V형 맞대기용접(완전용입)에서 용접선의 유효 길이가 300mm이고, 용접선에 수직하게 인장하중 13500kgf이 작용하면 연강판의 두께는 몇 mm인가?(단, 인장응력은 5kgf/mm²이다.)

① 25 　　② 16

③ 12 　　④ 9

응력 = 인장하중/두께×유효길이
　　 = 인장하중/유효길이×인장응력
　　 = 13500/(300×5) = 9

---

110 용접 설계에서 허용응력을 올바르게 나타낸 공식은?

① 허용응력 $= \dfrac{\text{안전율}}{\text{이완력}}$

② 허용응력 $= \dfrac{\text{인장강도}}{\text{안전율}}$

③ 허용응력 $= \dfrac{\text{이완력}}{\text{안전율}}$

④ 허용응력 $= \dfrac{\text{안전율}}{\text{인장강도}}$

용접설계에서 허용응력 = 인장강도/안전율

---

111 필릿 용접 이음부의 강도를 계산할 때 기준으로 삼아야 하는 것은?

① 루트 간격 　　② 각장 길이

③ 목의 두께 　　④ 용입 깊이

용접설계에서 필릿 용접의 단면에 내접하는 이등변 삼각형의 루트부터 빗변까지의 수직거리를 이론 목두께라 하고, 보통 설계할 때에 사용되고, 용입을 고려한 루트부터 표면까지의 최단거리를 실제 목두께라 하여 이음부의 강도를 계산할 때 기준으로 한다.

---

112 동일한 탄소강판으로 두께가 서로 다른 V형 맞대기 용접이음에서 얇은 쪽의 강판 두께 T_1, 두꺼운 쪽의 강판 두께 T_2, 인장응력 σ_t이고, 용접 길이 L이라면 용접부의 인장하중 P를 구하는 식은?

① $P = \sigma_t \cdot T_2 \cdot L$

② $P = 2\sigma_t \cdot T_2 \cdot L$

③ $P = \sigma_t \cdot T_1 \cdot L$

④ $P = 2\sigma_t \cdot T_1 \cdot L$

판두께가 다른 이음의 허용응력을 계산할 때에는 일반적으로 얇은판을 기준으로 단면적을 구한다. 즉, 인장하중 = 인장응력×얇은 판두께×용접길이

---

113 용접봉의 용융 속도는 무엇으로 나타내는가?

① 단위시간당 용융되는 용접봉의 길이 또는 무게

② 단위시간당 용착된 용착금속의 양

③ 단위시간당 소비되는 용접기의 전력량

④ 단위시간당 이동하는 용접선의 길이

용접봉의 용융 속도는 단위 시간당 소비되는 용접봉의 길이 또는 무게로 나타낸다.

---

114 용접부 이음효율 공식으로 옳은 것은?

① 이음효율 $= \dfrac{\text{모재의 인장강도}}{\text{용접시험편의 인장강도}}$

② 이음효율 $= \dfrac{\text{용접시험편의 충격강도}}{\text{모재의 인장강도}}$

③ 이음효율 $= \dfrac{\text{모재의 인장강도}}{\text{용접시험편의 충격강도}}$

④ 이음효율 $= \dfrac{\text{용접시험편의 인장강도}}{\text{모재의 인장강도}}$

115 연강을 용접 이음할 때 인장강도가 21kgf/mm²이다. 정하중에서 구조물을 설계할 경우 안전율은 얼마인가?

① 1   ② 2
③ 3   ④ 4

해설
안전율 = 인장강도/허용응력 = 21/7 = 3

116 다음 그림과 같은 용접부에 인장하중 P=5000 kgf가 작용할 때 인장응력(kgf/mm²)은?

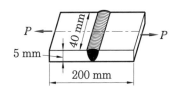

① 20   ② 25
③ 30   ④ 35

해설
인장응력 = 인장하중/모재의 단면적
= 5000/(5×40) = 25

117 용접 지그(welding jig)에 대한 설명 중 틀린 것은?

① 용접물을 용접하기 쉬운 상태로 놓기 위한 것이다.
② 용접제품의 치수를 정확하게 하기 위해 변형을 억제하는 것이다.
③ 작업을 용이하게 하고 용접능률을 높이기 위한 것이다.
④ 잔류응력을 제거하기 위한 것이다.

해설
용접지그 사용 효과
• 아래보기 자세로 용접을 할 수 있다.
• 용접조립의 단순화 및 자동화가 가능하고 제품의 정밀도가 향상된다.
• 작업을 용이하게 하고 용접 능률을 높이고 신뢰성을 높인다.

108 ①	109 ④	110 ②	111 ③	112 ③
113 ①	114 ④	115 ③	116 ②	117 ④

제3과목

실전 모의고사

모의고사 1회
모의고사 2회

모의고사 1회

01 용접구조물의 제작도면에 사용하는 보조기능 중 RT는 비파괴시험 중 무엇을 뜻하는가?

① 초음파 탐상 시험
② 자기분말 탐상 시험
③ 침투 탐상 시험
④ 방사선 투과 시험

해설

용접시험 종류의 기호
RT : 방사선 투과 시험, UT : 초음파 탐상 시험
MT : 자분 탐상 시험, PT : 침투 탐상 시험
ET : 와류 탐상 시험, LT : 누설 시험
ST : 변형도 측정시험, VT : 육안 시험
PRT : 내압 시험, AET : 어코스틱에미션 시험

02 CO_2 가스 아크 용접의 보호가스 설비에서 히터장치가 필요한 가장 중요한 이유는?

① 액체가스가 기체로 변하면서 열을 흡수하기 때문에 조정기의 동결을 막기 위하여
② 기체가스를 냉각하여 아크를 안정하게 하기 위하여
③ 동절기의 용접 시 용접부의 결함방지와 안전을 위하여
④ 용접부의 다공성을 방지하기 위하여 가스를 예열하여 산화를 방지하기 위하여

해설

CO_2 아크 용접 보호가스 설비는 용기(cylinder), 히터, 조정기, 유량계 및 가스연결용 호스로 구성되며 CO_2 가스압력은 실린더 내부 압력으로부터 조정기를 통해 나오면서 배출압력으로 낮아지어 상당한 열을 주위로부터 흡수하여 조정기와 유량계가 얼어버리므로 이를 방지하기 위하여 대개 CO_2유량계는 히터가 붙어있다.

03 용접작업의 경비를 절감시키기 위한 유의사항 중 틀린 것은?

① 용접봉의 적절한 선정
② 용접사의 작업능률의 향상
③ 용접지그를 사용하여 위보기 자세의 시공
④ 고정구를 사용하여 능률 향상

해설

용접경비 절감방법
• 용접봉의 적절한 선정과 그 경제적 사용
• 재료절약을 위한 방법과 고정구 사용에 의한 능률 향상
• 용접지그의 사용에 의한 아래보기 자세의 채용
• 용접사의 작업능률의 향상과 적당한 품질관리와 검사 방법
• 적당한 용접방법의 채용

04 용접 지그를 사용하여 용접했을 때 얻을 수 있는 장점이 아닌 것은?

① 구속력을 크게 하면 잔류 응력이나 균열을 막을 수 있다.
② 동일 제품을 대량 생산할 수 있다.
③ 제품의 정밀도와 신뢰성을 높일 수 있다.
④ 작업을 용이하게 하고 용접 능률을 높인다.

해설

용접 지그 사용 시 장점
• 아래보기 자세로 용접을 할 수 있다.
• 용접조립의 단순화 및 자동화가 가능하고 제품의 정밀도가 향상된다.
• 동일 제품을 대량 생산할 수 있고 용접능률을 높인다.

05 피복 아크 용접용 기구 중 홀더(Holder)에 관한 사항 중 옳지 않은 것은?

① 용접봉을 고정하고 용접전류를 용접케이블을 통하여 용접봉쪽으로 전달하는 기구이다.

② 홀더 자신은 전기저항과 용접봉을 고정시키는 조(jaw) 부분의 접촉저항에 의한 발열이 되지 않아야 한다.

③ 홀더가 400호라면 정격 2차 전류가 400[A]임을 의미한다.

④ 손잡이 이외의 부분까지 절연체로 감싸서 전격의 위험을 줄이고 온도 상승에도 견딜 수 있는 일명 안전홀더 즉, B형을 선택하여 사용한다.

해설

피복 아크 용접에 사용되는 용접홀더는 A형과 B형이 있으며 A형은 안전홀더라고 하며 손잡이 외의 부분까지도 사용 중의 온도에 견딜 수 있는 절연체로 감전의 위험이 없도록 싸 놓은 것. B형은 손잡이 부분 외에는 전기적으로 절연되지 않고 노출된 형태

06 용접 시 구조물을 고정시켜 줄 지그의 선택기준으로 잘못된 것은?

① 물체의 고정과 탈부착이 복잡해야 한다.

② 변형을 막아줄 만큼 견고하게 잡아 줄 수 있어야 한다.

③ 용접 위치를 유리한 용접 자세로 쉽게 움직일 수 있어야 한다.

④ 물체를 튼튼하게 고정시켜줄 크기와 힘이 있어야 한다.

해설

용접지그의 선택기준
• 용접물의 조립을 튼튼하게 고정시켜 줄 크기와 힘이 있어야 한다.
• 부착, 탈취가 쉬워야 한다.
• 용접 위치를 유리한 자세로 용접할 수 있어야 하며 쉽게 움직일 수 있어야 한다.
• 변형을 막을 수 있어야 한다.

07 CO_2 가스 아크 용접에서 솔리드 와이어에 비교한 복합와이어의 특징을 설명한 것으로 틀린 것은?

① 양호한 용착금속을 얻을 수 있다.

② 스패터가 많다.

③ 아크가 안정된다.

④ 비드 외관이 깨끗하여 아름답다.

해설

• CO_2아크 용접에 사용되는 솔리드와이어 : 단락이행 방법으로 박판 용접이나 전자세 용접에서부터 고전류에 의한 후판용접까지 가장 널리 사용, 스패터가 많음, 아르곤 가스를 혼합하면 스패터가 감소 작업성 등 용접품질이 향상됨
• 복합와이어 : 좋은 비드를 얻을 수 있으나 전자세 용접이 불가능하고 용착속도나 용착효율 등에서는 솔리드 와이어에 뒤지며 슬래그 섞임이 발생할 수 있음

08 MIG용접에서 사용되는 와이어 송급 장치의 종류가 아닌 것은?

① 푸시방식(push type)

② 풀방식(pull type)

③ 펄스방식(pulse type)

④ 푸시풀방식(push-pull type)

해설

MIG용접에서 사용되는 와이어 송급 방식의 종류는 푸시(push), 풀(pull), 푸시-풀, 더블 푸시(double-push)방식 등 4가지가 사용된다.

정답			
01 ④	02 ①	03 ③	04 ①
05 ④	06 ①	07 ②	08 ③

09 침투 탐상 검사법의 장점이 아닌 것은?

① 시험 방법이 간단하다.

② 고도의 숙련이 요구되지 않는다.

③ 검사체의 표면이 침투제와 반응하여 손상되는 제품도 탐상할 수 있다.

④ 제품의 크기, 형상 등에 크게 구애 받지 않는다.

침투탐상 검사의 장점
• 시험방법이 간단하고 고도의 숙련이 요구되지 않는다.
• 제품의 크기, 형상 등에 크게 구애를 받지 않는다.
• 국부적 시험이 가능, 미세한 균열도 탐상이 가능하고 판독이 쉽고 비교적 가격이 저렴하다.
• 철, 비철, 플라스틱, 세라믹 등 거의 모든 제품에 적용이 용이하다.

10 철강계통의 레일, 차축 용접과 보수에 이용되는 테르밋용접법의 특징에 대한 설명으로 틀린 것은?

① 용접작업이 단순하다.

② 용접용 기구가 간단하고 설비비가 싸다.

③ 용접 시간이 길고 용접 후 변형이 크다.

④ 전력이 필요 없다.

테르밋용접 특징
• 용접작업이 단순하고 용접 결과의 재현성이 높다.
• 용접용 기구가 간단하고 설비비가 싸며, 작업 장소의 이동이 쉽다.
• 용접 시간이 짧고 용접 후 변형이 적고 전기가 필요 없고, 용접 비용이 싸다.
• 용접 이음부의 홈은 가스 절단 그대로도 좋고, 특별한 모양의 홈을 필요로 하지 않는다.

11 다음 중 발화성 물질이 아닌 것은?

① 카바이드

② 금속나트륨

③ 황린

④ 질산에틸

발화성 물질 : 스스로 발화하거나 물과 접촉하여 발화하는 등 발화가 용이하고 가연성 가스가 발생할 수 있는 물질로 리듐, 칼륨·나트륨, 황, 황인, 황화인·적린, 셀룰로이드류, 알킬알미늄·알킬리듐, 마그네슘분말, 금속분말, 알칼리금속, 유기금속화합물, 금속의 수소화물, 금속의 인화물, 칼슘탄화물·알미늄탄화물
* 질산에틸은 폭발성 물질이다.

12 가스용접 토치의 취급상 주의사항으로 틀린 것은?

① 토치를 작업장 바닥이나 흙속에 방치하지 않는다.

② 팁을 바꿔 끼울 때는 반드시 양쪽밸브를 모두 열고 난 다음 행한다.

③ 토치를 망치 등 다른 용도로 사용해서는 안 된다.

④ 작업 중 발생하기 쉬운 역류, 역화, 인화에 항상 주의하여야 한다.

가스 용접의 토치 취급상의 주의사항
• 팁 및 토치를 작업장 바닥이나 흙 속에 함부로 방치하지 않는다.
• 점화되어 있는 토치를 아무 곳에나 함부로 방치하지 않는다(주위에 인화성 물질이 있을 때 화재 및 폭발의 위험).
• 토치를 망치나 갈고리 대용으로 사용해서는 안 된다(토치는 구리 합금으로 강도가 약하여 쉽게 변형됨).
• 팁을 바꿔 끼울 때는 반드시 양쪽 밸브를 모두 닫은 다음에 행한다(가스의 누설로 화재, 폭발 위험).
• 팁이 과열 시 아세틸렌밸브를 닫고 산소밸브만을 조금 열어 물속에 담가 냉각 시킨다.
• 작업 중 발생되기 쉬운 역류, 역화, 인화에 항상 주의하여야 한다.

13 철강에 주로 사용되는 부식액이 아닌 것은?

 ① 염산 1 : 물 1의 액

 ② 염산 3.8 : 황산 1.2 : 물 5.0의 액

 ③ 수산 1 : 물 1.5의 액

 ④ 초산 1 : 물 3의 액

해설

매크로 시험에서 철강재에 사용되는 부식액
- 염산 3.8 : 황산 1.2 : 물 5.0
- 염산 1 : 물 1
- 초산 1 : 물 3 등이 있고 부식시킨 후 곧 물로 깨끗이 씻은 후 건조하여 관찰한다.

14 용접의 결함과 원인을 각각 짝지은 것 중 틀린 것은?

 ① 언더컷 : 용접전류가 너무 높을 때

 ② 오버랩 : 용접전류가 너무 낮을 때

 ③ 용입불량 : 이음설계가 불량할 때

 ④ 기공 : 저수소계 용접봉을 사용했을 때

해설

용접 결함의 기공의 원인
- 용접 분위기 가운데 수소, 일산화탄소의 과잉
- 용접부 급냉이나 과대 전류 사용
- 용접속도가 빠를 때
- 아크 길이, 전류조작의 부적당, 모재에 유황 함유량 과대
- 강재에 부착되어 있는 기름, 녹, 페인트 등

15 연납의 대표적인 것으로 주석 40%, 납 60%의 합금으로 땜납으로서의 가치가 가장 큰 땜납은?

 ① 저융접 땜납   ② 주석-납

 ③ 납-카드뮴납   ④ 납-은납

해설

연납의 종류
- 주석(40%)+납(60%)
- 납-카드뮴납(Pb-Cd합금)
- 납-은납(Pb-Ag합금)
- 저융점 땜납 : 주석-납-합금땜에 비스므트(Bi)를 첨가한 다원계 합금 땜납
- 카드뮴-아연납

16 스터드 용접에서 페룰의 역할이 아닌 것은?

 ① 용융금속의 탈산방지

 ② 용융금속의 유출방지

 ③ 용착부의 오염방지

 ④ 용접사의 눈을 아크로부터 보호

해설

스터드 용접에서의 페룰 역할
- 페룰은 내열성의 도기로 아크를 보호하며 내부에 발생하는 열과 가스를 방출하는 역할을 한다.
- 용접이 진행되는 동안 아크열을 집중시켜 준다.
- 용융금속의 유출을 막아주고 산화를 방지한다.
- 용착부의 오염을 방지하고 용접사의 눈을 아크 광선으로부터 보호해 주는 등 중요한 역할을 한다.

17 점용접의 3대 요소가 아닌 것은?

 ① 전극모양

 ② 통전시간

 ③ 가압력

 ④ 전류세기

해설

점용접의 3대 요소는 전류의 세기, 통전시간, 가압력 등이다.

18 TIG 용접에서 전극봉의 어느 한쪽의 끝부분에 식별용색을 칠하여야 한다. 순 텅스텐 전극봉의 색은?

 ① 황색   ② 적색

 ③ 녹색   ④ 회색

해설

텅스텐 전극봉의 종류와 색상
- 순 텅스텐 : 녹색
- 1% 토륨 텅스텐 : 황색
- 2% 토륨 텅스텐 : 적색
- 1~2% 토륨(전체 길이 편측에) : 청색
- 지르코늄 텅스텐 : 갈색

정답				
09 ③	10 ③	11 ④	12 ②	13 ③
14 ④	15 ②	16 ①	17 ①	18 ③

19 용접부의 형상에 따른 필릿 용접의 종류가 아닌 것은?

① 연속 필릿

② 단속 필릿

③ 경사 필릿

④ 단속지그재그 필릿

해설

필릿 용접에서는 용접선의 방향과 하중의 방향이 직교한 것을 전면 필릿 용접, 평행하게 작용하면 측면, 경사져 있는 것을 경사 필릿 용접이라 한다.

20 서브머지드 아크 용접의 현장 조립용 간이 백킹법 중 철분 충진제의 사용목적으로 틀린 것은?

① 홈의 정밀도를 보충해 준다.

② 양호한 이면 비드를 형성시킨다.

③ 슬래그와 용융금속의 선행을 방지한다.

④ 아크를 안정시키고 용착량을 적게 한다.

해설

서브머지드 아크 용접에서 현장 조립용 간이 백킹법 중 철분 충진제의 사용목적은 문제의 ①, ②, ③외에 아크를 안정시키고 용착량이 많아지므로 능률적이다.

21 용접 자동화의 장점을 설명한 것으로 틀린 것은?

① 생산성 증가 및 품질을 향상시킨다.

② 용접조건에 따른 공정을 늘일 수 있다.

③ 일정한 전류 값을 유지할 수 있다.

④ 용접와이어의 손실을 줄일 수 있다.

해설

용접 자동화의 장점은 ①, ③, ④ 외에 용접조건에 따른 공정수를 줄일 수 있고 용접비드의 높이, 비드 폭, 용입 등을 정확히 제어할 수 있다.

22 스테인리스강을 TIG 용접 시 보호가스 유량에 관한 사항으로 옳은 것은?

① 용접 시 아크 보호능력을 최대한으로 하기 위하여 가능한 한 가스 유량을 크게 하는 것이 좋다.

② 낮은 유속에서도 우수한 보호작용을 하고 박판용접에서 용락의 가능성이 적으며, 안정적인 아크를 얻을 수 있는 헬륨(He)을 사용하는 것이 좋다.

③ 가스 유량이 과다하게 유출되는 경우에는 가스 흐름에 난류현상이 생겨 아크가 불안정해지고 용접금속의 품질이 나빠진다.

④ 양호한 용접 품질을 얻기 위해 79.5% 정도의 순로를 가진 보호가스를 사용하면 된다.

해설

TIG 용접 시 스테인리스강의 용접에서 가스유량은 토치 각도와 전극봉이 모재에서 떨어진 높이에 따라 5~20ℓ/min의 가스유량을 맞추어야 하나 과다하게 유출하는 경우는 가스 흐름에 난류현상으로 아크가 불안정해지고 용접금속의 품질이 나빠지며 가스의 순도는 99.99% 이상이다. 헬륨은 두 번째로 가벼운 가스로 공기 중의 1/7 정도로 가볍고 아크 전압이 아르곤보다 높아 용접입열을 높여주어 용입을 양호하게 하기 때문에 경합금의 후판 용접이나 위보기 자세에 사용한다.

23 다음 중 용접 전류를 결정하는 요소가 가장 관련이 적은 것은?

① 판(모재) 두께

② 용접봉의 지름

③ 아크 길이

④ 이음의 모양(형성)

해설

용접작업 시에 용접조건 중 용접 전류는 용접자세, 홈형상, 모재의 재질, 두께, 용접봉의 종류 및 지름에 따라 정하며 아크 길이는 실제 작업상에서 이루어지는 형상으로 아크 전압과 관계가 있다.

24 연강용 가스 용접봉은 인이나 황 등의 유해성분이 극히 적은 저탄소강이 사용되는데, 연강용 가스용접봉에 함유된 성분 중 규소(Si)가 미치는 영향은?

① 강의 강도를 증가시키나 연신율, 굽힘성 등이 감소된다.

② 기공은 막을 수 있으나 강도가 떨어진다.

③ 강에 취성을 주며 가연성을 잃게 한다.

④ 용접부의 저항력을 감소시키고 기공발생의 원인이 된다.

25 피복 아크 용접봉 기구에 해당되지 않는 것은?

① 주행 대차

② 용접봉 홀더

③ 접지 클램프

④ 전극 케이블

26 산소용기의 내용적이 33.7리터인 용기에 120kgf/cm²이 충전되어 있을 때 대기압 환산용적은 몇 리터인가?

① 2803

② 4044

③ 40440

④ 28030

27 무부하 전압이 높아 전격위험이 크고 코일의 감긴 수에 따라 전류를 조정하는 교류 용접기의 종류로 맞는 것은?

① 탭전환형

② 가동코일형

③ 가동철심형

④ 가포화리액터형

28 다음 중 아크 절단의 종류에 속하지 않는 것은?

① 탄소아크 절단

② 플라스마 제트 절단

③ 스카핑

④ 아크에어 가우징

29 200V용 아크 용접기의 1차 입력이 15kVA일 때, 퓨즈의 용량은 얼마[A]가 적당한가?

① 65[A]　　　　② 75[A]

③ 90[A]　　　　④ 100[A]

정답					
19 ③	20 ④	21 ②	22 ③	23 ③	24 ②
25 ①	26 ②	27 ①	28 ③	29 ②	

30 아세틸렌가스가 산소와 반응하여 완전연소할 때 생성되는 물질은?

① CO, H_2O

② CO_2, H_2O

③ CO, H_2

④ CO_2, H_2

해설

아세틸렌의 완전연소식의 화학식은 $C_2H_2 + 2\frac{1}{2}O_2 = 2CO_2 + H_2O$

31 가스용접에서 프로판 가스의 성질 중 틀린 것은?

① 연소할 때 필요한 산소의 양은 1:1 정도이다.

② 폭발한계가 좁아 다른 가스에 비해 안전도가 높고 관리가 쉽다.

③ 액화가 용이하여 용기에 충전이 쉽고 수송이 편리하다.

④ 상온에서 기체 상태이고 무색, 투명하여 약간의 냄새가 난다.

해설

프로판은 연소할 때 필요한 산소의 양은 1:4.5이다. 석유계 저탄화수소의 연소방정식은 $CnHm + (n+m/4)O_2 \rightarrow nCO_2 + m/2H_2O$에 대입(단, n은 탄소, m은 수소일 때)

32 가스절단에서 예열불꽃이 약할 때 나타나는 현상이 아닌 것은?

① 드래그가 증가한다.

② 절단이 중단되기 쉽다.

③ 절단속도가 늦어진다.

④ 슬래그 중의 철 성분의 박리가 어려워진다.

해설

가스절단에서 예열불꽃이 약할 때는 절단속도가 늦어지고 절단이 중단되기 쉬우며 드래그가 증가되고 역화를 일으키기 쉽다. 예열불꽃이 강할 때는 절단면이 거칠어지고 슬래그 중의 철 성분의 박리가 어려워진다.

33 가스용접에서 전진법과 비교한 후진법의 설명으로 맞는 것은?

① 열이용률이 나쁘다.

② 용접속도가 느리다.

③ 용접변형이 크다.

④ 두꺼운 판의 용접에 적합하다.

해설

전진법과 비교한 후진법

• 열이용률이 좋다.
• 용접속도가 빠르다.
• 비드모양이 매끈하지 못하다.
• 홈각도가 작다.
• 용접변형이 작다.
• 용접 가능 판두께가 두껍다.
• 용착금속의 냉각도는 서냉이다.
• 산화의 정도가 약하다.
• 용착금속의 조직이 미세하다.

34 피복제 중에 산화티탄을 약 35% 정도 포함하였고 슬래그의 박리성이 좋아 비드의 표면이 고우며 작업성이 우수한 특징을 지닌 연강용 피복 아크 용접봉은?

① E4301   ② E4311

③ E4313   ④ E4316

해설

피복제 중에 산화티탄을 E4313(고산화티탄계)는 약 35%, E4303(라임티타니아계)는 약 30%정도 포함하고 고셀룰로스계는 셀룰로스를 20~30% 정도 포함한다.

35 직류 아크 용접의 설명 중 올바른 것은?

① 용접봉을 양극, 모재를 음극에 연결하는 경우를 정극성이라고 한다.

② 역극성은 용입이 깊다.

③ 역극성은 두꺼운 판의 용접에 적합하다.

④ 정극성은 용접 비드의 폭이 좁다.

해설

직류 아크 용접은 발전기형과 정류기형의 용접기를 사용하며 양극성(+, −)이 직류로 일정하게 흘러 발생하는 열량이 양극(+)에는 약 75~70%, 음극(−)에는 30~25% 정도를 이용한 것이 역극성(전극이 양 모재가 음극)과 정극성(전극이 음극, 모재가 양극)의 성질을 이용하여 정극성은 후판, 비드폭이 좁고 역극성은 박판, 주철 등의 용접에 이용하며 비드폭이 넓고 용입이 얕다.

36 다음 중 용접의 장점에 대한 설명으로 옳은 것은?

① 기밀, 수밀, 유밀성이 좋지 않다.
② 두께에 제한이 없다.
③ 작업이 비교적 복잡하다.
④ 보수와 수리가 곤란하다.

해설
용접의 장점
• 자재의 절약 및 공수가 감소되며 이음효율이 향상된다.
• 제품의 성능과 수명이 향상되며 기밀, 수밀, 유밀성이 우수하다.

37 가스가공에서 강재 표면의 홈, 탈탄층 등의 결함을 제거하기 위해 얇게 그리고 타원형 모양으로 표면을 깎아내는 가공법은?

① 가스 가우징
② 분말절단
③ 산소창 절단
④ 스카핑

해설
스카핑(scarfing)은 각종 강재의 표면에 균열, 주름, 탈탄층 또는 홈을 불꽃 가공에 의해서 제거하는 작업방법으로 토치는 가스가우징에 비하여 능력이 크며 팁은 저속 다이버전트 형으로 수동형에는 대부분 원형형태, 자동형에는 사각이나 사각형에 가까운 모양이 사용된다.

38 고셀룰로오스계 용접봉에 대한 설명으로 틀린 것은?

① 비드표면이 거칠고 스패터가 많은 것이 결점이다.
② 피복제 중 셀룰로스가 20~30% 정도 포함되어 있다.
③ 고셀룰로스계는 E4311로 표시한다.
④ 슬래그 생성계에 비해 용접전류를 10~15% 높게 사용한다.

해설
고셀룰로스계는 셀룰로스가 20~30% 정도 포함되어 가스발생식으로 슬래그가 적으며 비드표면이 거칠고 스패터가 많은 것이 결점이다.

39 직류 용접에서 아크쏠림(arc blow)에 대한 설명으로 틀린 것은?

① 아크쏠림의 방지대책으로는 용접봉 끝을 아크쏠림 방향으로 기울인다.
② 자기불림(Magnetic blow)이라고도 한다.
③ 용접 전류에 의해 아크 주위에 발생하는 자장이 용접에 대해서 비대칭으로 나타나는 현상이다.
④ 용접봉에 아크가 한 쪽으로 쏠리는 현상이다.

해설
직류 용접에서 발생되는 결함으로 도체에 전류가 흐르면 그 주위에 자장이 생기게 되는데 자장에 의한 자계가 생기면 아크 위치에 따라 아크에 대해 비대칭이 되고 한 방향으로 강하게 불리어 아크의 방향이 흔들려 불안정하게 되는 현상을 말하며 자기불림이라고도 하고 교류용접에서는 발생하지 않으므로 교류전원 이용 및 앤드탭, 짧은 아크, 긴 용접에는 후퇴법을 이용하는 방지법이다.

40 구조용 부분품이나 제지용 롤러 등에 이용되며 열처리에 의하여 니켈-크롬주강에 비교될 수 있을 정도의 기계적 성질을 가지고 있는 저망간 주강의 조직은?

① 마텐자이트
② 펄라이트
③ 페라이트
④ 시멘타이트

해설
0.9~1.2% 망간주강은 저망간 주강으로 펄라이트 조직으로 인성 및 내마모성이 크다.

정답					
30 ②	31 ①	32 ④	33 ④	34 ③	35 ④
36 ②	37 ④	38 ④	39 ①	40 ②	

41 철강의 열처리에서 열처리 방식에 따른 종류가 아닌 것은?

① 계단 열처리
② 항온 열처리
③ 표면경화 열처리
④ 내부경화 열처리

해설

철강의 열처리 방식에는 기본 열처리 방법으로는 담금질, 불림, 풀림, 뜨임이 있고 열처리 방식에 따른 열처리 종류는 계단 열처리, 항온 열처리, 연속냉각 열처리, 표면경화 열처리 등이다.

42 다음 중 강도가 가장 높고 피로한도, 내열성, 내식성이 우수하여 베어링, 고급 스프링의 재료로 이용되는 것은?

① 쿠니얼 브론즈
② 콜슨 합금
③ 베릴륨 청동
④ 인청동

해설

베릴륨(Be) 청동은 구리+베릴륨 2~3%의 합금으로 뜨임시효, 경화성이 있고 내식, 내열, 내피로성이 우수하여 베어링이나 고급 스프링에 사용된다.

43 탄소강의 용도에서 내마모성과 경도를 동시에 요구하는 경우 적당한 탄소 함유량은?

① 0.05~0.3%C
② 0.3~0.45%C
③ 0.45~0.65%C
④ 0.65~1.2%C

해설

• 가공성을 요구하는 경우 : 0.05~0.3%C
• 가공성과 동시에 강인성 요구 : 0.3~0.45%C
• 강인성과 동시에 내마모성을 요구 : 0.45~0.65%C
• 내마모성과 동시에 경도를 요구하는 경우 : 0.65~1.2%C

44 주철 중에 유황이 함유되어 있을 때 미치는 영향 중 틀린 것은?

① 유동성을 해치므로 주조를 곤란하게 하고 정밀한 주물을 만들기 어렵게 한다.
② 주조 시 수축률을 크게 하므로 기공을 만들기 쉽다.
③ 흑연의 생성을 방해하며, 고온취성을 일으킨다.
④ 주조응력을 작게 하고, 균열발생을 저지한다.

해설

주철 중에 유황은 주철의 유동성을 나쁘게도 하며 철과 화합하여 유화철(FeS)이 되어 오스테나이트의 정출을 방해하므로 백주철화를 촉진하고 경점(hard sport) 또는 역칠(intermal chill)을 일으키기 쉽게 하여 주물의 외측에는 공정상흑연이 내측에는 레데부라이트를 나타나게 한다.

45 일반적으로 성분 금속이 합금(alloy)이 되면 나타나는 특징이 아닌 것은?

① 기계적 성질이 개선된다.
② 전기저항이 감소하고 열전도율이 높아진다.
③ 용융점이 낮아진다.
④ 내마멸성이 좋아진다.

해설

금속 합금의 특성
• 용융점이 저하된다.
• 열전도, 전기전도가 저하된다.
• 내열성, 내산성(내식성)이 증가된다.
• 강도, 경도 및 가주성이 증가된다.

46 알루미늄에 대한 설명으로 틀린 것은?

① 내식성과 가공성이 우수하다.

② 전기와 열의 전도도가 낮다.

③ 비중이 작아 가볍다.

④ 주조가 용이하다.

해설

알루미늄의 성질은 비중이 2.7로 작아 가볍고, 전기 및 열의 양도체로 면심입방격자로 전연성이 좋고 순수 알루미늄은 주조가 곤란, 유동성이 작고 수축률이 크다.

47 마그네슘 합금이 구조재료로서 갖는 특성에 해당하지 않는 것은?

① 비강도(강도/중량)가 적어서 항공우주용 재료로서 매우 유리하다.

② 기계가공성이 좋고 아름다운 절삭면이 얻어진다.

③ 소성가공성이 낮아서 상온변형은 곤란하다.

④ 주조 시의 생산성이 좋다.

해설

마그네슘은 알루미늄 합금용, 티탄 제련용, 구상흑연 주철 첨가제, 건전지 음극보호용으로 사용한다.

48 다음 중 화학적인 표면 경화법이 아닌 것은?

① 침탄법

② 화염경화법

③ 금속침투법

④ 질화법

49 연강보다 열전도율은 작고 열팽창계수는 1.5배 정도이며 염산, 황산 등에 약하고 결정입계 부식이 발생하기 쉬운 스테인리스강은?

① 페라이트계

② 시멘타이트계

③ 오스테나이트계

④ 마텐자이트계

해설

18-8 스테인리스강(오스테나이트계)에 대한 설명이다.

50 다음 가공법 중 소성가공이 아닌 것은?

① 선반가공

② 압연가공

③ 단조가공

④ 인발가공

해설

소성가공의 종류는 단조, 압연, 인발, 프레스 가공이다.

51 다음 입체도의 화살표 방향의 투상도로 가장 적합한 것은?

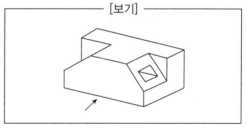

[보기]

 ①

 ②

 ③

 ④

정답					
41 ④	42 ③	43 ④	44 ④	45 ②	46 ②
47 ①	48 ②	49 ③	50 ①	51 ④	

52 SS400로 표시된 KS 재료기호의 400은 어떤 의미인가?

① 재질 번호
② 재질 등급
③ 최저 인장강도
④ 탄소 함유량

53 그림과 같은 외형도에 있어서 파단선을 경계로 필요로 하는 요소의 일부만을 단면으로 표시하는 단면도는?

① 온 단면도
② 부분 단면도
③ 한쪽 단면도
④ 회전 도시 단면도

54 다음 그림에서 축 끝에 도시된 센터 구멍 기호가 뜻하는 것은?

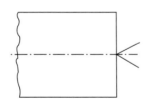

① 센터 구멍이 남아 있어도 좋다.
② 센터 구멍이 남아 있어서는 안 된다.
③ 센터 구멍을 반드시 남겨둔다.
④ 센터 구멍의 크기에 관계없이 가공한다.

55 그림과 같은 부등변 ㄱ 형강의 치수 표시로 가장 적합한 것은?

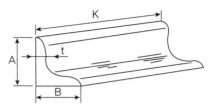

① LA×B×t-K
② LB×t×A-K
③ LK-A×B×t
④ LK-B×A×t

56 제시된 물체를 도형 생략법을 적용해서 나타내려고 한다. 적용방법이 옳은 것은?(단, 물체에 뚫린 구멍의 크기는 같고 간격은 6mm로 일정하다.)

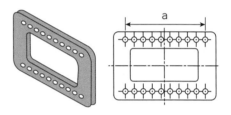

① 치수 a는 10×6(=60)으로 기입할 수 있다.
② 대칭기호를 사용하여 도형을 1/2로 나타낼 수 있다.
③ 구멍은 반복 도형 생략법을 나타낼 수 없다.
④ 구멍의 크기가 동일하더라도 각각의 치수를 모두 나타내어야 한다.

57 전체 둘레 현장 용접의 보조기호로 맞는 것은?

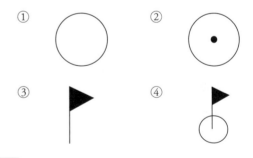

58 선의 종류와 명칭이 바르게 짝지어진 것은?

① 가는 실선 – 중심선

② 굵은 실선 – 외형선

③ 가는 파선 – 지시선

④ 굵은 1점 쇄선 – 수준면선

도면에서의 선의 종류

• 굵은 실선 : 외형선

• 가는 실선 : 치수선, 치수보조선, 지시선, 회전 단면선, 수준면선

• 가는 파선 또는 굵은 파선 : 숨은선

• 가는 1점 쇄선 : 중심선, 기준선, 피치선

• 굵은 1점 쇄선 : 특수 지정선

• 가는 2점 쇄선 : 가상선, 무게 중심선

• 불규칙한 파형의 가는 실선 또는 지그재그선 : 파단선 등

60 밸브 표시 기호에 대한 밸브 명칭이 틀린 것은?

① : 슬루스 밸브

② : 3방향 밸브

③ : 버터플라이 밸브

④ : 볼 밸브

① 앵글밸브

59 그림과 같은 입체의 화살표 방향 투상도로 가장 적합한 것은?

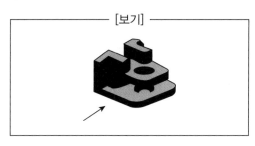

[보기]

 ①

 ②

 ③

 ④

투상방법

• 3각법 : 눈 → 투상면 → 물체

• 1각법 : 눈 → 물체 → 투상면

정답				
52 ③	53 ②	54 ③	55 ①	56 ②
57 ④	58 ②	59 ④	60 ①	

01 다음 중 저압식 토치의 아세틸렌 사용압력은 발생기식의 경우 몇 kgf/cm² 이하의 압력으로 사용하여야 하는가?

① 0.07 ② 0.17
③ 0.3 ④ 0.4

해설

저압식 토치는 저압 아세틸렌 가스를 사용하는 데 적합하고 고압의 산소로 저압(발생기식 : 0.07kgf/cm² 이하, 용해식 : 0.2kgf/cm² 이하)의 아세틸렌 가스를 빨아내는 인젝터장치를 가지고 있으므로 인젝터식이라고도 한다.

02 다음 중 텅스텐 아크 절단이 곤란한 금속은?

① 경합금 ② 동합금
③ 비철금속 ④ 비금속

해설

TIG절단에 사용되는 금속은 알루미늄, 마그네슘, 구리와 구리합금, 스테인리스강 등이다. 금속재료의 절단에만 이용되며 플라스마 제트와 같이 아크를 냉각하고, 열적핀치 효과에 의하여 고온, 고속절단을 한다.

03 다음 중 절단 작업과 관계가 가장 적은 것은?

① 산소창 절단
② 아크 에어 가우징
③ 크레이터
④ 분말 절단

해설

절단 작업은 가스절단, 탄소아크 절단, 금속아크 절단, 산소아크 절단, 불활성가스 아크절단, 플라스마 절단, 아크에어 가우징 등이 있으며 크레이터는 비드의 끝 부분에 오목하게 들어간 곳을 말한다.

04 다음 중 가스 용접용 용제(flux)에 대한 설명으로 옳은 것은?

① 용제는 용융 온도가 높은 슬래그를 생성한다.
② 용제의 융점은 모재의 융점보다 높은 것이 좋다.
③ 용착금속의 표면에 떠올라 용착금속의 성질을 불량하게 한다.
④ 용제는 용접 중에 생기는 금속의 산화물 또는 비금속 개재물을 용해한다.

해설

용제는 용접 중에 생기는 금속의 산화물 또는 비금속 개재물을 용해하여 용융온도가 낮은 슬래그를 만들고 용융금속의 표면에 떠올라 용착금속의 성질을 양호하게 한다.

05 다음 중 용접의 단점과 가장 거리가 먼 것은?

① 잔류 응력이 발생할 수 있다.
② 이종(異種)재료의 접합이 불가능하다.
③ 열에 의한 변형과 수축이 발생할 수 있다.
④ 작업자의 능력에 따라 품질이 좌우된다.

해설

용접의 단점
• 재질의 변형 및 잔류 응력이 발생한다.
• 저온취성이 생길 우려가 있다.
• 품질 검사가 곤란하고 변형과 수축이 생긴다.
• 용접사의 기량에 따라 용접부의 품질이 좌우된다.
*용접은 이종재료의 접합이 가능하다.

06 다음 중 용접봉을 용접기의 음극(−)에, 모재를 양(+)극에 연결한 경우를 무슨 극성이라고 하는가?

① 직류 역극성
② 교류 정극성
③ 직류 정극성
④ 교류 역극성

• 직류 정극성 : 용접봉을 용접기의 음극(−)에, 모재를 양극(+)에 연결한 경우
• 직류 역극성 : 용접봉을 용접기의 양극(+)에, 모재를 음극(−)에 연결한 경우
• 교류 : 직류 정극성과 직류 역극성의 중간 상태

07 다음 중 포갬 절단(stack cutting)에 관한 설명으로 틀린 것은?

① 예열 불꽃으로 산소-아세틸렌 불꽃보다 산소-프로판 불꽃이 적합하다.
② 절단 시 판과 판 사이에는 산화물이나 불순물을 깨끗이 제거하여야 한다.
③ 판과 판 사이의 틈새는 0.1mm 이상으로 포개어 압착시킨 후 절단하여야 한다.
④ 6mm 이하의 비교적 얇은 판을 작업 능률을 높이기 위하여 여러 장 겹쳐 놓고 한 번에 절단하는 방법을 말한다.

포갬절단은 비교적 얇은 판(6mm 이하)을 작업 능률을 높이기 위하여 여러 장을 겹쳐 놓고 한 번에 절단하는 방법이며, 절단 시 판과 판 사이에는 산화물이나 불순물을 깨끗이 제거하고, 예열불꽃은 산소-아세틸렌보다 산소-프로판 불꽃이 적합하다. 0.08mm 이하의 틈이 생기도록 포개어 압착시킨 후 절단하여야 한다.

08 액화탄산가스 1kg이 완전히 기화되면 상온 1기압에서 약 몇 L가 되겠는가?

① 318L   ② 400L
③ 510L   ④ 650L

대기 중에서 CO_2 1kg이 완전히 기화되면 1기압하에서 약 510L가 된다.

09 다음 중 아크가 발생하는 초기에만 용접 전류를 특별히 많게 할 목적으로 사용되는 아크 용접기의 부속기구는?

① 변압기(transformer)
② 핫 스타트(hot start)장치
③ 전격방지장치(voltage reducing device)
④ 원격제어장치(remote control equipment)

아크 용접기에서 핫 스타트 장치는 아크가 발생하는 초기(약 1/5~1/4초)에만 용접전류를 크게 하여 시작점에 기공이나 용입불량에 결함을 방지하는 장치이다.

10 다음 중 가스용접에서 전진법과 비교한 후진법(back Hand method)의 특징으로 틀린 것은?

① 용접 변형이 크다.
② 용접 속도가 빠르다.
③ 소요 홈의 각도가 작다.
④ 두꺼운 판의 용접에 적합하다.

전진법과 비교한 후진법의 특징
• 열 이용률이 높다.
• 용접 변형이 작다.
• 산화 정도가 약하다.
• 용접 속도가 빠르다.

정답				
01 ①	02 ④	03 ③	04 ④	05 ②
06 ③	07 ③	08 ③	09 ②	10 ①

11 다음 중 연강용 피복아크 용접봉의 종류에 있어 E4313에 해당하는 피복제 계통은?

① 저수소계
② 일미나이트계
③ 고셀룰로스계
④ 고산화티탄계

해설

E4301(일미나이트계), E4303(라임 티탄계), E4311(고셀룰로오스계), E4313(고산화티탄계), E4316(저수소계), E4324(철분 산화 티탄계), E4326(철분저수소계), E4327(천분산화철계)

12 다음 중 가스 절단에 있어 양호한 절단면을 얻기 위한 조건으로 옳은 것은?

① 드래그가 가능한 한 클 것
② 절단면 표면의 각이 예리할 것
③ 슬래그 이탈이 이루어지지 않을 것
④ 절단면이 평활하여 드래그의 홈이 깊을 것

해설

가스절단에 양호한 절단면을 얻기 위한 조건
• 드래그가 가능한 작을 것
• 절단면이 평활하며 드래그의 홈이 낮고 노치 등이 없을 것
• 절단면 표면의 각이 예리할 것
• 슬래그 이탈이 양호할 것
• 경제적인 절단이 이루어질 것

13 AW–250, 무부하전압 80V, 아크 전압 20V인 교류 용접기를 사용할 때 역률과 효율은 각각 약 얼마인가?(단, 내부손실은 4kW이다.)

① 역률 : 45%, 효율 : 56%
② 역률 : 48%, 효율 : 69%
③ 역률 : 54%, 효율 : 80%
④ 역률 : 69%, 효율 : 72%

해설

• 4kW = 4000VA
• 역률 = {(아크 전압×아크 전류)+내부손실}/(2차무부하전압×아크 전류)×100(%) = {(20V×250A)+4000VA}/80V×250A×100 = 45%
• 효율 = (아크 전압×아크 전류)/(아크 전압×아크출력×내부손실)×100(%) = (20V×250A)/(20V×250A+4000VA)×100 = 55.5%

14 다음 중 아크 용접봉 피복제의 역할로 옳은 것은?

① 스패터의 발생을 증가시킨다.
② 용착금속에 적당한 합금원소를 첨가한다.
③ 용착금속의 응고와 냉각속도를 빠르게 한다.
④ 대기 중으로부터 산화, 질화 등을 활성화시킨다.

해설

피복제 역할
• 아크를 안정시킨다.
• 중성 또는 환원성 분위기로 대기 중으로부터 산화, 질화 등의 해를 방지하여 용착금속을 보호한다.
• 용융금속의 용접을 미세화하여 용착효율을 높인다.
• 용착금속의 냉각속도를 느리게 하여 급냉을 방지하며 탈산정련 작용을 하며, 용융점이 낮은 적당한 점성의 가벼운 슬래그를 만든다.
• 슬래그를 제거하기 쉽게 하고, 파형이 고운 비드를 만든다.
• 모재표면의 산화물을 제거하고, 양호한 용접부를 만든다.
• 스패터의 발생을 적게 하며 용착금속에 필요한 합금원소를 첨가한다.
• 전기절연 작용을 한다.

15 다음 중 가스 절단 시 예열 불꽃이 강할 때 생기는 현상이 아닌 것은?

① 드래그가 증가한다.
② 절단면이 거칠어진다.
③ 모서리가 용용되어 둥글게 된다.
④ 슬래그 등의 철 성분의 박리가 어려워진다.

해설

가스 절단 시 예열 불꽃이 강하면
• 절단면이 거칠어진다.
• 슬래그 중의 철 성분의 박리가 어려워진다.
• 모서리가 용융되어 둥글게 된다.

16 직류 아크 용접 시에 발생되는 아크 쏠림(arc-blow)이 일어날 때 볼 수 있는 현상으로 이음의 한쪽 부재만이 녹고 다른 부재가 녹지 않아 용입불량, 슬래그 혼입 등의 결함이 발생할 때 조치사항으로 가장 적절한 것은?

① 긴 아크를 사용한다.

② 용접 전류를 하강시킨다.

③ 용접봉 끝을 아크 쏠림 방향으로 기울인다.

④ 접지 지점을 바꾸고, 용접 지점과의 거리를 멀리 한다.

해설
직류 아크 용접 시에 발생하는 아크 쏠림의 방지대책
• 직류 용접으로 하지 말고 교류용접으로 할 것
• 큰 가접부 또는 이미 용접이 끝난 용착부를 향하여 용접할 것
• 용접부가 긴 경우는 후퇴 용접법으로 할 것
• 접지점을 될 수 있는 대로 용접부에서 멀리 할 것
• 짧은 아크를 사용할 것
• 용접봉 끝을 아크 쏠림 반대 방향으로 기울일 것
• 받침쇠, 긴 가접부, 이음의 처음과 끝의 앤드 탭 등을 이용할 것
• 접지점 2개를 연결할 것

17 다음 중 용접기의 특성에 있어 수하특성의 역할로 가장 적합한 것은?

① 열량의 증가

② 아크의 안정

③ 아크 전압의 상승

④ 저항의 감소

해설
수하특성은 용접작업 중 아크를 안정하게 지속시키기 위하여 필요한 특성으로 피복 아크 용접, TIG 용접처럼 토치의 조작을 손으로 함에 따라 아크의 길이를 일정하게 유지하는 것이 곤란한 용접법에 적용된다.

18 강괴의 종류 중 탄소 함유량이 0.3% 이상이고, 재질이 균일하며, 기계적 성질 및 방향성이 좋아 합금강, 단조용강, 침탄강의 원재료로 사용되나 수축관이 생긴 부분이 산화되어 가공 시 압착되지 않아 잘라내야 하는 것은?

① 킬드 강괴

② 세미킬드 강괴

③ 림드 강괴

④ 캡드 강괴

해설
강괴의 종류는 탄소 함유량에 따라 0.3% 이상이 킬드강, 0.15~0.3%정도가 세미킬드강, 보통 저탄소강으로 0.15% 이하가 림드강으로 킬드강은 재질이 균일하고 기계적 성질 및 방향성이 좋아 합금강, 단조용강, 침탄강의 원재료로 사용되나 수축관이 생긴 부분에는 산화되어 단조 및 압연 시에 압착되지 않으므로 잘라내야 하는 결점이 있다.

19 다음 중 알루미늄 합금에 있어 두랄루민의 첨가 성분으로 가장 많이 함유된 원소는?

① Mn

② Cu

③ Mg

④ Zn

해설
두랄루민 합금은 Al, Cu, Mg, Mn, Zn 등이 함유되며 그 중 Cu가 많이 함유된다. 두랄루민은 Al 4%, Cu 0.5%, Mg 0.5%, Mn 합금, 초두랄루민은 Al 4.5%, Cu 1.5%, Mg 0.6%, Mn 합금, 초초두랄루민은 Al 1.5~2.5%, Cu 7~9%, Mg 0.3~0.5%, Zn 1.2~1.8%, Mn 0.1~0.4%, Cr의 조성을 가진다.

정답				
11 ④	12 ②	13 ①	14 ②	15 ①
16 ④	17 ②	18 ①	19 ②	

20 다음 중 일명 포금이라고 불리는 청동의 주요 성분으로 옳은 것은?

① 8~12% Sn에 1~2% Zn 함유

② 2~5% Sn에 15~20% Zn 함유

③ 5~10% Sn에 10~15% Zn 함유

④ 15~20% Sn에 5~8% Zn 함유

청동의 종류 중에 포금이라고 불리는 것은 건메탈(gun metal, Sn 8~12%, Zn 1~2%, 나머지 Cu)과 아드미렐티 건메탈(admiralty gun metal, Cu 88%, Sn 10%, Zn 2%)이 있으며 청동주물의 대표적으로 유연성, 내식성, 내수압성이 좋다.

21 다음 중 보통 주철의 일반적인 주요 성분에 속하지 않는 것은?

① 규소

② 아연

③ 망간

④ 탄소

보통 주철의 주요 성분은 철과 탄소 이외에 규소 1.4~2.5%, 망간 0.4~1.0%, 인 0.3~1.5%, 황 0.06~1.3% 정도가 함유되어 있다.

22 다음 중 항복점, 인장강도가 크고, 용접성이 우수하며, 조직은 펄라이트로, 듀콜(ducol)강이라고도 불리는 것은?

① 고망간강

② 저망간강

③ 코발트강

④ 텅스텐강

망간강은 펄라이트 조직으로 Mn 1~2%, C 0.2~1% 범위를 듀콜(ducol)이라하고 저망간강이라고도 하며 오스테나이트 조직으로 Mn 10~14%, C 0.9~1.3%로 하드필드(hardifield)강 또는 고망간강이라고도 한다.

23 담금질 강의 경도를 증가시키고 시효변형을 방지하기 위한 목적으로 하는 심랭처리(subzero treatment)는 몇 ℃의 온도에서 처리하는 것을 말하는가?

① 0℃ 이하

② 300℃ 이하

③ 600℃ 이하

④ 800℃ 이하

심랭처리는 담금질된 강 중에 잔류 오스테나이트가 마르텐자이트화 되기 위하여 0℃ 이하의 온도에서 냉각시키는 처리방법으로 담금질 직후 −80℃ 정도까지에서 실시하는 것이 좋다.

24 다음 중 마그네슘에 관한 설명으로 틀린 것은?

① 실용금속 중 가장 가벼우며, 절삭성이 우수하다.

② 조밀육방격자를 가지며, 고온에서 발화하기 쉽다.

③ 냉간가공이 거의 불가능하여 일정 온도에서 가공한다.

④ 내식성이 우수하여 바닷물에 접촉하여도 침식되지 않는다.

마그네슘의 성질

• 1.74(실용금속 중 가장 가볍다), 용융점 650℃, 재결정 온도 150℃

• 조밀육방격자, 고온에서 발화하기 쉽다.

• 대기 중에서 내식성이 양호하나 산이나 염류에는 침식되기 쉽다.

• 냉간가공이 거의 불가능하여 200℃ 정도에서 열간가공한다.

• 250℃ 이하에서 크리프(creep) 특성은 Al보다 좋다.

25 다음 중 탄소강에서의 잔류응력 제거 방법으로 가장 적절한 것은?

① 재료를 앞뒤로 반복하여 굽힌다.
② 재료의 취약부분에 드릴로 구멍을 낸다.
③ 재료를 일정 온도에서 일정 시간 유지 후 서냉시킨다.
④ 일정한 온도로 금속을 가열한 후 기름에 급랭시킨다.

해설
잔류응력 제거 방법 중 하나인 응력제거 풀림은 금속재료를 보통 500~700℃로 가열한 뒤 일정시간 유지 후 서냉하며, 냉간가공 및 용접 후에 잔류 응력을 제거하기 위해 사용한다.

26 다음 중 금속 표면에 스텔라이트나 경합금 등의 금속을 용착시켜 표면 경화층을 만드는 방법을 무엇이라 하는가?

① 숏 피닝   ② 고주파 경화법
③ 화염 경화법   ④ 하드 페이싱

해설
표면 경화법에서 용접으로 용착시키는 하드 페이싱(hard facing)법과 경한 금속 분말을 메탈 스프레이(metal spray)로 하는 방법이 있다.

27 다음 중 스테인리스강의 분류에 해당되지 않는 것은?

① 페라이트계
② 마텐자이트계
③ 스텔라이트계
④ 오스테나이트계

해설
스테인리스강의 종류는 페라이트계, 마텐자이트계, 오스테나이트계가 있다. 스텔라이트(stellite)는 대표적 주조 경질합금으로 CO 40~55%, Cr 25~35%, W 4~25%, C 1~3%로 CO가 주성분으로 단조, 절삭 불가능, 주조가능, 연삭가능, 열처리 불필요 등의 특징을 갖고 있다.

28 다음 중 KS상 탄소강 주강품의 기호가 "SC 360"일 때 360이 나타내는 의미로 옳은 것은?

① 연신율
② 탄소함유량
③ 인장강도
④ 단면수축률

해설
KS 재료규격에서 S는 강(steel), C는 주조품(Casting)을 나타내며 360의 숫자는 최저 인장강도를 나타낸다.

29 다음 중 정지구멍(stop hole)을 뚫어 결함 부분을 깎아 내고 재용접해야 하는 결함은?

① 균열
② 언더컷
③ 오버랩
④ 용입부족

해설
용접 결함의 보수에서 균열 때의 보수는 균열이 끝난 양쪽 부분에 드릴로 정지구멍을 뚫고, 균열부분을 깎아내어 홈을 만들고 조건이 된다면 근처의 용접부도 일부를 절단하여 가능한 자유로운 상태로 한 다음, 균열부분을 재용접한다.

30 용접 시에 발생한 변형을 교정하는 방법 중 가열을 통하여 변형을 교정하는 방법에 있어 가장 적절한 가열온도는?

① 1200℃ 이상   ② 800~900℃
③ 500~600℃   ④ 300℃ 이하

해설
변형 교정 시공 조건으로 최고 가열온도를 600℃ 이하로 하는 것이 좋은 방법이며 그 중 점수축법의 가열온도는 500~600℃ 이다.

정답					
20 ①	21 ②	22 ②	23 ①	24 ④	25 ③
26 ④	27 ③	28 ③	29 ①	30 ③	

31 다음 중 일반적으로 MIG 용접에 주로 사용되는 전원은?

① 교류 역극성 ② 직류 역극성

③ 교류 정극성 ④ 직류 정극성

해설

MIG 용접은 직류 역극성을 사용하며 청정작용이 있고 전류밀도가 매우 크므로 피복아크 용접의 4~6배, TIG 용접의 2배 정도이므로 서브머지드 아크 용접과 비슷하다.

32 다음 중 일렉트로 가스 아크 용접의 특징으로 틀린 것은?

① 판 두께가 두꺼울수록 경제적이다.

② 판 두께에 관계없이 단층으로 상진 용접한다.

③ 용접장치가 간단하며, 취급이 쉬우며, 고도의 숙련을 요하지 않는다.

④ 스패터 및 가스의 발생이 적고, 용접작업 시 바람의 영향을 적게 받는다.

해설

일렉트로 가스 아크 용접의 특징 : 보호가스로는 아르곤, 헬륨, 탄산가스 또는 이들의 혼합가스가 사용된다. 일렉트로 슬래그 용접보다 얇은 중후판(10~50mm)의 용접에 적합하다. 판 두께에 관계없이 용접홈은 12~16mm정도가 좋다. 용접속도가 빠르다(수동 용접에 비하여 용융속도 약 4배 용착금속은 10배 이상이 된다). 판 두께에 관계없이 단층으로 상진 용접한다. 판 두께가 두꺼울수록 경제적이다. 용접장치가 간단하며, 취급이 쉽고 고도의 숙련을 요하지 않는다. 스패터 및 가스의 발생이 많고, 용접작업 시 바람의 영향을 많이 받는다.

33 서브머지드 아크 용접에서 용접의 시점과 끝점의 결합을 방지하기 위해 모재와 홈의 형상이나 두께, 재질 등이 동일한 것을 붙이는데 이를 무엇이라 하는가?

① 시험편

② 백킹제

③ 엔드탭

④ 마그네틱

해설

용접의 시작점과 끝나는 부분에 결함이 많이 발생되므로 이것을 효과적으로 방지하기 위해 용접선 양 끝에 모재와 같은 두께의 동일 재질을 크기 150mm 정도의 엔드 탭을 붙여서 용접을 함으로써 결함을 방지한다. 엔드탭이란 용접 후 절단하여 버리는 것과 중요한 이음에서 300~500mm정도로 크게 하여 용접 후 절단하여 기계적 성질 시험용 시편으로 사용한다.

34 다음 중 다층용접 시 용착법의 종류에 해당하지 않는 것은?

① 빌드업법

② 캐스케이드법

③ 스킵법

④ 전진블록법

해설

용착법 중 다층용접 시에는 덧살올림법(빌드업법), 캐스케이드법, 전진블록법 등이 있으며 비드용착법은 전진법, 후진법, 대칭법, 비석법(skip method), 교호법 등이 있다.

35 다음 중 귀마개를 착용하고 작업하면 안 되는 작업자는?

① 조선소의 용접 및 취부작업자

② 자동차 조립공장의 조립작업자

③ 강재 하역장의 크레인 신호자

④ 판금작업장의 타출 판금작업자

해설

귀마개는 소음의 영향(청력장해, 혈압상승, 호흡억제 등의 생체기능장해, 불쾌감, 작업능률의 저하 등)에서 벗어나려고 착용하는 것으로 소음평가수 기준은 85dB, 지속음 기준 폭로한계는 90dB(8시간 기준)이다.

36 다음 중 주로 모재 및 용접부의 연성과 결함의 유무를 조사하기 위한 시험 방법은?

① 인장시험

② 굽힘시험

③ 피로시험

④ 충격시험

해설

모재 및 용접부의 연성 결함의 유무를 조사하기 위하여 적당한 길이와 나비를 가진 시험편을 지그를 사용하여 굽힘시험을 하는 것으로 자유굽힘, 형틀굽힘, 롤러굽힘 등이 있다.

37 다음 중 CO_2 가스 아크 용접의 장점으로 틀린 것은?

① 용착금속의 기계적 성질이 우수하다.

② 슬래그 혼입이 없고, 용접 후 처리가 간단하다.

③ 전류밀도가 높아 용입이 깊고 용접 속도가 빠르다.

④ 풍속 2m/s 이상의 바람에도 영향을 받지 않는다.

해설

풍속 2m/s 이상이면 CO_2 가스 아크가 영향을 받아 방풍장치가 필요하다.

38 다음 중 TIG 용접 시 주로 사용되는 가스는?

① CO_2

② H_2

③ O_2

④ Ar

해설

TIG 용접에서는 주로 아르곤이 비중(1.105)이 커서 사용되고 위보기 자세에서는 헬륨이 사용되나 현장에서는 대부분이 아르곤이 이용되고 있다.

39 다음 중 피복 아크 용접에서 오버랩의 발생 원인으로 가장 적당한 것은?

① 전류가 너무 적다.

② 홈의 각도가 너무 좁다.

③ 아크의 길이가 너무 길다.

④ 용착금속의 냉각속도가 너무 빠르다.

해설

오버랩의 발생 원인
• 용접봉 선택불량
• 용접속도가 느릴 때
• 용접전류가 낮을 때
• 아크 길이가 너무 짧을 때
• 운봉 및 봉의 유지각도 불량
• 모재가 과냉되었을 때 등

40 다음 중 전격으로 인해 순간적으로 사망할 위험이 가장 높은 전류량(mA)은?

① 5~10mA

② 10~20mA

③ 20~25mA

④ 50~100mA

해설

• 1mA : 전기를 약간 느낄 정도
• 5mA : 상당한 고통을 느낌
• 10mA : 견디기 어려울 정도의 고통
• 20mA : 심한 고통을 느끼고 강한 근육수축이 일어남
• 50mA : 상당히 위험한 상태
• 100mA : 치명적인 결과 초래(심실세동의 가능성, 전격시간이 3초 이상이면 심실세동을 일으키며 심실세동이 확실한 것은 100mA에서 심실세동을 일으키는 값에 2.75배 한 것)

정답				
31 ②	32 ④	33 ③	34 ③	35 ③
36 ②	37 ④	38 ④	39 ①	40 ④

41 저항용접의 종류 중에서 맞대기 용접이 아닌 것은?

① 업셋 용접

② 프로젝션 용접

③ 퍼커션 용접

④ 플래시 버트 용접

저항용접에서 맞대기 용접의 종류는 업셋 용접, 플래시 버트 용접, 맞대기 시임용접, 퍼커션 용접이며 겹치기 저항 용접은 점용접, 프로젝션(돌기) 용접, 시임용접 등이다.

42 다음 중 열적 핀치 효과와 자기적 핀치 효과를 이용하는 용접은?

① 초음파 용접

② 고주파 용접

③ 레이저 용접

④ 플라스마 아크 용접

플라스마 아크 용접에서는 아크 플라스마의 외주부를 가스로 강제 냉각하면 열손실이 증가하여 열손실을 최소화하려 아크표면적을 축소시켜 높은 온도의 플라스마가 얻어지는 것을 열적핀치 효과라 하고 고전류가 되면 방전 전류에 의해 자장과 전류의 작용으로 아크 단면이 수축되어 전류밀도가 증가하는 것을 자기적 핀치효과라고 한다.

43 다음 중 연소의 3요소에 해당하지 않는 것은?

① 가연물

② 부촉매

③ 산소공급원

④ 점화원

연소의 3요소는 가연물(가열물), 산소공급원, 점화원이다.

44 다음 중 용접열원을 외부로부터 가하는 것이 아니라 금속분말의 화학반응에 의한 열을 사용하여 용접하는 방식은?

① 테르밋 용접

② 전기저항 용접

③ 잠호 용접

④ 플라스마 용접

테르밋 용접은 산화철 분말과 미세한 알루미늄 분말을 3~4 : 1의 중량비로 혼합한 테르밋제에 점화제(과산화바륨, 마그네슘 등의 혼합분말)를 알루미늄 분말에 혼합하여 점화시키면 테르밋 반응을 일으키며 약 2800℃에 온도가 발생되는 열을 이용한 용접법

45 필릿 용접의 경우 루트 간격의 양에 따라 보수 방법이 다른데 다음 중 간격이 1.5~4.5mm일 때의 보수하는 방법으로 가장 적합한 것은?

① 라이너를 넣는다.

② 규정대로 각장(목길이)으로 용접한다.

③ 부족한 판을 300mm 이상 잘라내서 대체한다.

④ 넓혀진 만큼 각장(목길이)을 증가시켜 용접한다.

필릿 용접의 루트 간격 1.5~4.5mm일 때의 홈의 보수는 그대로 용접하여도 좋으나 넓혀진 만큼 각장(목길이)을 증가시켜 용접한다. 라이너를 넣는 것은 루트간격 4.5mm 이상 때 적용한다.

46 다음 중 용접부의 검사방법에 있어 기계적 시험법에 해당하는 것은?

① 피로시험

② 부식시험

③ 누설시험

④ 자기특성시험

용접부의 검사방법에 있어서 기계적 시험으로는 정적인 경우는 인장시험, 굽힘시험, 경도시험이며 동적인 경우는 충격시험, 피로시험 등이 있다.

47 다음 중 TIG 용접에 사용하는 토륨 텅스텐 전극봉에는 몇 % 정도의 토륨이 함유되어 있는가?

① 0.3~0.5%   ② 1~2%

③ 4~5%   ④ 6~7%

토륨 텅스텐 전극봉은 토륨을 1~2% 함유한 전극봉으로 전자방사 능력이 현저하게 뛰어나 불순물이 부착되어도 전자방사가 잘되어 아크가 안정하다.

48 용접조립 순서는 용접 순서 및 용접작업의 특성을 고려하여 계획하며, 불필요한 잔류 응력이 남지 않도록 미리 검토하여 조립 순서를 결정하여야 하는데, 다음 중 용접구조물을 조립하는 순서에서 고려하여야 할 사항과 가장 거리가 먼 것은?

① 가능한 구속 용접을 실시한다.

② 가접용 정반이나 지그를 적절히 선택한다.

③ 구조물의 형상을 고정하고 지지할 수 있어야 한다.

④ 용접 이음의 형상을 고려하여 적절한 용접법을 선택한다.

용접 구조물 용접 순서

㉠ 용접 구조물이 조립되어 감에 따라 용접작업이 불가능한 곳이나 곤란한 경우가 생기지 않도록 한다.

㉡ 용접물의 중심에 대하여 항상 대칭으로 용접을 해 나간다.

㉢ 수축이 큰이음(맞대기 등)을 먼저 용접하고 수축이 작은 이음을 나중에 용접한다.

㉣ 용접 구조물의 중립축에 대하여 용접 수축력의 모멘트의 합이 0이 되게 하면 용접선 방향에 대한 굽힘을 줄일 수 있다.

49 다음 중 경납용 용제로 가장 적절한 것은?

① 염화아연($ZnCl_2$)

② 염산(HCl)

③ 붕산(H_3BO_3)

④ 인산(H_3PO_4)

경납용 용제로 사용되는 것은 붕사, 붕산, 붕산염, 불화물, 염화물(리튬, 칼륨, 나트륨 등), 알칼리 등이다.

50 기계제도에서 대상물의 보이는 부분의 겉모양을 표시하는 선의 종류는?

① 가는 파선   ② 굵은 파선

③ 굵은 실선   ④ 가는 실선

선의 종류 중 대상물이 보이는 부분의 모양을 표시하는 데 사용되는 것은 굵은 실선이다.

51 다음 중 아세틸렌(C_2H_2)가스의 폭발성에 해당되지 않는 것은?

① 406~408℃가 되면 자연 발화한다.

② 마찰·진동·충격 등의 외력이 작용하면 폭발위험이 있다.

③ 아세틸렌 90%, 산소 10%의 혼합 시 가장 폭발위험이 크다.

④ 은·수은 등과 접촉하면 이들과 화합하여 120℃ 부근에서 폭발성이 있는 화합물을 생성한다.

아세틸렌 가스의 폭발성

• 온도 : 406~408℃가 되면 자연발화, 505~515℃가 되면 폭발, 780℃ 이상이 되면 자연 폭발

• 압력 : 가스가 15℃에서 1.5kgf/cm^2 이상으로 압축하면 충격이나 가열에 의해 분해 폭발의 위험이 있고 2kgf/cm^2 이상으로 압축하면 분해폭발을 일으키는 경우가 있다.

• 혼합가스 : 아세틸렌 15%와 산소 85% 부근이 가장 폭발위험이 크다.

• 외력 : 마찰, 진동, 충격 등의 외력이 작용하면 폭발할 위험

• 화합물의 생성 : 구리합금(62% 이상 구리), 은, 수은 등과 접촉하면 이들과 화합하여 120℃ 부근에서 폭발성이 있는 화합물을 생성한다.

정답					
41 ②	42 ④	43 ②	44 ①	45 ④	46 ①
47 ②	48 ①	49 ③	50 ③	51 ③	

52 리벳의 호칭 길이를 머리부위까지 포함하여 전체 길이로 나타내는 리벳은?

① 둥근머리 리벳
② 냄비머리 리벳
③ 접시머리 리벳
④ 납작머리 리벳

접시머리 리벳만 머리 부분까지 포함하여 전체 길이로 나타낸다.

53 배관의 끝부분 도시기호가 그림과 같을 경우 ㉠과 ㉡의 명칭이 올바르게 연결된 것은?

㉠　　　　　　　　㉡

① ㉠ 블라인더 플랜지
　 ㉡ 나사식 캡
② ㉠ 나사박음식 캡
　 ㉡ 용접식 캡
③ ㉠ 나사박음식 캡
　 ㉡ 블라인더 플랜지
④ ㉠ 블라인더 플랜지
　 ㉡ 용접식 캡

54 대상물의 일부를 파단한 경계 또는 일부를 떼어낸 경계를 표시하는 데 사용하는 선은?

① 가상선
② 파단선
③ 절단선
④ 외형선

대상물의 일부를 파단한 경계에는 파단선을 사용하며 불규칙한 파형의 가는 실선 또는 지그재그선을 사용한다.

55 화살표 방향이 정면인 입체도를 3각법으로 투상한 도면으로 가장 적합한 것은?

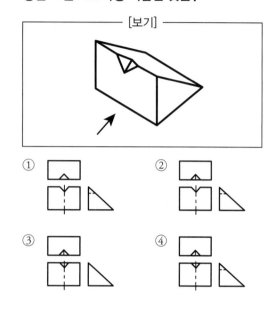

56 다음 정투상법에 관한 설명으로 올바른 것은?

① 제1각법에서는 정면도의 왼쪽에 평면도를 배치한다.
② 제1각법에서는 정면도의 밑에 평면도를 배치한다.
③ 제3각법에서는 평면도의 왼쪽에 우측면도를 배치한다.
④ 제3각법에서는 평면도의 위쪽에 정면도를 배치한다.

제1각법은 제1면각 공간 안에 물체를 면에 수직인 상태로 놓고 보는 위치에서 물체 뒷면의 투상면에 비춰지는 것을 정면도라 하고 3각법에서는 같은 조건으로 물체를 놓고 보는 위치에서 물체 앞면의 투상면에 반사되도록 하여 처음 본 것을 정면도로 한다.

57 플러그 용접에서 용접부 수는 4개, 간격은 70mm, 구멍의 지름은 8mm일 경우 그 용접 기호 표시로 올바른 것은?

① 4 ☐ 8 - 70   ② 8 ☐ 4 - 70
③ 4 ☐ 8(70)   ④ 8 ☐ 4(70)

플러그 용접기호에서 기호 앞에 있는 숫자는 플러그의 폭을 나타내며 뒤에 숫자는 먼저 용접부 수와 그 뒤에 ( )에 있는 숫자는 간격을 표시한다.

58 제3각법으로 그린 각각 다른 물체의 투상도이다. 정면도, 평면도, 우측면도가 모두 올바르게 그려진 것은?

①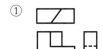

②

③

④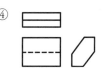

59 다음 용접기호와 그 설명으로 틀린 것은?

① ⊿ : 블록 필릿 용접

② ⊗ : 블록 양면 V형 용접

③ ▽ : 평면 마감 처리한 V형 맞대기 용접

④ : 이면 용접이 있으면 표면 모두 평면 마감 처리한 V형 맞대기 용접

① 블록다듬질(혹은 블록 필릿용접) 필릿용접
② 양면 V형 용접 블록 용접
③ 평면(동일면)으로 다듬질한 한쪽면 V형 맞대기 용접
④ 양면 평면(동일면) 다듬질한 뒤쪽면 용접을 하는 한쪽면 V형 맞대기 용접

60 도면에서 사용되는 긴 용지에 대해서 그 호칭 방법과 치수 크기가 서로 맞지 않는 것은?

① A3×3 : 420mm×630mm
② A3×4 : 420mm×1189mm
③ A4×3 : 297mm×630mm
④ A4×4 : 297mm×841mm

제도용지의 크기는 A3 : 297×420이므로 A3×3 : 420×891, A3×4 : 420×1188이다. A4 : 210×297이므로 A4×3 : 297×630, A4×4 : 297×841이다.

정답				
52 ③	53 ④	54 ②	55 ②	56 ②
57 ④	58 ③	59 ①	60 ①	